Helene Karmasin

# Produkte als Botschaften

Helene Karmasin

# Produkte als Botschaften

Konsumenten, Marken und Produktstrategien

**Bibliografische Information der Deutschen Nationalbibliothek**
Die Deutsche Nationalbibliothek verzeichnet diese Publikation in der Deutschen Nationalbibliografie. Detaillierte bibliografische Daten sind im Internet über http://dnb.d-nb.de abrufbar.

ISBN 978-3-636-03100-6

4., aktualisierte und erweiterte Auflage 2007


Ein Unternehmen von Süddeutscher Verlag | Mediengruppe.
www.mi-fachverlag.de

Lektorat: Ina Spross, Landsberg am Lech
Umschlaggestaltung: Jarzina Kommunikations-Design, Köln
Umschlagabbildung: Jarzina Kommunikations-Design, Köln
Satz: Jürgen Echter, Landsberg am Lech
Druck: Himmer, Augsburg
Printed in Germany

# Inhaltsverzeichnis

# Einleitung

Ich möchte in diesem Buch die Ergebnisse meiner langjährigen Tätigkeit im Bereich der empirischen, speziell der qualitativ orientierten Marktforschung und meiner Lehrtätigkeit im Bereich der Wirtschaftsuniversität sowie den theoretischen Hintergrund, vor dem diese Ergebnisse gewonnen worden sind, vorstellen.

Die zentrale Frage, die hinter meinen Ausführungen steht, ist die, die vermutlich stets auch die Frage meiner Auftraggeber ist: *Was macht Produkte erfolgreich?*

Die Frage scheint naiv gestellt – aber letztlich ist es der Wunsch nach wirtschaftlichem Erfolg, der Märkte vorantreibt, und es gibt zahlreiche Abhandlungen der verschiedenen Disziplinen, die sich dieser Frage zuwenden. Naturgemäß kann es darauf keine einfache Antwort geben; jede wissenschaftliche Disziplin wird die Frage anders beantworten, und jede Wissenschaft kann bestenfalls einen Teilaspekt behandeln, eine generelle Antwort im Sinne eines Patentrezeptes ist also weder angestrebt noch möglich.

Wenn man der Frage genauer nachgeht, so wird sofort klar, welche hoch komplizierten Mechanismen Marktgeschehen leiten: ökonomische, psychologische, soziale, kulturelle. Viele dieser Mechanismen/Theorien/Erfahrungen sind schon beschrieben worden; ich möchte also zunächst meinen spezifischen Zugang darlegen. Dieser lässt sich als ein interdisziplinärer Ansatz charakterisieren, der Marktgeschehen aus dem Blickwinkel mehrerer Theorien zu erfassen und zu beschreiben sucht:

- aus der Sicht der Psychologie,
- aus der Sicht der Soziologie,
- aus der Sicht der Kulturwissenschaften,
- aus der Sicht der Kommunikationswissenschaften, speziell der Semiotik.

Ich möchte nicht behaupten, eine Spezialistin in allen diesen Disziplinen zu sein; auch benütze ich jeweils nur bestimmte Theorien, und nur diese möchte ich hier darlegen. Wesentlich erscheint mir jedoch, die *Denkmodelle* dieser Disziplinen auf einen Untersuchungsgegenstand anzuwenden und dadurch den Rahmen der Fragestellungen und der Analyseverfahren zu erweitern.

Heutige Märkte sind Nachfragermärkte – es wird auf ihnen nicht unter der Maxime produziert: „Verkauft wird, was produziert werden kann", sondern unter der Maxime: „Verkauft wird, was den Bedürfnissen und Wünschen von Konsumenten entspricht". Deshalb ist es klar, dass größere ökonomische Projekte nicht ohne eine diffizile Analyse des Konsumenten auskommen, also nicht ohne einen Rekurs auf Psychologie und Sozialpsychologie.

Produkte können noch so hoch in ihrer Produktqualität, noch so angemessen in ihren Preisen, noch so gut in ihrer Distribution, noch so raffiniert in ihrem ökonomischen Kalkül sein – nur wenn es ihnen zusätzlich gelingt, die Aufmerksamkeit von Konsumenten zu erregen, für sie interessant zu sein, von ihnen als wünschenswert, nützlich und befriedigend betrachtet zu werden, sind sie erfolgreich. Und dieser Erfolg ist eben nicht nur die Konsequenz einer guten technologischen Planung, eines guten ökonomischen/betriebswirtschaftlichen Kalküls, einer Konkurrenzstrategie – einer Produzentenstrategie also –, sondern er umfasst weit mehr.

Dies ist keineswegs neu. Gebräuchliche Definitionen von Marketing beziehen sich genau auf diesen Aspekt:

„Marketing ist eine Strategie, Bedürfnisse und Wünsche von Konsumenten durch Austauschprozesse zu befriedigen und Produkte besser und wirkungsvoller anzubieten als die Konkurrenz."[1]

Dieses Erfassen individueller Bedürfnisse, Wünsche, Motivationen, die höchst unterschiedlich von Person zu Person sind, die Mechanismen, die Verhalten, Lernen und Wahrnehmen beeinflussen, sind wichtig. Und die adäquaten Disziplinen, die hierzu einen Beitrag leisten können, sind Psychologie und Sozialpsychologie. Die Theorien, Methoden, Resultate dieser Disziplinen sind daher von größter Bedeutung, wenn es darum geht, zu erforschen, wie geplante Marketingmaßnahmen *wirken*, wie sie aus der Sicht des Konsumenten erlebt werden, und ebenso, wodurch sich Konsumenten unterscheiden und warum der eine so handelt und der andere anders.

Dieser Zugang über die Marktpsychologie soll im ersten Teil des Buches geschildert werden; er beschäftigt sich im Wesentlichen mit Motivtheorien.

Ich möchte diesen Zugang durch eine Gruppe weiterer Theorien ergänzen. Denn je mehr man fragt, je mehr Hypothesen man einbringt, desto reichhaltigere Ergebnisse bekommt man (wonach man nicht fragt, das wird man auch nicht erfahren), desto genauer wird man auch Ergebnisse interpretieren. „Man sieht nicht, was man sieht, man sieht, was man weiß", heißt es bei Goethe.

In diesem Sinn scheint es mir wichtig, Disziplinen heranzuziehen, die das Verhalten von Gesellschaftsteilnehmern/Konsumenten anders beschreiben als über das Konzept des Individuums und seiner bewussten oder unbewussten Bedürfnisse und Wünsche. Diese Disziplinen beziehen eine Ebene mit ein, die sich über der des subjektiven Bewusstseins befindet. Das ist wichtig für alle Aspekte der Konzeptbildung, der Positionierung und Optimierung, die kaum direkt vom Konsumenten erfragt werden können.

Ich erweitere diesen Ansatz, indem ich, ergänzend zu Theorien der Psychologie und Sozialpsychologie Theorien heranziehe, die sich damit beschäftigen, wie Bedeutung aufgebaut und vermittelt wird. Dafür gibt es praktische und theoretische Gründe.

Das Konzept des *Bedeutungsaufbaus* und der *Bedeutungsvermittlung* ist für mich ein zentrales Konzept. Das, was Produkte/Dienstleistungen auf dem Markt interessant und unterscheidbar, „einzigartig" macht, ist eigentlich ihre *Bedeutung*, ihr „semantischer Mehrwert". Bedeutung kann nun aber nur über Zeichen und Zeichensysteme vermittelt werden. Ich behaupte, dass der Erfolg auf künftigen Märkten nicht nur von der geschickten Produktion und Vermarktung von Produkten abhängen wird, sondern auch und vielleicht sogar vorrangig von der Effizienz im Bereich des Zeichenmanagements. Was darunter genauer zu verstehen ist, wie dies ermittelt und überprüft wird, soll im Folgenden dargelegt werden.

Es gibt jedoch auch einen *theoretischen Grund*. Ich bin der Meinung, dass bisher benützte Konzepte sehr oft von zwei Sichtweisen ausgehen:

1. Sie betrachteten Produzenten und Konsumenten als völlig autonome Größen, die isoliert handeln und planen – die Produzenten nach einem ökonomischen Kalkül, die Konsumenten nach ihrem subjektiven Nutzen- und Bedürfniskalkül.
2. Sie betrachteten relativ starre und punktuell wirksame Verbindungen zwischen einem Input und einem Output. Also etwa: Das Bild eines Babys führt zu Reaktion X. Oder: Eine Schlange bedeutet Sexualität. Oder: Der Einsatz von Farbe bringt einen Aufmerksamkeitswert X.

Moderne wissenschaftstheoretische Erkenntnisse sowie Entwicklungen in verschiedenen Disziplinen haben jedoch gezeigt, dass beide Annahmen nicht mehr beibehalten werden können und dass es sowohl realitätsangemessener wie fruchtbarer ist, nicht punktuelle Verbindungen und isolierte Größen zu analysieren, sondern Systeme, Kontexte, Wechselwirkungen, Beziehungen. Das gilt besonders für den Bereich der Gesellschaftswissenschaften, in dem zunehmend zwei Sachverhalte in den Blick rücken:

KULTUR IST EIN WEITES FELD!
INCL. DER VERGANGENEN!

1. Die Rolle, die die *Kultur* in der Formung der menschlichen Psyche spielt: Es ist die Kultur, die menschliche Bedürfnisse, Wünsche formt und fordert – gemäß den Anforderungen eines soziokulturellen Systems, das diese Psyche „braucht", um funktionieren zu können. Die individuellen Konzeptionen des Wünschenswerten stehen in enger Korrelation zu den kulturellen Konzeptionen des Wünschenswerten. Einem einzelnen Gesellschaftsteilnehmer steht keineswegs zu allen Zeiten offen, was er sich wünschen kann und zwischen welchen Mentalitäten er wählen kann. Seine eigene Kultur setzt vielmehr fest, was überhaupt gewünscht werden kann und welche Mentalitäten möglich sind. Als Beispiele: Erst die Entwicklung einer methodisch sich selbst kontrollierenden Person ermöglichte den Aufbau moderner Staats- und Wirtschaftssysteme; die moderne Kleinfamilie etablierte sich parallel zu der Entwicklung von Gefühlskulturen; Leistung als zentrales Motiv des Einzelnen, Überlegenheit im Leistungswettbewerb war offenbar auf der Motivebene der Personen in den ehemaligen Ostblockstaaten am Anfang schwach ausgebildet. Anstelle von invarianten menschlichen Bedürfnissen ist daher von kulturell geformten und damit von historisch veränderbaren Bedürfnissen auszugehen: von Bedürfnissen, so wie sie gerade jetzt, in diesem Augenblick, bei diesem Stand einer Gesellschaft erscheinen. Dies ist insofern wichtig, als sich die Definition von zentralen Werten historisch ändert; sie ändert sich laufend, vor unseren Augen sozusagen. Die Definition von Elite – und damit die Zeichen, durch die man übermitteln kann: „Ich bin Elite" – war im 19. Jahrhundert oder auch um 1960 ganz anders als heute.
2. Menschen sind nicht nur *reagierende Wesen*, sondern sie sind vor allem *interpretierende Wesen* – sie versuchen, ihren Handlungen, ihrer Umgebung, ihrer Umwelt, ihrer Welt Bedeutung und Sinn zu geben; sie möchten ihre eigene Gesellschaft und ihre Welt verstehen. Dies scheint ein tatsächlich universales Bedürfnis zu sein. Und genau diesem Bedürfnis antwortet die Kultur, indem sie Modelle der Sinnstiftung und kulturelle Ordnungsmuster anbietet, jeweils entsprechend dem technischen, ökonomischen, sozialen Stand einer Gesellschaft. Alle materiellen Objekte einer Kultur – und damit auch Produkte – spiegeln diese kulturellen und ideologischen Ordnungsmuster wider. Diese befinden sich jedoch oberhalb der Ebene des individuellen Bewusstseins.

Sowohl Produzenten wie Konsumenten handhaben laufend diese Bedeutungen und die Regeln der Bedeutungsübermittlung, und zwar ohne dass ihnen diese Tatsache bewusst ist und dass sie die Regeln explizit kennen.

Ähnlich nehmen wir wahr, ohne die Regeln der Wahrnehmungstheorie zu kennen, ähnlich sprechen wir, ohne die Regeln der Linguistik zu kennen. Diese Regeln können jedoch erforscht und bewusst gemacht werden.

Was hier eigentlich erforscht wird, sind *Strukturen der Intersubjektivität*, Systeme, die nach eigenen Regeln und Gesetzmäßigkeiten funktionieren – anders kann Bedeutung nicht übermittelt werden. Es geht im Einzelnen daher um zwei Aspekte:

1. Welche ideologischen Ordnungsmuster oder Mentalitäten oder kollektiven Vorstellungen finden sich zu einem bestimmten Zeitpunkt in einer bestimmten Gesellschaft? Wie beeinflussen diese Vorstellungen Alltagskulturen und die Objekte, also Produkte, die in diesen Alltagskulturen eine Rolle spielen und die mit bestimmten Bedeutungen aufgeladen werden?
2. Wie kann Bedeutung vermittelt werden?

Beide Fragen werden zum gegenwärtigen Zeitpunkt von modernen Konzepten im Bereich von Kulturwissenschaften gestellt, die sich zunehmend der Frage der Mentalitäten, der Denkstile, der kollektiven Vorstellungen, dem gesellschaftlich Imaginierten (den *representations collectives*, wie sie Durkheim genannt hat) zuwenden. Im Bereich dieser Vorstellungen ist jeweils die Frage zu stellen, wessen Interessen durch die Entwicklung bestimmter Vorstellungen gedient wird, aber auch, welche Kategorien entwickelt und benützt werden und wie diese Vorstellungen in Metaphern, in Bilder und eben auch in die Artefakte der Produktkultur übersetzt werden. Zu fragen ist nicht nur, was die Leute denken, sondern auch, wie sie denken.[2]

Die Erforschung von Phänomenen dieser Art hat eine lange Geschichte (Durkheim, Marx, Max Weber), sie wurde in der Gegenwart neben den Ansätzen der Kulturwissenschaften über ethnologische, semiotische, linguistische, strukturalistische Theorien weiterentwickelt. Sie ist mit den Namen von de Saussure, Jakobson, Trubetzkoi, Chomsky verknüpft, die die moderne Linguistik und Semiotik begründet haben, mit Piaget, mit Geertz, mit Claude Lévi-Strauss, der zum ersten Mal strukturalistisch-semiotische Methoden bei der Erforschung von kultur- und sozialanthropologischen Problemen, so vor allem der Mythenanalyse, verwendet hat. Ich werde mich im Folgenden auf die Ansätze dieser Autoren stützen, sowohl in der Theorie wie in der Methode.

Ergänzend werden wichtige kulturwissenschaftliche Analysen herangezogen, vor allem die Zivilisationstheorie von Norbert Elias und die Schichtungstheorie von Pierre Bourdieu. Auch moderne Theorien der

Informationsverarbeitung, Theorien zum Verstehen, Speichern, Abrufen, zur Repräsentation von Wissen werden benützt.

Schließlich soll kurz auf eine Theorie eingegangen werden, die davon ausgeht, dass selbst die Dichotomie zwischen objektiv gegebenen Objekten/Produkten und davon geschiedenen Konsumenten – also letztlich die zwischen Objekt und Subjekt – zu reflektieren ist: Objekte werden erst im Zuge einer Verbindung zwischen verschiedenen Akteuren konstruiert. Es handelt sich um die von Bruno Latour entwickelte Actor Network Theory (ANT).[3]

Das zentrale Anliegen dieses Buches ist es, Produkte/Dienstleistungen als einen *autonomen Bereich* aufzufassen ihn nicht nur aus der Sicht der Produzenten und nicht nur aus der individuellen Sicht der Konsumenten zu beschreiben, sondern als ein System mit eigenen Regeln, in dem vielfältige Prozesse des Bedeutungsaufbaus und der Bedeutungsübermittlung eine Rolle spielen.

Das genau meint der Titel „Produkte als Botschaften". Darauf gründet sich meine zentrale These: Produkte sind dann erfolgreich, wenn es ihnen gelingt, ihre Botschaft richtig zu konstruieren und eine relevante Bedeutung aufzubauen. Dies betrifft nicht nur die Werbung, Packung, die Kommunikation, sondern es betrifft jeden einzelnen Aspekt eines Produktes, auch dessen physisch beobachtbare Merkmale.

„Produkte als Botschaften" meint somit zweierlei:

1. Das Glücken des Kommunikationsaktes zwischen Produzenten und Konsumenten. Produkte sind dann gleichsam Elemente einer „Sprache", die unter Produzenten und Konsumenten zirkuliert. Ein erfolgreiches Produkt ist ein geglückter Kommunikationsakt.
2. Die Anreicherung des Produktes mit „Mehrwert", mit „Tauschwert" über seinen Gebrauchswert hinaus, die Ausgestaltung des Produktes als ein einzigartiges, unverwechselbares, nicht imitierbares Objekt.

Im Folgenden spreche ich von Produkten, verstehe darunter aber auch Dienstleistungen, allgemein alle Güter, die auf Märkten gehandelt werden.

Um meine Hauptthesen zusammenzufassen – ein Produkt ist ein höchst *komplexes Objekt*:

- es ist das Ergebnis eines ökonomischen Kalküls;
- es ist das Ergebnis einer technologischen Leistung;
- es ist das Ergebnis einer organisatorischen Leistung;

- es erfüllt subjektive Bedürfnisse des Einzelnen, es steht vielleicht kompensatorisch für Wünsche, die sonst nicht erfüllt werden, es ermöglicht ihm, subjektiv gesetzte Ziele zu erreichen;
- es dient dazu, den Einzelnen von anderen Gesellschaftsteilnehmern zu unterscheiden, ihm Status, Rang, sozial erwünschte Eigenschaften, Identität zuzuordnen;
- es dient dazu menschliche Gemeinschaften zu ermöglichen, zu verfestigen, Menschen in Gruppen einzubeziehen oder auszuschließen;
- es benützt kulturelle und ideologische Ordnungsmuster, es stabilisiert und verändert sie aber auch;
- es teilt etwas über unsere Kultur als Ganzes mit, es propagiert die Werte, die diese zu einem gegebenen Zeitpunkt als wünschenswert setzt und als wünschenswert setzen muss, um zu funktionieren;
- es ist ein Kulturprodukt, ein Ensemble von Zeichen, ein Element in einer „Rede der Gesellschaft, die keinen Sprecher hat“,[4] und es ist damit mit anderen Kulturprodukten zu vergleichen: Filmen, Bildern, Romanen, Mythen.

# Einleitung zur zweiten Auflage

Markt- und Produktkulturen leben unter anderem von dem Bedürfnis nach Neuerungen. Neuheit/Innovation ist in unserer Gesellschaft ein wichtiger Wert – so wie die Eskimos 50 Ausdrücke für Schnee kennen, weil Schnee für ihre Kultur eine wichtige Bedeutung hat, so entwickeln wir eine umfangreiche Semantik des Neuen: „in“ sein, Trends setzen, das Allerneueste, die faszinierendste Innovation, das Surfen auf der letzten Welle etc.

Wenn man also ein Buch zur Hand nimmt, das 1993 auf den Markt gekommen ist und sich Produkten und Marken zuwendet, so wird sich jeder Leser nach der Relevanz fragen: Ist so ein Buch noch zeitgemäß? Sind die Prozesse, die in diesem Buch beschrieben wurden, heute noch gültig? Decken sie noch etwas von unserer zeitgemäßen Realität ab, und können sie zur Steuerung und Planung von Zukunftsprozessen dienen?

Ich meine, dass dies sehr wohl der Fall ist.

Die grundsätzlichen Überlegungen, von denen das Buch ausgeht, haben heute vermutlich noch eine gleiche, wenn nicht höhere Gültigkeit, und die Methoden und Analyseverfahren, die beschrieben werden, sind nicht an eine Zeit gebunden – die Verfahren, die Menschen benützen, um miteinander zu kommunizieren, die Regeln von Sprachen also, sind so schnell nicht veränderbar.

Anders steht es um die Bedürfnisse und Wünsche, die Menschen auf Märkten entwickeln. Zum einen handelt es sich auch hier um zeitübergreifende Wünsche und Bedürfnisse: Die Wünsche nach Ansehen in der umgebenden sozialen Gruppe, die Wünsche, geliebt zu werden, die Wünsche, ein sinnvolles Leben zu führen, sind zeit- und kulturübergreifend.

Was sich aber ändert, sind die Strategien, durch die man dies erzielen kann. Gesellschaften belohnen und bestrafen für höchst unterschiedliche Dinge zu unterschiedlichen Zeitpunkten: Sich richtig und angemessen zu verhalten, bedeutet heute tatsächlich etwas anderes als in den 1980er Jahren. Ebenso ist es mit den Konzeptionen und den Wertewelten, die Produkte transportieren und signalisieren.

Eine lebendige Gesellschaft wie die unsere, die Fortschritt und Innovation schätzt, befindet sich immer im Fluss: Sie stützt sich zu verschiedenen Zeitpunkten auf unterschiedliche Konzeptionen des Wünschenswerten, und diese sind nie von dem abgekoppelt, was es an allgemeinen Entwicklungen in einer Gesellschaft gibt.

Eine strikte Berücksichtigung dieser Gegebenheiten würde bedeuten, das Buch in vielen Beispielen umzuschreiben, und zwar so stark, dass man kaum mehr von einer zweiten Auflage sprechen könnte.

Ich habe mich also zu folgendem Vorgehen entschlossen: Der Text der ersten Auflage sollte weitgehend bewahrt bleiben, an der grundsätzlichen Gültigkeit der Annahmen hat sich ja auch nichts geändert. Die Beispiele sind jetzt also „alte“ Beispiele, aber sie belegen gut die dahinter stehenden Thesen.

Dem Neuen soll durch die Hinzufügung eines neuen Teils E Rechnung getragen werden: Welchen Herausforderungen sehen sich Produkte und Marken heute gegenüber, und welche exemplarischen Lösungen finden sie? Dabei sollen folgende Themenkreise behandelt werden, die sich mit dem Konzept der Marke beschäftigen:

- die Funktionen und Leistungen von Marken generell;
- dann im Einzelnen:
- Dachmarken und Submarken,
- Marken als Ausdruck kultureller Grundorientierungen,
- die Anpassung von Marken an die aktuelle Entwicklung ihres Feldes.

# Einleitung zur dritten Auflage

Die erste Auflage dieses Buches erschien 1993, also vor mehr als zehn Jahren. Als mich der Verlag aufforderte, die dritte Auflage zu aktualisieren, ging ich den theoretischen Bezugsrahmen und die Beispiel durch, die in der ersten und der zweiten Auflage geschildert wurden. Ich war sehr zufrieden mit dem theoretischen Bezugsrahmen. Er hatte sich seitdem in einer Vielzahl von Projekten bewährt und wurde auch von den Unternehmen, mit denen ich weiterhin zusammenarbeite – so DaimlerChrysler, Ferrero, Henkel, Nestlé –, in ihrer alltäglichen Arbeit benützt und von neu hinzugekommenen Kunden so der RTL-Gruppe in der Planung ihrer Projekte berücksichtigt. Aber die Beispiele! Sie schienen hoffnungslos veraltet: Ein Teil der Produkte und Marken existiert gar nicht mehr, bestimmte Wert- und Nutzensbehauptungen würde heute niemand mehr in dieser Form aufstellen, manche Märkte hatten sich völlig gewandelt was sollte ich da aktualisieren? Es schien mir zunächst klüger, das Buch auslaufen zu lassen und etwas Neues zu schreiben.

Als ich aber noch einmal nachdachte, erkannte ich, dass genau dieses Faktum ein guter Beweis für die Richtigkeit meiner Theorie darstellte: Es kommt eben nicht von ungefähr, dass sich heute wenig Beispiele für Produkte mehr finden lassen, die Solidarität in einer naiven Form propagieren oder dass bestimmte Formen der Statusdemonstration und -legitimation verschwunden sind. Das bedeutet, dass sich unsere Gesellschaft geändert hat: Heute sind uns andere Dinge wichtig als im Jahr 1993.

Wenn wir die These für richtig halten, dass wir Produkte und die sie begleitende Kommunikation nicht (nur) über ihre funktionalen Nutzen schätzen, dass wir Produkte nicht „brauchen", weil sie „nützlich" sind, sondern dass sie für Konzeptionen des Wünschenswerten stehen, dass wir sie brauchen, weil sie die symbolische Ordnung unserer Gesellschaft zum Ausdruck bringen, dass sie kulturelle Ideale inszenieren, dass sie in vielfältiger Weise in das soziale Leben der Menschen einbezogen sind, dass wir mit ihrer Hilfe Werte verhandeln, Distinktion erwerben, Identitäten aufbauen, Menschen ein- und ausgrenzen können, so wäre es eher erstaunlich, wenn wir das mit denselben Konzepten tun können wie vor mehr als zehn Jahren.

Das, was fehlt, und das, was hinzugekommen ist, ist ein interpretierenswerter Tatbestand, der etwas über den kulturellen Tiefenstrom aussagt, der unsere Gesellschaft trägt.

Ich habe mich daher entschlossen, den theoretischen Bezugsrahmen beizubehalten, eine Reihe von Beispielen zu aktualisieren, aber einige Beispiele unverändert zu belassen: einerseits besonders illustrative Beispiele und andererseits Beispiele, die zeigen, was uns vor einiger Zeit noch wichtig war.

Ich habe dafür ein Kapitel hinzugefügt (Teil F), das kurz schildert, was wir an Wertdemonstrationen aufgegeben haben, was neu hinzugekommen ist und wie wir diese neuen Wertfelder derzeit in Produkte, Marken und Kommunikationen umsetzen. Im Text werden jeweils neue Beispiele gebracht, die die ursprünglichen Beispiele ergänzen. Dieses Kapitel kann also auch den Anfang der Lektüre bilden, um die Beispiele jeweils an den neuesten Stand anzubinden.

# Einleitung zur vierten Auflage

Viele Kulturkritiker beklagen immer wieder die Schnelllebigkeit unserer Zeit, den rasanten Wechsel der Reize, die Tendenz Kontinuität und Bewahrung gering zu achten. Dies stimmt sicher in vielen Feldern, auch auf dem Markt der Bücher. Umso erstaunlicher ist es, dass *Produkte als Botschaften* nun seine vierte Auflage erfährt. Sollten sich die Kulturkritiker irren?

Vielleicht wie alle, die pauschale Urteile fällen, vielleicht aber auch, weil durchaus das Bewusstsein wächst, dass es nicht klug ist, dauernd alles neu zu erfinden. Es gibt einige gesicherte Resultate, die es sich zur Kenntnis zu nehmen lohnt, und die als Grundlage dienen können, um etwas Neues zu entwickeln.

Ebenso zeigt sich, dass mehr soziale Tatbestände, als man denkt, durch die Kombination von invarianten Aspekten und variablen Aspekten gekennzeichnet sind – so etwa starke Marken, die oft eine große Vergangenheit und gleichbleibende Aspekte besitzen, ebenso wie sie immer wieder stimulierendes Neues erfinden. Nicht, dass ich das Buch mit diesen wertvollen Marken vergleichen möchte, aber es basiert im Kern auf ähnlichen Prinzipien.

Das Kapitel, das für die vierte Auflage neu konzipiert wurde, beschäftigt sich daher auch mit Markenprinzipien. Das Feld der Marken ist inzwischen ein außerordentlich differenziertes Feld geworden. Es gibt Marken in allen Produktfeldern und in allen Ausformungen: Unternehmensmarken, Produktmarken, Destinationsmarken, Personenmarken, Medienmarken, Marken für Investitionsgüter und andere mehr. Es gibt daher auch kein One-Size-fits-all-Konzept für Marken. Jede dieser spezifischen Marken besitzt andere Bedingungen für Erfolg. Diese sollen beschrieben werden, aber eben vor dem Hintergrund der Theorien und Resultate, die im Lauf des Buches dargelegt werden.

# Leseanleitung

Der erste Teil des Buches **(Teil A)** behandelt zentrale Konzepte der Psychologie, vor allem aus dem Bereich der Motivationspsychologie, und deren Anwendung in Marketing- und Werbekonzepten. Leser, die gut mit dem Stand des psychologischen Wissens über diesen Bereich vertraut sind, können Teil A übergehen.

**Teil B** gibt einen Überblick über Methoden.

**Teil C** bringt einige theoretische Grundlagen zum Problem des Bedeutungsaufbaus, ist also eine kleine Einführung in zentrale Begriffe der Semiotik und der kognitiven Psychologie. Naturgemäß ist dies ein etwas spröder theoretischer Teil.

Teil A und C bilden die theoretische Grundlage für **Teil D,** in dem Beispiele für die Anwendung dieser Konzepte gegeben werden. Diese Beispiele sind aber auch ohne ihre theoretische Begründung verständlich.

**Teil E** wurde neu für die zweite Auflage (1998) verfasst, **Teil F** für die dritte Auflage (2004). Beide Teile stellen eigenständige Beiträge dar; es ist aber natürlich hilfreich, wenn man über das Hintergrundwissen verfügt, das die erste Auflage vermittelt.

Teil A

# Der Konsument

# 1 Zum Verhältnis Marketing – Marktpsychologie

## *Einflussgrößen des Konsumentenverhaltens*

Alle Ergebnisse, die im Folgenden geschildert werden, beziehen sich in irgendeiner Form auf Marketingaktivitäten bzw. auf Prozesse der Vermarktung von Produkten und Dienstleistungen. Es wird um den Konsumenten gehen, um sein Verhalten, seine Betrachtung von Märkten und Produkten, seine Wünsche, Bedürfnisse, Motive, Entscheidungskriterien – keineswegs um jeden Aspekt dieses vielfältigen und gut erforschten Gebietes,[5] sondern um einige Aspekte, die sich primär im Bereich qualitativer Forschung als relevant erweisen. Herangezogen werden im Wesentlichen Ergebnisse und Theorien der Psychologie und Sozialpsychologie.

Mit Konsumentenverhalten beschäftigen sich eine Reihe von Disziplinen: Volkswirtschaft, Betriebswirtschaft und eben auch Marketing, dessen Handlungsmaxime ja lautet, Produkte so anzubieten, dass sie den Bedürfnissen und Wünschen von Konsumenten entsprechen. Die meisten Marketingbücher beziehen daher ansatzweise Ergebnisse und Annahmen psychologischer oder sozialpsychologischer Theorien mit ein, wenn auch in rudimentärer und in sehr selektiver Form – fast immer treten die Bedürfnistheorie von Maslow, das Dissonanzkonzept oder das Einstellungskonzept in Erscheinung, andere Theorien werden dagegen ausgeblendet.

Unbestritten ist dagegen die Rolle, die Psychologie und Soziologie spielen, wenn es um die Entwicklung von Methoden der empirischen Forschung, speziell der Wirkungsforschung, geht. Tatsächlich können Psychologie und Soziologie einen erheblich größeren Beitrag zur Planung und Optimierung von Marketingmaßnahmen liefern, und zwar deshalb, weil sie einen von dem einzelnen Anbieter nicht kontrollierbaren Bereich aufhellen.

Marketing hat bekanntlich vier Größen zur Verfügung, die seiner Steuerung und Kontrolle unterliegen – die vier P des Marketing:

- Produkt,
- Platzierung/Distribution,
- Preis,
- Promotion/Werbung.

Es gibt jedoch mindestens zwei wichtige Marktgrößen, die nicht seiner Kontrolle unterliegen: die Mitbewerber und der Konsument. Viele Beispiele zeigen, dass selbst strategisch hervorragend geplante Produkte, die alle vier Ps gut erfüllen, keineswegs erfolgreich sind – einmal, weil Mitbewerber wirksame Gegenmaßnahmen entwickelten, dann wiederum, weil Konsumenten letztlich doch ein geringes Interesse hatten.

Die Prognose und Beeinflussung des Konsumentenverhaltens ist nun tatsächlich etwas außerordentlich Schwieriges. Es kann daher auf keine Wissenschaft verzichtet werden, die einen Beitrag zur Erhellung dieses Verhaltens liefert.

Wie jedes menschliche Verhalten ist auch Konsumverhalten komplex, individuell variierend, von einer Fülle von Einflussgrößen bestimmt. Handlungen können durch ethische oder religiöse Prinzipien determiniert sein, durch ökonomische Prinzipien, durch ein Nutzenskalkül, durch psychologische Prinzipien. Handeln steht im Dienst bestimmter Motive, man erfüllt sich bewusste oder unbewusste Bedürfnisse oder Wünsche:

- durch funktionale Prinzipien: man versucht bewusst bestimmte Ziele zu erreichen;
- durch biologische Prinzipien: man handelt im Dienste des Überlebens;
- durch soziale Prinzipien: man handelt, weil man Ähnliches tun oder erreichen möchte wie andere Gesellschaftsteilnehmer oder weil es Rollenvorschriften nahe legen;
- durch kulturelle Mechanismen: weil bestimmte Handlungen zu einem gegebenen historischen Zeitpunkt von der Kultur als geboten/verboten/möglich gesetzt sind.

Viele Handlungen, auch die Entscheidungen, die Marktteilnehmer treffen, lassen sich unter mehreren/allen diesen Prinzipien beschreiben.

Wenn es um die Erklärung und Steuerung von Handlungen und von Verhalten geht, ist zusätzlich zu bedenken, dass die Gründe, die dem Einzelnen für die Erklärung seines Verhaltens und seiner Handlungen bewusst sind, keineswegs gleichbedeutend sind mit den Gründen, die dieses Verhalten wirklich erklären.[6]

Das bedeutet einerseits, dass der Handelnde die Gründe seines Handelns nicht kennt; er wird durch nicht bewusste/unbewusste Wünsche/Faktoren gesteuert, die er rationalisiert und legitimiert. Dies ist im Wesentlichen der Zugang der Tiefenpsychologie. Es bedeutet andererseits aber auch, dass Verhalten/Handlungen anders erklärt werden können, wenn man die Ebene des Einzelakteurs und seines subjektiven Bewusstseins verlässt und die Faktoren betrachtet, die auf der Ebene der Gesellschaft und der Kultur Handlungen erklären. Mit diesen Phänomenen beschäftigen sich Ansätze der Soziologie und der Kulturanthropologie, die ich in Teil D 2 beschreiben werde.

Ebenso zentral wie der Begriff des Motivs für die Psychologie ist für diese Ansätze der Begriff des Wertes. Werte sollen dabei als Konzeptionen des Wünschenswerten definiert werden, die gleichermaßen auf der Ebene der Kultur wie auf der Ebene des Individuums wirksam werden. Der Kultur wird dabei eine steuernde Funktion zugeordnet: Sie formt die Psyche des Einzelnen, indem sie die Werte, die sie zu ihrem Funktionieren braucht, als subjektive Bedürfnisse des Einzelnen erscheinen lässt.

Das Konzept der Kultur nimmt dadurch eine ähnliche Stelle ein wie das Konzept des Unbewussten. Diesen Aspekten wird in Teil D weiter nachgegangen.

Als Einflussgrößen lassen sich solcherart zunächst schematisch festhalten:

Jede Disziplin, die zur Analyse benützt wird, beschäftigt sich schwerpunktmäßig nur mit ganz bestimmten Einflussgrößen des obigen Schemas.

# 2 Der Zugang der Psychologie

Die Psychologie wendet sich im Wesentlichen der Einzelperson, dem Individuum zu: seinen Motivationen, seiner Lerngeschichte, den allgemeinen Mechanismen des Wahrnehmens, Lernens, Denkens, Entscheidens, Verhaltens, teilweise auch jenen Mechanismen, die biologische Grundlagen haben und die auch bei anderen Lebewesen anzutreffen sind.

Das Konzept, das als wesentlicher Beitrag hier diskutiert wird, ist das Motivkonzept: Gefragt wird nach den Gründen, nach den Motiven und Antriebskräften, die sich ergeben, wenn man vom Konsumenten als einem autonomen Individuum ausgeht.

## 2.1 Homo oeconomicus und das Konsumäffchen

### *Implizite Psychologie und Anthropologie*

Jeder, der auf dem Markt agiert, hat bestimmte Vorstellungen darüber, wie Menschen »sind«, wie sie sich beeinflussen lassen, was sie sich wünschen, was ihnen gefällt. Diese Vorstellungen bilden sich durch Sozialisation, Intuition, Erfahrung; sie können in einem spezifischen Fall richtig sein, müssen es aber natürlich nicht, und sie werden keineswegs immer bewusst gemacht und zur Diskussion gestellt. Ein wichtiger Bereich dieser Vorstellungen ist die Frage, »wie der Mensch auf dem Markt« ist: kalkulierend, rational, emotional, verantwortungslos hedonistisch, launisch, leicht manipulierbar, vernünftigen Argumenten zugänglich?

Viele Entscheidungen, die in dem Prozess der Erstellung von Marketingaktivitäten und der Planung von Werbung von Entscheidungsträgern gefällt werden, basieren auf solchen impliziten psychologischen, oft auch ästhetischen Theorien, ohne dass diese Theorien bewusst reflektiert oder einer Prüfung durch Forschung unterzogen werden. Der Produktmanager, der argumentiert: »Ohne Pfand bringt kein Mensch die Flasche zurück, andere Möglichkeiten brauchen wir gar nicht in Betracht ziehen«, rekurriert auf die Theorie des Konditionierens – er nimmt an, dass eine Verhaltenssteuerung primär durch Belohnung und Bestrafung erfolgt.

Deutlich wird das bei Entscheidungen, die die Werbewirkung betreffen. In diese Entscheidungen fließen von Seiten der Produzenten und Auftraggeber viele Annahmen darüber ein, wie Werbung »prinzipiell« wirkt – vornehmlich in der Phase, in der noch vor einem Test über Konzepte entschieden wird. Die Wahl zwischen drei Werbekonzepten, von denen eines in den Test geht, muss ja nach irgendwelchen Kriterien erfolgen. Meist sind es implizite Wirkungstheorien, an denen man sich orientiert – je nachdem, von welcher Wirkung man eben überzeugt ist: emotionale Werbung; originelle Werbung; Werbung, die dem Produkt einen klar erkennbaren Produktvorteil zuschreibt; leicht verständliche Werbung. Nur jenes Konzept, das der Überzeugung entspricht, wird dann einer empirischen Prüfung unterzogen.

Ebenso wird diese Selektion Annahmen darüber beinhalten, wie sich Menschen beeinflussen lassen und welche Werte für sie wichtig sind. Besonders bekannt sind fünf Modellannahmen in Bezug auf Konsumentenverhalten geworden:

1. Der *»homo oeconomicus«*
   Seine Verhaltensmaximen sind strikte Rationalität, Nutzensmaximierung. Erforderlich für diese Modellannahme sind totale Markttransparenz und vollständige Informationsübersicht.[7]
2. Der passiv und automatisch reagierende Mensch, in der extremsten Ausformung: das *»Konsumäffchen«*
   Der Mensch oder Marktteilnehmer wird dabei als ein primär emotional ansprechbares Wesen gesehen, begehrlich, »triebgeschüttelt«, verspielt, nach hedonistischen Prinzipien reagierend, fast unbegrenzt manipulierbar, sofern die richtigen Signale/Stimuli verwendet werden. Zu dieser Modellannahme gehört meist die Überzeugung von der hohen Wirksamkeit von Massenkommunikation/Werbung.
3. Der Konsument als primär *soziales Wesen*
   Er richtet sich nach anderen, nach Leitbildern/sozialen Referenzgruppen; er versucht, soziale Forderungen, vermittelt vor allem durch das Konzept der sozialen Rolle, zu erfüllen; er strebt nach Prestige- und Statusgewinn.
4. *Der »psychoanalytische« Konsument*
   Dem Menschen sind die eigentlichen Gründe seines Handelns nicht bewusst er agiert gemäß unbewussten Motiven und Wünschen. Produkte können kompensierend für Wünsche stehen, die einem die Realität nicht erfüllt oder die Gebote des Über-Ichs einem verwehren. Es ist dieses Modell, das, basierend auf der Theorie Freuds, durch Ernest Dichter popularisiert, im öffentlichen Bewusstsein oft mit Marktpsychologie überhaupt gleichgesetzt wird und das einen irrationalen Glauben an die Allmacht der Psychologie nährt.
5. Der *kognitive Konsument*
   Die Anteile kognitiver Prozesse bei der Steuerung menschlichen Verhaltens sind beträchtlich.[8] Menschen bedenken die Folgen möglicher Entscheidungen, sie beziehen Erfahrungen mit ein, sie richten ihr Verhalten nach vorgestellten Erwartungen und Interpretationen

anderer Menschen aus, sie entscheiden aktiv, was sie wahrnehmen und lernen wollen, sie sind in vielfältiger Weise in Prozesse der Informationsverarbeitung eingebunden, die das Bewerten von Verhaltensalternativen und die autonome Steuerung des Verhaltens erlauben. Was zählt, sind nicht (nur) die objektiv feststellbaren Merkmale von Ereignissen/Objekten, sondern die Bedeutung, die diese Ereignisse/Objekte für den einzelnen haben. Legt man dieses Bild zugrunde, so bezieht man sich meist auf die Resultate der Entscheidungspsychologie.[9]

Ich möchte diese fünf Bezugsrahmen um einen sechsten erweitern:

6. Der Konsument ist ein *semiotisches Wesen*
   Das heißt der Konsument ist ein Lebewesen, das – anders als die Tiere – differenzierte Systeme zur Übermittlung von Bedeutung entwickelt hat, dem das Bedürfnis unterstellt werden muss, mit Angehörigen der Kultur, in der er sich befindet, über Zeichensysteme zu kommunizieren, und zwar nicht nur zum Austausch funktionaler Nachrichten. Menschen streben danach, die Welt, in der sie leben, zu verstehen, sinnvoll zu handeln; es geht ihnen um Bedeutung und Sinn.

Die Frage, welche dieser Modellannahmen richtig ist, ist falsch gestellt. Jedes Modell hat einen bestimmten Gültigkeitsbereich – es stimmt für einige Bereiche, Situationen, Voraussetzungen, für andere nicht. Es liegt am Geschick oder theoretischen Verständnis des Forschers, zu entscheiden, welches Modell er in einem gegebenen Fall zur Hypothesenbildung und -erklärung heranziehen soll.

Das entspricht im Übrigen dem Stand der psychologischen Theoriebildung. Man strebt nicht mehr die Entwicklung von Makrotheorien an, die das ganze menschliche Verhalten universal erklären, was älteren Theorien eigen ist, sondern entwickelt Minitheorien, Theorien mittlerer Reichweite, die einen bestimmten Verhaltensbereich präzise untersuchen.[10]

Meine eigene forschungsleitende Maxime schließt hier an: Ich gehe davon aus, dass zunächst so viele theoretische Ansätze als möglich zur Erklärung, Prognose oder Interpretation eines bestimmten Sachverhaltes herangezogen werden sollen. Menschliches Verhalten ist prinzipiell komplex und fällt unter den Gültigkeitsbereich vieler Disziplinen. Welchem Menschenbild man nun auch immer zuneigt – man sollte sich zumindest bewusst machen, dass die Wahl eines Menschenbildes bedeutet, die anderen nicht zu wählen.

Ich möchte zum Schluss noch auf eine Frage eingehen, die sehr oft vom Marketing an die Psychologie gestellt wird: Entscheiden Konsumenten eigentlich primär rational oder emotional?

Zunächst wäre dazu anzumerken, dass schon der Begriff »rational« sehr verschieden definiert werden kann. Selbst wenn wir dieses Problem aussparen, ist klar, dass an jedem Verhalten rationale und emotionale Komponenten beteiligt sind. Dies betont zum Beispiel auch das Einstellungskonzept. Dennoch gibt es die Tendenz anzunehmen, dass die emotionalen Komponenten überwiegen – unter dem »Konsumenten« stellt man sich meist eine eher emotional/irrational handelnde Person vor, die man auch primär auf dieser Ebene ansprechen kann.

Die generellen Befunde der Psychologie zu der Frage »Ist der Mensch ein rationales oder ein irrationales, emotionales Wesen?« sind klar: Menschen besitzen beide Fähigkeiten, die spezifische Situation legt fest, welche in welchem Ausmaß aktiviert werden.

## 2.2 Verhaltenstheorien und Motivationspsychologie

Hier soll die Ebene des Individuums erfasst werden, und zwar seine Prädispositionen, seine Beweggründe, seine subjektiven Motive/Bedürfnisse/Wünsche, seine Werthaltungen, Entscheidungskriterien, all das, wodurch wahrscheinlich wird, dass jemand beispielsweise Produktgattung A und nicht Produktgattung B wählt und innerhalb der Produktgattung A Marke 1 und nicht Marke 2.

Wenn also ein Anbieter die Absicht hat, eine medizinisch orientierte Mundspülung herauszubringen, hat er eine Fülle von Determinanten zu bedenken, die das Verhalten, nämlich den Kauf von Mundwasser, steuern: Preis, Platzierung, Werbedruck, Distribution. Er kann es über eine Vielzahl von theoretischen Modellen zu erfassen suchen: über das Einstellungskonzept, über das Konzept eines idealen Produktes, über das Aktivierungskonzept, über Kaufentscheidungsmodelle etc.

Durch welche Theorie nun auch immer dieser Planungsprozess gesteuert wird – an einem bestimmten Punkt muss die Frage gestellt werden: Warum kaufen Personen eigentlich ein Mundwasser? Was erwarten und versprechen sie sich davon?

Natürlich wird Letzteres zunächst ein instrumenteller Nutzen sein: Hygiene; frischer Atem; erreicht Zonen, die Zahncreme nicht erreicht; beseitigt Bakterien etc. Aber das ist wohl nicht alles. Kaufen Konsumenten ein Mundwasser vielleicht deshalb, weil sie Angst haben: Angst vor den Bakterien in ihrer Mundhöhle, Angst, ihre Zähne zu verlieren, Angst vor sozialer Missbilligung wegen schlechten Atems, Angst vor der Missbilligung eines erotischen Partners? Kaufen sie es, weil sie dadurch ausdrücken wollen, dass sie sozial elitäre Personen sind, die verantwortungsbewusst, planend und informiert sind, gegenüber sozial tiefer stehenden Personen, die leichtsinnig, uninformiert, nur der Gegenwart verhaftet sind? Spielen alle diese Gründe eine Rolle oder einer mehr als der andere, oder spielen einige für bestimmte Gruppen eine besonders wichtige Rolle? Lassen sich dahinter möglicherweise ideologische Muster ausmachen, etwa das der Vorsorge, der Selbstverantwortung des Einzelnen, der in Langzeitbezügen zu denken hat, oder der Besiegung der »schlechten Natur«?

Im Bereich des instrumentellen Nutzens, also des direkten Produktnutzens, werden sich die einzelnen Marken kaum voneinander unterscheiden, sie können jedoch an verschiedene Beweggründe appellieren. Der Erfolg der Marke wird unter anderem auch davon abhängen, wie gut es den Produktentwicklern gelingt, Prozesse dieser Art zu verstehen.

Wie später zu zeigen sein wird, bestimmt ein Verständnis dieser Art noch viele weitere Aspekte des Produktes: Soll es rot oder grün gefärbt sein? Soll es vor oder nach dem Zähneputzen angewendet werden? Soll es an eine bekannte Zahncrememarke angeschlossen werden oder eine eigene Marke darstellen?

Die oben erwähnten Prädispositionen von Individuen, die Beweggründe des Handelns, lassen sich aus dem Blickpunkt mehrerer Theorien beschreiben. Zunächst in ganz allgemeiner Form: Warum verhalten sich Personen auf spezifische Weise? Warum handelt Person A anders als Person B, warum gibt es zum Beispiel Raucher und Nichtraucher? Warum wirkt die gleiche Situation oder das gleiche Objekt auf Person 1 anders als auf Person 2? Warum kaufen zum Beispiel manche Personen sehr gern in Diskontgeschäften ein, während andere es hassen?

Die Wissenschaft, die sich in erster Linie diesen Determinanten des Verhaltens zuwendet und traditionellerweise das Individuum, den individuellen Akteur, in das Zentrum ihrer Betrachtung stellt, ist die Psychologie. Die Psychologie hat allerdings keine allgemeine Verhaltenstheorie entwickelt, sondern mehrere unterschiedliche, je nach theoretischem Ansatz und nach dem historischen Zeitpunkt ihres Erklärungsversuches.

Hierbei lässt sich auch eine Abhängigkeit vom jeweiligen Stand unseres Gesellschaftssystems erkennen: Verhaltenstheorien, die im frühen 20. Jahrhundert entwickelt wurden – also zu einer Zeit, in der es starke hierarchische Unterschiede und strikte normative Regelungen gab und wo im ökonomischen Bereich keineswegs der heutige Stand einer Wohlfahrtsgesellschaft erreicht war – , gingen von anderen Antriebskräften des Verhaltens aus als Verhaltenstheorien der Gegenwart. Generell lässt sich feststellen, dass mit zunehmendem ökonomischem Entwicklungsstand und mit zunehmenden Individualisierungstendenzen innerhalb der Gesellschaft ein höherer Anteil von kognitiven, expressiven und kommunikativen Determinanten des Verhaltens postuliert wird. Im Folgenden werden einige wichtige Verhaltenstheorien vorgestellt.

Prinzipiell lassen sich im Bereich der Verhaltenstheorien zwei Fragestellungen unterscheiden:

1. Wie kommt Verhalten in Gang? Welche Verhaltensmechanismen, welche Verhaltensprozesse und -abläufe gibt es?

↓

Prozessorientierte Modelle

2. Welche Antriebskräfte existieren? Welche Motive lassen sich inhaltlich voneinander abgrenzen?[11]

↓

Inhaltliche Motivtheorien

# 3 Verhaltensabläufe und Verhaltensmechanismen

## *Prozessorientierte Modelle*

## 3.1 Allgemeine Annahmen und Ergebnisse

Eine Verhaltenstheorie muss drei Fragen beantworten:

1. Wie kommt Verhalten in Gang?
   *Annahme 1:* Der Organismus ist im Prinzip passiv, auf Gleichgewicht bedacht – Verhalten kommt dann in Gang, wenn ein Mangelzustand vorliegt. Der Organismus stellt diesen Mangel ab, er »befriedigt das Bedürfnis«, stellt das Gleichgewicht wieder her.
   *Annahme 2:* Der Organismus ist im Prinzip aktiv – Verhalten wird durch Anreize, Ziele, positive Systemzustände ausgelöst, die man zu erreichen sucht, ohne dass ein Mangel vorliegt.
2. Wie *verfestigt* sich Verhalten? Wie kommt es zu stabileren Verhaltensdispositionen?
3. Wie wird zwischen mehreren Verhaltensoptionen *entschieden*?

Im Folgenden werden einige wichtige Modelle näher vorgestellt.

## 3.2 Die Reizsummenregel

### *Antriebe und Anreize*

Menschliches Verhalten ist immer eine Konsequenz von Innensteuerung und Außensteuerung, es wirken Faktoren zusammen, die im Individuum oder in der Umwelt zu lokalisieren sind. Im ersten Fall lässt sich von Antrieben sprechen, im zweiten Fall von Anreizen. Die zwischen Antrieben und Anreizen bestehenden Zusammenhänge beschreibt die so genannte Reizsummenregel:

- Je niedriger der Antrieb ist, desto höher muss der Anreiz sein.
- Je höher der Antrieb ist, desto niedriger kann der Anreiz sein.

Wenn jemand ziemlich satt ist, muss ein Gericht schon sehr appetitlich und reizvoll sein, damit er noch davon isst; wenn jemand wirklich Hunger hat, wird er nur irgendetwas zum Essen suchen. Diese Wechselbeziehung von Antrieben und Anreizen muss auch bei der Untersuchung von Konsumentenverhalten berücksichtigt werden: Mit welcher Stärke von Antrieben kann ich rechnen? Wie hoch müssen die Anreize sein?

Der Zusammenhang Antrieb – Anreiz spielt vor allem bei Verhalten eine Rolle, das nach dem Modell eines Reglerkreises befriedigt wird. Bei diesem Modell wird folgender Prozess angenommen: Es besteht innerhalb des Organismus ein Sollwert, der erreicht sein muss; sinkt der Zustand des Systems unter diesen Sollwert, wird aktives Verhalten ausgelöst – der Organismus sucht den Sollwert wieder zu erreichen, und damit endet dann die Verhaltenssequenz.

Jeder Organismus hat einen bestimmten Kalorienbedarf; sinkt die Kalorienzufuhr unter einen bestimmten Wert, wird Hungergefühl ausgelöst – der Organismus sucht Nahrung aufzunehmen. Ist der Sollwert erreicht, endet die Sequenz. Nahrungsaufnahme spielt sich also in festen Grenzen ab: Ab einem bestimmten unteren Punkt wird das Verhalten Nahrungsaufnahme ausgelöst, ab einem bestimmten oberen Punkt endet es – man kann nicht unbegrenzt Nahrung aufnehmen.

Die Vorstellung vom Organismus, der zwangsläufig etwas tun muss, kommt nicht von ungefähr – die Theorie ist vor allem im Bereich des elementaren Verhaltens abgesichert, das Menschen und Tieren gemeinsam ist. Die Antriebe werden daher oft unter dem Konzept des Triebes beschrieben, weshalb man auch von Triebreduktionstheorien spricht.

Die wesentliche Annahme dieser Theorien ist, dass der Organismus einem Gleichgewichtszustand zustrebt – Verhalten kommt dann in Gang, wenn dieser Zustand gestört ist, wenn also ein Mangel auftritt. Dieser Mangel kann im Bereich menschlichen Verhaltens auch mit »Bedarf«, »urgent gefühltes Bedürfnis«, »Problem« umschrieben werden, wenn man die engen Grenzen der Triebreduktionsmodelle verlässt. In dieser Formel lässt sich das Modell zur Analyse einer Reihe von Verhaltensprozessen auf dem Markt benützen.

Im konkreten Fall ist also zu fragen: Kann ich damit rechnen, dass es eine Antriebskraft gibt, einen Mangel, ein gefühltes Problem, einen akuten Bedarf, sodass etwas aufgesucht oder gern getan wird – dass es also eine wie auch immer geartete Antriebskraft gibt , oder kann ich das nicht?

Wenn ja, brauche ich die Höhe des Anreizes nicht allzu hoch anzusetzen, ich muss nur klarmachen, dass ein Produkt exakt die Merkmale hat, die den Mangel beheben oder Befriedigung verschaffen; wenn nein, muss ich den Anreiz deutlich erhöhen, um überhaupt Verhalten in Gang zu setzen.

*Beispiele*

Es gibt Produktfelder, in denen ich damit rechnen kann, dass – jedenfalls in der Zielgruppe, an die ich mich wende – gewisse Antriebskräfte bestehen. Das ist im Wesentlichen dann der Fall, wenn es um die Beseitigung eines deutlich erlebten Mangels geht oder wenn eine generell erhöhte Disposition oder Aufmerksamkeit für diesen Bereich besteht. Beispiele hierfür wären etwa der Markt für Schuppenshampoos oder für Mittel gegen Haarausfall oder gegen unreine Haut. Personen, die an diesen Problemen leiden, erleben tatsächlich einen Leidensdruck, sie suchen aktiv nach einer Möglichkeit, ihr Problem zu beheben. Produkte dieser Art brauchen daher nicht besonders verführerische Anreizqualitäten zu haben, sie müssen hingegen sofort signalisieren, dass sie die geforderte Leistung in einem möglichst hohen Ausmaß erbringen, also besonders effizient im Bereich ihres instrumentellen Nutzens sind.

So verspricht etwa ein Schuppenmittel: »Crisan ist sauteuer, aber es wirkt!« Hier wird ein weiterer Motivationsmechanismus benützt, nämlich einerseits die Gleichsetzung »mehr Geld – mehr Wirkung«, andererseits eine noch tiefer liegende Überzeugung, nämlich dass man ein Opfer bringen müsse, um bei »Schicksalsschlägen«, stigmatisierenden Krankheiten (als solche können Schuppen erlebt werden), Hilfe zu erhalten. Skinclair, ein Mittel gegen unreine Haut, trägt sein Versprechen schon im Namen.

Ähnlich starke Antriebskräfte gibt es auch im positiven emotionalen Bereich: Konsumenten sind dann förmlich »heiß« auf diese Produkte – dies ist etwa in jungen Gruppen bei manchen Produkten der Unterhaltungselektronik der Fall, bei Mode, bei Make-up-Artikeln oder auch bei Autos, prinzipiell also bei Produkten, die mit Ego-Involvement verbunden sind.

Die meisten Produzenten wünschen sich, dass Konsumenten, quasi aus einem natürlich gefühlten Bedürfnis heraus, heftig nach ihren Produkten verlangen. Dies ist aber eher selten der Fall. Es gibt zahlreiche Produktfelder, auf die niemand »heiß« ist: Waschmittel, Klebeprodukte, Grundnahrungsmittel, Versicherungen etwa. Die Antriebskräfte, die darauf drängen, diese Produkte haben zu müssen, sind schwach.

In diesem Fall müssen beträchtliche Anstrengungen unternommen werden, um die Anreizqualitäten der Produkte zu stärken und gleichzeitig an die Antriebskraft zu appellieren – also etwa darzustellen, welche Probleme Waschmittel lösen, welche Mangelzustände sie aufheben, aber auch, dass diese Mangelzustände tatsächlich Probleme bringen. Das Bedürfnis nach Waschmitteln etwa muss durch gezielte Kommunikationsstrategien immer auf einem gewissen Niveau gehalten werden.

Davon zu unterscheiden sind die Fälle, in denen Produkte so hohe Anreizqualitäten haben, dass sie Verhalten auslösen, auch wenn weder ein Mangel noch ein Problem vorliegt. Auf diese Weise funktionieren Produktkategorien, die in hohem Ausmaß von Impulskäufen leben: der Eismarkt etwa oder der Riegelmarkt.

Es muss hier zwar eine generelle Verhaltensdisposition vorausgesetzt werden, die keineswegs in allen Zielgruppen gegeben ist – so wirken Anreizqualitäten dieser Art zum Beispiel sehr viel schwächer auf ältere Leute , diese Disposition ist aber ganz einfach zu aktivieren, nämlich schon durch die optische Präsentation des Produktes. Später soll erläutert werden, dass dieser Prozess doch nicht ganz so einfach abläuft, da auch Lernerfahrungen vorliegen müssen. Dennoch handelt es sich um einen wichtigen Mechanismus.

Dieser kann im Übrigen auch über Sprache vermittelt ablaufen. So stellte eine erfolgreiche Kampagne für Hamburger das verführerische Bild eines Hamburgers unter die Überschrift: »Are you hungry?« – was bei jungen Konsumenten, also der Hauptzielgruppe dieser Produkte, fast automatisch Hungergefühle und das Bedürfnis entstehen ließ, diese durch einen Hamburger zu befriedigen. Dass bei diesen Zielgruppen so leicht Verhalten dieser Art ausgelöst werden kann, liegt auch daran, dass sie eine permanente Aufmerksamkeit für den oralen Bereich übrig haben – sie sind fast immer leicht hungrig und »gefräßig«.

*Zusammenfassung*

Als allgemeine Frage, die am Anfang jeder Beschäftigung mit Verhalten steht, ist zu klären und zu erforschen, wie weit man sich auf die inneren Antriebskräfte der Person – auf die Innensteuerung also – verlassen kann (zum Beispiel extremer Mangel, Bedarf, Leidensdruck, »Trieb«, relativ invariante Orientierung auf ein Ziel), und wie weit auf die Anreizqualitäten der Objekte, also auf die Außensteuerung. Dabei gilt:

- Je stärker die Antriebskräfte sind, desto geringer können die Anreize sein.
- Je niedriger die Antriebskräfte sind, desto höher müssen die Anreize sein.

Die Frage, an welchen Merkmalen Konsumenten erkennen, dass ein Produkt vorliegt, das ein bestimmtes Problem löst, oder dass Anreize dieser Art von Produkten überhaupt entfaltet werden können, kann im

Rahmen psychologischer Theorien nicht beantwortet werden. (Diese Frage wird weiter hinten im Buch näher behandelt werden.)

Beim heutigen Stand unserer Gesellschaft ist davon auszugehen, dass Mangelzustände/Bedürfnisse/Antriebe sehr schnell und einfach befriedigt werden können; wir befinden uns insgesamt auf einem hohen Sättigungsniveau. Das bedeutet, dass die Anreizqualitäten immer merkbarer erhöht werden müssen: auf das »noch nie da Gewesene«, das Neueste, das Schönste, das Schnellste – ein Prozess, der sich in vielen Produktfeldern feststellen lässt – oder, wenn dies im genannten Sinne nicht mehr möglich ist, durch das Umschalten auf andere Appellebenen: auf das ethisch Richtige, das ästhetisch Geformte.

## 3.3 Exkurs: Psychologie des Wohlstandes

Dieses von Scitovsky 1977 entwickelte Konzept stellt einen Versuch dar, ökonomische und psychologische Theorien miteinander zu verbinden und daraus eine Motivationstheorie zu entwickeln, die den Stand unseres sozioökonomischen Systems mit einbezieht. Da diese Theorie an das Konzept von Antrieb und Anreiz anschließt, soll sie an dieser Stelle beschrieben werden.

Scitovsky beschäftigt sich vor allem mit dem Begriff der Bedürfnisbefriedigung. Er geht von einem hedonistischen Menschenbild aus, das einen elementaren Motivationsmechanismus voraussetzt: Menschen streben nach Lust und versuchen Unlust zu vermeiden. Ein elementarer Mechanismus des Lustgewinns besteht darin, ein urgent gefühltes Bedürfnis zu befriedigen: zu essen, wenn man wirklich Hunger hat, zu schlafen, wenn man wirklich müde ist etc. Ebenso kann man sagen, dass es sich bei Individuen, die sich in einem Spannungszustand befinden, da ständig hohe Antriebe gegeben sind, um aktivierte, aktive Individuen handelt.

Scitovsky stellt nun zweierlei fest: Erstens hat unsere Gesellschaft im Zuge der Industrialisierung schrittweise das Niveau der Antriebskräfte reduziert, indem sie zahlreiche wirkungsvolle Strategien entwickelte, um Bedürfnisse schnell und mühelos zu erfüllen, um alles, was lästig, mühsam, anstrengend ist, zu erleichtern, Arbeit und Denken einzusparen, Mangel zu beheben. Dadurch geschieht Folgendes:

- Die Antriebskräfte – oder übertragen formuliert – das drängende Bedürfnis, etwas haben zu müssen – sind schwach ausgebildet. Um Verhalten in Gang zu setzen, bedarf es einer deutlichen Erhöhung der Anreize.

- Und: Wenn sich jemand oder eine Gesellschaft als Ganzes daran gewöhnt hat, dass Bedürfnisse auf einem bestimmten Niveau befriedigt werden, ist es nahezu unmöglich, wieder zu früheren, weniger perfekten Befriedigungsniveaus zurückzukehren – man ist verwöhnt und tut sich schwer, Bedürfnisse oder die Ansprüche auf bestimmte Niveaus der Bedürfnisbefriedigung wieder zurückzuschrauben.[12]

Das bedeutet zum Beispiel, dass sich Konsumniveaus steigendem Einkommen sehr leicht anpassen, dass eine Einschränkung des Konsumniveaus aber außerordentlich schwer fällt. Dies ist auch bei umweltbezogenem Verhalten zu bedenken: Wird dadurch eine Einbuße an Convenience, an »Annehmlichkeit« verlangt, wird es nur unter ganz bestimmten Umständen geleistet.

Die zweite Behauptung von Scitovsky beschäftigt sich mit der Art, in der ein Antrieb befriedigt wird: Diese kann einmal vom Typ »Behaglichkeit« (comfort) sein, ein andermal vom Typ »Genuss« (pleasure). Der erste Typ bedeutet, dass ein Bedürfnis »ordentlich« befriedigt ist, es herrscht kein Mangel mehr, aber es wird auch nicht mehr geboten; der zweite Typ bedeutet, dass zusätzlich ein bisschen mehr geboten wird, etwas Unfunktionales/Raffiniertes/ein bisschen Luxus, auch wenn man das eigentlich nicht braucht.

Scitovsky behauptet nun, dass die amerikanische Konsumkultur Produkte im Hinblick auf comfort produziert; sie bietet die perfekte Befriedigung eines Bedürfnisses, aber auch nicht mehr. Dies entspricht in vielen Fällen der dem Alltagsverhalten immer noch zugrunde liegenden puritanischen Ethik, die sich gegen Unfunktionales, gegen Genuss/Luxus sträubt – wie etwa die Art der Küche oder die Art der Selbstpräsentation in der Öffentlichkeit zeigen.

Das entsprechende europäische Verhalten würde genau jenen Genuss, jenes Raffinement, eben das Unfunktionale zulassen. Dies würde europäischen Produkten eine ganz besondere Chance geben, da sie von einer kulturell anders geformten Qualitätsdefinition ausgehen.

Diese kulturelle Vorprägung findet sich zum Beispiel im Bereich der Küche.

So setzt etwa die traditionelle amerikanische Küche gutes Essen mit einfachen, unverfälschten Zutaten gleich (das große Steak), sie präsentiert Nahrungsmittel gleichsam ohne Geheimnis. Die französische Küche definiert gutes Essen genau konträr: die raffiniert gewürzte Sauce, zu der viel Fleisch verwendet wird, das aber nicht sichtbar ist.[13]

Von diesem Ansatz können für marktpsychologische Überlegungen zwei Gedanken übernommen werden:

- Von welchem Ausmaß der Bedürfnisbefriedigung ist in einem Produktfeld auszugehen? – In sehr vielen Produktfeldern sind Konsumenten inzwischen sehr »verwöhnt«, sie setzen ein hohes Ausmaß an Leistung und Convenience voraus. So haben sich zum Beispiel Pumpsprays im Bereich der Haarlacke nur in geringem Ausmaß durchgesetzt, obwohl die meisten Konsumenten davon ausgehen, dass sie umweltverträglicher sind. Dennoch sind Aerosolsprays wesentlich beliebter – sie sprühen feiner und sind leichter und spielerischer zu bedienen, sie bieten also Vorteile in Leistung und Convenience.
- Befriedigung eines Bedürfnisses heißt nicht nur einfach: Abstellen des Mangels *(comfort)*, es ist zu versuchen, darüber hinaus noch *pleasure* zu bieten. – Diese Entwicklung ist in vielen Produktfeldern festzustellen, sie zeigte sich etwa am Erfolg von Parfümdeos, die neben ihrer *comfort*-Leistung, die verhindert, dass man schwitzt, dass man nicht gut riecht, ab einem bestimmten Zeitpunkt auch parfümartigen Geruch boten.

## 3.4 Pleasure stamps in, pain stamps out

### *Konditionierungstheorien*

Konditionierungstheorien, wie sie von Forschern wie Pawlow, Skinner oder Hull, um die wichtigsten zu nennen, entwickelt wurden, stützen sich auf eine umfangreiche experimentelle Basis. Die Tragfähigkeit dieser Theorien wurde in zahlreichen Experimenten an Tieren und Menschen bewiesen.[14]

Konditionierungstheorien betrachten, summarisch gesehen, Verhalten als eine Konsequenz von Belohnung und Bestrafung. Wird ein bestimmtes Verhalten belohnt (positiv verstärkt), dann wird es beibehalten und tritt häufiger auf, wird es bestraft (negativ verstärkt), dann wird es unterlassen: »Pleasure stamps in, pain stamps out« (Thurstone). Anders formuliert: Ein Lebewesen lernt, sein Verhalten je nach Belohnung oder Bestrafung an seine Umwelt anzupassen.

In der klassischen Formulierung dieser Theorie wird nicht angenommen, dass individuelle Varianten auftreten, sondern es wird davon ausgegangen, dass ein relativ starrer Mechanismus vorliegt, dem sich das einzelne Lebewesen kaum entziehen kann – man erlernt auf diese Weise ein Verhalten, ob man will oder nicht und unabhängig davon, was in der Black Box des Bewusstseins/des individuellen Akteurs vorgeht. Genau dies macht die Attraktivität dieser Theorien für Beeinflussungsversuche auf dem Markt aus: Wenn Verhalten tatsächlich so automatisch erzielt werden könnte, ginge es nur darum, die richtigen Stimuli zu erkennen, und das »Konsumäffchen« müsste dann darauf reagieren.

Wie immer: So einfach ist das nicht. Dennoch handelt es sich hier um eine interessante Gruppe von Theorien, die in vielen Fällen einen relevanten Analyserahmen bieten.

Die zentrale Prämisse dieser Theorien: Positiv verstärktes Verhalten nimmt zu, negativ verstärktes nimmt ab. Oder: Menschen wählen eher die Alternative, von der sie sich eine »Belohnung« versprechen, als die, von der sie sich keine Belohnung versprechen oder die eine Bestrafung darstellt. Dies ist auch für das Marktgeschehen gültig.

Zuerst ein typisches Experiment:

| | | | |
|---|---|---|---|
| 1. Durchgang | Hungrige Tauben werden in einen Käfig gelassen, in dem sich eine Wand mit bunten Scheiben befindet. | Sie picken wahllos auf jede Scheibe. | Aus jeder blauen Scheibe fällt ein Futterkorn. |
| 1. Wiederholung | | | |
| 2. Wiederholung | | | |
| 3. bis 10. Wiederholung | | | |
| 11. Wiederholung | Hungrige Tauben werden in einen Käfig gelassen, in dem sich eine Wand mit bunten Scheiben befindet. | Sie picken gezielt auf alle blauen Scheiben | Aus jeder blauen Scheibe fällt ein Futterkorn. |

Die Tauben haben ihr ursprüngliches Verhalten modifiziert, sie haben die Häufigkeit, mit der sie auf blaue Scheiben picken, gesteigert – sie haben gelernt, gezielt blaue Scheiben vor grünen/gelben/roten zu bevorzugen. Dieser Mechanismus erklärt einen großen Bereich sozialen Lernens und Verhaltens, wenn auch selbstverständlich nicht den gesamten.

Daher ist auch für weite Bereiche des Marktgeschehens gültig: Wenn aus der »blauen Scheibe«, die mein Produkt repräsentiert, kein »Futter« fällt, werden Konsumenten nicht »lernen«, diese vor anderen zu bevorzugen. Wenn ich andererseits gelernt habe, dass mich die Verwendung von Marke X »belohnt«, werde ich sie wiederholt kaufen.

Die Annahme scheint simpel und einleuchtend. Es gibt aber genügend Fälle in der Planung von Produkten und Strategien, wo genau diesem Punkt wenig Überlegung geschenkt wird: Warum sollen die Leute das tun, was man von ihnen erwartet? Warum soll ein junges Mädchen eine Pflegecreme kaufen – was hat sie davon? Warum soll jemand Müll trennen – was hat er davon?

Betrachten wir diese Theorien nun etwas genauer. Sie gehören in den Bereich der bekannten S-R-Modelle, die lediglich an dem Zusammenhang zwischen einem Input (einem Stimulus) und einem Output (einer Reaktion) interessiert waren und die all das, was sich im Inneren des Organismus, der Person abspielt, außer Acht ließen. Naturgemäß kann damit also nur ein bestimmter Verhaltensausschnitt erklärt werden, dieser aber sehr genau.

Eine Konditionierungstheorie geht davon aus, dass Organismen nach einfachen hedonistischen Prinzipien funktionieren: Sie versuchen Wohlgefühl/Lust/positive Zustände zu erreichen und Unangenehmes/Schmerz/negative Zustände zu vermeiden – eine weithin, wenn auch nicht uneingeschränkt gültige Annahme, die einfachste Motivtheorie eigentlich, die schon in der Antike bekannt war.

Weitere Annahmen dieser Theorie sind: Es wird besser gelernt, das heißt, das verlangte Verhalten wird schneller aufgenommen, wenn der Zustand der Befriedigung/Belohnung besonders intensiv erlebt wird. Dies ist der Fall, wenn:

1. die Verstärker/Belohnungen besonders attraktiv sind, wenn also massiv belohnt wird;
2. wenn schnell, unmittelbar danach belohnt wird (optimal ist ein Zeitraum von drei Sekunden); und/oder wenn
3. ein Mangelzustand vorliegt, der durch den Verstärker aufgehoben wird; das heißt: Hungrige Tiere lernen schneller als gesättigte. (Die Theorie wurde im Wesentlichen über Triebreduktionsmodelle geprüft.)

Die Begriffe dieser Theorie lassen sich daher auch folgendermaßen darstellen:

| **drive** | **cue** | **gratification** |
|---|---|---|
| Mangelzustand<br>nicht befriedigtes Bedürfnis | Schlüsselreiz, der den Verstärker ankündigt | Verstärker<br>Belohnung |
| hungrige Tauben | blaue Scheiben | Futter |

Durch Wiederholungen dieser Abfolge bildet sich ein bestimmtes Verhalten, etwa das Bevorzugen der blauen Scheibe; man nennt das auch das Ausbilden von habits. Das Modell funktioniert unter mehreren Bedingungen:

| | Positiver Reiz | Negativer Reiz |
|---|---|---|
| Geben | Belohnen | Strafen |
| Nehmen | Strafen | Belohnen |

*Beispiele*

*Positiven Reiz geben: Belohnen*
Jemand ist hungrig und kauft sich einen Schokoladeriegel. Der Riegel schmeckt sofort beim ersten Bissen wunderbar und stillt den Hunger schnell und anhaltend, die Person erlebt Wohlgeschmack und Sättigung. Sie beschließt, sich den Namen des Riegels zu merken und ihn beim nächsten Mal, wenn sie Hunger hat, wieder zu kaufen.

drive: Hunger
cue: Name des Riegels
gratification: Wohlgeschmack/Sättigung
habit: Kauf des Riegels X

*Negativen Reiz nehmen: Belohnen*
Jemand hat Kopfschmerzen. Er verwendet die Kopfschmerztablette X, sie nimmt sofort den Kopfschmerz, er fühlt sich besser. Er beschließt, sich den Namen der Tablette zu merken und sie das nächste Mal wieder zu kaufen.

drive: Kopfschmerz
cue: Name der Tablette
gratification: Schmerzfreiheit
habit: Kauf von Tablette X

*Positiven Reiz nehmen: Bestrafen*
Konsumenten dürfen den Müll nicht einfach in den Kübel werfen, sie büßen damit Convenience-Vorteile ein, die sie bisher hatten. Oder: Diätkuren verlangen das Aufgeben gewohnten Essverhaltens. Mütter verbieten ihren Kindern, ein bestimmtes Getränk zu trinken.

*Negativen Reiz geben: Bestrafen*
- Wenn man Autogurte nicht anlegt, zahlt man Strafe. Wenn man Pfandflaschen nicht zurückbringt, verliert man Geld.
- Umweltbewusste Produkte »bestrafen«, indem sie gewohnte Leistungen oder Convenience-Vorteile nicht bieten.

- Wenn man Raten nicht zurückzahlt, bezahlt man eine Gebühr.
- Wenn man Waschmittel X nicht benützt, bleiben Flecken – man zieht sich soziale Missbilligung zu.
- Wenn Handelsorganisationen im Bereich der Frischeabteilung schlechtes Gemüse anbieten, werden sie von Konsumenten bestraft – man kauft das Gemüse woanders.

Die Benützung dieses Mechanismus auf dem Markt ist oft problematisch und verlangt besondere Planung. Sobald man sich darüber im Klaren ist, dass ein gefordertes Verhalten eigentlich eine Bestrafung ist oder dass eine Bestrafung in Aussicht gestellt wird, muss sofort ein Gegenwert kompensierend angeboten werden.

Also: »Gesunde« Produkte scheinen zunächst zu bestrafen – man erwartet, dass sie nicht gut schmecken, dass man auf Genuss und Sättigung verzichten muss, was auch tatsächlich manchmal der Fall ist. Man braucht daher eine Kompensation: Man verzichtet auf Genuss und erhält dafür Schönheit/Jugend oder das Gefühl, als verantwortungsvoller Mensch zu handeln. Oder: Wenn in einem Werbefilm Angst gemacht wird (»Die Zecken lauern« oder »So befleckt könnte Sie jemand sehen«), muss sofort eine Bewältigungsstrategie, eine so genannte Coping-Strategie geboten werden, und zwar sofort, also ähnlich wie bei der Belohnung. Das heißt, man muss sofort erkennen: Aber die Zeckenimpfung schützt dagegen.

Lassen wir die Bestrafungsfälle zunächst einmal außer Acht und wenden wir uns den Belohnungsstrategien zu: Die Erfolge, die sich mit ihnen auf der Ebene der Zuwendung und der Gewöhnung an Produkte erzielen lassen, sind beträchtlich. Dies betrifft zunächst die Ebene der wahrnehmbaren beobachtbaren Produktmerkmale, also das, was man bei der Verwendung des Produktes erlebt. Gerade für diese Ebene ist dieser Mechanismus von hoher Relevanz. Es gibt dafür zwei Voraussetzungen:

- Das positive Erlebnis, die Verstärkung, muss sofort erfolgen und möglichst intensiv sein.
- Der *cue*, also der Schlüsselreiz, der mit dem Verstärker gekoppelt ist (die »blaue Scheibe«) muss unterscheidbar, prägnant, memorierfähig sein. Man muss daher auch in beobachtbare Merkmale von Qualität investieren *(»perceived quality«)*.

Dieser Mechanismus ist für alle Produkte besonders wichtig, die Unterschiede auf der Wahrnehmungsebene zulassen bzw. deren Wirkung sofort festgestellt werden kann. Ob eine Zahncreme zum Beispiel verhindert, dass man auch in Zukunft noch gesunde Zähne hat, kann nicht unmittelbar überprüft werden. Sehr wohl aber merkt man sofort, ob ein Eis wirklich himmlisch schmeckt oder ein Fleck beseitigt ist. Hier geht es also immer um die Investition in beobachtbare Merkmale von Qualität:

- Sportgetränke sind in den entsprechenden Zielgruppen unter anderem deshalb ein großer Erfolg geworden, weil sie sofort den Durst stillen, sofort ein gutes Gefühl geben (was mit ihrem schnell resorbierbaren Mineralstoffgehalt zusammenhängt).
- Schokoladeriegel, die nicht beim ersten Bissen eine Geschmacksexplosion im Mund erzeugen, haben wenige Chancen auf Durchsetzung.
- Die Bindung an einzelne Mineralwassermarken ist unter anderem deshalb schwach, weil Mineralwässer auf der Ebene der Geschmackserlebnisse wenig Intensitätssteigerungen erlauben (weshalb mehrere Hersteller jetzt leicht aromatisierte Varianten anbieten).
- Erfolgreiche Cremes im Bereich der Gesichtspflege erzeugen bereits beim ersten Auftragen ein Gefühl der Glätte und Frische.

Gewohnheiten (habits), die sich auf diese Art herausgebildet haben, sind oft dauerhaft, es entstehen schnell Standards. Wenn man also gelernt hat, bestimmte Dinge gewohnheitsmäßig in einer bestimmten Qualität zu »bekommen«, wird jede Zurücknahme als Bestrafung erlebt.

Bei der bisher vorgestellten Theorie des Konditionierens handelt es sich um das operante Konditionieren, also um die Verstärkung von Verhaltensweisen, die bereits aufgetreten sind. Tauben wurde nicht gelehrt zu picken – das konnten sie bereits –, sondern auf blaue Scheiben zu picken. Soll dagegen Verhalten an sich oder neues Verhalten in Gang gebracht werden, müssen zusätzlich andere Strategien geplant werden – etwa Imitation/Lernen am Modell (siehe dazu Teil A 3.6).

*Theorie des klassischen Konditionierens*

Noch einmal zum cue, dem Schlüsselreiz, den man auch als *Signal* auffassen könnte, das etwas Angenehmes ankündigt. Mit diesem beschäftigt sich die Theorie des *klassischen Konditionierens*, die eigentlich eine Theorie des Signallernens ist. Diese bekannte Theorie soll kurz rekapituliert werden. Kaum ein anderes Experiment der Psychologie ist ja so bekannt geworden wie diese Versuchsserie zum klassischen Konditionieren, die von Pawlow mit Hunden als Versuchstieren durchgeführt wurde.[15]

Bringt man einen Nahrungsreiz, zum Beispiel Fleisch, in die Nähe des Maules, sodass er wahrgenommen werden kann, sondert der Hund

Speichel ab. Das ist eine natürliche Reaktion, die nicht erlernt zu werden braucht, sie ist vorgegeben:

- US = Unkonditionierter Stimulus = Fleisch
- UR = Unkonditionierte Reaktion = Speichelabsonderung

Wird nun wiederholt unmittelbar vor der Präsentation des Fleisches eine Glocke geläutet, dann wird schließlich Speichel auf das Läuten der Glocke abgesondert, ohne dass Fleisch dargeboten wird. Es gibt also:

- CS = Konditionierter Stimulus = Glocke
- CR = Konditionierte Reaktion = Speichelabsonderung auf den Glockenton

Hier hat die Übertragung einer Reaktion auf einen anderen Stimulus stattgefunden. Das Tier hat gelernt, auf das Läuten einer Glocke mit Speichelabsonderung zu reagieren. Ebenso geht dies auch wieder mit Strafreizen. So lernen Tiere bestimmte Handlungen/Orte/Stimuli zu meiden, denen gegenüber sie sich ursprünglich ganz neutral verhielten, weil sie gelernt haben, dass diese mit Strafreizen gekoppelt sind, mit Stromschlägen etwa.

Auch für diese Konditionierungsvorgänge gilt:

- Das Training muss oft wiederholt werden.
- Belohnungen und Bestrafungen müssen sofort erfolgen; günstig ist wieder ein Zeitraum von drei Sekunden.
- Belohnungen und Bestrafungen müssen deutlich, erlebbar und erkennbar sein.
- Der neue Stimulus, auf den konditioniert wird, muss gut unterscheidbar, prägnant sein.

Längere Verhaltensfolgen werden über den Mechanismus der Generalisation aufgebaut: Lebewesen lernen, ähnliche Stimuli zu Klassen zusammenzufassen und ihre Reaktionen auf die ganze Klasse auszudehnen.

In einem bekannten Experiment, »Klein Albert«, wurde ein Kind darauf konditioniert, Angst vor einer weißen Ratte zu haben. Es dehnte diese Angst dann auf viele kleine Tiere mit Pelz aus: Kaninchen, Katzen, schließlich weiße Tiere überhaupt.

Bemerkenswert an diesen Theorien ist, dass die beiden Stimuli, die in dem Konditionierungsvorgang zusammengebracht und substituiert werden, logisch nichts miteinander zu tun haben müssen: Die Glocke hat mit Fleisch nichts zu tun.

Kritiker und Praktiker der Werbung beziehen sich gleichermaßen oft auf diese Theorie. Die Kritiker, indem sie sich gegen die dadurch gegebenen Manipulationsmöglichkeiten wenden: Dieser Mechanismus, führen sie ins Treffen, könnte verwendet werden, um gegenüber beliebigen Stimuli beliebige Reaktionen aufzubauen – die Betroffenen müssten sie, ob sie das wollen oder nicht, lernen und reproduzieren. Offensichtlich ist das eine Annahme, die das menschliche Reaktionsvermögen bei weitem unterschätzt. So einfach sind Menschen sicher nicht zu konditionieren. Im Kern aber handelt es sich um einen wichtigen Mechanismus, auch für den Markt.

Die Koppelung von ursprünglich neutralen Produkten und Marken mit Zeichen/Signalen, auf die man automatisch positiv reagiert, und die Übertragung dieser Reaktion auf das Produkt bzw. die Marke lässt sich durchaus unter diesem Modell begreifen – es handelt sich quasi um eine emotionale Konditionierung.

Diese Annahmen finden Eingang in Aktivierungstheorien. Der Erklärungswert dieser Theorien ist allerdings dann schwach, wenn man die Frage zu beantworten sucht, welche Stimuli gewählt werden sollen, um automatisch eine positive Reaktion zu erhalten. Die Klasse dieser Stimuli ist offensichtlich beschränkt, schon deshalb, weil man meistens auf biologische Vorprägungen rekurrieren muss: Kindchenschema, erotische Reize etc. Diese Stimuli erlauben es allerdings selten, irgendeine Information weiterzugeben, die man auf das Produkt beziehen kann.

Wenn man etwa die Aufgabe hat, einen Mikrowellenherd in einer Anzeige zu bewerben, und man löst dies dadurch, dass man den Herd mit dem Bild einer nackten Frau koppelt, dann mag ein gewisser Konditionierungs- und Aktivierungseffekt eintreten, man übermittelt aber damit keine wie auch immer geartete sinnvolle Nachricht. Eine derartige Koppelung von zwei Zeichen – Mikrowellenherd und nackte Frau – nützt nicht den Mechanismus einer interessanten Zeichenkoppelung (siehe dazu später andere Koppelungsverfahren, so die Metapher) und blendet völlig das menschliche Bedürfnis nach sinnvoller Information und jeden kognitiven Interpretationsmechanismus aus.

Es ist also durchaus relevant, diesen Mechanismus der emotionalen Konditionierung zu benützen, er kann jedoch viel besser gehandhabt werden, wenn die kognitiven Möglichkeiten der Zeichenkoppelung beachtet werden.

Jede Konditionierungstheorie betrachtet den Menschen als ein lernfähiges und durch Umweltreize in hohem Maß formbares Wesen, wenngleich als

Steuerung ein relativ einfacher Mechanismus angenommen wird, nämlich der von Lohn und Strafe. Dies ist ein – sozial gesehen – zugleich optimistischer Denkansatz wie auch einer, der dem Menschen eine eher geringe Autonomie zuschreibt: Es gibt formende Instanzen, die gezielt Lohn- und Strafreize setzen, auf die quasi automatisch reagiert werden muss.[16]

Die eindrucksvollsten Experimente dieser Theorien gehen ferner davon aus, dass Verhalten dann schnell in Gang kommt, wenn ein Mangelzustand vorliegt oder Bedürfnisse, die nach dem Modell eines Reglerkreises befriedigt werden. Der wichtigste Erkenntnisgewinn aller dieser Theorien, der auch für Konsumentenverhalten von hoher Relevanz ist, ist der, dass Verhalten durch Belohnungswerte gesteuert werden kann: Wenn nicht einsichtig, beobachtbar, begründet erwartbar ist, was man von einem Verhalten (Kauf der Produktgattung, Kauf der Marke) hat, was der Nutzen, der Belohnungswert dieses Verhaltens ist, dann wird es weder in Gang kommen noch verfestigt werden.

Dies ist eine wichtige Erkenntnis, aber sie ist anhand eines einfachen Modells gewonnen worden, das dem komplexen Entscheidungsverhalten von Menschen und Konsumenten nicht gerecht wird. In der klassischen Formulierung der Theorie wird ja das Bewusstsein ebenfalls ausgeblendet. Die Theorie ist also in mehrfacher Hinsicht zu erweitern:

- Der Belohnungswert von Verhalten umschließt eine umfangreiche Klasse von Belohnungen/positiven Verstärkern: Bedürfnisreduktion/Triebreduktion (Aufhebung eines Mangelzustandes), ebenso aber auch psychische und soziale Belohnung/Nutzen.
- Zwischen dem Stimulus und der Reaktion ist beim Menschen die ganze Bandbreite individuell verschiedener Abläufe anzunehmen: Ein Stimulus erzeugt beim Menschen keineswegs immer dieselbe Reaktion; verschiedene Situationen wirken auf verschiedene Menschen in unterschiedlichem Ausmaß verstärkend.
- Die Reaktionen auf einen Stimulus werden durch Erwartungen, Erfahrungen, Werthaltungen bei verschiedenen Menschen in verschiedenem Ausmaß beeinflusst.
- Verhalten wird auch durch den Anreiz von Zielen ausgelöst: Menschen unternehmen aktiv beträchtliche Anstrengungen, um begehrte Ziele zu erreichen. Dabei gibt es wieder unterschiedliche Anreize von Zielen für unterschiedliche Menschen. Komplexere Verhaltenssequenzen und komplexere Lernvorgänge, wie sie für Menschen üblich sind, sind im Rahmen dieser Theorien allein schwer zu erklären, da an allen komplexeren Verhaltensweisen kognitive und aktive Elemente beteiligt sind.

Konditionierungstheorien müssen also, um komplexeres Verhalten zu erfassen, um psychische Prozesse, im Wesentlichen um kognitive Prozesse, erweitert werden. Einen ersten Beitrag dazu leisten die Erwartungs-Werttheorien, die nachfolgend beschrieben werden.

## 3.5 Erwartungs-Werttheorien

Theorien dieser Art, wie sie im Umkreis von Forschern wie Lewin entwickelt wurden, gehen, vereinfacht ausgedrückt, davon aus, dass Verhalten von der Attraktivität von Zielen gesteuert wird und gleichzeitig von Erwartungen darüber, wie hoch die Wahrscheinlichkeit ist, diese Ziele zu erreichen.

Dabei gilt: Verhalten wird am ehesten dann in Gang kommen, wenn ein attraktives Ziel sowie Annahmen über eine mittlere Erfolgswahrscheinlichkeit bestehen. Ein sehr attraktives Ziel, von dem man aber annimmt, dass es wahrscheinlich nicht zu erreichen ist, hat nur eine geringe motivierende Kraft, ein Ziel, das ganz einfach zu erreichen ist, eine ebenso geringe.

Lohnende Ziele, die im Bereich des Möglichen, wenn auch nicht Sicheren liegen, haben dagegen eine hohe motivierende Kraft. So werden zum Beispiel im Bereich des sozialprestigebezogenen Verhaltens Angehörige der unteren Schichten kaum eine Eliteposition, etwa Leiter der Firma, anstreben – diese ist zwar attraktiv, aber die Chance, sie zu erreichen, ist gering. Die Erwartung, zum Leiter einer Abteilung aufzurücken, ist dagegen realistisch – es muss nicht, aber es kann gelingen , dieses Ziel ist also subjektiv attraktiv und hat eine mittlere Wahrscheinlichkeit der Realisierung. Ähnlich streben junge Leute, die sich ein Auto kaufen, nicht gleich einen großen BMW an. Echte Perserteppiche sind zwar attraktiv, aber wenige Leute sparen wirklich für den Kauf. Viele Frauen bemühen sich nicht, wie ein Top-Model auszusehen oder wie ein Top-Koch zu kochen, sondern so gut auszuschauen und so gut zu kochen wie eine von ihnen bewunderte Bürokollegin.

Diese Ziele, im Sinne dieser Theorien Werte oder Objekte mit Valenzen, erklären wieder die individuellen oder gruppenspezifischen Unterschiede im Verhalten: Nicht jeder Wert ist für jeden gleich attraktiv, unterschiedliche Personen haben unterschiedliche Meinungen über ihre subjektiven Erfolgschancen.

Dennoch handelt es sich nicht um einen völlig subjektiv verlaufenden Prozess: Soziale Gruppen haben ganz bestimmte Werte, die von den meisten Angehörigen dieser Gruppen als wünschenswert angesehen werden, und auch bei der Einschätzung von Erfolgschancen ist ein System erkennbar.

Theorien dieser Art haben sowohl im Bereich psychologisch orientierter Forschung wie für die Analyse von Konsumverhalten hohe erklärende Kraft. Aus dem Bereich der Psychologie seien hier vor allem die Untersuchungen zum Motiv der Leistung erwähnt, die auch für Konsumentenverhalten wichtig sind. Das Motiv der Leistung ist sehr genau untersucht worden.[17]

Leistungsmotivation ist nicht bei jeder Person gleich stark ausgeprägt. Prinzipiell lassen sich zwei Typen unterscheiden:

- *Erfolgsmotivierte:* Sie versuchen, begehrte Ziele aktiv zu erreichen, sie streben nach Erfolg und setzen ihre eigenen Erfolgswahrscheinlichkeiten hoch, aber realistisch an.
- *Misserfolgsvermeider:* Für sie steht nicht Erfolg im Mittelpunkt ihrer Werte, sondern das Vermeiden von Misserfolg. Das können sie erreichen, indem sie ihre Ziele niedrig ansetzen oder indem sie Strategien entwickeln, die sicherstellen, dass andere oder das Ziel selbst für ihren Misserfolg verantwortlich sein werden. Sie schätzen ihre Erfolgswahrscheinlichkeit unrealistisch hoch und/oder zu niedrig ein.

Alles das liefert für die Erklärung von Konsumentenverhalten wichtige Analyserahmen. Die Anreizqualitäten von Objekten/Produkten/Marken sind wichtige Voraussetzungen, um Verhalten in Gang zu setzen. Im Sinne dieser Theorien müssen Objekte einen Aufforderungscharakter haben, sie müssen Valenzen haben, müssen sich von ihrem Hintergrund als prägnante »lockende« Objekte abheben.

Dies verlangt von den Personen, die Produkte vermarkten, genaue Kenntnis darüber, welchen Wert sie signalisieren sollen, welchen Wert für eine Gruppe, zu einem Zeitpunkt, in einem Produktfeld. Und es bedeutet für die Produkte, dass sie als Objekte so präsentiert werden müssen, dass sie genau diesen Eindruck erzielen: desirable yet reachable – begehrenswert, aber erreichbar.

Im Einzelnen setzt das eine genaue Kenntnis der jeweiligen Zielgruppe voraus: Das, was jemand für erreichbar hält, ist eine Konsequenz seiner sozialen Position, des Anspruchsniveaus, der Vorstellungen darüber, was er für erreichbar und wünschenswert hält. Erwartungs-Wertmodelle sind daher letztlich eng mit dem Konzept der Werte und der gruppenspezifischen Vorstellungen über das, was wünschenswert ist, verknüpft.

Neben dem Motiv der Leistung ist für dieses Modell das Motiv der Neugier von besonderem Interesse. Neugier – also der Wunsch, etwas

Neues kennen zu lernen – ist als isolierte Antriebskraft ein wichtiges Motiv und soll daher später auch unter dem Begriff der Stimulation genauer besprochen werden. Neugierverhalten wird aber auch stark von den Anreizqualitäten und der Valenz von Zielen ausgelöst. Auch wenn man überhaupt kein Problem, keinen Mangelzustand erlebt, »lockt ein Objekt« – man möchte es kennen lernen, man schätzt die Stimulation, die es bietet, die neuen Erlebnisse und Nutzen, mit denen es verknüpft ist.

Viele Markenwechsel kommen auf diese Weise zustande. Man ist zwar durchaus mit seiner Marke zufrieden, aber eine neue Marke, ein neues Produkt tritt als lockendes Objekt in das Produktfeld ein. Neue Produkte, neue Sorten sind darauf angewiesen, mit diesen Valenzen ausgestattet zu werden.

## 3.6 Lernen am Modell

### *Imitationsverhalten*

Diese Theorie hat für große Bereiche des sozialen Lernens und auch des Konsumentenverhaltens Relevanz. Ausgegangen wird hier von der Gegebenheit, dass Verhalten nicht nur in Gang kommt, wenn ein Mangelzustand vorliegt, wenn man positive Erfahrungen mit einem bestimmten Verhalten gemacht hat, wenn lockende Ziele vorliegen, sondern auch, wenn man beobachtet, dass andere Personen sich auf bestimmte Weise verhalten – man imitiert sie dann, man verhält sich so wie sie.[18]

Lernen durch Beobachtung (Imitationslernen) wird vor allem dann wichtig, wenn es um die Übernahme und die Ausbildung von neuem Verhalten, von bisher nicht praktiziertem Verhalten geht – diese Strategie erweitert also die Verhaltensrepertoires von Lebewesen beträchtlich. Zur Erinnerung: Beim Konditionieren werden Verhaltensweisen, die bereits gegeben sind, verstärkt, sodass sie häufiger auftreten.

Verhaltensübernahme durch Imitation gibt es auch bei Tieren: Kleine Katzen lernen von ihrer Mutter das Mäusefangen, Vögel lernen ihre spezifischen Gesangsrepertoires etc.

Ein weiter Bereich von Verhaltensweisen wird beim Menschen auf diese Weise erlernt: Körpersprache, motorische Fähigkeiten, sportliche Tätigkeiten. (Man stelle sich vor, jemand würde Tennisspielen nach der Methode der klassischen Konditionierung lernen. Es wäre ein mühsamer Prozess, das Imitieren eines guten Tennislehrers bildet dieses Verhalten viel schneller aus.) Darüber hinaus werden aber auch komplizierteres Verhalten sowie Einstellungen und Werthaltungen imitiert. Es fragt sich nun, wodurch diese Imitationsvorgänge ausgelöst und gesteuert werden.

Menschen kommen ja mit zahlreichen Menschen in Kontakt, sie könnten also zahlreiche Verhaltensweisen imitieren. Das geschieht aber nicht – man trifft eine Selektion unter den Menschen und den Verhaltensweisen, die man imitiert. Die Mechanismen, die diese Selektion steuern, erklärt die Theorie über das Konzept des Modells. Imitiert werden Modelle, das heißt Personen, für die spezifische Bedingungen gelten:

- Sie müssen über spezifische Merkmale verfügen.
- Es muss ersichtlich sein, dass das Verhalten, das imitiert werden soll, für das Modell positive Konsequenzen haben wird (oder negative Konsequenzen, dann unterlässt man es).

Die spezifischen Merkmale solcher Modelle sind gemäß dieser Theorie:

- wahrgenommene soziale Macht oder hochrangige, hoch bewertete Merkmale;
- Wärme, Freundlichkeit;
- Affinität, Nähe, Ähnlichkeit;
- Kompetenz für die spezifischen Verhaltensweisen.

Naturgemäß gibt es auch hier wieder eine große individuelle Bandbreite, wichtig ist jedoch festzuhalten: Imitiert werden Personen, die hochrangige Merkmale verkörpern, nicht Personen, die sozial/kulturell niedrig bewertete Merkmale repräsentieren. Imitiert werden nicht die »grauen Mäuse« in unserer Gesellschaft, sondern die »Stars« (die Jungen, Reichen, Schönen, Einflussreichen, manchmal auch die Cleveren oder die Vernünftigen), allgemein die Personen, die integrierende und sinnstiftende Werte – eben alles das, was in einer Gesellschaft zu einem gegebenen Zeitpunkt als anerkennenswert gilt – verkörpern.

Wohl variieren die Merkmale, die als anerkennenswert betrachtet werden, individuell und gruppenspezifisch deutlich. Es gibt aber innerhalb gewisser Bandbreiten auch sozialen Konsens darüber. Ebenso muss die Verhaltensweise, die man imitieren will, im Bereich des subjektiv Möglichen liegen – desirable yet reachable. Genau das ist der Mechanismus, den man auf dem Markt nützt, wenn diese Strategie eingesetzt wird.

Die nachfolgenden Beispiele aus einer alten Kampagne für American Express zeigen Personen, die innerhalb größerer Gruppen als Modellpersonen gelten können, denn sie sind prominent, erfolgreich, sie sehen gut aus, sie haben besondere Berufe: Hanna Schygulla, Lothar Matthäus.

Sie werden ferner in der Kampagne so in Szene gesetzt, dass sie quasi normale Kleider tragen, die jeder besitzt – Lothar Matthäus zum Beispiel im Unterhemd. (Der Eindruck des Elitären ergibt sich aus einem formalen Arrangement, das Elemente des elitären Stils benützt, der ab Seite 316 näher besprochen wird.) Schon dies schafft Nähe, Affinität, Anknüpfbarkeit. Das eigentliche Verhalten aber, das nachgeahmt werden soll, ist ganz leicht zu imitieren – es ist nicht Profifußball spielen, schauspielern, teuer essen gehen, exklusiv leben, es ist der Erwerb von American Express.

Viele Kampagnen, die die Strategie »Lernen am Modell« benützen, sind so konstruiert:

a) Aufbau einer Person, die hochrangige Merkmale besitzt (sei dies Prominenz oder sonst ein für die Zielgruppe oder das Produktfeld wichtiger Wert);
b) Hinweis auf ein Verhalten, das sehr leicht zu imitieren ist (zum Beispiel Kauf eines Shampoos in der L'Oréal-Kampagne, eines Deos, eines Kaffees etc.).

Strategien dieser Art sind oft sehr erfolgreich, und zwar besonders erfolgreich bei Massenprodukten; elitäre Produkte oder Produkte, die für hochrangige Eliten bestimmt sind, sind schwieriger über solche Strategien anzubieten, da die anzusprechenden Personen eher imitiert werden als imitieren.

Nicht zu vergessen ist jedoch die zweite Bedingung: Die gewählte Person muss Kompetenz für das Verhalten haben, das zur Imitation angeboten wird. Oder vorsichtiger ausgedrückt: Es muss zumindest potentiell möglich sein, dass sie Kompetenz dafür hat.

Steffi Graf und Gabriela Sabatini haben beide Kompetenz für Sportprodukte, dies wäre aber eine triviale Ausnützung eines Merkmals – sehr viel interessantere Bedeutungen ergeben sich, wenn zusätzlich andere Merkmale akzentuiert werden. Das ist dann aber weit schwieriger. Steffi Graf wird man nicht kompetent für ein Waschmittel oder für ein Parfüm halten, aber durchaus kompetent für Telekommunikation; Gabriela Sabatini hat Kompetenz für Parfüm, sie gilt allgemein als hübsch und gut hergerichtet; einem Koch, der hager ist und verkrampft wirkt, wird man nicht zutrauen, dass er etwas Gutes zum Essen empfiehlt.

Besonders heikel ist dieser Punkt bei Modellpersonen im Bereich der Kosmetik: Da Kosmetik primär Jugend bzw. Erhalt eines jugendlichen makellosen Aussehens verkauft, ist es schwer, Frauen als Modellpersonen zu zeigen, die wahrnehmbare Alterserscheinungen aufweisen. Dies stellt ein Problem vor allem im Bereich der Kosmetiklinien dar, die Produkte für die zunehmend größer werdenden Gruppe älterer Frauen anbieten.

Schließlich ist noch ein letzter Punkt zu beachten, der uns zu der Theorie der Leitbilder und dann der Referenzgruppen hinüberführt:[19] Es gibt prinzipiell zwei Typen von Leitbildern, Ähnlichkeitsleitbilder und Attraktivitätsleitbilder. Ebenso gibt es zwei Typen von Gruppen, auf die man sich in seinem Anspruchsniveau bezieht:

- *Affinitätsgruppen/Ähnlichkeitsgruppen,* das sind solche, mit denen man sich vergleicht, weil sie die unmittelbare soziale Umgebung bilden – man möchte mindestens so sein wie sie;
- und *Attraktivitätsgruppen*, das sind Gruppen, die einen in irgendeiner Dimension übertreffen und zu denen man gezählt werden möchte.

Man imitiert also sowohl Personen, denen man sich vergleichbar und ähnlich fühlt – zum Beispiel die »Nachbarin«: »Ich möchte genau dasselbe haben wie sie.« – »Wenn sie ihr Problem so gelöst hat, mache ich das auch.« Ebenso imitiert man solche Personen, die man attraktiv findet: »So möchte ich auch sein.« Hier muss überlegt werden, welche Merkmale für bestimmte Personen oder im Zusammenhang mit bestimmten Produkten/Situationen als anerkennenswert/attraktiv/erstrebenswert gelten. Je nach Aufgabe, Zielgruppe, teilweise auch Produktgattung ist dies verschieden, ebenso wie die Effizienz, mit der Ähnlichkeits- oder Attraktivitätsleitbilder benützt werden können.

## 3.7 Zusammenfassung: ein Verhaltensmodell

Bei konkreten Projekten – also der Planung einer Vermarktungsstrategie über Produktausstattung, Positionierung, Werbung – stellt sich nun die Frage, welche der besprochenen Verhaltensmechanismen in erster Linie als Analyserahmen benützt werden sollen. Dies kann naturgemäß nicht generell beantwortet werden: Es hängt einfach vom Projekt ab. Dennoch lassen sich aufgrund der Erfahrung einige Richtlinien angeben, die für die Erstellung dieses Analyserahmens wichtig sind.

Zunächst: Es genügt nicht, eine Theorie heranzuziehen und damit etwa alles über Konditionierung oder alles über Erwartungswerttheorien erklären zu wollen. Auch die einfachsten Verhaltensakte kommen durch das Zusammenwirken von Erfahrung, Zielvorstellung, Anreiz, Erwartung eines Belohnungswertes zu stande. Ebenso gibt es evolutionäre Erklärungen des Verhaltens: Jede Theorie hat einen bestimmten Geltungsbereich. Theorien, die einfache Verhaltensmechanismen erklären, können in Theorien, die kompliziertes Verhalten erhellen, eingebettet sein.

So erklären etwa Konditionierungstheorien sehr elementare Verhaltensmechanismen, die sich aber in komplizierten Verhaltenseinheiten, die durch andere Mechanismen gesteuert sind, punktuell durchaus wiederfinden. Verhaltenstheoretische Konzepte, wie das Einstellungskonzept, beziehen daher auch die Kombination von aktivierenden, emotionalen, kognitiven, planenden Aspekten mit ein.

Im Folgenden also der Versuch einer solchen Verknüpfung der Aspekte:

Bei der Wahl zwischen zwei Handlungen ist generell davon auszugehen, dass Menschen jene Handlung wählen, von der sie wissen oder erwarten, dass sie angenehm ist, ihnen einen Nutzen bringt, eine Belohnung darstellt, also von einer positiven Verstärkung gefolgt ist. Und sie werden jene Handlung unterlassen, von der sie wissen oder erwarten, dass sie unangenehm ist, eine Bestrafung darstellt.

Dieses generelle Prinzip, das offensichtlich von einem hedonistischen Menschenbild ausgeht und das auf den Ergebnissen von Konditionierungstheorien aufbaut, scheint sehr simpel, ist aber bei der Planung von Überzeugungs- und Motivationsstrategien eine zentrale Überlegung: Niemand wird auf dem Markt etwas tun, wenn er sich selbst davon nicht irgendeinen Nutzen verspricht und wenn er nicht klar erkennt, was der Nutzen ist, den er durch ein Produkt erhält.

Die Nutzen, »Belohnungen«, Werte selbst können höchst unterschiedlich sein: ökonomischer Art, instrumenteller Art, es können aber auch psychische, soziale, expressive, normative, ästhetische Nutzen sein. Ebenso definieren Menschen Nutzen, Belohnungen sehr subjektiv und damit sehr unterschiedlich. Gerade das bildet die Voraussetzung dafür, dass es höchst unterschiedliche Produkte und Strategien gibt, und es macht die Kunst des Marketing aus, das richtige Produkt mit dem richtigen Verstärker für die richtige Zielgruppe anzubieten.

Die Psychologie stellt darüber hinaus eine Reihe von gesicherten Erkenntnissen zur Verfügung, die näheren Aufschluss über diese Variation der Nutzen und über diese Variation zwischen den Personen geben. Die wichtigsten noch einmal rekapituliert:

Verhalten läuft anders ab, wenn es im Dienste einer »Bedürftigkeit« steht, wenn ein Mangel abgeschafft werden soll oder wenn ein lockendes Ziel vor Augen steht (Antriebe und Anreize). Der Grad, in dem Befriedigung angestrebt wird, ist unterschiedlich, er kann bloß das Abstellen eines Mangels im Auge haben (comfort) oder ein bisschen mehr (pleasure).

Menschen reagieren nicht nur, sondern sie bilden Erwartungen und Zielvorstellungen aus: Sie streben das Verhalten an, das positiv bewertete Personen zeigen. Sie versuchen Ziele und Werte zu erreichen, die eine maximale Kombination aus Attraktivität und Erreichbarkeit darstellen.

Plakativ sind also als Maximen zunächst anzunehmen:

| | | |
|---|---|---|
| *Pleasure stamps in, pain stamps out* | + | *Desirable yet reachable* |

Wenn wir also davon ausgehen, dass Verhalten nicht nur von Erfahrungen, sondern auch von Erwartungen geprägt ist, dann stellt sich die Frage, was Menschen zu erreichen oder zu erzielen suchen. Das leitet zu der Frage der Motive oder der Werte über, also zu der Frage, woran appelliert werden kann.

# 4 Inhaltsorientierte Motivtheorien

## 4.1 Einleitung

In diesem Punkt geht es um die Beschreibung einzelner Motive, also um Konstrukte, die Verhalten erklären – gleich, ob man diese Konstrukte als Antriebskräfte, Motive, Bedürfnisse oder Wünsche bezeichnet. Sobald man sich dem Problem der inhaltlichen Motive zuwendet, tauchen meist folgende Fragen auf:

- Wie viele und welche Motive und Antriebskräfte gibt es?
- Gibt es Motive, die schubkräftiger sind als andere, an die es sich also immer zu appellieren lohnt?
- Gibt es »geheime« Motive, die nicht zugegeben werden wollen oder können, die der Person selbst nicht bewusst sind, die aber von großer Wirksamkeit sind?

Mit diesen Fragen sind ganze Bündel schwieriger theoretischer und methodischer Fragen verknüpft, denen hier nicht im Einzelnen nachgegangen werden kann. Wichtig ist Folgendes:

1. Es ist nicht möglich, eine erschöpfende Liste aller Motive und Antriebskräfte zu liefern.
2. Motive sind nicht etwas Unveränderbares, Überzeitliches, das immer und überall bei allen Menschen zu finden ist. Die Schubkraft von Motiven ist historisch und individuell unterschiedlich. Motive sind erlernt und sozial vorgeprägt.
3. Ob ein Motiv schubkräftiger ist als ein anderes, wird von Theorie zu Theorie verschieden beantwortet.
4. Jene Motive, die von den Akteuren selbst als Gründe ihres Handelns genannt werden oder die in ihrem Bewusstsein als die Gründe ihres Handelns existieren, sind nicht gleichzusetzen mit den Gründen, die ihre Handlungen erklären. Menschen können sich aufgrund von Orientierungen verhalten, die ihnen selbst nicht bewusst sind.

Um Motive überhaupt beschreiben und erfassen zu können, braucht es einen Analyserahmen, am besten eine Theorie, die die Kategorien bereitstellt, nach denen Motive beschrieben und voneinander abgegrenzt werden können. Im Bereich der Marketingliteratur werden vor allem drei Theorien besonders oft herangezogen:

- die Theorie von Freud, der tiefenpsychologische Zugang;
- die Bedürfnistheorie von Maslow, die eine stufenweise und hierarchisch geordnete Befriedigung von Bedürfnissen vorsieht;
- den Rekurs auf Einzelmotive, die im Bereich der Psychologie oder Sozialpsychologie gut erforscht sind, wie Leistung, Affiliation, Dominanz, Prestige, Dissonanzvermeidung.

Diese Zugänge haben jeweils Vor- und Nachteile und sind bei einzelnen Problemstellungen mit unterschiedlicher theoretischer Berechtigung einzubeziehen. Im Folgenden sollen diese Zugänge kurz dargestellt werden.

Nicht behandelt wird das Einstellungskonzept, zu dem eine umfangreiche Literatur existiert.[20] Einstellungen – definiert als längerfristige Dispositionen, Meinungsobjekten gegenüber zu fühlen, zu denken, zu handeln – werden als ein mehrdimensionales Konstrukt aufgefasst, das emotive, kognitive, wertende Bestandteile enthält. Das Einstellungskonzept hat zentrale Bedeutung, wenn es um Mess- oder Operationalisierungsverfahren bei Marktprojekten geht. Damit eng verwandt ist das Imagekonzept.

Ebenso kann man Konsumentenverhalten unter dem Aspekt der Entscheidungslogik betrachten. Man fragt dann nicht nach den Gründen für ein Verhalten, sondern nach den Voraussetzungen, unter denen Entscheidungen getroffen werden können sowie nach den Typen von Entscheidungen. Auch dieser Bereich wird hier nicht behandelt.[21]

## 4.2 Die Theorie Freuds

Die Theorie Freuds, die sehr oft mit Marktpsychologie gleichgesetzt wird, ist zunächst einmal eine Theorie der klinischen und nicht der experimentellen Psychologie. Freud postuliert bekanntlich drei Komponenten der Person:

- *Das Es:* das Reservoir der angeborenen Triebe, primär sexueller und aggressiver Natur. Die Inhalte des Es sind der Person größtenteils unbewusst. Das Es versucht, die inneren Triebspannungen sofort zu entladen – es funktioniert nach dem Lustprinzip bzw. der hedonistischen Doktrin. Der von ihm gewünschte Zustand ist ein Zustand, in dem alle Wünsche befriedigt sind.
- *Das Über-Ich:* Es repräsentiert die Gesamtheit der internalisierten Normen einer Kultur. Es belohnt das Individuum für moralisch richtiges Verhalten und bestraft es für moralisch/sozial nicht richtiges Verhalten durch Schuldgefühle. Es leistet inakzeptablen Wünschen

und Impulsen des Es aktiv Widerstand. Nach Freud entwickelt sich diese Instanz über die Entdeckung des Inzesttabus im Zuge der Identifikation mit dem gleichgeschlechtlichen Elternteil, der dann als Rivale um die Liebe des andersgeschlechtlichen Elternteils auftritt.

- *Das Ich:* Es wird durch das Realitätsprinzip gelenkt, das heißt, es vermittelt zwischen den Ansprüchen des Es und den Ansprüchen des Über-Ich. Die Inhalte des Ich sind weitgehend bewusst, jedoch nicht alle. So verfügt das Ich über Schutz- und Abwehrmechanismen, Rationalisierungen und den Verdrängungsmechanismus. Unerlaubte oder unmöglich zu realisierende Wünsche werden verdrängt, abgewehrt oder sublimiert, das heißt, auf sozial annehmbare Ziele umgelenkt. Oberflächlich interpretiert wäre also jede Handlung, die nicht einem unmittelbaren (sexuellen) Lustgewinn bzw. einem Wunsch des Es entspricht, eine Abwehrhandlung, eine Verdrängung oder eine Sublimierung.

Motivation scheint so im Wesentlichen einerseits durch die Zwänge der Biologie, der Triebe also, andererseits durch die Zwänge der Gesellschaft/Kultur bedingt. Aktuelles Verhalten wird weitgehend durch die individuelle Vergangenheit einer Person bestimmt, durch ihre Kindheitskonflikte. Der Mensch ist hier begriffen als ein im Grunde asoziales Wesen – egozentrisch und selbstsüchtig. Kultur/Zivilisation erscheint ihm als ein störender Eingriff, der seine freie Triebbefriedigung beschneidet.[22]

Für die Marktpsychologie war dieses Modell eine Zeitlang von hoher Attraktivität. Produkte wurden als Objekte begriffen, die Lust versprachen, die unmittelbar an den Bereich des Es appellierten, also an unbewusste Wünsche, Triebe. Produkte standen stellvertretend für sonst unerfüllbare Wünsche. Es gehe also nur darum, dachte man, Produkte mit entsprechenden Signalen auszustatten und die Aufmerksamkeit des Ich und Über-Ich durch Rationalisierungen zu unterlaufen. Im Wesentlichen war dies der Ansatz von Ernest Dichter.[23]

Heute ist klar, dass dieser theoretische Ansatz zwar faszinierte, jedoch an bestimmte historische, soziokulturelle und sozioökonomische Voraussetzungen gebunden war. Es steht inzwischen fest, dass sowohl im Bereich der Motivationspsychologie wie im Bereich des Konsumentenverhaltens mit dieser Theorie nur ein Teil von Verhalten erklärt werden kann, viele Verhaltensweisen aber nicht. Die Suche nach Lust ist sicher eine wichtige Quelle unserer Wünsche, das Bedürfnis, selbst gesteckte Ziele zu erreichen, die Freude an Leistung, Erfolg etc. ist es aber nicht minder.[24]

Als Denkmodell für die Erforschung von Motivationen auf dem Markt lassen sich aber aus der Theorie Freuds dennoch einige wichtige Folgerungen ableiten:

1. *Die Beweggründe des Handelns sind nicht mit den von dem Individuum explizit geäußerten und einsichtigen gleichzusetzen.*

Es gibt auch heute noch Wünsche, die die Realität nicht erfüllt, die von der Gesellschaft negativ sanktioniert werden und die man ungern vor sich oder vor anderen zugibt. Gerade diese Wünsche sind es aber, die oft eine beträchtliche Schubkraft entfalten.

So wird kaum jemand zugeben, dass er etwas gekauft hat, weil es ihm stellvertretend dazu dienen sollte, sich Dominanz oder Liebe zu erkaufen, weil er wollte, dass die Nachbarn »vor Neid platzen« oder er überhaupt jemand beeindrucken wollte – ein wichtiges Motiv beim Autokauf etwa , oder im Falle von Müttern, dass sie Süßigkeiten gekauft haben, um ihre Kinder zu bestechen, ruhig oder lieb zu ihnen zu sein.

2. *Produkte können als Objekte funktionieren, mit deren Hilfe man sich etwas kauft, das man sonst nicht bekommt.*

Sie repräsentieren gewissermaßen einen »Traum«, eine Wunscherfüllung, die sonst nicht möglich ist, und zwar, indem sie etwas Fiktionales an die Stelle von etwas Realem setzen. Ähnliches gilt auch für die Darstellung von Idealvorstellungen. Mehrere erfolgreiche Konzepte lassen sich unter diesem Modell begreifen.

Freud entwickelte in diesem Zusammenhang das Konzept des Fetischs, also eines Objektes, das für das Individuum eine ganz besondere Bedeutung hat, das stellvertretend die Befriedigung eines Wunsches erlaubt, der sich eigentlich auf eine Person bezieht. Dieses Konzept tauchte, historisch gesehen, zur selben Zeit auf, als Marx das Konzept der industriellen Ware entwickelte. Bekanntlich stellen auch für Marx Waren Objekte dar, in denen sich das gesamte Beziehungsgefüge einer Gesellschaft spiegelt, die aber auch »Illusionen« transportieren – dies meint ja die Aussage vom Fetischcharakter der Ware.

Auch wenn heute klar ist, dass dieser Rekurs auf das individuelle Unbewusste nicht die einzig mögliche Beschreibung menschlichen Verhaltens ist und dass die Wünsche des Unbewussten sich oft mit den Wünschen der Kultur decken – daher veränderbar sind und man von laufend wechselnden Wünschen ausgehen kann , lassen sich doch Produkt- und Werbekonzepte auch unter dem Begriffsinventar der Tiefenpsychologie beschreiben: als narzisstische Phantasien, als regredierendes Verhalten, als Wunsch nach Dominanz etc.

3. *Rationalisierungstendenzen – der Unterschied zwischen dem wahren und dem legitimierenden Motiv.*

Die meisten Leute versuchen, ihr Verhalten als rational und vernünftig zu erklären – anderen gegenüber, aber auch vor sich selber. Kaum jemand möchte an sich selbst konstatieren, dass er unmoralisch, verantwortungslos, impulsiv, »triebhaft« gehandelt hat. In vielen Fällen, in denen solch heikle, aber sehr schubkräftige Motive im Spiel sind, geht es also darum, das wahre Motiv anzusprechen und gleichzeitig ein legitimierendes Motiv zu liefern, das vor sich und anderen zur Rechtfertigung benützt werden kann.

Klargemacht werden muss also:

| »*Du willst es!*« | »*Du brauchst es!*« |
|---|---|
| Du musst es haben, es ist wunderbar. | Es ist notwendig und sinnvoll. |
| ↓ | ↓ |
| Das wahre Motiv | Das legitimierende Motiv |

Dieses legitimierende Motiv kann sich auf ein sozial anerkanntes Motiv beziehen, den Entschluss rechtfertigen (youve come a long way, baby/ you deserve it), sich auf faktische Produktleistungen stützen. Kritiker der Warenkultur gehen davon aus, dass Gebrauchswertfiktionen als Legitimation für Tauschwerte produziert werden.[25]

So legitimierte Doornkaat den Kauf etwa über die Aussage: »Man gönnt sich ja sonst nichts« (das wahre Motiv, das Bedürfnis nach hochprozentigem Schnaps, ließe sich kaum ansprechen), Milka über den Hinweis auf die Güte der Alpenmilch – man nascht nicht kindisch Schokolade, man nimmt beste Milch zu sich –, und die Autowerbung liefert umfangreiche Listen technischer und sicherheitsbezogener Details, die als Legitimation dienen können. Es sind besonders die »heißen« Produktgattungen, bei denen diese Notwendigkeit der Legitimation verstärkt auftritt.

Sehr viel mehr Überlegung verlangt die Darstellung des »wahren« Motivs – sie kann sich entweder auf das Vorwissen des Rezipienten verlassen (man weiß, was Schnaps oder Schokolade bieten) oder genau diese Merkmale den nichtverbalen Codes überlassen, sie also zum Beispiel bildlich darstellen. Das geschieht oft in der Autowerbung, wo das Bild das Auto fetischhaft erhöht, in Szene setzt, der Text die Legitimation übernimmt. Eine Werbung für die E-

Klasse von Mercedes thematisiert diesen Sachverhalt explizit: »Seine Schönheit verführt sie, seine Technik überzeugt Sie.«

Diese Motivtheorie ist eher bei der Analyse von Produktgattungen anzuwenden, die mit tabuisierten Werten oder mit im Kollektiv vorhandenen Wünschen und Idealvorstellungen in Verbindung gebracht werden können, etwa mit Kosmetika oder Autofahren; oder aber mit einem Produktbereich, auf den die von dieser Theorie postulierte Triebbasis sehr gut passt – die Ernährung.

Nahrungsmittel und Essen werden in unserer Kultur offensichtlich auch in kompensierender Funktion eingesetzt: als Mittel, um Lust zu erleben, um Trost zu geben, um Gesundheit zu erhalten. Die Konstruktion unseres kulinarischen Codes, die später näher beschrieben werden soll, benützt Elemente, die im Rahmen dieser tiefenpsychologischen Theorie eine Rolle spielen. So haben etwa Speisen, die speziell die Funktion des Verwöhnens und Tröstens besitzen, Merkmale, die sie als frühkindliche Speisen ausweisen, als Speisen der Saugphase. Unsere Kultur kennt eine Menge solcher »regredierender« Speisen. Die Darstellung dieses Komplexes im Film – die fließende Milch, das strömende Fett, die guten Bestandteile, das Reiche, Opulente, Schmelzende – appelliert genau an jene Bereiche und macht Produkte und Marken für Konsumenten sehr attraktiv.

Abschließend eine – summarisch verkürzte – Liste von Motiven, die man im Rahmen dieser Theorie erfassen oder hypothetisch heranziehen kann, um einen Sachverhalt zu analysieren.

Realisierung eines sonst nicht realisierbaren Wunsches:

- Allmacht,
- Kontrolle über die Umgebung,
- Dominanz,
- Durchsetzung von Ansprüchen gegen die Gebote der Kultur, der »Elterninstanzen«,
- Narzissmus,
- Traum der immerwährenden Versorgung.

Salopp ausgedrückt, wird im Rahmen dieser Theorie nach Möglichkeiten gesucht, Produkte »sexy« und »sündig« zu machen, die Begehrlichkeit von Konsumenten zu wecken, indem Produkte in irgendeiner Form als Fetische, Übergangsprojekte ausgestattet werden, die oft auch frühkindliche Konstellationen nachstellen.

Dies kann manchmal eine interessante Ebene der Analyse sein, es ist aber sicher nicht die einzig mögliche. Zum einen verkürzt sie ungünstig die

Sichtweise und verstellt die Bedeutungen, die Produkte auf dem Markt haben können – nicht alle Produkte lassen sich in die immer gleichen frühkindlichen Konstellationen integrieren , und zum anderen ist auf dem Markt die soziokulturelle Basis für viele der Prämissen verloren gegangen.

Ein auf der Theorie Freuds basierendes Modell, das im Bereich der Verhaltenstheorie entwickelt worden ist, das aber auch für die Marktpsychologie Anwendung gefunden hat, ist die Transaktionsanalyse (TAT).[26] Auch sie geht von den drei Instanzen der Person aus, die hier Kinder-Ich, Eltern-Ich, Erwachsenen-Ich genannt werden. Analysiert werden die Interaktionen zwischen Personen, die sich jeweils im Beziehungsfeld Kinder-Ich zu Kinder-Ich, Eltern-Ich zu Kinder-Ich oder Erwachsenen-Ich zu Erwachsenen-Ich abspielen können. Auf dieser Analyseebene werden auch Appelle zwischen Marke und Konsument untersucht, oder es werden Hypothesen darüber aufgestellt, ob sich ein Produkt an das Kinder-Ich, das Erwachsenen-Ich oder das Eltern-Ich wendet.

Teilweise ergeben sich ganz interessante Hypothesen, meist dann, wenn man Bedürfnisse des Kinder-Ich analysiert, dem eben kindliche Vorlieben unterstellt werden: Vorliebe für das nicht ganz Ordentliche, für das Impulsive, Spielerische, für kindliche Nahrungsmittel etc. Die Attraktivität, die Cornflakes, Gummibärli und kindliche Zeichentrickfiguren auch auf Erwachsene ausüben, kann sicher damit erklärt werden, aber der Erklärungswert, den diese Theorie als Ganzes bietet, ist oft bescheiden.

## 4.3 Maslow: die Bedürfnispyramide

Maslow kommt aus der humanistischen Psychologie, die annahm, dass ein vorherrschendes Ziel des Menschen die Selbstverwirklichung sei, die Entwicklung aller in ihm angelegten Möglichkeiten.[27] Im Einzelnen bleibt dabei allerdings offen, was genau unter Selbstverwirklichung verstanden wird. Maslow postulierte weiter, dass Bedürfnisse in hierarchischer Reihenfolge befriedigt werden – zuerst die unteren, dann die höher liegenden –, eine stark widersprochene und experimentell nie nachgewiesene Abfolge.

Dennoch hat das Modell von Maslow im gesamten Bereich der Marketingliteratur eine außerordentliche Popularität erreicht: Zum einen stellt es eine der wenigen geschlossenen Klassifikationen dar, zum anderen entspricht das von ihm postulierte Ziel der Selbstverwirklichung genau jenem Stand unseres sozialen Systems, in dem Bedürfnisse der materiellen Basis weitgehend abgedeckt sind, sodass »höhere Bedürfnisse« als handlungsleitende Ziele gesucht werden.

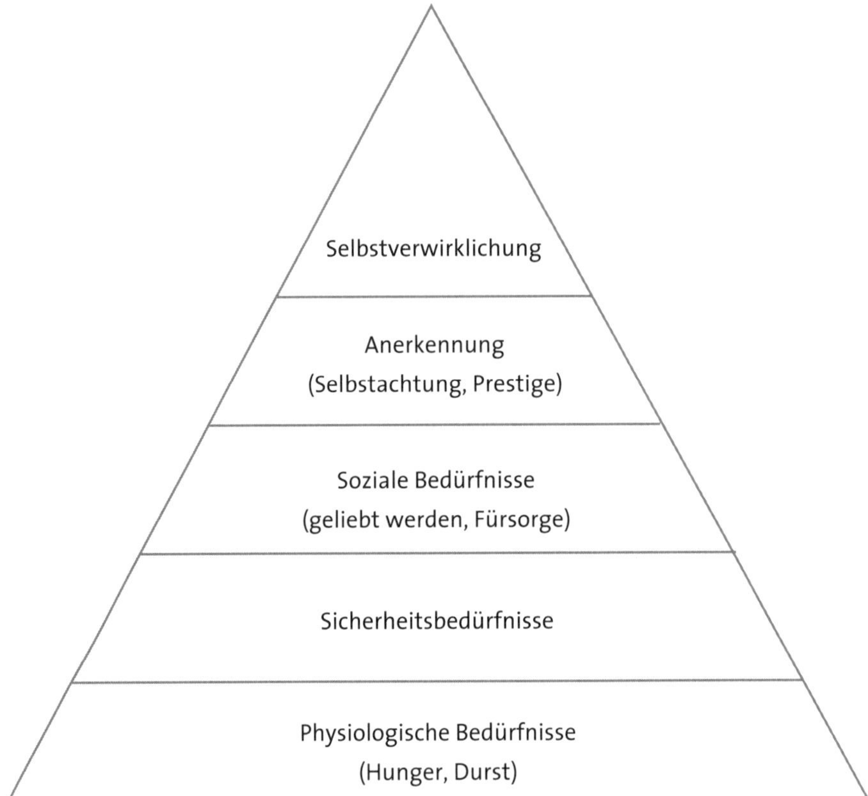


Diese keineswegs für den Markt konzipierte und methodisch sicher anfechtbare Auflistung von Bedürfnissen ist – wenn man sie als Suchliste der Bedürfnisse betrachtet, in die auch Produkte eingebunden werden können – durchaus nützlich.

Es ist offensichtlich, dass diese Liste von Bedürfnissen dem Bereich der klinischen Psychologie entstammt, dass sie stark von der Sicht des einzelnen Individuums ausgeht, dass sie also eigentlich das beschreibt, was zu einem individuellen, sinnerfüllten Leben gehört. Bei manchen Bedürfnissen bleibt unklar, in welcher Weise Produkte zu ihrer Befriedigung beitragen können. Dies gilt vor allem für das Bedürfnis nach Selbstverwirklichung, das auf dem Markt entsprechend uminterpretiert und meist als Bedürfnis nach gesteigerten Erlebnisinhalten oder im Sinne eines narzisstischen Motivs gesehen wird.

Der Dreischritt having – loving – being bildet jedoch ein oft benutztes Analysemodell.

*Die Maslowsche Bedürfnishierarchie*

| Bedürfnishierarchie | Defizitzustände | Zustände der Erfüllung | Illustrierendes Beispiel |
|---|---|---|---|
| **Physiologische Bedürfnisse** | Hunger, Durst<br>Sexuelle Frustration<br>Anspannung<br>Erschöpfung<br>Krankheit<br>Fehlen einer richtigen Unterkunft | Lustvolle sinnliche Erfahrungen<br>Spannungsreduktion<br>Entspannung<br>Körperliches Wohlbefinden<br>Behaglichkeit | Gefühl der Zufriedenheit nach einem guten Essen |
| **Sicherheitsbedürfnisse** | Unsicherheit<br>Sehnsucht<br>Gefühl des Verlorenseins<br>Angst<br>Zwangsdenken<br>Zwangshandlungen | Sicherheit<br>Erfüllung<br>Ausgeglichenheit<br>Gelassenheit<br>Ruhe<br>Frieden | Einen sicheren Arbeitsplatz haben |
| **Liebesbedürfnisse** | Befangenheit<br>Gefühl, ungemocht zu sein<br>Gefühl der Wertlosigkeit<br>Gefühl der Leere<br>Einsamkeit<br>Isolation<br>Unvollständigkeit | Freie Gefühlsäußerung<br>Gefühl der Zusammengehörigkeit<br>Gefühl der Wärme<br>Neues Kraft- und Lebensgefühl<br>Gefühl der Zusammengehörigkeit<br>Gefühl der Ganzheit | Die Erfahrung völliger Akzeptierung in einer Liebesbeziehung |
| **Selbstachtungsbedürfnisse** | Gefühl der Inkompetenz<br>Negativismus<br>Gefühle der Minderwertigkeit | Selbstvertrauen<br>Gefühl der Bewältigung<br>Positive Selbstwertschätzung<br>Selbstachtung<br>Gefühl, über sich hinauszuwachsen | Eine Auszeichnung für eine hervorragende Leistung erhalten |
| **Selbstverwirklichungsbedürfnisse** | Entfremdung<br>Metapathologien<br>Fehlender Sinn des Lebens<br>Beschränkte Aktivitäten<br>Langeweile<br>Lebensroutine | Gesunde Neugier<br>Grenzerfahrungen<br>Selbstverwirklichung<br>Lustvolle und wertvolle Arbeit<br>Kreatives Leben | Das Erleben einer tiefen Einsicht |

Quelle: DiCaprio 1974, S. 411.

## 4.4 Das Motivkonzept der Psychologie

Das Konzept des Motivs oder der Motivation stellt ein wichtiges Konzept der Psychologie dar, für das aber keine eindeutigen Definitionen bestehen und das je nach Theorie anders beschrieben und erklärt wird. Umgangssprachlich formuliert, sind Motive die Antriebskräfte, die Verhalten in Gang setzen. Auf dem Boden psychologischer Motivationstheorien stehen wir vor weit schwierigeren Definitionsproblemen.[28]

> Als eine unter vielen möglichen Definitionen: »In der weitesten Sinngebung wird Motivation als ‚Kausalität von innen gesehen (Schopenhauer) verstanden; psychologische Motivationsforschung fragt daher nach dem ‚Warum menschlichen Verhaltens und sucht die Antwort im Nachweis relativ überdauernder Verhaltensbereitschaften, die bei isolierter Betrachtung als Motive, bei Gesamtbetrachtung als Motivstruktur bezeichnet werden. Werden gleichzeitig mehrere Verhaltensbereitschaften durch entsprechende Anregungsbedingungen aktiviert, wird von Motivation gesprochen; dabei steht insbesondere das prozessuale Geschehen im Vordergrund. Anstelle des Motivationsbegriffes sind in der Literatur verschiedene alternative Bezeichnungen anzutreffen, wie: Trieb, Drang,
> Wunsch, Bedürfnis, Strebung, Wille, Beweggrund, Intention, Lust usw. Sie bringen jeweils mehr den energetischen, aktivierenden oder aber den steuernden Aspekt zum Ausdruck. Unter dem Einfluss kognitiver Theorien hat in der neueren Motivationsforschung eine Verlagerung der Perspektive von vorwiegend energetischen auf vermehrt zielgerichtete Aspekte motivierten Verhaltens stattgefunden.«[29]

Zusammenfassend lässt sich als Stand der Motivationspsychologie angeben:

1. Motivationspsychologie beschäftigt sich heute kaum mehr mit universalen Erklärungen menschlicher Motivation, sondern eher mit dem Verhalten in spezifischen Feldern oder mit einzelnen Motiven, etwa Leistung, Aggression, Altruismus, Angst etc. Es existiert keine umfassende Motivationstheorie, die Verhalten auf dem Markt universal erklären würde – was auch ein schwieriges Unternehmen wäre. Hier wie in anderen Fällen lässt sich zeigen, dass in verschiedenen Situationen, verschiedenen Produktfeldern jeweils verschiedene Mechanismen wirksam werden.
2. Motive sind nicht unmittelbar zu beobachten, sondern sie sind nur mit Hilfe geeigneter Theorien und Methoden zu erschließen.

3. Die Verbindungen zwischen Motiven und Handlungen sind komplex: Ein Motiv kann eine Vielzahl von Handlungen bedingen, eine Handlung kann durch mehrere Motive bedingt sein.
4. Die Stärke von Motiven ist individuell sehr verschieden, es gibt insgesamt eine stark differenzierte Verteilung von Motiven – nicht jedes Motiv ist bei jeder Person anzutreffen, verschiedene Personen reagieren auf gleiche Anreize situationsbedingt ganz unterschiedlich.

Motive, die im Bereich der Psychologie definiert und untersucht worden sind und die auch für Konsumentenverhalten eine Rolle spielen, sind:

- Leistung,
- Affiliation (das Bedürfnis, sich einer Gruppe anzuschließen),
- Dominanz,
- Angst,
- kognitive Bedürfnisse.

Sie sollen im nächsten Punkt genauer diskutiert werden.

# 5 Schubkräftige Motive und Werte im Bereich der Konsumkultur

## 5.1 Einleitung

Der vorhergegangene Punkt hat klar gemacht, welche methodischen und theoretischen Probleme bestehen, wenn versucht wird, erschöpfende Listen von Antriebskräften zu geben, die menschliches Verhalten regeln. Bei der Konzeptualisierung von Produkten, Marken, Kommunikationsstrategien ist es aber dennoch notwendig, Vorstellungen über Motive und Werte zu entwickeln, an die appelliert werden kann.

Wir wollen dabei erst später die Frage nach der zentralen Antriebskraft behandeln, die Märkte vorantreibt und die ihr als unausgesprochene Prämisse zugrunde liegt: dass es nämlich besser ist zu kaufen als nicht zu kaufen und dass Produkte in der Lage sind, uns Wünsche zu erfüllen und Werte zu bieten, die weit über ihre Nützlichkeitsfunktionen hinausgehen.

Ich führe hier bereits das Konzept des Wertes ein, das eine wichtige Ergänzung zu dem Konzept des Motivs darstellt. Bei der Analyse von Appellmöglichkeiten auf dem Markt können beide Konzepte nebeneinander verwendet werden.

Werte sollen ganz allgemein als kulturelle, gruppenspezifische und personale *Konzeptionen des Wünschenswerten* definiert werden. Werte in diesem Sinn meinen nicht etwas Normatives, sie sind nicht mit dem moralisch Richtigen gleichzusetzen. »Werte umfassen mehr als Moral. Sie begrenzen sich nicht auf Vorschriften, die als moralisch bindend gelten, sondern sie erstrecken sich auch auf soziale Regeln oder Geschmacksfragen.«[30] In diesem Sinn stehen sie mit kulturellen Mustern und dem gesellschaftlich Imaginierten, wie dies Georges Duby nennt, in Zusammenhang.

Auch die semiotisch orientierte Konsumforschung definiert Werte in dieser Ausrichtung: »Wert verstanden als ein kulturelles Konstrukt bzw. Konzept eines erstrebenswerten materiellen oder immateriellen Gutes, welches innerhalb einer spezifischen Kulturgemeinschaft eine relative Gültigkeit und relative Konstanz hat.«[31] Konsum ist in unserer Gesellschaft eine sozial zulässige Strategie, um diese Werte zu erlangen.

Für den Begriff des Wertes existiert natürlich auch eine Fülle traditioneller Definitionen.[32] Der Zusammenhang zwischen Werten, Motiven, Bedürfnissen, Handlungen soll wie folgt gesehen werden:

Die Kultur setzt fest, welche Werte zu einem gegebenen Zeitpunkt als wünschenswert, möglich, verboten zu sehen sind. Sie definiert, was unter einem jeweiligen Wert zu verstehen ist, wie er zu demonstrieren ist, wie er zu erzielen ist.

**Kulturelle Konzeption des Wünschenswerten**

Die einzelnen sozialen Gruppierungen entwickeln spezifische Definitionen und spezifische Werthierarchien.

**Soziale Konzeptionen des Wünschenswerten**

Bedürfnisse des Einzelnen sind Konkretisierungen und Aktualisierungen dieser übergreifenden Werte. Die individuellen Werte einer Person steuern ihre Einstellungen und ihr Handeln. Sie strebt eine Verwirklichung dieser Werte und eine Bedürfnisbefriedigung im Rahmen ihrer faktischen oder wahrgenommenen Spielräume und Erfolgswahrscheinlichkeiten und gemäß ihrer Psycho-Logik an.

**Individuelle Konzeption des Wünschenswerten**

Motive und Werte spielen in vierfacher Hinsicht eine Rolle für die Analyse von Marktgeschehen:

1. *Produkte dienen in ihren instrumentellen Funktionen, in ihrem Gebrauchswert dazu, ein Bedürfnis zu befriedigen oder einen Wert zu erlangen.*
   Deos wurden entwickelt, um Schweißgeruch zu unterdrücken. Sie kommen dem Bedürfnis entgegen, den sozial geforderten Standards einer gepflegten Person zu entsprechen; sie stehen im Dienst einer Disziplinierungsideologie, und nützen die Angst vor sozialer Missbilligung. Der Walkman verhilft einer Person dazu, immer und jederzeit Musik zu hören, aber auch, sich als isolierte Person in ihrer eigenen Welt zu erleben; er steht, so gesehen, im Dienst des narzisstischen Wertumfeldes. Versicherungen bieten finanzielle Absicherung bei Schadensfällen, Schokolade bietet Genuss etc.

2. *Der Wert kann als Endziel versprochen werden.*
   Shampoos waschen die Haare. Dass man sich aber die Haare wäscht oder dass man sich die Haare öfter wäscht, hat etwas damit zu tun, dass man eine attraktive Person sein, bewundert werden, einen erotischen Partner finden möchte.
3. *Eine Marke kann für einen Wert stehen.*
   Marken repräsentieren so Sicherheit, Leistung, Prestige etc. Man spricht auch davon, dass Werte dieser Art die core values einer Marke bilden.
4. *Der Wert, das Motiv wird als Antriebskraft des Verhaltens betrachtet.*
   Angst vor sozialer Missbilligung führt dazu, dass man sich öfter die Zähne putzt, Deos benützt, besonderen Wert auf eine gute Schuhcreme legt, die Wäsche mit Fleckensalz vorbehandelt, weil man Flecken auf Kleidung in der Öffentlichkeit fürchtet. Das Bedürfnis nach Convenience führt dazu, dass man Kunststoffsäckchen zum Einkaufen benützt und nicht Einkaufstaschen.

**Ein weiteres Analysemodell: Needs und Wants**

Wie viele und welche Produkte und Marken konsumiert werden, ist abhängig von:

| ↓ | ↓ |
|---|---|
| den *Needs* | den *Wants* |
| »Was man braucht« | »Was man sich wünscht« |

*Needs* meint dabei natürlich nicht etwas, das in irgendeinem objektiven Sinn zum Leben gebraucht wird, ohne das man nicht sein kann. Wenn man von lebensnotwendigen Dingen wie Nahrung und Flüssigkeit absieht, ist die Definition dessen, was gebraucht wird, immer abhängig von der sozialen Umgebung und der gesellschaftlichen Definition. (In diesem Sinn gibt es eben auch keine wahren und falschen Bedürfnisse.) Der Unterschied zwischen den *Needs* und *Wants* liegt vielmehr darin, dass die *Needs*

- die Wünsche betreffen, deren Befriedigung man als selbstverständlich betrachtet;
- dass sie eine Art eingebaute Befriedigungsschwelle haben.

Wenn man etwa Schuppen beseitigt hat, dann sind sie weg, man hat nicht das Bedürfnis, »sie mehr als wegzumachen«.

Es wurde oben ausgeführt, dass beim heutigen Stand unserer Gesellschaft die meisten Konsumenten »verwöhnt« sind, das heißt ,sie sind es kaum noch gewohnt, Bedürfnisse zurückzuschrauben oder deren Befriedigung zu verschieben; sie sind an sehr hohe Ebenen der Bedürfnisbefriedigung gewöhnt. Auf dieser Ebene ist also nur über das Versprechen »mehr von demselben« zu motivieren.

Die Wants hingegen setzen das Aspirationsniveau einer Person automatisch hinauf, und sie haben in vielen Fällen keine eingebauten Sättigungsschwellen: Wann hat man genug Bewunderung? Wann hat man genug Sozialprestige? Die Motivationen, die die Aspirationen/Anspruchshaltungen hinaufsetzen, die Wants also, sind daher besonders wichtig. Auch wenn man eigentlich zufrieden ist,

- kann man beobachten, dass der Nachbar doch noch mehr hat;
- kann man versuchen, sich das Leben doch noch bequemer zu machen;
- kann man versuchen, mehr Spaß zu haben etc.

Das soziale Umfeld, die mediale Öffentlichkeit, die Werbung propagieren dauernd diese Erweiterung der Lebensmöglichkeiten.

Needs und Wants werden also festgesetzt durch:

| | |
|---|---|
| Die Kultur als Ganzes | Was zu einem guten Leben gehört, was man sich wünschen darf |
| Die soziokulturelle Herkunft | Was wir uns leisten können, was wir uns leisten wollen |
| Die soziale Umgebung | Was die anderen haben, was mich von den anderen unterscheidet |
| Das Individuum | Was mir zusteht, was mir gut tut |

Im Folgenden ein kurzer Überblick über die Motive, die im Augenblick als Appellmöglichkeiten denkbar sind, ich möchte aber anschließend nur drei näher ausführen, da der Rest unter einem anderen Bezugsrahmen in Teil D behandelt wird:

- Sicherheit und Stimulation,
- der Wunsch nach einem emotionalen Partner, Liebe geben, Liebe empfangen,
- Erotik, sexuelle Attraktivität,
- Angst,
- Leistung,
- Egobedürfnisse, der narzisstisch-hedonistische Motivumkreis,
- Dominanz,

- Autonomie/Selbstverantwortung,
- moralisches Gefühl,
- soziale Bedürfnisse, sich nützlich fühlen, anerkannt werden, beachtet werden,
- Anschluss an eine Gruppe (Affiliation),
- Individualität/Identität,
- kognitive Bedürfnisse.

Die Autoren, die sich mit Konsumentenpsychologie beschäftigen, führen höchst unterschiedliche Ansätze im Bereich der Motivation vor, von sehr einfachen bis zu durchaus elaborierten.[33] So geht O'Shaugnessy zum Beispiel davon aus, dass es Ziele gibt, die man jedem Menschen unterstellen kann. Den folgenden Aussagen[34] würde wohl kaum jemand widersprechen:

- Lieber gesund als krank.
- Lieber voller Leben als elend und träge.
- Lieber psychisch sicher als bedroht.
- Lieber geliebt und bewundert als gehasst und gemieden.
- Lieber Insider als Outsider.
- Lieber zuversichtlich als unsicher.
- Lieber heiter und gelassen als angespannt und ängstlich.
- Lieber schön als hässlich.
- Lieber reich als arm.
- Lieber sauber als schmutzig.
- Lieber wissend als unwissend.
- Lieber Bestimmender über das eigene Schicksal als Spielball der Ereignisse.
- Lieber gut unterhalten als gelangweilt.

## 5.2 »Ich möchte geliebt werden«

### *Der Wunsch nach einem emotionalen Partner: Liebe geben, Liebe empfangen*

Gemeint ist hier nicht Erotik/Sexualität, auch nicht soziale Anerkennung, sondern der Wunsch, von einer nahe stehenden Person geliebt, gebraucht, geschätzt zu werden, und zwar als individuelle, einzigartige Person. Hier wird nicht vorausgesetzt, dass man etwas zu leisten hat, um geliebt zu werden, zumindest nicht in einem rational überprüfbaren Sinn; geliebt werden soll hier eine Person als Person, »um ihrer selbst willen«. Damit verknüpft tritt der Wunsch auf, unentbehrlich für den nahen Partner zu sein, und ebenso der Wunsch, zärtlich, verwöhnend, fürsorglich zu sein – als Selbstzweck, als Verhalten, das seine eigene Verstärkung in sich trägt, oder als Hoffnung, in der Folge auch so behandelt zu werden.

Dieses Bedürfnis – zärtlich, verwöhnend, fürsorglich zu sein – liegt vielem zugrunde, was Frauen für ihre Familien tun, es gehört zu den Werten des häuslichen Lebens, zu den Werten von Solidaritätsgemeinschaften, und es wird daher häufig in der Werbung angesprochen, wenn es um ganz alltägliche Produkte, sehr oft um Nahrungsmittel, geht. Die stärkere Variante des Motivs – der Wunsch, geliebt zu werden und absolut unentbehrlich zu sein – ist dagegen wesentlich schwieriger mit Produkten zu verknüpfen. Dieser Wert kann nicht als direkter, instrumenteller Nutzen angegeben werden. Die Koppelung Produkt (etwas, das man kaufen kann) und Liebe ist zunächst sehr problematisch, sie schließt sich per Definition geradezu aus: Liebe ist einer der wenigen Werte, die man in unserer Gesellschaft eben nicht kaufen kann.

Dennoch versuchen Kampagnen, diesen Wert mit Produkten zu verbinden bzw. Produkte als Zeichen zu etablieren, die für diesen Wert stehen. Das ist zum Beispiel die Strategie von Merci, einer Marke, die schon im Namen andeutet, dass man sie verwenden kann, um einer Person zu danken, die genau diese Liebesleistung erbracht hat. Merci zeigt seit Jahren Filme, in denen emotional gestaltete Sequenzen aneinandergereiht werden, die jeweils eine solch nahe und durch Liebe getragene Situation zeigen: Großmutter und Enkel, Mutter und Sohn, Liebespaare etc. In der letzten Kampagne wird diese Bedeutung relativ deutlich ausgesprochen: »Engel kann man nicht kaufen, aber man kann ihnen danken, wenn man ihnen begegnet.«

Bei diesem Motiv setzt auch ein wichtiger Markt an, nämlich der sehr dynamische Markt für Tiernahrung. Die Heimtierhaltung nimmt in unserer Gesellschaft laufend zu. Dafür gibt es mehrere Gründe. Einer ist, dass Heimtiere, etwa Hunde und Katzen, genau diesem Bedürfnis nach Liebe entgegenkommen. Überspitzt ausgedrückt: Mit einem Hund oder einer Katze schaffe ich mir genau jenen emotionalen Partner an, für den ich unentbehrlich bin, der mich immerwährend liebt, egal, ob ich erfolgreich bin oder nicht, schön oder hässlich, intelligent oder nicht intelligent.

Die sprachlichen Möglichkeiten, mit einem solchen Partner in Kontakt zu treten, sind beschränkt. Aber Kommunikation muss nicht immer über verbale Sprache erfolgen, wie wir später näher sehen werden, Botschaften können mittels verschiedener nichtverbaler Codes formuliert werden. Einer dieser Codes ist Ernährung. Da eine kulturell vorgegebene Korrelation existiert: Essen = Liebe; da allgemein angenommen wird, dass man durch die Art (Quantität, Qualität, Form der Präsentation etc.), wie man jemandem Nahrung gibt, Liebe beweist, ist die Ernährung der Heimtiere ein ganz sensibler Bereich. Hier kann dem Bedürfnis nach Verwöhnen, durch Nahrung Bestechen – entsprechend der Gleichung »So viel Liebe man investiert, so viel Liebe bekommt man zurück« – voll nachgegeben werden.

Wie ich später zeigen möchte, sind erfolgreiche Marken meist die, die für die zentrale Ideologie des Produktfeldes stehen und sie inszenieren. Die schönste Darstellung dieses Wertumfelds zeigt auch tatsächlich die Marke, die als erste Premiumnahrung in das Segment der Katzennahrung einführte: Sheba.

Der Einführungsfilm für Sheba stand exemplarisch für diese Position. Er sprach dieses Motiv naturgemäß nicht explizit (etwa verbal) an, was ja höchst anstößig wäre – er überließ seine Kommunikation vielmehr nichtverbalen Codes: Bild und Musik und einem bestimmten szenischen Arrangement, das die Komponenten »Liebesmahl« aufbaute (Kerzen, Silberteller, Schmusemusik, die Frau, die der Katze ihre Mahlzeit serviert, und den abschließenden ganz nahen Kontakt Frau/Katze). Am Ende des Filmes scheinen sich die beiden zu küssen. Die Katze hat hier alle Merkmale eines emotionalen Partners, nicht Kind, nicht Geliebter, aber in beiden Rollen denkbar.

Ein besonderer Reiz dieser Strategie liegt ferner darin, dass die Nahrung, die hier der Katze gegeben wird, alle Merkmale elitärer Nahrung besitzt – sie benützt den elitären kulinarischen Code (siehe Teil D 6.11). Dadurch wird nochmals kommuniziert:

Höhe meiner Liebe
= Wert der Nahrung
= Höhe der Liebe, die ich zurückbekomme

In der weiteren Fortführung der Kampagne wurde vor allem der Aspekt des Wertvollen, Elitären gestärkt: Die Katze wurde zum Beispiel in sehr schönen Aufnahmen gezeigt und dazu wurden Katzengedichte der Weltliteratur zitiert.

Eine weitere Variante dieses Motivs ist Selbstverwöhnung. Ein Bedürfnis kann nicht nur auf einen Partner, also nach außen, gerichtet sein, sondern auch auf sich selbst. Es gibt auch den Wunsch, sich selbst zu verwöhnen: »ausnahmsweise« meist, weil man sich trösten, weil man sich belohnen, weil man einfach gut zu sich sein möchte. Dieses Motiv spielt bei Einkaufsvorgängen eine große Rolle: Man gönnt sich die etwas teurere Variante, das eigentlich unfunktionale Objekt, das eigentlich Verbotene, generell das, was gegen das für eine Person sonst Übliche abweicht, manchmal auch etwas, das man als ein kleines Stückchen Luxus im Alltag betrachtet.

## 5.3 Erotik, sexuelle Attraktivität

Neben anderem wird der Konsumkultur oft vorgeworfen, dass sie in unzulässig hohem Ausmaß an das Bedürfnis nach Erotik appelliere – und zwar in der Form, dass sie Produkte mit erotischen Darstellungen koppelt, die gar nichts mit Erotik zu tun haben, oder in der Form, dass sie latente erotische Bedürfnisse mobilisiert bzw. den – als permanent unterstellten – Wunsch nach sexueller Lust in overter oder verschlüsselter Form anspricht.

Lange Zeit wurde dieses Motiv überhaupt als eines der vorherrschenden angenommen, vor allem in jenen Forschungsbereichen, die das tiefenpsychologische Konzept benützten. Gerade bei diesem Motiv, dem oft unterstellt wird, es sei ein invariantes menschliches Motiv, und für das eine physiologische Basis angenommen wird, lässt sich aber zeigen, dass es im Wesentlichen ein kulturelles und soziales Konzept ist.[35]

Schon die Schubkraft dieses Motivs variiert beträchtlich: Um 1900, als diesem Motiv eine außerordentliche Antriebskraft zugeschrieben wurde, war Erotik/sexuelle Betätigung tatsächlich ein »knappes Gut«, nur unter bestimmten Bedingungen zu erhalten und von Verboten, Geheimnissen, Tabus umgeben. Die Befriedigung dieses Bedürfnisses stellte entsprechend eine Lustquelle dar.

In diesem Sinn ist Sex heute kein knappes Gut mehr. Sex ist verwissenschaftlicht, Sextechniken werden öffentlich diskutiert, Sexkontakte sind bereits für 13-Jährige üblich, bei Beratungsstellen wird über Sexmüdigkeit geklagt. Ebenso wurden die Tabus, die den Sex umgaben, die normativen Regelungen, die von der Religion, der Öffentlichkeit, den sozialen Bezugsgruppen, der Gesellschaft als Ganzes ausgingen, praktisch ab den 1960er Jahren gelockert, dazu kam der breite Einsatz der Pille, die Sex »ohne Konsequenzen« ermöglichte, sowie die breite Darstellung erotischer Inhalte in der öffentlichen Kommunikation. Insofern ist der unbedingte Verlass auf dieses Motiv bei sexualisierten Produkten, die latent Sexsymbole anzitieren, oder von Produkten, die übertragene sexuelle Wünsche repräsentieren, zweifelhaft.

Das heißt natürlich nicht, dass Erotik/sinnliches Verlangen nicht nach wie vor eine Rolle spielt – sie gehört sicherlich weiter zu den schubkräftigen Motiven und zählt weiterhin zu den kulturell wichtigen Werten, nur ist sie eben anders definiert als früher.

Zunächst besteht weiterhin der Wunsch, einen erotischen Partner zu finden. Sehr viel Bemühen, sehr viele Aktivitäten richten sich genau auf diesen Punkt, und daher ist das Motiv auch weiterhin im Bereich des Konsumentenverhaltens wichtig. Ähnliches gilt für Darstellungen erotischer Inhalte, die als Wert mit Produkten und Marken gekoppelt werden können. Es gibt sehr erfolgreiche Marken, die dieses Werbefeld benützen; nur ist Erotik inzwischen wesentlich schwieriger darstellbar – ein nackter Busen ist heute in jedem Strandbad zu sehen.

Wenden wir uns zunächst Produkten zu, die in einem instrumentellen Sinn mithelfen, auf potentielle oder aktuelle erotische Partner attraktiv zu wirken. Der ganze Bereich der Körperpflege – Kosmetik, Parfüm, Kleidung, Wäsche, der Fitnessbereich – hat etwas damit zu tun. Bei allen diesen Produkten geht es um das Versprechen von Merkmalen, die zu einer erotisch attraktiven Person gehören – ein Konzept, das sich, wie alle Konzepte dieser Art, laufend ändert. Generell sind das Merkmale wie: jung, schlank, frisch, beweglich, elastisch, gesund, sauber, ohne jede Spur von Schweiß oder schlechten Gerüchen, leicht gebräunt, sehnig, muskulös, mit einem tadellosen Status von Haut, Haaren, Zähnen.

Dahinter steht das Ideal einer natürlichen Person, die stark von den Vorstellungen der Sport- und Freizeitwelt geprägt ist, das Ideal einer jungen Person, oft auch das Ideal des androgynen Körpers, also eines sehnigen, für Männer und Frauen gleichermaßen gültigen Körperideals. Zahlreiche Produkte dienen dazu, das Ideal dieser natürlichen Person künstlich zu erzeugen, und in keinem Bereich wird so viel Technik und industriell erzeugter Fortschritt akzeptiert wie in diesem.

Dieser Eindruck muss allerdings bei der Präsentation der Produkte oft wieder zurückgenommen werden. So sagt Nivea etwa: »Entdecken Sie die natürliche Schönheit Ihrer Haut.«

In dieser Konzeption lässt sich deutlich ein ideologisches Ordnungsmuster unserer Kultur ausmachen. Einfachen Stammesgesellschaften etwa wäre das Ideal einer »natürlichen« Person – also die Präsentation einer Person in ihrem Naturzustand, also so, wie sie von Natur aus ist – völlig unverständlich. Für sie ist eine Person erst dann akzeptabel, wenn sie kulturell geformt ist, das heißt, wenn sie möglichst künstlich bemalt ist.

Diesem für uns wichtigen Denkmodell – etwas Natürliches künstlich zu erzeugen, Natur gewissermaßen zu simulieren – werden wir noch öfter begegnen. Besonders deutliche Regelungen existieren hier für Frauen, als deren personales und soziales Kapital immer noch Jugend und Schönheit gilt. Hier wiederum gelten die deutlichsten Regelungen der Haut und den Haaren, die beide in einen Zustand versetzt werden müssen, der sie angenehm für Berührungen macht: leicht, rosig, gut durchblutet, schimmernd (bei Haut), glänzend (bei Haaren).

Eine Reihe von Märkten lebt im Augenblick davon, dass sich männliche und weibliche Verhaltensweisen einander annähern, sodass auch für Männer ein höherer Status von Körperpflege gefordert wird als früher: Deos, Shampoos, Lotionen, Gesichtspflege, Haarfärbemittel für Männer sind wachsende Produktfelder. Andererseits versuchen Frauen, durch Training männlich sehnige Körper zu erlangen.

Eine wichtige Kategorie bei Produkten, die mit diesem Motiv der erotischen Attraktivität verbunden sind, ist Duft. Duft ist in allen Produktfeldern ein wichtiger Faktor (no smell, no sell), hier aber übernimmt Duft deutlich die Funktion eines Anlockungssignals und steigert die Wahrnehmbarkeit der Person: Er lockt einen erotischen Partner an. Dies wird besonders deutlich im Bereich eigentlich funktional orientierter Produkte wie Deos oder Duschbäder, die dazu bestimmt sind, Körpergerüche zu tilgen, die also desodorieren – genau an diese Stelle des Nicht-Geruches setzen sich dann parfümistische Gerüche, die den Körper lockend präsentieren.

Eines der ersten Deos, das diesen Mechanismus ausnützte, war Impulse (»Wenn Ihnen ein Mann, den Sie noch nie gesehen haben, plötzlich Blumen schenkt, dann ist das Impulse«). Heute gibt es fast kein Deo mehr, das nicht ein Parfümdeo ist und dezidiert gut riecht. Gewagte Darstellungen finden sich bei Parfüms, und hier dann auch bei Männerparfüms, vor allem bei Marken, die nicht auf Massenmärkte zielen.[36]

Das bringt uns zu der Frage, wie erotische Inhalte heute dargestellt werden können, um attraktiv zu sein. Es lassen sich drei Varianten unterscheiden.

- Die *overte Darstellung sexueller Signale*, oft in punktuellen Ausschnitten, die die interessanten Partien weiblicher Körper zeigen: das »Busenmädchen«/der knackige Popo. Darstellungen dieser Art haben fast immer eine hohe Aufmerksamkeitswirkung, aber sie führen meist auch dazu, dass die Marke etwas eher Einfaches erhält, das sie für jüngere und elitäre Gruppen nicht sonderlich akzeptabel macht. Das gilt auch für verbale Reize. So führte beispielsweise die auf einem Plakat stehende Frage einer jungen Frau: »Wer heizt mir richtig ein?« – womit für die Arbeit von Installateuren geworben werden sollte – zu heftigen Protesten.
- Körperdarstellungen im Sinne von *Körperinszenierungen*, die einen erotischen, attraktiven Körper zeigen, der aber mit beträchtlichem formalem Niveau dargestellt, der also gewissermaßen als Kunstwerk inszeniert ist. Eine solche Darstellung legitimiert die Freude des Betrachters beim Anschauen, und diese Legitimation hat ja Kunst schon immer für die Darstellung erotischer Inhalte geliefert.
  Diese Strategie wird bei der seit vielen Jahren laufenden Palmers-Kampagne verfolgt, der es auch zum ersten Mal gelang, männliche Körper in dieser Art abzubilden. Diese wurden im Übrigen im Stil griechischer Plastiken dargestellt. In dieser Form der stilisierten, schönen Darstellung ist inzwischen auch männlicher Sex herzeigbar, wobei der männliche Körper zum ersten Mal nicht als starre Hülle dargestellt wird, sondern in einer weichen, hingebungsvollen Position, die bis jetzt nur für Frauen üblich war. Viele dieser Darstellungen sind im Übrigen mit Wasser, Natur, hartem Stein korreliert, um Nacktheit als etwas Frisches, Natürliches hinzustellen.
- Besonders interessante Ergebnisse lassen sich erzielen, wenn Erotik nicht über die Darstellung von entblößten Körpern vermittelt wird, sondern über die *Darstellung einer Situation*, die vom Rezipienten als erotisch, und zwar als »gewagt«, interpretiert wird. Darstellungen, die am ehesten die Darstellungskonventionen verletzen, finden sich wieder zumeist im Bereich von elitären Produkten wie Parfüms, die ihren Rang gerade dadurch dokumentieren können, dass sie abweichendes Verhalten zeigen.[37]

Sehr oft wird eine Parallele zwischen erotischem und kulinarischem Genuss aufgebaut. Dies benützt etwa das Eis Magnum. Produktfelder, die mit diesen Werten gut gekoppelt werden können, sind also zum einen Produkte, deren instrumentelle Nutzen in diese Richtung gehen, und zum anderen Genussmittel wie Schokolade, Kaffee, Eis. Nahrungsmittel sind besonders gut imstande, die Korrelation *Lust = erotische + kulinarische Lust* herzustellen.

Bei geschicktem Einsatz lässt sich vieles verbinden, wenn auch nicht alles. Schwierigkeiten gibt es meist in Produktbereichen, zu deren Zentralwerten Ordnung, Berechnung, Sicherheit gehören, etwa bei Banken und Versicherungen. Die in unserer Kultur gängige Vorstellung von Sex als einem prinzipiell Individuellen, Unberechenbaren, Elementaren, gegen die Ordnung Gerichteten übermittelt hier störende Bedeutungen. Ähnliches gilt für Waschmittel, die von der Idee der moralischen Reinheit leben, oder für einige Grundnahrungsmittel, die mit Mütterlichkeit besetzt sind.

*Exkurs: Hinweis zur Wirkung von erotischer Werbung*

Einer unserer Untersuchungen zufolge, die sich mit der Aktivierungswirkung von erotischer Werbung beschäftigte, wirkt Werbung dieser Art gleichermaßen auf Männer und Frauen – auf letztere auch dann, wenn es sich um die Darstellung erotisch anlockender Frauen handelt, bei Frauen allerdings nur bis zu einer Altersgrenze von etwa 50 Jahren (ab welcher weibliche sexuelle Betätigung nach dem allgemeinen sozialen Verständnis gedämpft auftreten sollte), bei Männern bis weit darüber. Ebenso befürworten Männer weit deutlicher den Einsatz von erotischer Werbung.[38]

*Produkterotik*

Der Begriff wurde von Dichter in die Debatte gebracht. Ursprünglich ist damit die Parallele zwischen Merkmalen einerseits von Produkten und anderseits von sexuellen Aktivitäten oder den Genitalien selbst gemeint: Beispielsweise wird Eis geleckt, Packungen haben eine phallische Form.

Der Konsum eines solchen Produktes wäre damit so etwas wie ein substitutorischer sexueller Akt.

Die letztere Behauptung ist schwer nachzuweisen und wohl etwas zu weit gegriffen, aber Parallelen dieser Art gibt es. So erweckten die Flasche von Meister Proper und die Figur selbst fast immer phallische Assoziationen, und die Nähe von erotischem und kulinarischem Genuss wird bei einer Reihe von Produkten ausgenützt, so häufig im Produktbereich der Süßigkeiten.

Ersetzt man Produkterotik durch Produktsinnlichkeit und erreicht dies durch eine Steigerung der Wahrnehmungsqualitäten von Produkten, dann wird damit ein relevantes Bedürfnis des heutigen Konsumenten angesprochen. Konsumenten wünschen sich auch bei den alltäglich verwendeten Produkten solche Objekte, die taktile, optische, olfaktorische Reize haben, Farbe, besondere Formen, opalisierende Konsistenzen, Duft, Materialreize etc. – Produkte also, bei denen es Vergnügen macht, sie zu sehen, zu berühren, zu riechen.

Mit solchen sensorischen und visuellen Eigenschaften können Produkte auch im Bereich der Werbung inszeniert werden.

## 5.4 Angst

Angst ist ein von der Psychologie gut erforschtes Motiv, und kollektive Ängste sind auch ein in der Kulturanthropologie weithin belegtes Phänomen. Ängste können gegen alles Mögliche entwickelt werden: gegen das Fremde, Dunkle, Unreine, gegen Verzauberung, Krankheit, soziale Missbilligung, Liebes- und Dominanzverlust etc.

Angstabwehr ist im Bereich der Theorie Freuds ein wichtiges Motiv. Ängste sind hier als psychische Ängste definiert, und Freud beschreibt eine Reihe von Abwehrmechanismen, unter anderen die folgenden:

- *Projektion:* Das Angst erregende (oder unerwünschte) Merkmal der eigenen Person wird auf eine andere Person projiziert, wo es dann entsprechend bekämpft oder gehasst werden kann.
- *Exterritorialisierung:* Dies ist ein auf der Ebene größerer Gruppen auftretender Mechanismus, der dem ersten ähnlich ist. Das Angst erregende Phänomen oder die Angst erregende Merkmalkombination wird in einem räumlichen oder klassifikatorischen Sinn außerhalb der Grenzen der Gruppe angesiedelt: als das Fremde.

Ein ähnlicher Mechanismus liegt bei der Figur des Sündenbocks vor. Auf diese Figur wird alles übertragen, was Angst erregt. Indem der Sündenbock aus den Grenzen der Gemeinschaft entfernt oder aggressiv verfolgt wird, gelingt es scheinbar, die Merkmale selbst zu tilgen.

Diese Mechanismen sind in öffentlichen Diskursen, in denen es um Schuldzuweisungen an Industriezweige, Firmen, Personen geht, weit verbreitet.

Es gibt in unserer Gesellschaft Ängste – subjektive und kollektive ,und es gibt Produkte, die dazu entwickelt werden, diesen Ängsten entgegenzuwirken. Ebenso wird direkt an diese Ängste appelliert. Im Wesentlichen sind drei wichtige Felder betroffen:

- die Angst vor sozialer Missbilligung,
- die Angst vor dem Verlust wichtiger personaler Merkmale,
- die Angst vor rational einsichtigen Gefahren.

### Die Angst vor sozialer Missbilligung

Das betrifft die Angst, dem anderen durch ein Zeichen aufzufallen, das Unsauberkeit, manchmal überhaupt eine körperliche Funktion indiziert: Schweiß, Körpergeruch, Körperausscheidungen, Schuppen, fette Haare, Mundgeruch. Deos, Shampoos, Zahncremen dienen diesem Abwehrbedürfnis, meist ohne es direkt anzusprechen, da inzwischen als selbstverständlich vorausgesetzt wird, dass jeder sie benützt.

Auch Waschmittel richten sich an dieses Bedürfnis: Den meisten Leuten wäre es sehr peinlich, mit einem Fleck auf ihrer Oberbekleidung in die Öffentlichkeit zu gehen, ihren Gästen ein nicht gut gewaschenes Tischtuch oder nicht gut gewaschenes Bettzeug anzubieten.

### Ängste vor dem Verlust wichtiger Eigenschaften/Merkmale

Da unsere Gesellschaft das Idealbild der jungen, immer aktiven, immer gesunden Person favorisiert, bestehen natürlich Ängste, Merkmale zu verlieren, die diese Eigenschaften indizieren: Zähne, Haare, ganz allgemein Leistungsfähigkeit, Jugendlichkeit, Vitalität.

Produkte, die in diesen Feldern agieren, werden oft mit dem Versprechen einer gleichsam magischen Wirkung angeboten. Sie leisten etwas, an das man glauben muss, und sie greifen in einen Prozess ein, in den man, rational betrachtet, instrumentell schwer eingreifen kann. Diese Produkte gelten oft als so genannte »Wundermittel«; prototypisch sind zum Beispiel Naturheilmittel und die vielen Produkte des Bereiches der Selbstmedikation, die in Apotheken und Drogerien verkauft werden.

Ihre Wirkungsbehauptung bezieht sich meist nicht auf eine instrumentell erklärte technische Leistung, sondern sie wird durch die Glaubwürdigkeit einer Quelle bezeugt, die an die Mythen der Vergangenheit anknüpft. So bei Klosterfrau, wo man die Verbindung zu einem alten Kloster mit einer namentlich genannten Schwester angibt (was in diesem Fall der Wahrheit entspricht: Klosterfrau wurde tatsächlich von einer Benediktinerschwester zum Patent angemeldet), oder bei Tees, die sich auf Hildegard von Bingen oder fernöstliche Weisheitslehren berufen. Viele der Bezugsquellen, Erzeuger, die für die Glaubwürdigkeit der Wirkung stehen, sind ehrwürdig, alt und stehen im Zusammenhang mit geheimem Volkswissen, das als positiv dem Wissen der Wissenschaft/Medizin entgegengesetzt wird.

### Angst vor rational einsichtigen Gefahren

Diese Angst scheint nach dem Stand unseres Wissens berechtigt: Angst vor den negativen Folgen des Rauchens, vor Straßenverkehr, vor Sonnenbrand, vor Zeckenbissen, vor Schmerzen etc. Tatsächlich aber zeigt sich, dass die Ausgeprägtheit von Ängsten keineswegs mit einem objektiv gegebenen Risiko korreliert. So haben die meisten Menschen Angst vor Rückständen in Nahrungsmitteln, während nachweisbare Gefahren von der Tatsache ausgehen, dass die meisten Menschen zu viele Kalorien aufnehmen und sich zu wenig bewegen. Ebenso geschehen die meisten Unfälle im Haushalt, ohne dass irgendwelche Ängste bei Betätigungen auftreten, im Gegenteil man agiert hier sogar besonders leichtsinnig.

Jeder der hier behandelten drei Problemkreise der Angst wirft die Frage auf, wie deutlich man das Angst erregende Objekt darstellen bzw. wie viel Angst man erzeugen soll. Im Prinzip wird, wie Konditionierungsexperimente zeigen, unter Angsteinwirkung sehr dauerhaft gelernt – zumindest wenn es um das Erlernen von Vermeidungsverhalten geht.

Angstappelle in der Werbung sind jedoch etwas sehr Problematisches. Vor allem muss es gelingen, Angst zu erzeugen, was bei einem 30-Sekunden-Film, einer Anzeige oder einem Plakat, die in einem Umfeld fröhlicher, bunter Werbungswelten eingebettet sind, gar nicht einfach ist. Eigentlich müsste hier zu drastischen Darstellungen gegriffen werden, die aber – da der Betrachter ja wählen kann, ob er sich betroffen fühlen möchte oder nicht – leicht Wahrnehmungsabwehr hervorrufen: Wenn es unangenehm wird, schaut man einfach nicht hin.

Schon sehr frühe Untersuchungen zur Werbewirkung zeigten, dass extreme Angstappelle eine ebenso geringe Werbewirkung hatten wie zu schwache – dann erkannte niemand, wovor man Angst haben sollte. Wirkungsvoll ist Werbung, die einen Angstappell mittlerer Stärke bringt und diesen Appell sofort mit einer Coping-Strategie koppelt, also mit dem klaren Herausstellen der Möglichkeit, dieser Angst oder der drohenden Gefahr zu begegnen. Solche Angstappelle sind eigentlich recht wirksam, vor allem auch deshalb, weil sie einen in der Werbung eher seltenen Motivappell darstellen.

So gelang es etwa der Kampagne für die Zeckenschutzimpfung, beträchtliche Erfolge zu erzielen – sehr viele Leute ließen sich impfen. Diese Kampagne erklärte nicht die Notwendigkeit, sich impfen zu lassen, sie führte weder verbal noch bildlich die Folgen eines Zeckenbisses vor Augen, sie überging auch die Tatsache, dass nicht jede Zecke gefährlich ist – sie stellte einfach das Tier selber dar, überdimensioniert auf Plakaten oder im Film, in seiner natürlichen Umwelt, dem Wald, der hier aber nicht idyllisch wie sonst erschien, sondern gefährlich/nebelhaft, so wie er in Spielfilmen im Zusammenhang mit Verbrechen, speziell Vergewaltigungen, gezeigt wird.

Der Text stellte die Bedeutung sicher: »Die Zecken lauern.« Er nützte dabei die Angst vor Insekten aus, die als Geschöpfe betrachtet werden, die nicht unter die Gruppe der »schützenswerten Lebewesen« fallen und daher aus der Gesellschaft ausgegrenzt werden müssen (siehe dazu Teil D 6.7), und stellte sie damit gleichzeitig in eine Reihe mit Kriminellen/Verbrechern (siehe dazu wieder den Begriff der Paradigmabildung/frame of reference, Teil C 5.2 und 5.3).

Der Text erzeugte Angst also auch dadurch, dass er vorhandenes Wissen der Rezipienten benutzte, aber nicht direkt aussprach – eine wesentlich wirkungsvollere Strategie als die direkte Darstellung der katastrophalen Folgen, die eben zur Wahrnehmungsabwehr führt. Die Kampagne war auch insofern gut, als sie unmittelbar eine Coping-Strategie lieferte. Die beiden Informationen: »Die Zecken lauern« und »Nur die Impfung schützt« wurden meist gleichzeitig von den Rezipienten aufgenommen.

Diese Kampagne wurde lange Jahre unverändert in ihrem motivationalen Appell weitergeführt. So lautete der Slogan im Jahr 2003: »Die Gefahr ist unsichtbar. Sehen wir ihr ins Auge. – Die Zeckenimpfung schützt.«

Das Problem der Angstappelle stellt sich auch für eine Marke wie Mercedes-Benz, wenn es darum geht, neue technische Features zu bewerben, die den Bereich Sicherheit ansprechen. Hier wäre es eigentlich notwendig, die unsicheren und gefährlichen Situationen zu zeigen, die den Einsatz eines solchen Sicherheitssystems notwenig machen.

Bei dem Feature »Pre Safe«, das Mercedes 2003 einführte (ein System, das vor einem drohenden Aufprall selbstständig blitzschnell einen Bremsvorgang einleitet), wurde die gefährliche Situation im Film über eine Analogie dargestellt: Man sah in einer sehr ästhetischen langsamen Aufnahme eine Katze im Fall. Der Off-Sprecher erzählte dazu, dass Katzen ihren ganzen Körper vor einem Aufprall optimal vorbereiten, sodass sie keinen Schaden nehmen. Unmittelbar vor dem Aufprall verwandelte sich der Katzenkörper in das Skelett der Katze, das den Aufprall über die Wirbelsäule abfederte und dieses wiederum in das Auto, das mit Pre Safe ausgestattet war.

## 5.5 Leistung

Leistungsmotivation ist ein von der Psychologie und Sozialpsychologie sehr gut erforschtes Motiv.[39] Es gibt zahlreiche Untersuchungen, die sich damit beschäftigen, warum einige Personen leistungsmotivierter sind als andere, welche Faktoren für die Ausbildung der Leistungsmotivation ausschlaggebend sind, welche Konsequenzen eine höhere oder geringere Leistungsmotivation für eine individuelle Person hat.

Dass dieses Motiv so gut erforscht ist, kommt sicher nicht von ungefähr. Leistung ist ein für unsere westliche Industriekultur ganz wesentlicher Wert. Überspitzt formuliert, basiert diese Gesellschaft auf dem Konzept der leistungsmotivierten Person – also einer Person, die von sich aus bemüht ist, sich mit anderen zu messen, sich mit einem Gütemaß zu vergleichen, das sie möglichst zu übertreffen sucht. Welchen Schwierigkeiten sich Gesellschaften gegenübersehen, deren Mitglieder nicht nach diesem Typ von Leistungsmotivation trainiert sind, sieht man im an jenen Gesellschaften, die versuchen, von der Planwirtschaft zur Marktwirtschaft überzugehen. Oder bei dem Vergleich von Firmenkulturen, die auf unterschiedliche Weise Leistungsbereitschaft fördern.

Marktwirtschaft ist im Wesentlichen auf leistungsmotivierte Subjekte, auf Wettbewerb, auf Auseinandersetzung mit einem Gütemaßstab, auf die Hochschätzung des Wertefeldes Leistung angewiesen. Das Motiv spielt auch bei uns, genau seit den 1950er/1960er Jahren, als sich unsere Gesellschaft nach dem Krieg voll zu einer differenzierten und hoch industrialisierten Gesellschaft ausbildete, eine besondere Rolle – die wesentlichen Untersuchungen stammen aus dieser Zeit.[40]

Das Leistungsmotiv ist auch heute noch ein zentrales Motiv und in vielfältiger Form auf dem Markt zu benützen. Es gibt viele Produkte, die dazu verhelfen, bessere Leistungen zu erbringen; Leistung ist ein Wert, der Produkten/Marken zur Differenzierung zugeschrieben werden kann; Leistung kann als Wert versprochen werden.

Produkte, die helfen, bessere Leistungen zu erbringen, finden sich in vielen Feldern, sowohl wenn es um objekt- oder problembezogene Leistungen wie auch um Leistungen der Person geht: Wasch- und Reinigungsmittel, technische Geräte, Maschinen inner- und außerhalb des Haushaltes, Sportgeräte etc. Bezogen auf die Person, betrifft es sportliche, intellektuelle, berufs- oder rollenbezogene Leistungen, Produkte, die helfen, eine besonders gute Gastgeberin, Köchin, Mutter, ein besonders guter Heimwerker etc. zu sein. Eine konsequente Leistungsideologie transportiert zum Beispiel der berühmte Avis-Slogan: »We try harder«, oder der Apple-Slogan: »The power to be your best«.

Der Apple-Slogan formuliert das zweite große Bedürfnis: Steigerung der persönlichen Leistungsfähigkeit. Dieses Leistungsversprechen kann wieder über die direkten instrumentellen Nutzen von Produkten erfolgen (so verspricht etwa Isostar: »Wenn du abbaust, baut Isostar dich wieder auf«) oder über den subjektiven Glauben an die Steigerung der eigenen Leistungsfähigkeit. Auch die Aussagen von Energy Drinks sind in diesem Sinne zu sehen.

Dieser Glaube kann individuell sehr unterschiedlich sein: So brauchen die einen bestimmte Kleider, andere einen bestimmten Kaffee oder eine bestimmte Zigarette.[41] Die Erzeugung dieses Gefühls: »Erst brauche ich mein X« bzw. diese symbolische Funktion von Produkten, die Leistungsfähigkeit zu steigern, ist eine wichtige – im Übrigen auch oft legitimierende – Strategie der Produktaufladung.

Materielle Objekte haben in vielen Kulturen, auch in nicht industrialisierten Stammesgesellschaften, die nicht den expliziten Wert der Leistung entwickelt haben, diese Funktion. Sie verleihen ihrem Träger das Gefühl einer (technologischen) Überlegenheit über den Gegner. Dies wird im Allgemeinen unter dem Begriff »Fetisch-Power« verstanden.

Viele Nahrungsmittel werden in dieser Funktion aufgebaut – beispielsweise solche, die unter dem Begriff functional food laufen. Actimel etwa argumentiert, dass man nur mit diesem Produkt gestärkt in den Tag gehen kann, da es die innere und äußere Leistungsfähigkeit garantiert. In extremer Form nehmen das Thema auch Nahrungsmittelzusatzstoffe auf. So wird etwa für den Wirkstoff NADH, der in der Marke Enada enthalten ist (Kapseln, die zur täglichen Einnahme empfohlen werden), folgendermaßen geworben: »Steigert Energie, verbessert das Gedächtnis! Hebt die Stimmung! Hilft bei Müdigkeit! Steigert die sportliche Leistung! Steigert die Sauerstoffkapazität! Wirkt als starkes Antioxidant! Hilft bei Schlafdefizit! Hilft bei Jetlag!« Oder noch extremer bei D-Ribose, einem Präparat für Sportler: Mehr Power durch optimale ATP-Produktion! 430% mehr Energie und Power für Ausdauer- und Kraftsportler.«

Folgt man den Überlegungen von Gerhard Schulze in seinem Buch »Die beste aller Welten«, so steht hinter diesem Wert der Leistung ein weiterer Wert, den Schulze als symptomatisch für unsere westlichen Industriegesellschaften definiert: der Wunsch nach mehr Können. Mehr Können auf vielen unterschiedlichen Gebieten – im Bereich der Technik, im Bereich des Wissenserwerbs, im Bereich der Steigerung von natürlichen und kognitiven und personalen Fähigkeiten. Dieser Wunsch führt zu immer perfekteren Lösungen und damit zu immer kleineren Verbesserungen und Leistungsschritten, sodass laut Schulze in Zukunft nicht mehr das Mehr-Können sondern das Mehr-Sein im Vordergrund stehen wird, also nicht die objektiv überprüfbaren Leistungen, sondern ihr Beitrag zu mehr innerem Erleben (siehe dazu Teil F).

### *Leistungsmotivierte versus Misserfolgsmeider*

Wie bei jedem Motiv ist auch bei Leistungsmotivation davon auszugehen, dass es unterschiedlich bei einzelnen Personen ausgeprägt ist. Diese Unterschiede sind gerade im Bereich der Leistungsmotivation sehr gut erforscht und auch durch eine Reihe von Theorien erklärt. So spielen soziale Faktoren, etwa die Herkunft, eine Rolle: Personen am unteren oder oberen Ende der sozialen Skala sind oft weniger leistungsorientiert als mittlere Gruppen, die die Chance sehen, ihre Position zu verbessern. Frühe Einflüsse, der Erziehungsstil, Lernerfahrungen haben hier ebenfalls großes Gewicht.

Ein wichtiger Faktor sind auch die von Attributionstheorien erforschten subjektiven Meinungen, Erwartungen und Erklärungen darüber, worauf persönliche Erfolge zurückzuführen seien: auf die eigene Leistung oder auf äußere Umstände – Glück oder Pech. Entsprechend bilden sich unterschiedliche Typen heraus, die Leistung mehr oder weniger anstreben oder sich zutrauen. Wichtig sind dabei vor allem zwei Typen, die es auch für Marktkommunikation zu berücksichtigen gilt: Erfolgsorientierte/Leistungsmotivierte und Misserfolgsvermeider.

- Erfolgsorientierte/Leistungsmotivierte streben aktiv Leistung, Erfolg an, sie versuchen, im Vergleich mit einem Gütemaß positiv abzuschneiden. Sie trauen sich dies auch zu, sie vertrauen auf ihre eigene Leistungsfähigkeit, und sie führen Erfolge auf ihre eigenen Leistungen und Anstrengungen zurück. Dieser Personentyp ist der kulturell höher bewertete. Kommunikationsstrategien sollten also zunächst einmal versuchen, Angesprochenen diese Mentalität zu unterstellen. Dem entspricht etwa die Ideologie, die die Kampagne der Bank Austria Creditanstalt transportiert: »BA, die Bank zum Erfolg«.
- Misserfolgsvermeider sind dagegen Personen, deren primäres Ziel es ist, Misserfolge zu vermeiden. Sie entwickeln Strategien, die es ihnen erlauben, Misserfolge auf andere oder anderes als auf sich selbst zurückzuführen (auf Pech, Schwierigkeit der Aufgabe, Störfaktoren, andere Personen) – ein an sich üblicher Fall einer Coping-Strategie gegenüber Misserfolgen. Sie sind nicht sonderlich leistungsmotiviert. In der Auseinandersetzung mit einem Gütemaß versuchen sie bestenfalls »gerade so gut« zu sein, aber nicht, es zu übertreffen.

Wir sind bereits bei der Frage des Imitationsverhaltens auf diesen Punkt zu sprechen gekommen. Es gibt Gruppen, die Attraktivitätsleitbilder besitzen, die versuchen aufzusteigen und sich bereits mit den Zeichen der nächsthöheren Gruppe umgeben: Sie sind deutlich an sozialem Erfolg interessiert. Und es gibt Gruppen, die nur versuchen, sozialen Misserfolg zu vermeiden: Sie möchten genau so sein und genau so viel haben wie ihre Nachbarn, aber nicht unbedingt mehr. Der (mit Leistung gekoppelte) Anspruch auf sozialen Erfolg ist für sie nicht wirklich attraktiv. Bei der Positionierung einer Marke in einem Markenfeld ist natürlich auch diese Position zu bedenken.

Wenn wir bei Geldinstituten bleiben, so war die Position der Erfolgsorientierung lange Zeit von der Creditanstalt (CA) besetzt: »CA, die Bank zum Erfolg«. Diese Position wurde über die Darstellung einer bestimmten sozialen Gruppe vermittelt: urban, schick, jung, geschmackvoll, offensichtlich auch »tough«, leistungsorientiert, mit Merkmalen, Attributen, die sie auf diffizile Art als Elite ausweisen, ebenso wie durch einen bestimmten Darstellungsstil, der Merkmale des elitären Stils hatte.

Der Slogan wurde nach der Fusion mit der Bank Austria 2003 übernommen. Die Bank Austria Creditanstalt (BA-CA) aber war nun eine Bank, die den breiten Mainstream der Bevölkerung ansprach, keineswegs mehr die Elitegruppe der CA. Entsprechend änderte sich auch die zeichenhafte Übersetzung der Erfolge. Diese waren nun kleine, alltägliche Erfolge: Einem kleinen Buben gelingt es nach großer Anstrengung, eine Milchflasche zu öffnen; einer jungen Frau, ihren überquellenden Koffer zu schließen; einem jungen Mädchen, das Hemd ihres Popidols bei einem Konzert aufzufangen. Der Untertitel lautete nun: »Was wären die großen Erfolge ohne die kleinen?« Sowohl in der Argumentation wie in der Übersetzung in Personengruppen und Situationen wurde das Niveau der angestrebten Leistung also gesenkt, nicht jedoch in der weiterhin hochrangigen Ästhetik der Filme.

Eine Position, die signalisiert: »Für Misserfolgsvermeider«, kann keinesfalls über die Darstellung einer sozialen Gruppe laufen. Faktisch sind Misserfolgsvermeider eher einfachere Personen. Bei der Erstellung des Zeichensystems müssten, um eine eigenständige Position zu erzielen, der Erfolgs-Zielgruppe entgegengesetzte Merkmale gewählt werden – was auf die Darstellung sozial unattraktiver Personen hinauslaufen würde. Man wählt hier manchmal den Weg, die Welt der »kleinen Leute« in heroisierter Form darzustellen.

Dies gilt auch für Medienformate. Charakteristisch dafür sind erfolgreiche Sendungen von RTL 2 wie »Schnulleralarm« oder »Wir bauen ein Haus« oder »Wir ziehen um«. Diese Sendungen zeigen alltägliche Menschen, so genannte »kleine Leute«, die über ihre alltäglichen Probleme berichten: wie sie ihr Kinderzimmer einrichten, wie sie sich auf die Geburt vorbereiten, einen Umzug planen, ihren Keller ausbauen etc. Der Reiz für Zuschauer liegt darin, dass diese gewöhnlichen, der Alltagssphäre entstammenden Tätigkeiten in den Medien sonst nie dargestellt werden.

## 5.6 Kognitive Bedürfnisse

Mehrere wichtige Theorien der kognitiven Psychologie gehen davon aus, dass Menschen das Bedürfnis haben,

- dass ihre Überzeugungen, Meinungen, Kognitionen ein harmonisches System bilden, zueinander passen oder sich zumindest nicht widersprechen;

- dass zwischen eigenem Handeln/Verhalten und den Überzeugungen und Kognitionen keine eklatanten Widersprüche bestehen;
- dass sie die Wahlfreiheit zwischen Alternativen haben oder behalten.

Die beiden ersten Forderungen werden von der bekannten Theorie der *kognitiven Dissonanz* von Festinger[42] behandelt, der zu dem Schluss kam, dass eine Disharmonie zwischen Überzeugungen/Meinungen/Kognition zueinander und zwischen diesen und dem Handeln/Verhalten bei dem Betroffenen zu einem spannungsgeladenen, als unangenehm erlebten Zustand führt, eben der Dissonanz, die man durch gezielte Strategien zu beenden sucht,

- indem man die Kognitionen einander angleicht, etwa das Verhalten an die Überzeugung oder umgekehrt, bzw. eine Uminterpretation der Kognitionen vornimmt (man hört zum Beispiel auf zu rauchen, weil man es nicht mehr aushält zu rauchen und dauernd Informationen über die Gefahren des Rauchens erhält);
- indem man die Nachrichten, die das eigene Überzeugungssystem gefährden, zu meiden sucht, bagatellisiert oder die Nachrichtenquelle abwertet (Anhänger einer Partei hören nicht zu, was die Gegenpartei sagt, ein Experte wird zum Lügner erklärt);
- indem man gezielt nach Informationen sucht, die das eigene Verhalten als richtig bestätigen (niemand liest so aufmerksam Autowerbung wie die Leute, die sich gerade ein Auto gekauft haben).

Obwohl neue Forschungen zeigen, dass Mechanismen dieser Art nur bei Überzeugungen und Verhaltensweisen auftreten, die Personen wirklich wichtig sind, während sie bei anderen durchaus mit Inkonsistenzen leben können, ist die Theorie für Käufer- und Konsumverhalten durchaus relevant, was in vielen Untersuchungen nachgewiesen worden ist.

Eine Ausweitung dieser Theorie stellen allgemeine kognitive Balancetheorien dar, so Reaktanztheorien, die sich dem Phänomen zuwenden, dass Menschen empfindlich und aggressiv reagieren, wenn sie erkennen, dass ihnen Handlungs- und Wahlmöglichkeiten entzogen werden, sie also nicht wählen können sie bilden dann Reaktanz.[43] Mit diesem Problem haben etwa quasi monopolistische Anbieter zu rechnen – der einzige Laden in einem Dorf, sehr große Marken/Anbieter dem Handel gegenüber. Auch Betriebskantinen oder Firmenleitungen, die für ihre Mitarbeiter ein Betriebsmenü bereitstellen, kämpfen mit diesem Problem: Trotz hoher Qualität und niedriger Preise gibt es beträchtliche Ablehnung, weil das Essen eben »verordnet« ist.

Wichtig in diesem Zusammenhang sind schließlich Attributionstheorien.[44] Sie weisen nach, dass Reaktionen auf ein Ereignis auch davon abhängen, was man als die Ursache dieses Ereignisses annimmt: ob man es auf sein eigenes Verhalten zurückführt (interne Attribution) oder ob man es auf andere Personen oder Umstände zurückführt (externe Attribution).

So kann der Erfolg einer Einladung von einer Hausfrau darauf zurückgeführt werden, dass sie sich sagt:

| | | |
|---|---|---|
| »Aber ich habe mich auch sehr angestrengt« | ➢➢ | interne Attribution |
| »Ich habe Glück gehabt« | ➢➢ | externe Attribution |
| »Die Gäste waren nicht sehr kritisch« | ➢➢ | externe Attribution |

Oder, umgekehrt, bei einem Misserfolg:

| | | |
|---|---|---|
| »Ich habe versagt« | ➢➢ | interne Attribution |
| »Ich hatte zu wenig Zeit zur Vorbereitung« | ➢➢ | externe Attribution |
| »Die Gäste waren viel zu kritisch« | ➢➢ | externe Attribution |

Solche Zuschreibungen können sich auch zu Stilen verfestigen, wobei es hinsichtlich des Selbstwertgefühls bessere und schlechtere Attributionsstile gibt:

| | Positive Ereignisse | Negative Ereignisse |
|---|---|---|
| Interne Attribution | günstiger Attributionsstil | ungünstiger Attributionsstil |
| Externe Attribution | ungünstiger Attributionsstil | günstiger Attributionsstil |

Wie die Darstellung zeigt, ist es günstig und wird auch häufig praktiziert, positive Ereignisse intern zu attributieren und negative Ereignisse extern, Erfolge also auf sich selbst zurückzuführen und Misserfolge auf andere Personen oder äußere Umstände. Personen mit diesem Attributionsstil entwickeln ein besseres Selbstwertgefühl, sie lernen leichter, leisten mehr. Dies ist daher der Attributionsstil, der in der Marktkommunikation mit Aussicht auf Erfolg zu benutzen ist. Das gilt für alle Argumentationen von Presentern (Personen, die in der Werbung Produkte empfehlen), die den Eindruck erwecken müssen, als ob sie – zumindest potentiell – das, was sie sagen, aus eigener Überzeugung sagen (intern kontrolliert) und nicht, weil sie dafür bezahlt werden (extern kontrolliert).

Ebenso lassen manchmal Markenbindungen nach, wenn die Marke praktisch nur noch über Preisaktionen angeboten wird. Man sagt sich dann, dass man sie nur wegen des günstigen Preises kauft, aber nicht, weil man innere Gründe dafür hat.

# 6 Zielgruppen

## 6.1 Wer ist meine Zielgruppe?

Die Frage: »Wer ist eigentlich meine Zielgruppe?« spielt bei vielen Marketing- und Kommunikationsstrategien eine wichtige Rolle. Es ist unerlässlich, Vorstellungen darüber zu entwickeln und zu überprüfen, wer ein bestimmtes Produkt oder eine Dienstleistung brauchen könnte: »alle« oder nur bestimmte Gruppen – welche und warum diese? Vorstellungen dieser Art regulieren dann die Gestaltung einer Vielzahl von Variablen: Preis, Distributionskanäle, Argumentation, Art der Kommunikation, Medienpolitik etc.

Es gibt eine Reihe von Beispielen, die zeigen, dass der Erfolg eines Produktes auch von der geschickten Wahl und Definition der Zielgruppe abhängig ist, sei es, weil bisher niemand an diese Zielgruppe gedacht hat oder weil deren Ansprüche noch nie ganz präzise erfüllt worden sind.

So richtete sich »Du darfst«, die fettreduzierte Margarine von Unilever, am Anfang an die Zielgruppe der schlanken Frauen (»ich will so bleiben, wie ich bin«), und nicht, wie man von der Produktkonstruktion her denken sollte, an dicke Frauen, die abnehmen wollten.

Im Augenblick rücken die Zielgruppen der mobilen, cleveren Konsumenten zunehmend ins Blickfeld des Handels: für die Kosmetikindustrie die Gruppe der Männer, die bis hin zum Haare färben aktiv Kosmetik betreiben, für die Ernährungsindustrie jene Gruppen, die die im Familienverband eingenommenen traditionellen Mahlzeiten zugunsten ambulant eingenommener Mahlzeiten aufgegeben haben, allgemein auch die Gruppen der älteren Konsumenten. Es gibt viele Projekte auf dem Markt, die mit der richtigen Definition der Zielgruppe stehen und fallen.

Wer etwa ist die Zielgruppe für eine neue Marke bei löslichem Kakao?

- Kinder, die darauf bestehen?
- Mütter, die ihn kaufen?
- Die ganze Familie?
- Ältere Personen?
- Jede dieser Gruppen oder eine speziell?

Wer ist die Zielgruppe für eine neue Autoversicherung, die einen günstigeren Tarif anbietet, wenn man die Formalitäten selber erledigt?

- »Arme«?
- Clevere Reiche?

- Junge?
- Geschäftsleute?
- Einsteiger?
- Erfahrene?

Sind das überhaupt sinnvolle Fragestellungen, oder sollte man nicht eher zwischen Risikobereiten und Sicherheitsorientierten unterscheiden?

Man kann die Frage nach der Zielgruppe aber auch in einem umfassenderen Sinn stellen – nämlich im Sinn von: »Gibt es für mein Produkt überhaupt eine Zielgruppe, die ich durch objektiv fassbare Merkmale beschreiben kann?« Wenn wir für attraktive Produkte postulieren, dass sie einen Beitrag zum individuellen, inneren Erleben leisten, dass sie »mir etwas geben« müssen, so wird deutlich, dass damit höchst subjektive Prozesse gemeint sind, die nicht einfach mit objektivierbaren Variablen beschrieben werden können. Wir stellen daher weiter unten ein Modell vor, das versucht, Gruppen über ihre unterschiedlichen Kriterien dessen, was sie als schön, befriedigend, beglückend erleben, zu definieren.

Ebenso ist es manchmal problematisch, an Zielgruppen im Sinne objektiv gegebener und statischer Gruppen zu denken. Wenn wir die Hypothese für richtig halten, dass moderne Gesellschaften das Motiv kennen, dass sich Einzelpersonen keiner festen Gruppe zurechnen lassen, sondern eigenständig sein und durch keinerlei Gruppenerwägungen eingeschränkt werden wollen, dass diese Personen aber gleichzeitig das Bedürfnis haben, sich punktuell und situativ dennoch Gruppen anzuschließen und ein Gemeinschaftsgefühl im Sinne von *imagined communities* zu erleben – so zeigt sich, dass Produkte auch in diesem Prozess eine wichtige Rolle spielen. In diesem Fall ist danach zu fragen, wie ein Produkt/Angebot beschaffen sein muss, um solche Gemeinschaften zu konstituieren und welcher Typ von Gruppe überhaupt reizvoll ist, dass sich Sehnsüchte über diese Gruppe kristallisieren – eine wichtige Frage zum Beispiel im Bereich des Freizeit- und des Medienkonsums.[45]

Hinter der Frage der Zielgruppen und der ihnen entsprechenden Produkte steht im Übrigen eine grundsätzliche Annahme, die nicht nur Marktgesellschaften, sondern auch Stammesgesellschaften kennen: dass nämlich zwischen der Ordnung der Menschen und der Ordnung der Dinge eine Homologie besteht, dass also der eine Bereich in den Termini des anderen Bereiches gedacht werden kann. Dies ist bei Stammesgesellschaften das Thema der totemistischen Klassifikationen, wo eine Homologie zwischen Tieren und Menschen gedacht wird und genau jene Unterschiede bedeutsam werden, die als bedeutungstragende Unterschiede im Sinne der Kultur vorgesehen sind. Ähnlich bauen auch wir unsere Differenzen und Gleichheiten zwischen Menschen und den ihnen entsprechenden Produkten.

Im Folgenden einige grundsätzliche Aspekte, die in die Überlegungen über Zielgruppen einbezogen werden müssen.

## 6.2 Merkmale zur Beschreibung von Zielgruppen

Bei der Bestimmung einer Zielgruppe muss entschieden werden: Welche Merkmale sollen gewählt werden, um eine Zielgruppe zu charakterisieren und zu beschreiben? Was muss ich über meine Zielgruppe wissen? Ganz offensichtlich gibt es dafür eine Vielzahl von Möglichkeiten:

- Käuferkollektiv oder Einzelkäufer;
- soziodemographische Merkmale: Geschlecht, Alter, Einkommen, soziale Schicht, Wohnort, Beruf etc.;
- Stellung im Lebenszyklus;
- Lebenswelten, Milieu, Subkulturen;
- Werthaltungen, allgemeine/spezifische;
- Motive/Bedürfnisse;
- Ansprüche an eine Produktgattung;
- Verwendungsgewohnheiten;
- Einkaufsgewohnheiten;
- Preislimitierungen: Hochpreiskäufer/Tiefpreiskäufer etc.

Von hier führt der nächste Schritt zur *Marktsegmentierung* – man nimmt dann an, dass relativ stabile Zielgruppen bestehen, mit deren speziellen Vorlieben oder Bedürfnissen man rechnen kann.

Wie weit es sinnvoll ist, einen Markt wirklich zu segmentieren, das heißt, unterschiedliche Strategien für unterschiedliche Zielgruppen zu entwickeln, hängt von der Variationsbreite des Produktes ab, von der Größe des Gesamtmarktes, von tatsächlich bestehenden Unterschieden in der Population. Eine Zielgruppenbestimmung muss aber in jedem Fall erfolgen, denn auch ein Produkt für einen Massenmarkt wird ja nicht von allen in gleicher Weise akzeptiert.

Gerade bei Massenmärkten – also bei Produkten, die sich alle leisten können und über die wenig soziale oder andere Unterschiede zum Ausdruck gebracht werden können, wie Seife, Mehl, Fruchtsaft, Shampoo – ist die Frage nach der Zielgruppe sehr wichtig. Die Antwort kann eben nicht »alle« lauten. Oder es muss diese Idee, dass dies ein Produkt für alle ist und übliche soziale Klassifikationskriterien wegfallen, sehr sorgfältig inszeniert werden. Sehr gut besetzt dies Nivea, eine Marke, die über Jahre die Idee der »Mitte«, der »positiven Normalität« inszenierte.

Im Wesentlichen gibt es drei Ansätze, um zu einer Zielgruppenbestimmung zu kommen:[46]

1. Merkmale, die sich aus spezifischen Anforderungen an das Produkt ergeben, aus Verwendungssituationen, -gewohnheiten, Einkaufsgewohnheiten, Preislimitierungen etc. (Heavy user, Billigkäufer, Versandhauskunden etc.);
2. soziodemographische Merkmale;
3. darüber hinausgehende Merkmale: Werthaltungen, Lebensstile, Mentalitäten, psychographische Merkmale.

Eine Bestimmung der Ebene 1 und 2 ist unerlässlich; diese Merkmale bilden in jedem Fall eine greifbare und oft auch eine durchaus differenzierende Basis für eine Zielgruppenbestimmung. Natürlich tun sie das nicht immer, und sie liefern oft nur magere Beschreibungen, die wenig mehr erklären als eben diesen punktuellen Aspekt. Sie verstellen manchmal den Blick darauf, dass die Personen, die unter einem Aspekt als gleich betrachtet werden, sich daneben durch eine Vielzahl von Aspekten unterscheiden.

Dies rührt an ein wichtiges Problem der Zielgruppenbeschreibung: Personen, die unter einem Aspekt gleich sind, sind unter vielen anderen ungleich. Jeder Blick auf die umgebende Gesellschaft zeigt, dass sich Gruppen auf ganz verschiedenen Ebenen durch eine Fülle von Merkmalen unterscheiden – die Angehörigen der Altersklasse 20 bis 30 machen unter einem bestimmten Aspekt einen ähnlichen Eindruck, nämlich unter dem Aspekt des Alters (etwa verglichen mit Angehörigen der Altersklasse der 50- bis 60-Jährigen). Innerhalb ihrer Altersklasse aber sind sie voneinander sehr verschieden, je nachdem etwa, welcher Sozialschicht sie angehören. Eine 25-jährige Kassiererin eines Supermarkts mit einem kleinen Kind wird andere Gewohnheiten und vielleicht auch andere Vorlieben haben als eine 25-jährige Absolventin der Universität.

Genau das zeigt die Schwierigkeit: Wann immer Menschen unter einem bestimmten Gesichtspunkt als gleich betrachtet werden, müssen andere Gesichtspunkte, durch die sie sich offensichtlich unterscheiden, vernachlässigt werden. Wie also soll gegliedert werden? Auf welcher Ebene soll Gleichheit zwischen ungleichen Elementen hergestellt werden?

Werden zu wenige Merkmale in Betracht gezogen, bleiben die Vorstellungen über die einzelnen Angehörigen der Zielgruppe mager und abstrakt – »Angehörige der Mittelschicht« zum Beispiel umfasst außerordentlich verschiedene Personen. Werden hingegen zu viele Merkmale berücksichtigt, entstehen nicht mehr bearbeitbare Minizielgruppen (»There is always a gap in the market but there is seldom a market in the gap«) – so etwa die Gruppe der »vegetarisch essenden altkatholischen Blondinen, die stilles Mineralwasser bevorzugen«.

Es geht also sowohl um die Art und Zahl der Merkmale, die herangezogen werden, wie um die Ebene, auf der sich die Merkmale befinden, wie um den Zusammenhang zwischen diesen.

### 6.2.1 Merkmale, die nahe an der Produktverwendung liegen

Dies ist eine sehr sichere Ebene der Charakterisierung. In jedem Produktfeld gibt es Gruppen von Konsumenten, die ein Produkt häufig oder gelegentlich verwenden; die die Basisleistungen zu einem geringen Preis wollen oder die höhere Ansprüche stellen; die Wert auf verschiedene Merkmale legen, etwa Farbschonung oder universelle Ausrichtung bei Waschmitteln, oder Käufer von Dieselmotoren oder Bevorzuger von Automatiklenkungen.

Diese Merkmale lassen sich leicht erfassen und bestimmen, aber sie erklären auch wenig und sind nicht ohne weiteres über Produktfelder hinaus extrapolierbar. Dieselbe Person, die bei Öl ein Tiefpreiskäufer ist, mag bei Schokolade ein Hochpreiskäufer sein; Käufer von gesundheits- oder umweltbezogenen Produkten zeigen dieses Verhalten dagegen meist in mehreren Produktfeldern.

### 6.2.2 Soziodemographische Merkmale

Die nächste Ebene sind demographische Merkmale: Alter, Geschlecht, Wohnort, Lebenssituation, Region, Schicht. Für sie gilt das bereits vorher Gesagte – sie können bereits relevante Gliederungen ergeben, müssen es aber nicht.

Oft ist auch eine Aufgliederung nach dem Lebenszyklus sinnvoll, die eine Reihe von Vorlieben/Problemen, die Konsumenten haben, aus diesem Zusammenhang erklärt (siehe Tabelle).

| Lebenszyklus | Thema dieses Abschnitts | Produkte |
|---|---|---|
| Erster selbständiger Haushalt, Verlassen des Elternhauses | Vieles wird zum ersten Mal getan – *first time* | Ernährung; Haushaltsführungstechnik |
| Single | Abgrenzung gegen Verhalten und Gewohnheiten des Elternhauses, Initiation, Objekte, die Übergänge markieren | |

| | | |
|---|---|---|
| Junges Paar, kinderlos | Genießen der Zeit, bevor die Kinder kommen, bevor man angehängt ist – *high life* | Reisen; Ausgehen |
| Junge Familie mit kleinen Kindern (jüngstes bis 6) | Etablierung des Haushalts; Haushaltsmanagement; Frau muss das Problem berufstätig – Hausfrau bewältigen; teilweise Rückkehr zu Gewohnheiten des Elternhauses | Einrichten/Etablieren; Möbel; Wohnen; Auto; Kindersachen |
| Familie mit Schulkindern (jüngstes über 6 Jahre) | Fest geregelter Tagesrhythmus, Zeit management, Essen im aufgelösten Familienverband/Einzelmahlzeiten | Vorsorge; Produkte für »Schlüsselkinder«; Convenience; Selbstversorgung; Freizeitgestaltung mit Kindern |
| Familie mit größeren Kindern (oder Alleinerzieher mit Kindern in verschiedenen Lebensaltern) | Die Kinder reden bei allem mit; frühe Selbständigkeit der Kinder | Auf viele Einzelinteressen muss Rücksicht genommen werden – »Sortenvielfalt« |
| Das leere Nest – Personen, deren Kinder das Haus verlassen haben | Möglichkeiten der sinnvollen Beschäftigung werden gesucht; gewohnte Tätig- keiten werden fallengelassen/neue aufgenommen; Gesundheitsprobleme – oder: Rückzug aus den sozialen Netzen – oder (in höheren Schichten): aktives Altern | Hobbys; Reisen; weniger Kochen; Convenience-Produkte; weniger Genussmittel; Gesundheitsprodukte |
| Das einsame Alter | Lebensbewältigung; Krankheiten | Servicemöglichkeiten; Gesundheitsprodukte |

*Die Lebensphasen der österreichische Mediaanalyse*

| | | Bevölkerungsanteil |
|---|---|---|
| Lebensphase 1 | Personen in Schulausbildung oder Lehre | 9,3% |
| Lebensphase 2 | Junge (unter 40 Jahren)<br>Ledige, ohne eigene Kinder | 13,2% |
| Lebensphase 3 | Junge (unter 40 Jahren)<br>Verheiratete ohne Kinder | 6,2% |

| | | |
|---|---|---|
| Lebensphase 4 | Personen mit eigenen Kindern, jüngstes Kind unter 6 Jahren | 12,6% |
| Lebensphase 5 | Personen mit eigenen Kindern, jüngstes Kind über 6 Jahre | 11,1% |
| Lebensphase 6 | Personen ohne eigene Kinder, berufstätig, über 40 Jahre | 16,9% |
| Lebensphase 7 | Personen ohne eigene Kinder, nicht berufstätig, über 40 Jahre | 30,8% |

Ähnlich ist die von der österreichischen Mediaanalyse verwendete Aufgliederung nach Schicht, also einer Kombination von Haushalts-Nettoeinkommen, Berufsmilieu des Haushaltsvorstandes und Schulbildung:

- Schicht A: 10,9% der Bevölkerung
- Schicht B: 20,5%
- Schicht Cl: 19,9%
- Schicht C2: 19,5%
- Schicht D: 19,5%
- Schicht E: 9,5%

Feingliedriger, schon verbunden mit Lebensstilkomponenten/Werthaltungen, sieht die folgende Darstellung aus:

| | | |
|---|---|---|
| | **Oberschicht** | |
| bürgerlich-konservativ | | modern orientierte (technokratisch-liberale) |
| | ▲▲▲▲▲<br>▲▲▲▲▲<br>Aufsteiger | |
| | **Mainstream** | |
| Konservativer Mainstream (Kleinbürger) | | Moderner Mainstream (alle Tendenzen ein bisschen) |
| | **Untere Schichten**<br>*Drop outs* | |

Zielgruppenbestimmungen können auf diese Komponenten nicht verzichten, aber sie sind in unterschiedlichen Produktfeldern unterschiedlich relevant: eher relevant bei Autos, weniger relevant etwa bei Deos – ob jemand Rexona oder Nivea verwendet, ist nicht primär von seiner Schichtzugehörigkeit abhängig.

Prinzipiell zeigt sich, dass diese vertikale Gliederung der Gesellschaft, die früher die einzig mögliche und weitgehend auch die das Verhalten prägende war, auch heute noch intakt ist – das lehrt ein Blick auf das Angebot der Gastronomie, der Urlaubsorte, des Medienmarktes – und daher auf dem Markt eine Rolle spielt. Sie wird jedoch von einer Fülle von horizontalen Gliederungen überlagert, die die Leute innerhalb einer Klasse voneinander differenzieren oder die über die Klassen hinweg Menschen zusammenschließen. (Siehe dazu Teil D 4.2.3)

Auch diese horizontalen Gliederungen müssen daher in Betracht gezogen werden. Sofern es sich um die Darstellung von Zielgruppen handelt, sind diese durch Werthaltungen, Interessen, Geschmack etc. gebildeten Gruppen die weitaus interessanteren. Nur wenige Leute möchten heute in der Werbung über ihre sozialen oder biologischen Merkmale direkt angesprochen werden, etwa in der Art:

> »Hallo, hier kommt etwas für die Jungen, für Oma und Opa, für die Leute, die Geld haben etc.«

Viele Produkte dienen gerade dazu, diese sozialen und biologischen Kategorien zu verwischen: also etwa einer älteren Person zu erlauben sich jung, einer kleinbürgerlichen sich als Angehörige der oberen Schichten zu fühlen etc. Die Zugehörigkeit zu einer soziodemographischen Gruppe heißt auf keinen Fall, dass Personen Produkte kaufen, die offensichtlich für diese Zielgruppe bestimmt sind. Es trifft keineswegs zu, dass nur Unterschichten beim Discounter kaufen oder Billigangebote wählen. Zwischen den Positionen, die von Produkten und Marken signalisiert werden, und der Wahl der Produkte und Marken durch eine bestimmte Gruppe bestehen oft große Unterschiede.

### 6.2.3 Merkmale, die soziodemographische Merkmale ergänzen: Werthaltungen, Lebensstile und Lebenswelten

Um also zu Zielgruppenbestimmungen zu kommen, die detailreicher und konkreter die soziale Realität abbilden, müssen andere und mehr Merkmale herangezogen werden. Im Wesentlichen wurden dazu drei Ansätze entwickelt:

- das Lebensstilkonzept/der Lebensweltansatz;
- Typologiebildung über Werthaltungen/Lebensziele;
- Einbeziehen von Persönlichkeitsmerkmalen.

Ich gehe im Folgenden auf den wichtigsten Ansatz ein, das Konzept der *Lebenswelten*.

Dieses Konzept geht von folgender Überlegung aus: Es gibt keine Gesellschaft, in der alle Mitglieder gleich sind. Offensichtlich führen alle Prozesse der Vergesellschaftung dazu, dass zwischen Personen Gleichheit in einer Reihe von Aspekten, aber Ungleichheit in einer Reihe anderer Aspekte etabliert und aufrechterhalten wird. Es scheint auch ein weit verbreitetes Bedürfnis der Menschen zu sein, sich einerseits einer Gruppe zugehörig zu fühlen, andererseits von dieser Gruppe abzuweichen, eine gute Stellung in der Gruppe einzunehmen und ab einem bestimmten historischen Zeitpunkt in unserer Gesellschaft auch zu dokumentieren, dass man ein einzigartiges Individuum ist. Dieses Prinzip der Differenzierung und Integration trat in unserer Gesellschaft im Wesentlichen mit der Herausbildung der bürgerlichen Klasse auf – ein Prozess, den Goblot bereits 1925 beschrieb.[47]

In einfachen Gesellschaften und in länger zurückliegenden Epochen unserer Gesellschaft, ansatzweise auch noch in unserer Eltern- oder Großelterngeneration, waren diese Grenzen, in denen sich der Einzelne bewegen konnte, relativ eng; die Kategorien, die Ungleichheit definierten, konnten nur schwer abgelegt werden. Soziale oder biologische Gruppen, Lebensstile, Verhalten, Konsumstile waren daher relativ einfach zu koppeln: Billige Imitate waren für die Arbeiter, die Oberschichtler kauften Antiquitäten, die Kleinbürger Resopal-Tische.

Sobald man Verhältnisse dieser Art antrifft, ist es leicht, zu relativ stabilen Zielgruppenbestimmungen zu kommen. Die meisten Autoren gehen davon aus, dass eine Aufgliederung nach Soziodemographie und Sozialschicht beim gegenwärtigen Stand der Gesellschaft nicht ausreichend ist, dass die relevanten Unterschiede nicht (nur) in der Sozialschicht liegen, sondern im Lebensstil und/oder in den Einstellungen und Werthaltungen. Sozialschichten allein sind zur Beschreibung einer Zielgruppe nicht ausreichend. Die »Mittelschichten« etwa unterscheiden sich stark voneinander – je nach dem von den einzelnen Gruppen praktizierten Lebensstil.

*Lebensstile* beschreiben eine bestimmte Art »sein Leben zu führen«, Alltagsbereiche zu regeln, zu essen, die Wohnung einzurichten, die Kinder zu erziehen etc. – alles das in Abhängigkeit davon, welche Werte und Lebensziele dem Einzelnen wichtig sind. Eines der ersten Modelle dazu war der VALS-Ansatz.[48] Dieser Ansatz wird im Übrigen in einer Reihe von Segmentationsansätzen immer noch verwendet, so im skandinavischen Raum, wo zwischen vier Segmenten unterschieden wird:[49]

Der Lebensweltansatz versucht dagegen eher, konkrete Alltagskulturen zu erforschen, mit jeweils eigenen Regelungen der Lebensführung,

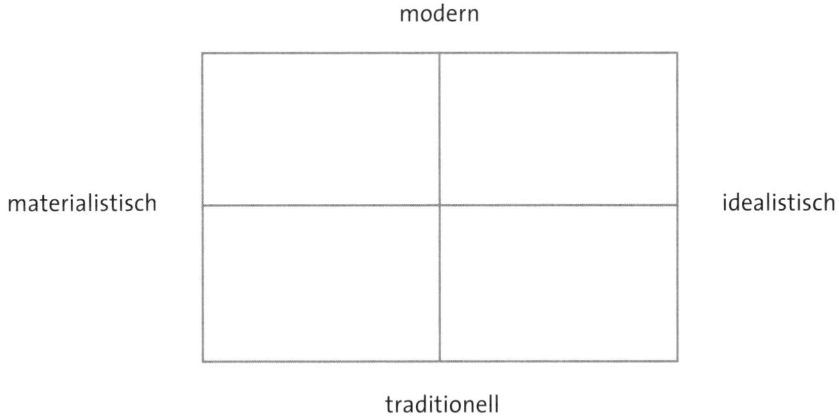


so das Milieu der Kleinbürger, der traditionellen Arbeiterkulturen etc. Bekannt ist das Modell von Sinus.[50]

Im Institut für Motivforschung arbeiten wir mit einem Zielgruppenmodell, das davon ausgeht, dass Lebensstile nicht auf einzelnen individuellen Entscheidungen beruhen, sondern sozial vorgeprägt sind. Wir beziehen alltagsästhetische Komponenten mit ein und verwenden daher als Vorlagen auch Bilder. Den theoretischen Hintergrund, vor dem diese Positionen entwickelt worden sind, stellt die Theorie von Pierre Bourdieu dar.[51]

Bourdieu, wie die meisten Kulturtheoretiker, geht davon aus, dass alle menschlichen Gesellschaften gegliedert und differenziert sind, dass es also ein universales Phänomen der sozialen Gruppenbildung gibt, und ebenso, dass obere Gruppen versuchen, unteren Gruppen den Zugang zur sozialen Macht zu erschweren oder zu verwehren. Dies kann heute nicht mehr durch Zwang geschehen oder über Mechanismen wie Abstammung, da wir ja den Grundsatz der prinzipiellen Gleichheit entwickelt haben, es gibt jedoch eine Strategie, die es Eliten nach wie vor erlaubt, sich abzugrenzen: nämlich über Geschmack oder kulturelle Kompetenz.

Geschmack scheint zunächst etwas ganz Subjektives zu sein, tatsächlich gibt es aber einen herrschenden Geschmack, der alles andere als geschmacklos und gewöhnlich klassifiziert. Das Raffinierte daran ist, dass durch ihren Geschmack jede Schicht ganz freiwillig in ihren Schichtgrenzen bleibt – Kleinbürger würden sich keine nach »nichts« aussehenden Designerjacken kaufen, auch wenn sie das Geld dafür hätten – und dass Geschmack deutlich mit den Werten zusammenhängt, die eine bestimmte Gruppe als für sich relevant betrachtet und durch die sie sich von anderen Gruppen abhebt.

So unterscheidet Bourdieu die einzelnen sozialen Lebenswelten nach den verschiedenen Arten sich zu kleiden, zu essen, die Wohnung einzurichten, die Freizeit zu verbringen. Er nennt das Habitus – man könnte es aber ebenso Stil nennen. Danach gibt es:

- den elitären Stil,
- den bürgerlichen Stil,
- den kleinbürgerlichen Stil,
- den unteren Stil der Notwendigkeit.
  (In Teil D 6.10 und 6.11 werden diese Stile näher beschrieben.)

Gerhard Schulzes Buch »Die Erlebnisgesellschaft« basiert auf der Theorie von Bourdieu. Wir haben den Ansatz von Schulze benützt, um ein Zielgruppenmodell zu entwickeln und zu validieren, das verschiedene alltagsästhetische Stile voneinander abhebt. In diesem Modell werden Personen danach klassifiziert, was für sie »schön« ist, in einem ästhetischen Sinn, also im Sinne von Geschmack, aber auch was für sie ein schönes Erlebnis ist; dann, wodurch sich für sie die Vorstellung eines schönen Lebens definiert, welche Werte sie innerhalb ihrer alltagsästhetischen Entscheidungen leiten.

Es werden drei alltagsästhetische Schemata oder Stile unterschieden:

- Das Perfektionsschema – »antibarbarisch« Bedürfnis nach dem Ruhigen, Gelassenen, Kultivierten, Perfekten, auch Komplexen, Ablehnung des Schrillen, Barbarischen, Trivialen.
- Das Trivialschema – »antiexzentrisch« Bedürfnis nach dem Gemütlichen, Einfachen, Vertrauten, immer Wiederkehrenden, Ablehnung des Fremden und Anstrengenden.
- Das Spannungsschema – »antikonventionell« Bedürfnis nach dem Aufregenden, Schrillen, Schnellen, Ablehnung des Langweiligen, Konservativen.

Durch unterschiedliche Präferenzen für die drei Stile entstehen die so genannten Erlebnismilieus.

*Die Erlebnisgesellschaft und ihre Erlebnismilieus*

| | **Perfektionsschema** | **Trivialschema** | **Spannungsschema** |
|---|---|---|---|
| Niveaumilieu | + | – | – |
| Harmoniemilieu | – | + | – |
| Selbstverwirklichungsmilieu | + | – | + |
| Unterhaltungsmilieu | – | – | + |

*Die Erlebnisgesellschaft in Österreich 2002*

| | ***Bevölkerungsanteil*** |
|---|---|
| Niveaumilieu | 22 % |
| Harmoniemilieu | 33 % |
| Selbstverwirklichungsmilieu | 12 % |
| Unterhaltungsmilieu | 22 % |
| Interressenlosigkeit | 11 % |

Basis: Repräsentative Stichprobe in Österreich, Männer und Frauen ab 14 Jahren, face to face at random, n = 1000

Dieses Modell lässt sich dazu benützen, um für unterschiedliche Gruppen die Codes in Kommunikation und Produktdesign zu entwickeln, die sie begeistern. Ebenso lassen sich Marken und Angebote in diesem Raum positionieren, was wir ebenfalls durch empirische gestützte Verfahren vornehmen. Ein Beispiel ist die Position von Automarken (siehe Abbildung Seite 106). Prägnante Positionierungen werden vor allem im Bereich der Medien erzielt. So verwendeten wir dieses Modell, um die Radiosender des ORF (siehe Abbildung Seite 106) sowie die TV-Sender der RTL-Group zu positionieren.

Die Milieus unterscheiden sich auch in Bezug auf ihre Präferenz verschiedener Werte, die demgemäss in der Kommunikation und in der Positionierung von Marken und Produkten inszeniert werden müssen, wenn man ein bestimmtes Milieu besonders ansprechen möchte.

*Die Wertorientierung des Milieus*

| **Niveaumilieu** | **Harmoniemilieu** | **Selbstverwirklichungsmilieu** | **Unterhaltungsmilieu** |
|---|---|---|---|
| Autorität | beständig | Dynamik | Spannung |
| Erziehung | familiär | Raffinesse | Geschwindigkeit |
| Respekt | gehorchen | Kompetenz | Herausforderung |
| Kultur | gemütlich | exklusiv | Genuss |
| Niveau | heimelig | überlegt | jung |
| Tradition | Herkunft | anders | originell |
| | Ordnung | | schrill |
| | praktisch | | verführen |
| | Respekt | | Zukunft |
| | Ruhe | | |
| | Sicherheit | | |
| | sparen | | |
| | Zuhause | | |

Dazu haben wir eine Reihe von Bildern entwickelt und validiert, die Angehörige dieser Segmente repräsentieren. Die Merkmale, die die abgebildeten Personen nach allgemeiner sozialer Übereinkunft haben, sind durch empirische Untersuchungen erfasst worden. Wir wissen also, welche Ernährungsvorlieben, welche Erziehungsprinzipien, welche Wohnungseinrichtungen, welche Kosmetikvorlieben, welche Autopräferenzen etc. die abgebildeten Personen haben.

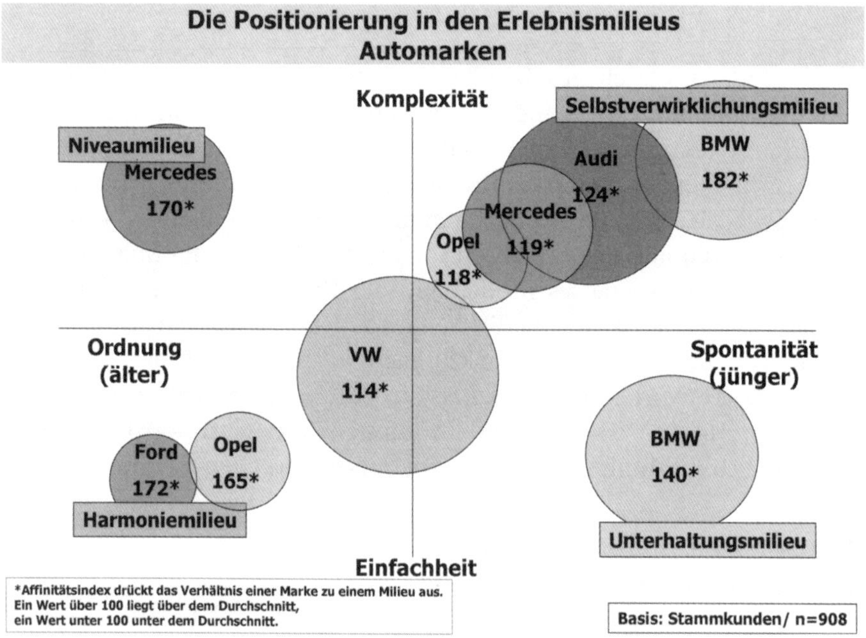


Bilder dieser Art können eingesetzt werden:

1. Um die angepeilte Zielgruppe einer Marke zu erfassen. Wenn Befragte Marke X Personen eines bestimmten Typs zuordnen, so heißt das nicht unbedingt, dass Marke X von diesen Personen gekauft werden wird, sondern es heißt, dass diese Marke die semantischen Merkmale dieser Personen vermittelt.
2. Zur Positionierung neuer Angebote/Produkte/Marken.

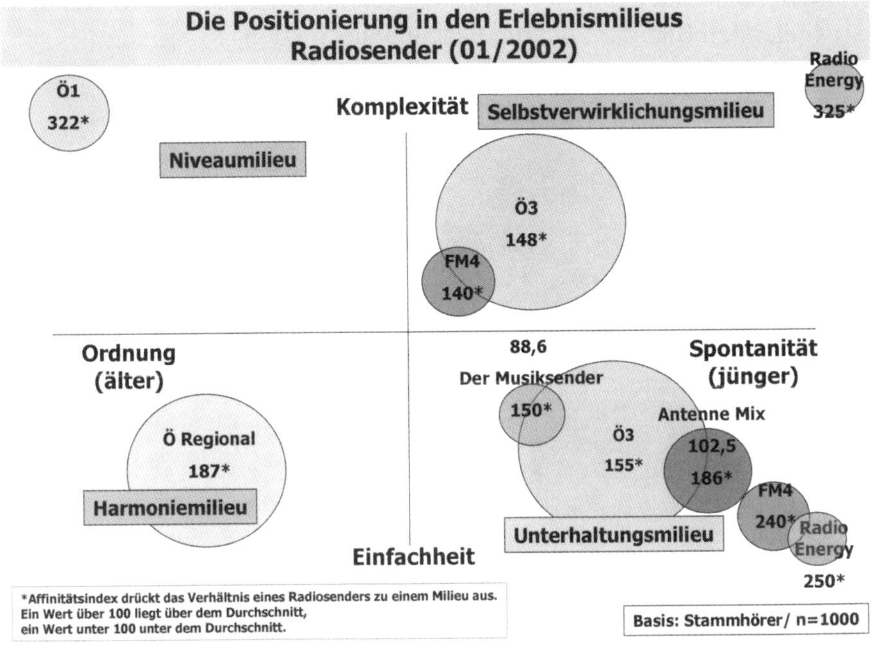


3. Als projektive Technik: Was wünscht sich diese Person von einem Fruchtsaft? Von einem Fernsehprogramm? Welche Medienvorlieben hat sie?

4. Als Analysetechnik für Werbung: Gefällt den Personen auf dem folgenden Bild der Film/die Packung/die Sendung?

Ein weiterer günstiger Zugang ist es, *Typologien je Produktfeld* zu erstellen. Auch hier hängt die Validität der Typen davon ab, nach welchen Merkmalen gebündelt und klassifiziert wird. Dies muss einerseits theoriegeleitet geschehen, andererseits in einer vernünftigen Kosten-Nutzen-Relation und auch so, dass die Typen jedes Mal wieder auffindbar sind.

Das Modell der Erlebnismilieus ist auch interessant, um verschiedene länderspezifische Kulturen miteinander zu vergleichen und in ihrer inneren Gliederung zu erfassen, was für die Kommunikation übergreifend agierender Konzerne wichtig ist. In unserer Arbeit für eine Fluglinie im Bereich mittel- und osteuropäischer Staaten (Ungarn, Tschechien, Rumänien, Bulgarien) zeigte sich, dass sich in diesen Ländern Milieus finden, die unseren gut vergleichbar sind, wenn sie auch durch andere Indikatoren erfasst werden müssen; ebenso wurde deutlich, dass Gruppen bestehen, die völlig eigenständig sind, was ihre Vorstellungen von einem guten Leben betrifft.

Ein weiterer Ansatz versucht, einzelne Persönlichkeitsmerkmale zur Zielgruppenbestimmung zu verwenden – seien es solche, die etablierten Persönlichkeitstheorien entstammen (wie Leistungsbereitschaft, Risikoneigung, Machtstreben), oder solche, die sich auf naive bzw. unwissenschaftliche Persönlichkeitstheorien stützen.[52] Speziell die letzteren Modelle geraten leicht in den Bereich des Spekulativen, denn es fällt ihnen schwer, jene Frage zu beantworten, die für eine Zielgruppenbestimmung zentral ist: In welchem Zusammenhang stehen diese Persönlichkeitsmerkmale mit Kaufentscheidungen/mit der Ansprechbarkeit für Marken/Markenstrategien/Marktkommunikation?

Offensichtlich wird man nur solche Merkmale zur Zielgruppenbeschreibung wählen, die mit Marktstrategien erfasst werden können – sei es, dass Personen dieses Typs bestimmte Produkte bevorzugen oder auf bestimmte Kommunikationsstrategien spezifisch reagieren. Eine Reihe von Modellen leidet genau unter diesem Mangel, nämlich der Nicht-Erfassbarkeit durch Marktstrategien. Es sind dies vor allem jene Modelle, die als zusätzlich charakterisierende Merkmale/Eigenschaften solche heranziehen, die auf dem Boden psychologischer Persönlichkeitstheorien gewonnen worden sind.

Gerade bei psychologisch orientierter Marktforschung wird außerdem nicht selten teilweise auf recht naive Persönlichkeitstheorien zurückgegriffen, etwa wenn Konsumenten summarisch in zwei Klassen eingeteilt werden – in sicherheitsorientierte und innovationsorientierte.

Aber selbst wenn ausgearbeitete und validierte Persönlichkeitsinventare benützt werden: Es bleibt offen, in welchem Zusammenhang überdauernde Persönlichkeitszüge *(traits)* mit Kaufentscheidungen und mit der Ansprechbarkeit über Kommunikationsstrategien stehen. Gibt es etwa einen Markt für Introvertierte? Wie muss eine Kampagne für Introvertierte aussehen? Soll sie introvertierte Personen zeigen oder im Gegenteil möglichst extrovertierte? Kann man den Markt für Klebemittel nach Ich-Idealen segmentieren?

Es gibt wenige stabile Merkmale/Dispositionen *(traits)*, die auf mehreren Produktfeldern eine Rolle spielen und die in Zusammenhang mit Verbraucherverhalten stehen.[53] Zu den wenigen Variablen gehören Leistungsorientiertheit und Innovationsbereitschaft. Hier dürtte ein Zusammenhang mit dem Kauf von Premiummarken bzw. mit dem Streben nach einem bestimmten Konsumniveau vorliegen.[54]

Auch auf dem Boden kultur- und sozialanthropologischer Theorien können Zielgruppenbestimmungen erfolgen. Die Kulturanthropologie beschäftigt sich mit der Frage, wie menschliches Zusammenleben in Gesellschaften aufrechterhalten und geregelt werden kann:

- Welche Werte müssen von allen anerkannt werden?
- Welche Bedeutungsmuster müssen aufgebaut werden, die den Common Sense dieser Gesellschaften regeln, sodass die gewählte Lebensform allen als natürlich und normal gilt?
- Wodurch ist der Zugang zu sozialer Macht geregelt?
- Wie werden soziale Positionen verteidigt?

- Wie weit beschränkt die Gesellschaft die Handlungsmöglichkeiten des Einzelnen?
- Wie belohnt eine Gesellschaft ihre Mitglieder?
- Wie schließt sie sie aus? etc.

Alles das bildet ein kohärentes Argumentationssystem. Analysiert werden Gesellschaften aller Entwicklungsstufen.

Unsere heutige Gesellschaft kennt einen vorherrschenden kulturellen Typ, nämlich das Wertsystem einer stark individualistisch orientierten Gesellschaft, die auf dem freien Wettbewerb aller basiert, aber sie kennt auch eine Reihe von Subkulturen. Dabei wird von der Beobachtung ausgegangen, dass sich in allen Gesellschaften Gruppen konstituieren, dass ein universelles menschliches Bedürfnis besteht, auszudrücken, dass man zu einer Gruppe gehört, aber noch viel deutlicher auszudrücken, zu welcher Gruppe man keinesfalls gehört. Menschen wissen oft nicht so genau, was sie wollen, aber sie wissen sehr genau, was sie *nicht* wollen.

Diesen Gedanken entwickelt Mary Douglas bei ihrer interessanten Entwicklung eines Zielgruppenmodells.[55] Dieses Modell geht davon aus, dass Konsumentscheidungen eine Konsequenz der Entscheidung sind, in welcher »Welt« oder »Kultur« man leben möchte – man wählt Produkte so, dass sie genau in diese Welt passen und ebenso genau von einer anderen Welt verabscheut werden. Jede Produktwahl stellt solcherart die Wahl einer Anschlussmöglichkeit an eine kulturelle Gruppe dar.

Mary Douglas stellt fest, dass sich in unserer westlichen Industriekultur vier solcher kultureller Grundmuster vorfinden – jedes für sich homogen, doch einander jeweils feindlich gesinnt. Eines zu wählen bedeutet gleichzeitig, die anderen abzulehnen. Diese vier Typen folgen dabei einer allgemeinen kulturellen Typologie, die vier prototypische Kulturen/kulturelle Muster postuliert. Diese werden durch eine *Grid/Group*-Analyse gewonnen.

*Grid* und *Group* stellen die zwei Dimensionen dar, die die individuellen Handlungsmöglichkeiten einer Person festlegen. *Group* betrifft das Ausmaß, in dem ein Individuum durch die Zugehörigkeit zu einer bestimmten Gruppe in seinen Handlungsmöglichkeiten beschränkt ist und wie stark der Zugang zu dieser Gruppe frei wählbar ist; *Grid* betrifft das Ausmaß, in dem die Angehörigen einer Gruppe ihre Beziehungen zueinander frei regeln können oder nicht. Damit ergeben sich vier kulturelle Grundmuster. Zur Verdeutlichung daneben vier kulturelle Menschentypen (siehe Abbildung auf Seite 111):[56]

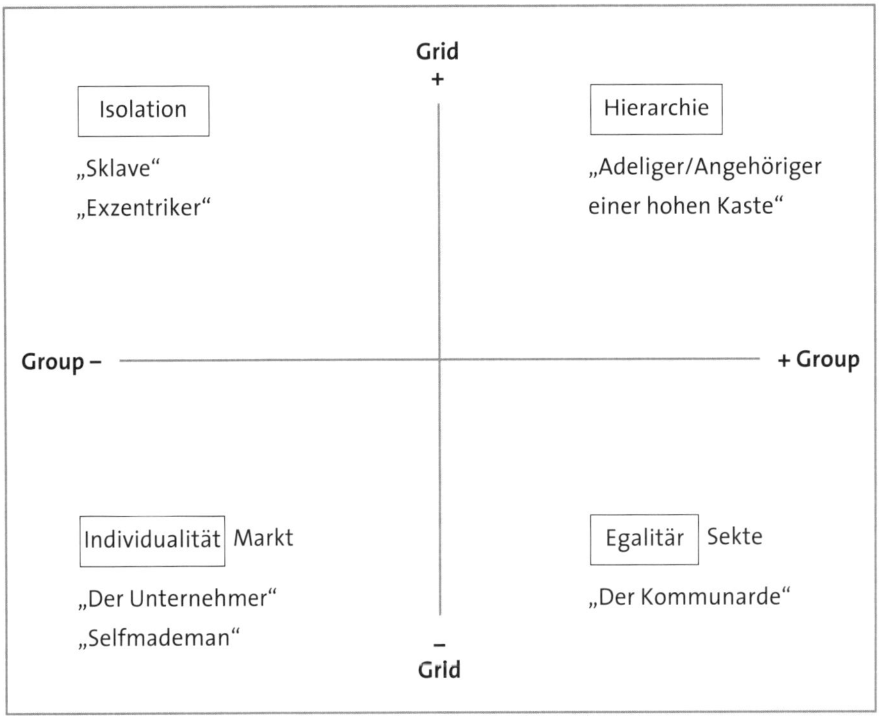


- *Isolation:* Isoliert vom Rest der Gesellschaft entweder freiwillig (»Exzentriker«) oder von außen bestimmt (»Sklave«).
- *Hierarchie:* Die Gruppe setzt sich klar ab; schwieriger Gruppenzutritt/hohe Vorteile, ihr anzugehören. Strikte Regelungen für die Mitglieder, die sich durch ihre Stellung in der Gruppe ergeben.
- *Individualität:* Einfacher Gruppenzugang. Abwehr aller Regelungen, die die Freiheit des Individuums bedrohen. Freies Aushandeln aller Beziehungen.
- *Egalitär:* Klar abgegrenzte Gruppe. Alle bestehen darauf, dass die Mitglieder gleich sind. Sie grenzen sich scharf gegen andere Gruppen ab (Enklave).

Diese kulturellen Muster lassen sich als Subkulturen in unserer Gesellschaft feststellen, als Lebenswelten auf dem Niveau von Haushaltsorganisationen, als kulturell vorgeprägte Menschentypen mit spezifischen Werthaltungen, Lebenszielen, Alltagskulturen. Die vier Grundmuster:

- *Eklektizistisch:* Zurückgezogen, ohne Bindung, ohne Integration, private amoralism.

- *Hierarchisch:* Formal, traditionell; man schätzt etablierte Institutionen, bevorzugt als soziales Netzwerk eine kleine Gruppe alter Freunde und die Familie.
- *Individualistisch:* Bevorzugung offener, kompetitiver Netzwerke und Beziehungen; Freude an Technik, Sport, aufregender Unterhaltung; Widerstände, Verpflichtungen einzugehen.
- *Egalitär:* Gegen Pomp, Künstlichkeit, gegen autoritäre Institutionen; man bevorzugt Einfachheit, Ehrlichkeit, enge Freundschaften, spirituelle Werte.

Jeder dieser vier Typen ist vom Standpunkt der anderen drei aus unwählbar und findet seinerseits die anderen unakzeptabel. Diese Typen, die auch quantitativ erfassbar sind, neigen zu verschiedenen Formen der Haushaltsführung, sie gehen anders mit Raum, Zeit, Ressourcen um und treffen verschiedene Produktwahlen in unterschiedlichen Feldern: Mit den Produktwahlen werden ihre unterschiedlichen Philosophien zum Ausdruck gebracht. Inszenierungen von Marken folgen daher auch diesen Mustern.

Nehmen wir zum Beispiel Naturauffassungen: Jeder dieser vier kulturellen Typen neigt zu einer anderen Naturauffassung, die sein Handeln legitimiert. Diese vier Mythen der Natur sind:

- *»Eklektizistisch«:* Ohne wirkliches Bemühen, die Natur oder die Natur des Menschen zu verstehen.
- *»Hierarchisch«:* Die Natur ist unberechenbar. Sie braucht feste Strukturen, Grenzen. Ebenso braucht der Mensch Hierarchien, Grenzen, Regelungen. Die Haushaltsführung kennt, dem entsprechend, eine strikte Trennung nach Männer-/Frauenrollen, Altersrollen; ebenso rigide ist der Umgang mit Raum und Zeit.
- *»Individualistisch«:* Die Natur ist robust – sie kann daher unterworfen, ausgebeutet werden. Ebenso ist die menschliche Natur, die Person robust – sie setzt sich durch, sofern man ihr freien Lauf lässt und sofern sie nicht durch Regulationen eingeschränkt wird. Die Haushaltsführung beispielsweise ist dementsprechend liberal, kennt weniger feste Rollen; die Erziehungspraktiken, die Relationen zwischen den Familienmitgliedern sind flexibel.
- *»Egalitär«:* Die Natur wird durch korrupte Mentalitäten zerstört. Sie muss ebenso wie die menschliche Natur vor der Bedrohung durch korrupte Mentalitäten, Institutionen geschützt werden.

In Untersuchungen zum Einsatz von Gentechnologie konnten wir vier klar abgehobene Muster von Haltungen feststellen, die auf diesen vier

Mythen der Natur basierten. Ebenso haben wir dieses Modell im Bereich von Medienvorlieben eingesetzt. Hier zeigte sich klar, dass einzelne Fernsehsender und/oder einzelne Sendungen oder mediale Formate die einzelnen kulturellen Gruppen jeweils unterschiedlich ansprechen. So antworten öffentlich-rechtliche Sender in Deutschland und die Informationssendungen speziell den Vorlieben hierarchistischer Gruppen, Fatalisten und Isolierte sind große Anhänger von Science-Fiction-Sendungen, die ihnen immer wieder das Walten des Schicksals vor Augen führen etc.

Derzeit stehen in der Zielgruppenforschung ganz bestimmte Gruppen im Vordergrund: Gruppen, die ihren Grenzen nach einfach zu bestimmen sind, bei denen aber nicht so klar ist, wie sie im Inneren gegliedert sind. Sicher ist nur, dass es sich keineswegs um homogene Gruppen handelt, sodass verschiedene Kommunikationsstrategien gewählt werden müssen. Oft ist sogar unklar, welche Semantik in der Ansprache überhaupt gewählt werden soll.

Bei älteren Personen besteht große Unsicherheit über die semiotische Ausprägung, die ihnen angemessen wäre. Wie soll man sie zum Beispiel bezeichnen? Als »Senioren«, »Best agers«, »Over fifties« oder »Mature consumers«? Welche bildliche Repräsentation ist angemessen? Diese Unsicherheit weist darauf hin, dass in unserer Gesellschaft kaum spezifische mediale Repräsentationen des Alters bestehen – was zu großen Schwierigkeiten in der Vermarktung etwa von Produkten aus dem Bereich von Kosmetik, Ernährung etc. führt, die zunehmend für die Bedürfnisse dieser Zielgruppen entwickelt werden. Ähnliches gilt für die Gruppe der Frauen, die spezifisch segmentiert werden müssen.[57]

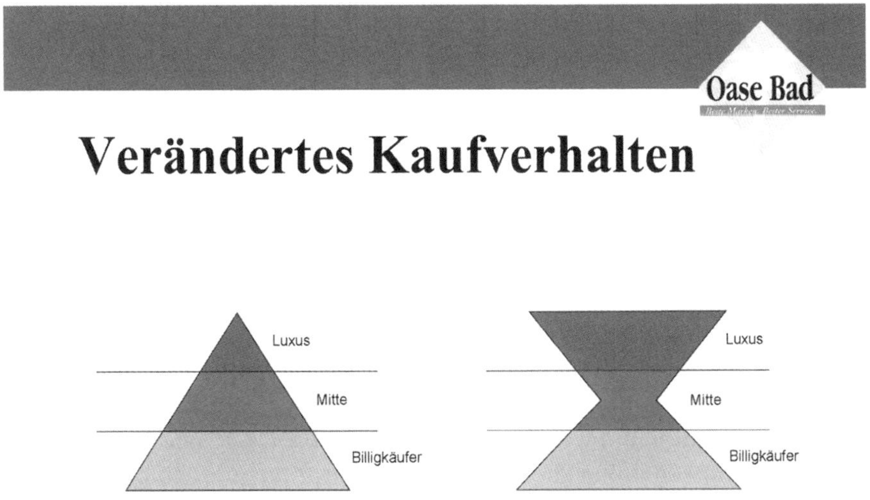

Ein ebenso großes Problem stellt die Tatsache dar, dass bei vielen Märkten die Mittelsegmente wegbrechen und sich die unteren und die oberen Segmente erhöhen, was nicht bedeutet, dass dies mit Oberschicht – Mittelschicht – Unterschicht korreliert ist. Die folgende Grafik, die die Käufergruppen von Bädern darstellt, findet sich in verschiedenen Produktfeldern.

Ähnliches lässt sich zum Beispiel in der Entwicklung von Fluglinien zeigen, wo derzeit Billiganbieter wie Ryanair, DBA oder Germanwings boomen, während am Reisemarkt gleichzeitig außerordentlich hochpreisige Beratung und serviceorientierte Angebote stark nachgefragt sind. Dies erfordert unter anderem spezifische Überlegungen dazu, wie in Ansprachen und Produktangeboten elitäre Stile und Wertfelder signalisiert und kommuniziert werden können.[58]

## 6.3 Zusammenfassung und Folgerungen

Man kann sich prinzipiell die Frage stellen, ob für ein Produkt überhaupt die Frage nach einer Zielgruppe im klassischen Sinn richtig ist. Wenn es wirklich um einen Beitrag des Produktes zum inneren Erleben geht, müssen die Merkmale, die Gruppen bilden, höchst diffizil gewählt werden und die große Bandbreite subjektiven Erlebens mit einbeziehen. Dennoch wird man am Markt nicht umhin können, irgendeine Vorstellung von den Gruppen zu entwickeln, die man ansprechen will.

Zielgruppenbestimmungen sind also dennoch wichtig; man muss sich nur klar darüber sein, dass sie über eine Fülle von Merkmalen vorgenommen werden können. Welche und wie viele Merkmale das sind, auf welcher Ebene sie liegen sollen, hängt vom Untersuchungsproblem und vom theoretischen Bezugsrahmen ab. Wichtig ist, dass zwei Dinge mitbedacht werden:

1. Es gibt nur wenige stabile Zielgruppen in dem Sinn, dass eine Person, die einer Zielgruppe zugerechnet wird, in jedem Produktfeld wieder diesem Typ zugerechnet werden kann. Nur wenige Merkmale sind so übergreifend, dass sie Kaufverhalten auf mehreren Produktfeldern erklären.
2. Ebenso praktizieren Personen heute nebeneinander verschiedene Lebensstile: einmal leben sie im Stil von alternativen, gesundheitsbewussten Asketen, dann im Stil einer Elite, dann sportlich, dann kleinbürgerlich. Stile kann und will man heute kaufen; Produkte und Kommunikationen müssen daher diese Stile verkörpern, sie quasi so präsentieren, als ob sie maßgeschneidert wären für eine bestimmte Zielgruppe.

Dies führt zur Frage, wie sinnvoll der Zielgruppen-Ansatz in einer Zeit ist, in der der vorherrschende Wert jener der Individualität ist, also das Bestreben, »gerade nicht zu einer Zielgruppe« zu gehören. In der Marketingliteratur wird daher manchmal die Behauptung aufgestellt, dass das Zeitalter der Zielgruppen vorbei sei. Hier werden allerdings zwei Probleme vermischt.

Auf der Ebene der Einzelperson besteht tatsächlich ein starker Widerstand, sich über irgendwelche sozialen oder auch biologischen Merkmale klassifizieren zu lassen. Produkte dienen ja, wie wir gesehen haben, oft dazu, gerade diese Grenzen aufzuheben und zu verwischen. Dies steht im Einklang mit der generellen Tendenz unserer Gesellschaft, Schichtgrenzen durchlässig und sogar biologische Kategorien in gewisser Weise frei wählbar zu machen: Man kann heute bis zu einem bestimmten Ausmaß wählen, wie weiblich, männlich, jung oder alt man sich geben möchte.

Das allerdings heißt weder, dass es soziodemographische Zielgruppen nicht gibt – natürlich gibt es Produkte, die sich an Männer oder Frauen, Junge oder Alte, Personen, die viel oder wenig Geld haben, richten –, noch heißt es, dass es Zielgruppen überhaupt nicht gibt. Ein Produkt, das den Eindruck vermittelt, ausnahmslos für alle oder nur für eine einzige individuelle Person gut zu sein, ist sinnlos.

Ebenso gibt es neben dem Bedürfnis nach Individualität auf der Ebene der Einzelperson auch das Bedürfnis nach Affiliation, also das Bedürfnis, sich einer manifesten oder latenten Gruppe zugehörig zu fühlen.

Und schließlich heißt Individualität nie völlige Einzigartigkeit. Sie impliziert immer den Bezug auf eine Gruppe, deren Merkmale man zeigt, und damit gleichzeitig den Bezug auf eine Gruppe, der man offensichtlich nicht angehört oder angehören möchte. Genau hier beginnt das Spiel der Inklusions- und Exklusionscodes. Vor allem auch deshalb, weil diese Gruppen eben nicht einfach soziale Gruppen sind, sondern Mentalitätsgruppen, Stilgruppen und ganz deutlich auch kulturell determinierte Gruppen.

Teil B

# Methoden

# 1 Bestimmung der Methode

Die Ergebnisse, die in diesem Buch vorgestellt werden, sind im wesentlichen Ergebnisse, die Untersuchungen entstammen und die daher über bestimmte Methoden gewonnen worden sind. Aus Platzgründen ist es nun weder möglich, die Ergebnisse im Detail wiederzugeben, noch die Methoden genau darzustellen. Summarisch daher nur Folgendes: Bei der Auswahl der Methode sind drei Aspekte bestimmend:[59]

- der Bezug zu einer Theorie: Die Theorie bestimmt die Wahl der Methode;
- Befolgung wissenschaftlicher Spielregeln: Intersubjektivität – Logik/Widerspruchsfreiheit;
- Befolgung messtheoretischer Grundsätze: Reliabilität – Validität;
- Kosten-Nutzen-Relation.

Da sich mein theoretischer Ansatz auf zwei Objektbereiche bezieht:

a) Analyse der Bedeutung und Wirkung von Produkten und ihrer Kommunikation bei Konsumenten/Analyse von Motivstrukturen/Werthaltungen;
b) Analyse der Bedeutungen, die Produkte/Marken als eigenständige Zeichen systeme aufbauen;

werden zwei Gruppen von Verfahren angewendet – befragungsabhängige und befragungsunabhängige.

# 2 Verfahren, Befragungsinventare, Beispiele

## 2.1 Befragungsabhängige Verfahren

Sie entstammen dem Methodenrepertoire der empirischen Sozialforschung.[60] Die Methoden der empirischen Sozialforschung werden oft mit den so genannten quantitativen Verfahren gleichgesetzt, die von ihrer Forschungslogik her besonders gut den Anforderungen nach Intersubjektivität, Reliabilität und Validität entgegenzukommen scheinen. Sie arbeiten mit großen repräsentativen Stichproben und im Wesentlichen mit strukturierten Fragen.

Sofern es um die Erklärung der Prognose von Verhalten geht, wird als theoretisches Konzept meist das Einstellungskonzept herangezogen. Einstellungen also Dispositionen von Personen, Meinungsgegenständen gegenüber zu fühlen, zu denken, zu handeln – werden daher über drei Komponenten (kognitive, evaluative und handlungsbezogene) gemessen, was meist in Form von Items geschieht. Verfahren dieser Art sind ferner unerlässlich, wenn es darum geht, die Verteilung eines bestimmten Verhaltens festzustellen, zu erfassen, in welchem Ausmaß Nachrichten beachtet und erinnert worden sind, wenn es um die zahlenmäßige Streuung von Besitzständen oder von Merkmalen geht, um Zustimmung zu vorgegebenen Argumenten etc. Das heißt nicht, dass Verfahren dieser Art ebenso angemessen sind, wenn es um die Lösung anderer Probleme geht – wie alle Verfahren haben sie ihre besonderen Stärken, aber auch ihre Grenzen.

Die Fragen, die im Bereich der so genannten qualitativen Forschung behandelt werden, lassen sich teilweise ebenfalls durch diese Methoden lösen, teilweise müssen aber andere herangezogen werden.[61]

Quantitative Verfahren müssen davon ausgehen, dass die Aspekte, die man benützt, um einen bestimmten Sachverhalt zu erfassen oder bewerten zu lassen, tatsächlich die subjektiv relevanten Aspekte der Befragten sind und dass man weiß, was die erhobenen Verhaltensweisen und Sachverhalte für die Be fragten bedeuten. Wenn es jedoch darauf ankommt, zu erfahren, welche Bedeutung bestimmte Objekte oder Handlungen für Personen haben, wie sie Objekten gegenüber fühlen, welche subjektiven Gründe ihr Handeln bestimmen, muss versucht werden, diese subjektive Sicht der Akteure zu erfassen. Offensichtlich müssen hier andere Disziplinen und Theorien zur Erklärung herangezogen werden.

Diese Theorien erfordern auch andere Methoden – Methoden, bei denen Personen nicht »abgefragt« und zum punktuellen Reagieren gebracht werden, sondern bei denen man sie veranlasst, ausführlich zu erzählen, zu interpretieren, Bezüge zu ihrer lebensweltlichen Praxis herzustellen. Sie werden also dazu angeregt, einen »Text« zu liefern. Dieser Text wird vom Forscher interpretiert – gemäß textanalytischer, semiotisch-strukturalistischer Verfahren – und dann auf die Erklärungsansätze verschiedener Theorien (psychologischer, soziologischer, kulturwissenschaftlicher) bezogen. Auf diese Weise werden die Bedeutungen und die dahinter stehenden Strukturen ermittelt.

Dieses Vorgehen enthält deutliche Parallelen zu den Methoden der Ethnologen, die die Denk- und Sinnstrukturen der Angehörigen fremder Kulturen zu verstehen versuchen. Sie können weder direkt danach fragen (»Warum veranstalten Sie Ihr Regenritual?«) noch können sie Zustimmung oder Ablehnung zu vorgegebenen Kategorien einholen, da sie die Kategorien noch gar nicht kennen. Ethnologen können nur versuchen, aus Ausführungen, wie etwas gemacht, welcher subjektive Sinn zugeordnet wird, zu erschließen, welche Idee hier zum Ausdruck gebracht wird, welches Wertesystem dahinter steht, wie die Akteure subjektiv ihre Welt sehen, welche Bedeutungen Handlungen für sie haben.

Diese Art der Forschung – sowohl die konkrete Methode wie vor allem der prinzipielle Befragungs- und Forschungsprozess – hat seit etwa 1960 die Soziologie und die empirische Sozialforschung beeinflusst. Sie fußt auf den Denkansätzen der Ethnomethodologie und des symbolischen Interaktionismus und geht auf Forscher wie Mead, Blumer, Goffmann, Thomas, Cicourel sowie Clifford Geertz mit seinem Konzept der »Thick descriptions« zurück.[62]

Diese Richtung wendet sich auch von einem ideologisch-theoretischen Standpunkt gegen die herrschende Praxis der quantitativen Forschung, indem sie ihr vorwirft, gleichzeitig naiv und autoritativ Kategorien und Haltungen vorzudefinieren, ohne zu wissen, ob es die Kategorien ihrer Befragten sind, welche Bedeutung diese Kategorien haben und auf welche Art sie sich zu einer Ganzheit zusammenfügen. Die Forscher dieser Richtung bestanden darauf, sich strikt auf den Standpunkt der einzelnen Akteure zu stellen, ihr Alltagsdenken und -handeln ganzheitlich zu erforschen, und sie wiesen immer wieder darauf hin, dass es nicht die objektiven Gegebenheiten sind, die Handlungen bestimmen, sondern die Bedeutung, die der Einzelne diesen objektiven Gegebenheiten gibt.

Diese Bedeutung wiederum ist nicht etwas willkürlich Subjektives, sondern kulturell, sozial, oft auch sprachlich vermittelt. Analog gilt dies auch für die Haltungen von Konsumenten. Es geht dabei um zweierlei:

1. Konsumenten zu Äußerungen zu veranlassen, die es erlauben, einen ganzheitlichen Eindruck von ihrer Alltagspraxis, ihrem Erleben und Bewerten zu gewinnen;

2. den »Text«, den die Befragten liefern, daraufhin zu analysieren, welche Bedeutungen er enthält.

Die Erhebungsmethoden sind durchaus bekannt. Sie können als Einzelinterview oder in der Gruppe durchgeführt werden und umfassen Techniken wie:

- narrative Interviews, in denen Befragte ausführliche Berichte liefern;[63]
- teilstrukturierte Interviews, bei denen offene Interviewteile neben strukturierten Fragen und Skalierungsverfahren stehen;
- statistisch verrechenbare Verfahren, sofern die Stichproben groß genug sind;
- projektive Techniken, die die Phantasie und die Kreativität der Befragten ansprechen (sind sehr gut als Gruppeninterviews durchzuführen).

Die Gesprächsleiter müssen über gute Kenntnisse einer psychologischen Gesprächsführung und des jeweiligen Sachbereichs verfügen. Wesentlich sind jedoch Überlegungen darüber, was eigentlich gefragt werden soll – denn naturgemäß kann nur das als Ergebnis erfasst werden, wonach man sich erkundigt hat. Das ist daher ein besonders sensibler Punkt, der einen Rekurs auf theoretische Bezugsrahmen erfordert, nämlich auf die, die dann zur Interpretation eingesetzt werden.

Keinesfalls können zum Beispiel Fragen des Marketing in direkte Fragen an Konsumenten übersetzt werden – etwa: »Passt dieser Film zur Marke?« Oder: »Sollte es von dieser Deomarke auch ein Shampoo geben?« (Derartige Fragen wären genauso fehl am Platz wie: »Warum veranstalten Sie Ihr Regenritual?«)

Es folgt eine Liste von Fragen, die als Analyseprinzipien sinnvoll in eine Untersuchung eingehen können, wenn es darum geht festzustellen, warum Leute etwas tun, welche Bedeutung etwas hat, was in der Kommunikation angesprochen werden könnte, wie ein Produkt oder eine Marke positioniert werden sollten – wichtige Fragen der qualitativen Forschung also. Sie bilden nach meiner Erfahrung eine Art von Checkliste für viele Problemstellungen.

*Befragungsinventare*

**A. Worum geht es in diesem Produktfeld?**

1. Was sind die *Ziele/Funktionen/Werte* dieser Produktgattung auf der Ebene des Instrumentellen/Funktionalen?
   - Was sind die Grundanforderungen, die diese Produktgattung erfüllen muss?
   - Was wird darüber hinaus von vielen Produkten dieser Gattung schon geleistet?
   - Welche Möglichkeiten können noch zur Differenzierung genützt werden?
2. Welche *kulturelle Bedeutung* haben diese Werte/Ziele?
   - Mit welchen Ideologien und übergeordneten Wertewelten stehen sie im Zusammenhang?
   - Mit welchen ideologischen Ordnungsmustern hängen sie zusammen?
   - Gibt es eine *zentrale Ideologie*/eine zentrale Botschaft der Produktgattung? (»What business are you in?«)
3. Kann diese Produktgattung dazu benützt werden, *elementare kulturelle Klassifikationen* zum Ausdruck zu bringen? Und welche?
4. Welche *soziale Bedeutung* haben die Werte/Ziele?
   - Für welche Gruppen sind sie relevant?
   - Können sie zur sozialen Differenzierung benützt werden?
5. Welchen *subjektiven Nutzen, Motiven, Handlungszielen* kommt diese Produktgattung entgegen?
6. Welchen Beitrag leistet die Produktgattung für folgende Nutzen:
   - distinktive
   - expressive
   - normative
   - ästhetische
7. Welche *Trends* arbeiten für oder gegen diese Produktgattung?
8. Gibt es *Gruppen*, die Nähe bzw. Distanz zu dieser Produktgattung haben?
9. Welches sind die prototypischen Vertreter dieser Produktgattung?
   - Welche Merkmale haben sie als Produkt?
   - Welche Merkmale haben sie als Marke?

**B. Welche Positionen nehmen die Produkte und Marken dieses Feldes ein?**

1. Welche Wertewelten besetzen sie über welche Zeichen?
2. Welche kulturellen Klassifikationen bringen sie zum Ausdruck?
3. Welche sozialen Bedeutungen bringen sie zum Ausdruck?
   - Können sie zur sozialen Distinktion benützt werden?

- Über welche Mechanismen?

4. An welche subjektiven Nutzen, Motive, Handlungsziele wenden sie sich?
5. Welchen Beitrag leisten sie für folgende Nutzen:
   - distinktive
   - expressive
   - normative
   - ästhetische
6. Welchen Trends kommen sie entgegen?
7. Welche Gruppen sprechen sie an?
8. Wie sind sie als Produkt konstruiert? Ausformung der instrumentellen Nutzen:
   - notwendige Leistungen
   - darüber hinausgehende Leistungen
   - differenzierende Leistungen

   Mikroebene der Produktgestaltung:
   - Produktrealität
   - Packung
   - Preis
9. Wie sind sie als Marke konstruiert?
   - Markenmerkmale

Die Bedeutung einzelner Punkte wird im Teil C näher erläutert.

*Beispiel 1: Kakao*

Dieses Beispiel stammt aus einer Reihe von narrativen Interviews über löslichen Kakao. Die Erzählerin ist eine 24-jährige Frau:

| | **Interpretation** |
|---|---|
| Ich habe eigentlich erst seit kurzem wieder angefangen, Kakao zu trinken. | Situation, in der sie zum ersten Mal allein lebt. |
| *Wann?* | |
| Als ich meine erste eigene Wohnung bezogen habe und im Job ziemlich viel los war. | |
| *Wie sind Sie gerade auf Kakao gekommen?*<br>*Was bringt Ihnen Kakao?* | |

| | |
|---|---|
| Ich habe als Kind viel Kakao getrunken. Wenn ich an Kakao denke, so sehe ich meine Mutter, wie sie mir mit dem Löffel Kakao in die Tasse gibt, und die runde Dose, mit der ich immer gespielt habe. Wenn ich diese Dose heute sehe, habe ich direkt liebevolle Gefühle. | Kakao ist Kindheit. Ein Granulatkakao in einer runden Dose. |
| Ja, und dann habe ich Kakao gehasst, so zwischen 12 und 14. | Ich will kein Kind mehr sein. |
| Ich habe dann langsam mit Kaffee angefangen, er hat am Anfang schrecklich geschmeckt, aber mit viel Milch und Zucker ist es schon gegangen. Aber ich hatte den Eindruck, nur mit Kaffee schaffe ich es. | Einübung in die Erwachsenen kultur und ihre Maxime derLeistung. Initiation. Milch und Zucker erleichtern den Prozess. |
| Aber in letzter Zeit, wenn ich so abends nach Hause gekommen bin, habe ich wieder an Kakao gedacht. | Jetzt ist sie erwachsen, sie muss es nicht mehr beweisen. |
| Und dann habe ich mir einen Kakao gekauft – nein, nicht die Marke aus meiner Kinderzeit, ich wollte schon etwas Besseres –, also ich habe dann eine Marke genommen, von der es eine sehr gute Schokolade gibt. | Sie kann es sich erlauben, auf höherer Stufe zu den Objekten der Kindheit zurückzukehren. |
| Und der Kakao hat auch feinere Körnchen, ganz fein und dunkel, und er ist in eigenen eckigen Dosen. | »Schokolade«, nicht Kakao. Fein: eckige Schachtel, grob: runde Dose. |
| Ja, und wenn ich den Kakao jetzt trinke, das ist so friedlich und mollig, kein Genussmittel, aber er schmeckt einfach gut, er putscht nicht auf wie Kaffee und er ist nicht so dünn wie Tee, er ist süß und schmeckt so ein bisschen nach Schokolade, so weich – also ich fühle mich richtig getröstet. | Kakao ist Kindheit, Friede,Trost; nicht Leistung – nicht Askese; weich, süß, mollig. |
| Ich trinke ihn jetzt immer gleich, wenn ich nach Hause komme, dann geht es mir wieder gut. | Coming-home-Ritual, das das offizielle Außen vom privaten Innen trennt. |

Diese Art des Kaufverhaltens findet sich häufig in dieser Gruppe; warme Getränke werden oft so eingesetzt. Insgesamt lässt sich von diesen und ähnlichen Interviews eine interessante Position für Kakao ableiten.

*Beispiel 2: Nichtverbale Daten*

Verfahren, die nichtverbale Daten liefern, werden mit dem Ziel eingesetzt, komplexe Bedeutungen zu erfassen, die schwer artikulierbar sind – eben weil sie sehr komplex sind oder weil sie, werden sie explizit ausgesprochen, deutlicher sozialer Kontrolle/Missbilligung unterliegen würden.

Wir setzen Verfahren dieser Art meist in Gruppenbefragungen ein, wo die Befragten oft erstaunlich locker und offen sind. Diese Befragungen haben meist einen spielerischen Charakter, sie sprechen Phantasie und Kreativität an und werden daher von den Befragten geschätzt. Die Instruktionen lauten etwa, sich selbst in die Rolle eines Produktes zu versetzen und anzugeben, wie man sich fühlt, wenn man selbst in der Packung ist und verwendet wird. Oder man soll eine Marke in eine Person verwandeln und erzählen, wo diese Person wohnt, was sie isst, was sie trägt etc., ob und wie sie mit anderen Marken verwandt ist. Oder man soll angeben, was das Optimum in einer Produktgattung wäre oder wie eine Produktgattung in 20 Jahren aussehen werde. Alles das kann man sich erzählen, spielen oder zeichnen lassen.

*Fall 1: Tiernahrung*

Es ging um die optimale Positionierung von mehreren Marken eines Herstellers, einmal für Katzennahrung, einmal für Hundenahrung. Gemäß unserer Theorie, dass Marken jeweils zentrale Werte eines Produktfeldes zum Ausdruck bringen müssen, hatten die Befragten in einem anderen Untersuchungsteil ausführliche narrative Interviews über ihr Verhältnis zu ihrem Tier zu liefern. Dann, in der Gruppe, hatten sie ein Bild zu zeichnen, das sie und ihr Tier in einer Situation zeigte, die sie als charakteristisch für ihre Relation sahen. Jede Person zeichnete zunächst allein, und die Gruppe interpretierte dann die Bilder, ohne dass bekannt war, wer das Bild gezeichnet hatte.

Ich zeige zwei Bilder, die charakteristisch waren für zwei Serien ähnlicher Bilder. Beide bringen die außerordentlich enge Relation zwischen Katzenbesitzer und Katze zum Ausdruck (siehe Seite 127). Die Interpretationen und Assoziationen der Gruppe führten zu einem zentralen Motiv der Tierhaltung bzw. zu dem Wert, den Haustiere eigentlich haben. Mit einem Haustier kauft man sich das, was man sich ansonsten in unserer Gesellschaft nicht kaufen kann: immerwährende Liebe und Treue, eine stabile emotionale Relation, die von menschlichen Partnern zu erhalten, immer schwerer möglich ist.

Die beiden Darstellungen zeigen auch, dass die Katze als Partner eine Reihe von Merkmalen hat und auf jedem Bild eine etwas andere Relation impliziert. Auch dies wurde von der Gruppe sehr deutlich gesehen:

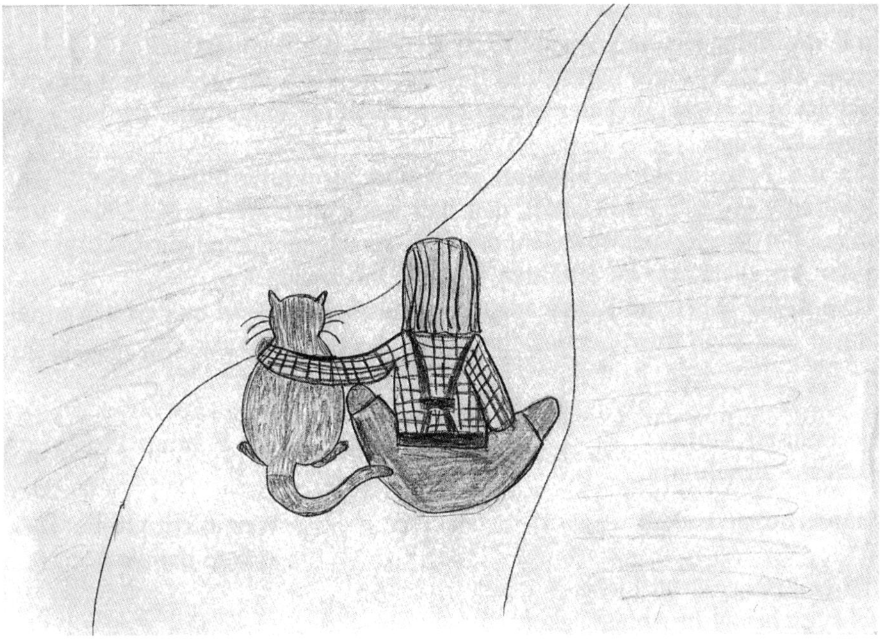

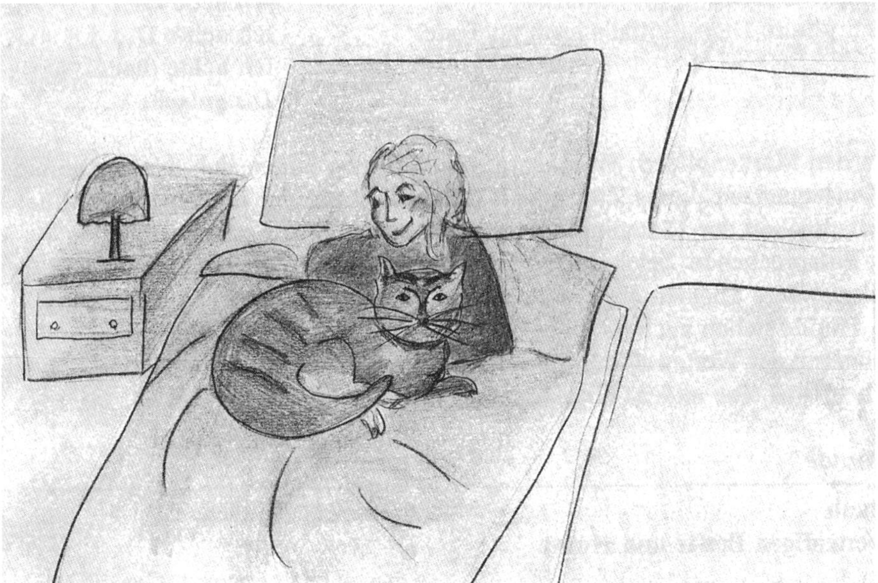

| **Die Frau als Mutter** | **Die Frau als Person** |
|---|---|
| (Mutter = Ernährerin) | |
| Definiert über andere<br>Viel Nahrung = viel Liebe<br>Nahrung bringt in Abhängigkeit | Wert nicht primär über andere definiert |
| ↓ | ↓ |
| Ich liebe dich<br>Ich füttere dich (notfalls auch zu Tode) | Ich liebe dich<br>Ich achte dich<br>Ich achte darauf, dass es dir gut geht |

- Auf dem einen Bild ist sie quasi ein gleichberechtigter Partner; die Relation ist durch Reziprozität gekennzeichnet (Frau und Katze sind gleich groß, die Katze legt den Schwanz um die Frau, die Frau legt den Arm um die Katze. Die Zeichnerin nannte das Bild auch: »Wir beide«).
- Auf dem anderen Bild ist die Katze in einer abhängigen Relation dargestellt, sie hat stark babyhafte Züge.

In der Folge zeigte sich (über strukturierte und zum Schluss quantitativ abgesicherte Daten), dass tatsächlich zwei verschiedene Haltungen der Tierbesitzer vorlagen, die auch in der Art, die Katze zu ernähren und mit ihr umzugehen, zum Ausdruck kamen. Weiter gaben die Bilder über konservative und moderne Werthaltungen und über das Selbstverständnis der Frau Auskunft:

In den Markenbildern Whiskas, Kitekat, Sheba finden sich dann jeweils die Konsequenzen dieses Zugangs: Whiskas, und auf der elitären Ebene Sheba, entsprechen der »Säuglingskatze«, Kitekat der »Partnerkatze«.

Entsprechende Zeichnungen über die Relationen zu Hunden zeigen, dass hier andere Themen abgehandelt werden: Schutz, Dominanz, Belehrung. Hunde stehen auch für andere Wertewelten. Sie verknüpfen sich im Übrigen eher mit der Wertewelt des Männlichen, Katzen mit der Wertewelt des Weiblichen, was eine andere Gruppe zeigte.

| **Hunde** | **Katzen** |
|---|---|
| Rau, verteidigen Besitz und Herrn | Zart, weich, sinnlich |
| Treu, an ihren Herrn/Obrigkeit gebunden | Unabhängig, falsch |
| Gelehrig | Nicht gelehrig |
| Beim Essen nicht wählerisch | Genießer |
| ↓ | ↓ |
| Eher als Männer gesehen | Eher als Frauen gesehen |

Die Darstellung von Hunden und Menschen erfordert daher ganz andere Darstellungskonventionen; kein so körpernahes Schmusen etwa.

*Fall 2: Waschmittel*

Gezeichnet werden sollte das, »was ein Waschmittel für mich tut«. Hier und in allen Assoziationen dazu kommt die zentrale Ideologie dieser Produktgattung zum Ausdruck: Transformation der Umwelt, der unbedingte Leistungsaspekt, das Thema der Reinigung und Wiedergeburt (siehe die beiden folgenden Seiten).

*Fall 3: Kosmetik*

Hier ging es um eine Untersuchung mit jungen Mädchen, bei der die Frage der Positionierung einer Kosmetikmarke geklärt werden sollte. Es war zunächst unklar, für welche Altersstufe die Marke positioniert werden sollte, ob als Einsteigermarke für die 14-Jährigen oder für 16- bis 20/25-Jährige, und mit welchen Werten man sie verbinden sollte. Zu zeichnen war: »Ein Zauberer gibt einem Mädchen eine Creme, und dann passiert das …«
Die Bilder der ganz jungen Gruppe zeigen die zentrale Idee, die diese Gruppe beherrschte: der Wunsch, beachtet zu werden, wenn man ins Leben – also aus dem Schutz des Elternhauses in die soziale Welt – tritt,

ich sprühe voll Eifer

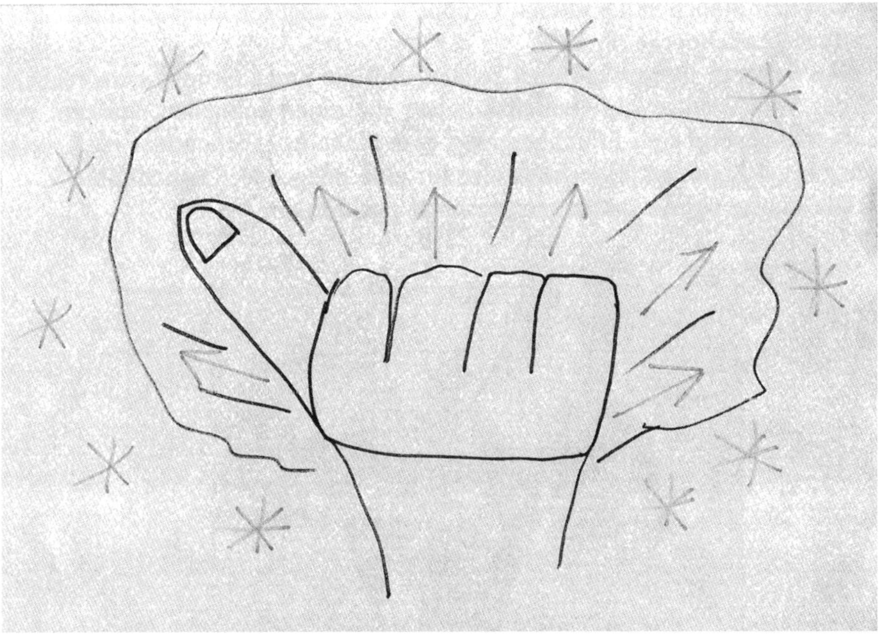

kein Kind mehr ist, sondern ein Erwachsener – das alte Thema der Initiation also. Erstaunlich war, dass sich alle Zeichnerinnen auf die Darstellung der traditionellen Frauenrolle beschränkten, und auch, dass auf Zeichnungen von jungen Mädchen die »Hauptdarstellerin« stets allein war. Von den Mädchen der älteren Gruppe wurde dagegen auch ein männlicher Partner gezeichnet (siehe Seite 135).

Die weiteren Interpretationen zeigten, dass die junge Gruppe entsprechend dieser Wertorientierung Produkte liebte, die einen schnellen, starken, von außen beobachtbaren Effekt brachten (wie Make-up, Parfümdeos etc.) – eine schwierige Argumentationsbasis also für eine pflegende Kosmetiklinie. Der Hersteller hatte sich in der Positionierung also schwerpunktmäßig zu entscheiden, welche Ansprache und damit auch welche Produkte er wählen wollte.

Der Star der Party

Da ist eine
Kamera

me, I'm
FREE

*Fall 4: Bank*

Zum Schluss noch drei Bilder (siehe die beiden folgenden Seiten), die einige zentrale Werte des Bankenbereiches deutlich machen: Sicherheit und Vertrauen; die Bank behütet das Geld (vornehmlich der kleinen Sparer) wie einen Schatz; Erfolgsorientierung; Wunscherfüllung. Gleichzeitig werden damit vier Funktionen des Geldes aufgezeigt (die im Übrigen von den einzelnen sozialen Gruppen verschieden gewichtet werden):

- Geld als Absicherung gegen die Notfälle des Lebens,
- Geld als Sicherheit (es wird dem Konsum entzogen),
- Geld als Voraussetzung für den Zugang zu sozialer Macht,
- Geld als Wunscherfüllung.
  (Nicht gezeichnet wurde die Funktion »Geld, das Geld hervorbringt«.)

Bankprodukte können schwerpunktmäßig diese Funktionen übersetzen, und Banken können in ihren Wertfeldern die eine oder andere Komponente betonen. Der Slogan der Bank Austria Creditanstalt »Die Bank zum Erfolg« spricht klar die dritte angeführte Funktion des Geldes (Zugang zu sozialer Macht) an.

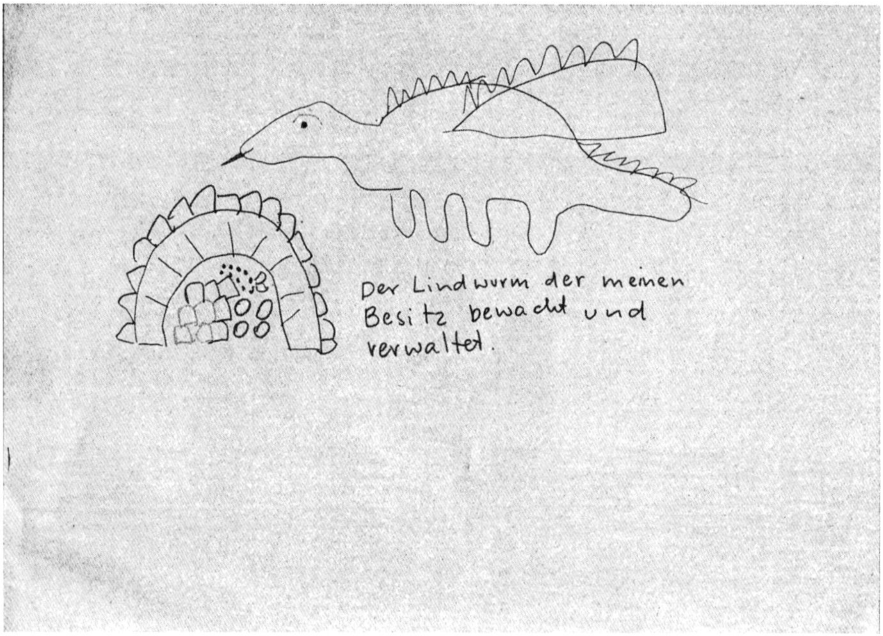
Der Lindwurm der meinen Besitz bewacht und verwaltet.

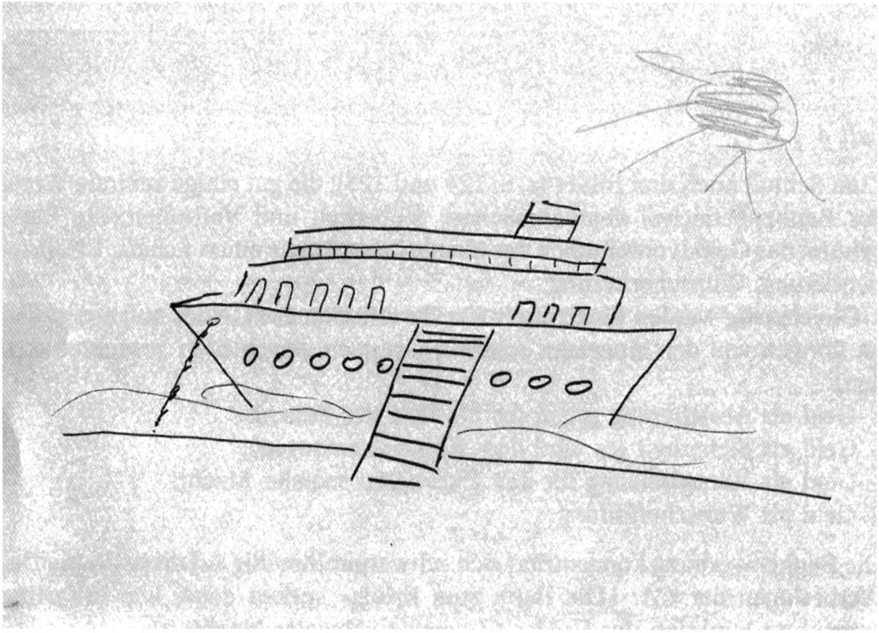

Der Vorteil dieser Methode liegt nicht darin, dass sie den Anspruch erheben kann, geheime, sonst nicht artikulierte Bedeutungen zutage zu fördern, sondern darin, dass sie komplexe, explizit schwer verbalisierbare Bedeutungen sichtbar macht und Stimulusmaterial generiert, das exzellent als Einstieg in ein nachfolgendes Gespräch, eine Exploration dienen kann. Selbstverständlich müssen anschließend weitere Methoden angewandt werden, die prüfen, in welcher Stärke sich die ermittelten Bedeutungen und Haltungen in größeren und repräsentativ ausgewählten Stichproben finden.

*Beispiel 3: Die Prüfung assoziativer Netze*

Die Logik dieser Methode wird in Teil C 6 beschrieben. Hierbei wird versucht, über offene Fragestellungen den Befragten zu veranlassen, dasjenige semantische Netz zu reproduzieren, das für ihn ein bestimmtes Produktfeld repräsentiert oder das eine Entscheidungsstruktur wiedergibt. Wenn man an der Reproduktion einer Entscheidungsstruktur interessiert ist, wird man folgende Instruktion wählen:

> »Ich interessiere mich dafür, welche Erfahrungen Sie mit Waschmaschinen gemacht haben. Wenn Sie jetzt eine Waschmaschine kaufen würden, worauf würden Sie da achten? Was muss eine Waschmaschine für Sie können? Welche Marken kämen für Sie in Betracht und warum diese? Bitte erzählen Sie einmal alles, was Ihnen zu Waschmaschinen einfällt, mich interessiert alles.«

Die Ausführungen des Befragten werden bei dieser Methode wörtlich protokolliert, am besten über Tonband. Auswertungen erfolgen über textanalytische Verfahren, die die semantischen Dimensionen, die Bewertungsstruktur, die zum Ausdruck gebracht wird, die relevanten Gegensätze etc. erfassen. Für einfachere assoziative Netze gibt es auch die Möglichkeit computergestützter inhaltsanalytischer Verfahren. Solche Verfahren gehen bei der Frage nach den Entscheidungsstrukturen in einem Produktfeld von folgender Klassifikation aus:[64]

- *Produktalternativen:* Welche Marken oder Produktformen werden als Alternativen genannt?
- *Produktanwendungen:* Was wird mit einem Produkt bezweckt?
- *Produktmerkmale (Produktkenntnis):* Was schreibt man den einzelnen Produkten oder Marken als Merkmale zu?

Verbindende Vorstellungen zwischen diesen Komponenten sind möglich:

- *Alternativen und Merkmale:* Eine bestimmte Marke hat ein bestimmtes Merkmal. Miele etwa werden die Eigenschaften zuverlässig/haltbar zugeordnet.
- *Anwendungen und Merkmale (= Produktanforderungen):* Haltbarkeit wird zum Beispiel verbunden mit: »Ich muss laufend viel Wäsche waschen.«
- *Alternativen und Anwendungen (= Produkterfahrungen):* Zum Beispiel: »Ich habe schon zehn Jahre eine Miele, sie ist das Beste, wenn man laufend viel Wäsche waschen muss.«

Grafisch ist eine solche Vernetzung wie folgt darzustellen:

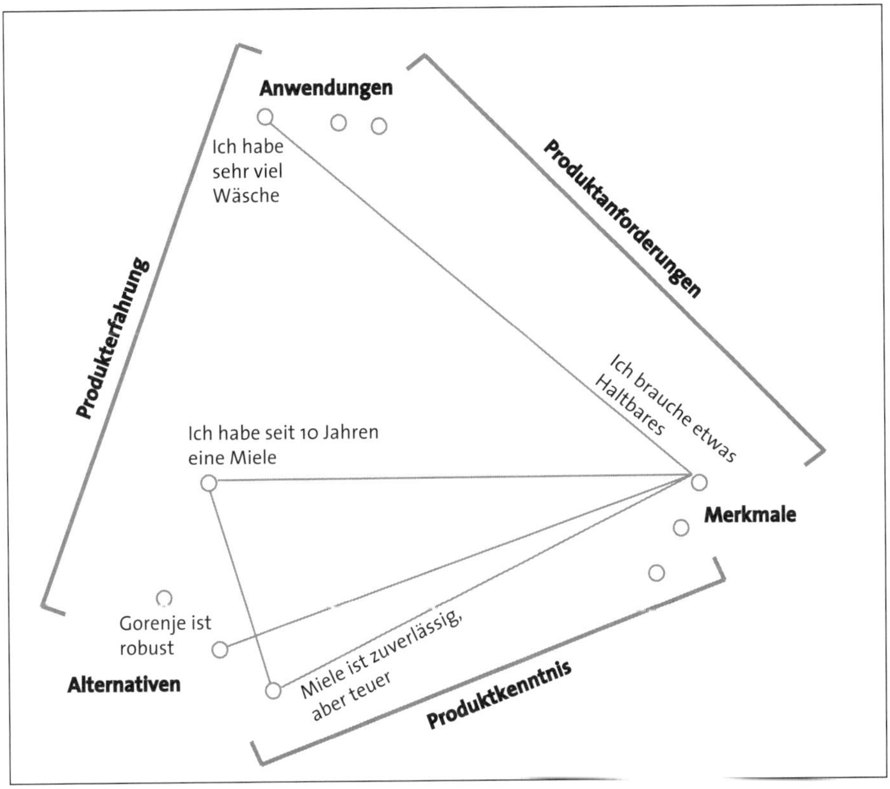


Ist man dagegen daran interessiert, welche semantischen Dimensionen für ein Produktfeld wichtig sind, wird man möglichst umfangreich Assoziationen, Einfälle, Bilder, Vorstellungen, Gefühle, spontane Bewertungen zu dieser Produktgattung zu aktivieren suchen. Ein assoziatives Netzwerk zu dem Begriff »Mineralwasser« hatte nach semantischer Analyse der spontan dargebotenen Assoziationen folgende Gestalt:

*Mineralwasser – Wasser unmittelbar aus der Natur*

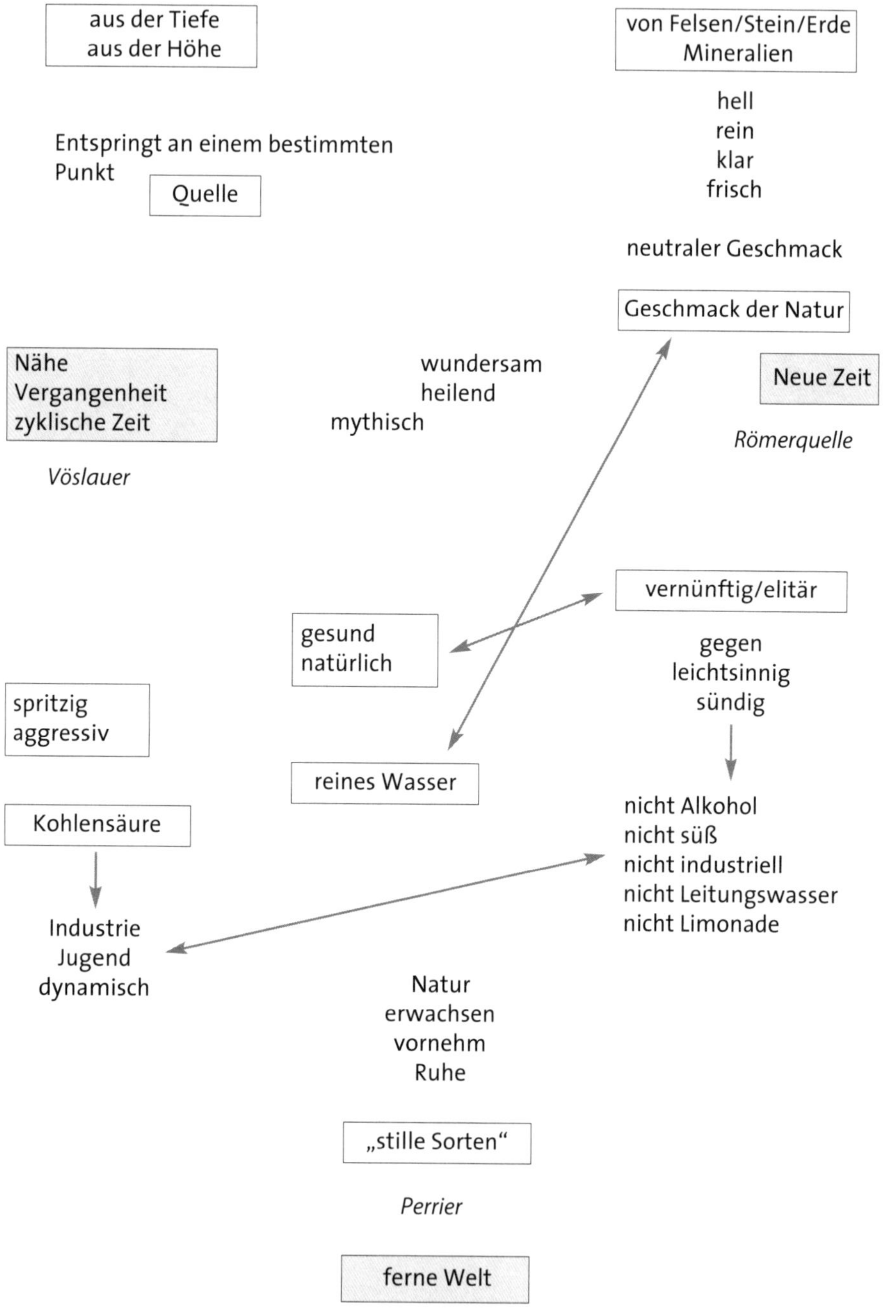

Daraus wird die Bedeutung von Mineralwasser als Produktgattung klar – es steht für einen Mythos der Natur, für das Reine, Unkontaminierte, das die heilenden und segnenden Kräfte der Natur transportiert und das sich vom sündigen Genuss, von der lauten industriellen Oberfläche abhebt (Alkohol, Farbe, Süße, Limonade).

Ebenso werden die verschiedenen Achsen deutlich, die zur Positionierung benützt werden können:

| | | |
|---|---|---|
| Vergangenheit | – | Zukunft |
| Nähe (endogam/Land) | – | Ferne (exogam/Stadt) |
| einfach | – | gehoben |
| vernünftig | – | unvernünftig |

Soll in dieses Feld zum Beispiel eine neue Marke positioniert werden, so ist wichtig, dass sie die generellen Werte dieser Produktgattung signalisiert, aber in der inneren Gliederung des Feldes eine neue Position auf den strukturierenden Dimensionen einnimmt.

Dieses Beispiel stammt aus dem Jahr 1992. Stellt man dieselbe Frage im Jahr 2004, so zeigt sich Folgendes: Die zentralen Dimensionen, die 1992 ermittelt wurden, bleiben gleich. Im System der Getränke ist Mineralwasser weiterhin die Produktgattung, die die Dimension des Verantwortbaren, Natürlichen, der Nähe zu einem konkret verortbaren Ursprung besetzt. Im Einzelnen aber treten eine Reihe neuer Dimensionen hinzu, die klar machen, dass sich dieses Feld – wie so viele Produktfelder – in hohem Maß ausdifferenziert.

Ich lege die Verhältnisse auf dem deutschen Mineralwassermarkt zugrunde, den wir 2002 vor der Einführung von Aquarel für Nestlé/Blaue Quellen analysierten. Die Differenzierung in diesem Marktsegment verlief vor allem nach den Aspekten

- *commodity* versus Elitemarke,
- Billiganbieter versus gehobene Marken und
- endogame versus exogame Marken.

Damit ist eine Differenzierung in Marken gemeint, die sehr stark von der Kraft des Regionalen leben und die von ihren Fans als Versicherung angesehen werden, dass es noch das Regionale gegen das Globale gibt (endogame Marken wie Harzer Brunnen, Fürst Bismarck etc.). im Gegensatz zu internationalen (exogamen) Marken wie Vittel oder Perrier.

Zusätzlich zu den genannten Differenzierungen wurde noch nach zugeschriebenen Funktionen differenziert, etwa nach einer sportlichen, belebenden Wirkung oder hohem Mineralgehalt. Beispiele sind Marken, die sich an Frauen wenden (wie Contrex), oder Mineralwässer, die besondere Bestandteile enthalten, die ihnen einen Eigengeschmack geben und sie so dem Feld der »Wellnessgetränke« annähern und in diesem Sinne auch die Grenzen der klassischen Produktklasse Mineralwasser überschreiten. Eine entscheidende Belebung erfuhr das Feld der Mineralwässer durch die Einführung von Kunststoff-Flaschen.

In allen Befragungen wurde klar, dass man Glasflaschen eine Reihe von Nachteilen zuordnete, wie »schwer zu tragen« oder »leicht zerbrechlich«. Dennoch wurde die Glasflasche in allen expliziten Urteilen der Befragten als das einzig mögliche für eine so natürliche Produktgattung wie Mineralwasser bewertet. Man führte aus, dass man bei Mineralwasser keinesfalls Plastikverpackungen dulden würde. In den assoziativen Netzen und einer Reihe weiterer projektiver Verfahren sah man jedoch deutlich, dass der Convenience-Vorteil von Kunststoff-Flaschen ein wichtiger Aspekt für die Zuwendung sein würde.

Der Erfolg von Aquarel belegte diese Annahme. Aquarel bot als erste Marke diesen Vorteil der Kunststoffverpackung und besetzte gleichzeitig im Gefüge der Dimensionen der Wertefelder: »international, jung, aber nicht hochpreisig, zum Genuss in großen Mengen anregend« gegen »konservativ, lokal, alt« und gegen »international, elitär, hochpreisig« eine wichtige, offen gebliebene Position.

Neben dem geschilderten Einsatz für Produkte und Produktklassen können assoziative Netze auch zur Analyse von Werbewirkungen eingesetzt werden.[65]

*Beispiel 4: Statistisch verrechenbare Verfahren*

Auch bei kleineren Stichproben, wie sie für qualitative Untersuchungen typisch sind, kann eine Reihe von statistisch verrechenbaren Verfahren eingesetzt werden, die die hinter dem Material stehenden Datenstrukturen sichtbar machen: etwa multidimensionale Skalierungen, Clusteranalyse, Faktorenanalyse, *Conjoint Measurement*, um einige wichtige zu nennen.[66]

In der schon erwähnten Untersuchung über Mineralwasser wurde zur Erfassung des Markenfeldes zusätzlich zu qualitativen Verfahren eine Skalierung eingebracht, die anschließend einer multidimensionalen Skalierung unterzogen wurde. Die Grafik »Imagepositionierung« zeigt die Positionierung der wichtigen Marken des Feldes.

*Imagepositionierung*

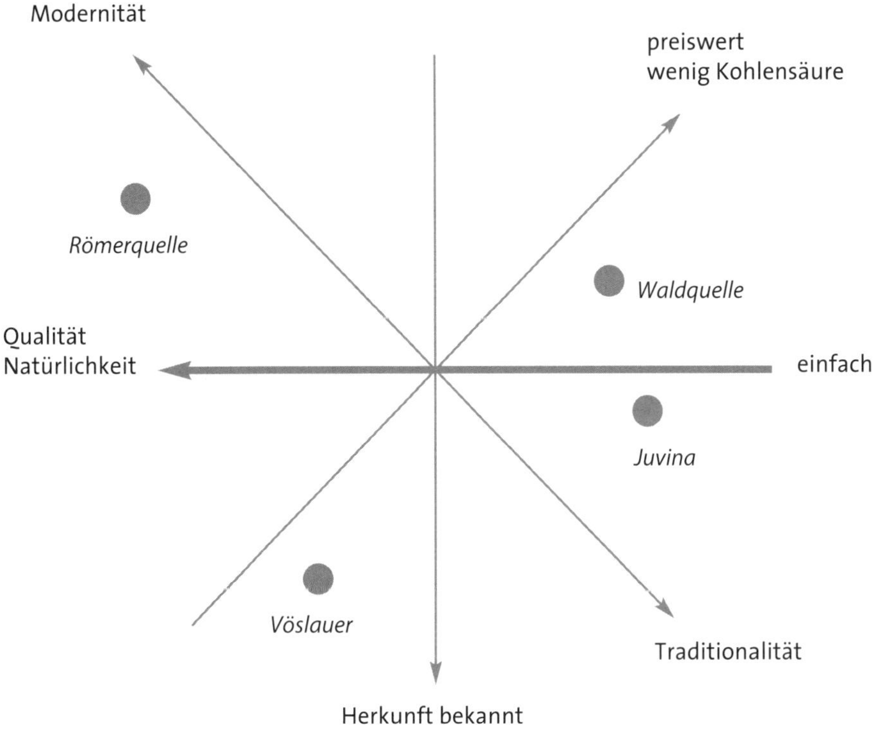


## 2.2 Befragungsunabhängige Verfahren

Befragungsunabhängige Verfahren sind alle apparativen Messverfahren wie die Aktivierungsmessung, die Augenkamera, der Programmanalysator, das Tachistoskop etc.[67] Sie sind zwar nicht völlig befragungsunabhängig, aber sie konzentrieren sich darauf, Reaktionen, vorzugsweise auf Werbemittel, mit Hilfe von apparativen Messverfahren zu gewinnen.

Auch *semiotisch-strukturalistische Analysen*, wie wir sie zur Analyse von Werbemitteln einsetzen, sind befragungsunabhängige Verfahren. Sie erfassen die objektiven Bedeutungen, die von einem Werbemittel, einem Film oder einer Anzeige aufgebaut werden, unabhängig davon, wie viel von diesen Bedeutungen die Rezipienten erkennen und wie diese Bedeutungen auf Rezipienten wirken.

Die Sinnhaftigkeit und die Logik dieses Vorgehens werden in den folgenden Teilen des Buches klargemacht.

# 3 Exkurs: Werbemittelanalysen

Werbemittelanalysen stellen besondere Probleme, die hier nur sehr verkürzt behandelt werden können. Die Schwierigkeit dieser Analysen besteht darin, dass die Auftraggeber sich von den Resultaten fast immer eine prognostische Relevanz erwarten: Was geschieht, wenn Film A oder B eingesetzt wird? Welcher hat die höhere Effizienz, dem Produkt zu einer guten Position auf dem Markt zu verhelfen?

Das Problem dabei ist, dass wir noch weit davon entfernt sind, über gesicherte Kenntnisse darüber zu verfügen, welche Aspekte von Werbemitteln (auf der Ebene der Gestaltung oder der Argumentation) wirklich zu welcher Wirkung führen und welche Rolle die expliziten Auskünfte der Befragten über die Wirkung, die ein Werbemittel auf sie hat, spielen. Die Schwierigkeiten liegen also in der Theorie und bei den eingesetzten methodischen Verfahren.

Natürlich ist dies etwas überzeichnet. Einzelne Bereiche der Wirkung sind inzwischen sehr gut erforscht – etwa alles, was mit Auffälligkeit oder mit dem Erinnern und Lernen von Botschaften zu tun hat. Beides stellt eine wichtige und notwendige Bedingung für den Erfolg dar, wenn auch keine hinreichende – ganz offensichtlich gibt es darüber hinaus noch eine ganze Reihe von Variablen, die den Erfolg beeinflussen, die aber, was ihren theoretischen Stellenwert und ihren methodischen Einsatz betrifft, weniger geklärt sind. Das gilt auch für das Aktivierungskonzept.

In der praktischen Arbeit stellen bei der Werbemittelanalyse vor allem zwei Dinge Probleme dar:

- der Faktor der Akzeptanz,
- die Langzeitwirkung.

**Akzeptanz**

Welche Bedeutung soll der Variablen der Akzeptanz beigemessen werden, also den Aussagen von Befragten darüber, wie gut ihnen ein Werbemittel gefällt, oder einer wie auch immer gearteten Messung der Stärke, mit der ein Werbemittel Rezipienten gefühlsmäßig anspricht?

Die Beurteilung solcher Daten ist durchaus kontrovers: Es gibt offensichtlich Filme, die Befragten ganz und gar nicht gefallen, die aber höchst erfolgreich sind und zu beträchtlichen Kauferfolgen führen; und es gibt Beispiele, an denen sich demonstrieren lässt, dass erst der Einsatz eines sympathischen und berührenden Films Erfolg gebracht hat.

Wie ich im Folgenden zeigen möchte, ist die Bewertung dieses Aspektes stark abhängig von der intendierten Gesamtbotschaft eines Filmes/Werbemittels: Zu der einen Botschaft gehört Gefallen dazu, zu einer anderen nicht. »Gefallen« ist ein vieldeutiger Begriff, der jeweils genau hinterfragt werden muss. Die Auskunft: »Dieser Film gefällt mir/ist mir sympathisch/spricht mich an« etc., kann mindestens die folgenden Bedeutungen haben:

- Er berührt mich wirklich.
- Er entspricht dem, was ich nach meinem ästhetischen Empfinden als gut bezeichne (harmonisch, künstlerisch, originell etc.).
- Er ist so, wie ich denke, dass Werbung sein soll (sachlich, nicht manipulativ, unaufdringlich).
- Er gefällt mir, er unterhält mich, aber das Produkt ist mir völlig gleichgültig (interesseloses Wohlgefallen).
- Ich kann das Produkt brauchen.
- Die Marke ist mir sympathisch.

**Langzeitwirkung**

Tests messen eine momentane Wirkung. Was geschieht, wenn das Werbemittel länger eingesetzt wird? Welche Langzeitwirkung lässt sich erwarten? Befragte urteilen immer nach ihrem momentanen Wissensstand, sie geben zum Beispiel auch das als Verständnis eines Filmes wieder, was aus ihrem Wissensstand über ein Produkt oder eine Marke stammt.

Wird ein Film aber über längere Zeit gesendet, dann wird der alte Wissensstand allmählich getilgt, und die beworbene Marke bekommt neue semantische Merkmale, die günstig oder ungünstig sein können.

Werbemittelanalysen sind also komplexe Forschungsvorhaben, die nur dann bewältigt werden können, wenn eine Vielzahl von Methoden und Theorien herangezogen wird. Genau dieser Umstand führte uns zu der Entwicklung semiotischer Analyseverfahren, die ergänzend und steuernd die empirischen Daten begleiten. Diese Verfahren sind bestens geeignet, plausible Hypothesen über Langzeitwirkungen oder den Stellenwert von Gefallensurteilen zu entwickeln und vor allem die Botschaft eines Films, dessen günstige oder ungünstige Zeichenselektionen und -kombinationen sowie die vermittelte Wertewelt zu beschreiben.

Das ist vor allem bei der Beurteilung mehrerer möglicher Werbekonzepte hilfreich, noch bevor eines von ihnen aus einer Reihe von Ansätzen realisiert wird. Bei der empirischen Erfassung der Daten folgen wir den bisher beschriebenen Grundsätzen:

1. Die Befragten müssen über eine Vielzahl von Verfahren »zum Reden« gebracht werden. Ihre Ausführungen werden dann als Texte analysiert.
2. Unterstützend werden Skalen eingesetzt, die langfristig immer wieder dieselben Items benützen, sodass sich schließlich Durchschnittswerte ergeben, an denen die Wirkung eines isolierten Werbemittels gemessen werden kann.

Konkrete Beispiele für semiotische Analyseverfahren siehe Teil D, Kapitel 11.

Teil C

# Das Phänomen der Bedeutung

## Semiotik, kognitive Psychologie, Sprachpsychologie

# 1 Der Beitrag der kognitiven Psychologie

Die kognitive Psychologie ist eine Teildisziplin der Psychologie und befasst sich mit kognitiven Strukturen und Prozessen.[68] Für das Alltagsverständnis löst der Begriff »kognitiv« meist Interpretationen wie: »nur rational; nur auf Wissen, Lernen, Abstraktes bezogen« aus. Deshalb wird er als wenig relevant für Marktgeschehen und Marktkommunikation betrachtet – denen ja unterstellt wird, dass sie primär über affektiv emotionale Kanäle ablaufen. Tatsächlich aber ist das Verständnis der kognitiven Strukturen sehr wichtig, erklärt es uns doch, wie Wissen organisiert ist, wie es aufgebaut und abgerufen wird, wie überhaupt Bedeutungen verstanden, erlernt und konstituiert werden:[69]

- Wenn man die Frage stellt, wie es einer Marke gelingt, top of mind zu sein, dann bedeutet dies, nach einem Vorgang zu fragen, bei dem kognitive Strukturen aktiviert werden, das heißt, dass eine Bedeutung schnell abgerufen wird, und zwar auf Kosten anderer Inhalte.
- Wenn man herausfinden will, ob eine Marke X eine line extension verträgt und welche weiteren Produkte noch unter einer Marke anzubieten sind, so bedeutet dies, sich zu fragen, ob die Werte und die semantischen Merkmale, die mit einer Marke verbunden werden, mit den Merkmalen dieser Produktgattung verträglich sind. Auch das ist ein Vorgang, in dem kognitive Strukturen miteinander verbunden werden.

Ähnliches liegt vor, wenn geprüft wird, ob ein bestimmter Film zu einer Marke passt. Auch hier müssen Rezipienten ein bestehendes Wissen über eine Marke durch neue Merkmale, durch neues Wissen ergänzen – was ein einfacher oder ein schwieriger kognitiver Prozess sein kann. Schließlich lässt sich das Phänomen der Marke überhaupt als eine kognitive Struktur begreifen, als ein Objekt, dem durch Kommunikation Bedeutungsmerkmale zugeschrieben worden sind und das als eine geordnete Menge von Bedeutungen, die durch Bild- und Verbalzeichen repräsentiert sind, im Bewusstsein vorliegt. Jede Rezeption eines Werbemittels, jede Informationsaufnahme, jedes Aufnehmen, Speichern und Abrufen von Kommunikationseinheiten, ist schließlich ein kognitiver Prozess.

Das wird in der Literatur über Marktkommunikation im Übrigen durchaus so gesehen. So beinhaltet etwa das Konzept der Einstellung affektive, kognitive und behaviorale Komponenten: die Bewertung eines Meinungsgegenstandes, das Wissen über ihn, die Tendenz, ihm gegenüber zu handeln.

Die meisten Modelle berücksichtigen allerdings nur rudimentär den Stand der kognitiven und der Sprachpsychologie. Sie gehen von sehr vereinfachten kognitiven Modellen aus und betrachten vor allem das Verarbeiten von Informationen als einen Prozess, in dem punktuell ein Reiz eine bestimmte Reaktion auslöst, oder als eine Phase, in der über die Aktivierung erst eine Vorbedingung für Informationsverarbeitung geschaffen wird. Die nachfolgenden Prozesse der Vernetzung und der Bedeutungskonstitution werden aber nicht wirklich analysiert.

Das Interesse an kognitiver Psychologie, Sprachpsychologie, dem Funktionieren von sprach- und bedeutungsübermittelnden Systemen hat in den letzten Jahren vor allem im Zusammenhang mit dem Problemkreis der künstlichen Intelligenz (AI – *artificial intelligence*) zugenommen – also mit den Versuchen, durch Computer die Funktionsweise des menschlichen Gehirns nachzuvollziehen.[70]

Der Forschungsstand im Bereich der kognitiven Strukturen steht in Zusammenhang mit dem anderer Wissenschaften, so etwa der Biologie-, Gesellschafts- oder Kulturwissenschaften: Die Betrachtung hat nicht auf der Ebene der Einzelereignisse zu erfolgen, sondern auf der Ebene des Systems. Auch bei den kognitiven Strukturen liegt ein System mit eigenen Gesetzmäßigkeiten vor, mit Selbstregelungen, mit Mechanismen, die seine Stabilität und Ordnung erhalten – eine Struktur also, die es überhaupt erst ermöglicht, dass etwas verstanden, behalten oder abgerufen wird. Die Erforschung der Strukturen der Intersubjektivität bzw. von Strukturen, die Intersubjektivität garantieren, ist inzwischen ein wichtiger Problembereiche der Gesellschaftswissenschaften.[71]

Wissensorganisation folgt ebenfalls diesen Prinzipien. So arbeitet das Gedächtnis nach den Prinzipien einer Sprache – wir speichern keineswegs Einzelergebnisse, sondern Bedeutungen, und Bedeutung setzt immer eine Systemorganisation voraus. Diese Organisationsprinzipien sind nun weit komplexer und leistungsfähiger, als einfache Theorien über das Lernen von Signalen annehmen lassen. Diese Theorien entstammen weitgehend Stimulus-Reaktions-Modellen, koppeln also eine bestimmte Bedeutung an einen Einzelreiz und an diesen wieder eine Reaktion – das heißt also: Die Glocke hat für den Pawlowschen Hund die Bedeutung »Gleich kommt Futter«.

Die Prinzipien, die uns von hier aus zu komplizierteren Wissenssystemen und zu bedeutungsübermittelnden Systemen von der Leistungsfähigkeit der menschlichen Sprache führen, wären auf dem Boden dieser Theorien schwer zu erklären; diese kennen nur ein Prinzip, um komplizierte Folgen aufzubauen, nämlich Generalisation. Auch das Denkmodell, das hinter den ersten Versuchen zum Konzeptlernen steht – den bekannten

Versuchen von Ebbinghaus mit unentwegtem Wiederholen sinnloser Silben , beleuchtet zwar einen Aspekt des Lernens, aber es wird nicht der unglaublichen Kapazität gerecht, die Menschen im Umgang mit ihrer durch Zeichen und Symbole geprägten Umwelt aufweisen.

Ebenso wie es notwendig ist, sich generelle Vorstellungen über den Menschen zu machen, sich also zu fragen: »Wie ist der Mensch eigentlich?« oder: »Wie ist der Mensch als Konsument?«, ist es auch notwendig, sich eine Vorstellung vom Menschen als informationsverarbeitendem System zu machen. Solche Vorstellungen sind im Übrigen immer abhängig vom aktuellen Wissensstand über informationsverarbeitende und -speichernde Systeme. So stellte sich das 18. Jahrhundert das Gedächtnis als eine Bibliothek vor. Heute sind wir geneigt, das Gedächtnis in der Computerterminologie zu beschreiben. Aber auch das greift zu kurz.

Sehr viel fruchtbarer ist die Anknüpfung an die Theorie bedeutungsübermittelnder, semiotischer Systeme, an die Sprachtheorie – ist doch von allen Sprachen die menschliche die leistungsfähigste und die am besten erforschte. Diese Fähigkeit des Menschen zur Bedeutungskonstitution, zum Umgehen mit Sinn und Bedeutung, rückt zunehmend ins Blickfeld moderner psychologischer Theorien, und diese Sicht des Menschen als eines interpretierenden Wesens ist für Marktkommunikation wesentlich. Für diesen Typus der Informationsverarbeitung und Bedeutungskonstitution ist wichtig, dass es sich nur selten um Prozesse der bewussten geistigen Zuwendung, des aktiven Lernens, des willentlichen Sich-Einprägens handelt, sondern in der Mehrzahl der Fälle um eine automatisch erfolgende Bedeutungsübermittlung, also ohne den Willen zum aktiven Sich-Einprägen seitens der Rezipienten.

Um einen kurzen Einblick in die Strukturen dieser bedeutungsübermittelnden Systeme zu geben, sollen im folgenden Punkt einige Grundbegriffe der Semiotik erläutert werden. Dies auch deshalb, weil menschliche Wissensstrukturen und Informationsverarbeitungsmodelle nach diesem Prinzip der Sprachen verfahren und weil semiotische Analysen eine wichtige Methode der Produkt-und Werbekonzeptbeschreibung bilden.

## 2 Grundbegriffe der Semiotik

Jede Kommunikation vollzieht sich mittels Zeichen.[72] »Ein Zeichen ist etwas, das für jemand für etwas steht.« Die Zeichenträger, also die Elemente, die zur Bedeutungsübermittlung verwendet werden, können dabei sehr verschiedener Art sein:

- Worte/Lautfolgen der natürlichen Sprachen,
- Musik,
- optische Zeichen und Zeichensysteme: Bilder, Malerei, Plastik, Film, Fernsehen,
- gestisch-mimische Zeichen wie Körpersprache, Gesichtsausdruck, Bewegungen.

Als Zeichen fungiert in einer Kultur alles, dem die Teilnehmer dieser Kultur intersubjektive Bedeutung zuordnen können und das daher den Austausch von Botschaften ermöglicht. Ein Zeichen ist also eine wahrnehmbare Entität (eine Lautfolge/ein Bild/ein Geräusch), die eine Bedeutung transportiert.

Die Lautfolge H-U-N-D bezeichnet ein bestimmtes Tier, dasselbe Tier wird auch durch die Lautfolge D-O-G bezeichnet oder durch ein Bild oder durch die akustische Folge WAU-WAU. Die Zeichen H-U-N-D, D-O-G, Bild eines Hundes, WAU-WAU stehen jeweils für das Tier »Hund«.

Zwischen dem akustischen Zeichen WAU-WAU und dem realen Objekt mag eine gewisse Ähnlichkeitsbeziehung bestehen. Das Prinzip von Zeichen ist es aber, dass die Verbindung zwischen Zeichen und dem, was es bezeichnet, völlig willkürlich, konventionell ist – man muss einfach wissen, dass H-U-N-D oder D-O-G dieses Tier bezeichnet – wenn jemand zum Beispiel nicht Englisch kann, dann hat das Zeichen DOG für ihn überhaupt keine Bedeutung.

Zwischen der Lautfolge H-U-N-D und dem Tier Hund besteht keine abbildende oder Ähnlichkeitsbeziehung, die es erlauben würde, die beiden Elemente auch dann einander zuzuordnen, wenn man das Sprachsystem nicht kennt.

Dass wir unter H-U-N-D das Tier Hund verstehen, dass wir mühelos über Hunde kommunizieren können, dass wir ein Haus, das das Schild »Bissiger Hund« trägt, mit einem gewissen Zögern betreten, liegt nicht daran, dass wir mühsam, jeweils in 1:1-Relationen, gelernt haben: HUND = ein solches Tier, die Lautfolge KATZE ist ein anderes Tier. Dies wäre ein nicht zu bewältigender Aufwand schon auf der Ebene der Einzelworte, geschweige denn auf der Ebene der Satzkonstruktionen, wo ja jeweils Satz nach Satz in seiner Bedeutung gelernt werden müsste. Es gibt einen weit effizienteren Weg, um Bedeutungen zu vermitteln: nicht als 1:1-Relationen, Zeichen zu Bezeichnetem, sondern indem die Relationen zwischen Zeichenelementen ausgenützt werden.

Dies ist schon auf der untersten Ebene der Sprache so: Der Buchstabe N hat zunächst überhaupt keine Bedeutung. Wenn wir jedoch die Worte HASE und HASEN vergleichen, übermittelt der Buchstabe N die Bedeutung Mehrzahl. Das tut er keineswegs generell (sicher nicht in dem Wort grün), sondern nur auf dieser Ebene (ebenso bei Katze – Katzen, Frau – Frauen). Dass das bei den Paaren Hase – Hasen, Schlange – Schlangen funktioniert, hängt damit zusammen, dass sie zusammengehören und dass sie sich gleichzeitig durch ein Merkmal unterscheiden, eben das N – dieses ist der bedeutungstragende Unterschied (»Jeder Unterschied, der einen Unterschied macht, ist eine Information« – Bateson).

Wir wissen: Hase ist einer, Hasen sind mehrere, und daher wissen wir auch, dass der Satz: »Die Hase laufen über die Wiese« sprachlich falsch ist. Er benützt eine falsche Kombination: Substantiv im Singular, Verb im Plural – das verletzt eine syntaktische Regel, also eine Regel, wie Zeichen miteinander kombiniert werden können, um eine sinnvolle Äußerung sicherzustellen.

Dieses kleine Beispiel macht einige wichtige semiotische Prinzipien klar, die dann auch für Marktkommunikation, wie später zu erläutern sein wird, eine große Bedeutung haben:

1. Bedeutung resultiert immer aus dem Mitdenken eines ganzen Systems, einer Struktur, einer Ordnung zwischen Zeichen. Ein einzelnes Zeichen hat keine Bedeutung, es erhält seine Bedeutung durch seine Beziehung zu anderen Zeichen. Bedeutung ergibt sich daraus, dass ein Zeichen aus einer Klasse ebenfalls möglicher Zeichen gewählt wird, dass die anderen aber mitgedacht und nicht gewählt werden. Bedeutung ergibt sich also auch immer aus dem, was das Zeichen nicht ist.
2. Zeichensysteme müssen in systematischer Form geordnet sein; zentrale Ordnungsprinzipien sind Gegensatz (semiotisch: *Opposition*) und Gleichheit (semiotisch: *Äquivalenz*). Es muss klar sein, ob sich zwei Zeichen logisch ausschließen – warm ist nicht kalt – oder ob sie unter bestimmten Aspekten gleich sind.

Ich kann also sagen: Das ist ein Weib (statt Frau) – oder: Das ist Meister Lampe (statt Hase). Diese Bezeichnungen verändern zwar ein wenig die Bedeutung, aber nicht grundsätzlich – es ist immer noch klar, dass ich Frau (und nicht Mann) und Hase (und nicht Katze) meine.

Opposition und Äquivalenz sind grundlegende Relationen zwischen Zeichen, ebenso auch grundlegende kognitive Operationen; sie sind die elementaren Operationen, die auf jeder Ebene von Zeichensystemen anzutreffen sind und die Menschen zur Strukturierung von Feldern aller Art vornehmen. Immer muss festgestellt werden:

- Was ist grundsätzlich verschieden?
- Was schließt einander aus? = *Opposition.*
- Was ist grundsätzlich gleich? = *Äquivalenz.*

Auf diese Übereinstimmung von zentralen Kategorien menschlichen Denkens, die grundsätzliche Strukturierung aller möglichen sozialen und auch biologischen Felder und die Strukturierung von Zeichensystemen wiesen vor allem Piaget und Claude Lévi-Strauss hin.

Zeichensysteme sind also Systeme, die aus Elementen, die an sich keine Bedeutung haben, wie zum Beispiel Lauten (S hat als Laut überhaupt keine Bedeutung), Bedeutungen herstellen, indem sie sie in ein Ordnungssystem bringen. Dieses Prinzip ist allen Sprachen eigen.

Die natürlichen Sprachen, so das Deutsche, Englische etc., sind besonders effizient konstruierte Zeichensysteme, und zwar dadurch, dass sie eine doppelte Gliederung ausweisen. Ihre Elemente sind nicht Wörter, sondern so genannte Morpheme. Der Satz: »Ich habe Kopfweh« besteht aus drei Wörtern, aber aus fünf Morphemen: Ich – hab – e – Kopf – weh. Jedes dieser Elemente übermittelt eine Bedeutung, was sich dadurch zeigt, dass die Wahl eines anderen Elementes eine andere Bedeutung übermitteln würde: statt »weh« kann ich – fälschlicherweise – auch »wo« sagen, statt »e« »en«.

Morpheme sind in noch kleinere Einheiten untergliedert: Phoneme, also Laute, die wiederum nach Gleichheit und Opposition geordnet sind. R und S stehen im Deutschen in Opposition: singen übermittelt eine andere Bedeutung als ringen. S und Θ sind dagegen äquivalent: singen und Θ-ingen sind gleich. Im Englischen sind S und Θ dagegen in Opposition: *to sing* ist etwas anderes als *to think*.

Auch oberhalb der Wortebene gibt es größere Einheiten – die syntaktischen Einheiten. Opposition und Äquivalenz bleiben aber stets die zentralen Ordnungsprinzipien.

Wenn wir im Folgenden von der Analyse von Produktfeldern, Gegenstandsbereichen, Filmen sprechen, bilden die Relationen Opposition und Äquivalenz immer zentrale Analysekategorien. Sie sind im Übrigen umso wichtiger, als Zeichensysteme in der Lage sind, durch bestimmte Arrangements Zeichen in Opposition oder Äquivalenz zu bringen, die innerhalb des ursprünglichen Zeichensystems nicht in diesen Relationen standen. Damit ergibt sich eine Fülle zusätzlicher Bedeutungen.

So bringt etwa Ariel »sauber« und »rein« in Opposition – es behauptet, sauber ist nicht rein, und setzt dann »rein« als Qualität von Ariel, »sauber« als Qualität anderer Waschmittel. Damit wird beim Rezipienten genau jenes semantische Merkmal aktiviert, das sauber von rein unterscheidet: Rein hat auch eine moralische Qualität, sauber nur eine funktionale. Damit wird Ariel das Merkmal des moralisch Reinen zugeordnet, und zwar ohne dass dies explizit ausgesprochen wird.

Wir berühren damit den zentralen Punkt, der die Fruchtbarkeit von semiotischen Analysen für Marktkommunikation unterstreicht: Durch ein geschicktes Arrangement von Zeichen, das die vorgegebenen Organisationsprinzipien von Zeichensystemen ausnützt, ist es möglich, Produkten und Marken Bedeutung, das heißt semantische Merkmale, zuzuordnen, ohne diese explizit auszusprechen. Es ist dies eine wichtige Eigenschaft effizient arbeitender Zeichensysteme: mit einem Minimum an Zeichen ein Maximum an Bedeutung zu übermitteln.[73] Wir werden auf diesen wichtigen Punkt in der Folge immer wieder zurückkommen.
Naturgemäß gibt es noch mehr und differenziertere Relationen zwischen Zeichen: Homologie, Implikation, Inklusion, Antonymie, asymmetrische Opposition etc., die hier nicht besprochen werden können. Ebenso werden in einem Zeichensystem die Zeichen zu Klassen geordnet, die im Hinblick auf ein semantisches Merkmal gleich, aber untereinander verschieden sind – eine solche Klasse nennt man Paradigma.

*Grundlegende Begriffe*

Bei einem Zeichen werden drei Komponenten unterschieden:

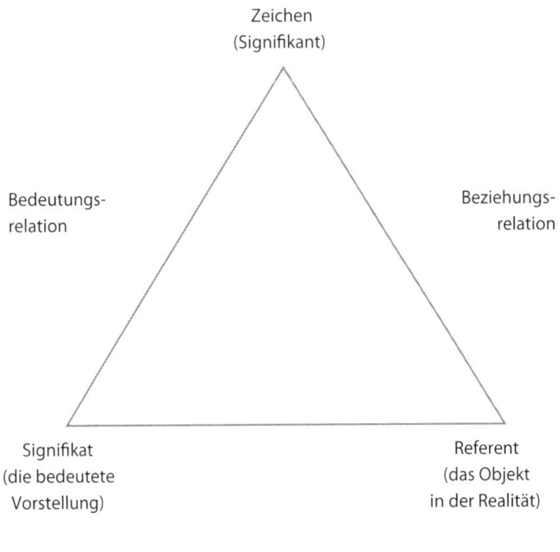

Das *Zeichen* ist die physische, wahrnehmbare Entität, die als Bedeutungsträger fungiert: also die Lautfolge H-U-N-D, das Bild eines Hundes, das Geräusch WAU-WAU oder, wenn wir die Sprache der Kleidung betrachten, ein Dirndl oder, in der Sprache der Werbung, der Name Persil.

Das Signifikat ist die Bedeutung, die an das Zeichen geknüpft ist, die von ihm bedeutete Vorstellung:

- Hund = Haustier, vier Pfoten, Fell, bellt etc.
- Dirndl = Frauenbekleidung, bis heute erhaltene ursprüngliche Arbeitskleidung des ländlichen Raumes, enges Mieder, rustikale Stoffe etc.
- Persil = Waschmittel, für die Maschine, gibt es schon lange, in einer grünen Schachtel, wirbt mit ... etc.

Der *Referent* ist die Klasse von Objekten, die das Zeichen faktisch bezeichnet bzw. auf die die Bedeutung, die das Signifikat angibt, zutrifft. Wenn man auf ein Tier deutet, das mit dem Wort »Hund« bezeichnet wird, so müssen sich Sprachteilnehmer einigen können, ob dies ein Hund ist oder eine Katze. Referenten sind im Allgemeinen etwas, das in der textexternen Realität vorliegt.

Es gibt jedoch auch Zeichen, denen keine textexterne Realität entspricht, über deren Bedeutung man sich aber durchaus einigen kann. So entspricht etwa dem Zeichen Einhorn kein Referent – es gibt keine Einhörner; dasselbe gilt für das von Mobil früher im Logo verwendete geflügelte Pferd. Zahlreiche Filme bauen solche Signifikate auf, denen keine Referenten entsprechen, über deren Bedeutung man sich aber sehr wohl einigen kann: beispielsweise wenn Meister Proper als gezeichnete Figur in der Küche erscheint und der Hausfrau den Haushaltsreiniger überreicht, auf dessen Flasche er selbst abgebildet ist.

Signifikate lassen sich auch als die Kombination von Merkmalen definieren, die eine *Bedeutung* konstituieren und die dieses Signifikat von anderen abheben. Damit wird nun das Phänomen der Bedeutung unmittelbar angesprochen – ein schwieriges Phänomen, das von einzelnen Disziplinen jeweils durchaus kontrovers diskutiert wird, etwa von Semiotik, Linguistik, Sprachphilosophie, Psychologie. Wir wollen hier nur einen wichtigen Punkt aus diesem umfangreichen Komplex wählen, den Unterschied zwischen Denotation und Konnotation. Bedeutung umfasst mindestens diese beiden Aspekte.

- *Denotation:* die nachweisbare Bedeutung eines Zeichens; die Merkmale, über die alle Sprachteilnehmer übereinstimmen; das, was etwa in einem Lexikon als Definition gegeben werden könnte.
- *Konnotation:* subjektive Bedeutungen, Assoziationen.

Dazwischen liegt die Klasse der so genannten objektiven Konnotationen; das sind Zusatzbedeutungen, die aber verfestigt sind und die alle/die meisten Systemteilnehmer kennen.

Nehmen wir *Taube*. Die Denotation von Taube umfasst Merkmale wie Tier; Vogel; bestimmte Größe, Farbe, Gewicht; kommt in Gruppen vor etc. Wenn etwa jemand ein Tier, das bellt und mit seinem Herrchen spazieren geht, als Taube bezeichnet, wird man ihm widersprechen – es lässt sich also Einigung darüber erzielen, was eine Taube ist, was ein Kanarienvogel, ein Hund etc. Ebenso gehört es zu der Denotation von Persil, ein Waschmittel zu sein und nicht ein Auto, zu der Denotation von Dirndl, ein weibliches Kleidungsstück zu sein. Objektive Konnotationen sind Bedeutungen, die von allen/vielen Sprachteilnehmern geteilt werden – so fungiert etwa Taube als Zeichen für Frieden.

Bei der Analyse von Marktkommunikation ist es wichtig, auf diesen Aspekt der Denotation hinzuweisen, also der feststehenden Bedeutungsmerkmale, der semantischen Merkmale, die ich zwangsläufig wähle, wenn ich ein bestimmtes Zeichen mit einem Produkt verbinde: Wenn ich einen Kraftstoff mit dem Zeichen Tiger verbinde, dann wähle ich damit gleichzeitig die Merkmale *belebt* – das heißt: *nicht unbelebt* und *Tier* – das heißt: *nicht Mensch* und *Raubtier* – das heißt: nicht anschmiegsames Haustier. Diese Merkmalkombination macht den Tiger gut geeignet als Zeichen für Kraftstoff, aber schlecht geeignet für Babyprodukte etc.

Semiotische Analysen setzen hier an: Sie stellen zunächst die Denotation des Zeichens fest, also die Bedeutung, die ich zwangsläufig mit einem Zeichen wähle, die also nicht dem subjektiven Empfinden überlassen ist. Im Weiteren wird dann festgestellt: Hat dieses Zeichen objektive Konnotationen? Das heißt: Lassen sich in der Gesellschaft oder in einzelnen Gruppen Zusatzbedeutungen nachweisen? Also zum Beispiel:

- Taube: Zeichen für Frieden;
- rauchende Schlote: 1950 Zeichen für den Fortschritt, heute Zeichen für die Schädigungen durch die Industrie;
- Kreuz: Zeichen des Christentums.

Davon zu unterscheiden sind die *subjektiven Konnotationen*, also Zusatzbedeutungen, Assoziationen, die die einzelnen Sprachbenutzer *willkürlich* mit einem Zeichen verbinden. Beim Zeichen *Hund* könnten das sein:

- Person 1: »Lieb«
- Person 2: »Gefährlich«
- Person 3: »Erinnert mich an wunderbare Waldspaziergänge«

- Person 4: »Erinnert mich an ein schreckliches Kindheitserlebnis«
- Person 5: »Kettenhund«
- Person 6: »Schoßhund« etc.

Hier lässt sich keine Einigung erzielen – es ist objektiv nicht zu entscheiden, ob Hunde lieb oder gefährlich sind; »lieb« oder »gefährlich« definieren nicht das Konzept Hund.

Bei der Diskussion, ob in einer Marktkommunikation ein bestimmtes Zeichen eingesetzt werden soll, werden diese beiden Aspekte der Bedeutung oft vermischt. Wenn man etwa diskutiert, ob in der Werbung für ein Waschmittel ein Schwan eingesetzt werden soll, und ein Teilnehmer lehnt das mit dem Hinweis ab, dass Schwan ein Zeichen für Sexualität sei, dann wird damit eine subjektive Konnotation geliefert. Der Teilnehmer mag einen Schwan so sehen, aber Sexualität gehört nicht zu den semantischen Merkmalen des Konzeptes Schwan. Diese Konnotation beweist lediglich, dass es möglich ist, den Schwan mit einer solchen Bedeutung zu verbinden. Nur empirische Analysen können zeigen, in welchem Umfang und unter welchen Bedingungen das geschieht.

Werbung bzw. die Zuordnung von Zeichen zu Produkten benützt nun diese bestehenden Bedeutungen, die in den verschiedenen Codes/Sprachen der Kultur vorliegen (der natürlichen Sprache ebenso wie aller anderen Codes – Nahrung, Kleidung etc.), und verbindet sie mit Produkten. Auf der Basis bestehender Bedeutungen schafft sie gezielt neue Bedeutungen, sie ordnet Produkten semantische Merkmale zu. Werbung ist ein so genanntes *sekundäres modellbildendes semiotisches System*.

Esso ist ein Benzin – wird es aber konstant mit dem Zeichen Tiger verbunden, dann partizipiert es an den semantischen Merkmalen Tiger: lebendig, natürlich, geschmeidig, schön etc.

Dasselbe gilt dann für Rezipienten. Wenn jemand für sich ein Produkt, eine Marke, ein Kleidungsstück, eine Zeitung, ein Auto wählt – also irgendein Objekt, das in unserer Kultur eine Bedeutung hat , dann wählt er damit gleichzeitig die semantischen Merkmale dieses Objektes; er sagt damit auch etwas über sich aus, und zwar absichtlich oder auch unabsichtlich.

## Zeichensysteme (semiotische Systeme)

Wir haben uns bis jetzt mit dem Phänomen des Einzelzeichens beschäftigt. Als nächster Schritt sollen Zeichensysteme oder semiotische Systeme betrachtet werden. Zeichensysteme umfassen drei Komponenten:

- *Semantik:* die Bedeutung der Zeichen;
- *Syntax:* die Regeln, die festlegen, welche Verknüpfungen zwischen Zeichen zulässig sind;
- *Pragmatik:* die Beziehungen zwischen Zeichen und Zeichenbenützern.

Einige Theoretiker führen hier den Begriff des Interpretanten ein – so Morris, der ihn als eine Disposition, auf Zeichen zu reagieren, definiert (in einem psychologischen, biologischen, sozialen Sinn); oder Kloepfer, der hier von Sympraxis spricht, worunter er die Fähigkeit von Zeichen versteht, affektiv oder handlungsauslösend auf den Rezipienten einzuwirken.

Ein Beispiel: Das Zeichensystem der Verkehrsampel besteht aus drei optischen Zeichen: rote Ampel – gelbe Ampel – grüne Ampel.

*Semantik:*

rot = stehen bleiben
gelb = warten
grün = fahren

*Syntax:*

Zulässig sind die Abfolgen:
1 grün – gelb – rot
2 rot – gelb – grün
Nicht zulässig:
3 rot – grün – gelb
4 grün – rot – gelb

*Pragmatik:*

Die Bedeutungen müssen von allen Verkehrsteilnehmern erlernt werden. Sie haben verhaltenswirksame Konsequenzen für ausnahmslos alle Teilnehmer am System Verkehr, ihre Einhaltung ist zwingend vorgeschrieben, Verstöße werden bestraft.[74]

Dieser Code, die Sprache der Verkehrsampel, ist ein sehr einfaches und unmittelbar Verhalten steuerndes System. Das ist natürlich nicht immer der Fall. Ein lyrisches Gedicht oder ein Werbespot besitzen auf der Ebene der Pragmatik völlig andere Ausprägungen.

Auf der Ebene der Pragmatik lassen sich mehrere Sprachfunktionen unterscheiden.[75] Auch sie sind für Marktkommunikation wichtig. Diese Sprachfunktionen machen klar, dass Kommunikation mehr ist als bloße Information:

- *Die emotive oder expressive Funktion:* Der Sender steht im Mittelpunkt. Die Äußerung drückt primär etwas über den Sender aus: »Au!«
- *Die appellative Funktion:* Die Äußerung möchte primär etwas bei dem Rezipienten erzielen, ihn rühren, überzeugen, bewegen: »Halt!«
- *Die referentielle Funktion:* Die Äußerung gibt einen Sachverhalt wieder: »Das ist ein Hund!«
- *Die phatische Funktion:* Die Äußerung möchte einen Kontakt erzeugen/aufrechterhalten: »Hallo! Wie gehts?«
- *Die ästhetische (poetische) Funktion:* Die Äußerung konzentriert sich auf Möglichkeiten des Zeichensystems selbst, auf das Wie der Äußerung: Hase = Meister Lampe.

Jede Äußerung, also auch jedes Werbemittel, enthält meist alle diese Funktionen, konzentriert sich aber schwerpunktmäßig auf eine Funktion – was für einen gegebenen Kommunikationszweck richtig oder falsch sein kann. So kann zum Beispiel ein Film einfach das Produkt in seiner normalen Anwendungssituation abbilden und dazu seine Eigenschaften und Merkmale beschreiben – er benützt dann die *referentielle Funktion*. Er kann aber auch eine ganz neue und ungewohnte Welt rund um das Produkt konstruieren, dieses zeichenhaft anreichern, ohne auf seine unmittelbaren Leistungen einzugehen – er benützt dann eher die *poetischen oder ästhetischen Funktionen*. Er kann primär darauf aus sein, den Kontakt zwischen Marke und Konsument zu vertiefen, indem er sich bemüht, besonders sympathisch oder unterhaltend zu sein – somit benützt er die *phatische Funktion*. Er kann auch primär darauf aus sein, den Rezipienten affektiv zu beeindrucken, ohne etwas Wesentliches über das Produkt mitzuteilen.[76]

### Narrative Strukturen

Zum Abschluss die kurze Erläuterung eines semiotischen Basisbegriffes, der sich für die Analyse von Werbekonzepten besonders gut eignet, da er eine häufig verwendete Struktur beschreibt, eine Struktur, die uns im Folgenden noch oft begegnen wird. Die narrative Struktur stellt einen besonderen Typ der syntaktischen Verknüpfung dar, bei dem Zeichenkomplexe regelhaft miteinander verknüpft werden. Umgangssprachlich handelt es sich um das, was man eine »Geschichte« oder eine »Erzählung« nennt.

In der Theorie narrativer Strukturen wird gefragt, welche Bedingungen erfüllt sein müssen, damit der Eindruck entsteht, ein Text erzähle eine Geschichte.[77] Text kann hier ein sprachlicher Text sein, ein Roman, ein Drama, ein Märchen, ebenso aber auch eine im Alltag erzählte Geschichte, oder aber auch ein Ballett, ein Film, ein Werbemittel.

Wesentliche Bedingung für das Vorliegen einer narrativen Struktur ist, dass mindestens zwei Zustände vorliegen: Zustand 1 und Zustand 2, die miteinander so verknüpft sind, dass sich Zustand 2 aus Zustand 1 durch eine Transformation, ein Ereignis, kausal ergibt:

Zustand 1 ➢➢ Auftreten eines Ereignisses ➢➢ Zustand 2

| **Zustand 1** | **Ereignis** | **Zustand 2** |
|---|---|---|
| In einem Königreich herrscht große Trauer. Ein Drache hat die Prinzessin geraubt. | Ein Prinz kommt aus einem fremden Land und erschlägt den Drachen mit einem Zauberschwert. | In dem Königreich herrscht Freude. Der Drache ist tot. Prinzessin und Prinz heiraten. |

Oder:

| **Zustand 1** | **Ereignis** | **Zustand 2** |
|---|---|---|
| Hans ist arm. | Hans spielt in der Lotterie und gewinnt. | Hans ist reich. |

Oder:

| **Zustand 1** | **Ereignis** | **Zustand 2** |
|---|---|---|
| Eine Hausfrau ist verzweifelt. Sie bekommt den Fleck nicht heraus. | Eine Freundin übergibt ihr ein neues Mittel. | Die Hausfrau ist glücklich. Das neue Mittel hat den Fleck beseitigt. |

Wichtig für narrative Strukturen ist: Das Ereignis muss zum einen im Sinne einer temporalen und *kausalen* Transformation Zustand 1 in Zustand 2 verwandeln. Also nicht: Hans ist arm. – In Australien ereignet sich ein Erdbeben. – Hans ist reich. Zum anderen müssen die Akteure oder wesentliche Größen der Zustände gleich bleiben bzw. auf derselben Dimension liegen. Also nicht: Hans ist arm. – Hans spielt in der Lotterie. – Fritz hat nette Kinder.

Narrative Strukturen haben eine Reihe von Vorteilen:

1. Sie verknüpfen Ereignisse in zwingender und kohärenter Form. Sie steigern daher in hohem Maße die Merkfähigkeit.
2. Sie führen besonders eindrucksvoll den Mechanismus einer kausalen Einwirkung vor sowie das Prinzip der linear gerichteten Zeit. Dies macht sie als Erzählschema für viele Produkt- und Werbekonzepte geeignet, die genau dieses ideologische Ordnungsmuster propagieren (siehe dazu Teil D 7).
3. Sie bauen Spannung auf. Bei geschicktem Arrangement ist man gespannt darauf, ob es durch das Ereignis gelingt, den Zustand 1 zu transformieren. Auf der ganzen Welt und in allen Kulturen lieben Menschen Erzählungen, und Erzählungen folgen immer diesem Schema. Auch die trivialste Fernsehgeschichte wendet sich noch an dieses Bedürfnis.

Im Detail sind narrative Strukturen und die Theorien, die sie beschreiben, wesentlich komplizierter, als es dieses einfache Schema vermuten lässt:

- Zunächst können Geschichten in ganz anderer Reihenfolge erzählt werden und die ihnen zugrunde liegende narrative Struktur muss abstrahiert werden.
- Transformationen können einen Zustand nicht nur zum Positiven, sondern auch zum Negativen wandeln.
- In einer Erzählung können weit mehr Zustände verknüpft werden und mehrere Ereignisse auftreten.

Die Analyse der Zustände, der Ereignisse und der Agenten muss ebenfalls weit sorgfältiger erfolgen. Eines dieser Konzepte sei nachfolgend kurz beschrieben.

**Das Konzept »Ereignis«**

Ein *Ereignis* liegt dann vor, wenn eine Figur über die Grenze zwischen zwei semantischen Räumen versetzt wird.[78]

Der Begriff des semantischen Raumes basiert darauf, dass in allen Kulturen topographischen Begriffen gern Bedeutungen zugeordnet werden: »oben« (= die Höheren), »unten« (= das niedere Volk), »links« (= unrein), »rechts« (= rein); und ebenso, dass viele Sachverhalte in räumlicher Metaphorik ausgedrückt werden, zum Beispiel: hoher Stil – niederer Stil. In Erzählungen werden nun solche semantische Räume einander gegenübergestellt (sie haben jeweils oppositionelle Merkmale), sie sind zunächst durch eine nicht überschreitbare Grenze getrennt, die nur eine Figur überschreiten kann. Das ändert dann die Ordnung der Räume.[79]

*Beispiel: Hänsel und Gretel*

*Anfangszustand*

*Anfangszustand*

| **Raum des Hauses** | **Raum des Waldes** |
|---|---|
| Die Kinder und ihre Eltern leben ohne Gefährdung, sie sind arm. | Die Hexe besitzt Reichtümer. Sie tötet jeden, der ihre Hütte betritt. |
| Armut | Reichtum |
| keine Gefahr | Gefahr |
| Leben | Tod |

Ereignis

Hänsel und Gretel überschreiten die Grenze zwischen Haus und Wald und dann wiederum die zwischen Wald und Haus. Das Ereignis liegt darin, dass sie das positive Merkmal des Raumes Wald in den Raum Haus überführen.

*Endzustand*

| **Raum des Hauses** | **Raum des Waldes** |
|---|---|
| Reichtum | Armut |
| Leben | Tod |
| Die Kinder bringen die Schätze mit. Sie sind nicht getötet worden. | Die Hexe ist tot. Die Schätze sind verschwunden. |

(Ich habe die zusätzliche Geschichte von Vater und Stiefmutter und die Gefährdung im Haus übergegangen.)

*Beispiel: Müller Milchreis*

Dieses Schema findet sich auch in zahlreichen Werbefilmen. Müller Milchreis inszeniert diese Struktur als Überschreitung der Grenze zwischen zwei oppositionellen semantischen Räumen.

Die verkürzte Filmerzählung: Der Moderator einer politischen Fernseh-Talkshow versucht während der Aufzeichnung der Sendung selbst ein Wort einzubringen, die Gäste der Sendung reden jedoch so lautstark, eifrig und konfus durcheinander, dass ihm dies nicht gelingt. Der Moderator wendet sich dem Zuschauer (der Kamera) zu und sagt:

»Ich weiß ja nicht wie es ihnen geht, aber ich brauche jetzt erst einmal was Ehrliches.«

Der Moderator steht auf und tritt aus dem Bildrand heraus. Als nächstes sieht man den Moderator in einem anderen Raum stehen und einen Müller Milchreis essen; dabei blickt er noch einmal direkt in die Kamera und stellt so abermals den direkten Kontakt zum Rezipienten her. Durch die Glaswand hinter ihm kann man die Talk-Gäste sehen, die weiter heftig diskutieren. Die Grenze zwischen den beiden Räumen ist noch durch eine halb heruntergelassene Jalousie betont.

1. *Ausgangszustand:* Ein Moderator ist in seiner beruflichen Welt – einer politischen Talkshow – gefangen. Er versucht professionell seinem Beruf nachzugehen. Alle reden jedoch laut durcheinander, es gibt Missverständnisse, und der Moderator selbst kommt nicht zu Wort. Ein gewisses Maß an Unehrlichkeit wird unterstellt.
2. *Ereignis:* Der Moderator verlässt den Raum. Der Milchreis von Müller ist seine Motivation und dient ihm als Vorwand: Der Milchreis ermöglicht ihm den Wechsel aus dem Ausgangsraum in den Raum des Endzustandes.
3. *Endzustand:* Die handlungsmächtige Figur hat den professionellen Rahmen verlassen. Niemand spricht, der Streit ist in die Harmonie zwischen dem Protagonisten und seinem Milchreis aufgegangen. Er bekommt endlich etwas Ehrliches.

Der Film stellt diese beiden Zustände – den unehrlichen Zustand ohne Müller Milchreis und den ehrlichen Zustand, in dem man Müller Milchreis isst – eindrucksvoll einander gegenüber, indem er sie räumlich auffällig voneinander trennt und sie über eine Fülle von Merkmalen in Opposition bringt:

| **Ausgangszustand** | **Endzustand** |
|---|---|
| Unehrlichkeit | Ehrlichkeit |
| professionell | privat |
| laut | ruhig |
| kompliziert | einfach und harmonisch |
| scheiternde Kommunikation | keine Kommunikation |
| hektische Schnitte | keine Schnitte |

Müller Milchreis ermöglicht den Wechsel zwischen diesen beiden Räumen.

*Beispiel: Schwarzkopf Live*

Die verkürzte Filmerzählung:

| Text | Bild |
|---|---|
| Ohne Live kann das Leben echt frustrierend sein. | Eine junge, dunkelhaarige Frau betritt eine Disco und blickt zum DJ; dieser wendet sich jedoch von ihr ab. |
| Aber mit dem neuen Live ist gleich viel mehr los. Das neue Live: 30% intensiver, länger haltbar. | Die Frau färbt sich im heimischen Badezimmer die Haare mit Live. |
| Verändert mehr als nur die Haarfarbe. Mehr Farbe, mehr Leben! Das neue Live: Professional haircare for you! | Mit neuer Frisur betritt die Frau aber mals die Disco. Der DJ schaut sie fasziniert an, vernachlässigt seine Plattenspieler und tanzt mit ihr. |

Der Film setzt also in Opposition:

a) Zwei Räume: das heimische Badezimmer, Ort der Vorbereitung vor dem Übergang ins Nachtleben, und die Disco.
b) Zwei Zustände: Ausgangszustand: Die junge Frau hat dunkle Haare, kann die Aufmerksamkeit des DJs nicht erlangen. Endzustand: Der DJ ist so fasziniert von der nun Rothaarigen, dass er seinen Job vernachlässigt, um mit ihr zu tanzen.

Beim ersten Eintritt in die Disco kann die Frau keine für die narrative Struktur ausschlaggebende Transformation des Ausgangszustandes bewirken. Erst nachdem sie die Raumgrenze zwischen Privatsphäre (Badezimmer) und Öffentlichkeit (Disco) abermals überschreitet und dabei mit der neuen Live-Haarfarbe ein neues positives Element überführt, verändert sich auch der öffentliche Raum.

Die Merkmale, mit denen der Film Ausgangs- und Endzustand des Filmes in Opposition bringt, beziehen sich fast ausschließlich auf die zwei Hauptfiguren.

| Ausgangszustand | Endzustand |
|---|---|
| Dunkle Haare | Rote Haare |
| Die junge Frau wird nicht beachtet | Die Frau steht im Mittelpunkt |
| Der DJ fasziniert | Die Frau fasziniert |
| Der DJ thront professionell über den Tänzern | Der DJ verlässt sein Pult und steigt zum Tanzen herab |

*Beispiel: Cif*

Ein schon älteres Bespiel ist der Spot für Cif, das diese Struktur ganz ohne menschliche Agenten vorführt und dem es dadurch gelungen ist, besonders eindrucksvoll eine neue Produktgattung vorzustellen, nämlich flüssige Scheuermittel.

Die verkürzte Filmerzählung:

| Text | Bild |
|---|---|
| Pulverförmige Scheuermittel können kratzen. | Pulver |
| Und dann passiert das: | Bild eines Schlittschuhs, der auf dem Eis kratzt. Kratzgeräusche. |
| Jetzt gibt es Cif. | Weiche Musik |
| Cif kann nicht kratzen, es ist flüssig. | Anwendung: glänzende Oberfläche Hand, die sanft über die Gegenstände streicht. |
| Cif – Glanz ohne Kratzer. | |

Der Film setzt also in Opposition:

1. *Ausgangszustand:* Zwei »Räume«, die unvereinbar getrennt sind: pulverförmige Mittel – flüssige Mittel; sauber, aber zerkratzend – schonend, aber nicht sauber.
2. *Ereignis:* Cif überschreitet die Grenze, vereinigt bisher Unvereinbares.
3. *Endzustand:* Die Gegenstände sind sauber, glänzend und nicht zerkratzt.

Der Film stellt diese beiden Zustände – den Zustand, bevor Cif auftritt, und den Zustand, nachdem Cif aufgetreten ist – besonders eindrucksvoll einander gegenüber, indem er sie über eine Fülle von Merkmalen in Opposition bringt:

| **Ausgangszustand** | **Endzustand** |
|---|---|
| Kratzendes Geräusch | Weiche Musik |
| Harte zerstörerische Bewegung | Zärtliche, sanfte Bewegung |
| Fuß | Hand |
| Kaltes Licht | Warmes Licht |
| Diffuses Schütten von Pulver | Gezielter Strahl |
| ⇓ | ⇓ |
| Zustand, bevor Cif aufgetreten ist | Zustand, nachdem Cif aufgetreten ist |

⇓

Cif

transformiert in eine schönere Welt

Diese verkürzten Analysen machen klar, welche Möglichkeiten der zusätzlichen Bedeutungsübermittlung narrative Strukturen bieten.

Wir haben jetzt einige Grundbegriffe erläutert, die semiotisch-strukturalistischen Analysen zugrunde liegen. Weiteres kann hier nicht angegeben werden. Wir werden einigen wichtigen Begriffen im Bereich der Sprachpsychologie wieder begegnen

Es ist noch einmal daran zu erinnern, dass Analysen dieser Art angeben, welche Bedeutung intersubjektiv aufgebaut wird. Dies ist für Werbung in mehrfacher Hinsicht wichtig:

1. Produkten und Marken werden über Werbung gezielt Bedeutung/semantische Merkmale zugeschrieben. Schon in der Phase der Konzeption und bei konkurrierenden Entwürfen ist es wichtig, diese Bedeutung zu erfassen – diese aufgebaute Bedeutung wird dann bei längerfristiger Darbietung mit der Marke verbunden.
2. Produkte haben für ihre Benutzer Bedeutungen.
3. Marken können gezielt in Kontrast oder Gleichheit zu anderen Marken gebracht werden, um die richtige Positionierung vorzunehmen.
4. Jedes Produktfeld stellt einen eigenen Code dar: so gibt es den Autocode, den Kosmetikcode etc. Wir werden in Teil D Beispiele dafür kennen lernen.

# 3 Verstehen – Abspeichern – Abrufen von Bedeutung

## *Die Grenzen des Bewusstseins*

Vergleicht man die Schnelligkeit und den Umgang der Verarbeitung von Informationen durch Computer und Menschen, dann zeigt sich, dass Computer den Menschen darin bei weitem überlegen sind. Dies gilt jedenfalls dann, wenn es sich um Informationen handelt, die seriell verarbeitet werden können und die nach einem logisch-argumentativen Kalkül konstruiert sind.

Handelt es sich dagegen um Nachrichten anderer Art – also darum, Bilder zu verarbeiten, Gesichtsausdrücke zu deuten, zu entscheiden, ob ein bestimmtes Gesicht einer Person X gehört oder nicht, oder unvollkommene, fehlerhafte oder poetische Äußerungen zu verstehen , dann haben Computer erhebliche Schwierigkeiten, solche Aufgaben zu lösen.

Es fällt Menschen leicht, zu entscheiden, ob eine Fotografie das Gesicht einer ihnen bekannten Person enthält, auch wenn dieses Gesicht von einem Sonnenhut halb bedeckt ist, wenn die Person auf einmal eine neue Frisur hat, traurig oder böse schaut. Computer könnten das nur, wenn sie alle potentiellen Möglichkeiten, wie ein Gesicht überhaupt ausschauen kann, punktuell eingespeichert hätten – das wären Milliarden von Einzelinformationen , oder wenn sie die Regeln eingespeichert hätten, nach denen sich Gesichter verändern, aber diese Regeln sind derzeit bestenfalls rudimentär bekannt.

Ebenso verstehen Menschen leicht die Aussage: »Komm mit, gehen wir ein Glas trinken«; Computer müssten sie als unverständlich zurückweisen (Gläser kann man nicht trinken), außer sie hätten einen kompletten Satz rhetorischer Regeln eingespeichert. Bei dieser Aussage handelt es sich nämlich um eine Metonymie, die menschlichen Sprachteilnehmern geläufig ist. Ebenso kann ein Sprachteilnehmer verstehen, was mit dem Wort »Gehirnschwurbel« gemeint ist (Henscheidt), wenn dieses unter einer völlig verworrenen, komplizierten Abhandlung als Bemerkung eines Lesers steht: »Das ist ja ein richtiger Gehirnschwurbel!«

Menschen können also wesentlich besser mit höheren Sprachfunktionen umgehen und nichtverbale Codes verarbeiten, und sie können außerordentlich komplexe Bedeutungen verstehen, aber sie brauchen eine gewisse Zeit dazu, und sie sind nur in der Lage nacheinander eine begrenzte Anzahl von Informationen zu bearbeiten. Diesen Grenzen des Bewusstseins wandte sich die Gedächtnispsychologie schon früh zu.[80]

Ganz am Beginn standen die Forschungen über die Gedächtnisspeicher. Man geht hier davon aus, dass jede Information über Wahrnehmungskanäle aufgenommen und in einer bestimmten Abfolge weiterverarbeitet wird. Angenommen werden drei Speicher bzw. drei Bearbeitungsprozesse mit jeweils spezifischen Besonderheiten:

**Der Ultrakurzzeitspeicher – Prozesse der präattentativen Aufmerksamkeit**

Dieser Speicher hält Sinneseindrücke eine ganz kurze Zeit nach der Wahrnehmung, im Durchschnitt etwa eine Zwanzigstelsekunde lang, fest. In diesem Zeitraum erfolgt eine grobe Dekodierung der eingehenden Reize und eine Entscheidung – wenn auch natürlich keine bewusste , ob die Wahrnehmungselemente weiter verarbeitet oder beachtet werden sollen oder nicht. Wenn nicht, verfallen sie.

Eine solche Ultrakurzzeitspeicherung ist auch bei der Verarbeitung von Sprache notwendig: Man muss den Anfang eines Satzes so lange speichern, bis man das Ende gehört hat – erst dann ergibt sich manchmal die Bedeutung des Anfangswortes:

> »Er sagte, dass er Herrn Müller getroffen habe und dass er berichtet habe, dass er sich gar nicht wohl fühle.«

Um die Bedeutung von »Er« am Anfang zu verstehen, muss man erst die relativ komplizierte Satzstruktur des Folgenden verstanden haben. »Er« muss also so lange gespeichert bleiben und von allen nachfolgenden »er« in der Bedeutung unterschieden worden sein.

Die andere Funktion dieser Kurzzeitspeicher ist es, den Wahrnehmungsfluss aufrechtzuerhalten, laufend Daten aus der Umgebung aufzunehmen, sie grob zu dekodieren, sie quasi automatisiert mit Bedeutung zu versehen und dann die zu selegieren, die einer weiteren Verarbeitung zugeführt werden sollen. Dasselbe lässt sich auch als Prozess der Aufmerksamkeitszuwendung beschreiben: In diesem Stadium wird von präattentativer Aufmerksamkeit gesprochen – man entwickelt eine allgemeine Aufmerksamkeit, wendet sich nicht bewusst einzelnen Reizen zu.

Letzteres geschieht, wenn der Prozess der bewussten Aufmerksamkeitszuwendung einsetzt, durch den die im nächsten Punkt beschriebenen Prozesse des Kurzzeitgedächtnisses/der Kurzzeitspeicher in Gang gesetzt werden.

Dies wird manchmal auch als »Cocktailphänomen« beschrieben: Eine Person, die sich auf einer Cocktailparty befindet, registriert meist auch die

Gesprächskulisse etwas weiter entfernt stehender Gesprächsgruppen – weder bewusst noch aufmerksam, einfach unter dem allgemeinen Etikett: Da unterhalten sich Personen. Außer, diese Personen äußern den Namen der zuhörenden Person. In diesem Fall wendet sich der Zuhörer bewusst und mit gespannter Aufmerksamkeit der Gruppe zu und versucht alles zu verarbeiten, was dort gesagt wird.

Es hat sich also um einen Reiz gehandelt, der für den Betreffenden von hoher persönlicher Relevanz war, sodass er weiterverarbeitet wurde. Ähnliches geschieht mit allen Reizen, die aktivieren, was immer auch heißt, dass sie von der gewohnten Wahrnehmungsfolie abweichen: durch Ungewöhnliches, durch Wahrnehmungsintensität, durch besondere affektive Besetzung.

Eine ähnliche Aufmerksamkeitszuwendung wäre auch erfolgt, wären irgendwo zehn Gläser zerschlagen worden, hätte ein Baby zu schreien begonnen, eine hinreißende Frau den Raum betreten etc. Prozesse dieser Art werden daher ausführlich in den Aktivierungstheorien beschrieben.

Diese Prozesse der präattentativen Aufmerksamkeit sind imstande, parallel große Datenmengen zu verarbeiten und ansatzweise zu dekodieren. Sie spielen auch in den Wahrnehmungsprozessen, die vor der bewussten Wahrnehmung ablaufen, eine große Rolle. Hier liefern sie dann die so genannten Anmutungsqualitäten, die zur bewussten Wahrnehmung zumindest nicht im Widerspruch stehen sollten.

### Das Kurzzeitgedächtnis – der Kurzzeitspeicher

Wendet man sich Informationen bewusst zu, dann setzen andere Bearbeitungsprozesse ein, nämlich die, die für das Kurzzeitgedächtnis spezifisch sind. Kurzzeitgedächtnis ist eigentlich ein irreführender Ausdruck – es handelt sich hier nicht nur um eine zeitlich beschränkte Speicherung, sondern auch um eine bestimmte Art der Informationsverarbeitung.

Die Prozesse des Kurzzeitgedächtnisses haben einige Besonderheiten:

- Sie arbeiten seriell, das heißt, sie bearbeiten Information nach Information.
- Sie können nur eine bestimmte Informationsmenge auf einmal bearbeiten.

Diese Informationsmenge lässt sich – wenn auch mit einigen Einschränkungen – in ihrem Umfang angeben: Es handelt sich um ± sieben Einheiten. Diese Zahl wurde in Experimenten von Miller nachgewiesen.[81] Sieben Informationseinheiten können wir also im Allgemeinen leicht voneinander unterscheiden, und wir können sie uns merken, ohne sie wiederholen zu müssen: sieben Angaben, wenn man jemand nach dem Weg fragt, sieben Namen auf einer Liste, sieben verschiedene Muster, sieben Spots aus einem Block.[82] Dabei merken wir uns die Elemente, die am ersten und letzten Platz stehen, jeweils besser. Für mehr Elemente brauchen wir eine nochmalige bewusste Anstrengung, nochmaliges Lernen oder Wiederholen.

Der Ausdruck Informationseinheiten wurde ganz bewusst gewählt; in der Sprache dieser Theorie spricht man auch von *Chunks*, das heißt von Brocken. Für diese Chunks gilt, dass sie auch Informationseinheiten von größerer Komplexität sein können. Ein Spot ist sicher komplexer als die Anweisung: Gehen Sie rechts, dann geradeaus, dann links etc. Für beide gilt, dass man sieben Chunks bearbeiten oder sich merken kann, das Ausmaß an Informationen, das sie transportieren, ist aber unterschiedlich.

Es steigert also die Ökonomie und Effizienz, wenn nicht mehr als sieben Chunks auf einmal übermittelt werden, diese zugleich aber sinnvoll organisiert sind. Jeder einzelne Chunks sollte eine möglichst reichhaltige Bedeutung enthalten, und sie sollten alle, wenn möglich, untereinander verbunden werden können.

Ein Beispiel:

BM WME RC DESMA Z DA

ist eine schwer merkbare Folge. Bei

BMW MERCEDES MAZDA

sind die Chunks viel sinnvoller organisiert: Jeder trägt eine Bedeutung, und sie haben auch noch ein gemeinsames semantisches Merkmal – es handelt sich um Automarken , sie sind also auch unter dem Etikett Automarken zu merken.

Dieses Prinzip hat für Marktkommunikation eine große Bedeutung: Es ist nicht möglich, zu viele Chunks (Informationseinheiten) auf einmal zu übermitteln – es kann einfach nur eine begrenzte Anzahl von ihnen verarbeitet werden. Das hängt mit den Eigenheiten der menschlichen Informationsverarbeitungsprozesse zusammen. Bei bewusster Aufmerksamkeitszuwendung sind es sieben, bei reduzierten Aufmerksamkeitsprozessen, wie sie bei Werbung und Marktkommunikation in Gang kommen, sind es viel weniger. Wenn ein Film drei Informationen, etwa drei Merkmale über eine Marke übermitteln kann, ist er schon sehr gut; oft ist es nur eine Information – diese allerdings kann ein sehr komplexer Chunk sein. Wir werden später sehen, dass die Konstruktion von Chunks in sehr komplexer Form erfolgen kann.

Konsumenten haben von Produktfeldern, für die sie kein sonderliches Interesse haben, meist drei Marken im Kopf, unter denen sie wählen; man fällt Entscheidungen anhand weniger Merkmale, die man gleichzeitig präsent hält, man charakterisiert Marken anhand weniger Merkmale. Diese spezifische Art, Informationen zu verarbeiten, ist prototypisch für Menschen und bedingt Folgendes: Wie groß auch immer die Menge der angebotenen Information ringsum ist, es wird nur ein kleiner Teil aktiv genützt und bearbeitet.[83]

Ein ähnliches Phänomen ist das *Drei-Sekunden-Fenster der Gleichzeitigkeit:*[84] Alles, was sich in einem Zeitraum von drei Sekunden abspielt, nehmen wir als gleichzeitig wahr – es ist dies so etwas wie eine innere Strukturierung der Zeit. In diesem Zeitraum dargebotene Inhalte vernetzen sich deshalb leicht, viele rhythmische Strukturierungen benützen diesen Zeitraum, und dieses Phänomen ist daher auch für die Strukturierung von Filmen und Musik wichtig.

### Das Langzeitgedächtnis

Es enthält alles dauerhaft Gespeicherte, unsere persönlichen Erfahrungen, unser Wissen über die Welt, aber auch alle Muster und Mechanismen, über die wir wahrnehmen, lernen, denken, handeln. Die Inhalte, die ins Langzeitgedächtnis gelangen, müssen einer bestimmten Selektion unterliegen  es ist nicht möglich, alles abzuspeichern, oder jedenfalls alles Abgespeicherte auch abzurufen.

Es sind eine Reihe von Mechanismen bekannt, die die Übertragung ins Langzeitgedächtnis erleichtern:

- *Wiederholung:* Ohne Wiederholung, sei sie aktiv oder passiv, wird nicht dauerhaft gelernt.
- *Bedeutungshaftigkeit:* Sinnlose Elemente werden schwerer gelernt als bedeutungshaltige (»DNX 15« ist schwerer zu merken als »Pico Bello«).
- *Minimumprinzip:* Es wird eher das dauerhaft gelernt, was mit einem geringen Dekodierungsaufwand zu erfassen ist, als das, was schwierige und komplizierte Bearbeitungsprozesse verlangt. (»Läuft und läuft und läuft« ist leichter zu merken als »garantierte Konstanz der Mobilität«.)
- *Eigenaktivität:* Wenn eine Bedeutung aktiv erarbeitet wird, wird sie leichter gelernt.

- *Tiefe der Verarbeitung:* Wenn eine Nachricht mit bestehendem Wissen vernetzt werden kann, hat sie höhere Chancen, behalten zu werden. Diejenigen Personen lernen am leichtesten und dauerhaftesten, die viel wissen. Oder: Mit je mehr bestehendem Wissen eine Nachricht verbunden werden kann, desto dauerhafter wird sie gespeichert.

Dieser letzte Aspekt ist neu. Er führt uns zu unserem nächsten Punkt, nämlich der Wissensorganisation oder der *Organisation des Langzeitgedächtnisses.*

Er ist auch neu in den Modellen, die kognitive Strukturen erfassen und beschreiben. Diese wenden sich in zunehmendem Ausmaß der Frage zu, wie menschliches Wissen repräsentiert und organisiert ist. Die wichtigste Erkenntnis die man dabei gewonnen hat, ist diese: Jedes Lernen, jedes Verstehen von Einzelnachrichten setzt ein Organisationszentrum voraus – es müssen eine Struktur oder ein System ausgebildet sein, die es ermöglichen, die Bedeutung einer Einzelnachricht zu erfassen.

Die Aufmerksamkeit der Forscher verlagert sich also, wie in vielen Disziplinen, von der Betrachtung von Einzelelementen auf die Ebene eines Systems, auf die Erforschung der Strukturen und Regeln, die das System konstituieren und seine Kontakte mit der Außenwelt ermöglichen. In diesem Sinn verläuft auch Informationsverarbeitung und Lernen: *top down,* nicht *bottom up,* also primär gesteuert durch die Muster und die Verarbeitungsmechanismen, die wir im Kopf haben, nicht (nur) gesteuert durch Merkmale der Einzelnachrichten/Reize. Kognitive Prozesse sind daher weit komplexer, als dass man sie durch so einfache Prinzipien wie Auffälligkeit, Aktivierung und Wiederholung beschreiben könnte.

Wichtig ist auch die Erkenntnis, dass das Langzeitgedächtnis nach dem Modell einer Sprache arbeitet und organisiert ist. Das Prinzip der Bedeutungskonstitution, das Verstehen und das Aufbauen völlig neuer Bedeutungen, die Möglichkeit, nahezu unbegrenzte Mengen von Bedeutungen zu erzeugen, die ja menschliches Kommunikationsverhalten kennzeichnet, ist daher besonders gut über einen interdisziplinären Ansatz zu beschreiben, der kognitive Psychologie, Sprachpsychologie, Linguistik und Semiotik umschließt.

# 4 Verstehen, Merken, Abrufen

## *aus der Sicht der kognitiven Psychologie und der Linguistik/Semiotik*

Hier sollen einige für Marktkommunikation wichtige Ergebnisse zusammengefasst werden, Ergebnisse, die vor allem für die Rezeption von Werbung und die Konstruktion von Marken wichtig sind. Im Wesentlichen geht es hier um Prozesse des Verstehens, Behaltens und Abrufens. Zunächst eine summarische Übersicht:

1. Eine Äußerung verstehen heißt, sie in ein Organisationsschema einzufügen, damit eine bestehende Struktur zu aktivieren, sie mit bestehendem Wissen zu vernetzen – frame of reference.
2. Die Bedeutung einer Äußerung ergibt sich daraus, dass ein Rahmen mitgedacht wird; Bedeutung heißt immer: das Gewählte und das dadurch automatisch Mitgedachte, aber nicht Gewählte. (Siehe dazu zur Bedeutung eines Zeichens: Ein Zeichen konstituiert sich durch das, wodurch es sich von anderen Zeichen unterscheidet.)
3. Gut behalten und gut abgerufen wird Material, das gut organisiert ist, das eine Struktur aufweist.
4. Entscheidend für Behalten und Abrufen ist die Tiefe der Verarbeitung, das heißt der Bedeutungsgehalt, die Vernetzung mit bestehendem Wissen.

Betrachten wir hierzu einige Modelle der Gedächtnisorganisation, also Modelle, die sich mit den Strukturen von Wissensorganisationen beschäftigen.

Übereinstimmung herrscht darüber, dass nicht Einzelobjekte mit ihren Merkmalen abgespeichert werden, sondern dass eine Organisation und Vernetzung der Merkmale vorliegen muss, also nicht wie in folgendem Beispiel:

| | Objekt A | | | | B | | C | | | | |
|---|---|---|---|---|---|---|---|---|---|---|---|
| | ↓ | ↓ | ↓ | ↓ | ↓ | ↓ | ↓ | ↓ | ↓ | ↓ | ↓ |
| Merkmal | 1 | 2 | 3 | 4 | 1 | 2 | 1 | 2 | 3 | 4 | 5 |

Sondern:

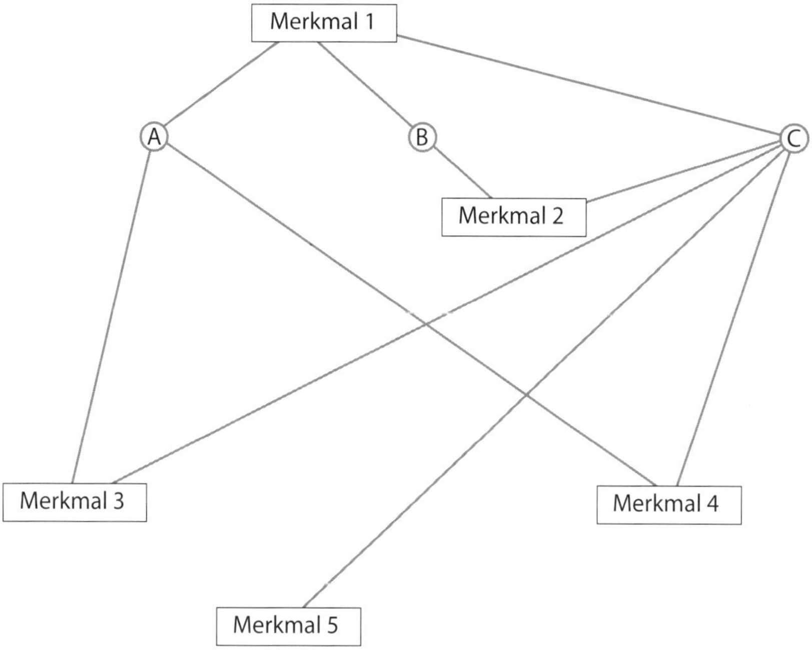

# 5 Typen von Wissensrepräsentationen

## 5.1 Hierarchische Modelle, Prototypen

Über den Typus dieser semantischen Vernetzung gibt es verschiedene Theorien. Ältere Gedächtnismodelle[85] gehen von einer Art der logischen Organisation aus, die drei Ebenen umfasst. Wissen ist danach hierarchisch organisiert, und neben jedem Element ist immer nur das Merkmal gespeichert, das für das Element auf dieser Ebene charakteristisch ist, die anderen Merkmale sind automatisch durch die darüber liegenden Ebenen gegeben. Das heißt, wir wissen – wie das folgende Beispiel illustriert , dass ein Kanarienvogel belebt ist, das semantische Merkmal *belebt* hat, was impliziert, dass er ein Tier ist.

**Frame of reference – semantische Netzwerke**

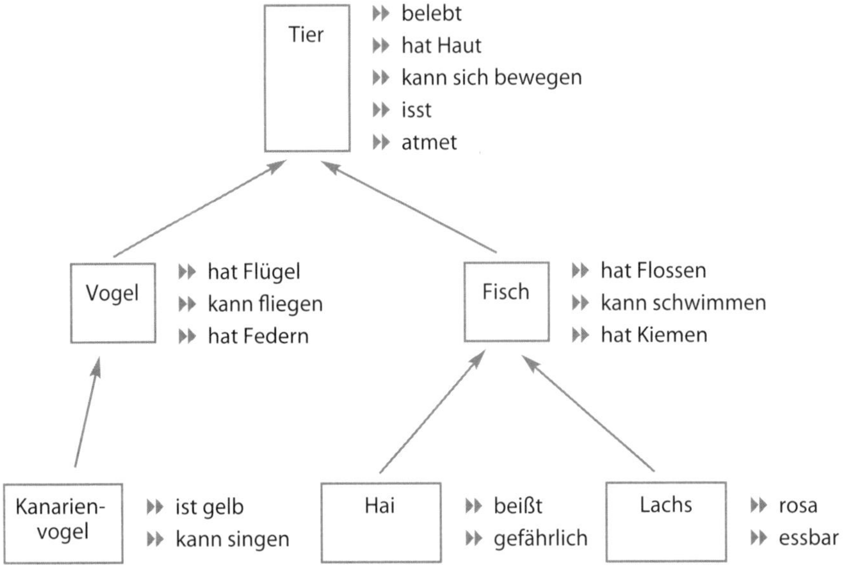


Geprüft wurden diese Modelle durch die Messung der Reaktionszeiten auf Fragen nach der Zuordnung von semantischen Merkmalen. So ergaben sich als Reaktionszeiten:

Kann ein Kanarienvogel singen? ➢➢ kürzeste Reaktionszeit
Kann ein Kanarienvogel fliegen? ➢➢ mittlere Reaktionszeit
Hat ein Kanarienvogel eine Haut? ➢➢ längste Reaktionszeit

Die letzte Frage macht erforderlich, dass alle drei Ebenen durchlaufen werden; bei der ersten Frage ist das Merkmal unmittelbar neben dem Begriff abgespeichert.

Dieses Modell stellt eine relativ einfache Aufgliederung dar, es ist als analytisches Modell aber in mehrfacher Hinsicht anzuwenden: Zum einen kann es benützt werden, um assoziative Netzwerke, die Befragte liefern, zu gliedern; zum anderen ist es im Bereich von Markentechniken relevant.

### Marken als Repräsentanten semantischer Netze

Eine Marke lässt sich ganz allgemein als ein Meinungsgegenstand auffassen, der durch eine Reihe von semantischen Merkmalen charakterisiert, in ein semantisches Netzwerk eingebunden und über eine Fülle von Assoziationen und Bedeutungen im Gedächtnis repräsentiert ist. Diese Assoziationen und Bedeutungen können aus verschiedenen Feldern stammen: visuelle Eindrücke, Gefühle, Bewertungen, Produkterfahrungen, Werte, Zielgruppen etc.

Durch verschiedene Techniken der Zeichenzuordnung können die mit der Marke verbundenen Vorstellungen an weitere Bezugsrahmen angeknüpft werden. Wenn also beispielsweise mit Punica die Punica Oase assoziiert wird, da die Werbung Punica mit der Idee der Oase verknüpft, werden alle Bedeutungen aufgerufen, die man mit einer Oase verknüpft. Wir werden im Folgenden sehen, dass damit der Bedeutungsumfang von Marken beträchtlich erweitert werden kann.

Diese Wissensrepräsentation, die eine Marke darstellt, wird besonders wichtig, wenn es um zwei Fragen geht:

1. Wie weit ist das Kapital, das eine Marke darstellt, auch auf andere Produkte übertragbar, die unter dem Namen dieser Marke angeboten werden können? Das betrifft also die Frage nach einer line extension oder nach subbrands.
2. Die Frage nach dem Wert einer Marke.

*Semantisches Netz einer Marke*

**Die Ausweitung von Marken: Line Extension, Subbrands**

Das Konzept der hierarchischen Repräsentation von Wissensbeständen eignet sich besonders gut zur Erforschung dieser Frage. Genau auf diese Weise hängen ja Marken und deren Submarken zusammen oder auch Markenfamilien, die durch Imagetransfer gebildet werden:

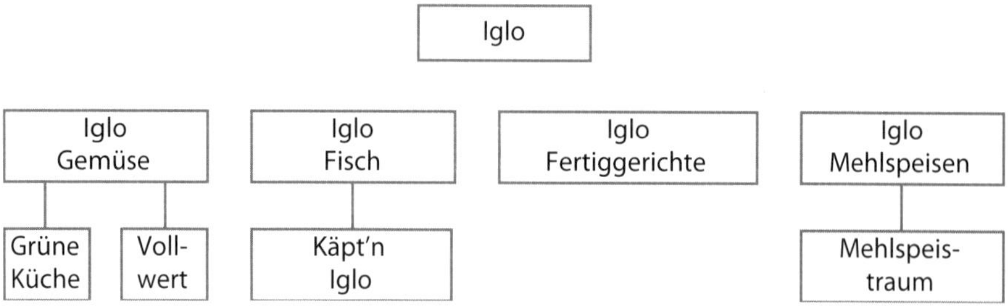

Das Prinzip, das für hierarchische Wissensrepräsentationen zentrale Bedeutung hat, wird auch hier wirksam: Die Eigenschaften, die die höchste hierarchische Ebene kennzeichnen – in unserem ersten Beispiel Tier, in diesem Beispiel Iglo – , kennzeichnen auch alle darunter liegenden Ebenen, und zwar notwendigerweise, ohne dass dies besonders erwähnt werden muss. Das ist auf der einen Seite ein Vorteil und macht die Stärke dieser Konstruktionen aus: Alles positive Wissen um diese Hauptmarke wird automatisch auf die darunter liegenden Subbrands übertragen. Dies wird noch dadurch unterstützt, dass diejenigen Zeichen, die als *Labeling*, als Etikettierung der Marke dienen, auf jeder Ebene wiederkehren: visuelle Zeichen, Logotypen, Farben etc.

So muss bei Iglo von der Tatsache, dass es sich um etwas Tiefgekühltes handelt, überhaupt nicht mehr gesprochen werden; ebenso werden Markenwerte wie Vertrauen, Qualität der Bestandteile, Frische etc. von den Rezipienten bis in die letzten Verästelungen einer Subbrandlinie übertragen. Das macht etwa auch den Erfolg der rapiden Erweiterung einer Marke wie Nivea aus. Nivea steht für Pflege; und alle Subbrands, die unter Nivea herausgebracht werden (Shampoos, Deos, Gesichtspflege, Babykosmetik) gelten automatisch als pflegend. Ähnliches geschieht bei Nestlé.

Zum Teil bieten solche Konstruktionen die Möglichkeit, Merkmale zu kommunizieren, ohne dass diese objektiv dem Produkt zukommen. Nehmen wir vier Marken, die löslichen Kakao anbieten:

| Suchard | Lindt | Bensdorp | Nestlé | |
|---|---|---|---|---|
| Vitessa | Kakao | Benco | Nesquik | Siggi |

Bei Vitessa, beim Lindt-Kakao und bei Benco entsteht der Eindruck, dass der Kakao »schokoladig« ist, da die Absendermarke für Schokolade steht.

Dennoch ist dieses Vorgehen nicht in allen Fällen gleich erfolgreich. Da eben die Merkmale der hierarchisch höchsten Ebene automatisch übertragen werden, gilt das auch für Merkmale, die nicht so günstig sind. Iglo zum Beispiel hat die Merkmale: kalt, moderner Produzent, Nähe zu Fisch, Nähe zu Gemüse. Die Übertragung dieser Merkmale auf das Feld *Mehlspeisen* ist bei weitem nicht so günstig wie die Übertragung auf das Feld *moderne Fertiggerichte*.

Im Falle der Mehlspeisen werden zwei Bezugsrahmen vernetzt, die sich so einfach nicht koppeln lassen:

| **Iglo** | **Mehlspeisen** |
|---|---|
| kalt | warm |
| moderner Produzent | häuslich |
| Nähe zu Gemüse | Mehl |
| Nähe zu Fisch | Zucker |
| | Obst |

Ähnliches gilt für Qualitätsniveaus. So entschließt man sich manchmal, die Position »aufs Höchste gesteigerte Qualität« unter einer eigene Marke laufen zu lassen, wenn die Hauptmarke mit guter aber nicht herausragender Qualität verbunden wird.

Das Konzept der einfachen hierarchischen Wissensrepräsentation gilt nun nicht immer, es muss um das Konzept der Prototypen erweitert werden. Dies ist für Marken in zweifacher Hinsicht wichtig:

1. in Bezug auf ihre Stellung in der Produktgattung,
2. in Bezug auf ihre Möglichkeiten, andere Produkte an ihren Namen anzuschließen.

### Das Konzept der Prototypen

Beim Konzept der hierarchisch logischen Gliederung gibt es eine Einschränkung: Die einzelnen Elemente auf einer Ebene sind keineswegs gleichwertige Repräsentanten einer Kategorie, sondern es gibt Elemente, die eine Kategorie weitaus besser repräsentieren, nämlich die so genannten Prototypen.

So erfordert etwa die Frage: Ist die Kuh ein Säugetier? eine wesentlich kürzere Zeit zur Beantwortung als die Frage: Ist der Wal ein Säugetier? »Kuh« repräsentiert das Konzept Säugetier prototypischer als »Wal«; ebenso denkt man bei »Vogel« eher an eine Schwalbe als an ein Huhn etc. Das ist ein für Marken sehr wichtiger Umstand, und zwar in Bezug auf zwei Aspekte, der Stellung der Produktgattung und der Erweiterung einer Marke.

1. *Die Stellung in der Produktgattung*
   Einer Marke muss es gelingen, den Prototyp einer Produktkategorie zu repräsentieren und gleichzeitig Merkmale an sich zu binden, die nur ihr zukommen. Der Erforschung dieser beiden Gruppen von

semantischen Merkmalen muss daher besondere Aufmerksamkeit geschenkt werden:

a) Welche semantischen Merkmale machen eine Marke zu einem prototypischen Angehörigen einer Produktgattung – zu dem Säugetier gewissermaßen, dem Bier, dem Waschmittel etc.?
Diese Merkmale sorgen im Allgemeinen dafür, dass die Marke als Angehöriger des relevant set dieser Produktgattung erscheint und top of mind ist, wenn man an die Produktgattung denkt. Welche Merkmale sind das? Nach meinen Erfahrungen sind das die Merkmale, die die zentrale Wertewelt, die Ideologie dieser Produktgattung repräsentieren. Was unter diesen zentralen Werten oder der Ideologie der Produktgattung zu verstehen ist, wird im Teil D geschildert. Es ist wichtig, sich diesen Punkt immer wieder vor Augen zu führen: Es sind nicht einfach die instrumentellen Leistungsmerkmale, die alle Angehörigen einer Produktgattung besitzen – also die Gegebenheit etwa, dass Waschmittel waschen oder Süßigkeiten einen Genuss bieten, denn genau das macht ja die Angehörigen der Produktgattungen gleich , sondern es ist die Ideologie des Waschens – die Disziplinierung, die Transformation der Umwelt, die in diesem Feld steckt – oder die für Süßigkeiten charakteristische Ideologie des Hedonismus, die signalisiert werden muss. Ebenso: Zwar besitzen ein Huhn und eine Schwalbe Haut, Federn, Schnabel etc., aber die Schwalbe verkörpert den Prototyp eines Vogels, weil wir mit »Vogel« das Fliegen, das Schnelle, Leichte, die Zugehörigkeit zu Luft, letztlich wohl zu einem »Reich der Freiheit« verbinden.

b) *Ebenso wichtig aber sind die spezifischen semantischen Merkmale, die einer Marke auf der Ebene »Kanarienvogel« zukommen – diese genau garantieren ihre Abhebung und Identifikation und erleichtern den schnellen Abruf.*
Diese Merkmale müssen mit den Merkmalen der übergeordneten Ebenen nicht unbedingt etwas zu tun haben: »gelb« und »kann singen« sind nicht Merkmale von Vögeln generell. Sie dürfen allerdings auch nicht widersprüchlich sein. So würden sich etwa »bellt« oder »ist zottig« nicht zur Charakterisierung eignen. Diesen Punkt werden wir im Abschnitt über die Regeln der semantischen Kombinierbarkeit noch genauer behandelt.

2. *Die Erweiterung einer Marke*

Für die Erweiterung einer Marke sind nicht alle Merkmale gleich wichtig. Relevant sind vielmehr die Merkmale, die ihr als Prototyp zukommen. Diese sind oft keine instrumentellen Merkmale, sondern ein Satz von Werten, die so genannten core values einer Marke. So ist für Nivea nicht primär relevant, dass Nivea ursprünglich eine Handcreme war, sondern dass es für Pflege steht, für Sicherheit, Wärme, Mütterlichkeit (wozu das zentrale Produkt Creme natürlich beiträgt). Die Ermittlung dieser core values ist daher ein wichtiger Punkt der Erhebung. Wie günstig ist es zum Beispiel, an eine Marke wie Penaten ein Kosmetikangebot anzuschließen? Prinzipiell scheint es möglich: Penaten steht für Babypflege und damit für Pflege, Schutz, Sicherheit etc. Aber sind das wirklich die core values dieser Marke? Und lassen sich diese core values mit dem Bezugsrahmen Kosmetik vernetzen?

Die Frage, ob ein neues Produkt als neue Marke herausgebracht oder an eine bestehende Marke angekoppelt werden soll, wird auf den heutigen überfüllten Märkten immer wichtiger. An sich ist es günstig, bestehendes Wissen, das in den hierarchischen Wissensrepräsentationen gespeichert ist, zu benützen, außer es spricht etwas gravierend dagegen. Vorsicht ist im Allgemeinen in folgenden Fällen geboten:

1. Die neue Marke gehört einer Produktgattung an, deren Bezugsrahmen sich mit dem der hierarchisch höher liegenden Ebene schwer vernetzen lässt: Prototypische Merkmale widersprechen einander. So sind etwa Adidas-Bonbonnieren schwer denkbar. Das Feld »Sport« widerspricht dem Feld des zeremoniellen Schenkens/Naschens. Ebenso schwer wären Shell-Getränke vorstellbar. Ob eine Marke wie Maggi mit dem derzeit modischen Feld der Wellness verbunden werden kann, muss zumindest intensiv diskutiert werden: Sind Maggi-Wellness-Suppen wirklich überzeugend?
2. Das neue Produkt repräsentiert eine Systemablöse: Es signalisiert, dass es die Fehler der Vergangenheit »überwunden« hat. So war etwa Pico Bello, die Selbstglanzcreme von Henkel, sehr erfolgreich, da sie signalisierte, dass nun die Mühen der »alten Schuhcreme« überwunden seien, was das entsprechende Produkt eines Schuhcremeherstellers nicht so einfach konnte. Ebenso konnte Cif als neue Marke wesentlich besser die »alten Pulver« angreifen.

## 5.2 Frame of reference

### *Selegieren, Benützen und Kombinieren von Bezugsrahmen*

Wir haben im ersten Schritt einen relativ einfachen Typ von Bezugsrahmen und einen einfachen Typ der Vernetzung kennen gelernt. Die Erforschung der Organisation und der Repräsentation von Wissensstrukturen hat nun zu wesentlich komplizierteren, aber damit auch leistungsfähigeren Typen der Vernetzung geführt.

Wir wollen jeweils ein Beispiel dafür näher betrachten: das *Vernetzen verschiedener Bezugsrahmen* und das *Modell des Paradigmas* als Typ der Bedeutungsorganisation.

**Der Begriff Bezugsrahmen/Frame of reference**

Wir haben an mehreren Stellen darauf hingewiesen, dass für das Verstehen von Bedeutungen eine Organisationsstruktur vorliegen muss. Wenn wir zum Beispiel einen Satz hören, der eine neue Nachricht enthält, so bearbeiten wir ihn kognitiv, indem wir ihn an eine bestehende Struktur, an bestehende Konzepte anschließen und die Regeln darauf anwenden, die als Regelsystem in unserem Gedächtnis vorliegen.

Das Verständnis des Satzes: »Die CD-Player werden immer billiger« ist davon abhängig, dass wir über das Konzept »CD-Player« verfügen. Dass die Antwort auf die Frage: »Kannst du mir sagen, wie spät es ist?« nicht »Ja«, sondern »Sieben Uhr« lauten kann, ist davon abhängig, dass wir verstehen, dass dieser Satz keine Frage, sondern eine Aufforderung bedeutet.

Die Bedeutung der folgenden narrativen Äußerung ist klar: »Sonja freute sich sehr, als sie von Peter die Einladung zum Geburtstag bekam. Sie rannte hinauf in ihr Zimmer und schüttelte ihr Sparschwein – es war leer. Sie weinte.« Die Hörer schließen daraus, dass Sonja ein kleines Mädchen ist und weint, weil sie Peter kein Geschenk mitbringen kann. Alles das wird in der Äußerung aber explizit nicht ausgesagt. Es wird aus einer Fülle von Zusatzwissen erschlossen. Dieses Zusatzwissen lässt sich unter mehreren Modellen beschreiben. Eines davon ist das Konzept des *kulturellen Wissens.*[86] Als Angehöriger unserer Kultur weiß man, dass es üblich ist, bei Geburtstagen ein Geschenk mitzubringen, dass nur Kinder Sparschweine haben, dass es nur für kleine Mädchen, nicht für Erwachsene, üblich ist, bei Enttäuschungen sofort in Tränen auszubrechen.

Ein anderes Modell ist das Konzept der *semantischen Implikation*, das wir schon kennen gelernt haben (»Kanarienvogel« impliziert das Merkmal »belebt«, es braucht nicht eigens gesagt zu werden). So impliziert »Sparschwein« Geld. »Sie rannte hinauf in ihr Zimmer« impliziert, dass Sonja die Nachricht von Peter in einem unteren Stockwerk vorgefunden hat.

Schließlich lässt sich der Begriff des *Bezugsrahmens (frame of reference)* anwenden. Beim Hören der Äußerung werden verschiedene Bezugsrahmen aktiviert. Der hauptsächliche Rahmen ist hier: »Kindergeburtstag«. Damit wird eine Fülle semantischer Merkmale abgerufen: die Teilnehmer, Gebote und Verbote, die Geschenke, die Stimmung, die Speisen. Die Äußerung wird also mit einem hochkomplexen Feld von Bedeutungen vernetzt. Wir verstehen sie, das heißt, wir erfassen ihre spezifische Bedeutung, ohne dass diese explizit ausgesprochen werden müsste.

Dieses ist ein wichtiger Mechanismus im Bereich der Marktkommunikation: Die Kunst, eine optimale Äußerung über Produkte, deren Eigenschaften, Bedeutung, semantische Merkmale zu machen, besteht darin, diese Dinge erschließbar zu machen, aber sie nicht explizit auszusprechen. Das wird dadurch gewährleistet, dass im Rahmen einer produkt- und markenbezogenen Äußerung Bezugsrahmen aktiviert, semantische Implikationen benützt werden, kulturelles Wissen einbezogen wird: eben semantische Netze verknüpft werden.

Dieser Anschluss an Bezugsrahmen kann nun günstig oder ungünstig gewählt werden – er ist von den Produzenten dieser Äußerung ja frei steuerbar:

- Günstig bedeutet dabei: Der Bezugsrahmen, der aktiviert wird, besitzt semantische Merkmale, die für das Produkt positiv funktionalisiert werden können: Sie können gut auf das Produkt/die Marke übertragen werden, sie unterstützen deren Bedeutung oder fügen ihr wichtige Merkmale hinzu, ohne dass man diese explizit aussprechen müsste.
- Ungünstig bedeutet zweierlei: Der aktivierte Bezugsrahmen weist auch negative Merkmale auf, sodass eine Verbindung mit diesem problematisch sein kann. Oder der Bezugsrahmen besitzt eine hohe semantische Distanz und ist nur schwer und nur über sehr abstrakte semantische Merkmale an das neue Produkt zu binden.

Eine günstige Verbindung ist zum Beispiel die Oase, die als Setting für Punica benützt wird. Sie überträgt die Merkmale »lebendig, inmitten einer Öde, Zufluchtsort, Leben spendend« – alles günstig für ein Produkt, dessen zentraler Wert das Durstlöschen ist. Ebenso steigert die Vernetzung der Bezugsrahmen »Schweizer Schokoladehersteller« und »löslicher Kakao« die Attraktivität des löslichen Kakaos. Ungünstig ist es dagegen, wenn zu weit voneinander entfernte Bezugsrahmen gekoppelt werden: So ist etwa ein WC-Mittel (dessen core value äußerste Privatheit ist) kaum im Setting eines Fernseh- und Nachrichtenstudios (das prototypisch für öffentliche Verkündigung ist) vorstellbar.

## 5.3 Der Begriff des Paradigmas

Der Begriff des semantischen Netzes soll nun genauer erläutert werden. Ein Konzept, das die hierarchische Repräsentation verlässt und vor allem auf dem Boden strukturalistischer Sprachtheorien entwickelt wurde, ist das Paradigma. Ein Paradigma meint eine Klasse von Elementen, die über ein gemeinsames semantisches Merkmal gleich sind – dies ist das übergeordnete semantische Merkmal, das sie zu einer Klasse zusammenschließt – und untereinander über andere semantische Merkmale verschieden sind (siehe Teil C 2).

Wir erkennen hier wieder den für Sprachen charakteristischen Mechanismus von Gleichheit und Differenz. Nach diesem Prinzip funktionieren größere bedeutungstragende Netze, und dies ist eine sehr ökonomische Art der Informationsvermittlung: Die Wahl eines Elementes aus dem Paradigma bedeutet, dass alle anderen mitgedachten Elemente nicht gewählt wurden. Die Bedeutung eines Elementes ergibt sich daraus, was es ist und was es damit gleichzeitig nicht ist. Das ist nur dadurch zu erreichen, dass die semantischen Elemente in regelhafter Form vorliegen.

Betrachten wir die Konstruktion eines solchen Paradigmas: Wenn jemand nach der Bedeutung des Begriffes »Mutter« fragt, dann kann man diesen Begriff als Einzelbegriff durch eine Reihe semantischer Merkmale erklären: »hat ein Kind«, »ist älter als das Kind«, »ist weiblich«, was impliziert, dass es auch einen Vater geben muss etc. Ähnlich könnte man dann »Vater« erklären sowie weitere Verwandtschaftsbegriffe. Im Bewusstsein ist ein solches Feld der Verwandtschaftsbegriffe aber in wesentlich ökonomischerer Form abgespeichert, nämlich über *wenige semantische Merkmale*, die bei den einzelnen Begriffen zutreffen oder nicht. Auf diese Weise können die vier Begriffe Vater – Mutter – Sohn – Tochter durch nur zwei Merkmale abgebildet werden:

| | | | |
|---|---|---|---|
| | | Geschlecht | |
| | | männlich | weiblich |
| Stellung in der Generationsfolge | 1. Generation | Vater | Mutter |
| | 2. Generation | Sohn | Tochter |

Danach sind Vater und Sohn untereinander über das Merkmal »männlich« gleich, aber unterschiedlich in ihrer Stellung in der Generation; Vater und Mutter sind gleich hinsichtlich ihrer Stellung in der Generation, aber unterschiedlich nach ihrem Geschlecht.

Die Bedeutung eines Elementes ergibt sich also aus seiner Relation zu anderen Elementen, zu denen es in Relationen des Kontrastes oder der Ähnlichkeit steht. Auf diese Weise sind größere semantische Felder organisiert, und genau so hat man sich auch die Organisation von Markenfeldern vorzustellen.

Dazu ein Beispiel aus dem Biermarkt:

| | | |
|---|---|---|
| | Natur | Kultur |
| endogam | Krombacher | Radeberger |
| exogam | Beck's | Guinness |

Die Bedeutung einer Marke ergibt sich durch ihre Stellung im System, durch die Dimensionen, durch die sie in Kontrast und Ähnlichkeit zu anderen Elementen steht.

Die Relation, die Teilfelder in Beziehung setzt, ist die Relation der Homologie, die auch wichtig für Vernetzungstypen im Bereich der Marktkommunikation ist. Sie soll daher kurz besprochen werden.

Betrachten wir folgendes Feld:

| | | |
|---|---|---|
| Mann | Hengst | Hirsch |
| Frau | Stute | Hirschkuh |
| Kind | Fohlen | Hirschkalb |

Dieses Paradigma ist durch drei semantische Dimensionen geordnet:

männlich : weiblich : kindlich/tierisch:menschlich/Haustier:Wildtier

Mann/Hengst/Hirsch sind gleich in Bezug auf männlich, aber unterschiedlich in Bezug auf menschlich/tierisch. Mann/Frau/Kind sind gleich in Bezug auf menschlich, aber unterschiedlich in Bezug auf Geschlecht und Alter etc. Die drei Einzelfelder befinden sich zueinander in der Relation der Homologie. Das heißt: Wie es in dem einen Feld ist, so ist es auch in dem anderen Feld. Oder: Dieselben Verhältnisse, die in dem einen Feld herrschen, herrschen auch in dem anderen.

Der Vergleich läuft also über einen Vergleich der abstrakten semantischen Kategorien:

- Das Verhältnis männlich – weiblich – kindlich
- findet sich bei Menschen – Tieren (Haustieren, Wildtieren).

Diese Relation der Homologie stellt für Marktkommunikation eine wichtige Möglichkeit des Bedeutungsaufbaus dar. So ist etwa das Feld der Automarken homolog zu dem Feld der vertikalen und teilweise auch horizontalen Gliederung der Gesellschaft gebaut (siehe Schema Seite 188).

Daneben gibt es eine Fülle von horizontalen Gliederungen, die den Gegensatz Masse – individuell (zum Beispiel Jeep in der Stadt), männlich – weiblich (süß, klein, herzig) etc. ausnützen. Alles das sind Homologien.

| **Autos** | | **Soziale Klassen** |
|---|---|---|
| oberes Segment | leistungsstark<br>teuer<br>stehen für zentrale Werte:<br>– Tradition<br>– Dominanz<br>– Durchsetzung<br>– „überholen“ | oberes Segment |
| mittleres Segment | zuverlässig<br>praktisch<br>dauerhaft | mittleres Segment |
| unteres Segment | „gebraucht“<br>alt<br>unschön<br>nicht leistungsstark<br>„werden überholt“ | unteres Segment |

# 6 Der Begriff der Kohärenz

Ein wesentlicher Befund der kognitiven Psychologie besagt, dass gut organisiertes und gut strukturiertes Material besser behalten und abgerufen wird als nicht gut organisiertes und nicht gut strukturiertes. Schon die Gestaltpsychologie stellte das fest und nannte auch ein für grafische Strukturen wichtiges Prinzip, nämlich das der Figur oder der Ganzheit. Dies drückt einer ihrer wichtigen Lehrsätze aus: Das Ganze ist mehr als die Summe seiner Teile. Also etwa: Drei Punkte, die ein Dreieck bilden, werden leichter erinnert als lose verstreute Punkte: Das organisierende Prinzip ist hier das Konzept »Dreieck«, das nicht eine Eigenschaft eines jeden Punktes ist, sondern das sich aus der Relation der Punkte zueinander ergibt.

Wir kennen dieses für alle Zeichensysteme wichtige Prinzip der Struktur ja bereits, und ein Paradigma stellt nichts anderes dar als eine Anordnung von Zeichen, die sich in bestimmten Relationen zueinander befinden.

Tatsächlich ist die Frage der Kohärenz eine wesentliche Frage, wenn es um die Verkettung mehrerer Zeichen geht, gleich, aus welchen Verbal- oder Bildcodes sie stammen: Es muss ein sinnvolles Organisationsprinzip vorhanden sein, das die einzelnen Elemente zusammenschließt – ansonsten ergeben sich Schwierigkeiten des Verständnisses, des Abspeicherns, des Abrufens.

Im Bereich der Filmkommunikation ist das sehr wichtig: Filme, die Sequenzen ohne Beachtung eines Organisationsprinzips aneinander reihen oder fehlerhafte Verknüpfungen vornehmen, zeigen Kohärenzdefizite, was sich meist schon an *Storyboards* erkennen lässt, also an den Entwürfen, die Agenturen vorlegen, um den Gang einer Filmhandlung klarzumachen. Der Fehler liegt hier in der Grammatik, genauer in der Syntax, das heißt auf der Ebene des Zeichensystems, das die Kombinationsregeln von Zeichen zu Zeichen enthält.

Am deutlichsten zu erkennen sind diese Verhältnisse wieder in dem durch die Linguistik am besten erforschten Zeichensystem, der natürlichen Sprache. Normalerweise verstehen und produzieren wir Sätze, ohne dass uns die Regeln, die angeben, wie Zeichen (Wort) mit Zeichen (Wort) verknüpft werden – also die syntaktischen Regeln, die für Kohärenz sorgen , bewusst sind. Auffällig wird das erst, wenn eine Störung vorliegt: »Hause ich gehe nach« wird als eine unangemessene Äußerung erlebt, sie enthält einen Regelverstoß.

Syntaxregeln sind sehr kompliziert, sie können hier nicht erläutert werden.[87] Auch die Syntax weist eine zweifache Gliederung auf:

- eine Oberflächenstruktur, die ein größeres Maß an Variabilität erlaubt,
- und eine Tiefenstruktur.

Bei der Analyse von Filmen, Rundfunkspots etc. ist dieser Frage der Kohärenz besondere Aufmerksamkeit zu schenken. Über welche Prinzipien wird Kohärenz hergestellt? Werden die einzelnen Episoden einfach aneinandergereiht? Wird ein Zustand geschildert, der dann besondere semantische Merkmale hat? Wird eine Geschichte erzählt, liegt also eine narrative Struktur vor? Wird der Zusammenhang durch die Rede eines Off-Sprechers geleistet?

Es gibt viele Strategien, Kohärenz herzustellen. Wichtig ist es, eine zu wählen, die es dem Rezipienten erlaubt, schnell die Kohärenz zu erkennen. Eine der leistungsfähigsten Strukturen ist die narrative Struktur, die die einzelnen Elemente am striktesten miteinander verbindet.

Das Prinzip der Kohärenz gilt natürlich auch für die Konstruktion des ganzen Markenauftritts: Auch für Film/Anzeige/Packung/Produkt muss sich ein gemeinsames semantisches Merkmal oder ein Prinzip finden lassen, das sie alle kohärent zusammenschließt.

### Kohärenzbildung über semantische Merkmale und Verstöße

Diese Typen von Kohärenzbildung sind bereits unter dem Punkt der Wissensrepräsentation behandelt worden: die Einfügung eines Elementes in ein übergeordnetes Schema (Bezugsrahmen, *frame of reference*), das seine semantischen Merkmale dann automatisch mitliefert.

Kohärenzbildung auf dieser Ebene der semantischen Merkmale bedeutet nun aber auch, dass nicht jedes Konzept mit beliebigen semantischen Merkmalen verknüpft werden kann, sondern dass es ebenso wie auf der Ebene der Syntax Kombinations- und Selektionsregeln sowie -beschränkungen gibt.

Betrachten wir dazu ein berühmtes Beispiel von Chomsky: »Grüne farblose Ideen schlafen wütend«.[88] Die Störung liegt hier nicht auf der Ebene der Syntax diese ist ganz normal , sondern darin, dass semantische Elemente miteinander kombiniert werden, für die es Kombinationsbeschränkungen gibt. »Wütend« impliziert zum Beispiel die Kombination mit einem menschlichen Agenten. Ebenso kann ich nicht sagen: »der schweigsame Anstrich«.

Dieser Punkt ist bei Marktkommunikation zu beachten: Kann ich einen Käse mit dem Setting einer Kunstgalerie verbinden, ein Shampoo mit dem Bild eines Panthers, ein Waschmittel mit einem Laptop?

Hier berühren wir einen weiteren wichtigen Punkt. Ganz offensichtlich gibt es Verstöße, die als unangemessen, lächerlich oder unverständlich empfunden werden, es gibt aber auch welche, die außerordentlich wirkungsvoll sein können. Diese »Verstöße« fallen in das Feld der Rhetorik, die in Teil D 10 näher behandelt wird. Die für die Rhetorik typische Technik zwingt den Rezipienten dazu, bei zwei Konzepten, die zunächst »fehlerhaft« gekoppelt werden – so wenn von Benzin als einem »Tiger« gesprochen wird – aktiv nach einer sinnvollen Verbindung zu suchen. (Diese Verbindung wäre hier das semantische Merkmal »Kraft«.)

Diese für das Abspeichern, Behalten und Abrufen von Bedeutungen wichtige Forderung nach der Eigenaktivität des Rezipienten wird später unter dem Begriff der Verarbeitungstiefe besprochen.

# 7 Vernetzung durch multidimensionale Codierung, Bild-Text-Relationen, Imagery und Labeling

Schon früh wurde in Experimenten zur kognitiven Psychologie nachgewiesen, dass Äußerungen besser verstanden, behalten und abgerufen werden, wenn sie nicht nur verbal, sondern auch bildunterstützt übermittelt werden. Der Forscher, der als Erster diese Hypothesen experimentell prüfte und bearbeitete, war Paivio, der diesen Ansatz mit dem Begriff *Dualcodierung* bezeichnete.[89]

Die Hypothesen wurden auf dem Boden der Kenntnisse über den Aufbau und die Funktionsweise des menschlichen Gehirns gewonnen. Das menschliche Gehirn besteht bekanntlich aus zwei Gehirnhälften, die – anders als bei anderen höheren Säugetieren – eine Asymmetrie aufweisen. Jede der beiden Hälften ist auf bestimmte Aufgaben spezialisiert – die linke auf die Verarbeitung von Sprache, von Zahlen, von Schlussfolgerungen, die rechte auf die Verarbeitung von Bildern, von nichtverbalen Codes (Musik, Farbe, Gerüche etc.), von Personenwahrnehmung, Gefühlen, ganzheitlichen Eindrücken. Beide Gehirnhälften arbeiten eng zusammen, sie sind durch einen breiten Nervenstrang verbunden, aber sie sind eben Spezialisten für bestimmte Funktionen und Inhalte, und genau das ist eine der Voraussetzungen für die außerordentliche Effizienz dieses informationsverarbeitenden Systems.

Die Dualcodierungshypothese besagt nun, dass ein Inhalt besser gemerkt wird, wenn es ihm gelingt, von der linken und der rechten Hemisphäre zugleich erfasst und gespeichert zu werden.

Die Konstruktion *»Rothändle«* etwa, die aus den verbalen Zeichen: »rot« und »Hände« und aus einem visuellen Zeichen, dem Zeichen einer roten Hand, besteht, hat höhere Chancen behalten zu werden, als wenn zweimal der verbale Inhalt und zweimal die Zeichnung dargeboten wird. In unserer Terminologie handelt es sich hierbei um einen speziellen Typus der Wiederholung und einen speziellen Typus der Vernetzung:

- Die semantischen Merkmale »rot« plus »Hände« werden wiederholt, einmal im Verbalcode, einmal im Bildcode;
- gleichzeitig werden sie vernetzt: Sie werden einmal an einen Sprachspeicher in der linken Gehirnhälfte, einmal an einen Bildspeicher in der rechten Gehirnhälfte angeschlossen.

Hier handelt es sich um ein für Marktkommunikation wichtiges Konstruktionsprinzip, das unter dem Etikett *Imagery* und *Labeling* läuft. Allgemein versteht man darunter die konkrete Kennzeichnung eines Inhaltes durch *Bild-* und *Verbalzeichen*.

Ein einfacher Weg ist die Konstruktionen von *Wort-Bild-Marken*; eine andere Möglichkeit ist die Benützung von Sprache in der Art, dass sie *innere Bilder* entstehen lässt. Das Bild wird nicht gezeigt, sondern vom Rezipienten selbst reproduziert: So lässt »zitronenfrisch« an das Bild einer Zitrone denken, es wird besser behalten als »frisch« allein. Ähnliches gilt für »blütenzart«, »babymild«. Wash & Go ist besser als »Shampoo & Balsam«, Pico Bello ist besser als »Selbstglanzcreme«, Manhattan ist ein guter Name für ein Fitnesscenter. Alles das ist neben anderem die Erklärung dafür, dass konkrete Wörter meist besser behalten werden als abstrakte – sie werden mit Bildern vernetzt.

Imagery und Labeling ist aber nicht nur auf der Ebene der Einzelworte/ Begriffe wirksam, sondern es betrifft auch die Organisation größerer Einheiten: Kampagnen, Konzepte, Marken generell. Speziell bei Marken spielt dieses Prinzip eine große Rolle, und zwar in einer viel weiter reichenden Form als bei der Repräsentation durch eine Wort-Bild-Marke.

Marken sind, wie bereits dargelegt, durch eine ganze Klasse von semantischen Merkmalen charakterisiert, die ihnen durch die Verkoppelung mit anderen semantischen Netzen zugeordnet werden und die untereinander in Form von semantischen Netzen organisiert sind. Diese Netze bedürfen aber noch einer besonderen Repräsentation, und hier erweist sich die Repräsentation über Bilder (oder einen Bildkomplex) und über ein verbales Etikett (= Labeling) als besonders wirksam für das Abspeichern und Behalten. Auf diese Weise ist eine gute Vernetzung gegeben, eine ökonomische Form der Wissensrepräsentation, aber auch wieder die Möglichkeit, raffiniert Bedeutung zu übermitteln, und zwar dadurch, dass man die spezifischen Möglichkeiten von Bildcodes nützt.

Wenn man also vom Waschmittel Weißer Riese spricht, so denkt man automatisch an seine »Riesenwaschkraft«, und man sieht entweder das Bild des Weißen Riesen vor sich oder die lange Wäscheleine mit der flatternden Wäsche. Das ist ein Bild, ein Etikett, das als Einheit abgespeichert wird, das die Marke repräsentiert, das die Bedeutung »Ausgiebigkeit, Stärke, viel für mein Geld« signalsiert. Ähnlich leben Sheba, Bounty, Marlboro von Imagery und Labeling. Bei der Film- oder Anzeigenanalyse, bei der Entwicklung von Kampagnen muss daher sorgfältig darauf geachtet werden, wie weit eine Kampagne imstande ist, eine solche Bildwelt (Imagery) aufzubauen und deren semantische Merkmale zu funktionalisieren.[90]

### Besonderheiten von Bildcodes: Text-Bild-Relationen

Das Benützen von Bildcodes, die Vernetzung von Markeninhalten mit den Bildspeichern und der Aufbau und Abruf bildlich codierter Bedeutung bilden eine wichtige Möglichkeit der Bedeutungsübermittlung bei Marktkommunikation und fördern alle Möglichkeiten des Verstehens, Speicherns und Abrufens. Werbung stellt tatsächlich eines jener Subsysteme dar, das wichtige Ikonen unserer Kultur geschaffen hat, also Bildzeichen, die Kulturideale und wichtige Inhalte unserer Kultur repräsentieren – man denke an den Marlboro-Mann, den Esso-Tiger, die Coca-Cola-Gruppe.

Daraus wird manchmal der Schluss gezogen, es sei für Werbung notwendig, möglichst alle Bedeutungen über Bildzeichen zu übermitteln: Ein Bild sagt mehr als 1000 Worte. Dies wird manchmal mit einem ideologischen Standpunkt verknüpft, der besagt, dass in der heutigen Zeit alles in die Richtung der rechten Gehirn-Hemisphäre verlagert werden müsse: weg von der Rationalität, hin zum Fühlen, zu den Bildern, zum Nicht-Argumentativen, was dann manchmal auch noch mit dem Bereich des Östlichen und des Weiblichen gleichgesetzt wird. Dies ist eine ideologisch interessante Konstruktion, die aber als Modell für Informationsverarbeitung nicht sehr sinnvoll ist.

Betrachtet man die Vorgänge bei der Verarbeitung von Bildern genauer, dann zeigt sich, dass genau der Satz »Ein Bild sagt mehr als 1000 Worte« ein Problem bei der Kommunikation über Bildzeichen darstellt und dass – im Ganzen betrachtet – diese Aussage sehr simplifizierend ist.

Bildzeichen haben eine sehr reichhaltige, aber ungerichtete Semantik, sodass es nicht einfach ist, ihre Bedeutung genau zu fokussieren. Ferner ist es problematisch, dass die Beziehungen von Bildzeichen zu Bildzeichen, also deren Syntax, eine ganze Reihe von Möglichkeiten vermissen lassen, die die Syntax der Sprache hat. So können durch Bildzeichen allein etwa sehr schwer Kausalität, zeitliche und rhetorische Relationen ausgedrückt werden. Bei der Verarbeitung von Bildzeichen zeigt sich weiter, dass sie besser und genauer verarbeitet werden, wenn ihre semantischen Merkmale präzise erfassbar sind, wenn also ihre Bedeutung sprachlich analysierbar ist. Bildzeichen werden genau wie andere Zeichen nach dem Modell einer Sprache verarbeitet, einer Sprache allerdings mit besonderen Gesetzmäßigkeiten.

Aus alldem ergibt sich, dass die Übermittlung über Bildzeichen sprachliche Be- und Verarbeitung vom Rezipienten erfordert und dass Bildcodes beträchtlich in ihrer Wirkung gesteigert werden können, wenn sie zusammen mit Verbalcodes eingesetzt werden. Das ist bei Marktkommunikation ja auch die Regel es wäre fast nicht möglich, eine präzise Bedeutung nur über Bilder allein vermitteln zu wollen.Der Anteil von Text und Bild in einem Zeichensystem kann höchst unterschiedlich sein. Insgesamt gibt es sicher die Tendenz, nichtverbale Codes stärker zu benützen: Bilder, Musik, Farben etc. Wichtig ist aber vor allem, welche Funktionen Bild und Text jeweils übernehmen.

Die klassische Kommunikationstheorie postuliert dabei eine Gleichordnung zwischen Text und Bild: Der Text sagt, was das Bild darstellt, das Bild illustriert den Text. Das ist bei den erwähnten Wort-Bild-Marken gegeben und wird oft als der ideale Typus der Funktionszuweisung angesehen. Man lehnt andere Relationen ab, weil man fürchtet, dass die Verständlichkeit leidet, wenn das Bild dem Text widerspricht. Dies wird meist mit dem Begriff »Text-Bild-Schere« bezeichnet. In konkreten Analysen zeigt sich hingegen, dass umfangreichere Zeichensysteme, die im Übermaß von der Parallelschaltung Text – Bild Gebrauch machen, als langweilig erlebt werden und die Dekodierungswilligkeit herabsetzen.

Wie immer kommt es darauf an, was man mitteilen möchte: Liegt die Funktion einer Mitteilung primär darin, einen einfachen Inhalt möglichst gut abspeichern zu lassen, dann ist eine Parallelschaltung Text – Bild sicher vorteilhaft. Dies ist etwa der Fall bei Wort-Bild-Marken. Dasselbe gilt auch, wenn ein didaktisches Ziel im Vordergrund steht, also gezeigt werden soll, wie man etwas macht, wie etwas funktioniert.

Handelt es sich jedoch um umfangreiche Zeichensysteme und möchte man zusätzliche Bedeutungen aufbauen, dann ist es günstig, Text und Bild nicht exakt dasselbe mitteilen zu lassen. Sie sollen sich zwar nicht widersprechen, aber sie sind so einzusetzen, dass sie jeweils etwas anderes mitteilen, dass sich aus dieser Verschiedenheit aber eine neue, zusätzliche Bedeutung ergibt. Genau das sichert Spannung, Aufmerksamkeit, zusätzliche Bedeutung und die Eigenaktivität des Rezipienten.

So spricht etwa der Persil-Film »Landregen«, der in Teil D 11, genauer analysiert wird, im Textteil von den Leistungen des Waschmittels, der Bildteil führt aber eine wunderschöne Naturszenerie vor, in der Regen auf Blätter und Blumen fällt. Der Film behauptet damit nicht explizit, dass Persil natürlich wirke, aber der Rezipient bezieht in dieser Weise Text- und Bildteil aufeinander.

Eine komplexe Botschaft ergibt sich zum Beispiel auch aus dem Zusammenspiel von Text und Bild bei der Anzeige für Volkswagen Originalteile. Das Bild zeigt nichts, was in irgendeiner Form mit Autoersatzteilen zusammenhängt, sondern es zeigt einen Vater mit seinem Kind. Die Headline führt aus, dass dieser Vater genau weiß, was sein Kind braucht, und der Kleintext stellt die Parallele Vater des Kindes = Ingenieure von VW (die Autos auf die Welt bringen und daher wissen, was diese

brauchen) her. Implizit wird damit auch eine besonders liebevolle und auch natürliche bzw. zwingend existierende Verbindung des VW-Autos und seinen Orginal-Ersatzteilen behauptet.

Die spezifischen Codemöglichkeiten von Bild und Text sind natürlich komplexer und differenzierter, als hier ausgeführt werden kann.[92] Bei Anzeigen- und Filmanalysen stellt dieser Analyseschritt – die Bild-Text-Korrelation – eine wichtige Stufe dar. Summarisch gesprochen, hat der Text immer die Möglichkeit, die semantische Vieldeutigkeit von Bildern zu fokussieren, anzugeben, wie ein Bild zu »lesen« ist. Bilder können Inhalte vermitteln, die, wenn sie verbal ausgedrückt würden, Widerstände erregen würden. Sie können auch sehr gut die Funktion der Emotionalisierung übernehmen. Bild und Text sollten sich also in ihrer Bedeutungsvermittlung ergänzen und von ihren spezifischen Codemöglichkeiten Gebrauch machen.

# 8 Zusammenfassung

## *Günstige Verarbeitungsprinzipien*

Wir können jetzt einige Prinzipien angeben, die sicherstellen, dass Nachrichten schnell verstanden, sicher abgespeichert und gut abgerufen werden, wenn man die Ergebnisse der Semiotik und der kognitiven Psychologie berücksichtigt.

Naturgemäß geht es hier um einen hochkomplexen Prozess, der immer auch eine Balance und ein trade-off, ein Gegeneinander mehrerer Funktionen und Konstruktionsprinzipien beinhaltet. So ist der Prozess der Aufmerksamkeit also die Bereitschaft, eine Nachricht zu dekodieren – einerseits an die persönliche Relevanz der Nachricht gebunden, andererseits an deren Auffälligkeit. Beides bedeutet Abweichung gegenüber der Folie des Gewohnten, und das wiederum kann den Vorgang des schnellen Verständnisses und damit auch der sicheren Abspeicherung stören.

Wir haben aber gesehen, dass Menschen im Bereich der Informationsverarbeitung zu komplexen Leistungen fähig sind und dass sie dabei in hohem Ausmaß Eigenaktivitäten entfalten können. Es geht also um weit mehr als um die Koppelung emotionalisierender Signale an Reaktionen, um die Wiederholung von Einzelreizen. Werden die kognitiven Verarbeitungsprinzipien, die immer auf Strukturen und Systeme rekurrieren, beachtet, können auf sehr ökonomische und zugleich komplexe, raffinierte Weise Bedeutungen und Zusatzbedeutungen aufgebaut werden. Wesentlich für Verstehen, Speichern und Abrufen sind:

1. die Verarbeitungstiefe, das heißt die Vernetzung mit bestehenden Wissensstrukturen/semantischen Netzen;
2. die Kohärenz, das heißt die gute Organisation einer Nachricht, die es ermöglicht, sie über ein gemeinsames Prinzip zu strukturieren und aufzufassen, wodurch sie »wohlgeformt« und sinnvoll wird;
3. die Eigenaktivität des Rezipienten, das heißt die Bedeutungskonstruktion, die vom Rezipienten selbst vorgenommen wird.

Alles das gilt für das Verarbeiten von Werbung, aber auch für Markenkonstruktionen.

Teil D

# Produkte als Botschaften

# 1 Einleitung

## *Produkte als Botschaften. Was bedeutet das?*

»Produkte als Botschaften« ist zunächst einmal ein metaphorischer Ausdruck, der Folgendes bedeutet: Mit Produkten kann man kommunizieren, durch die Wahl und die Kombination von Produkten kann eine Bedeutung ausgedrückt und übermittelt werden, die von allen Gesellschaftsteilnehmern verstanden wird. Dass diese Bedeutungen übermittelt werden können, liegt daran, dass das Feld der Produkte und Marken im Sinne einer Sprache geordnet ist. Produkte stellen also Elemente, »Worte« einer Sprache dar.

Diese Art der Bedeutungsübermittlung vermögen Produkte ebenso wie viele andere materielle Objekte unserer Kultur. Ein Mann, der einer Gastgeberin der Oberschicht, wenn er eingeladen ist, fünf rosa Nelken mit Spargelgrün mitbringt, übermittelt ihr nach den Konventionen der Oberschicht ziemlich deutlich die Botschaft: »Ich bin ein Spießbürger.« Bringt er hingegen einen weißen Strauß mit, der aus vier verschiedenen Sorten von weißen Blumen besteht, übermittelt er die Botschaft: »Ich bin eine Person von Geschmack.« Nehmen wir einmal an, beide Sträuße waren gleich teuer – die zweite Botschaft war offenbar besser.

Dies gilt auch bei Produkten. Ein Mann, der ein Päckchen der Damenzigarette Kim vor sich auf den Tisch legt, riskiert ein paar Fragen, eine Frau, die Marlboro raucht, hingegen nicht; aus einem Toyota steigt ein Mensch mit anderen Charaktereigenschaften, so glauben wir, als aus einem Mercedes; die Käuferin eines Haushaltsreinigers mit dem Namen Frosch hat das Gefühl, etwas für eine moralisch bessere Welt getan zu haben.

Produkte stellen nur einen Sonderfall von materiellen und semantisierten Objekten dar, die in unserer Kultur zirkulieren. Wir übermitteln durch alle materiellen Objekte Bedeutungen, und wir selegieren sie auch gemäß den Bedeutungen, die sie für uns haben: ob nun bei Kleidung, Möbeln, Architektur etc. Daher lässt sich auch von einer kulinarischen Sprache, einem kulinarischen Code sprechen, von einem Kleidercode etc.

Unsere Kultur ist voll von diesen Botschaften. Wir entschlüsseln sie den ganzen Tag. Jeder Gang durch eine Stadt ist eine solche »Lektüre«: Wir lesen aus der Art, wie sich jemand kleidet, seine Absicht aufzufallen, zu beeindrucken, sich konform zu verhalten. Wenn wir eingeladen sind, nehmen bestimmte soziale Gruppen eine dicke Bohnensuppe als Vorspeise als Zeichen für eine etwas ungeschickte Gastgeberin, kleine Kartoffelplätzchen mit Matjes-Tartar als Zeichen für eine raffinierte Köchin. Serviert die Hausfrau in der Reihenfolge Karamellpudding – Rindsbraten – Schinkenrolle, macht sie einen syntaktischen Fehler, also einen Kombinationsfehler.

Fast jedes Objekt hat eine instrumentelle Funktion, es dient zu etwas: Autos dienen zum Fahren, Mäntel zum Wärmen, Shampoos zur Haarwäsche, Taschenkalender zum Eintragen von Terminen. Gleichzeitig und quasi automatisch übermitteln alle diese Objekte aber auch eine Bedeutung, sie verweisen als Zeichen auf etwas: ein dünner Taschenkalender mit einem grünen Plastikeinband auf einem Büroschreibtisch auf einen Besitzer in niedriger hierarchischer Funktion, ein dicker mit schwarzem, genopptem Ledereinband oder dem Louis-Vuitton-Monogramm auf einen hierarchisch Höheren, Vielbeschäftigten.[93]

Alle diese Bedeutungen stellen sich automatisch ein, sie können bewusst geplant sein, müssen es aber nicht. So möchte der Besitzer des grünen Plastikkalenders, dessen Zeit offenbar nicht allzu sehr in Anspruch genommen wird, nicht schlechten Geschmack und soziales Unterlegensein signalisieren. Die genannten Bedeutungen stellen sich deshalb ein, weil diese Objekte in Feldern existieren, die verschiedene Wahlmöglichkeiten zulassen: Man kann eben nicht »das Auto« fahren, sondern ein bestimmtes, und man kann nicht »den Mantel« tragen, sondern nur einen bestimmten – und genau das ist die Voraussetzung für die Übermittlung von Bedeutung bzw. das Eigentliche dieses Vorganges: Indem ich einen roten Swingermantel wähle, mache ich klar, dass ich keinen Lodenmantel, keinen Trenchcoat, keinen beigen, halblangen Wollmantel, keinen Pelzmantel gewählt habe; die Bedeutung des roten Swingers ergibt sich aus seinem Gegensatz zu allen übrigen Mänteln:

- nicht zeitlos und sparsam wie Lodenmäntel,
- nicht zurückhaltend in der Farbe wie der Wollmantel,
- nicht so sexuell neutral wie der Trenchcoat,
- nicht protzig wie der Pelzmantel

und daher:

- modisch (verschwenderisch),
- auffällig,
- betont weiblich,
- zeitgemäß.

Wenn jeder in unserer Gesellschaft kurze rote Swingermantel tragen würde, gäbe es diese Bedeutung nicht.

Wichtig ist also festzuhalten:

1. Alle Objekte in unserer Kultur, zu denen es Alternativen gibt, übermitteln eine Bedeutung; sie sind semantisiert.
2. Diese Bedeutung entsteht nicht, indem ein Einzelobjekt punktuell für etwas steht (was der Begriff des Symbols meint), sondern dadurch, dass es Klassen von Objekten gibt. Bedeutung ergibt sich durch die Stellung eines Elementes im System, dadurch, dass es zu den anderen Elementen in Beziehungen der Gleichheit oder des Gegensatzes steht. Produktfelder, Markenfelder sind ebenfalls durch diese Beziehungen geordnet.
3. Dieser Prozess erfolgt automatisch, gleich, ob bewusst oder nicht bewusst, er ist konstitutiv für das soziale und kulturelle Wesen Mensch.

Produkte stellen nun einen besonders interessanten Fall solcher semantisierten Objekte dar: Sie haben eine Funktion, aber sie transportieren auch Sinn und Bedeutung – unter sehr schwierigen Bedingungen, weil sie diese nicht wirklich aussprechen können, aber in geglückten Fällen auf sehr spektakuläre Weise. Sie transportieren diese Bedeutung über ihre physisch beobachtbaren Merkmale; aber natürlich wird die Bedeutung im Prozess der Werbung den Produkten sehr nachdrücklich zugeordnet, indem diese mit Zeichen und Zeichenwelten verbunden werden.

Wir wollen also im Folgenden untersuchen, welche Bedeutungen und Botschaften Produkte transportieren können, für welche Werte und Konzeptionen des Wünschenswerten sie stehen können und mit Hilfe welcher Zeichen diese Wertewelten derzeit aufgebaut werden.

## 2 Produkte als Ausdruck kultureller und ideologischer Werte und Ordnungsmuster

Wir leben bekanntlich in einer Gesellschaft, die in einem bisher noch nicht bekannten Ausmaß materielle Objekte produziert. Die Frage, aus welchen Gründen sich Menschen diese Objekte/Produkte wünschen, warum sie einige mehr und andere weniger wünschen, wie sie zwischen diesen Objekten ihre Wahl treffen, ist eine für das Marktgeschehen zentrale Frage. Die verschiedenen Disziplinen, die Marktgeschehen untersuchen, bieten dafür verschiedene Erklärungen an.

Den beiden wichtigsten Disziplinen, Ökonomie und Psychologie, ist dabei ein Ansatz gemeinsam – sie betrachten Marktgeschehen primär aus der Sicht des einzelnen individuellen Akteurs. Die Ökonomie neigt zur Ansicht, dass die Wahl primär aufgrund eines subjektiven Nutzenkalküls getroffen wird und stark durch Preise beeinflusst werden kann. Die Psychologie geht von dem Konzept der individuellen Wünsche und Bedürfnisse aus, wobei manchmal auch postuliert wird, dass es historisch und kulturell invariante Wünsche gibt. Beide Wissenschaften bieten aber keine Lösungen an, wenn es darum geht, zu erklären, warum sich Menschen überhaupt diese Objekte wünschen, warum bestimmte Objekte als geeignet betrachtet werden, bestimmte Bedürfnisse zu erfüllen, und wie es kommt, dass Bedürfnisse und Wünsche offenbar starkem historischem Wandel unterliegen, dass sie aber zu einem bestimmten Zeitpunkt in einer Gesellschaft dennoch in standardisierter Form auftreten.

Dieser Frage wenden sich Gesellschaftswissenschaften zu, vor allem die Kulturanthropologie. Diese untersuchen die Rolle, die die Gesellschaft/die Kultur für die Formung der Bedürfnisse des Einzelnen spielt, und sie betrachten Gütererwerb und Konsum als einen Teil des gesamten sozialen Systems. Sie beziehen also eine übergeordnete Systemebene mit ein. Es zeigt sich dann, dass in vielen dieser Entscheidungen Werte zum Ausdruck gebracht und Normen befolgt werden, die für das Funktionieren dieser Gesellschaft unerlässlich sind – ohne dass dies dem Einzelnen bewusst ist. Ebenso ist der Wunsch, Objekte in Form unserer Produkte zu erwerben, nur unter bestimmten sozialen und kulturellen Voraussetzungen und in bestimmten Systemen möglich. Damit korrespondiert die Idee der Kultur als eines autonomen Bereiches, der sich über die Psyche des Einzelnen Ausdruck verschafft, wie es von Durkheim, Max Weber, Lévi-Strauss beschrieben wurde.[94] Dies ist beim Konzept der Bedürfnisse und Wünsche zu berücksichtigen.

Es gibt nur wenige Bedürfnisse, die man als invariant bezeichnen kann in dem Sinn, dass sie alle Menschen zu allen Zeiten aufweisen. Das sind im

Allgemeinen die Bedürfnisse, die im Dienste des biologischen Überlebens stehen. Diese spielen auf dem Markt aber eine geringe Rolle. Ansonsten sind Bedürfnisse nicht nur individuell höchst unterschiedlich (wenn auch nicht regellos), sie sind vor allem kulturell und historisch in hohem Maß wandelbar. Selbst wenn sich zu verschiedenen Zeiten namentlich gleiche Bedürfnisse ausmachen lassen, gibt es eine Fülle verschiedener Definitionen; jede Zeit und jede Gruppe entwickelt andere Definitionen der Bedürfnisse und sieht andere Strategien vor, um diese zu befriedigen.

Elternliebe – also der Wunsch, Kinder zu lieben, zu schützen, zu fördern – wird meist als ein invariantes Bedürfnis betrachtet, was mit dem Hinweis auf das Brutpflegeverhalten der Tiere untermauert wird und womit etwa die völlig automatisch ablaufenden Reaktionen dem so genannten Kindchenschema gegenüber erklärt werden. Nun lässt sich aber zeigen, dass die einzelnen Gesellschaften in dem, was sie unter Elternliebe verstehen, beträchtlich variieren. Ein Vater im alten Rom etwa entschied beim Anblick des Neugeborenen, ob er es behalten wollte oder nicht, reagierte also keineswegs gemäß dem Kindchenschema; Mütter des 18. Jahrhunderts gaben Neugeborene unmittelbar nach der Geburt zu Ammen aufs Land, wohl wissend, dass 70% der Kinder dort starben; und noch eine Generation zuvor wurde es als Ausdruck der Elternliebe betrachtet, den Willen der Kinder mit Gewalt zu brechen.

Wir verstehen heute etwas völlig anderes unter Prestige, unter Hygiene, unter sozialer Gepflegtheit, unter wahrer Weiblichkeit als vor zehn Jahren. An manche Bedürfnisse lässt sich überhaupt nicht mehr appellieren; so gibt es heute kaum mehr den Wunsch, »tapfer« zu sein. Es ist also die Kultur, die die Psyche des Einzelnen formt und die das, was sie zu ihrem Funktionieren braucht, als subjektive Handlungsziele, Wünsche und Bedürfnisse erscheinen lässt.

Über der Ebene des individuellen Akteurs befindet sich also noch eine Ebene: die der Gesellschaft und der Kultur, die ein System mit eigenen Regeln und einer eigenen Struktur darstellt. Auf dieser Ebene kann man nicht von Bedürfnissen sprechen, sondern von Werten, die, wie schon ausgeführt, als kulturelle Konzeptionen des Wünschenswerten definiert werden können. Die westliche industrielle Kultur etwa konnte nicht funktionieren, solange nicht individuelle Leistung, diszipliniertes methodisches Vorgehen als wünschenswerte Ziele gesetzt wurden und als allgemein gebotene Werte und subjektive Bedürfnisse des Einzelnen galten.

Meine zentrale These besagt, dass Produkte davon leben, dass sie kulturelle Konzeptionen des Wünschenswerten benützen und zusammen mit all den ideologischen Ordnungsmustern, die damit verknüpft sind, transportieren.

Genau deshalb fasse ich Produkte als einen autonomen Bereich auf und analysiere daher die Verbindungen zwischen Produkten und jeweils gültigen Wertfeldern (wobei »Wert« natürlich nicht »normativ richtig« bedeutet). Dieses Konzept ermöglicht für Produkte auch Vielfalt, mehr Vielfalt, als es die Analyse individueller und sozialer Bedürfnisse erlaubt, und es ermöglicht vor allem eine präzisere Steuerung der Konzepte. Selbst wenn ich zum Beispiel erkenne, dass Autos für jemand den unbewussten Wunsch nach einem Kind repräsentieren oder kompensatorisch für Anerkennung oder erotische Erfüllung stehen – was nicht selten behauptet wird –, weiß ich damit noch relativ wenig darüber, wie ein Auto diese Botschaft transportieren soll und mit welchen Zeichen diese Botschaft übermittelt werden kann. Es scheint auch, dass die Bedeutung, die Autos in unserer Kultur haben, durch eine solche Zurückführung auf die Wünsche des Unbewussten unzulässig eingeengt wird.

Ebenso basieren alle Waschmittel auf dem Bedürfnis nach subjektiver und sozialer Gepflegtheit – das allein würde sie aber noch nicht unterscheiden. Die Unterscheidung liegt vielmehr darin, dass sie mit zusätzlichen Wertewelten verbunden werden: mit Pflege oder unbedingter Leistung, mit naturhafter Frische oder moralischer Naturverbundenheit. Diese Werte werden ihnen zeichenvermittelt zugeordnet, und die Frage ist, ob diese Prozesse der Zeichenvermittlung verständlich und attraktiv sind und ob die richtigen Wertefelder kombiniert werden.

Damit wird nun die Frage angeschnitten, welche Bedeutungen Produkte überhaupt annehmen und vermitteln können. Wie diese Frage beantwortet wird, hängt von der Theorie ab, die man zur Erklärung heranzieht. Sie lässt sich wieder unter mindestens zwei Blickwinkeln beantworten:

1. Was für eine Bedeutung können Produkte für den Einzelnen annehmen?
2. Welche attraktiven Wertefelder gibt es derzeit? Welche Bedeutungen werden transportiert, ohne dass dies dem Einzelnen voll bewusst ist? Welche kulturellen Ordnungsmuster benützen Produkt- und Werbekonzepte?

Im Folgenden die Zugänge der Disziplinen, die sich vor allem mit diesen Fragen beschäftigen.

## 2.1 Der Zugang der Kulturanthropologie

Kulturwissenschaften wie die Ethnologie oder die Kulturanthropologie beschäftigen sich mit der Analyse von Gesellschaftssystemen oder soziokulturellen Systemen, gleich, auf welchem Entwicklungsstand sie sich befinden, ob es sich also um schriftlose, einfache Stammesgesellschaften oder um die heutigen Industriekulturen handelt.[95]

Kultur wird hier als System betrachtet, das diejenigen Werte und ideologischen Ordnungsmuster bereitstellt, die einen bestimmten Typ von Gesellschaft ermöglichen. So können sich moderne westliche Gesellschaften erst dann ausbilden, wenn der Wert der Rationalität zum Rang eines Kulturideals aufsteigt. Die heutige komplex geschichtete Gesellschaft ist unter anderem dadurch entstanden, dass sich der Wert des autonomen Individuums als Kulturideal durchsetzte.

Die Kulturanthropologie beschreibt die Strukturen und die Mechanismen, nach denen Kultur funktioniert, und sie fasst den Einzelnen als Mitglied dieser Kultur auf, durch diese in seiner Psyche geformt, an seinem Platz gehalten, in seinen Handlungen legitimiert. Sie erforscht dies jedoch nicht, indem sie den Einzelnen nach seinen subjektiven Gründen fragt oder von seinen bewussten oder unbewussten Wünschen ausgeht, sondern indem sie die Bedeutungsmuster und Regeln zu finden sucht, nach denen diese Kultur funktioniert.

In Bezug auf Konsumentenverhalten würde die Kulturanthropologie zum Beispiel fragen, warum unsere Supermärkte bis zu 8000 Artikel enthalten; warum fast alle Güter des täglichen Bedarfs von Frauen und nicht von Männern gekauft werden; warum ein großer BMW nicht pinkfarbig sein darf; warum bei uns Fleisch als Zentrum eines Gerichts gilt; warum Premium-Tiernahrung in kleinen Schalen angeboten werden muss; warum Pralinen mehrere Innenschichten aufweisen.

Dass dies so sein muss oder dass es günstig ist, Produktkonzepte so zu gestalten, hängt damit zusammen, dass es Regeln gibt, die die oberen von den unteren Gruppen scheiden, das Wertvolle vom Wertlosen, die Männer von den Frauen etc. Der Einzelne kennt nicht bewusst den Inhalt dieser Regeln (er bemerkt sie nur, wenn dagegen verstoßen wird), er kann sie daher auch schwer artikulieren. Sie sind durch geeignete Methoden aber rekonstruierbar und für das Marktgeschehen wichtig. Wenn ich den elitären Code kenne – also die Regeln, die Oberes von Unterem, Wertvolles von Wertlosem abheben – kann ich dieses Wissen anwenden, gleich, ob es sich um ein Produkt- oder Werbekonzept für Zigaretten, für Tiernahrung, für Fruchtsaft oder für Autos handelt.

Wir werden im Folgenden einige dieser kulturellen Basiscodes unserer Kultur kennen lernen.

Es sei noch einmal betont: Die Verwendung kulturanthropologischer Überlegungen in Marktanalysen heißt nicht, dass wir behaupten wollen: Wir machen es genau so wie die Stammesgesellschaften (nach dem Motto: der

Manager als Stammeshäuptling). Dies wäre eine völlig unbrauchbare Annahme – man kann unsere hoch industrialisierte Gesellschaft nicht mit einer schriftlosen Stammeskultur vergleichen, in der alle Mitglieder einander kennen. Es bedeutet bloß, dass man den methodischen Ansatz der Kulturanthropologie übernimmt und bestimmte Phänomene erklärt, die man mit anderen Theorien nicht erklären könnte. Hier sind vor allem zwei Ansätze wichtig: Klassifikation und Analyse von kollektiven Repräsentationen (representations collectives), wie sie etwa in der Mythenanalyse vorliegt.

Die Kulturanthropologie beschäftigt sich umfangreich mit den Klassifikationen, die in einer Kultur üblich sind. Jede Kultur zieht bestimmte Grenzen, gruppiert, setzt Gebote und Verbote. Sie legt fest, wer »wir« sind und wer »die anderen«; wer die Oberen sind und wer die Unteren; wer ein gutes Mitglied der Gesellschaft ist und wer nicht; was die zentralen Orte einer Kultur sind; auf welche Zeit hin eine Kultur orientiert ist (auf die goldene Vergangenheit oder eine goldene Zukunft); sie legt fest, was für Männer und Frauen erlaubt und geboten ist, für Kinder und Erwachsene, für Rand- und Zentralgruppen. Sie kommt dem offenbar universalen Bedürfnis nach Sicherheit der Orientierung entgegen und sie zeigt uns damit, dass diese Klassifikationen überall nach einem prinzipiell gleichen Denkmuster vorgenommen werden.

Dieses Denkmuster ist binarisch, geht also stets von einer Zweiheit aus. Als minimale, aber grundlegende Relation zwischen zwei Elementen muss feststehen: Sind sie gleich oder sind sie verschieden? Wenn ein Element einem anderen gleich ist, dann ist es als gleich zu betrachten, es hat dieselbe Bedeutung; wenn es verschieden ist, einen Kontrast bildet, dann hat es eine andere Bedeutung. Dies kann durch eine so genannte Ersatzprobe festgestellt werden: Sobald sich ein Unterschied in der Bedeutung ergibt, wenn ich Element 1 oder Element 2 wähle, handelt es sich um unterschiedliche Elemente. »Jeder Unterschied, der einen Unterschied macht, ist eine Information« (Bateson). Dieser Binarismus liegt allen kognitiven, kommunikativen, bedeutungsübermittelnden, aber auch vielen biologischen Systemen zugrunde. Genau dadurch ist es dem Einzelnen möglich auszudrücken: Das bin ich und nicht ein anderer.

Der »Trick« bei solchen kulturellen Klassifikationen (die »List der Vernunft«) ist, dass diese meist nicht wertfrei sind. Die einzelnen Gruppen werden systematisch mit bestimmten Merkmalen verbunden, die nach dem Prinzip »positiv oder negativ zu bewerten« geordnet sind. Nehmen wir die Begriffe »links« und »rechts«. Das sind zunächst einfache topologische Angaben. Manche Kulturen aber verbinden diese Begriffe mit Merkmalen dergestalt, dass in ihnen ein zentrales ideologisches Ordnungsmuster sichtbar wird:

- *Links = unsauber, rechts = sauber*
  Alle unsauberen Tätigkeiten werden mit der linken Hand ausgeführt, alle unsauberen Arbeiten in der linken Hälfte des Dorfes.
- *Links = gelb, rechts = rot*
  Alle Personen, die unsaubere Tätigkeiten verrichten, tragen gelbe Kleider.
- *Links = Frau, rechts = Mann*
  Frauen sitzen auf der linken Seite des Versammlungsplatzes; für Frauen ist es verboten, Rot zu tragen; der Kontakt mit Frauen befleckt, Frauen müssen die unsauberen Tätigkeiten ausführen.

Dieser Mechanismus hat eine ideologische Komponente, er erlaubt es, Frauen vom Zugang zu sozialer Macht auszuschließen. Er benützt deutlich ein semiotisches Schema, er verbindet ein funktionales, sonst aber bedeutungsloses Element – links – systematisch mit Merkmalen, die untereinander korreliert und anderen Merkmalen genau entgegengesetzt sind. Auf diese Weise gelingt es ihm, eine Bedeutung aufzubauen, die keines der einzelnen Elemente hat. Links und rechts wurden semantisiert, und zwar über ein ideologisches Ordnungsmuster.

Genau dies geschieht auf dem Markt: Produkte, die zunächst rein instrumentelle Funktionen haben, so gesehen also neutral sind, werden semantisiert, das heißt sie werden über Prozesse der Zeichenzuordnung mit einer bestimmten Bedeutung verbunden. Diese Bedeutung nützt in großem Umfang das kulturelle Wissen der Konsumenten aus, sie stützt sich also auf vorgegebene kulturelle und ideologische Ordnungsmuster. Diese Ordnungsmuster bestehen auch in unserer Kultur aus Klassifikationen, Gruppenbildungen, Grenzziehungen und der Zuordnung von Merkmalen zu diesen Bereichen und Gruppierungen.[96]

Produkte inszenieren die Kategorien und Differenzen, die unsere Kultur vorsieht: die Unterschiede zwischen Geschlechtern, Lebensaltern, sozialem Oben und Unten. Produkte inszenieren die einzelnen Positionen von Raum und Zeit: das private Innen, das offizielle Außen, die Vergangenheit, die Zukunft, das Nahe, das Ferne – zusammen mit allen Idealen und Werten, die wir mit diesen Feldern verbinden. Sie dienen solcherart dazu, kulturelle Klassifikationen aufrechtzuerhalten. Mit Produkten kann der Einzelne ausdrücken, wofür und wogegen er ist, wer er ist und wer nicht, wer er sein möchte und wer er bestimmt nicht sein möchte.

Es macht den Erfolg von Produkten aus, mit diesen Differenzierungen zu operieren.

## 2.2 Der Zugang des Strukturalismus

### *Die Mythenanalysen/Claude Lévi-Strauss*

Die Mythenanalyse, wie sie auf dem Boden strukturalistischer und ethnologischer Theorien erfolgt, geht noch einen Schritt weiter – sie untersucht, welche Werte Kulturen voraussetzen müssen, um zu funktionieren, das heißt, welche Werte sie als sinnstiftende und legitimierende Werte ausgeben müssen, ohne dass sie diese Werte rational zu begründen haben (denn genau das ist eigentlich nicht möglich). Dies geschieht einmal, indem Konzepte ausgebildet werden, die in einer Kultur als selbstverständlich und normal gelten, so normal, dass die Menschen dieser Kultur gar nicht wissen, dass sie ein Konzept benützen, so zum Beispiel das Konzept der Person oder der Kausalität, das in einer Kultur üblich ist.

Noch deutlicher lässt sich der Vorgang der Wertekonstitution und -legitimierung in einem ganz besonderen Verfahren beobachten, dem der Mythenbildung. Das Ziel der Mythenbildung ist es, die Werte einer Kultur als natürlich und normal auszugeben, als das, worüber man nicht nachzudenken braucht.

Dieser besonderen Struktur der Mythen geht Claude Lévi-Strauss in seiner Analyse der Mythen der süd- und nordamerikanischen Indianer nach.[97] Er behauptet, dass Mythen nach dem Modell einer Sprache funktionieren, und hat nachgewiesen, dass hinter dem »wilden Denken« der Mythen, hinter den anscheinend völlig unlogischen, abstrusen Erzählungen der Mythen diejenigen grundlegenden logischen und kognitiven Operationen stehen, die Denken allgemein kennzeichnen. Der angebliche Primitivismus schriftloser Kulturen erweist sich solcherart semantisch als hoch komplex. Die Funktion der Mythen ist es, die soziale und die natürliche Welt, die für eine bestimmte Gesellschaft kennzeichnend ist, zu erklären, zu legitimieren und sie als die einzig natürliche und normale darzustellen.

Ebenso begründen die Mythen die grundlegenden Klassifikationen einer Kultur, ihre sozialen Unterschiede; sie grenzen eine Gesellschaft gegen eine andere ab, sie stützen das Selbstverständnis einer Kultur, liefern ihr jene Werte und ideologischen Ordnungsmuster, ohne die keine Kultur zu funktionieren vermag. Das sind Funktionen, deren jede Kultur, auch die unsere bedarf, nur hat unsere Kultur hierfür spezielle Subsysteme entwickelt: Politik, Wissenschaft, Recht, Ökonomie. Tatsächlich aber finden sich auch in unserer Kultur, speziell im Bereich der Alltagskultur, noch Prinzipien des »wilden Denkens«. Ebenso sind Produkt- und Werbekonzepte wichtige Beispiele dafür – auch sie produzieren ja Sinnstrukturen, und sie tun dies über ganz besondere Verfahren.

Das Anliegen von Claude Lévi-Strauss, hinter der Unordnung und der komplexen Vielfalt der Mythen Ordnungsprinzipien festzustellen, führte zu der Entdeckung, dass Mythen nach dem Modell einer Sprache aufgebaut sind: Nicht die einzelnen Elemente haben eine Bedeutung, sondern die Beziehung, in der die Elemente zueinander stehen.

Analysen dieser Art benützen als Methode und Denkmodell den Strukturalismus.[98] Mittels strukturalistischer Verfahren werden Beziehungen und Homologien erfasst: So wie es in einem Feld ist, so ist es auch in einem anderen.

Auf diese Weise sind etwa totemistische Systeme aufgebaut: Ein Clan verwendet nicht deshalb ein Tier als Totemtier, weil es bestimmte Eigenschaften hat, sondern weil dieses Tier in der Ordnung der Tiere denselben Platz einnimmt wie der Clan in der sozialen Ordnung des Stammes.

So ist auch die wechselseitige Entsprechung von Mythen zu denken: Bei einem Stamm wird der grundsätzliche Unterschied zwischen Tier und Mensch über die Opposition »roh« und »gekocht« ausgedrückt (Tiere verfügen über keine Küche, Menschen schon). Dem entspricht: Je höher in der menschlichen Rangordnung, desto besser die kulinarischen Praktiken. Solches behauptet der Mythos des Stammes A, eines Stammes, dem es besonders um die agrarische Produktion geht, die seine Lebensgrundlage bildet. Im entsprechenden Mythos von Stamm B lautet die Opposition »nackt« und »bekleidet« (Tiere sind nackt, Menschen besitzen Kleider und Schmuck). Das eigentliche Menschsein definiert sich dort über die Entwicklung von Schmuck- und Textiltechniken. Der Stamm B macht in großem Umfang von Tauschpraktiken auf Märkten Gebrauch.

Der Mythos in seiner Gesamtheit weist also folgende Entsprechungen auf:

| **roh zu nackt** | **wie** | **gekocht zu bekleidet** |
|---|---|---|
| Tiere | zu | Menschen |
| ↓ | | ↓ |
| roh | zu | gekocht |
| ↓ | | ↓ |
| nackt | zu | bekleidet |
| ↓ | das heißt | ↓ |
| Nichtmenschen | zu | Menschen |
| ↓ | | ↓ |

| | | |
|---|---|---|
| wie das Rohe | zu | dem Gekochten |
| wie das Nackte | zu | dem Bekleideten |

↓

je zivilisierter, desto mehr Mensch (das heißt soziales Wesen), desto verfeinerte kulinarische Praktiken, verfeinerte Schmucktechniken

↓

Unzivilisierte Menschen/Stämme grenzen sich von zivilisierten durch ihre Küchen und Schmucktechniken ab.

Solche Klassifikationssysteme, die Menschen von Nichtmenschen scheiden, zivilisierte Menschen von unzivilisierten Menschen, moralische von unmoralischen, bildet jede Gesellschaft aus. Sie bilden eine der wesentlichen Grundlagen der ideologischen Systeme, die eine bestehende Gesellschaftsordnung stützen. Auch unsere Kultur ist voll von solchen: Wir wissen, was es bedeutet, wenn Menschen von »Nichtmenschen« durch Hautfarbe, Religion, Klasse geschieden werden.[99]

Der Markt lebt davon, dass er Klassifikationssysteme dieser Art benützt und errichtet und dadurch die Werte zum Ausdruck bringt, die für uns wichtig sind.

Der Zusammenhang mit der Struktur von Mythen lässt sich noch in einem umfassenderen Sinn verstehen: Produkte agieren auch als Ideologieträger, sie machen grundsätzliche Denk- und Bewertungsmuster unserer Kultur sichtbar. Erfolgreiche Produkte ziehen ihre Effizienz genau daraus, dass sie einige der großen Mythen unserer Kultur inszenieren. Marken, die auf diese Weise agieren, gehören daher zu den »Mythen des Alltags«, wie Roland Barthes sie genannt hat.

Um gleich auf ein mögliches Missverständnis einzugehen: Die Behauptung, dass Produkte/Marken/Werbungen als Exempel mythischen Denkens betrachtet werden, bedeutet nicht, dass sie inhaltliche Elemente irgendwelcher Mythen oder das von Jung postulierte kollektive Unbewusste darstellen, sondern nur, dass sie Produkte eines mythischen Denkens sind, dass sie die Strukturen des mythischen Denkens benützen. Daher kommt es auch gar nicht darauf an, ob diese Mythen wahr oder falsch sind, sondern darauf, was ihr Sinn ist.

Bezogen auf Werbung: Jedem ist klar, dass Werbung nicht in einem realistischen Sinn wahr ist. Natürlich gibt es keine Geister, die Reinigungsflaschen überreichen; natürlich wird man nicht wirklich glücklich, wenn man beim Nachhausekommen eine Tasse Tee trinkt; natürlich wissen wir, dass Shampoos nicht aus wirklichen pflanzlichen Bestandteilen bestehen, sodass sie den Früchten von Weizenfeldern gleichen; natürlich wissen wir, dass es die Cowboys à la Marlboro nicht mehr gibt und dass Käse und Bier nicht mehr in Naturwelten, sondern in industriellen Betrieben entstehen – und dennoch werden diese Geschichten, diese Mythen, erzählt, sie gefallen uns und erscheinen uns als sinnvoll.

Es lässt sich nun zeigen, dass die Konstruktion dieser Geschichten und Mythen keineswegs willkürlich ist. Mythen propagieren ganz bestimmte Werte und Muster. Zu diesen zentralen Mythen gehört beispielsweise der Mythos der Natur, über den der Mensch die industrielle Basis von Produkten zu tilgen, alle Spuren von »Arbeit«, von »Ungleichheit« zu verwischen sucht; oder auch der Mythos vom autonomen Individuum.

Eng damit im Zusammenhang stehen unsere wichtigen Homologien. So spiegelt das Feld der Automarken das Feld der sozialen Rangordnung wider. Zwischen unseren erotischen und kulinarischen Praktiken gibt es Homologien: So beurteilen wir gegenwärtig etwas Fettes weder kulinarisch noch erotisch als reizvoll, Fleisch hat die Merkmale des Männlichen, pflanzliche Nahrung die des Weiblichen. Bei Grenzüberschreitungen, beim Übergang von einem Zustand in den anderen, ist das Phänomen zu beobachten, dass man die Merkmale des alten Zustandes »offensichtlich« verliert und die des neuen »offensichtlich« über äußerlich sichtbare Zeichen erwirbt (die Gesellschaft schreibt sich in den Körper ein). Viele Konzepte der Jugendkulturen leben von diesem Prinzip.

Auch Prinzipien ritueller Praktiken lassen sich erkennen. Rituelle Praktiken bestehen bekanntlich darin, dass man bestimmten Handlungen eine Einwirkung auf die Umwelt zuschreibt, wenn sie korrekt oder nicht korrekt ausgeführt, wenn bestimmte Gegenstände benützt oder nicht benützt werden – Aktionen, die nach unserem wissenschaftlichen Verständnis in einem instrumentellen Sinn ungeeignet sind, in die Vorgänge der Umwelt einzugreifen. Wir sind sicher, dass wir durch einen Regenzauber keinen Regen erzeugen können; dass der Genuss von Früchten, die von der Form her dem Gehirn ähnlich sind, keine Gehirnkrankheiten heilt; dass jemand nicht deshalb krank wird, weil er Schuld auf sich geladen hat, indem er gegen ein kollektives Verbot verstieß. Wir glauben aber an die Wirksamkeit von Vitaminen, die wir als Indikatoren für die Gnade der Natur interpretieren, und an die ihrer Gegenspieler, der bösen Bakterien – beides unsichtbare Kräfte der Natur, die durch ganz bestimmte Praktiken herbeigerufen oder vertilgt werden. (Daher ist es nicht sauber, wenn es nicht nach Sauberkeit riecht.)

Durch das Verfüttern einer bestimmten Marke an die Katze wird Liebe installiert, das Benützen eines Deos ruft einen Liebespartner herbei – beides sind also massive Eingriffe in die Umwelt. Wir glauben nicht wirklich daran – aber wir lieben die Simulation dieser Vorgänge.

Was Claude Lévi-Strauss herausarbeitet, ist, dass alle Menschen ihre Kultur in diesen Begriffen des Gegensatzes und der Gleichheit denken. Er führt das auf eine universelle Struktur menschlicher Denk- und Sprachstrukturen zurück – eben den Binarismus. Menschen leben ja nicht nur in natürlichen Umwelten, sondern selbst auf einfachstem technischen Niveau in symbolischen, kulturellen Welten – Menschen denken ihre Welt in kulturellen Kategorien. Und das können sie nicht anders tun als über universelle Denkstrukturen, die, so Claude Lévi-Strauss, eben auch biologische Strukturen, Strukturen der Natur sind.

Das individuelle Unbewusste Freuds und das kollektive Unbewusste Jungs würden so durch universelle Denkstrukturen ersetzt, die in der Sprachfähigkeit des Menschen gründen, die aber auch ein universelles Prinzip darstellen.

Ein herausragendes Beispiel stellt der genetische Code dar. Sobald Biologen und Mediziner auf dieses Phänomen stießen und die Regeln erforschten, nach denen genetische Informationen von einer Generation zu der anderen transportiert werden, entdeckten sie, dass dies nach dem Prinzip des Binarismus, allgemein also nach den Regeln, die für Sprachen charakteristisch sind, funktioniert. Um den genetischen Code zu beschreiben, hat man daher auf das Beschreibungsinventar und die Terminologie der Linguistik zurückgegriffen: Man spricht von syntaktischen Regeln, Satzzeichen etc.

## 2.3 Der Zugang der Handlungs- und Systemtheorie

Eine weitere Gruppe von Theorien, die sich bemühen, die Ebene des individuellen Akteurs und des individuellen Bewusstseins zu überschreiten, sind Handlungs- und Systemtheorien. Auch diese Denkmodelle und Analyseprinzipien erweisen sich für die Analyse von Produkt- und Werbekonzepten als fruchtbar.

Handlungstheoretische Ansätze beschäftigen sich mit der Frage nach einem theoretischen Bezugsrahmen, nach welchem Handlungen erklärt und beschrieben werden können.[100] Zunächst ist die Ebene des individuellen Akteurs zu betrachten. Jemand handelt:

- *Zielgerichtet:* Der Handelnde verwirklicht ein Ziel, einen Zweck, indem er die in der gegebenen Situation geeigneten Mittel wählt.

- *Affektreguliert:* Der Handelnde handelt gemäß seinen Leidenschaften/Affekten.
- *Normenreguliert:* Der Handelnde hält sich an eine soziale Norm (oder verstößt gegen sie).
- *Dramaturgisch:* Der Handelnde enthüllt gezielt seine Subjektivität, er inszeniert sich vor einem Publikum.
- *Kommunikativ:* Mindestens zwei sprach- und handlungsfähige Subjekte versuchen, ihre Handlungen einvernehmlich zu koordinieren und kommunikativ Konsens zu erzielen.

Max Weber unterscheidet in ähnlicher Form zweckrationales, wertrationales, affektuelles und traditionales Handeln. Diese Typologie stützt sich auf Kategorien von Handlungszielen:

- utilitaristische (zum Beispiel Interessen wie Macht/Reichtum),
- werthafte (zum Beispiel Menschenwürde),
- affektuelle Ziele (zum Beispiel Lust).

Diese Handlungstypen sind einerseits nach dem Grad der Rationalität und Bewusstheit unterschieden, der in ihnen zum Ausdruck kommt, andererseits danach, wie weit sie auf subjektiven Interessen oder auf einem normativen Einverständnis beruhen. So lassen sich Handlungstypen nach Graden abnehmender Rationalität unterscheiden:

| abnehmende Rationalität | Subjektives Bewusstsein erstreckt sich auf folgende Elemente: | | | |
|---|---|---|---|---|
| | Mittel | Zwecke | Wert | Folgen |
| zweckrational | + | + | + | + |
| wertrational | + | + | + | – |
| affektuell | + | + | – | – |
| traditionell | + | – | – | – |

Oder:

| Handlungssituation \ handlungsorientiert | erfolgsorientiert | verständigungsorientiert |
|---|---|---|
| nicht sozial | instrumentelles Handeln | – |
| sozial | strategisches Handeln | kommunikatives Handeln |

Das subjektive Bewusstsein und die tatsächliche Handlungsfunktion können auseinander treten: So mag jemand glauben, dass er rein zweckorientiert, instrumentell handelt, während sich objektiv ein Wert, der auf der Ebene des Systems wichtig ist, durchsetzt.

Weber postuliert ferner, dass sich Handlungstypen auf der Ebene des Systems der Kultur mit drei Wertsphären verknüpfen, die jeweils einer eigenen Logik gehorchen, eigene Legitimierungen entwickeln und zueinander in Widerspruch treten können. Es ist für moderne Gesellschaften kennzeichnend, dass sich diese Wertsphären noch weiter differenzieren und an spezielle Subsysteme geknüpft sind:

- die kognitive/instrumentelle Sphäre (Wissenschaft/Technik),
- die normative Sphäre (»Moral«),
- die expressive Sphäre (»Kunst«).

Wir werden in Teil D 7 Produkte im Zusammenhang mit diesen Wertsphären näher behandeln. Behauptungen in diesen drei Wertsphären können und müssen jeweils anders begründet und legitimiert werden:

- kognitive Sphäre: Erfolg, instrumentelles Handeln, Wirkung;
- normative Sphäre: Werte, Gerechtigkeit für alle;
- expressive Sphäre: Authentizität, Wahrhaftigkeit.[101]

Dort, wo es um die Begründungen und Argumentationsverfahren von Werbung geht, werden wir auf diese Klassifikation zurückkommen. Ebenso basieren die Beziehungen, die zwischen Menschen und Produkten herrschen, auf diesen Klassifikationen. Und schließlich lassen sich auch Marken danach beschreiben, was sie jeweils als ihre core values setzen.

Handlungstheorien beschäftigen sich zentral mit der Frage, wie viel Bewusstheit dem einzelnen Akteur für die Ziele seines Handelns zugeordnet werden soll, was natürlich von der Ebene abhängig ist, von der aus eine Handlung betrachtet wird. Wichtig ist hier wieder die Ebene des Systems.

So kommen auch Handlungstheoretiker zu dem Schluss, dass in den individuellen Handlungsorientierungen der Akteure zugleich Kultur, Gesellschaft und Persönlichkeit wirksam sind:

> »Der Akteur rückt damit in die Perspektive einer Agentur, die gleichzeitig durch Bedürfnisse motiviert und durch Werte kontrolliert wird. Durch die motivationalen Orientierungen hat das Per-sönlichkeitssystem Anteil an der Orientierung des Handelns, durch die normativen Orientierungen bringt sich das Sozialsystem zur Geltung.«[102]

## 2.4 Die Psyche des Konsumenten

### *Welchen Menschen braucht die Konsumkultur?*

Wir sind in vorangegangenen Abschnitten dem Zusammenhang zwischen Werten als kulturellen und Werten als individuellen Konzeptionen des Wünschenswerten nachgegangen. Die Konsumkultur trifft nun aus diesen Werten eine ganz spezifische Selektion, und dieses Ensemble von Werten ist zusätzlich Wandlungen unterworfen. Konsumgütermarketing bedarf grundsätzlich eines Menschen, der gerne konsumiert: Konsum ist weder auf Askese noch auf Kritik angelegt.[103]

Die Gruppe der Werte, die am Anfang die Konsumkultur vorantrieb, waren einerseits methodisch kontrolliertes, rational diszipliniertes Vorgehen, andererseits waren es jene Werte, die die Systemteilnehmer dazu brachten, mit diesem System einverstanden zu sein: nämlich die Möglichkeit, durch Leistung Geld zu erwerben und damit Schichtgrenzen zu durchbrechen. Erst die Industriekultur brachte das Prinzip der Ständegesellschaft, soziale Macht durch Abstammung zu erhalten, zu Fall. Ein zweiter Wertekomplex ermöglichte es, hedonistischen und egoistischen Tendenzen quasi legal, im Rahmen der erlaubten Möglichkeiten, nachzugehen. Dies führen etwa Adam Smith und die Bienenfabel aus: *private vices, public benefits.*[104] Allerdings mussten diese egoistischen Wünsche verborgen bleiben, und die Konsumkultur konnte sie auch nur in verschlüsselter und geheimer Form ansprechen.

Genau hier finden sich heute große Differenzen. Narzisstische Werte werden im Bereich der Konsumkultur nicht nur relativ offen angesprochen, sondern sie sind zusammen mit der Idee des autonomen Individuums eine beherrschende Idee des öffentlichen Raumes. Diese Betonung der hedonistisch-narzisstischen Werte, der Ansprüche des Ich, der Individualität, des Widerstandes gegen jeden Fremdzwang ist in der Tat neu.

Das Neue an dieser Entwicklung ist, dass nahezu alle früheren Werte in irgendeiner Form an der Idee des Sozialen, der Gesellschaft, der Öffentlichkeit, der Relationen zu anderen Personen orientiert waren, während jetzt die Ansprüche des Individuums als autonomer, von jeder Fremdbestimmung losgelöster Person als legitim betrachtet werden – eine für die bürgerliche Kultur noch schwer erträgliche Vorstellung. Diese Entwicklung ist von einer Reihe von Forschern verschiedener Disziplinen beschrieben worden: Sennett (1983): »Tyrannei der Intimität«; Lasch (1980): »Zeitalter des Narziss«; Inglehart (1981): »Wertewandel: von materialistischen zu postmaterialistischen Werten«; Habermas (1988): »Institutionalisierter Individualismus«; Maslow (1954): »Selbstverwirklichung«.

Inzwischen hat sich allerdings gezeigt, dass keineswegs davon auszugehen ist, dass es sich hier um eine durchgehende Ersetzung der alten Pflicht- und Akzeptanzwerte zugunsten der neuen Selbstentfaltungswerte, der narzisstisch-hedonistischen Werte handelt. Es findet sich vielmehr ein Nebeneinander dieser und weiterer Wertgruppen – und genau diese Vielfalt der Werte, die nebeneinander verwirklicht werden können, ist charakteristisch für unsere Gesellschaft. Im Zusammenhang mit diesem Wertpluralismus verändert sich auch die Idee der Identität. Aufgegeben wird die Idee des Individuums, das eine stabile Persönlichkeit ausformt – wie es noch ein Klassiker der Ich-Psychologie, Erikson, fordert[105], zugunsten der Auffassung von einer Person, die mehrere Selbste spielerisch nebeneinander stellt und situativ ausprobiert. Bei diesem Prozess »Sei ganz du selbst« spielen Produkte und die Angebote des Marktes eine eminente Rolle. Vor allem auch deshalb, weil eine Reihe dieser Orientierungen Orientierungen an Stil und Design sind.[106]

Eine weitere Quelle der Marktdynamik ist ein Prinzip unserer Kultur, das besagt: Das Neue ist besser als das Alte – der Fortschrittsmythos also. Viele Märkte stehen unter dem Diktat der Mode, so wie archaische Gesellschaften unter dem Diktat des Tabu stehen: dass bestimmte Gegenstände für bestimmte Menschen reserviert sind. Die bevorzugten Objekte sind jeweils die neuesten, die »frischesten«, und diese sind das Zeichen der Eliten (der Mythos der Frische). Obere Ränge in unserer Gesellschaft kaufen die jeweils neuesten Modelle der Autos und tragen die neueste Mode, und alle nach oben strebenden Ränge übernehmen dieses Verhalten.

Produkte dienen schließlich dem Ziel eines auch subjektiv als glückhaft erlebten Lebens. In diesem Zusammenhang spielt Convenience eine eminente Rolle. Convenience bedeutet im Wesentlichen Entlastung von manueller Arbeit, Einsparen von Zeit, Arbeit, Kraft – auch dies ehemals ein Privileg der Oberschichten, die nicht manuell arbeiten mussten.

Conspicuous leisure – offensichtlich nicht arbeiten zu müssen – wurde daher auch früher in der Gesellschaft deutlich dokumentiert.[107] Convenience, Einsparen von Zeit, inzwischen aber auch Einsparen von Denkarbeit, treibt jedoch auch heute noch viele Märkte voran. Wir haben inzwischen eminente Grade der Verwöhnung erreicht, auf die wir nicht mehr verzichten wollen.[108]

Andere Gruppen von Werten sind ebenfalls wichtig, wenn auch nur in bestimmten Gruppen, so Ethik und Ästhetik – das Bedürfnis also, solidarisch und moralisch zu handeln, und das Bedürfnis nach einer Verschönerung des Lebens. Es könnte aber auch sein, dass die Wünsche, die die Konsumgesellschaft vorangetrieben haben, grundsätzlich in Frage gestellt werden, da in vielen Produktfeldern eine Steigerung der Perfektion und der Wahlmöglichkeiten nicht mehr denkbar ist. So spricht Gerhard Schulze von einer Aufgabe des Steigerungsspiels zugunsten von Einrichten im Möglichkeitsraum, von Begegnung, von Ankunft.[109]

Entsprechend vielfältige Bedeutungen haben Produkte heute zu übermitteln.

# 3 Funktionen auf dem Markt

## *Positionierung und Profilierung*

## 3.1 Gebrauchswerte und Tauschwerte

Für unseren Typ von Gesellschaft und Wirtschaft ist der Begriff des Marktes zentral – die Zirkulation von Gütern erfolgt im Wesentlichen nach dem Modell des Marktes. Zwar betrifft das nicht alle Güter in unserer Gesellschaft, im Folgenden sollen aber nur die oben genannten Güter besprochen werden und aus diesen wiederum nur ein bestimmter Typus, nämlich die Konsumgüter.

Die Konsumgütermärkte werden üblicherweise als Nachfragermärkte betrachtet, das heißt, es wird das produziert oder als Dienstleistung angeboten, wofür Nachfrage besteht.

Märkte sind durch folgende Bedingungen gekennzeichnet:[110]

1. Freiheit und Gleichrangigkeit der Beziehungen – im Prinzip kann jeder, der über Geld oder Angebote verfügt, in einen Markt eintreten;
2. es muss Wahl- und Vergleichsmöglichkeiten, Wettbewerb geben: zwischen Gütern, zwischen Anbietern;
3. keine zentrale Führung, Steuerung durch Angebot und Nachfrage, Steuerung durch finanzielle Sanktionsmechanismen, Selbststeuerung.

Lässt man neben finanziellen Kontrollmechanismen noch andere gelten, dann gibt es in einer Gesellschaft viele Märkte: den politischen Markt, aber auch einen Markt kultureller Kompetenz, einen universitären Markt, einen Markt sozialer Hilfe etc.[111] Auch für diese Märkte gelten das Prinzip von Angebot und Nachfrage und das Prinzip der Freiwilligkeit.

Betrachtet man Märkte aus der Sicht der Gesellschaftswissenschaften, dann lassen sie sich als Tauschmärkte charakterisieren. Jeder Kaufakt kann ganz allgemein als ein Tauschakt beschrieben werden: Eine Person erlegt einen bestimmten Geldbetrag und erhält dafür eine Ware oder eine Dienstleistung. Dieser Begriff des Tausches ist für fast alle Gesellschaften konstitutiv. Es gibt keine Gesellschaft, in der nicht Tauschakte in irgendeiner Form stattfinden, in der nicht Güter was immer eine Gesellschaft darunter versteht – zirkulieren: Güter gegen Güter, Frauen gegen Güter, Schutz gegen Gefolgschaft und Waffendienst etc.

In jeder Gesellschaft gibt es zwei elementare Relationen:

- Unterordnungsrelationen,
- Austauschrelationen.

Sobald getauscht wird, entsteht die Frage nach einem Wertmaßstab, der den Wert der Güter bemisst, die gegeneinander getauscht werden. Dieser Wertmaßstab ist immer konventional: Die eine Gesellschaft setzt fest, dass Töpfereigegenstände einen hohen Wert haben, sie werden gegen viel Vieh ausgetauscht; die andere, dass bestimmte Tiere einen hohen Wert haben, sie werden gegen Schmuck getauscht. Der am einfachsten zu handhabende Maßstab ist das Geld.

Die Bedingungen, unter denen Tauschakte als befriedigend erlebt werden, lassen sich exakt angeben: dann, wenn beide Seiten das Gefühl haben, einen adäquaten Wert für ihren Einsatz zurückbekommen zu haben, im optimalen Fall mehr, als sie eingesetzt haben.[112] Im Falle der Anbieter ist dies nicht ein Gefühl, sondern eine finanziell beobachtbare Größe, nämlich der finanzielle Gewinn; im Falle der Konsumenten ist diese Größe weit komplizierter zu bestimmen – sie ist auch ein »Gewinn«, aber es ist sicher nicht nur ein finanzieller Gewinn, denn in diesem Fall würden Konsumenten ja stets das billigste oder das ökonomisch vernünftigste Produkt kaufen. Das tun sie aber sicher nicht immer und sicher nicht ausschließlich. Konsumenten verhalten sich zwar keineswegs konträr zu einem ökonomischen Kalkül, aber dies ist offensichtlich nicht die einzige Maxime ihres Handelns.

»Gewinn« auf der Ebene der Konsumenten bedeutet mehr und etwas qualitativ anderes, Produkte stellen für sie mehr dar als bloße Objekte, die sie »brauchen«, Angebot und Nachfrage werden nicht durch bloßen Bedarf geregelt, Gewinne können auch symbolische Gewinne sein. – Dies ist ein zentraler Mechanismus des Marktes.

Um zwei bekannte Termini etwas verfremdet zu verwenden: Auf den heutigen Märkten geht es um Tauschwerte, das heißt, es hat eine Abkoppelung der Tauschwerte von den Gebrauchswerten stattgefunden.[113] Der Wert einer Ware wird durch ihren Tauschwert bestimmt, und dieser Tauschwert ist umso höher:

- je höher der Bedarf ist,
- je seltener die Ware ist,
- je höheren Gewinn, das heißt auch symbolischen Gewinn, sie verspricht.

Viele Produkte haben einen ähnlichen Gebrauchswert; Marktmacht ergibt sich aber nur aus einem hohen Tauschwert. Also: Um Durst zu stillen, genügt es im Prinzip, frisches Wasser aus der Wasserleitung zu trinken oder irgendeine, gleichgültig welche, Marke Mineralwasser – vernünftigerweise die billigste. Nach ihrem Gebrauchswert – der Effizienz, Durst zu stillen , sind alle Produkte/Marken gleich. Auf dieser Ebene besteht kein Grund, den Preis, den Perrier erzielt, zu bezahlen. Genau das ist ein Phänomen des Tauschwertes: Perrier bietet offenbar mehr, es ist Konsumenten mehr wert, als es seinem objektiven Gebrauchswert zukommt.

Ähnliche Beispiele lassen sich in jedem Produktfeld finden. Es gibt immer Marken/Produkte, die deutlich mehr Personen ansprechen oder für die deutlich höhere Preise erzielt werden als für vergleichbare Marken/Produkte. Die Konsumenten bilden auf jedem Markt – auch auf Märkten, von deren Produkten sie erklären, sie seien alle gleich (was objektiv auch oft der Fall ist, zumindest annäherungsweise) – Präferenzordnungen aus, und die Marktmacht eines Produzenten steigt, je höher er in dieser Präferenzordnung der Konsumenten liegt.

Genau um diesen Punkt geht es: Wie erreiche ich als Anbieter für mein Produkt eine möglichst hohe Präferenz? Wie gestalte ich mein Produkt, damit es »selten«, einzigartig ist, im Prinzip Monopolcharakter hat?

Das ist naturgemäß ein schwieriger Prozess. Unsere Märkte umfassen inzwischen riesige Mengen von Produkten, wir befinden uns in einer Kultur, die in einem bisher noch nie gekannten Ausmaß materielle Artefakte erzeugt und in der der Bereich dessen, was man kaufen kann, laufend erweitert wird. Die Frage, welche Bedürfnisse und Wünsche Produkte ansprechen, welche Werte sie repräsentieren, was sie eigentlich verkaufen, ist daher entscheidend.

Bei der Überfülle von Produkten und Anbietern auf zahlreichen Märkten ist Profilierung ein entscheidender Faktor. Dies kann über verschiedene Strategien erfolgen:

- Profilierung über Preis,
- Profilierung über Produktleistung,
- Profilierung über andere Instrumente des Marketingmix: etwa Service, Distribution etc.

Das sind berechenbare, gut planbare Strategien, die allerdings leicht imitierbar sind und zu Produkten führen, die auf der Preis-Leistungs-Ebene relativ gleich sind, in etwa dieselben Bedürfnisse ansprechen und dieselbe Position einnehmen. Die Profilierung muss also über die Zuordnung einer Bedeutung geschehen, die diese Produkte von ihren Konkurrenten unterscheidet und ihnen Eigenständigkeit verleiht. Zwar wäre das Optimum ein Produkt, das sich auf jeder Ebene unterscheidet und das seine Bedeutung über jede Ebene übermittelt, also auch über die beobachtbaren Produktmerkmale, die Produktrealität davon wird später noch zu sprechen sein. Die Profilierung über die Ebene der Bedeutungszuordnung ist aber auf vielen Märkten inzwischen zu einer wichtigen Strategie geworden.

Dieser über Zeichen vermittelte Bedeutungsaufbau wird in Zukunft immer wichtiger werden. Erfolg wird eben auch heißen: Erfolg im Zeichenmanagement.

*Tauschwerte* sind das, was Produkte über ihren reinen Gebrauchswert hinaus für Personen wertvoll macht. Sie beruhen auf einer Zuordnung von Werten, und diese Zuordnung kann nur mittels Zeichen erfolgen, die dem Produkt in einem Kommunikationsprozess zugeordnet werden und die auf dem kulturellen Wissen der Teilnehmer basieren. Je diffiziler ein Produkt dieses kulturelle Wissen ausnützt, desto reicher ist es in seinem Bedeutungsgehalt, in seiner semantischen Dichte. Was den Tauschwert von Produkten ausmacht, ist ihr semantischer Mehrwert. Diese Art der Betrachtung und Analyse erweist sich vor allem bei folgenden Problemen der Marktkommunikation als fruchtbar, da sie herkömmliche Zugänge erweitert und ergänzt:

1. *Konzeptualisierung und Positionierung:*
   - Wie soll ein Produkt gestaltet werden?
   - Mit welchen Werten soll es verbunden werden, um maximal attraktiv zu sein, um sich maximal von seinen Konkurrenten zu unterscheiden?
2. *Umsetzung in konkrete Kommunikationsstrategien (Werbung/Packung):*
   - Transportiert diese Kommunikationsstrategie die angestrebte Positionierung?
   - Verbindet sie das Produkt mit einem möglichst hohen semantischen Mehrwert?

## 3.2 Profilierungsstrategien

Sowohl in der Marketingliteratur wie im Bereich der Werbekonzeption existieren zahlreiche Positionierungsmodelle:

- nach Preisstrategien,
- nach Qualitätsniveaus,
- nach Produktnutzen,
- nach Zielgruppen.[114]

Auch bei der Frage der Positionierung gilt, was schon für mehrere Probleme ausgeführt wurde: Je nach Aufgabenstellung ist ein anderer Ansatz der vorteilhaftere. Je mehr Denkmodelle und Analyserahmen man zur Verfügung hat, desto besser kann die Aufgabe gelöst werden. Ich möchte daher im Folgenden einige Analyserahmen beschreiben, die sich bei meiner Arbeit als günstig herausgestellt haben.

Zunächst ein grundsätzlicher Rahmen, der relativ abstrakte Kategorien angibt. In den einzelnen Abschnitten sollen dann genauere Positionen beschrieben werden, für die Produkte stehen können.

**Der Analyserahmen**

Er geht von folgenden Überlegungen aus:

1. Produkte und Dienstleistungen haben eine funktionale Basis: ihre Leistung, ihre instrumentellen Funktionen, ihre Gebrauchswerte, aber auch eine Ebene der »Überbauwerte«, das heißt Werte und Nutzen, die auf anderen Ebenen liegen als ihre Gebrauchswerte.
2. Produkte und Dienstleistungen haben eine materielle Seite (etwas physisch Beobachtbares) und eine immaterielle Seite (die Bedeutung, die sie vermitteln).

Dieser einfache Sachverhalt lässt sich in zweifacher Hinsicht darstellen. Zunächst in Form einer Pyramide, dann in Form eines Quadrantenschemas:[115]

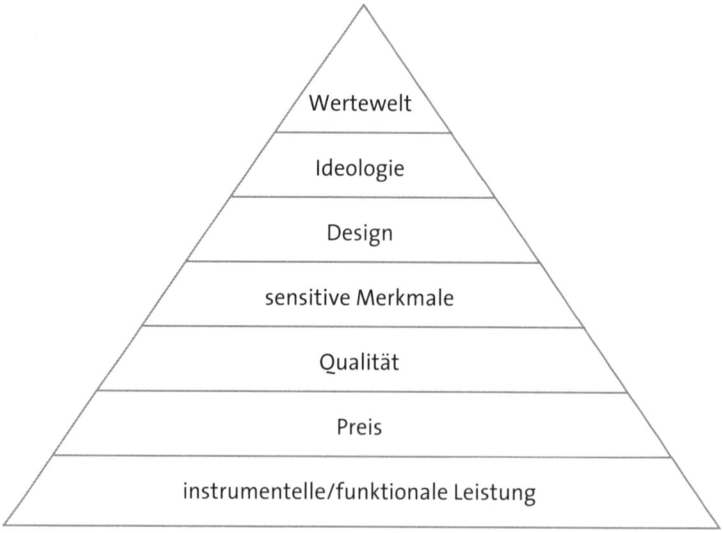

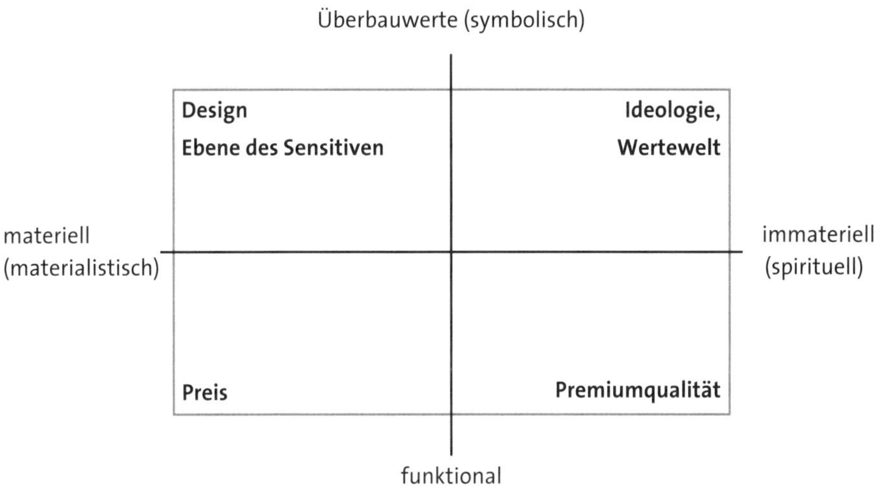


Beide Darstellungen simplifizieren natürlich, auch was den logischen Zusammenhang der Merkmale betrifft, aber sie sind nur als heuristischer Denkrahmen gedacht. Als solcher machen sie auf eine wichtige Gegebenheit aufmerksam:

- Der Wert oder die Ideologie, für die ein Produkt steht – die eigentliche Botschaft des Produktes , bestimmt die Ausformung aller Ebenen des Produktes.
- Die Botschaft muss auf jeder Ebene des Produktes wiederholt werden.
- Es muss Kohärenz zwischen den Ebenen herrschen.

Soll die Botschaft zum Beispiel lauten: »Das ist Elite«, dann bedingt dies die Anwendung des elitären Codes auf jeder Ebene: elitäre Packung – besondere Merkmale auf der Ebene des Wahrnehmbaren (»selten«, »kostbar«); besondere Qualität; höherer Preis; wenn möglich: besondere instrumentelle Leistung. Alles das natürlich in der jeweiligen Sprache der Produktgattung, das heißt in den Codes, die in diesem Produktfeld Elite von Nicht-Elite abheben. Zum Beispiel:

*»Das ist Elite«*

| Zigaretten | Shampoo | Auto |
|---|---|---|
| • Designername<br>• Packung, die »Kunst« anzitiert (abweichende Farben, z.B. schwarz, keine Weichpackung)<br>• schlank, lang, besonders gestylte Zigarette besondere Tabake<br>• leicht | • Name einer französischen Firma<br>• funktional und cool; Ästhetik der Technik: »form follows function«; kostbar, keine Großpackung<br>• opalisierende Konsistenz, Parfüm, Duft<br>• besondere Inhalts-/Zusatzstoffe<br>• für eine ganz spezielle Leistung: z. B. für dauerwellenbehandeltes Haar | • Traditionsmarke (europäisch)<br>• neuestes Design; ein Merkmal, das klarmacht: Es ist das neueste Modell; Größe, Ausschluss bestimmter Farben<br>• Materialreize: Leder, Holz der Armaturen<br>• besondere technische Leistungen: schnell, sicher, umweltbewusst |

Jedes Produkt nützt hier diffizil den Code der Produktgattung aus. So signalisieren Weichpackungen bei Zigaretten prinzipiell Nicht-Elite; sie sind richtig für volkstümliche Zigaretten, die die Botschaft »raue Männlichkeit« transportieren, und daher falsch für Elitepositionen. Ein Eliteshampoo muss eine bezüglich des Handlings und der Funktionalität hervorragende Packung haben. Nicht-Elite-Positionen können dem Benutzer einige Unbequemlichkeiten zumuten (das sind »die Armen« gewohnt) und in Vorratspackungen für die ganze Familie auf den Markt kommen. Auffällige Modefarben, Pink oder Grasgrün, schließen sich für Nobelautos aus; diese haben einen ganz bestimmten Farbcode des Distinguierten.

Eine völlig andere Ausformung würden diese Aspekte erfahren, wenn die Botschaft lauten sollte: »Das ist Natur.« Als Erstes wäre in diesem Fall klar, dass diese Botschaft bei Zigaretten und Shampoos formuliert werden könnte, bei Autos aber nicht. Warum das so ist, hängt von später näher zu besprechenden ideologischen Konstruktionen ab.

Die quadrantische Aufgliederung macht dagegen auf folgenden Sachverhalt aufmerksam: Obwohl klar ist, dass alle Aspekte zusammenhängen, kann ich schwerpunktmäßig ein Produkt/eine Marke für ein Merkmal stehen lassen. Damit ergeben sich vier Segmente/Quadranten, die zur Profilierung benützt werden und in denen Produkte und Marken als prototypische Vertreter agieren können:

1. *Profilierung über Preis und Standard der Produktgattung*
   Fast alle Produktfelder kennen dieses Segment – dabei handelt es sich um Billigangebote, die den Standard der Produktgattung bieten, aber bewusst nicht mehr.
2. *Profilierung über Premiumqualität*
   Diese Qualität muss in irgendeiner Form faktisch geboten, vor allem aber muss sie kommuniziert werden. Sie muss in erkennbare/beobachtbare Merkmale von Qualität am Produkt übersetzt und/oder kommuniziert werden: über die Angabe besonderer Bestandteile, Herstellungsverfahren, über die Angabe der Herkunft, der handwerklichen Sorgfalt (siehe dazu Teil D 5, ab Seite 270).
3. *Profilierung über Design und sensitive Qualitäten*
   Besondere Packung, besonderes Aussehen, besondere Konsistenzen/ Duft/ Farbe, besondere Sortenauswahl.
4. *Profilierung über die zugeordnete Wertewelt*
   Die Marke steht erkennbar für eine zeichenhaft zugeordnete attraktive Wertewelt.

Nehmen wir als Beispiel einige Produktfelder:

Öl

| **Design** | **Ideologie, Wertewelt** |
|---|---|
| *Olio Sasso*<br>Goldene Blechdose<br>Kräuteröle | *Bona*<br>Mother's care<br>Eine Mutter weiß, warum |
| Handelsmarke<br>im Zwei-Liter-Kanister<br>**Preis** | *Mazola*<br>Wir nehmen 1000 Keime, das Innere des Korns, um Mazola zu machen<br>**Premiumqualität** |

Seife

| | |
|---|---|
| **Design**<br>*Lucien Ortscheit*<br>Reisölseifen in exotischen Duftnoten, Schokolade, grüner Tee | **Ideologie, Wertewelt**<br>*Lux*<br>Filmstars nehmen Lux |
| 2 Stück für € 1,–<br>**Preis** | *Dove*<br>Mit einem Viertel echter Feuchtigkeitscreme<br>**Premiumqualität** |

Schokolade

| | |
|---|---|
| **Design**<br>*Leysieffer*<br>Schokolade mit Chiligeschmack und 90% Kakao, Schokolade mit ungewöhnlichen Füllungen | **Ideologie, Wertewelt**<br>*Milka*<br>Die zarteste Versuchung seit es Schokolade gibt |
| Handelsmarke<br>**Preis** | *Lindt*<br>Mit Rezepten aus der Lindt-Confiserie<br>**Premiumqualität** |

Mineralwasser

| | |
|---|---|
| **Design**<br>Mineralwasser in Sportflaschen | **Ideologie, Wertewelt**<br>*Perrier* |
| Billigmarke im Sechserpack<br>**Preis** | *Preblauer/Gerolsteiner*<br>aus einer für ihre Heilwirkung bekannten Quelle<br>**Premiumqualität** |

In Geschäften haben Konsumenten oft das Bedürfnis, in einer Produktgattung mehrere/alle Positionen vorgeführt zu bekommen – erst dann haben sie den Eindruck, eine befriedigende Wahl aus Alternativen treffen zu können. Befriedigend heißt ja nicht: Wahl aus vielen (zu vielen) gleichen Alternativen, sondern aus echten Alternativen.

Die Entwicklung vieler Produktfelder zeigt im Übrigen, dass es so etwas wie einen Sog gibt, der zu folgender Entwicklung führt:

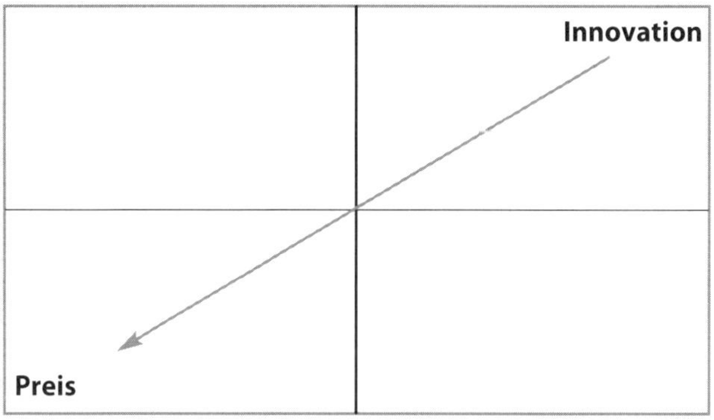


Marken, die als Erste in einen Markt eintreten, die eine Leistung, einen Nutzen als Erste verkaufen, werden naturgemäß bald imitiert. Oft werden dann ihre Leistungen von den Mitbewerbern billiger angeboten, das Billigpreissegment existiert inzwischen in fast jedem Produktfeld. So wurden Tiefkühl-Pizzas anfänglich über das Flair des italienischen Urlaubs – den viele Leute damals hoch schätzten – relativ teuer verkauft. Inzwischen existiert aber ein umfangreiches Billigsegment, das »im Prinzip dasselbe« anbietet. Dies ist auch der Ansatz vieler, wenn auch nicht aller Handelsmarken.

Genau um diesen Punkt geht es: Diesem Sog des Imitierens kann nur durch Profilierungsstrategien entgegengewirkt werden, eben durch das, was nicht so leicht imitierbar ist. Das kann eine besondere Produktleistung sein, aber auch ein besonderes Design oder eben eine besondere kommunikativ zugeordnete Bedeutung, eine Wertewelt, eine Ideologie, eine Botschaft. Diese Strategie ist von hoher Effizienz, wenn es um Eigenständigkeit und Profilierung geht. Genau hier werden Imitationen am leichtesten erkennbar: Der Marlboro-Mann war eben nicht zu wiederholen, Nivea bleibt unverkennbar Nivea.

Das Gebiet der zuordenbaren Bedeutungen, Wertewelten und Ideologien ist das differenzierteste und sensibelste: Es gibt in unserer Kultur viele Wertewelten und Ideologien nebeneinander, und sie sind keineswegs mit allen Produktgattungen und Marken beliebig koppelbar. Wir wollen uns diesem Punkt daher jetzt genauer zuwenden: Welche Botschaften können Produkte überhaupt übermitteln? Welche Bedeutungen können sie annehmen?

Ich will dabei wieder zwei Analyserahmen benützen:

1. Bedeutungen, die Produkte für ihre Benutzer haben können;
2. Bedeutungen, die Produkte durch das Sichtbarmachen kultureller Gliederungen und Werte erhalten.

# 4 Bedeutungen und Funktionen von Produkten

## 4.1 Was können Produkte bedeuten?

### *Ein Beispiel: Der Geburtstagskuchen*

Ein Produkt ist nicht nur etwas sehr Komplexes in seiner Konstruktion, sondern es steht auch mit verschiedenen Tatbeständen in einem Zusammenhang. So definiert Kotler Produkte wie folgt:

> »Ein Produkt ist alles, was auf einem Markt zwecks Erlangung von Aufmerksamkeit, zum Erwerb, zum Gebrauch oder Verkauf angeboten werden kann und geeignet ist, Wünsche oder Bedürfnisse zu befriedigen. Es umfasst konkrete Objekte, Dienstleistungen, Personen, Orte, Organisationen und Ideen.«[116]

Die Mechanismen, die in Produkten zum Ausdruck kommen, ihre besonderen Fähigkeiten der Bedeutungsübermittlung, teilen sie aber mit vielen Alltagsobjekten – mit allen Gegenständen in unserer Kultur.

Dazu ein Beispiel: Frau M. hat die Absicht, für ihren Mann einen Geburtstagskuchen zu backen.[117] Das kann sie auf zwei Arten tun:

A Sie bäckt genau denselben Kuchen, den sie sonst auch bäckt, aber sie steckt oben eine Kerze hinein und sagt: »Das ist dein Geburtstagskuchen!«

B Sie nimmt andere Zutaten als sonst: mehr Eier, Butter statt Margarine, Haselnüsse statt Mehl, sie rührt den Schnee, den sie sonst mit der Maschine rührt, mit der Hand, sie bäckt drei farbig voneinander abgehobene Lagen, sie steckt auch eine Kerze hinein. Ihr Mann sagt nach dem ersten Bissen: »Das ist wirklich ein Geburtstagskuchen!« (In Zukunft wird er auf diesem Kuchen B bestehen und ganz enttäuscht sein, wenn er Kuchen A bekommt.)

Beide Kuchen übermitteln die Botschaft: Das ist ein Geburtstagskuchen, aber Kuchen B übermittelt diese Botschaft besser und eindrucksvoller und derart, dass der Empfänger sie mehr schätzt. – Warum ist das so? Lassen sich die Mechanismen, die zur Etablierung dieser Botschaft führen, näher bestimmen? Diesem Punkt wollen wir uns im Folgenden zuwenden.

Schon unser kleines Beispiel macht einige Prinzipien deutlich, die für viele Produktfelder und Produktanalysen Gültigkeit haben. Sie seien kurz aufgegliedert:

1. Es existiert offenbar ein sozialer und kultureller Konsens darüber, was ein Geburtstagskuchen ist, was er bedeutet, was er signalisieren soll: Er ist etwas »Besonderes«, etwas nicht Alltägliches, er hebt sich von normalen Kuchen ab, so wie der Geburtstag von normalen Tagen. Es besteht also eine Homologie: *normale Tage zu Geburtstag* wie *normaler Kuchen* zu *Geburtstagskuchen*.
2. Es existiert ein sozialer und kultureller Konsens darüber, wie man angemessen auf einen Geburtstag zu reagieren hat:
   - Die Umgebung hat »Freude« darüber auszudrücken, dass der Betreffende auf der Welt ist, dass er in ihrer Mitte lebt.
   - Der Geburtstag bedeutet auch einen rituellen Übergang: von einem Lebensjahr zum anderen Lebensjahr.

Viele dieser rituellen Übergänge sind besonders markiert – viele übrigens durch Speisen, und da wiederum durch süße Speisen (vgl. die Hochzeitstorte). Ebenso gibt es Geschenke, Kerzen etc. Ein Geburtstagskuchen hat also mindestens die drei folgenden Bedeutungen zu transportieren:

| | | |
|---|---|---|
| Das ist etwas Besonderes, nichts Alltägliches | Ich freue mich<br>Ich schätze dich | Das ist rituell angemessen |

Kuchen A transportiert nur eine Bedeutung, nämlich: Das ist rituell angemessen. Auf den ganz normalen Kuchen wurde eine Kerze platziert, die nach dem allgemeinen soziokulturellen Verständnis rituelle Situationen markiert (Hochzeitskerze, Friedhofskerze, Kirche, Fest). Kuchen B jedoch enthält alle drei Bedeutungen: Er ist semantisch reicher, er ist die attraktivere Botschaft, er ist die überzeugendere Botschaft, und der Kommunikationsakt glückt daher auch besser.

Die Strategie, die dieses Produkt (Kuchen B) anwendet, besteht darin, dass es nicht ein Zeichen oberflächlich/additiv hinzufügt, sondern dass es jede Ebene zur Bedeutungsübermittlung benützt: die Zutaten, die Herstellungsverfahren und die Dekoration. Die Zeichen sind so gewählt, dass sie jeweils den Gegensatz alltäglich versus besonders bzw. funktional, praktisch versus liebevoll zum Ausdruck bringen.

Was diese Bedeutungsvermittlung überhaupt möglich macht, ist die Tatsache, dass hier abstrakte, allgemeinere Prinzipien zum Ausdruck gebracht werden, die in unserer Kultur das Besondere vom Alltäglichen abheben und die Wertschätzung einer Person signalisieren können. Letzteres kann – etwa von Seiten der Frauen – dadurch geschehen, dass sie eine für Frauen ab dem Beginn unserer bürgerlichen Kultur gültige Maxime nützen: Liebe = Mühe (was heute auch wertvolle Einzelstücke als hand-

| Normaler Kuchen | Geburtstagskuchen |
|---|---|
| ein Ei | mehrere Eier |
| Margarine | Butter |
| Mehl | geriebene Haselnüsse |
| mit der Maschine geschlagener Schnee | mit der Hand geschlagener Schnee |
| ein durchgehend homogener Körper | mehrere farblich und nach der Konsistenz unterschiedliche Lagen |

made von funktional oder industriell abhebt), oder indem das finanzielle Investment in ein Objekt proportional die Wertschätzung des Empfängers ausdrückt (mehr Eier, Butter, Haselnüsse sind die jeweils teureren Ingredienzien).

Bei der Abhebung des Besonderen vom Alltäglichen kommen zusätzlich die Regeln der elitären Küche zur Anwendung, die als eine wichtige Maxime setzt:

| Alltäglich – nicht elitär | Nicht alltäglich – elitär |
|---|---|
| durchgehend/gleichförmig | abwechslungsreich |
| viel von demselben | wenig von Verschiedenem |
| | dekoratives Arrangement/Schichten |
| | mehr Elemente |

Ähnlich sind entgegengesetzt: Milchschokolade – Pralinen; Mittagessen mit Eintopf – Mittagessen mit Vier-Gang-Menü.

Es ist nicht anzunehmen, dass Frau M. als Produzentin des Kuchens, und Herr M. als Empfänger des Kuchens, alle diese Überlegungen angestellt haben, sie haben einfach so gehandelt bzw. reagiert. Die Bedeutungen sind dennoch übermittelt worden. Der Grund: Beide verfügen über denselben kulturellen Bezugsrahmen, über dasselbe kulturelle Wissen. Weiter vermitteln Nahrungsmittel, Herstellungsverfahren in unserer – wie in jeder – Kultur bestimmte Bedeutungen, und zwar deshalb, weil sie in systematisch geordneten Klassen vorliegen. Auch wenn weder dem Produzenten noch dem Konsumenten diese Regeln explizit bewusst sind, trägt deren Befolgung zum Gelingen oder Scheitern von Kommunikationsprozessen bei.

Produkte sind nun aber offensichtlich weit schwieriger mit Bedeutungen anzureichern als Geburtstagskuchen. Der zentrale Mechanismus selbst ist jedoch gleich: Jedes Produkt übermittelt eine Botschaft. Ob diese Botschaft aber angemessen ist, attraktiv, überzeugend, sicher zu erschließen, ist etwas außerordentlich Kompliziertes, das durch jedes Merkmal des Produktes bestimmt wird.

Wir wollen uns jetzt dem Feld der Botschaften zuwenden, die von Produkten übermittelt werden können.

## 4.2 Funktionen von Produkten

Wir haben es schon am Beispiel des Geburtstagskuchens gesehen: Dieses Objekt stellt nicht nur etwas zum Essen dar, weil man eben zum Geburtstagskaffee etwas essen muss. Sondern es erlaubt Frau M. auszudrücken, dass sie ihren Mann schätzt, dass sie die Regeln der Gestaltung von Festen beachtet, dass sie etwas Besonderes praktiziert, dass sie imstande ist, einen ästhetisch schönen Gegenstand zu produzieren. Über seine rein instrumentelle Funktion hinaus, Kalorien zu liefern, eine Begleitung zum Kaffee zu sein, erfüllt dieser Geburtstagskuchen also eine Reihe von anderen Funktionen:

- *Expressive Funktionen:* Er erlaubt es Frau M., etwas über sich auszusagen.
- *Distinktive Funktionen:* Er grenzt Frau M. gegen andere Hausfrauen ab, die zu diesem Anlass nur den einfachen Kuchen A produzieren.
- *Soziale Funktionen:* Er vertieft die Verbindung zwischen Frau M. und ihrem Mann, drückt Zuwendung aus.
- *Normative Funktionen:* Er entspricht den Regeln, die für diese rituelle Gelegenheit vorgesehen sind.
- *Ästhetische Funktionen:* Er ist schön/dekorativ, er bringt die Regeln der ornamentalen Küche zum Ausdruck.

Diese Funktionen lassen sich gut als Inventar für die Analyse von Produkt- und Werbekonzepten verwenden: Alle Produkte und Dienstleistungen erfüllen jede dieser Funktionen in einem gewissen Ausmaß, aber sie können jeweils so konstruiert werden, dass eine Funktion besonders hervortritt: die instrumentelle, die expressive, die distinktive, die soziale, die normative, die ästhetische. Dazu kommen noch stabilisierende und stimulierende Funktionen.

Im Kapitel über Semiotik haben wir gesehen, dass eine Reihe dieser Funktionen Parallelen zu den Sprachfunktionen aufweisen. Auch Sprache wird ja nicht nur zum reinen Informieren eingesetzt, sondern es gibt:

- eine Funktion des Referentiellen, bei der bloß ein Sachverhalt vermittelt wird – sie entspricht der instrumentellen Funktion, die die Leistung betrifft;

- eine expressive Funktion, die etwas über den Sender der Botschaft mitteilt – die expressive/distinktive Funktion;
- die phatische Funktion – die Funktion des Kontakthaltens, die der sozialen Funktion entspricht;
- und die poetische oder metasprachliche Funktion, die etwas über die Möglichkeiten des Zeichensystems selbst aussagt.

Kompliziertere sprachliche Äußerungen wenden die Regeln der Sprache auf die Sprache selbst an, und ähnlich ist es mit der ästhetischen Funktion von Produkten.

Im Folgenden eine Beschreibung der Funktionen und daran anschließend ein Beispiel aus dem Bereich der Zahnpflege.

### 4.2.1 Die instrumentelle Funktion

Sie umfasst die Produktleistung im Sinne einer Basisfunktion, das, wozu man ein Produkt grundsätzlich brauchen kann: Waschmittel, um die Wäsche zu waschen; Deos, um Körpergerüche zu vermeiden; Mineralwasser, um den Durst zu stillen; Autos, um mobil zu sein. Diese Leistungen machen ein Produkt überhaupt erst als Angehörigen einer Produktgattung kenntlich. Es handelt sich hier um die generischen Nutzen, die Leistungen im Sinne eines »must«, das, was ein Angehöriger einer Produktgattung grundsätzlich bieten muss, was als selbstverständlich vorausgesetzt wird: der Standard.

In den meisten Produktfeldern sind die Ansprüche an die instrumentellen Funktionen von Produkten inzwischen beträchtlich gestiegen. Es genügt also nicht, dass ein Produkt gerade nur die Basisleistungen erbringt, es muss sie vielmehr hervorragend erfüllen, es muss so viele Leistungen wie möglich bieten – kaum jemand findet sich heute mit einer reduzierten Produktqualität ab. Dieser Punkt ist in vielen Produktfeldern von entscheidender Bedeutung: Eine schlechte Produktqualität, eine schlechte Produktleistung kann, bis auf wenige Ausnahmen, auf die wir gleich zu sprechen kommen, auch nicht durch andere Funktionen kompensiert werden. Auch die beste und berührendste Werbung, die ein Produkt mit hochrangigen Werten in Verbindung bringt, kann wirkliche Mankos der Produktrealität nicht kompensieren.

Wenn wirklich eine überragende Produktleistung vorliegt, dann kann diese auch zur Differenzierung und zur Basis einer weiterführenden Kommunikation benützt werden. Allerdings ist das in vielen Fällen nicht möglich, und zwar aus zwei Gründen: Zum einen sind Vorsprünge in der Produktleistung oft sehr schnell kopierbar; zum anderen ist es manchmal schwierig, beobachtbare Kriterien für Qualität anzugeben. Wie etwa grenzen sich auf dieser Ebene der instrumentellen Funktionen Zahncremes von guter Qualität von solchen von weniger guter Qualität ab? Beide machen die Zähne sauber, beide erfrischen den Atem; ob sie auch etwas für die Gesunderhaltung der Zähne tun, was heute schon zu den Basisleistungen von Zahncremes gehört, ist nicht unmittelbar zu beobachten oder zu überprüfen. Ähnlich ist es mit den Leistungen von Mineralwasser oder von Cremes, die die Faltenbildung hinauszögern.

In all den Fällen, wo instrumentelle Funktionen nicht unmittelbar beobachtet werden können (weil sie in der Zukunft liegen oder weil keine Beobachtungskriterien zur Verfügung stehen), kann auf der Ebene des Produktes ein Indikator eingebaut werden. So gilt etwa starker Geruch bei einem Waschmittel als Indikator für Waschkraft, also für einen unmittelbar nur schwer beobachtbaren Leistungsaspekt; eine opalisierende, cremige Konsistenz bei Shampoos und Feinwaschmitteln (die dadurch auch einer Klasse zugerechnet werden), indiziert Pflegewirkung. Ebenso kann die Kommunikation Argumentationshilfen liefern.

Was als instrumentelle Funktion zu definieren ist, ist wiederum historischen Veränderungen unterworfen – Zahncremes müssen heute etwas anderes leisten als vor zehn Jahren, ebenso Autos, Deos, Nahrungsmittel.

Die Unterschiede der einzelnen Produktgattungen ergeben sich auch daraus, wie einfach ihre instrumentellen Nutzen zu definieren sind und welche Rolle dieser Leistungsaspekt für die Produktgattung spielt. So ist der instrumentelle Nutzen etwa bei Waschmitteln wesentlich: Es gehört zu den zentralen Werten von Waschmitteln, eine Leistung zu erbringen, eine Leistung, die präzise zu definieren ist – sie haben Schmutz und Flecken zu entfernen, und zwar absolut restlos. Dies definiert und beschränkt zugleich daher die für Waschmittel möglichen Typen von Kommunikationsstrategien und Ästhetiken.

Anders ist es etwa bei Parfüms – sie haben im eigentlichen Sinn keine beobachtbare instrumentelle Funktion, ihr Nutzen besteht gerade darin, dass sie unfunktionale Objekte sind, Luxusobjekte, die der Sphäre der profanen Gebrauchswerte entzogen sind. Parfüms müssen daher Unfunktionalität inszenieren, und das können sie nur, indem sie in großem Umfang ästhetische Strategien benützen. Wir berühren hier einen Punkt, auf den wir später noch genauer zurückkommen werden.

Jedes Produktfeld hat so etwas wie eine zentrale Ideologie – und die Marken, die diese zentrale Ideologie des Feldes darstellen, vermitteln den Eindruck von Superiorität: Sie sind Prototypen (vgl. Kapitel C 5.1).

Der derzeit einzige Wert, der Defizite auf der Ebene der instrumentellen Funktionen kompensieren kann, ist das Umweltbewusstsein, also ein normativer Wert. Von umweltfreundlichen Produkten erwarten die Konsumenten, dass sie weniger gute Leistungen erbringen – was oft auch eine ideologische Konstruktion ist: Sie können gewissermaßen nicht so gut sein wie die durch Technologie und Wissenschaft erzeugten. Die Gruppe der Konsumenten, die objektiv schlechtere Leistungen in Kauf nimmt, ist jedoch beschränkt.

## 4.2.2 Die ökonomische Funktion

**Der Code des cleveren Konsumenten**

Diese Funktion, die sich auf die Preisgestaltung bezieht, ist eine von betriebswirtschaftlichen Ansätzen her sehr gut erforschte Funktion, der immer ein hoher Stellenwert eingeräumt wird. In der Mikrotheorie des Haushalts wird sie als oberster Leitwert des Handelns betrachtet: der homo oeconomicus ist ja gerade dadurch definiert, dass er sich strikt nach einem Kosten-Nutzen-Kalkül verhält, das Preiswerteste wählt, Grenznutzen berechnet etc.

Ebenso wurde lange Zeit angenommen, dass Personen nicht bezüglich der Intensität ihrer Wünsche differieren, sondern nur bezüglich des Ausmaßes, in dem sie Geld für die Befriedigung dieser Wünsche haben. Die Preisfunktion ist auf dem Markt tatsächlich eine außerordentlich wichtige Funktion. Produkte, die »falsche« Preise haben, die also in den Augen der Konsumenten kein adäquates Preis-Leistungs-Verhältnis bieten, haben naturgemäß keine Chance. So weit ist immer mit dem *homo oeconomicus* zu rechnen. Man kann jemandem kaum etwas teurer verkaufen, wenn er dasselbe oder etwas absolut Vergleichbares daneben billiger bekommt.

Ebenso ist ein price off immer eine attraktive Strategie. Dazu braucht man natürlich weder Psychologie noch Semiotik, sondern bloß gute Kostenrechnungsmodelle.

Dennoch ist die ökonomische Funktion von Produkten ein sehr sensibles Gebiet, wenn man sie aus der Sicht des Konsumenten betrachtet. Dabei wird sehr schnell klar, dass Konsumenten natürlich ökonomisch vernünftig handeln möchten, dass Preise für sie jedoch auch zeichenhafte Funktionen annehmen – ein Preis kann dann »falsch« sein, weil er zu hoch, aber auch, weil er zu niedrig ist.[118] Ebenso resultiert die Zurückhaltung, die Kunden derzeit auf einer Reihe von Märkten zeigen, daraus, dass sie dauernd mit wechselnden Preisen zu rechnen haben, dass sie also nicht sicher sein können, ob ein Preis, der derzeit günstig scheint, nicht morgen schon durch einen anderen, noch niedrigeren unterboten wird. Vergessen darf man auch nicht, dass Konsumenten heute nicht nur Geld für den Erwerb von Waren einsetzen müssen, sondern – da sie sich eben durch Preislawinen zu kämpfen haben – auch Zeit und Aufmerksamkeit, was zu einem subjektiven trade off führen kann.

Daher lassen sich drei Fragen diskutieren:

1. Was bedeutet es, eine ökonomisch sinnvolle Entscheidung getroffen zu haben?
2. Welche zeichenhafte Funktion haben Preise über ihren ökonomischen Tatbestand hinaus?
3. Gibt es besser oder schlechter funktionierende Strategien, um Personen zu überzeugen, dass eine Ware ökonomisch sinnvoller ist als eine andere?

**Ökonomisch sinnvolles Handeln**

Es ist davon auszugehen, dass dies ein grundsätzliches Bedürfnis ist. Es gibt kaum jemand, der vor sich oder anderen zugeben möchte, dass er nicht in der Lage ist zu kalkulieren, das heißt eine maximal günstige Relation zwischen Mitteleinsatz und Gegenwert, also eine Kosten-Nutzen-Relation herzustellen. Um das Erzeugen dieses Gefühles, ökonomisch sinnvoll zu handeln, geht es auf dem Markt.

Die Relation Kosten – Nutzen ist natürlich von kulturell und historisch geprägten Wertvorstellungen abhängig. Ein mittelalterlicher Mensch, der einen Ablass kaufte, war sicher überzeugt, dass er sein Geld nicht rationaler einsetzen konnte, als sich damit von vielen Jahren Fegefeuer freizukaufen. Ein solches ökonomisches Kalkül erscheint uns heute sinnlos. Der Mechanismus ist aber prinzipiell gleich: Ob sich das Gefühl einstellt, ökonomisch richtig gehandelt zu haben, ist von der Relation Kosten – Nutzen/Gegenwert abhängig. Über dieses Kalkül gibt es eine umfangreiche ökonomische Literatur. Um einige ihrer wichtigsten Erkenntnisse zu zitieren:

Höhere Preise werden im Allgemeinen dann bezahlt und als gerechtfertigt empfunden, wenn

1. die Waren dringend gebraucht werden, wenn also akuter Bedarf besteht;
2. es sich um seltene Waren handelt, so zum Beispiel um Seegrundstücke, Antiquitäten;

3. ein subjektiv erlebbarer Nutzen/Gegenwert, ein symbolischer Wert geboten wird, etwa Prestige/Convenience/Genuss etc., der durch diese, aber keine andere Ware erlangt werden kann.

Der letzte Fall ist interessant, weil er eine besondere zeichenhafte Aufladung/ Ausstattung erfordert.

Für das Erleben von Preisen ist ferner wichtig, dass gerade Preise immer in Form eines Feldes wahrgenommen werden. Die Bedeutung, die ein Preis hat, richtet sich nach seinem Verhältnis zu den Preisen anderer Produkte des Produktfeldes: gemessen an diesen ist er höher – gleich – niedriger.

Die Preisebene als etwas leicht Erfassbares und quantitativ Abstufbares ist eine besonders einfache Möglichkeit, Produkte voneinander zu unterscheiden. Dabei steuern sowohl höhere wie niedrigere Preise die Produktwahl, und zwar deshalb, weil sie zeichenhafte Funktionen haben. Wirkungen lassen sich daher immer dann steigern, wenn Preise nicht einfach billiger oder teurer sind, sondern auffällig billiger oder auffällig teurer. Das heißt also: Auch Preise müssen inszeniert und mit Bedeutung ausgestattet werden.

### Die zeichenhaften Funktionen von Preisen und ihre Inszenierung

Die zeichenhaften Funktionen von Preisen sind zweifacher Natur. Sie können als Indikator für die Qualität des Produktes und die Qualität des Käufers gesehen werden. Sowohl die Indikatorwirkung wie der Zusammenhang zwischen diesen zwei Funktionen wird subjektiv und gruppenspezifisch verschieden gesehen:

| **Der Preis indiziert die Qualität des Produktes** | **Der Preis indiziert nicht die Qualität des Produktes** |
|---|---|
| billig = mindere Qualität,<br>teuer = hohe Qualität | billig = auch gut |
| Der Kauf von billigen Produkten indiziert Leute, die sich das Teure nicht leisten können | Der Kauf von billigen Produkten indiziert Leute, die clever sind. |
| Gegensatz: Obere – Untere | Gegensatz: Clevere – nicht Clevere |

Die Interpretationen »Billige Produkte signalisieren mindere Qualität« und »Eine Person, die sich etwas anderes nicht leisten kann« müssen unbedingt vermieden werden. Dagegen gibt es vor allem zwei Strategien:

a) Angestrebte Signalwirkung: Das Produkt ist nicht reduziert in der Qualität.
b) Angestrebte Signalwirkung: Der Käufer ist nicht reduziert in der Qualität.

### Angestrebte Signalwirkung: Das Produkt ist wertvoll

Der Preis ist nur kurze Zeit oder nur in einer speziellen Situation reduziert, es ist eine »Gelegenheit«.

Dies ist die Strategie von Sonderangeboten/Sonderaktionen/Schlussverkäufen, die speziell dann von Erfolg begleitet ist, wenn Indikatoren bestehen, die den Wert des Produktes sicherstellen. Solche Indikatoren sind etwa die Marke oder auch der Preis, der angegeben und dann reduziert wird – also »Anstatt-Preise«.

Auf vielen Märkten sind die Konsumenten diese Art der Preisreduktion inzwischen aber schon so gewöhnt, dass sie es als das Normale betrachten: Es gibt immer ein Getränk in Aktion; jedes Geschäft behauptet und beweist durch Aktionen, dass es billig ist; Preise unterhalb der Zehnerschritte sind im Supermarkt üblich. Es genügt in vielen Fällen also nicht, einfach preiswert zu sein, sondern man muss spektakulär preiswert sein. Dafür sind drei Voraussetzungen wichtig:

1. *Es muss einfach zu erfassen sein.*
   Vor allem im Supermarkt oder bei schnellen und routinierten Einkaufsvorgängen wird und kann vom Käufer nicht im Sinne eines mathematischen Kalküls kalkuliert werden, das Preis, Größe, Gewicht, Stückzahl etc. in Beziehung setzt. Zur schnellen Kalkulation wird daher einfach der bar zu bezahlende Preis für eine Packung, für ein Gebinde herangezogen. Dabei entstehen durchaus Kalkulationsfehler. Wenn Gebinde in der Größe ungefähr vergleichbar sind, wählt man das »billigere«, oft ohne zu beachten, dass es weniger Stück enthält oder weniger Volumen hat. Ebenso gelten Großgebinde oder in Schütten arrangierte Waren zunächst einmal als billig.
2. *Es muss ein Bezugsrahmen mit angegeben werden.*
   Preise wirken weitaus eindrucksvoller, wenn daneben der ursprüngliche Preis steht, nicht die objektive Ersparnis: »€ 6,40, jetzt: € 5,90« ist eindrucksvoller als: »Sie sparen 50 Cent«. Noch wirkungsvoller ist die Strategie »Drei Stück um den Preis von zwei«.

3. *Um Kaufimpulse auszulösen, muss der Preis auf der Wahrnehmungsebene spektakulär inszeniert werden.*
   Ebenso muss das Gefühl ausgelöst werden, dass es sich um eine »einmalige« günstige Gelegenheit handelt, die man nicht versäumen darf, da sie nur gerade jetzt, nur kurze Zeit, nur bei einem beschränkten Angebot besteht.

Marken oder Geschäfte, die anstreben, dass man sie für besonders preisgünstig hält, müssen umfangreich von solchen Inszenierungen Gebrauch machen. Benützen sie sie geschickt, gelingt es ihnen manchmal, als preisgünstiger zu gelten als Mitbewerber, die objektiv billigere Preise bieten.

Mit diesem Problem kämpfen oft Fachgeschäfte. Man hält sie generell für teuer, ohne dass man dies im Einzelnen nachgeprüft hat und ohne dass das wirklich für alle Angebote stimmt. Geschäfte, die einzelne sensationelle Preise kommunizieren oder die Preiswürdigkeit zu einer ihrer Imagekomponente gemacht haben, werden immer und für das ganze Sortiment für billiger gehalten, was sich besonders gut in der Ausformung des Elektromarktes beobachten lässt. Auch Geschäfte, die sich in unmittelbarere Nähe eines Aldi/Hofer-Geschäftes befinden, unterliegen dieser Beurteilung – allein durch ihre Nähe gelten sie als generell teurer.

**Angestrebte Signalwirkung: Der Kauf von billigen Produkten zeigt, dass der Käufer clever ist**

Er »kennt sich aus«, er weiß, wo man etwas einkauft, er kauft ein Produkt billig ein (über Wissen, Beziehungen) und überlässt es den nicht cleveren Personen, höhere Preise zu bezahlen. Der mögliche oder vermutete Gegensatz arm – reich wird so durch clever – nicht clever ersetzt.

Das ist eine Strategie, die zum Beispiel für den Erfolg von Discountergeschäften bzw. von Geschäften, die eine Preisführerschaft anstreben, von hoher Relevanz ist. Es sind nicht die objektiven Preise allein, die attraktiv wirken, sondern es ist diese signalisierte Bedeutung der cleveren Person, die ihre Wirkung steigert. Ähnliches führen im Augenblick die Billigfluglinien vor, die keineswegs nur von Minderbemittelten benützt werden, sondern ebenso von Elitegruppen.

Dazu ist freilich ein beträchtlicher semiotischer Aufwand nötig, und eine solche Botschaft kann nur im Rahmen eines Feldes oder einer Struktur übermittelt werden. Analysieren wir dazu ein Beispiel genauer, das das Prinzip der Kohärenz, des Aufbaus eines Paradigmas und das gezielte Ausnützen von Äquivalenzen und Oppositionen klarmacht.

### Beispiel: Der Code des cleveren Konsumenten

Dieser Code basiert darauf, dass bestimmte objektiv gegebene Unterschiede so mit Bedeutung aufgeladen werden, dass sie dem Benutzer das Gefühl vermitteln, als aktive, autonome, wissende, clevere Person zu handeln, die aufgrund dieser Gegebenheiten billige Preise bezahlt und die sich dadurch von Personen abhebt, die höhere Preise bezahlen – diese Personen sind dann eben nicht clever, nicht wissend, nicht autonom, nicht aktiv.

Wie wir gesehen haben, ist dieses Bedürfnis – zu signalisieren, wer man ist und wer man ganz sicher nicht ist – weit verbreitet, und genau dem kommt die Konstruktion eines Codes entgegen, in dem ein Element eine Bedeutung auch dadurch erhält, dass es etwas offensichtlich nicht ist.

Solche Codes spielen im Bereich der sozialen Abgrenzung eine große Rolle. So beschreibt Thorsten Veblens berühmte Analyse der *leisure class*, also der feinen Leute um die Jahrhundertwende, die aufwendigen Strategien dieser durch Reichtum aufgestiegenen Gruppen, mittels derer sie signalisieren: »Wir brauchen ganz offensichtlich nicht zu arbeiten. Wir brauchen ganz offensichtlich nicht zu sparen.«

Das Gegenteil – »Ich habe es nicht notwendig, hohe Preise zu bezahlen, ich bin clever, und zwar *conspicuous clever*, ich signalisiere das nach außen und ich signalisiere das an mich selber, das heißt, ich genieße es, clever zu sein« – ist ähnlich aufwendig zu inszenieren. Eine solche Inszenierung stellen Discountermärkte dar.

Ich schildere im Folgenden die Ergebnisse einer empirischen und semiotischstrukturalistischen Analyse über einen großen Elektrodiscounter, der erfolgreich in den österreichischen Markt eintrat. Das Geschäft – im Folgenden Geschäft I genannt – befand sich, wie das meist der Fall ist, außerhalb des Stadtzentrums, war groß, hatte die übliche Ausstattung sowie das Sortiment, die Preise und den Typ der Werbung, wie sie für diese Geschäfte charakteristisch sind. Die Analyse wurde übrigens für eine andere Elektrohandelsorganisation (= Geschäft II) durchgeführt, die bis dahin als sehr preiswert und attraktiv gegolten hatte, aber nicht über diese discounterhafte Ausstattung verfügte und die fürchtete, und zum Teil auch konstatierte, an Attraktivität zu verlieren, obwohl ihre objektiven Preise gleich waren. Die Bedeutung des Geschäftes II änderte sich dadurch, dass Geschäft I auftrat – Geschäft II, oder jedenfalls einige Merkmale von Geschäft II, trat in Opposition zu Geschäft I.

Warum aber war Geschäft I so attraktiv? Das lag daran, dass Geschäft I den Code des cleveren Konsumenten benützte, Geschäft II aber nicht.

Wie im Folgenden anhand der Analysedaten gezeigt werden soll, bedeutet das, dass, über das Merkmal »billiger Preis« hinausgehend, noch eine Reihe zusätzlicher sozial hochrangiger Werte aufgebaut wurden. Genau diese Wertekombination ist es, die den Geschäftstypus Discounter charakterisiert. Welche Werte sind dies nun?

Der Ankerreiz ist der Preis, allerdings nicht ein einfach mitgeteilter, sondern ein dramatisch inszenierter Preis. Ähnlich wie ein auffällig hoher Preis Prestige signalisiert, tut dies auch ein auffällig billiger. Das ist jedoch nicht alles. Diese Geschäfte leben von der Abweichung, die sie gegenüber anderen Geschäften darstellen, und zwar auf jeder Ebene: Sortiment, Warenpräsentation, Verkaufsprozess, Werbung. Und sie gestalten diese Gegebenheiten so, dass sie in Opposition zu deren Ausformung bei den anderen Geschäften treten und dass sie gleichzeitig die Bedeutung vermitteln: Das ist adäquat für eine freie, autonome, wissende, clevere Person. Ein Slogan für Mediamarkt lautet zum Beispiel »Ich bin doch nicht blöd« oder später »Geiz ist geil«; das Prinzip der Opposition und des Paradigmas also.

So versuchen Fachgeschäfte, ihre Waren schön zu präsentieren und sie von Verkäufern erklären zu lassen. Discounter lassen sie in Schachteln herumstehen, die der Kunde selbst aussuchen muss – genau das vermittelt ihm das Gefühl, dass er eine Beratung nicht brauche, da er sich auskennt. Insgesamt verfolgen Discountgeschäfte eine Inszenierung der Reduktion – auf jeder Ebene, auch bei der Werbung, die eben nicht schön oder glanzvoll sein darf. Genau das profiliert sie und stützt auch ihre Preise glaubwürdig ab: Es ist eben an allem Unfunktionalen gespart worden.

Im Folgenden die Ausformung der beiden gegensätzlichen Positionen, die dem Code des cleveren Konsumenten zugrunde liegen.

| **Das »Fachgeschäft«** | **Der Discounter** |
|---|---|
| Verkäufer | keine/wenig Verkäufer |
| Coaching des Kunden | Der Kunde sucht sich selber seine Waren |
| Der Kunde wird beraten | Der Kunde informiert sich vorher |
| Der Kunde verfügt über kein Wissen | Der Kunde kennt sich aus |
| Waren hinter »Barrieren« | Waren in Schachteln, der Kunde reißt sie auf, holt sich selbst seine Waren |
| Waren werden als Einzelstücke vorgeführt | überwältigende Opulenz von Waren; Schachteln und Displays suggerieren, dass das »Neueste« noch nicht ausgepackt da steht |
| Ordnung, Ausstattung, Ambiente | Reduktion, Askese, »Lagerhalle« |

| | |
|---|---|
| Werbung mit Unterhaltungswert, gut gestaltet | Werbung ist reine Preisliste |
| klein, überschaubar, nah | groß, überwältigend, entfernt vom Zentrum |
| ↓ | ↓ |
| adäquat für die Werte traditioneller älterer Mittelschichten | adäquat für Personen, die als Werte favorisieren und durch ihr Handeln ausdrücken: autonom, wissend, clever, mobil, jung und aktiv |

Wenn man zusätzlich bedenkt, dass Elektrogeräte von der Faszination der Unterhaltungselektronik leben, die ihrerseits mit den Werten »zukunftsorientierte Technik«, »das Neueste ist das Beste« sowie mit »Jugend« korreliert ist, wird die hohe Attraktivität dieser Inszenierung gerade für diese Gruppen, die besonderes Interesse für solche Geräte haben, klar.

Geschäft II hatte also eine besondere Strategie zu wählen, die hier nicht weiter geschildert werden kann.

Auch Aldi/Hofer bietet nicht nur billige Preise, sondern es bietet eine Einsparung bei Zeit und Aufmerksamkeit. Wenn man zu Aldi/Hofer geht, muss man nicht mehr Preise vergleichen und sich fragen, ob man wirklich das Billigste und die beste Preis-Wert-Relation erhalten hat oder ob man hätte weiter suchen oder warten sollen: Bei Aldi/Hofer tritt man in einen geschützten Raum ein, in dem man sicher sein kann, immer etwas Preiswertes und immer etwas Gutes zu erhalten.

### Die Signalwirkung von hohen Preisen

Naturgemäß lassen sich Produkte auch teurer verkaufen, als es ein objektives, rationales Kalkül der Konsumenten einem nahe legen würde, nämlich dann, wenn es gelingt, den Preis als Zeichen für dahinter stehende Werte stehen zu lassen: für Qualität, für Dauerhaftigkeit, für Leistung, und, auch wieder, wenn dem Käufer das Gefühl vermittelt wird, durch den Erwerb eines hochpreisigen Gutes eine besondere Person zu sein. In jedem Produktfeld gibt es Marken und Produkte, die erfolgreich Hochpreisstrategien verfolgen. Diese bedürfen ebenso wie Tiefpreisstrategien einer besonderen Inszenierung, die jede Ebene des Produktes erfassen muss: Produktrealität, Packung, Werbung etc.

Anders als bei Tiefpreisstrategien, wo es um die besonders spektakuläre Inszenierung des günstigen Preises geht, müssen Hochpreisstrategien im Allgemeinen den Preis verschweigen – sie müssen die abstützenden Werte dramatisieren und sich darauf verlassen können, dass die Gruppen, auf die es ankommt, die Preise kennen. Daher ist es beispielsweise sehr schwer, Platinschmuck zu verkaufen, denn er ist sehr teuer, sieht aber aus wie Silber oder Edelstahl.

Der Wert, der im Allgemeinen mit Hochpreisstrategien verkauft wird, ist Prestige, sofern es sich um heraldische, also öffentlich sichtbare Produkte handelt; in anderen Produktfeldern ist eine Hochpreisstrategie dann möglich, wenn es gelingt, den Preis als Indikator für Qualität und Leistung stehen zu lassen. Dafür bieten die einzelnen Produktgattungen nicht gleich günstige Voraussetzungen: Es ist ziemlich schwierig bei Waschmitteln, es ist leicht bei heraldischen Produkten wie Autos, Möbeln, Kleidung und überhaupt bei Produktgattungen, deren Wirkung man als subjektiv relevant betrachtet, die aber nicht unmittelbar beobachtbar ist. Ein solches Feld sind zum Beispiel Gesundheitsprodukte oder Kosmetik. Gerade bei Gesichtspflege wird der Preis in hohem Ausmaß als Indikator für Qualität und Wirksamkeit genommen – eine Marke, die billig ist, »kann« gewissermaßen nichts bewirken, eine teure Marke »muss« etwas bewirken.

Auf dem Gebiet der Kosmetik sind deutliche Zuwächse bei Hochpreiskosmetik zu verzeichnen – entsprechend dem Bedürfnis nach maximaler persönlicher Optimierung. Bei Kosmetikmarken kann daher der Effekt auftreten, dass sie auf dem Markt deshalb nicht erfolgreich sind, weil sie zu billig angeboten werden.

Diese unterstellte Korrelation Preis – Wirkung nützt etwa auch das Schuppenshampoo Crisan aus, das im Slogan behauptet: »Crisan ist sauteuer, aber es wirkt.«

### 4.2.3 Expressive, distinktive, soziale Funktionen

**»Die feinen Unterschiede«**

Diese drei Funktionen sind oft nicht klar voneinander abgrenzbar, sondern gehen ineinander über. Sie betreffen ein wichtiges Ziel von Konsumaktivitäten.

Konsum ermöglicht es Menschen, in ein soziales Universum einzutreten, in diesem sozialen Universum einen angemessenen Platz einzunehmen, Beziehungen zu anderen Menschen zu etablieren, Unterschiede zwischen Anlässen und Menschen zum Ausdruck zu bringen. Das sind elementare soziale Tatbestände, die in jeder Gesellschaft, gleich welcher Entwicklungsstufe, existieren, und es sind fast immer Prozesse, in denen materielle Güter eine Rolle spielen. Die soziale Funktion ist daher übergeordnet.

Die expressiven und distinktiven Funktionen betreffen die spezifische Weise, in der in unserer gegenwärtigen Gesellschaft Unterschiede zwischen Menschen zum Ausdruck gebracht werden können – generell und spezifisch über Konsumaktivitäten:

- *Die expressive Funktion bedeutet:* Dadurch drücke ich etwas über mich aus; dadurch dokumentiere ich, dass ich eine ganz individuelle Person bin; dadurch mache ich ein inneres oder nicht unmittelbar zu beobachtendes Merkmal äußerlich sichtbar.
- *Die distinktive Funktion bedeutet:* Dadurch unterscheide ich mich positiv von anderen Personen. Oder spezifischer ausgedrückt: Dadurch unterscheide ich mich in einem sozial positiv zu bewertenden Sinn; dadurch schneide ich in einem sozialen Vergleichsprozess gut ab; dadurch gehöre ich einer bestimmten, manifesten oder latenten Gruppe an und/oder trete in Kontakt mit ihr.

Beide Funktionen erlauben dem Einzelnen, eine Bedeutung auszudrücken, eine Botschaft über sich selbst zu formulieren: wie er ist, wie er gesehen werden möchte, welchen Gruppen, Werten, Ideologien er sich zugehörig fühlt und, was wesentlich ist, wer er sicher nicht ist. Letzteres ist ein wichtiger Gesichtspunkt. Personen wissen vielleicht nicht immer, was sie genau wollen und wie sie genau sein wollen, aber sie wissen, was sie nicht sein wollen: sicher keine Spießbürger, sicher keine Neureichen, sicher nicht konservativ, sicher nicht glitzernd auffällig etc.

Nutzen dieser Art sind meist unter dem Aspekt des Sozialprestiges beschrieben worden – dieses meint im Wesentlichen das Bedürfnis, zu signalisieren, dass man einen möglichst hohen Rang in der Gesellschaft einnimmt, dass man durch den Erwerb oder den Gebrauch bestimmter Produkte einen hohen Status besitzt. Dieser Mechanismus funktioniert sicher auch noch heute – ich beschreibe ihn später genauer , er engt aber den Signalwert von Produkten ein.

Was man heute signalisieren möchte und auch kann, ist vorrangig der Wert, eine ganz individuelle Person zu sein. Denn die Möglichkeiten, sich Anerkennung und Ansehen zu verschaffen, haben sich in unserer Gesellschaft beträchtlich erweitert. Schließlich hat sich die einstmals enge Korrespondenz zwischen sozialen Positionen und den ihnen gemäßen Stilen, wie in dem Kapitel über Zielgruppen ausgeführt, gelockert: Stile will und kann man heute kaufen, gleich, welches die persönlichen und sozialen Merkmale des Käufers sein mögen.

### Anerkennung/Distinktionsgewinn

Das Bedürfnis, von anderen Gesellschaftsteilnehmern anerkannt oder bewundert zu werden, sich als eine geachtete Person zu fühlen, ist in vielen Kulturen anzutreffen. Es gibt jedoch große kulturelle und historische Unterschiede in Bezug auf die Merkmale, durch die man in einer Gesellschaft oder in einer konkreten sozialen Gruppe Anerkennung erzielen kann. Im Wesentlichen hängt dies von den Werten ab, die in einer Gesellschaft als hochrangig betrachtet werden.

So gewährleistet in einer Gesellschaft, die kriegerische Aggression oder Religiosität als hochrangig setzt, die Demonstration von kriegerischem Mut oder von Religiosität Anerkennung – in unserer Gesellschaft ist dies nur noch sehr eingeschränkt der Fall. Anerkennung kann prinzipiell über das Signalement eines hohen sozialen Status erfolgen oder über das Signalement positiv bewerteter persönlicher Eigenschaften.

Wir berühren hier einen wichtigen Punkt, der mehrere Fragenkomplexe gleichzeitig betrifft: die Frage nach den Leitbildern, aber auch die Frage nach Autorität, Ansehen und sozialem Einfluss und letztlich die Frage nach den Handlungsorientierungen. Gerade Handlungs- und Systemtheorien weisen darauf hin, dass Macht, Ansehen, moralische Führerschaft wichtige Steuerungsmechanismen sind, und untersuchen, welche Bedingungen jeweils vorliegen müssen, damit jemand über diese Dimension Einfluss ausüben kann. Im Rahmen dieser Theorien wird zwischen Macht, Einfluss, Ansehen, moralischer Führerschaft unterschieden.

Macht ist dabei korreliert mit Weisungen/Abschreckungen, wirksamen Sanktionspotentialen, sie stützt sich auf Regelungen der Systemebene, moralische Führerschaft dagegen auf Wertbindungen. Auch zwischen Ansehen und Einfluss bestehen Unterschiede. Ansehen muss sich nicht nur auf die soziale Position stützen, sondern es kann sich auch gründen auf:

- physische Stärke/Gewandtheit,
- körperliche Attraktivität,
- technisch-praktische Fähigkeiten,
- intellektuelle Fähigkeiten,
- Willensstärke, Glaubwürdigkeit, Zuverlässigkeit.

*Einfluss* stützt sich primär auf:

- Besitz, soziale Ressourcen,
- Position,
- aber auch Wissen.

Distinktion bedeutet, dass man über äußerlich erkennbare und von den Gesellschaftsteilnehmern rasch verstandene Zeichen demonstriert, welchen Rang man in der Gesellschaft einnimmt und welche Eigenschaften man besitzt und welche nicht. Dieser Wert wird übrigens auch in kleinen Stammesgesellschaften signalisiert, deren Mitglieder sich persönlich kennen – hier ist es nur Häuptlingen oder erfolgreichen Kriegern gestattet, bestimmte Bemalungen, Schmuck, Kleidung zu tragen.

Produkte/Marken, ihre Auswahl und Kombination, der Konsumstil als Ganzes spielen in unserer Gesellschaft eine wichtige Rolle – und zwar heute umso eher, als sich traditionelle Gruppenbildungen und -bindungen mehr und mehr auflösen. In früheren Zeiten, oder auch noch eine oder zwei Generationen vor uns, war weitgehend vorgegeben, welcher sozialen Gruppe man angehörte. Diese langfristige und kaum veränderbare Zugehörigkeit schränkte den Einzelnen, wie schon beschrieben, in seinen Möglichkeiten der Statusdemonstration maßgeblich ein. Ein Adeliger blieb ein Adeliger und ein Kleinbürger ein Kleinbürger, die Signalwerte für Frauen, Kinder, ältere Personen etc. waren festgelegt und kaum variierbar. Heute sind Schichtgrenzen zwar noch vorhanden, aber erheblich durchlässiger. Entsprechend wächst das Bedürfnis nach Zeichen, die dokumentieren, welchen Rang man einnimmt.

Dabei kommt eine wichtige Regel zum Tragen: Man möchte immer die Merkmale/Werte signalisieren, die in einer Gesellschaft als hochrangig, integrierend, sinnstiftend gelten. Die Orientierung erfolgt also immer nach oben, nicht nach unten, dies betrifft Status/Rang, aber auch persönliche Eigenschaften. Man will also signalisieren, dass man einer sozial gut bewerteten Gruppe angehört, aber auch, dass man positiv bewertete Eigenschaften besitzt.

Dieses Bedürfnis – durch den Erwerb von Produkten oder äußerlich erkennbaren Zeichen Rang zu signalisieren – findet sich früh in unserer Geschichte. So entstand im Spätmittelalter, als das Bürgertum der Städte zunehmend Zugang zur sozialen Macht bekam, das Bedürfnis, adelige Lebensformen zu kopieren: durch Kleidung, Ernährung, Unterhaltung. Entsprechend folgten – ziemlich vergebliche – Versuche, durch Kleiderordnungen zu bestimmen, wer was tragen durfte, welche Schleppenlänge oder Huthöhe etwa Frauen welcher sozialen Klasse vorbehalten war. Ebenso setzte sich im 19. Jahrhundert der Konsum von Kaffee und Zucker mit außerordentlicher Geschwindigkeit in weiten Bevölkerungsgruppen durch, da diese bisher Oberschichten vorbehalten gewesen waren. Das Verlangen nach Dokumentation von Rang und Status steht am Beginn der industriellen Konsumkultur. Und es ist die Konsumkultur (oder nach Simmel das Geld) generell, die die Schichtgrenzen tatsächlich durchlässig gemacht hat.[119]

Wenn der Zugang zu guten sozialen Positionen nur durch Geburt allein möglich ist, ist er nur wenigen Personen vorbehalten; wird er aber im Sinne eines Marktes geregelt, erhöht das die Zahl der Aspiranten auf ein Vielfaches. Das Verhalten der nachrückenden Schichten, augenfällig zu demonstrieren, dass sie sich einen elitären und adeligen Lebensstil leisten können – durch Muße, Nicht-Arbeit, Verschwendung – analysierte Thorsten Veblen schon 1899 über die Phänomene *conspicuous leisure/conspicuous consumption.*

Alles das bedingt ein differenziertes Signalement von Zeichen. Diese Zeichen sind einfacher zu setzen, wenn es um das Signalement eines höheren Status geht, und schwieriger, wenn es sich um das Signalement persönlicher Eigenschaften handelt. Beim Signalement eines höheren Status existiert ein Mechanismus, der in vielen Märkten Marktdynamik erzeugt: der *trickle down effect.*

Elitäre Gruppen einer Gesellschaft versuchen, sich von unteren Gruppen zu unterscheiden, ihnen den Zugang zu ihrer Gruppe zu erschweren, die gegenwärtige Machtverteilung aufrechtzuerhalten. Es gibt daher Objekte, Produkte, Marken, Verhalten, die als elitär gelten und die von Eliten benützt werden. Aufstiegsorientierte Gruppen sind an diesen Gütern besonders interessiert, und geschickte Produzenten bieten sie günstig an (»Discountern von Luxusgütern«, »Luxus für alle« sagt etwa Nissan in einer seiner letzten Kampagnen aus). Damit entsteht ein *trickle down effect* – ehemals seltene und daher von Eliten geschätzte Güter (geschätzt wird ja immer das knappe, seltene Gut) finden sich in großer Zahl; die Eliten sind also gezwungen, neue Zeichen für sich zu finden.

Dieser Prozess unterliegt allerdings einer Reihe von sozialen Bedingungen. Der Wille und die Möglichkeit, elitäre Stile nachzuahmen, ist einerseits beschränkt durch das verfügbare Budget, andererseits aber auch durch den Geschmack: Kleinbürgerliche Gruppen können sich zwar oft keine echten Orientteppiche, echten Bilder oder Kaschmirpullover kaufen, sie wollen es aber auch nicht, sie ziehen wenig Vergnügen daraus, diese Dinge zu besitzen, auch wenn sie wissen, dass sie teuer und elitär sind.

Vorgänge dieser Art wurden am besten von Pierre Bourdieu beschrieben, der analysiert, dass es neben finanziellem Kapital auch ein kulturelles Kapital gibt, das ungleich schwerer zu erwerben ist und das es über die Ausbildung eines herrschenden Geschmacks Eliten erlaubt, ihre Vorrangstellung weiter aufrechtzuerhalten.

Der Wunsch, in eine höhere Schicht aufzusteigen oder zu signalisieren, dass man zu einer höheren Schicht gehört – also das traditionelle Status-Signalement: »Ich bin reich«, »Ich bin mächtig«, »Ich tue und besitze das, was die Oberen tun und besitzen« , ist nach wie vor vorhanden, ebenso der

Wunsch oberer Gruppen, anderen den Zugang zu diesen Signalwerten zu erschweren. Daneben gibt es jedoch auch zunehmende und immer deutlicher werdende horizontale Gliederungen, die Gruppen jenseits von sozialen Merkmalen zusammenschließen bzw. darauf abzielen, soziale Unterschiede zu verwischen. Was hier signalisiert wird, sind nicht Reichtum und Macht, sondern die Dimensionen, die, wie vorhin beschrieben, Ansehen bedingen. Dazu tritt die Dimension des moralischen Anspruchs, wie er über Umweltbewusstsein oder soziale Verantwortung demonstriert wird, und sehr akzentuiert die Dimension der Individualität.

Vor allem der Freizeitbereich dient der Demonstration dieser Gruppenzugehörigkeit, und natürlich spielt die Konsumkultur hier wieder eine entscheidende Rolle. Auf dem Gebiet der Sportausübung sind zunächst einmal alle gleich – was hier zählt, sind nicht soziale Unterschiede, sondern natürliche wie Kraft, Geschicklichkeit, Jugendlichkeit. Ebenso scheinen Felder dieser Art, wie überhaupt der Bereich der Freizeit, dem Ideal der völlig autonomen, nicht fremdbestimmten Person zu entsprechen. Genau diese Werte verkaufen auch Produkte und Marken, die in diesem Feld agieren.

Alle diese neuen Wertefelder sind für Eliten interessant, da die zeitgemäße Auffassung von Elite fordert, dass man nicht auf simple Weise dokumentiert, »klotzt«, wie reich und mächtig man ist, sondern dass genau dieser Aspekt zurückgenommen und durch Aspekte wie richtige Ideologie, Geschmack, Individualität, Authentizität, richtige Kombination in der richtigen Situation ergänzt wird. Was hier signalisiert werden muss, ist »haben, als hätten wir nicht«.

Eine Person, die heute wirkliche »Elite« dokumentiert, ist schlank, fit, sportlich, sparsam in der Dokumentation ihrer Statussignale, sie ist vernünftig, achtet auf sich, sie hat Geschmack, soziale Sensibilität, moralisches Bewusstsein.[120] Obwohl alle diese Möglichkeiten auch darunter liegenden Schichten offen stehen und von diesen partiell zur Differenzierung benützt werden, gelingt ihnen doch nur selten diese umfassende Kombination.

Im Folgenden seien einige von uns analysierte Strategien zusammengefasst, durch die es heute möglich ist, Anerkennung und Ansehen zu erzielen. Sie sollen aber nicht als abstrakte Möglichkeiten beschrieben werden, sondern in ihrer Verbindung zu sozialen Gruppierungen. Anerkennung und Prestige sind ja immer auf die soziale Umgebung, in der man sich bewegt, und auf die Werte, die man signalisieren möchte, bezogen. Ebenso sind die Zeichen, die eingesetzt werden, um Anerkennung zu erzielen, von Gruppe zu Gruppe verschieden. Sie müssen sparsam eingesetzt werden und auffällig sein, denn sonst sind sie überhaupt nicht zur

Charakterisierung tauglich. Aber sie müssen gleichzeitig von der umgebenden Gruppe verstanden werden. Wenn sie nicht dekodiert werden können, ist ihr Distinktionsgewinn gering, der Aufwand lohnt sich nicht.

Im Wesentlichen lassen sich heute vier Konsumstile unterscheiden, die unterschiedlich in ihren Definitionen von Ansehen, Status, Prestige sind, Güter jeweils in anderen Funktionen einsetzen und mit unterschiedlichen Motivationen auswählen und benützen. Teilweise sind diese Stile charakteristisch für reale soziale Gruppierungen, teilweise aber sind es Mentalitäten/Stile, die nebeneinander und nacheinander von einer Person praktiziert werden können. – Hier diese Konsumstile im Detail:[121]

1. *»Keeping up with Joneses« – Orientierung an dem Konsumniveau der Bezugsgruppen*
   Erwerb der Güter, die in der umgebenden Gruppe als Standard bekannt sind. (Alle in der Nachbarschaft haben eine Geschirrspülmaschine, wir brauchen auch eine.)

2. *»Look at me« – demonstrativer Konsum von Gütern/Marken, die als Prestigeobjekte bekannt sind, die sicher zu erkennen sind*
   Hier geht es um die Dokumentation eines Status auf der »Haben-Dimension«, um Besitz (Uhren, Autos, Labels bei Kleidung). Gruppen, die diese Güter in falschen Kombinationen, in zu hoher Quantität, in falschen Situationen einsetzen, ziehen sich oft den Spott der wirklich elitären Gruppen zu; es gelingt ihnen nicht, ihr Handlungsziel Signalement eines hohen Status zu erreichen. Dies ist dann der Typ des Angebers. Eliten heben sich davon durch den genau richtigen Einsatz der Güter ab.

3. *»Die feinen Unterschiede« – demonstrativer Konsum von Gütern, die Elitegeschmack signalisieren*
   Dies erlaubt einen wesentlich höheren Distinktionsgewinn als der vorhergehende Stil und ist nicht mit Geld allein, sondern mit (kulturellem) Wissen zu erzielen. (Er entspricht am ehesten dem von Bourdieu besprochenen Elitegeschmack; siehe dazu Teil D 6.11.) Hier geht es nicht nur um den Besitz einzelner Güter, sondern auch um die spezifische Selektion und Kombination und ebenso um die Inszenierung einer Gesamthaltung. Die Strategien, die im Augenblick benützt werden, sind:
   - Kenntnis des »Neuesten« (im Bereich der Güter, im Bereich der Haltungen);
   - Wahl ganz seltener Objekte;

- völlig individuelle Kombinationen von Elementen, die auch paradox sein können;
- Benützen von Objekten, die früheren Zeiten, oft auch unteren Gruppen entstammen – Kreislauf der sozialen Zeichen (Kartoffelsuppe im Drei-Hauben-Restaurant, Rafting statt Südseeurlaub, Bauerntruhe im modern eingerichteten Wohnzimmer);
- Suche nach dem Authentischen, Echten, Alten (die Antiquitäten, die Fünfziger-Jahre-Uhr);
- Wertschätzung des Regionalen und Internationalen.

4. *Demonstration von individuellen Eigenschaften, Fähigkeiten, moralischem Bewusstsein*
   - Demonstration von Vernunft und Selbstverantwortlichkeit:
     - Der clevere Konsument: Orientierung an demonstrativ niedrigen Preisen/Discountereinkäufe, autonomes Einkaufsverhalten;
     - Demonstration von Askese: das einfache Leben, Konsumverzicht;
     - Demonstration von Umweltbewusstsein, sozialer Verantwortung;
     - Demonstration von Gesundheitsbewusstsein.
   - Die Connaisseurkulturen (praktisch-technische Fähigkeiten): »Important fish in a small pond«; Heimwerker; Hobbyköche etc. Konsumiert wird unter dem Bedürfnis, dadurch »Wissen«, »Fertigkeit« zu zeigen.
   - Demonstration von Jugend, Kraft (physische Stärke/Attraktivität): Konsum unter der Maxime: »Schön, schlank, fit«.

Für den Stil 4 ist charakteristisch, dass genau dadurch versucht wird, soziale Unterschiede zu verwischen: Auf diesem Feld sind gewissermaßen alle gleich, es geht nicht um sozial hoch oder niedrig, sondern um geschickt oder nicht, kräftig oder nicht, vernünftig oder nicht. Tatsächlich aber setzen hier die wachsenden Märkte der Schönheitschirurgie, des Bodystylings oder des persönlichen Coachings an, auf denen sehr hohe Preise verlangt und gezahlt werden. Einen schönen Körper, ein makelloses Gesicht zu haben, bedingt heute nicht nur Geld, sondern auch das Wissen um die richtigen Experten und ein hohes Maß an Disziplin. Genau dieser makellose und bis ins höhere Alter leistungsfähig gehaltene Körper ist ein eindrucksvolles Merkmal moderner Eliten, durch den sie einen hohen Distinktionsgewinn erzielen. Diese Felder entwickeln also andere und schwieriger aufzubauende Inklusionscodes und Exklusionscodes.

**Expressivität, Individualität, Identität**

Entsprechend dem hohen Rang, den das autonome Individuum in der Wertewelt unserer Gesellschaft hat, fühlen sich viele Personen unserer Gesellschaft der Maxime verpflichtet: »Sei ganz du selbst«, es gibt geradezu eine Pflicht zu »Identitätsmanagement« und »Individualitätsmanagement«.[122] Diese Inszenierung einer individuellen Person bedarf besonderer Kunstfertigkeit: Sie muss eine eigenständige Bedeutung ausdrücken, expressiv sein, einen hohen Grad an Authentizität haben, darf also nicht offensichtlich jemanden imitieren, muss aber auch verständlich in ihrer Bedeutung sein – individuell heißt nicht skurril, nicht wirklich völlig einzigartig. Individuell heißt vielmehr, Signale zu geben, dass man sich einer bestimmten Gruppe zugehörig fühlt, in ihr aber individuell abweicht.

Ebenso verbindet sich damit eine andere Vorstellung von Identität. Das Bewusstsein, eine eigene, unverwechselbare Person zu sein, bindet sich nicht mehr kategorisch an die Vorstellung von einer Person, die sich selbst unter allen Umständen treu bleibt, die immer die gleiche bleibt – was die klassische Ausformung der Idee Person besagt und was die Ich-Psychologie, wie sie etwa von Erikson beschrieben wird, als Ideal fordert.[123] Es gibt vielmehr inzwischen ein »Pantheon der Selbste«, ein Spiel mit wechselnden, auch kontroversen Identitäten.

Diesem kulturellen Wert und diesem subjektiven Bedürfnis haben Produkte zu antworten – auch Massenprodukte. Dafür gibt es im Wesentlichen zwei Möglichkeiten:

- Individualität kann rein auf der Ebene der Kommunikation, der Zeichenausstattung liegen – der Auftritt des Produktes ist prägnant und unverwechselbar, verkörpert einen ganz individuellen Stil.
- Das Produkt bietet viele Alternativen an: Sorten, Größen, Zusatzausstattungen, aus denen sich jeder seine eigene Kombination zusammenstellen kann. Das ist inzwischen auch für Geschäfte/Supermärkte eine wichtige Forderung geworden – Kunden haben nur dann das Gefühl, eine richtige Wahl getroffen zu haben, wenn sie aus einer immensen Sortimentsbreite und -tiefe wählen können.

## 4.2.4 Die normative Funktion

Das Produkt signalisiert, dass es im Einklang mit Normen und öffentlich anerkannten Werten steht; im Wesentlichen bedeutet es, dass der Einzelne das Gefühl hat, damit etwas ethisch Vertretbares zu tun, wertrational zu handeln.

Diese normative Funktion besagte 1992 fast ausschließlich Umweltfreundlichkeit und Umweltschutz. Mehr als 80% der Bürger gaben an, für Umweltschutz zu sein; Umweltschutz gehörte zu der Gruppe der Werte, die unangefochten legitimierende und sinnstiftende Funktionen hatten. Schon damals hieß das nicht, dass Einstellung und Verhalten übereinstimmen. Nicht jeder, der für Umweltschutz war, handelte auch umweltbewusst und kaufte umweltfreundliche Produkte – in etwa umfasste die ansprechbare Gruppe aber zwischen 20 und 30%.

Mittlerweile kam es in diesem Bereich zu deutlichen Änderungen. Zwar ist es auch heute nicht möglich, öffentlich gegen Umweltschutz aufzutreten, aber die Relevanz dieses Wertes im öffentlichen und privaten Diskurs – und damit auch als Antrieb für Marktgeschehen – ist erkennbar zurückgegangen. Einerseits erscheint dieser Wert eingebunden in weitere normative Werte, so ethische Überlegungen zum Tierschutz, zu Anbauverfahren, wie sie sich im Bereich der Bioargumentationen finden, oder in Zusammenhang mit moralischen Verpflichtungen Drittländern gegenüber, wie im Fall der Fair-Trade-Produkte; andererseits sind normative Werte für die Mehrheit der Konsumenten erst dann relevant, wenn sie in Zusammenhang mit individuellen Nutzen auftreten, so wird zum Beispiel Bio gewählt, weil man Bioprodukten eine erhöhte gesundheitliche Wirkung zuschreibt. Mittlerweile finden sich paradoxe Kombinationen, etwa wenn ein Hersteller Biotrüffelpralinen herausbringt.

Dennoch spielt der Wert des ethisch Vertretbaren auf dem Markt weiterhin eine Rolle. Es gibt spezielle Produkte, die ihn aufgreifen, und große Marken versuchen zu erreichen, dass man sie auf keinen Fall als gegen die Umwelt oder gegen moralische Überzeugungen gerichtet erlebt.

Auch bei dieser Funktion ist deren zeichenhafte Vermittlung von hoher Relevanz. Die meisten Konsumenten sind naturgemäß nicht in der Lage zu überprüfen, ob ein Produkt tatsächlich normativ richtig, also zum Beispiel wirklich umweltfreundlich oder nach bestimmten Prinzipien erzeugt ist. Das ist etwas, was daher in das Ermessen des Produzenten gestellt und im Wesentlichen auch an ordnungspolitische Rahmenbedingungen geknüpft ist.

Nehmen wir an, ein Produkt wäre tatsächlich umweltfreundlich – die Frage, wie dies überzeugend vermittelt werden kann, ist äußerst schwierig und ganz von der richtigen Zeichenwahl und Zeichenverknüpfung abhängig. Diesem Problem wird in Teil D 7 näher nachgegangen.

### 4.2.5 Die ästhetische Funktion

Darunter versteht man die Rolle, die Produkte über ihre Packung und Gestaltung – über das, was meist Warenästhetik genannt wird – übernehmen können. In der Sprache der Konsumenten bedeutet es, dass Produkte und ihre Verpackungen »schön« sein sollen. Was als schön zu betrachten ist, unterliegt starken individuellen, sozialen, historischen Unterschieden; der Wunsch nach diesem Aspekt des Schönen, nach gutem Design, nimmt aber immer mehr zu. Im Zuge der Demokratisierung des Konsums ist dieser Wert inzwischen breiten Kreisen wichtig – nicht nur bei Luxusgütern, sondern auch bei alltäglichen Waren. Er betrifft das Styling von Geschäften, Tankstellen etc. ebenso wie Produkte des täglichen Bedarfs oder beispielsweise Computer wie den I Mac. Diese Funktion kann daher zur Profilierung benützt werden.

Ein gutes Beispiel stellt die Entwicklung des österreichischen Zuckers dar, der am Anfang, bevor sich Forschungs- und Marketingaktivitäten auf dieses Produkt richteten, in einer hässlichen, industriell und künstlich anmutenden Packung angeboten wurde. Eine der ersten Marketingaktivitäten der Zuckerindustrie war die Umstellung auf eine besonders schöne Packung, die dem Zucker in der Folge eine Image-Entwicklung in den Dimensionen fein, natürlich, sympathisch brachte. Zucker wird inzwischen als ein zeitgemäßer Markenartikel betrachtet. Speziell für traditionelle Marken ist entweder die schrittweise Anpassung an sich ändernde Designvorlieben wichtig, oder es kann eine relativ deutliche Änderung der Packung notwendig werden, wenn diese Adaptionsschritte verpasst worden sind und die Packung plötzlich altmodisch, hässlich, einfach wirkt. Insgesamt lässt sich sagen, dass sich in nahezu allen Produktfeldern eine Entwicklung in Richtung Ästhetik abzeichnet, weil die ästhetischen Funktionen immer wichtiger werden.

### 4.2.6 Stabilisierende und stimulierende Funktionen

Produkte/Marken und ihre Werbung antworten schließlich auch einem elementaren Bedürfnis nach Sicherheit und Stimulation. Niemand möchte, dass alles immer exakt gleich bleibt, dass sich nie etwas ändert – denn dies bedeutet Langeweile, Monotonie. Umgekehrt: Wenn sich dauernd etwas ändert, bedeutet das ein Maximum an Abwechslung, Anregung, im Extremfall aber Unsicherheit, Unberechenbarkeit. Ebenso ist es im Bereich der Kommunikation: Das hundertmal Gehörte ist langweilig, das gänzlich Neue verstörend.[124]

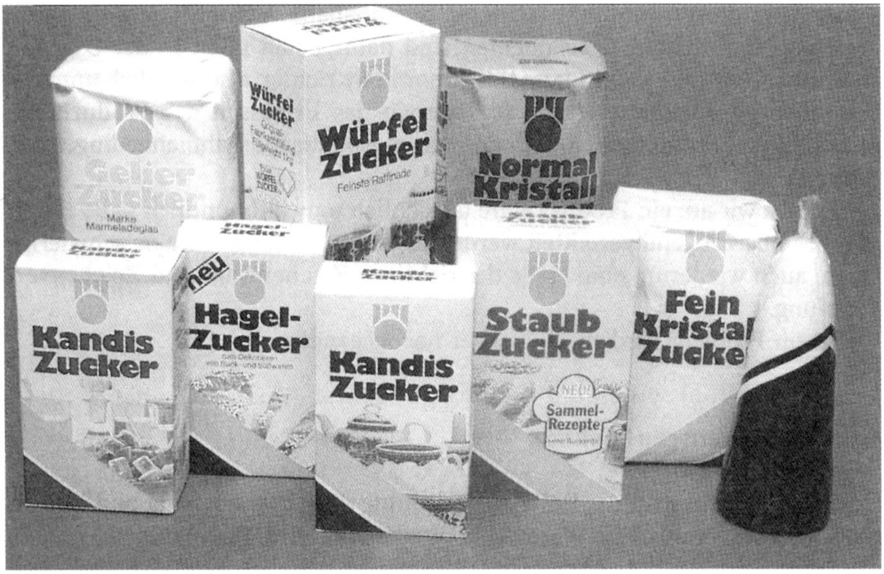
Würfel Zucker
Würfel Zucker
Feinste Raffinade
Normal Kristall
Gelier Zucker
Kandis Zucker
neu
Hagel-Zucker
Kandis Zucker
Staub Zucker
NEU! Sammel-Rezepte
Fein Kristal Zucke

KRISTALL ZUCKER NORMAL
KRISTALL ZUCKER
KANDIS ZUCKER
KANDIS ZUCKER
WÜRFEL ZUCKER
ZUCKER
Gelier ZUCKER
VOLL ZUCKER
ZUCKER
Hagel ZUCKER

Die meisten Menschen streben nach einer Balance dieser Werte: Man möchte, dass bestimmte Strukturen gleich bleiben, dass es innerhalb dieser Strukturen aber inhaltliche Variationen gibt: »Chaos amüsiert uns, Ordnung gibt uns Halt«, wie es die Gruppe Tote Hosen so schön ausdrückt.

Das Phänomen der Marke an sich antwortet schon diesem Bedürfnis nach Sicherheit: Man weiß, was einen bei einer bekannten Marke erwartet. Marken bieten solcherart eine Sicherheit der Orientierung sowie Risikominimierung; sie helfen, Entscheidungen zu routinisieren, Komplexität zu reduzieren und damit den Konsumenten zu entlasten. Eine Reihe erfolgreicher Marken benützt diesen Wert der Sicherheit als zentrales Markenversprechen – übersetzt ihn explizit in verbale oder nichtverbale Zeichen:

- Persil: »Persil, da weiß man, was man hat.«
- Miele: »Verlässlichkeit für viele Jahre.«
- Heinz: »The best things in life never change.«

Die meisten Haushalte haben ein solches Set von Marken und Produkten, das geradezu Stabilität im Alltag garantiert: Essig und Öl, bestimmte Kekse, Zahnpasta, Seife, Getränke, Trinkkakao, Kindercreme etc. – Alltagskulturen sind im

Allgemeinen sehr an Stabilität interessiert. Eine Reihe dieser Marken sind alte regionale, nationale Marken und/oder solche, die in der Biographie ihrer Benutzer eine wichtige Rolle gespielt haben. Bei diesen Produkten und deren Kommunikation ist Kontinuität ein besonders wichtiger Wert. Konsumenten reagieren meist sehr empfindlich auf Änderungen der Verpackung, des Geschmacks, des Geruches.

Ebenso aber gibt es auch das Bedürfnis nach Stimulation, nach etwas Neuem, auch nach Anreicherung und Intensivierung von Wahrnehmungsqualitäten: »Öfter mal was Neues.« Auch diesem Bedürfnis müssen große Marken antworten. Sie müssen ständig aktualisiert werden, etwas Neues herausbringen, zumindest ihre Kommunikation ein bisschen ändern – immer in Grenzen natürlich, nur so weit, als die gewohnte Struktur erhalten bleibt, innerhalb dieser Struktur aber kleine Änderungen vorgenommen werden.

Nivea führt dies exemplarisch auf der Ebene der Sortimentserweiterung vor, ebenso Persil. Selbst eine Marke wie Nordhäuser Korn, die jahrzehntelang für ein Produkt stand, stellt diesem Produkt in letzter Zeit eine Variante zur Seite, nämlich Nordhäuser Ice.

## 4.3 Erläuterung der Funktionen am Beispiel des Zahnpflegemarktes

Eine psychologische Grundlagenuntersuchung zum Bereich des Zahnpflegemarktes beschäftigte sich zunächst mit einer Reihe von Themen, die hier nicht ausgeführt werden (etwa die Bedeutung von Zähnen und Mundraum, die Bedeutung von Zahnpflegevorgängen generell, mit gruppenspezifischen Unterschieden, Markenbildern). Weiter schalteten wir der Untersuchung eine semiotische Analyse der Werbung des Zahnpflegemarktes vor, die sich auch mit der historischen Entwicklung dieses Marktes beschäftigte. Es ergab sich, wie in vielen ähnlichen Fällen, eine Abfolge von Werten und Nutzen, die zu verschiedenen historischen Zeitpunkten jeweils anders definiert wurden, und es zeigte sich, welche Verbindungen es von diesen Werten zu den jeweils bedeutsamen Werten des soziokulturellen Umfeldes gibt.

Generell ist für Zahnpflegeprodukte immer ein Wertepool wichtig, der aus *Schönheit – Sauberkeit/Hygiene – Gesundheit* besteht. Die Gewichtung dieser Werte, ihre Verbindung mit weiteren Nutzen und Funktionen und ihre inhaltliche Definition ist jedoch sehr unterschiedlich, und es war keineswegs Zufall, was zu welchem Zeitpunkt angesprochen wurde.

*1950er Jahre*

Die führenden Marken versprachen primär weiße Zähne. »Weiß« – das eine strahlend schöne Oberfläche, Durchsetzungskraft, Glanz, Jugend, Unbeschwertheit, Vitalität signalisiert – war ein wichtiger Wert dieser Zeit. Auch Waschmittelmarken operierten mit diesem Versprechen (vgl. Weißer Riese, Radion).

*1960er Jahre*

Die führenden Marken versprachen Schutz vor Mundgeruch. Korreliert ist das mit sozialer Gepflegtheit, Angst vor sozialer Missachtung, Sieg der Technik über die Mängel der Natur. Die sechziger Jahre waren auch die Zeit, in der sich Deos durchsetzen, die ähnlich argumentierten. Die Forderungen der Gesellschaft rückten in den Mittelpunkt des öffentlichen Interesses, diskutiert wurden ihre Zwänge, aber auch das Konzept der Opinionleader, des *two step flow of communication* und Ähnliches.

*1970er Jahre*

Die führenden Marken versprachen Gesundheit. Mehreren ehemals führenden Marken, die mit den Werten weiße Zähne frischer Atem verbunden waren, gelang es nicht, sich als gesundheitlich orientierte Marken zu positionieren, sie sanken ab, so etwa Signal. Diese Entwicklung zeigte sich übrigens weltweit: Das Versprechen weißer Zähne war generell noch in Entwicklungsländern wirksam, aber selbst dort begannen gebildetere Gruppen, Zahncremes mit Gesundheitsappellen zu kaufen. Die dahinter stehenden Werte sind die Sorge um sich, Eigenverantwortung, Verwissenschaftlichung des Lebens.

*1980er Jahre*

Die medizinische Positionierung von Zahncrememarken setzte sich endgültig durch. Mehrere spezielle Segmente erscheinen (Paradontose: Mentadent, Blend-a-med; Zahnbelag: Ziel, Antibelag).

*1990*

Um 1990 wurden die Gesundheitsversprechen noch differenzierter und stärker. Das Produktfeld erweiterte sich: Medizinische Mundwässer, Zahnbürsten wurden beworben – Zahnpflege wurde zu einem Vorgang, zu dem man mehrere Instrumente, Produkte braucht und der ein spezialisiertes und differenziertes Vorgehen verlangt. Gleichzeitig entstanden Segmente, die individuelle Gegebenheiten ansprachen: Zahncremes für Leute mit empfindlichen Zähnen, Zahncremes für junge Leute und Kinder, Zahncremes für Naturliebhaber. In manchem Haushalt verwendete jeder eine andere Zahncreme.

Besonders erfolgreich waren Marken, die zu deutlich über dem Durchschnitt liegenden Preisen verkauft wurden und die eine hohe medizinische Kompetenz signalisierten – teilweise Marken, die vorher nur in Apotheken zu bekommen waren.

Als Werte waren also Individualisierung und Spezialisierung (die mit einer erhöhten Komplexität des Feldes verbunden war) dazugekommen. Dadurch entstand zugleich ein erhöhtes Bedürfnis nach Orientierung, nach Reduktion der Komplexität. Dem entsprach man einerseits durch profilierte Preisstrategien (Hochpreisstrategien, Tiefpreisstrategien), andererseits durch die Vertrauenskomponente von Marken.

### Instrumentelle Funktion

Aus dieser Entwicklung lassen sich bereits einige Schlüsse für die Positionierung auf der instrumentellen Ebene ziehen: Zahnpflege partizipiert offensichtlich deutlich an den jeweils herrschenden Wertvorstellungen. Das bedeutet für die Ausformung der instrumentellen Funktionen:

- Gesundheitsappell, der durch möglichst hohe wissenschaftliche, medizinische, ernsthafte Autorität abgestützt sein muss;
- individueller Appell: »Wirksam für Personen mit den Merkmalen ...«;
- Spezialisierung.

Zu beachten ist, dass die Wirkungen, die man sich von Zahnpflegeprodukten verspricht, nicht beobachtet werden können – sie liegen in der Zukunft. Es geht also darum, diese Nutzen zeichenhaft erfahrbar zu machen, und zwar auf jeder Ebene des Produktes: durch Farbe, Konsistenz, Geruch, Geschmack, durch die Anmutung der Packung, den Namen und die Werbung. Diese müssen signalisieren:

- ernsthaft, kompetent,
- verlässlich, gesund,
- vertrauenswürdig *(trust and care)*.

### Ökonomische Funktion

Der Preis wird als Indikator für Qualität genommen, hochpreisige Marken haben Erfolg. Das Gefühl »You get what you pay for« ist vorhanden. Wie immer bedürfen Hochpreisstrategien aber einer besonderen kommunikativen Abstützung.

### Expressive, distinktive, soziale Nutzen

Sie können mit Zahnpflege und mit der Wahl von Zahnpflegeprodukten verknüpft werden. Unsere Daten zeigten ganz deutlich, dass man mit der Wahl einer Zahncreme, mit dem Ausmaß an Sorgfalt, das man diesem Gebiet widmet, etwas über sich ausdrücken kann, und zwar:

- als expressive/distinktive Werte: soziales Höherstehen, Vernunft, Langzeitdenken, Sorge um sich;
- als soziale Werte: Sorge um die Gesundheit der anderen (Rolle der Frau in der Familie).

Die in diesem Feld aufgebaute Opposition war:

| **Personen, denen Zahnpflege wichtig ist** | **Personen, denen Zahnpflege nicht wichtig ist** |
|---|---|
| sozial hoch stehend | sozial tief stehend |
| wissend, informiert | unwissend |
| vernünftig, sorgsam | leichtsinnig |
| Langzeitdenken | gegenwartsbezogen |
| fürsorglich | egoistisch |
| individuell | Masse |
| ↓ | ↓ |
| Elite | Volk |

Dies ist insofern erstaunlich, als es sich bei der Verwendung von Zahncreme sicher nicht um ein heraldisches Objekt handelt – es ist ja nicht öffentlich sichtbar. Dennoch zeigt sich, dass genau jene Marken erfolgreich waren, die diesen Code benützten, die also signalisierten: Wenn du diese Marke wählst, wählst du gleichzeitig diese semantischen Merkmale als die dir gemäßen. (Siehe dazu auf der linken Seite die Bilder aus unserem Test: Personen, denen man wenig Aufmerksamkeit für Zahnpflege zuordnete.)

## Normative Funktionen

Funktionen dieser Art waren in dem Feld schwach ausgeprägt. Die sonst in jedem Feld anzutreffende Position Umweltfreundlichkeit, Umweltschutz existierte nur schwach. Es gab gewisse Ansätze, überverpackte Produkte zu vermeiden; und es gab Naturcremes, die sich aber nicht als Opposition, Entlarvung und Verbesserung industrieller Zahncremes verstanden, sondern als reizvolle Alternative.

Die vorherrschende Ideologie dieses Feldes folgte der Maxime: »Wissenschaft und Technik besiegen die Mängel der Natur«. Die relevanten Werte waren daher primär: Leistung, Fortschrittlichkeit, Zukunftsorientierung – es handelt sich also um eine Produktgattung, die eher die Ideologie des Zentrums vertritt. Diese Ideologie benützten primär die neu hinzukommenden medizinischen Mundwässer, die ferner mit der Ideologie der sich selbst permanent methodisch kontrollierenden Person arbeiteten. (»Sorge selbst dafür, dass jede mögliche Gefahr ausgeschaltet wird.«)

## Ästhetische Funktionen

Es gab kaum Ansprüche auf Ästhetik im Sinne des dekorativ Schönen, des unfunktional Schönen, im Sinne eines interesselosen Wohlgefallens. Das Feld benützte eine ganz bestimmte Ästhetik, die primär ernsthafte Wirkung signalisierte: nüchtern, funktional, ernst, voll autoritativer wissenschaftlicher Zeichen in Bild und Text – ganz offensichtlich »nicht schön«.

Aus alldem, vor allem aus der Korrelation dieser Merkmale, aus dem, was hier als zusammengehörig und sich ausschließend gedacht wird, lässt sich so die Botschaft oder die Ideologie dieses Feldes erschließen, die eine neu hinzutretende Marke zu beachten hatte – sei es, dass sie diese Ideologie noch besser zu verkörpern versuchte, sei es, dass sie eine interessante Alternative bot:

Es liegt ein Problem vor,
ein Feind, der bekämpft werden muss

↓

»Bakterien« – unsichtbare Feinde, die Zähne zerstören,
Schmerz verursachen,
den Menschen in eine sozial unakzeptable Person verwandeln

↓

Dies ist ein natürlicher Prozess, ein Teil der »schlechten Natur«

↓

Ein starker Feind braucht einen starken Gegner

↓

Wissenschaft und Technik bekämpfen die Mängel der Natur,
heben die Probleme der Natur auf

Daher:

| Positiv | | Negativ |
|---|---|---|
| System Wissenschaft | gegen | schlechte Natur |
| Menschen sozial oben | gegen | Menschen sozial unten |
| vernünftig | gegen | unvernünftig |
| ernsthafte Sprache | gegen | schöner Schein |

Betrachtet man den Zahnpflegemarkt heute, so sieht man, dass dieser Markt der allgemeinen Tendenz zur Spezialisierung und Individualisierung folgt: Für jeden Anspruch, für jede Gruppe, für alle in diesem Bereich auftretenden Probleme wird eine Zahncreme geboten, und zwar in mehreren Varianten, Konsistenzen und von mehreren Marken, die alle im

Bereich der instrumentellen Nutzen die nahezu gleichen Versprechungen machen.

Wiedergekehrt sind auch alle historisch einmal bedeutsamen Positionen. So gibt es heute wieder Zahncremes, die für weiße Zähne sorgen, deren Marken entsprechend der ästhetischen Funktion dieses Nutzens den künstlerischen Namen Rembrandt tragen. Es gibt unzählige medizinisch positionierte Marken, Marken für empfindliche Zähne, Marken für Kinder, Marken für ältere Personen, das Hochpreissegment mit Elmex und Aronal, nur noch in wenigen Ansätzen Naturzahncremes, Zahncremes mit natürlichen Zusätzen. Im Feld der Zahncremes hat die Ideologie der Wirkung, der Leistung, der medizinischen Orientierung und gleichzeitig die immer schwieriger werdende Differenzierung in immer kleinere Felder hinein die Führung übernommen.

# 5 Strategien der Wertsteigerung

## 5.1 Prime value – labor value – symbolic value

Wenn wir Marktgeschehen als Austauschprozess definieren, dann liegt das Ziel der Konsumenten summarisch darin, für ihren finanziellen Einsatz einen möglichst hohen Gegenwert zu erhalten, also Produkte einzutauschen, die ihnen wertvoll erscheinen. Ebenso ist es das Ziel der Anbieter, Produkte so anzubieten, dass sie möglichst wertvoll erscheinen, dass sie einen hohen Tauschwert haben, stark nachgefragt werden. Was wertvoll ist, scheint zunächst wieder vom rein Subjektiven abhängig zu sein: Für den einen macht eine Eigenschaft A ein Produkt wertvoll, für den anderen eine Eigenschaft B. Soziale, altersspezifische, regionale Gruppen entwickeln andere Definitionen.

Der Begriff des Wertes und des Wertvollen ist aber nicht eine nur individuelle Kategorie, sondern er ist auch eine Frage des kulturellen Bezugsrahmens: Es ist die Kultur, die festsetzt, was zu einem bestimmten Zeitpunkt als wertvoll zu gelten hat. Reliquien stellten im Mittelalter zu Höchstpreisen gehandelte Waren dar, Kirchen, Städte und Gemeinden wetteiferten um ihren Besitz – keine Gemeinde würde sie heute mehr kaufen, niemand würde heute mehr Geld für einen Ablass ausgeben. 1950 hätten Hirselaibchen aus biologischem Anbau keinerlei Wert repräsentiert, wir dagegen schätzen heute die damals so beliebten technischen Zusätze (»Jetzt mit mehr ...«) nicht mehr.

Es ist der kulturelle Bezugsrahmen, der festsetzt, was in einer Kultur als Wert betrachtet wird, was Waren/Objekte und Güter wertvoll und begehrt macht. Wenn es also um die Positionierung von Produkten geht und um die Strategien, durch die der Wert von Produkten demonstriert und überzeugend argumentiert werden kann, ist diese Frage sehr wichtig.

In meinen empirischen Arbeiten hat sich als Analyserahmen ein aus der Kulturanthropologie entlehntes Klassifikationsschema sehr bewährt.[125] Aus kulturanthropologischen Analysen ist ableitbar, dass sich der Wert von Objekten durch drei Dimensionen beschreiben lässt:

- *Prime value:* Der Wert, der aus dem Material kommt.
- *Labor value:* Der Wert, der aus Bearbeitungsverfahren kommt.
- *Symbolic value:* Der Wert, der innerhalb der Kultur als besonders wichtig betrachtet wird und als dessen Träger das Objekt erscheint.

Auch Produkte lassen sich durch diese drei Dimensionen hinsichtlich ihres Wertes charakterisieren und positionieren. – Der Analyserahmen:

Symbolic value

Labor value | Prime value

**Prime value**

Prime value meint im ursprünglichen Sinn dieses Ausdrucks Werte, die mit den Materialien verknüpft werden, aus denen Objekte gefertigt sind. So sind in allen Kulturen Objekte wertvoll, die aus wertvollen Materialien hergestellt sind: aus Gold, Diamanten etwa. Verschiedene Epochen und Kulturen betrachteten aber auch andere Materialien als wertvoll – so galten etwa Glassteine im Mittelalter als wertvoller als Halbedelsteine.

Was Materialien also wertvoll macht, ist wiederum eine Sache des kulturellen und sozialen Bezugsrahmens. Es lassen sich aber einige Merkmale angeben, die für Materialien dieser Art in vielen Fällen eine Rolle spielen. Zunächst sind es immer seltene Materialien, und es sind oft Materialien, die den Extrempunkt einer Dimension markieren:

- das ganz Dauerhafte/nicht Zerstörbare: Gold/Diamanten,
- das ganz Flüchtige: Weihrauch/Parfüm,
- das von ganz weit Herkommende: Gewürze, Seide (in früheren Zeiten), exotische Hölzer,
- das aus sakralen Bezirken Kommende.

Viele dieser als wertvoll betrachteten Materialien setzen oft einen besonders starken Wahrnehmungseindruck: das Funkeln von Gold, die Lichtreflexion von Diamanten, das Geruchserlebnis bei Parfüm/Weihrauch. Schließlich werden Materialien auch wertvoll, weil sich in ihnen wesentliche Werte der Kultur/Kulturideale spiegeln: So schätzen wir im Augenblick alles, was sich in irgendeiner Form als frisch oder natürlich darstellt.

Naturgemäß gibt es in den verschiedenen Produktfeldern verschiedene Kriterien, durch die Materialien, Zutaten, Stoffe wertvoll werden; auf einer allgemeinen Ebene lassen sich aber zumindest einige Kriterien angeben, die Materialien für viele Bereiche unserer Produktkultur wertvoll machen:

1. selten;
2. Extrempunkte einer Dimension:
   - sehr dauerhaft – sehr flüchtig,
   - von weit herkommend – ganz aus der Nähe,
   - aus der Tiefe – aus der Höhe, aus besonderen Bereichen;
3. natürlich;
4. frisch;
5. starker Wahrnehmungseindruck, sinnlich auffällig.

Offensichtlich sind das Werte, die wir insgesamt in unserer gegenwärtigen Kultur schätzen.

Prime value ist etwas, was auf der Ebene der Produktrealität eine große Rolle spielt. Es ist von entscheidender Bedeutung, wie sich Produkte anfühlen, wie sie aussehen, wie sie riechen, aus welchen Bestandteilen sie gemacht sind. Der Stellenwert, den diese Dimension im Bereich der Kommunikation hat, ist dagegen unterschiedlich. Wirklich attraktiv kann sie im Bereich von Nahrungsmitteln sein: So gibt es sehr erfolgreiche Strategien für Süßigkeiten, Schokoladeriegel etwa, in denen Ströme von Milch und Honig fließen, für Fruchtjoghurt, das überdimensioniert Früchte und Milchströme zeigt, für Eis, Fruchtsaft. Alles das sind Inszenierungen des prime value.

**Labor value**

Durch diese Strategie wird ein Gegenstand wertvoll, weil Arbeit, Zeit und Kunstfertigkeit in ihn investiert worden sind. Holz etwa ist kein seltenes Material, aber eine kunstvolle Schnitzerei macht aus ihm einen wertvollen Gegenstand. Ähnliches gilt für alle Bearbeitungsvorgänge, die Kunstfertigkeit, Können, Wissen, Zeit, Arbeit erfordern: Teppiche; speziell erzeugte Lebensmittel; handgefertigte Schuhe; Champagner, der mit der Hand umgedreht wird; Nudeln, die die Hausfrau selbst gemacht hat; Expertenwissen, das sich bei Gerichten, Weinen, Kaffeesorten etc. qualitativ auswirkt. Im weitesten Sinn setzt hier die Theorie von Marx an, der die Wertsteigerung im Prozess der Produktion damit begründet, dass der Mehrwert von Produkten durch die Arbeit bedingt ist, die der Arbeiter investiert, wobei der Mehrwert aber eben nicht diesem, sondern dem Produzenten/Kapitalisten zufließt.

Wenn man geistige Arbeit unter dieses Wertkriterium der Arbeit fallen lässt, sind auch Kunstwerke dieser Kategorie zuzurechnen. Der Materialwert eines Kunstwerkes ist gering, durch die in das Produkt investierte geistige Arbeit steigt sein Wert aber außerordentlich.

Positionierungen, die im Bereich von labor value vorgenommen werden, basieren meist auf folgenden Strategien:

- handmade, handwerklich, meisterhaft gefertigt;
- Endergebnis eines kulturell hoch bewerteten Bearbeitungsvorganges.

Für die zweite Strategie gibt es zwei Möglichkeiten:

- »Erfinden«: Innovationen im Bereich Technik, Wissenschaft, Forschung;
- oder genau das Gegenteil: Bearbeitungsvorgänge, die signalisieren, dass keine Bearbeitung stattgefunden hat – was im Augenblick kulturell hoch bewertet wird.

So behauptet der Marmeladenhersteller Darbo: »In Darbo naturrein kommt nur Natur rein.« Ein Film für Honig zeigt das Honigglas, das sich von allein füllt. Dazu wird während des ganzen Filmes gesungen: »Summ, summ, summ«. Der Schlusssatz stellt die Bedeutung noch einmal sicher: »Sie sehen eine original Bienenabfüllung.« Die Biene, also der natürliche Produzent von Honig, füllt das Glas – Honig durchläuft somit keine Bearbeitung.

In ähnlichem Sinn sagen eine Reihe ökologisch positionierter Produkte: »Wir haben uns die Natur zum Vorbild genommen.« Nahrungsmittelmarken stellen im Bildteil ihrer Filme vorindustrielle Herstellungsverfahren dar, die jeden industriellen Eingriff in das Produkt negieren. Tatsächlich ist diese Strategie heute dann erfolgreich, wenn es sich um Produkte handelt, bei denen die Opposition natürlich – industriell eine Rolle spielt, wobei gleichgesetzt wird:

| **natürlich** | **versus** | **industriell (= künstlich)** |
|---|---|---|
| liebevoll | | lieblos |
| individuell | | Masse |
| gesund | | schädlich |

Das ist primär bei Nahrungsmitteln oder in der Körperpflege der Fall, wo Produkte, die nicht industriell, sondern ganz natürlich und persönlich anmuten, eine große Rolle spielen. Im Bereich der Unterhaltungselektronik, Autos oder Haushaltsgeräte ist diese Opposition dagegen sinnlos – die Strategie, Bearbeitungsvorgänge dieser Art herauszuheben, wird hier auch selten benützt.

Insgesamt gibt es kaum Kommunikationsstrategien, die die Herstellung von Produkten über die Abbildung ihrer tatsächlichen Herstellung im industriellen Bereich zeigen – dies gehört zu den Spielregeln der Werbung.

## Symbolic value

Hier bekommen Güter/Produkte/Waren ihren Wert nicht durch ein Material oder eine kunstfertige Bearbeitung, sondern dadurch, dass sie für einen ganz besonderen Wert stehen.

Bei dieser Strategie ist der kulturelle Bezugsrahmen am unmittelbarsten festzustellen: Im polynesischen Raum, im Kula-Ring, werden Muscheln dann als Kostbarkeiten erachtet, wenn sie von sozial hoch angesehenen Männern auf bestimmten Routen und über bestimmte Verhandlungstechniken getauscht werden. Die Eröffnung des ersten McDonalds in Peking bedeutete für die Bewohner von Peking weit mehr als bloß die Möglichkeit, schnell etwas zu essen. Ähnliches gilt für den Besitz von Jeans, Cola, Marlboro-Zigaretten in nichtwestlichen Kulturen.[126]

Dieser dritten Dimension, dem *symbolic value*, wollen wir uns im Folgenden genauer zuwenden.

Tatsächlich sind bei einem gegebenen Produkt auf dem Markt immer alle drei Ebenen betroffen: Material, Bearbeitung, Bedeutung. Als Produzent ist man in gewissen Grenzen frei, wie viel man in jede Ebene investieren will und wie sehr man im Bereich der Kommunikation eine jeweilige Ebene betonen möchte.

Man kann etwa bei einer Zigarette davon sprechen, aus welchen ausgesuchten Tabaken sie besteht, durch welches besondere Verfahren ihr Aroma erhalten geblieben ist. Man kann aber auch darauf verzichten und einfach nur das Bild eines Cowboys zeigen und die Bedeutung »Mann allein – Natur – vorindustriell« zusammen mit allen kulturellen Implikationen, die dieses Bild beinhaltet, installieren. Allerdings ist man dann in den beiden darunter liegenden Ebenen eingeschränkt. Eine solche Zigarette dürfte nicht etwa dünn und lang sein und in einer pastellfarbenen Schachtel angeboten werden – dies würde die Gesamtbotschaft stören, da damit die Bedeutung »weiblich« übermittelt werden würde. Auf diesen Punkt, dass es nämlich der übergeordnete Wert ist, der die darunter liegenden Ebenen bestimmt, sind wir schon zu sprechen gekommen. Symbolic value beruht immer auf einer zeichenhaften Vermittlung.

Eine einfache Strategie, einem Produkt symbolic value zuzuschreiben, besteht im Übrigen auch darin, zu behaupten oder zu beweisen, dass ein Objekt bestimmten kulturell wichtigen Personen gehört. Hier kommt das

Prinzip des oben erwähnten Kula-Rings zur Anwendung. So verkauft Uschi Glas zum Beispiel eine Kosmetiklinie, von der sie aussagt, dass sie nach ihren Angaben gefertigt wurde und dass sie sie selbst benützt, oder Christy Turlington, die sich einen Ruf als Yoga-Expertin aufgebaut hat, bringt eine Serie von Yoga-Anzügen, Decken etc. auf den Markt, die als ihre Yoga-Ausrüstung gilt.

## 5.2 Ein Beispiel: Positionierung einer Marke im Bereich vorgefertigter Backwaren

Es handelte sich um die Firma Ölz, die in Vorarlberg zu Hause war und Supermärkte in ganz Österreich mit vorgefertigten Backwaren belieferte. Die Waren waren in Folie verpackt und wurden von einem von Ölz eigens installierten Dienst noch vor Ende der geregelten Ablauffrist aus den Regalen zurückgeholt, sodass die Konsumenten immer, soweit in diesem Bereich überhaupt möglich, frische Waren vorfanden.

Die Konsumenten schätzten die Produkte hinsichtlich des Geschmacks und des Preis-Leistungs-Verhältnisses. Aber wie eine Imageanalyse zeigte, betrachteten sie sie nicht als »wertvoll« und maßen der Marke Ölz wenig Bedeutung bei. Sie sahen die Produkte als einfach, kalt, lieblos an – was ihrer weiteren Verbreitung sehr hinderlich war. Dieser Eindruck war durch sehr schwach eingesetzte, aber auch falsch konzipierte Werbung verursacht worden.[127]

Bei einer Wettbewerbspräsentation ging es um eine Neupositionierung der Marke. Unsere begleitenden Untersuchungen zeigten, dass in diesem Fall alle drei Ebenen der Wertzuordnung eine Rolle spielten: *prime value – labor value – symbolic value.*

Die Vorstellungen von einer idealen Backware, die man im Supermarkt kaufen konnte, und die damit verknüpften Wünsche zeigten, dass Backwaren als Nahrungsmittel mit folgenden Werten und Bedeutungen korreliert sind: Sie repräsentieren die Wärme des Hauses, die Liebe und Fürsorge der Bäckerin; sie reichen in regionale und nationale Traditionen zurück; gemäß ihrer Stellung im kulinarischen System stellen sie auch das Reine, Saubere im Gegensatz zum Üppigen (Sündigen) und Fleischlichen dar (siehe das Schema auf Seite 381). Die oberste Instanz, die die höchste Kompetenz hatte, war die Hausfrau selbst, gefolgt vom Bäcker, ein industrieller Hersteller nahm immer die dritte Stelle ein, ganz gleich, wie seine Produkte objektiv schmeckten. Aus der Sicht des Konsumenten ergab sich so folgender »Wertehandel«:

Die ideale Marke in diesem Bereich wäre also eine, die einem das Gefühl gibt, liebevoll und fürsorglich zu handeln, die dazu legitimiert, das

| | Selbst gemachte Backwaren | Beim Bäcker gekauft | Industrieller Hersteller |
|---|---|---|---|
| **Prime value** | beste Zutaten | gute Zutaten | fraglich (künstlich?) |
| **Labor value** | liebevoll (Liebe = Mühe) | handwerkliche, individuelle Könnerschaft | industriell, lieblos, konserviert, »produziert« |
| **Symbolic value** | Liebe/Fürsorge (Sparsamkeit) | Meisterschaft | Masse/Industrie, nicht Liebe |
| **ABER** | mühevoll | eigens einzukaufen, teuer | praktisch, billig teuer |

Praktische, Zeit-und Mühesparende zu tun. Sie musste also ein Mediator zwischen verschiedenen Bereichen sein. (Zum Begriff des Mediators siehe D 6.9, ab Seite 313.)

**Werte der Backwaren**

Haus, Region, Nation, Liebe und Reinheit, Geschmack, Frische

↓

viel Zeit/viel Arbeit

**Werte der modernen Frau**

Fürsorge, Convenience

↓

wenig Zeit/wenig Arbeit

↓

ideale Backwaren: wertvoll + praktisch

Wie sollte dieser Eindruck vermittelt werden? Sicher konnte man ihn nicht explizit aussprechen, sondern musste ihn zeichenhaft so vermitteln, dass er erlebbar und nachvollziehbar wurde.

Jede der Strategien für die drei Dimensionen wurde zunächst einmal entwickelt und ausgeformt:

- *Prime value:* »Wir nehmen die besten Zutaten.«
- *Labor value:* »Wir backen sorgfältig« – nach handwerklichen Verfahren; wir sorgen für frische Ware.
- *Symbolic value:* »Wir stehen für …« Hier wurden drei Positionen entwickelt: nostalgisch (»alte Backstube«); regional (»der Bäcker aus Vorarlberg/Ländle«); zeitgenössisch (»freundliche, moderne Instanz«).

Es wurden vier Agenturen beauftragt, die ihre Strategien schwerpunktmäßig auf die einzelnen Positionen verteilten und diese höchst unterschiedlich umsetzten.

Nach semiotischen Analysen und empirischen Tests, die jeweils mit dem Ziel durchgeführt wurden, zu ermitteln, welche Kampagne die geplante Position attraktiv und verständlich übersetzte, einigte man sich auf folgende Kampagne:

**Video**

Die Kamera zeigt uns eine Gruppe fleißiger, fröhlicher Bäcker, die im Rhythmus der Musik (in choreographierten Bewegungen) und singend auftreten. Der Hintergrund deutet eine saubere, sonnige Arbeitsumgebungan (Ölz-Backstube).

**Audio**

Bäckerchor: Wir backen mit Liebe ...

Die Choreographie vermittelt uns die Freude, die die Bäcker an ihrer Arbeit haben.

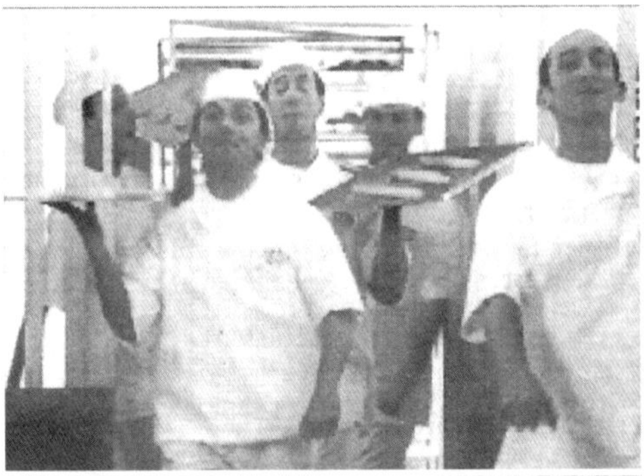

... bei Tag und bei Nacht ...

Die beschwingt arbeitenden Bäcker diesmal aus einer anderen Kameraposition.

... das hat uns von Ölz viel Freunde gebracht.

**Video**
Schnitt. Ein Bäcker aus der Gruppe singt nun sein Solo. Im Gesichtsausdruck und in der Stimme ist deutlich der Stolz auf die Leistungen, die Ölz seinen Kunden bietet, zu hören.

**Audio**
Bäckersolo: Wer Abwechslung liebt, der find't, was ihm schmeckt.

Zur zweiten Solozeile sehen wir wiederum die gesamte Bäckergruppe. Sie präsentiert Produkte auf den Backblechen, in choreographierter Bewegung.

Bei uns hat noch jeder was Gutes entdeckt.

Schnitt. Die Kamera zeigt uns einen einzelnen Bäcker, der zum Konsumenten spricht und dabei ein spezielles Produkt samt seinen Vorzügen präsentiert.

Bäckerstimme: Jeder Zopf vom Meisterbäcker Ölz ist besonders flaumig, weil wir den Teig lang, lang aufgehen lassen.

| Video | | Audio |
|---|---|---|
| Schnitt. Auf einem Tisch sind Ölz-Produkte sorgsam arrangiert und vermitteln den Eindruck eines verführerischen Genusses. Man sieht zuerst den Kopf eines Jungen hinter dem Tisch auftauchen. In der Folge greifen über die Tischkante die Hände der anderen Kinder, die noch hinter dem Tisch versteckt waren, von unten gleichzeitig zur Musik nach den Ölz-Produkten. | 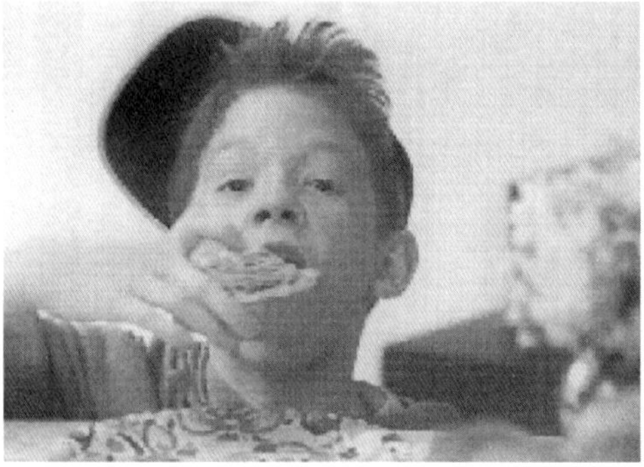 | Konsumentenchor: Frisch am Tisch... ... flaumig und fein ... |
| Jetzt tauchen auch die anderen Kinder hinter dem Tisch auf. Man sieht ihnen die Vorfreude auf den Geschmack deutlich an, während sie einen »Freudentanz« aufführen. |  | ... Ölz bäckt mit Liebe für Groß und für Klein. |

Zum Slogan füllt das Ölz-Logo den Bildschirm. Off-Sprecher: Jeder schmeckt, dass Ölz mit Liebe bäckt.

Off-Sprecher: Jeder schmeckt, dass Ölz mit Liebe bäckt.

Der Vorteil dieser Kampagne bestand darin, dass sie auf dem Aspekt des labor value aufbaute, also die Produktion der Backwaren zeigte, diese aber nicht mit einer angesichts eines industriellen Herstellers schwer glaubwürdigen nostalgischen Backstube verband, sondern mit einer Welt, in der es schnell, exakt (»im Takt«), sauber, geordnet zuging (also wichtige Merkmale eines industriellen Produzenten), aber auch mit Freude (so, wie die Hausfrau eigentlich bei der Sache sein sollte). Als Repräsentant der Marke diente ein Bäcker, der sowohl Autorität vermittelte (er »befehligte« das Geschehen) wie auch Kulinarik und handwerkliche Sorgfalt.

Für Ölz wurden so als semantische Merkmale installiert:

| **Welt des gleichförmigen Produzierens** | + | **Welt des häuslichen Produzierens Produzierens** |
|---|---|---|
| männlich | | weiblich |
| geordnet | | fleißig |
| rational | | fröhlich (Musik!) |
| schnell | | hell |
| sauber | | mit Leidenschaft |
| | | gute Zutaten |

Ebenso wurde Ölz von einer Position, die es mit Vergangenheit/Ferne verband, zu einer Position Zukunft/Gegenwart/Nähe hinbewegt. (Siehe dazu das Positionierungsmodell in D 6.6)

# 6 Produkte als Träger kultureller Klassifikationen

## *Basiscodes*

## 6.1 Funktionen von kulturellen Klassifikationen

Ein wesentliches Phänomen von Kulturen ist das der Klassifizierung: Überall auf der Welt wird die räumliche, natürliche und soziale Umwelt eingeteilt – in Oben und Unten, Mitte und Peripherie, in gute und schlechte Tiere, in nützliche und nicht nützliche Pflanzen, in die Leute, die zu uns gehören und die, die nicht zu uns gehören.[128]

Klassifizierungen, die angeben, was als gleich und als gegensätzlich zu denken ist, kommen einem elementaren menschlichen Bedürfnis nach Sicherheit der Orientierung und nach Reduktion von Komplexität entgegen, und sie tun dies umso mehr, als mit diesen Klassifikationen immer auch Bewertungen/Bedeutungen verknüpft sind. Es gibt keine neutralen Klassifikationen. Selbst die einfachsten topologischen Angaben haben in den meisten Kulturen eine Bedeutung und erfahren gleichzeitig eine Bewertung: links = unsauber, rechts = sauber, oben = Kontrolle, unten = kontrolliert etc.

Nahezu alle Klassifikationen ziehen so Grenzen zwischen Räumen, sozialen Gruppen, Menschen, und sie ordnen diese im Sinne eines Gegensatzes oder im Sinne von Unterschiedlichkeiten, indem sie sie mit ganz verschiedenen Merkmalen korrelieren, die meist auch eine Bewertung implizieren. Oft kommt dies auch in der Sprache zum Ausdruck: Ob in einem Land Unkraut wächst, hängt vom betreffenden Wortbestand der Sprache ab. Wenn etwas Müll genannt wird, dann gehört es vernichtet, wird es Wertstoff genannt, gehört es zu der Klasse der erhaltenswerten Objekte.

Viele dieser ideologischen Konstruktionen dienen dazu, den Anspruch einer Gruppe auf die Kontrolle einer anderen Gruppe zu untermauern und zu legitimieren.[129]

| **Natur** | **Kultur** |
|---|---|
| Emotion | Vernunft |
| Körper | Geist |
| Frauen sind Spezialisten für Emotionen | Männer sind nicht emotional, sie sind rational |
| untere Schichten sind affektiv | obere Schichten sind nicht affektiv |

↓

Vernunft und Geist zügeln und beherrschen die Natur.
Männer zügeln oder beherrschen Frauen.
Obere Schichten beherrschen untere Schichten.

Oder:

| **Was zu der Kultur gehört** | **Was draußen bleiben muss** |
|---|---|
| das Vernünftige | das Wilde |
| das Saubere | das Schmutzige |
| das sexuell Maßvolle | das sexuell Ungezügelte |
| das Rechtmäßige | das, was kein Recht anerkennt |
| | ↓ |
| | Gruppen, die außerhalb der Kultur stehen, sind triebhaft, schmutzig, aggressiv |
| | ↓ |
| | ihr Eintritt in die Kultur muss verhindert werden |
| WIR | SIE |
| unsere Gemeinde | die Zugezogenen |
| Etablierte | Außenseiter |
| Zivilisierte | Kolonialvölker |

Dieses Modell führt etwa der Western in zahlreichen Filmen vor.

*Die universale Kontrollinstanz/der Unterwerfungsmythos*

| **Triebe müssen gezügelt werden** | **Massen müssengezügelt werden** | **Wilde Völker müssen gezügelt werden** |
|---|---|---|

Für diese gelten die Merkmale:
triebhaft
gefährlich
nicht rational
gegen die herrschende Ordnung
schmutzig
sexuell zügellos

unten
viele
diffus

Es muss eine Kontrollinstanz geben, die diese Bereiche unterwirft und zügelt!
Für diese Kontrollinstanz gelten die oppositionellen Merkmale:
rational
sauber
ordentlich

OBEN
PRÄGNANT
EINER

Persönlichkeitsmodell von Freud | politische Vorstellung | Kolonialisierung

Dieses ideologische Ordnungsmuster bedient sich zusätzlich noch der Gegensatzpaare »oben – unten«, »einer – viele«. Nun ist unsere gegenwärtige Kultur viel zu differenziert, als dass sie insgesamt in solchen Mustern begreifbar wäre, dennoch finden sich diese in einzelnen Bereichen. Sie sind daher auch von Produkt- und Werbekonzepten zu benützen und stellen häufig eine gute Basis für die Positionierung dar. Betrachten wir einige dieser Basiscodes:

- Zentrum – Peripherie
- Vergangenheit – Zukunft – Gegenwart – Zeitlosigkeit
- das Endogame (wir) – das Exogame (die anderen)
- Nähe – Ferne
- Natur – Kultur
- das Sakrale – das Profane
- männlich – weiblich – kindlich
- die Oberen – die Unteren

Im Wesentlichen betreffen diese Klassifikationen den Umgang mit Raum und Zeit sowie Prozesse der Grenzziehung zwischen Räumen und sozialen Gruppen.

Im Folgenden einige Beispiele für diese oppositionellen Codierungen in verschiedenen Produktfeldern.

## 6.2 Zentrum – Peripherie

Im Zentrum vieler Gesellschaften – was zunächst einmal in einem räumlichen Sinn zu verstehen ist – befinden sich jene Objekte, Institutionen, die die betreffende Gesellschaft systemkonstituierend als zentral für die Werte ihrer Kultur betrachtet.[130] In einfachen Kulturen sind hier etwa der Tempel zu nennen, die sakralen Gegenstände, das Männerhaus, der Platz, wo Recht gesprochen wird. Die wichtigen Clans siedeln rund um das Zentrum. Weiter zur Peripherie hin befinden sich dann die Plätze für profane oder kulturell nicht hoch bewertete Tätigkeiten: Viehhaltung oder Säuberungsvorgänge etwa. Dort wohnen die sozial unterprivilegierten Gruppen.

Auch in unserer Gesellschaft finden sich in der räumlichen Gliederung von Städten und Dörfern bis in die Gegenwart Bedeutungen dieser Art. Im Zentrum oder an zentralen Plätzen befinden sich die Institutionen, die mit Werten zu tun haben, die für unsere Kultur besonders wichtig sind: Das sind immer noch Kirchen, Rathäuser, Paläste, Adels-, Bürgerhäuser; dazu kommen in neuerer Zeit Banken, Versicherungen, Ausstellungssalons großer Automarken, Luxusgeschäfte etc. Entsprechend hoch sind dort die Grundstückspreise. An der Peripherie befinden sich die weniger hoch bewerteten Institutionen und Gruppen. (Allerdings gibt es in Großstädten, was die Wohnverhältnisse oberer und unterer Gruppen betrifft, noch eine andere Gliederung, nämlich die nach Natur und Nicht-Natur, wobei Natur das hierarchisch Obere ist – obere Gruppen wohnen in Gegenden, wo es Natur, Gärten, Bäume gibt.) Dem folgt auch die räumliche Gliederung und Orientierung in Häusern: Der zentrale Raum des bürgerlichen Hauses, der Salon des 19. Jahrhunderts, hatte seine Fensterfront auf der Straßenseite, der heutige Wohnbereich ist auf den Garten gerichtet.

Die Aufgliederung Zentrum – Peripherie besteht aber auch im übertragenen Sinn, nämlich im Sinn von ideologischen Ordnungsmustern. Auf diese Art ist sie auf dem Markt wirksam. Die Schwierigkeit, die Konsumenten haben, etwa große, alte, etablierte Marken ohne weiteres plötzlich als umweltfreundliche oder sozial verantwortungsbewusste Marken zu akzeptieren, hat unter anderem etwas mit dieser Opposition zwischen Zentrum und Peripherie zu tun.

Betrachten wir dieses Ordnungsmuster genauer. Zentrum und Peripherie können mit verschiedenen Werten und Bewertungen versehen werden, und sie können sich in verschiedenen Relationen zueinander befinden. Das Zentrum ist mit wichtigen systemkonstituierenden Werten korreliert: Leistung, Größe, Tradition zum Beispiel. Es kann versuchen, die Peripherie als abweichend zu stigmatisieren, um so die eigenen Werte deutlicher hervortreten zu lassen, die Peripherie unter Kontrolle zu bringen oder sie als natürliche Randgruppe des Zentrums auszugeben.[131]

Die Peripherie lebt davon, dass sie sich als Opposition zum Zentrum definiert und dass sie dieses als »unmoralisch« angreift. Sobald sich die Peripherie explizit artikuliert, grenzt sie sich vom Zentrum ab, und zwar meist unter dem Schutzdach der Ideologie der Erneuerung (der Jugend), der moralischen Integrität, des Protestes gegen alle Werte des Zentrums. Dies kann, wie Beispiele aus dem ideologisch-politischen Bereich zeigen, über viele Gegensatzpaare laufen:

| **Peripherie** | **Zentrum** |
|---|---|
| jung | alt |
| moralisch (»rein«) | unmoralisch (»unrein«) |
| einfach | verschwenderisch |
| Land | Stadt |
| Natur | Industrie |
| Gemeinschaft | Gesellschaft |

Ein solches Ordnungsmuster benützte zum Beispiel auch die 68er-Bewegung, die zusätzlich folgende Gegensatzpaare aufbaute:

- enthemmt versus verklemmt,
- sexuell frei versus sexuell gehemmt,
- locker versus steif.

Dieses Ordnungsmuster wurde übrigens bald vom Markt aufgenommen, indem BHs und starren Halt gebende Haarsprays (also Objekte, die den weiblichen Körper mit einer harten, steifen Hülle umgaben) verschwanden. Es war die Zeit der Haarspraymarke Harmony, die »unsichtbaren Halt« versprach.

Der Gegensatz Peripherie – Zentrum wird bis auf die Ebene der Kleidung, des Kochens etc. weitergeführt. So geschieht heute vieles im Bereich der alternativen Kulturen unter dem Prinzip der Entdifferenzierung, das dem Prinzip der Differenzierung und Spezialisierung, das für das Zentrum gilt, gegenübergestellt wird. Die für alternative Gruppen wichtigen Attribute Fahrrad, Latzhose, Clogs haben genau dieses Prinzip der Entdifferenzierung gemeinsam.[132] Man kann überall damit auftreten, man muss nicht zwischen verschiedenen, jeweils passenden Kleiderstilen wählen. Sie lassen Unterschiede zwischen biologischen und sozialen Gruppen verschwinden. Sie kehren, wie das Fahrrad, zu einer einfacheren Mechanik zurück. Begriffe wie Freizeit, Jugend, vorindustrielle Arbeitswelt werden von ihnen anzitiert – alles Bereiche, die durch das Prinzip der Entdifferenzierung gekennzeichnet sind.

Dieser Code der Peripherie kann auch von Produkten und Marken benützt werden. Dies allerdings nicht im Sinne eines Lebensprogramms, das daher nur von Gruppen gewählt wird, die ihr Leben nach solchen Prinzipien führen, sondern als ein Wertangebot, als Stil, der frei wählbar ist. Wichtig ist nur, dass der Stil prägnant dargestellt wird – und das heißt in diesem Fall, dass er Werte inszeniert, die denen des Zentrums entgegengesetzt sind. Es gibt dabei viele Optionen:

- den Bereich des Abenteuers/»das einfache Leben«, fernab der Zivilisation (Rafting, Abenteuerurlaub, Allradautos, Jeeps in der Stadt);
- den Bereich des Umweltschutzes, des Protests gegen den Kapitalismus, gegen die (globale) Industrie – wobei die Industrie mit den Merkmalen verschwenderisch, unvernünftig, profitorientiert, menschenverachtend, verschmutzend (»unrein«) gleichgesetzt wird, die alternativen Instanzen mit sparsam, vernünftig, menschlich, nicht verschmutzend (»rein«);
- den Bereich alternativer Lebensformen, zum Beispiel biologische Ernährung, gesundes Leben.

Speziell die letzten beiden Bereiche sehen sich dabei einem Problem gegenüber. Sie stützen sich ja auf die Tatsache, dass Werte umso lebhafter und verpflichtender erfahren werden, je deutlicher dazu Gegenwerte existieren. Solche Gegenwerte sichtbar zu machen, ist etwa die Funktion von Verbrechern und Sündern – sie lassen den Wert des Guten, des normativ Richtigen umso deutlicher hervortreten. Der Gegenwert, der im oben behandelten Feld der Peripherie anzitiert wird, ist der der Kultur/Zivilisation/Industrie. Im Sinne einer Opposition wird hier entgegengesetzt:

| **Kultur** | **Natur** |
|---|---|
| Industrie | Pflanzen |
| Wissenschaft | Tiere |
| Technik | vorindustriell |
| Konsum | Askese |
| Ego | Verantwortung |
| Glitzerwelt der Werbung und der Packungen | »grau« |

| | |
|---|---|
| Fortschritt/Zukunft | Vergangenheit |
| Leistung | fühlendes Ich/Empathie |
| alt | jung |
| männlich | weiblich |
| fern | nahe |
| ABER: | ABER: |
| Leistung | Nicht-Leistung |
| Convenience | Nicht-Convenience |

Nun werden ja Produkte dieser Art auch von der Industrie selbst angeboten – es muss also ein beträchtlicher semiotischer Aufwand entfaltet werden, um diese Erinnerung zu tilgen. Aus diesem Grund tun sich neue Marken leichter als etablierte große Marken. Neue Marken können im Sinne eines Angriffs (Attack) auftreten, sie decken gewissermaßen die Sünden der großen alten Marken auf.

In einem Produktbereich, den wir später näher analysieren wollen, nämlich dem der Geschirrspülmittel, zeigte sich, dass gerade eine führende Marke wie Pril und damals auch Palmolive Schwierigkeiten hatte, wenn man sie mit umweltbezogenen Aussagen verband. Frosch hingegen, das als neue Marke auftrat, tat sich relativ leicht in dem Segment der umweltorientierten Käufergruppen.

Pril und Palmolive hatten durch jahrelange Kommunikation die Bedeutung »steht für Leistung«, »steht für Ego-Werte« erworben – deutlich also Werte des Zentrums bzw. zentrale Werte der Industriekultur, die ja gerade als Bedrohung/Opposition zur Natur bzw. zu allem, was sich an der Peripherie befindet, gedacht werden. Als Opposition wird also aufgebaut:

| **Leistung** | **Nicht-Leistung** |
|---|---|
| Ego | Solidarität |
| Zentrum | Peripherie |
| Industrie | Natur |
| Menschen | Tiere |
| ↓ | ↓ |
| Pril/Palmolive | Frosch |
| | das konsequent das folgende Zeichenrepertoire aufbietet:<br>• Tier/Frosch<br>• im Bach |

- kein Mensch
- kein Geschirr
- kein Abwaschvorgang

Marken für Umweltschutz bzw. für alternative Angebote, zum Beispiel Bio, sind wesentlich überzeugender, wenn sie mit diesem Code der Peripherie operieren bzw. zeichenhaft so ausgestattet werden, dass sie aus dem Raum der Peripherie kommen. Sie werden unter anderem deshalb gekauft, weil die Käufer sich mit den semantischen Merkmalen dieser Marken »umgeben« wollen bzw. diese als für sich adäquat betrachten – genau deshalb sind eine klare Gliederung und eine prägnante Position notwendig.

Der Gegensatz Zentrum – Peripherie kann auch im Bereich der Medien zum Ausdruck gebracht werden. So agieren in Deutschland zum Beispiel die öffentlich rechtlichen Sender ARD und ZDF als Vertreter des Zentrums. Sie verkörpern gewissermaßen den richtigen Geschmack – was nicht in jedem Punkt stimmt, wenn man die umfangreichen Angebote der Volksmusik betrachtet , sie wenden sich an den Staatsbürger, sie besetzen Information, Bildung, sie bestimmen die Grenzen oder halten sich an die Grenzen dessen, was man öffentlich darstellen kann, sie agieren also als Instanzen des Power Blocks. Dem standen am Anfang die Privatsender gegenüber, in erster Linie RTL, das Maßstäbe für diese Position setzte und das sich anhand gegensätzlicher Merkmale formierte:

| **RTL** | | **ARD/ZDF** |
|---|---|---|
| extrem unterhaltend | versus | ein bisschen langweilig, belehrend |
| Grenzen überschreitend | versus | Grenzen setzend und respektierend |
| Tabus brechen vor allem auf dem Gebiet des Sexuellen | versus | Anerkennung von Tabus, vor allem auf dem Gebiet des Sexuellen |
| Information an den Rand gedrängt | versus | Information, Argumentation |
| provozierend, spektakulär, schrill | versus | Hüter des guten Geschmacks |
| nicht unbedingt seriös | versus | seriös |

Ein anderes Beispiel stammt aus dem Ernährungsbereich. Eine Tiefkühlfirma hatte eine Range fleischloser Hauptgerichte/Vollwertgerichte herausgebracht, die sich unbefriedigend auf dem Markt entwickelte. Unsere

Untersuchungen zeigten, dass das im Wesentlichen an dem Film lag, der diese Produkte mit einer inadäquaten Zeichenwelt verband.

In dem Film trat eine Pilotin auf, die zuerst im Flugzeug im Cockpit, dann allein in ihrer Wohnung beim Essen gezeigt wurde. Sie erklärte, dass sie diese Gerichte esse, weil sie für ihren schweren Beruf fit sein wolle – ganz klar also ein Wertensemble des Zentrums:

- Leistung,
- Technik,
- Durchsetzung,
- Funktionalität,
- Affektmodellierung.

Was neue Typen von Hauptgerichten/Vollwertgerichten aber gerade attraktiv macht ist, dass sie eine Opposition zu diesen Werten des Zentrums formulieren. Das repräsentieren sie schon auf der Ebene des kulinarischen Codes, das heißt in der Sprache der Nahrungsmittel (die weiter hinten genauer dargestellt wird). Eine wesentliche Opposition dieses kulinarischen Codes ist:

| **Fleisch** | | **Nicht-Fleisch/Pflanzen** |
|---|---|---|
| Idee des »Zentrums« | versus | Idee der Peripherie |
| Arrangement auf dem Teller: Mittelpunkt | versus | Beilage |
| Kraft (Aktivität), Leistung | versus | Sättigung |
| Aggression | versus | Friedlichkeit |
| Männlichkeit | versus | Weiblichkeit |

Deutlich sind übrigens wieder die semiotischen Prinzipien erkennbar, durch die hier klar eine ideologische Konstruktion zum Ausdruck gebracht wird: Zunächst die Oppositionsbildung, durch die zwei Objekte über semantische Merkmale in Gegensatz gebracht werden, wobei diese semantischen Merkmale in einer Achse untereinander so korreliert sind, dass sich eine prinzipielle Bewertung ergibt.

Also: Fleisch und Nicht-Fleisch sind auf der Ebene der realen Objekte tatsächlich unterschiedlich, ihre Verbindung mit der Opposition Zentrum – Peripherie ist jedoch willkürlich, sie stellt eine kulturelle Zuschreibung dar, ebenso wie sich in der Verbindung von Zentrum mit Mann/Aggressivität eine zentrale Ideologie unserer Gesellschaft spiegelt. Nicht umsonst ist Fleisch in unserer Kultur das höher Bewertete, und nicht umsonst haben sich in der Geschichte viele als »alternativ« geltende Gruppen, also Gruppen, die gegen die Ideologie des Zentrums opponierten – Künstler, Wandervögel, Sektierer – einen fleischlosen Ernährungsstil gepflogen. Ähnliches findet sich auch heute: Vollwerternährung bzw. die Propagierung von fleischlosen Hauptgerichten kann jedenfalls schwer mit der Ideologie des Zentrums, wie sie in der Kampagne mit der Pilotin zum Ausdruck kommt, verknüpft werden.

Die Nachfolgekampagne vermied das geschickt, indem sie keine Personen/sozialen Gruppen mehr darstellte (da eigentlich »alternative Personen« nicht die dargestellte Zielgruppe einer industriellen Marke sein konnten), sondern sich auf die Inszenierung der Bestandteile der Produkte bzw. der Speise selbst konzentrierte, also auf den prime value: ganz Natur, sehr ästhetisch, sehr appetitlich, mit einer hohen Produkterotik. Damit hatte die Kampagne dann großen Erfolg.

## 6.3 Nähe und Ferne

Dieser zunächst wieder rein räumliche Gegensatz zwischen nah und fern wird oft dazu benützt, um den Gegensatz »wir – die anderen« bzw. endogam (= was zu uns gehört, zu unserer Kultur, unserer Gruppe, unserem Stamm) versus exogam (= was nicht zu uns gehört) durchzuspielen. Im Wesentlichen finden sich folgende kulturell vorgeprägte Bedeutungen:

| **Nähe** | **Ferne** |
|---|---|
| endogam | exogam |
| wir | die anderen |
| Tradition | Zukunft |
| bewahrend | fortschrittlich |
| Vergangenheit | Beweglichkeit |
| Schutz | Risiko |
| Familie | Abenteuer |
| Bescheidenheit | hoch stehend |
| Einfachheit | |
| Gewöhnlichkeit | |
| ↓ | ↓ |
| Alter | Jugend |
| Frau | Mann |

Verschiedene Produktgattungen verbinden sich systematisch besser mit der einen oder der anderen Ideologie, je nachdem, was ihre Zentralwerte sind. Starke Marken eines Bereiches sind dann jeweils die, die diese zentrale Ideologie verkörpern.

Unterhaltungselektronik ist zum Beispiel ein Bereich, der deutliche Nähe zu allen Werten hat, die den Raum der Ferne markieren: Internationale, aus der Ferne kommende Marken haben hier prinzipiell gute Voraussetzungen. So ist etwa Sony eine sehr attraktive Marke. Um eine österreichische oder deutsche Marke ähnlich attraktiv zu machen, bedarf es erheblicher Anstrengung.

Das Gegenteil gilt für den Bereich der Ernährung. Hier spielt der Raum der Nähe eine sehr wichtige Rolle. Nahrung kommt zunächst aus diesem Raum und verbindet sich mit diesen Werten: Heimat, wir, Sicherheit, Bewahrung. Viele Leute haben Angst vor Nahrung, die exogam ist, aus dem Raum der Ferne kommt. Allerdings gilt dies für diesen Bereich nicht ausschließlich – auch Angebote aus der Ferne haben hier eine Chance, vor allem dann, wenn sie die Bedeutung »Zukunft« und elitäre hoch stehende Position ausnützen können.

Einige Markenfelder oder Angebotsfelder sind solcherart strukturiert. Zum Beispiel:

| | **Nähe** | **Ferne** |
|---|---|---|
| **Käse** | heimische Käsemarken | französischer Käse<br>Bressot, Cantadou |
| **Mineralwasser** | Gerolsteiner, Harzer Brunnen, Vöslauer | Perrier |
| **Weinsorten** | Weißburgunder | Chardonnay<br>(was dieselbe Traube ist) |
| **Fruchtsaftsorten** | Apfelsaft | Mango |
| **Küchen** | regionale Küche | McDonald's<br>chinesische Küche<br>französische Küche |

Die Zuschreibung von »Nähe« macht oft auch industrielle Angebote, die eher mit der Ideologie der Ferne verbunden werden, interessant. So stellte eine erfolgreiche Kampagne von Iglo ein Tiefkühlgemüse so dar, als käme es aus dem »Gärtchen vor dem Haus«. Die Kampagne argumentierte: Nicht jeder hat so ein Gärtchen, Iglo aber hat eines. Es befindet sich im Marchfeld, einer fruchtbaren Landschaft vor den Toren von Wien, aus der Iglo das Gemüse bezieht. Iglo liefert also als industrieller Hersteller »ideales Gemüse«.

Die Ferne kann als paradiesischer Raum ausgeformt werden. Die Idee der Entgrenzung, des Glücks, des optimalen Zustandes knüpft sich oft an ferne Räume mit bestimmten Merkmalen: warm, Sonne, Insel, tropische Vegetation, fruchtbare Pflanzenwelt. Auf diese Weise setzt sich etwa Bacardi (also weißer Rum) von Stroh-Rum ab, oder Bounty-Kokosriegel von Kokoskuppeln.

## 6.4 Das Endogame und das Exogame

Das Endogame bezeichnet das, was zu der Kultur gehört, das Exogame das, was sich außerhalb befindet. Kultur meint dabei Kultur als Ganzes, aber auch alle Subgruppen in der Kultur, den Stamm, die Gruppe, die Gemeinde, die Familie. Der Gegensatz, der hier zum Ausdruck gebracht wird, ist der zwischen wir und die anderen – eine für alle Kulturen elementare Klassifikation, die durch vielfältige Grenzziehungen abgesichert wird. Diese Klassifikation schneidet sich mit der Opposition zwischen dem Nahen und dem Fernen, sie geht aber nicht ganz darin auf. Im Bereich des Endogamen dokumentieren sich alle jene Werte, die zwi schen den Angehörigen der Wir-Gruppe Solidarität und Gemeinschaft stiften, und zwar eben dadurch, dass sie diese gegen eine Außengruppe abheben.[133] Es besteht daher in allen Kulturen die Tendenz, das Endogame mit positiven Werten zu besetzen. So bedeuten die Namen von Stammesgesellschaften in deren Sprache zum Beispiel manchmal »die Menschen«, während der Nachbarstamm »die Wölfe«, also Nichtmenschen, genannt wird. Diese Außengruppen, gegen die man sich abheben kann, haben eine wichtige Funktion: Sie stellen dar, was geschieht, wenn bestimmte Werte, Verhaltensmuster, auf die die Binnengruppe stolz ist, nicht praktiziert werden.

Diese Differenzierung zwischen endogam und exogam ist auch auf dem Markt wichtig. Es gibt starke Marken und Produkte, die sich mit dieser Idee des Endogamen verbinden, und bei Positionierungen lässt sich bei geeigneten Voraussetzungen ein solcher Gegensatz gut aufbauen. So kennt der Bereich der Ernährung das Endogame als wichtigen Wert. Es gibt Speisen, in denen sich geradezu das Gefühl dokumentiert: »Das sind wir!« – Speisen, die ungern aufgegeben oder verändert werden. Diese Speisen sind meist nach den Regeln der Endoküche hergestellt, also nach Regeln, in denen sich zentrale Prinzipien dieser Küche/Kultur spiegeln.

So entwickeln etwa die englische und die französische Küche gegensätzliche Anschauungen über eine »wertvolle Speise«. Für die angloamerikanische Küche ist dies eine Speise, die einfach und ehrlich ein möglichst unbehandeltes Stück Fleisch auf den Tisch bringt, ein Steak;

für die französische Küche hingegen ist ein weitreichender kultureller Bearbeitungsprozess, wie er etwa bei einer raffinierten Sauce nötig ist, unerlässlich.[134] (Auch hier wird ein prime value gegen einen labor value gesetzt.)

Die österreichische Endoküche ist unter anderem durch die umfangreiche Verwendung von Fett, Gebackenem, das mit der Idee des Genusses gleichgesetzt wird, gekennzeichnet. Ein wichtiger und spezifischer Bereich dieser Küche sind die Mehlspeisen, die in solcher Differenziertheit in wenigen europäischen Küchen vorkommen. Die Einführung fettreduzierter Nahrungsmittel oder kalorienreduzierter Fette stieß in Österreich daher auf große Schwierigkeiten, ebenso wie staatlich geförderte Ernährungsprogramme, die Cholesterinabbau zum Ziel hatten. Man vergleiche hierzu das Beispiel »Du darfst« (siehe Kapitel D8). Es gibt daher auch Marken und Produkte, die als typische Endoprodukte gelten: Manner-Schnitten, Hesperiden-Essig, Eckerlkäse.

Mit der Erweiterung der Märkte in europäische Märkte hinein wird diese Frage der Endo- und der Exomarken höchst relevant. Beide haben ihre Chance, aber beide müssen ihre spezifischen Werte konsequent darstellen.

Die Gefahr für das Endogame ist immer das Provinzielle, das Kleine, seine Chance ist das Nahe, Natürliche, Vertraute, Stabile, Authentische, die Wir-Werte. Diese Welt des Endogamen ist daher nicht mit allen Produktfeldern gleich gut zu verbinden – sie ist eher ungeeignet für alle Produkte, die unter der Maxime »Technik und Wissenschaft besiegen die Mängel der Natur« stehen (technische Geräte, Zahncremes, Deos etc.). Sie ist jedoch sehr affin zu Nahrungsmitteln.

Nahrungsmittel, vor allem Grundnahrungsmittel oder nur leicht bearbeitete Nahrungsmittel, sind immer noch mit Herkunft aus dem Boden verbunden, man nimmt also an, dass sie in einem bestimmten Raum wachsen und dass sich die Merkmale dieses Raumes in dem Nahrungsmittel wieder finden. Dahinter steht die Vorstellung der Heimat, der »Scholle« (»Die Scholle lügt nicht« Marschall Petain): Mit dem Nahrungsmittel isst man einen Bestandteil dieser Heimat, dieser Scholle. In gewissem Sinn basiert das auf dem ideologischen Repertoire des Nationalstaates – einem Konzept, das politisch bei uns kaum mehr durchsetzungsfähig, aber dennoch attraktiv im Sinne von Identitätsstiftung ist.

Die Werbung für Nahrungsmittel macht davon weitgehend Gebrauch. So sagt die österreichische Käsemarke Schärdinger: »Wenns d weißt, wohers kommt, weißt, wies schmeckt!« Ebenso führt eine Werbung für Olivenöl aus der Toskana aus, dass dieses Olivenöl die Seele der Toskana verkörpert. Äußerst erfolgreich benützen im Augenblick italienische

Nahrungsmittel, die aus der Regio Emilia stammen, dem Food Valley Italiens, dieses Konzept. Der Parmeggione oder der Prosciutto, die als nicht imitierbare Produkte dieser Region gelten, erzielen Höchstpreise.

Dieser Raum des Endogamen kann geradezu als mythischer Raum inszeniert werden. So benützte die Biermarke Gösser jahrelang eine Kampagne, die das Bier nicht nur mit dem steirischen Kloster Göß verknüpfte, sondern die es mit einem Ursprungsmythos verband. Die Filme schilderten, wie das Bier gebraut wurde und aus welchem Raum es stammte. Dieser Raum war wie ein Raum der mythischen Vorzeit ausgestaltet: als die Natur völlig unberührt war, in Nebel und Ruhe getaucht. Das Produkt wird hier konsequent nicht nur als Naturereignis, als mythisches Ereignis inszeniert, sondern es folgt auch den Regeln der kultischen Repräsentation (siehe dazu D 6.8).

Vor der Notwendigkeit, das Endogame zu inszenieren, stehen Kampagnen, die von den nationalen Vermarktungsagenturen für landwirtschaftliche Produkte entwickelt werden, so die CMA in Deutschland oder die AMA in Österreich. Dieses Feld wurde von der AMA deutlich nach dem Beitritt Österreichs zur EU (1995) dargestellt, als auf den österreichischen Märkten verstärkt Lebensmittel aus dem EU-Raum auftauchten. Die damalige Kampagne basierte auf der Idee, dass nur das Endogame rein war, da es mit einer besonders ehrenhaften Gesinnung hergestellt wurde. Man sah in einem Film Bauern, die sich in den Bergen zu einer Art Schwur trafen, in dem sie versicherten – »Bei meiner Ehr!« , dass ihre Nahrungsmittel völlig naturbelassen seien.

Die Ausgestaltung einer Marke als endogam stellt eine Möglichkeit dar, um Gefühle von Patriotismus zu erzeugen und zu befriedigen, sie transportiert in gewissem Sinn die Idee des Nationalstaates, und zwar in einer politisch korrekten Form. Nationalstaatliche Gefühle, die an Chauvinismus streifen, sind naturgemäß öffentlich kaum mehr darstellbar, dennoch haben einige Gruppen in fast allen europäischen Ländern den Wunsch, auf etwas stolz zu sein, was sie als ihre nationale Errungenschaft betrachten, was sie als Deutsche, Österreicher, Schweizer, Franzosen, Italiener, aber auch als Tiroler oder Bayern etc., konstituiert.

Diesem Wunsch kommen auch Medien entgegen, denen es gelingt, sich als Verkörperung nationaler Werte darzustellen. So gehört zum Beispiel der ORF, also der öffentlich-rechtliche Rundfunk, in Österreich zu den beliebtesten Marken – und zwar genau deshalb, weil viele Österreicher den Eindruck haben, dass er in spezifischem Sinn für die positiven Seiten von Österreich steht.

## 6.5 Zeitpositionen: Vergangenheit – Gegenwart – Zukunft – Zeitlosigkeit

### Lineare und zyklische Zeit

Der Umgang einer Kultur mit der Zeit sagt Wesentliches über diese Kultur aus: ob Zeit überhaupt als ein wichtiges Gut betrachtet wird, welcher Zeithorizont, welche Zeitorientierung für den Einzelnen und für die Kultur als Ganzes relevant sind. Es gibt Kulturen, die verschwenderisch, andere, die haushälterisch mit der Zeit umgehen. Es gibt Kulturen, die Zeit als etwas Zyklisches betrachten: Alles wiederholt sich wie die Zyklen von Naturprozessen, das Gleiche kehrt immer wieder. Wieder andere sehen sie als lineare Zeit mit einem offenen Zeithorizont: Der Zeitverlauf kann vom Menschen beeinflusst und bestimmt werden, im Sinne einer Entwicklung in immer positivere Zustände – die Idee der Aufklärung. Es gibt Kulturen, die davon ausgehen, dass die idealen Zustände in der Vergangenheit liegen (»die goldene Vergangenheit«), andere, die sich von einer goldenen Zukunft alles erwarten – die Erlösung.

Ein jeweils anderes Verständnis von Zeit markierte den Übergang vom Mittelalter zur Neuzeit und dann den Beginn der bürgerlichen und der Industriekultur. Das Mittelalter verstand Zeit als zyklisch, in Analogie zu Naturprozessen (Gliederung nach Sonnenzeiten), und als sakral. Es war die Kirche, die durch liturgisch-rituelle Regelungen das Jahr, die Feiertage, den Tag gliederte; irdische Zeit war etwas von Gott Gegebenes und auf eine andere sakrale Zeit hin Orientiertes – daher auch das Verbot, mit Zeit zu handeln (so das Verbot von Zinsen, Mehrarbeit etc.). Erst mit dem Aufkommen der Städte, des Handels veränderten sich die Bedeutung, die Definition und der Umgang mit Zeit. Entsprechend den Anforderungen, die Handlungen mehrerer Menschen innerhalb größerer Räume zu koordinieren, entwickelte sich Zeit zu einer quantifizierbaren, gleichförmigen, messbaren Größe – die Entwicklung der Uhr und die Bedeutung der Uhrtürme in den Städten legen ein beredtes Zeugnis davon ab. Die »Zeit der Händler« war eine andere Zeit als die »Zeit der Kirche« oder die »Zeit der Mönche«.[135]

Die zweite große Transformation bestand in der Entwicklung des Zeitbewusstseins, das die bürgerliche und die frühe industrielle Kultur prägte. Es geht auf die Ideen der protestantischen Ethik und der Aufklärung zurück (Max Weber). Wesentlich ist die Vorstellung vom Zeitverlauf als linear, plan- und steuerbar und die Maxime: »Zeit ist Geld«. Dieser Umgang mit Zeit, das Haushalten, das nützliche Ausfüllen von Zeit, Fleiß, Pünktlichkeit, die strikte Trennung von Arbeits- und Freizeit sind zutiefst bürgerliche Grundsätze, ohne die die Industriekultur nicht hätte etabliert werden können.

Es ist nicht zu übersehen, dass unsere gegenwärtige Kultur in weitem Umfang unter dem Diktat dieses Zeitbewusstseins steht: »Zeit ist Geld« spielt im Bereich der Produktion, der Arbeit, der Öffentlichkeit eine wichtige Rolle, hat aber auch in der Freizeit und im privaten Bereich Bedeutung. Beschleunigen und Zeit sparen sind wichtige Werte, die auf dem Markt verkauft werden können. Wir haben noch nie etwas erfunden, das langsamer war als das Bisherige: Das Neue ist immer schneller, erspart Zeit, ökonomisiert den Umgang mit Zeit. All dies sind attraktive Versprechungen.

Im Folgenden einige Aspekte des Komplexes Zeitsparen:[136]

- Zeitvertiefung: Mehrere Tätigkeiten werden gleichzeitig durchgeführt (Fernsehen, Essen, Musikhören, Zeitung lesen), langweilige Tätigkeiten werden mit angenehmen gemischt (Musikhören beim Autofahren, Knabbern beim Lernen etc.);
- Synchronisation unterschiedlicher Zeithorizonte zur Vermeidung von Wartezeiten (anrufen, ob etwas da ist);
- Rationalisierung und Organisation von Zeit (Terminkalender);
- Überwinden von Raum und Zeit durch Technologie (Transportmittel, Kommunikation);
- Fertigprodukte/Gebrauch von Dienstleistungen, die eigene Zeitleistungen ersetzen;
- Wegwerfen statt Reparieren;
- Arbeitsteilung;
- Einbau von Grenzen und Filtern (Anrufbeantworter);
- Durchsetzung per Anweisung statt über langes Verhandeln;
- Zeitgewinn durch Manipulation von Zeitabläufen (schneller essen, lesen, kürzer schlafen, schneller gesund werden);
- Intensivierung des Erlebnishorizontes (intensiv erlebte Zeit/Aktivurlaub/ Animation);
- Zeitverschiebung (von zwei Filmen die im Fernsehen laufen wird einer auf Video aufgenommen, der andere angeschaut).

Zeit ist also ein kostbares und damit handelbares Gut.

Ebenso ist der Wunsch nach autonomem Verfügen über Zeit ein wesentlicher Wunsch heutiger Gesellschaftsteilnehmer/Konsumenten: nicht warten wollen, Dienstleistungen, Service, alles sofort/jederzeit haben wollen. Das ist für alle Organisationen, die Dienstleistungen anbieten (Geldinstitute, Handelsorganisationen, Tourismusanbieter etc.), inzwischen unabdingbar. All das setzt planbare, lineare, quantifizierbare Zeit voraus. Das ist das Zeitverständnis, das den öffentlich-technischen, ökonomischen, produktionsorientierten Raum prägt. Dieses Zeitverständnis selegiert von den möglichen Zeitzuständen einer Zeitorientierung die Zukunft als einen besonders wichtigen Bereich, einen Bereich, der planbar ist und der zu immer positiveren Zuständen hin entwickelt werden kann. Dahinter steht die Idee des Fortschritts – also der Glaube daran, dass alles in Zukunft noch etwas besser gemacht werden kann, dass vieles zu prinzipiell besseren Zuständen fortschreitet, dass das Neue besser ist als das Alte, dass das Neue ein prinzipiell wichtiger Wert ist.

Natürlich stimmt diese Fortschrittsideologie nicht immer und überall, aber sie ist in vielen Produktfeldern wichtig, und es zeigt sich, dass die erfolgreichen Marken dieser Felder jeweils Marken sind, die sich mit dieser Ideologie verbinden. Dies gilt für den gesamten technisch-instrumentellen Bereich: Autos, Unterhaltungselektronik, Computer. Und es gilt auch fast immer dort, wo instrumentelle Eingriffe (oft auch in Naturprozesse/Umwelt) notwendig sind: Zahncreme, Waschmittel, Kosmetik. Eine erfolgreiche Zahncreme ist nicht eine, die die Werte der Vergangenheit bewahrt, sondern eine, die mit den neuesten Erkenntnissen der Medizin Zahnverfall bekämpft; eine Gesichtscreme hält durch Molekulartechnologie Alterungsprozesse auf. So ist etwa Nivea nicht deshalb eine auch im Gesichtspflegebereich erfolgreiche Marke, weil es auf seine große Vergangenheit hinweist, sondern weil es immer wieder Neuerungen bringt.

Auch die Mode basiert auf dieser Zeitauffassung. Sie bezieht ihre Attraktivität und ihre verpflichtende Kraft ja daraus, dass postuliert wird: Alles »Alte«, Vergangene ist wertlos, was zählt, ist das jeweils Neueste! Die Mode vom letzten Jahr muss weggeworfen oder verschenkt werden, Automodelle verlieren rapide an Wert, Computersoftware mahnt: »Your program is seven months old, would you like to update it?« etc.

Dieses Zeitverständnis ist jedoch nicht mehr das einzig Verbindliche. Je nach Situation werden andere Zeitkonzepte wirksam: der ausgezeichnete Augenblick, das Erlebnis, bei dem die Zeit stehen zu bleiben scheint, die so genannte peak experience, die Zeit, die natürlichen Abläufen folgt, die Zeit, die mir gehört, über die ich auch im Sinne von Langsamkeit verfügen kann. Speziell das Bedürfnis nach einer Eigenzeit ist heute wichtig. Dieses Bedürfnis rührt wiederum an das Konzept der zyklischen Zeit, einer Zeitvorstellung, die dem linear nach vorn gerichteten Zeitpfeil entgegengesetzt ist.

Die zyklische Zeit (Wiederkehr des Gleichen) ist für Naturprozesse charakteristisch: Jedes Jahr kehren die Jahreszeiten wieder, es gibt Fruchtbarkeitszyklen bei Tier und Mensch, es gibt plötzlich auftretende Katastrophen, Wechselfälle. Zeit ist auch Ereigniszeit (als die Kinder klein waren, als der Krieg aus war, als wir zum ersten Mal Urlaub in Italien machten). Diese Strukturierung von Zeit wird meist dem Bereich des Privaten, des Hauses, der Familie zugeordnet; diese Zeit ist im Allgemeinen auch die des Alltagsbewusstseins und der Alltagsroutine: Jeden Tag kehren die gleichen Tätigkeiten wieder.

Die zyklische Zeit wird auch oft als die Zeit der Frauen bezeichnet. Begründet wird das meist mit einer biologischen Gegebenheit: Frauen stehen Naturzyklen durch die Erfahrung ihrer eigenen Körperlichkeit und die Verbindung zu Kindern näher. Tatsächlich aber erlaubt diese Zuweisung einen umfangreichen Zugriff auf weibliche Zeitautonomie im Bereich der Solidaritätsgemeinschaft Familie, der bedeutet, dass Frauen viel Zeit für kleinräumig sichtbare und immer wiederkehrende Tätigkeiten opfern müssen, was sie hindert, diese Zeit im größerräumigen öffentlichen Bereich einzusetzen. Dies erschwert auch ihren Zugang zu sozialer Macht.

Der Bereich des Öffentlichen, Männlichen, für den die Devise »Zeit ist Geld« gilt, wird hier dem Bereich des Häuslichen, Weiblichen entgegengesetzt, für den diese Devise nicht gilt. So ist es für Frauen heute noch üblich, den Mann von den Wechselfällen des Lebens abzuschirmen (wenn die Kinder krank sind, wenn sich familiäre Katastrophen ereignen). Frauen haben sich bis zur Gegenwart bemüht, ihrer Familie Liebe zu zeigen, indem sie viel Zeit und Arbeit investieren, um »alles selbst zu machen«. Gegen diese Haltungen haben bis heute Convenience-Produkte im Bereich der Ernährung anzukämpfen.

Die zyklische Zeit hat eine Nähe zu Prozessen der Reziprozität: So viel ich in die Erde investiere, so viel bekomme ich zurück; so viel ich an Liebe in euch investiere, so viel bekomme ich zurück. Sie hat eher eine Nähe zur Vergangenheit als zur Zukunft, zum Fortschritt.

Das Ordnungsmuster ist also:

| **lineare Zeit** | **zyklische Zeit** |
|---|---|
| Fortschritt | Wiederkehr des immer Gleichen |
| gleichförmig | Höhepunkte/Katastrophen |
| planbar | Erfahrung/naturgegeben |
| Zeit ist Geld | Zeit = Liebe/Mühe |
| öffentlich | privat/Haus |
| männlich | weiblich |
| Zukunft | Vergangenheit |

Für Marken und Produkte bedeutet dies nun, dass sie sowohl Zukunft wie Vergangenheit, lineare wie zyklische Zeit verkaufen können; je nach Produktfeld gibt es Nähe und Distanz, manchmal sind auch beide Positionen möglich.

Zukunft/Fortschritt/Zeitgewinn haben wir schon besprochen. Nun zur Vergangenheit. Vergangenheit ist meist mit der Idee der besonderen Herkunft, des Zurückgehens zu einem persönlichen und/oder regionalen Ursprung, einem Ursprungsmythos sozusagen, verknüpft. Der Raum oder die Zeit, aus dem ein solches Produkt kommt, verkörpert dann die Werte, die für die Produktgattung als ideal gelten: Reinheit, Sorgfalt, Natürlichkeit, adelige Noblesse; Werte, die oft durch die moderne Zeit bedroht sind.

Diese Position ist bei Nahrungsmitteln besonders wichtig, für die dieses Zurückverfolgen bis an einen Ursprung ein bedeutungsvoller Wert ist. So weist etwa der Schokoladehersteller Lindt immer wieder auf seine Schweizer Tradition im Herstellen von Schokolade hin oder Dallmayr-Kaffee auf seine Verankerung in der Geschichte. Dieses Zurückgehen zu einem regionalen, weit in der Vergangenheit liegenden Zustand gibt es, wie schon besprochen, bei Bier, das als Produktgattung neben anderen auch diesen Wert besetzt: Gösser verknüpft das Bier mit einem Ursprung in einer mythisch aufgebauten Natur und Vergangenheit (es besteht aus Wasser, das aus Felsen im Morgenlicht geschlagen wird, es wird in Klostergewölben in Fässern gelagert etc.), Radeberger weist auf seine Herkunft aus dem Dresden der Semperoper hin etc.

Die Verknüpfung mit der Position Vergangenheit wird oft bei elitären Produkten gewählt. So sagen Uhrenmarken: »Uhrmacher seit 1856«, Lange-Uhren erzählen ihre bis in die Zeit vor der DDR zurückreichende Geschichte, Meißen führt sein Design auf die Zeit der großen Fürstenhöfe zurück, Mont Blanc weist sein Gründungsdatum aus. Elitären Marken gelangen allein dadurch in eine Sonderstellung: Sie verfügen über Geschichte – etwas, das schwer imitierbar ist.

In seinem Buch »Produkte als Medien«, das die Geschichte ähnlicher ostund westdeutscher Produkte beschreibt, so Nivea – Florena oder Deinhard-Sekt

Rotkäppchen-Sekt, zeigt Rainer Gries, wie sich in diesen Produktgeschichten auch reale Geschichte spiegelt, sodass sie als historische Zeugnisse verstanden werden können.[137]

Auch in Feldern, deren zentrale Ideologie die Zukunft ist, können einzelne Marken oder Sorten mitunter Vergangenheit verkaufen. Die Luxusmarke von DaimlerChrysler, Maybach, stellt ein Auto wieder her, dessen Glanzzeit in den 1930er Jahren lag. Persil sendet ab und zu einen Film, in dem es auf seine Vergangenheit hinweist (»75 Jahre Persil«) und seinen Wert als »nationales Monument« untermauert.

Bei der Darstellung von Zeit gibt es schließlich noch die Position der Zeitlosigkeit, also die Behauptung, dass etwas positiv ist, weil es immer gültig war.

Es ist die Idee der Klassik, die wichtig ist im Bereich des Designs, aber auch im Bereich der Markenpositionen. Sie verknüpft sich meist mit einem elitären Anspruch und wird oft zeichenhaft so übersetzt, dass das Produkt quasi pur erscheint – vor einem neutralen Hintergrund, in dem alle Zeichen der Zeit getilgt sind.[138]

Analysen von Film- und Anzeigenwerbung zeigen, dass es oft die Gestaltung des Hintergrundes ist, die die Dimension der Zeit signalisiert. Dabei gilt:

- leerer Hintergrund = keine Zeit/Zeitlosigkeit,
- aufgefüllter, spezifizierter Hintergrund = Indikator für Vergangenheit – Gegenwart – Zukunft.

Die Position der Zeitlosigkeit existiert auch als Aufhebung der Zeit im Sinne eines ekstatischen Augenblicks, der normale Zeiterfahrung übersteigt: Diese Position schildert etwa der Einführungsfilm für Sheba.

Der Zeitcode kennt also mindestens folgende Positionen:

| Vergangenheit | Gegenwart | Zukunft | Zeitlosigkeit | Zeitlosigkeit |
|---|---|---|---|---|
| Legitimation durch Ursprung: Person, Raum, Zeit | funktionales Genügen | Fortschritt, Leistung, erfolgreicher Eingriff in die Umwelt | Klassik – Zeitläufen und Funktionen enthoben | Ekstase |
| Zeit, die die Gegenwerte der Industriekultur enthält, die der Naturzeit nahe steht: Ruhe, Sorgfalt, Bewahrung | | Dynamik, Effizienz, Fortschritt | Balance | Aufhebung der Zeit |
| verknüpft mit zyklischer Zeit | | lineare Zeit | | |
| (Werte des Hauses, Nahrung, nahe am Körper) | | (Werte des Nicht-Häuslichen, Technik, Wissenschaft) | | |

## 6.6 Der Analyserahmen

Die vorhergehenden Punkte haben gezeigt, dass die beschriebenen Dimensionen nicht isoliert auftreten, sondern dass sich systematische Verbindungen, aber auch Abgrenzungen, zwischen ihnen ergeben. Um Felder zu analysieren, Marken zu positionieren oder Positionsmöglichkeiten zu finden, lässt sich so als Schema angeben:[139]

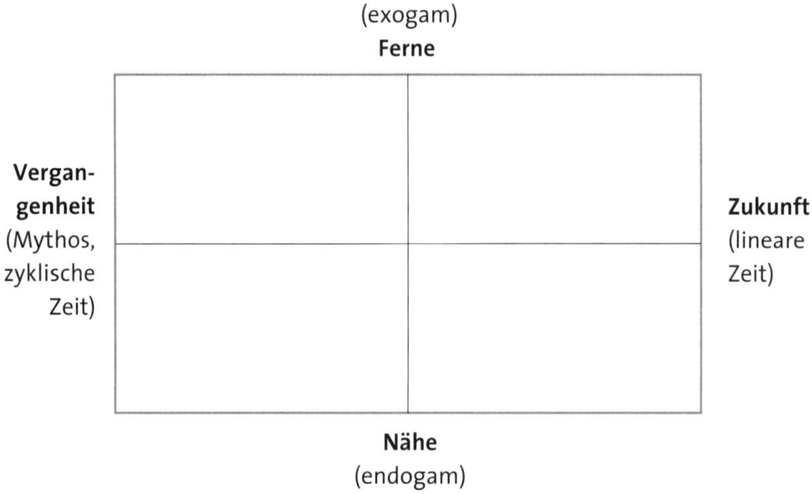


Ein Beispiel aus dem Bereich der kalten, nicht alkoholischen Getränke:

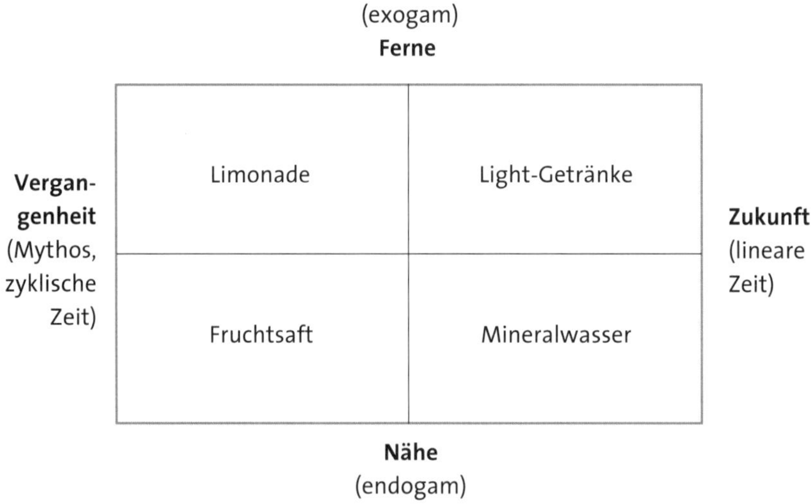

Ebenso gibt es Marken, die eine zentrale Stellung behaupten und die für jede Position Submarken/Sorten entwickeln, so bei Mineralwasser oder Fruchtsaftmarken/-sorten:

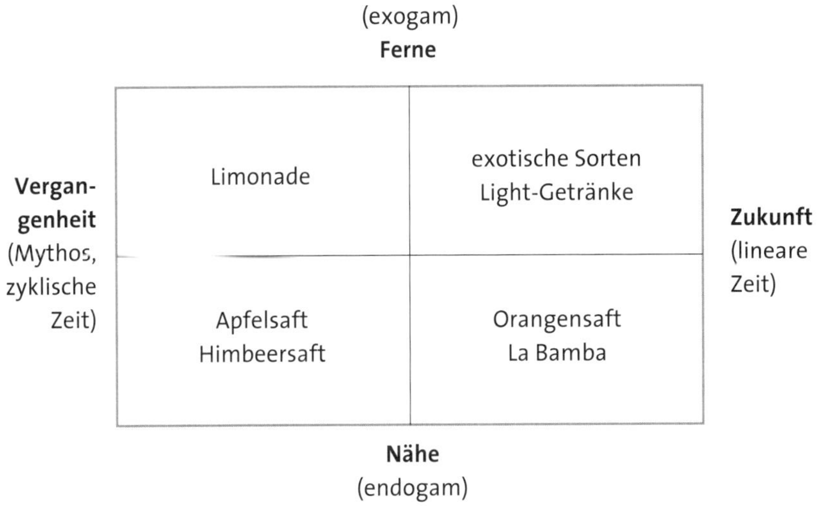


Unser Beispiel der Backwaren lässt sich folgendermaßen darstellen:

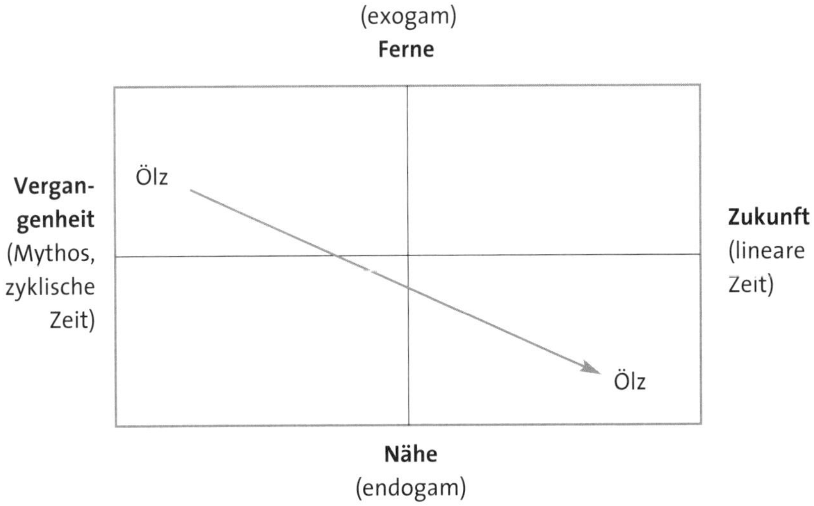

Oder das Beispiel Mineralwasser:

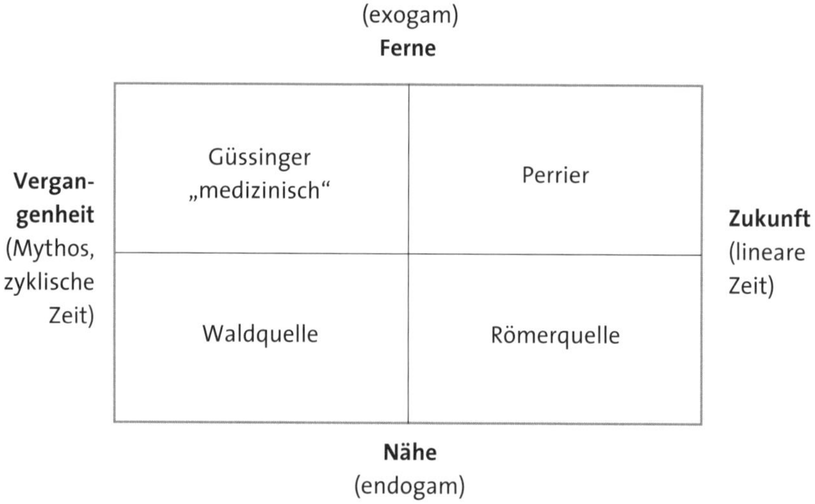


## 6.7 Grenzziehungen/Klassifikationen: Natur – Kultur

In diesem und im folgenden Punkt geht es um die Abgrenzung von Bereichen, die als wesentliche Gegensätze gedacht werden und die jeweils mit charakteristischen Merkmalen ausgestattet sind. Die Zuordnung einer Marke zu einem Bereich aktiviert damit dessen charakteristische Merkmale.

Die meisten Gesellschaften markieren den Gegensatz Natur – Kultur und entwickeln Vorstellungen darüber, wie dieses Verhältnis zu denken ist. Viele Stammesgesellschaften gehen von einer engen Einbettung der Kultur in die Natur aus, sie sehen diese Bereiche nie so getrennt wie unsere Industriegesellschaft, die die Natur als etwas objektiv »ganz anderes« auffassen. Kultur bedeutet jedoch in jeder Gesellschaft die Definition des Verhältnisses zur Ordnung der Natur: entweder im Sinne eines Herstellens von Harmonie und Entsprechung oder im Sinne eines Heraustretens aus der Ordnung der Natur bzw. eines Einwirkens auf die Natur durch die Technik. Die einzelnen Gesellschaften differieren beträchtlich in der Entwicklung von Technologien, in ihren Bestrebungen, Natur zu erobern, zu unterwerfen, zu verändern.

Die grundlegendste und einfachste Operation aller Kulturen ist die Küche. Hier werden Materialien der unmittelbaren natürlichen Umwelt entnommen und durch einen technologischen Prozess, das Kochen, zu kulturell akzeptablen Produkten. Der Erwerb des Feuers steht deshalb auch am Beginn vieler mythischer Erzählungen, und Lévi-Strauss wählt daher als Titel für seine Mythenanalyse: »Das Rohe und das Gekochte«. Dieses Denkmodell cooked nature, bildet einen wichtigen Ansatz für die Produktpositionierung.

Zwischen Kulturen und zu den einzelnen historischen Zeitpunkten einer Kultur gibt es sehr unterschiedliche Vorstellungen darüber, welche Werte jeweils mit dem Bereich der Natur und der Kultur zu verbinden sind und wie das Verhältnis beider zu denken ist. Die Natur kann als das prinzipiell Feindliche, Bedrohliche gesehen werden, als ein legitimer Raum für Ausbeutung und Eroberung, als Material, aus dem erst menschliche Technologie etwas Vernünftiges macht – oder andererseits als das Positive, Schützenswerte, als ein Bereich, in den der Mensch nur unter Wahrung strikter Regeln eingreifen kann – eine Idee, die viele einfache Gesellschaften schätzen.

Unser Kulturkreis, der westliche Rationalismus, folgte über einen langen Zeitraum dem Leitbild, dass die Natur durch Techniken der Kultur zu erobern und zu unterwerfen und dass Mängel der Natur zu korrigieren sind. Erst in der Romantik wurde das Ideal der reinen, idyllischen Natur entwickelt, der man höhere Werte, als sie der Zivilisation zukommen, zuschreibt; und in der Gegenwart gewinnt die Idee an Relevanz, dass es der Natur gegenüber eine Solidaritätsverpflichtung gibt. Das berührt den ganzen Komplex des Umweltschutzes, aber darüber hinaus auch den Gedanken, dass alles Naturbelassene und Natürliche – oder jedenfalls das Natürliche, das bestimmten Kriterien genügt – hoch zu bewerten ist.

Dieser Gedanke spielt auf vielen Märkten eine eminente Rolle, denn es gibt so etwas wie einen »Mythos der Natur«. Naturtextilien, Naturkosmetik, Naturmaterialien, natürliche, unbehandelte Lebensmittel, Naturheilmittel – alles, was mit dem Etikett versehen werden kann, unmittelbar aus der Natur zu kommen, eine natürliche im Gegensatz zu einer kulturell/industriellen Variante zu repräsentieren, ist von hohem Wert. Davon lebt besonders der Bereich der biologischen Produkte, ebenso aber auch Kosmetikmarken, die angeben, aus reinen Pflanzen und Kräutern zu bestehen, Möbelhersteller, die zu sehr hohen Preisen Betten propagieren, bei denen jedes Detail aus natürlichem Material besteht etc. Die Marke Frosta bewirbt Tiefkühlprodukte, die ausschließlich aus naturbelassenem Gemüse bestehen und keinerlei fremde Stoffe enthalten.

Allerdings gilt die Regel, dass die Ideologie der Natur und des Naturhaften immer überlegen ist, keineswegs uneingeschränkt – sie ist nicht beliebig mit allen Produktgattungen/-werten kombinierbar. Einerseits gibt es Produktgattungen, bei denen die Behauptung, sie enthielten natürliche Wirkstoffe, unattraktiv ist, andererseits gibt es Produktgattungen, bei denen beide Positionen möglich und Erfolg versprechend sind. Im Wesentlichen hängt das mit der jeweiligen Funktion eines Produktes zusammen. Es gibt sehr wohl Funktionen, die darauf abzielen, die Natur zu korrigieren, zu verbessern, natürliche Vorgänge, falls sie schädliche Konsequenzen haben, nicht ohne weiteres zu akzeptieren. Durch Technik und Wissenschaft sollen die Mängel der Natur aufgehoben werden.

Viele Produktgattungen sind unter dieser Maxime entwickelt worden und folgen ihr noch heute. Beispiele dafür sind Zahncremes, Deos, Kosmetik, auch Waschmittel. Alle diese Produktbereiche haben die Möglichkeit, sich als Träger natürlicher Wirkstoffe auszugeben, nehmen damit aber in Kauf, weniger Wirkung zu signalisieren, denn es gilt:

| | **Mängel der Natur** | **korrigiert durch Technik/ Wissenschaft** |
|---|---|---|
| **Waschmittel** | Schmutz ist Materie an der falschen Stelle<br>Unhygiene<br>Ekel/Krankheit | Reinheit<br>Hygiene<br>Gesundheit |
| **Deo** | Schweiß<br>Gestank<br>Ausscheidung (Ekel/Tabu) | sauber<br>gepflegt<br>sozial akzeptiert |
| **Kosmetik** | Haare werden grau<br>Haare sind nicht schön<br>Falten<br>Zeichen von Alter | neue Person<br>artifiziell erschaffen<br>Alter besiegen |

Beispielsweise waren Waschmittel, die mit der Idee der pflanzlichen Wirkstoffe operierten, keineswegs erfolgreich, ebenso wenig wie Naturdeos.

Auf dem Gebiet der Kosmetik erleben Produkte, die Alterungsprozesse hinauszögern, große Zuwächse. Sie alle kommen dem Wunsch und der Absicht entgegen, sich nicht so zu akzeptieren, wie es die Natur vorgegeben hat, sondern sich mit der Hilfe von Technik und Wissenschaft neu zu erschaffen. Cher und Michael Jackson haben sich mit Hilfe der kosmetischen Industrie und der Chirurgie in ganz andere Personen verwandelt. Viele Frauen – und mittlerweile auch viele Männer – sind nicht mehr bereit, ihren Alterungsprozess oder Dinge, die sie als unschön erleben, zu akzeptieren. Schönheitschirurgie oder Eingriffe wie Laserbehandlungen oder Botox-Einspritzungen erfahren zunehmende Verbreitung. Auf einer einfachen Ebene kommen Haarfärbemittel diesem Bedürfnis entgegen.

Werbefilme zeigen häufig Frauen, die nach dem Gebrauch dieser Produkte rot glänzende Haarfluten verführerisch wehen lassen. – Diese wichtige Position cheating the system werden wir später noch näher besprechen.

Hier deutet sich eine weitere ideologische Konstruktion an: Natur ist das privilegiert darstellbare System, und Wissenschaft/Technologie wird in vielen Fällen eingesetzt, um Objekte und Personen natürlich erscheinen zu lassen – so wird etwa Kosmetik deshalb verwendet, um der Person Natürlichkeit zu verleihen. Daneben gibt es aber genügend Felder, in der die Kultur die Instanz mit der legitimierenden Kraft ist.

### Exkurs: Transformation

Ebenso wie Menschen durch bestimmte Klassifikationsverfahren aus der Definition Mensch herausgenommen werden können, können auch bestimmte Lebewesen aus der Ordnung der Natur herausgenommen werden. Dies geschieht mit bestimmten Tieren. So gelten etwa die meisten Insektenarten (mit Ausnahme der »fleißigen« Bienen und der »staatsbauenden« Ameisen, also Insekten, die bürgerliche Werte verkörpern) als nicht zu unserer Natur und Kultur gehörig. Sie müssen »draußen bleiben«, weil sie »ekelig« sind, gefährlich, den Bestand der Kultur bedrohen. Gegen diese Objekte muss aggressiv vorgegangen werden.

Marken/Produktgattungen, die sich diesen Objekten zuwenden, müssen eine Ideologie des Killens, der aggressiven Vernichtung dokumentieren. Die erfolgreichen Marken dieses Feldes führen das schon in Namen und Slogan vor: »Vandal wirkt phänomenal«, »Tus macht Schluss«.

Die Bewertung von Natur und Kultur variiert also. Dementsprechend gibt es verschiedene Darstellungen von Natur. Natur und Kultur können einander auf folgende Weise gegenübergestellt werden:

| **Die Kultur ist positiv** | **Die Natur ist positiv** |
| --- | --- |
| Sie hat besondere Kräfte/Wirkstoffe. | Sie verfügt über mächtige Technologien. Die Technologie hilft, industrielle Produkte mit diesen Wirkstoffen auszustatten, sie natürlich zu machen. – |
| | ↓ |
| | Transformation in das Natürliche |

**Natur** ➢➢ **Transformation** ➢➢ ***cooked nature***

| Die Natur ist positiv | Die Kultur ist negativ |
|---|---|
| Sie ist schützenswert. Es ist die moralische Pflicht, diesen Raum des Lebens zu schützen. Sie ist der Raum der idyllischen Nichtzivilisation. | Sie bedroht über Technologie/Industrie die Natur. Sie ist der Raum der Zwänge. |

**Natur gegen Kultur**

| Die Natur ist negativ | Die Kultur ist positiv |
|---|---|
| Sie ist nicht perfekt, sondern mangelhaft. | Technologie/Wissenschaft hebt die Mängel der Natur auf. |

(schlechte) Natur ➢➢ Transformation ➢➢ perfekte Natur
*cheating the system*

Die folgenden Positionen lassen sich unterscheiden:

- *Die unberührte Natur, die Natur ohne Eingriff von Kultur:* Natur in diesem Sinn ist sakrale, reine, unkontaminierte Natur. In dieser Form wird sie oft in der Tourismuswerbung oder der Werbung für Nahrungsmittel eingesetzt.
- *Die zu schützende Natur, Natur als moralischer Wert:* Das ist die Naturdefinition, der sich Umweltprodukte bedienen, teilweise auch biologische Produkte.
- *Die Natur als Raum der Idylle,* des Paradieses, die sozialen Zwängen, der Arbeit gegenübergestellt wird: der Freizeitraum (Bounty, Bacardi).
- *Die vorindustrielle, nostalgische Natur:* einfach, romantisch, ländlich, mit den Werten der guten alten Zeit.

Und schließlich:

- *Die zu besiegende Natur, die »schlechte« Natur:* alles, was mit Alter, Tod, Verwesung, Ausscheidung korreliert ist, alle natürlichen Prozesse, die auch negative Folgen haben.

## 6.8 Grenzziehungen/Klassifikationen: das Sakrale – Profane – Tabuisierte

Grenzziehungen zwischen diesen Bereichen sind für jede Kultur symptomatisch. Das Sakrale ist der Bereich, der gesondert gehalten werden muss, rein, unkontaminiert, jede Berührung mit dem Profanen befleckt ihn, er ist nur durch besondere Personen, über besondere Rituale zu betreten. Ebenso fest sind die Grenzen, die um tabuisierte Gegenstände,

Bereiche gezogen sind; Kontakt mit ihnen ist in hohem Maß gefährlich und schädlich. Das Sakrale ruft Reflexe zu seiner Verteidigung hervor, wenn es angegriffen wird.[140]

Unsere hoch industrialisierte Kultur besitzt keine religiös vorgeprägten Vorstellungen mehr. Es gibt aber durchaus Phänomene, die sich mit diesen Konzepten vergleichen lassen und die auch für den Markt wichtig sind, da eben Produkte/Marken Merkmale aufweisen können, durch die sie diesen Bereichen zugeordnet werden. Die Idee des Sakralen findet sich am deutlichsten in der Idee der unberührten, reinen, sakralen Natur wieder, die frei ist von jedem industriellen Eingriff und die deshalb einen ganz besonderen, wertvollen, geheiligten Bezirk darstellt, aus dem besondere Objekte kommen.

Die Opposition Natur – Industrie, wobei das eine mit Reinheit/dem Sakralen und das andere mit Befleckung/Profanität gleichgesetzt wird, ist bereits im vorigen Punkt erwähnt worden. Sie ist in vielen Produkten lebendig, vor allem in solchen, die behaupten können, ihren Ursprung in dieser Natur zu haben: Wein, Bier, Käse, Mineralwasser, alles, was aus Früchten gemacht ist, Fruchtsaft zum Beispiel eine italienische Marke, Santo Rosa, spricht direkt diesen sakralen Ursprung an. Oft gelten Vitamine als die Garanten für die »Gnade und den Segen der Natur«. Viele alte Hausmittel, Heilmittel, Mittel der Volksmedizin stützen sich auf diese Vorstellung: Klosterfrau Melissengeist, Knoblauchkapseln, Diana, die Naturheilmittel der Hildegard von Bingen etc.

Eine der ersten Marken, die diese Vorstellung konsequent zeichenhaft übersetzte, war Timotei. Der Raum, den Timotei konstruierte, war ein sakraler Naturraum. Die Idee des Reinen, Unberührten fand sich in jedem Gegenstand, der gezeigt wurde, einschließlich des jungen, blonden, sanften Mädchens. Timotei war als Shampoo eng mit diesen Merkmalen verknüpft und am Anfang hoch attraktiv. Allerdings gelang es nie, Produkte unter dieser Marke zu positionieren, die in stärkerer Form mit Leistung oder mit Eingriff in die Natur korreliert waren, so etwa ein Deo.

Im Augenblick spielt diese Marke keine Rolle mehr, wie überhaupt zu bemerken ist, dass die Idee der unberührten Natur oder der natürlichen Bestandteile allein zu schwach ist, um Produkte oder gar Marken zu tragen. Diese Idee muss sich derzeit mit dem Aspekt der Leistung verbinden. Solche Produkte müssen also Naturbestandteile enthalten, denen beispielsweise eine medizinische Wirkkomponente oder vergleichbare Wirkungen zugeschrieben werden, so etwa rotes Weinlaub als Mittel gegen Venenprobleme. Weitreichende kosmetische Leistungen versprechende Marken des Premium-Kosmetiksegments versuchen häufig, über Naturbestandteile zu argumentieren – aber nie im Sinne eines reinen

Naturprodukts, sondern indem speziellen natürlichen Substanzen ganz spezifische Wirkungen zugeschrieben werden, die von Wissenschaftlern isoliert und in das Produkt eingebracht wurden. Dies argumentiert etwa La Mer von Estée Lauder oder Juvelia von Juvena/Beiersdorf, das sich auf die Wirkstoffe von Perlen beruft.

Die Semantik des Umweltschutzes zeigt immer noch Anklänge an diese Ideologie der sakralen Natur, etwa dann, wenn von Umweltsündern die Rede ist.[141]

Ein anderer Aspekt, der für das Sakrale charakteristisch ist, ergibt sich aus seiner Opposition zum Profanen. Das Sakrale ist den Trivialitäten des Gebrauchens, der Funktionalität entzogen, es wird befleckt, wenn es in einem trivialen Sinn gebraucht wird (wenn man zum Beispiel den Wein, der im Gottesdienst als rituelles Getränk eingesetzt wird, gegen den Durst trinken würde). Diese Vorstellung ist den Definitionen des Elitären verwandt. Auch das Elitäre ist etwas, das nicht in einem trivialen und profanen Sinn funktional ist, es ist ebenso selten wie das Sakrale, es wird durch Kontakt mit dem Profanen befleckt, es ist nur besonderen Personen zugänglich.

Diese Gleichsetzung von zwei oberen Bereichen, die sich beide über die Distanz zum Profanen legitimieren, ist eine bekannte ideologische Konstruktion. Marken, die die Strategie des Elitären verfolgen – sei es, dass sie beanspruchen, ein Premiumprodukt zu sein, sei es, dass sie seinen Besitzer als Eliteperson ausweisen – müssen sich bemühen, genau diesen Eindruck zu erzeugen: im Produkt über physisch beobachtbare Produktmerkmale, aber auch über das Zeichenrepertoire, das sie zur Darstellung benützen, und über die Art, wie sie Sprache einsetzen. Sie müssen weit entfernt sein von den Trivialitäten des Gebrauchens, Zeigens, Sagens, der Preise, der Ökonomie.[142]

Anzeigen für Luxusmode bilden das Kleidungsstück oft nicht einmal ab, sie preisen es nicht aus und erzeugen nur einen irgendwie ästhetischen Eindruck. Discounter bilden alles genau ab und verkaufen drei Stück zum Preis von zwei. Ähnliches gilt für die Darstellung von Parfüms – ein Parfüm ist gerade dadurch elitär, dass es unfunktional ist. Luxusautos sprechen nicht von ihrem geringen Benzinverbrauch, der Preis eines Geschenks wird nicht erwähnt. Selbst in trivialen Produktfeldern gilt diese Regel.

Der Persil-Presenter der 1980er Jahre machte die Marke deshalb zu etwas Besonderem, weil er den Waschvorgang, die Wäschestücke oder Schmutzprobleme weder zeigte noch problematisierte und weil er als Person im Vergleich zum weiblichen Personenensemble, das in der Werbung dieses Produktfeldes üblicherweise auftrat, genau die oppositionellen Merkmale hatte. Jede Änderung dieser Strategie profanisierte die Marke, wie zahlreiche Pretests zeigten.

In den Bereich des Sakralen gehört auch die kultische Repräsentation. Sie stellt einen besonderen Typ von Produktinszenierung dar: Das Produkt wird wie ein klassisches Kunstwerk dargestellt/ausgestellt. Charakteristisch hierfür sind Merkmale wie

- Aura,
- Authentizität,
- beschränkte Zugänglichkeit.[143]

In dieser Form wünschen sich etwa Autokäufer die Inszenierung des Autos im Schauraum. Die Autostadt in Wolfsburg inszeniert den Augenblick der Übergabe des Autos an den Käufer in dieser Form. Wirklich wertvolle Objekte werden oft so dargestellt/ausgestellt.

Der andere Bereich, der mit strikten Grenzziehungen arbeitet, ist der des Tabuisierten.

Auch das Tabuisierte ist dem Gebrauch und der Darstellung entzogen, es wird abgesondert gehalten, es gilt als gefährlich und befleckend, und es löst Ekel und Abwehr aus. Im Wesentlichen ist dies in unserer Kultur alles, was mit Alter, Krankheit, Tod, mit den Unzulänglichkeiten und der Hinfälligkeit des Körpers zu tun hat, mit Ausscheidungen, Sekreten.

Produkte, die gezwungen sind, in diesen Feldern zu operieren, sehen sich oft großen Schwierigkeiten in der Kommunikation gegenüber. Ein Beispiel dafür sind WC-Produkte. Das WC ist immer noch ein tabuisierter Bereich. Es muss als ein geschlossener, abgeschiedener Raum gehalten werden, über dessen Grenzen nichts nach außen dringen darf: weder Geräusche noch Gerüche. Der Kontakt mit allen Resten von Ausscheidungen gilt als gefährlich und ekelig, das WC soll nicht mit den Händen berührt werden. WC-Produkte zielen deshalb darauf ab, jede Spur von Ausscheidungen, Optik, Geruch, zu vertilgen, dies möglichst selbsttätig, möglichst radikal/aggressiv: Auch Bakterien müssen vertilgt werden.

Bakterien haben in diesem Bereich des Tabuisierten die Rolle, die die Vitamine im Bereich des Sakralen haben. Beides sind unsichtbare, winzige Objekte die einen stehen für die segnenden, positiven Kräfte der Natur, für »Leben«, die anderen für die gefährlichen, bedrohlichen, für »Tod« und Verwesung. WC-Zusatzprodukte bringen Duft und Frische und tilgen die Vorstellung, dass an diesem Ort jemals Ausscheidungsvorgänge stattgefunden haben. Die Kommunikation über diese Produktleistungen gestaltet sich jedoch sehr schwierig – schon ihre Darstellung unterliegt dem Tabu und muss in verschlüsselter und verschobener Form vorgenommen werden.

Inzwischen werden im Fernsehen jedoch Produktgattungen beworben, die deutlich tabuisierte Sachverhalte ansprechen, so zum Beispiel Produkte gegen Inkontinenz. Diese zeigen jedoch ein Ambiente und ein Personenensemble, das besonders hochrangig ist und das die Benützer als einerseits normale, andererseits privilegierte Personen ausweist. Ein Film, der ein Windelhöschen gegen Inkontinenz bewirbt, zeigt zum Beispiel eine sehr gepflegte, elegante ältere Frau, die ausführt, dass sie sich nur mit diesem Höschen sicher fühlt. Man sieht, wie sie es anzieht und wie sie dann zu einem Rendezvous mit einem eleganten älteren Herrn eilt.

Problematisch gestaltet sich die Werbung für ein österreichisches Bier, das eine nachweislich gute Wirkung gegen Prostatabeschwerden hat, da es Extrakte von Kürbiskernen aufweist. Es fiel jedoch außerordentlich schwer, diese Leistung zu kommunizieren, speziell dann, als man eine Einführung in die Gastronomie anstrebte: Jeder, der das Bier bestellte, hätte sich als Leidender geoutet. Hier nahm man zunächst eine Verschiebung in den Bereich der sexuellen Stimulation vor (siehe Abbildung).

## 6.9 Die Funktion des Mediators

Wir haben bis jetzt immer im Sinne von Oppositionen geordnete Bereiche besprochen, die durch gegensätzliche Werte charakterisiert sind und einander strikt gegenübertreten. Dies ist ein einfaches und wirksames Ordnungsmodell.

Eine wesentliche Idee, die sich in vielen Kulturen findet, ist die der Vermittlung zwischen diesen Bereichen. Es ist die Idee eines Mediators, also einer Figur oder Größe, die zwischen diesen beiden Bereichen vermittelt: zwischen dem Profanen und Sakralen, dem Menschlichen und Göttlichen (Christus), zwischen Natur und Kultur (die Kulturheroen, die das Feuer bringen), dem Fernen und dem Nahen (die Händler, Abenteurer, Reisenden, die Kunde von der fernen Welt bringen), zwischen Oben und Unten (die Vorarbeiter, die zwischen Arbeiter und Chef vermitteln) etc. Diese Figuren besitzen oft Merkmale sowohl des einen als auch des anderen Bereiches.

Ähnliches gibt es im Bereich der Raumgliederung: Zonen, die halb noch dem einen und halb schon dem zweiten Bereich angehören – der Garten vor dem Haus (halb häuslich, halb natürlich), der Meeresstrand etc. Auch diese Position ist für Marken und Produkte wichtig. So stellt die italienische Küche etwa eine solche mediatisierende Position dar und verbreitete sich dadurch bei uns um vieles schneller als regional vergleichbare Küchen. Italien ist ein als Urlaubsland nahes und doch fremdes Land, die italienische Küche verwendet Zutaten, die wir kennen (Tomaten, Nudeln, Teig, Käse, Gemüse) und die also nur geringe Aneignungsschwierigkeiten mit sich bringen, kombiniert sie aber so, dass sie ein reizvoll fremdes Gericht ergeben, zum Beispiel Pizza.

Ebenso kann dies eine interessante Stellung von Marken sein. So ist die Marke Joghurette von Ferrero sowohl ein Angehöriger des Feldes Süßigkeiten/Schokolade wie auch ein Angehöriger des Feldes gesunde Produkte, über ihre Füllung mit Joghurt und Erdbeeren. Joghurette vermittelt zwischen den sündigen Süßigkeiten, die gut schmecken aber verboten/ungesund sind, und den Gesundheitsprodukten, die meist nicht so gut schmecken aber geboten/erlaubt sind – es vereinigt die jeweils positiven Merkmale aus zwei sonst gegensätzlichen Bereichen. Ähnlich agiert der mit Schokolade überzogenen Müsliriegel Balisto als Verbindung zwischen Genuss und Gesundheit.

Derzeit gehören Grenzüberschreitungen zwischen zwei Bereichen zur üblichen soziokulturellen Praxis, und dementsprechend nehmen Produkte zu, die die mediatisierende Stellung beziehen: Getränke, die gleichzeitig Nahrung zuführen, Sportschuhe, die man in der Stadt zum Ausgehen anzieht, Bier mit aromatischem Geschmack, Süßwaren als Sportlernahrung etc.

Sehr geschickt benützen Zahncrememarken, die weiße Zähne versprechen (zum Beispiel Perlweiss), diese Figur des Mediators über die Darstellung einer Zahnarztfrau. Sie scheint einerseits eine Angehörige der Medizinwelt zu sein – sie trägt einen weißen Kittel und ist eben die Frau eines Arztes , andererseits ist sie eine hübsche gepflegt Frau, die sich weiße Zähne wünscht.

## 6.10 Elementare Gruppierungen und Klassifikationen

Auch in unserer hoch differenzierten Gesellschaft, die für den Einzelnen eine Vielzahl von Optionen der Gruppenzugehörigkeit anbietet, besteht ein elementares Bedürfnis nach Ordnung und Sicherheit der Orientierung. Man möchte erkennen, mit wem man es zu tun hat, was man von einer Person als Basisverhalten zu erwarten hat. Und man möchte, wenn auch nach Situationen wechselnd, die eigene Identität dokumentieren: sich als richtige Eliteperson, als richtiges Kind, als richtiger Mann fühlen und darstellen etc.

Viele Objekte und damit auch Produkte und Marken stehen im Dienst dieser Funktion. Dabei ist wieder wichtig: Man möchte nicht nur ausdrücken, wer man ist und wie man gesehen werden möchte, sondern auch, wer man sicher nicht ist, wie man sicher nicht gesehen werden möchte. Menschen können oft sehr viel präziser angeben, wer sie nicht sein möchten, als wer sie sein möchten, und dieses Signalement suchen sie durch eine Vielzahl von Objekten auszudrücken:

- sicher kein Spießbürger,
- sicher kein Neureicher,
- sicher kein Kind mehr,
- sicher kein Vamp,
- sicher auch nicht im Entferntesten weiblich (gilt für Männer),
- sicher kein verschwenderischer Käufer.[144]

In diesem Prozess der Bedeutungsvermittlung sind zwei Mechanismen wichtig:

1. Der elementare Mechanismus der Bedeutungszuordnung: Eine Sicherheit der Orientierung ist dann am einfachsten gegeben, wenn zwei Elemente Gegensätze bilden. Man weiß, was das eine ist, schon dadurch, dass es das andere offensichtlich nicht ist.

2. Die Objekte/Produkte, die verwendet werden, um die Zugehörigkeit zu einer Klasse/Gruppe zu dokumentieren, tragen die Merkmale, die die Personen dieser Gruppe charakterisieren. Dabei wird meist auch eine Bewertung zum Ausdruck gebracht.

Zum Beispiel bei Kleidung:

| **männliche Kleidung** | **weibliche Kleidung** |
|---|---|
| härtere Stoffe<br>ernste Farben<br>starr, diszipliniert<br>verhüllen den Körper | weichere Stoffe<br>leuchtende, fröhliche Farben<br>wehend, fließend<br>zeigen den Körper, bieten den Körper dar |
| ↓ | ↓ |
| hart, ernst, diszipliniert<br>(= männliche Eigenschaften) | weich, fröhlich, fließend<br>(= weibliche Eigenschaften) |

Ähnlich ist es bei Merkmalen, die »obere« von »unteren« abgrenzen:

| **teure Autos** | **preiswerte Autos** |
|---|---|
| groß, schwer<br>dunkle Farben<br>viel Kraft/Leistung<br>viel Komfort<br>Anmutung: edel/Würde/Stil<br>z. B. Mercedes | klein, leicht<br>helle Farben<br>wenig Kraft/Leistung<br>wenig Komfort<br>Anmutung: lieb/herzig/süß<br>z. B. Fiat Cuore |
| ↓ | ↓ |
| für Männer | für Frauen/Jugendliche |
| ↓ | ↓ |
| für dominante Personen | für subdominante Personen |
| ↓ | ↓ |
| für Obere (= Männer),<br>die »immer« die Merkmale haben:<br>groß, schwer, Kraft | für Untere (= Frauen),<br>die »immer« die Merkmale haben:<br>klein, leicht, lieb |

Selbstverständlich kann sich eine Frau einen Mercedes kaufen und ein Boss einen Cuore. Beide signalisieren damit, dass sie bewusst eine andere Merkmalsausstattung gewählt haben. Es erlaubt ihm/ihr also die Formulierung einer speziellen Botschaft – für Frauen: sicher kein Weibchen, für den Boss: sicher keine traditionell orientierte Person.

Genau das macht Produkte interessant: Indem sie die Merkmale einer bestimmten Gruppe indizieren, vermitteln sie dem Käufer das Gefühl, zu dieser Gruppe zu gehören und deutlich gegen eine andere abzuweichen. Beispielsweise kauft man sich mit einem jungen Produkt »Jugend«. Selbstverständlich erfolgt so etwas nicht bewusst, es bringt einfach ein strukturelles Gliederungsverfahren und ideologische Vorannahmen unserer Gesellschaft zum Ausdruck.

Betrachten wir nachfolgend einige Beispiele.

## Kinderprodukte

Kinderprodukte können prinzipiell über zwei Strategien positioniert werden:

A Man versucht, Mutter und Kind anzusprechen; die Mutter zu überzeugen, dass das Produkt gut für das Kind ist, und das Kind so weit zu motivieren, dass es sich das Produkt wünscht, es zumindest nicht ablehnt. (Ein Ansprechen der Mutter allein, ohne das Einverständnis des Kindes, ist beim heutigen Stand der Dinge und bei der beträchtlichen Macht, die Kinder bei den Konsumentscheidungen in der Familie spielen, kaum mehr möglich.)

B Man versucht, das Kind allein anzusprechen.

Ein Beispiel für Strategie A sind zum Beispiel Fruchtzwerge von Gervais. Die Filme der Einführungskampagne für dieses Produkt zeigten jeweils ein Problem, zum Beispiel ein defektes Spielzeug, bei dem die Erwachsenen, vor allem der Vater, keinen Rat wussten. Das Kind, und zwar immer ein Bub, isst Fruchtzwerge und löst das Problem. Der Slogan lautete: »So wertvoll wie ein kleines Steak.« Appelliert wird dabei an ein Set von Werten wie: Durchsetzen in einem Wettbewerb, Leistung, Überlegenheit – zentrale Werte unserer Industriekultur also, die offenbar nicht umsonst auch an die Dimension des Männlichen geknüpft werden. Es handelt sich immer um eine Interaktion zwischen Vater und Sohn, das Produkt wurde mit einem Steak verglichen, also einem Nahrungsmittel, von dem wir in mehreren Untersuchungen feststellten, dass es ein extrem männliches Nahrungsmittel darstellt, das mit Kraft/Aggression, Virilität, nicht-weiblichem Kochen korreliert ist.

Alles das ließe sich auch als eine Freudsche Konstellation interpretieren, als ein Sieg des Sohnes über den Vater. Wie auch immer, in jedem Fall sind dies Werte, die eine große Zahl von Müttern bei ihren Kindern fördern möchten und denen Kinder zustimmen können – auch sie wollen natürlich groß, stark, klug sein. Und sie finden noch weitere Merkmale, die ihrem Wertsystem entgegenkommen: Das Produkt heißt ja Fruchtzwerge, die Portionen sind klein, die Packungen sehr grell gefärbt; es wird zwar mit einem Steak verglichen, aber es ist eine wesentlich leichter aneigenbare Nahrung, da sie ohne Zahneinsatz zu konsumieren ist.

Insofern könnte man diese Strategie auch als eine Sozialisierungsstrategie auffassen, also als eine Strategie, in der Kinder frühzeitig auf wesentliche Werte unserer Kultur eingeübt werden.

Auch in der Weiterführung der Kampagnen benützte Fruchtzwerge immer wieder diesen Appell an das Verantwortungsbewusstsein der Mütter. So argumentiert man heute, dass Fruchtzwerge dem Kind beim Großwerden hilft. In der Kampagne, die dieser vorausging, wurde das Kind, das Fruchtzwerge konsumiert als ein besonders intelligentes Kind dargestellt: »Möchte hier jemand ein gesundes Produkt? Mit Calcium?« – Entsetztes Türenzuschlagen! – »Na, dann esse ich es alleine.«

Dieser Typ von Produkten kann auch unter der Strategie B angeboten werden, also ohne Appell an die Mütter, als Produkte einer Kinderkultur.

Dreh und Trink von Maresi, das jahrelang ein sehr erfolgreiches Produkt war, wendete diese Strategie an: Das Produkt befand sich in einer kleinen Flasche, aus der das Kind sehr bequem, nuckelnd trinken konnte, es war grell, absolut künstlich in der Farbe (obwohl natürliche Lebensmittelfarbe verwendet wurde). Im Film agierten drei Comicfiguren, drei entenartige Geschöpfe, die schrill kreischten: »Dreh und Trink, ist das nicht ein tolles Ding?« Kinder liebten das Produkt, und sie liebten es auch, wenn Mütter es eigentlich »pfui« fanden.

Ebenso waren die Überraschungseier von Ferrero am Anfang etwas, das Kinder liebten und das Mütter misstrauisch betrachteten.

Sollen also Produkte als Produkte der Kinderkultur dargestellt werden, dann müssen sie Merkmale haben, die sich in Opposition zu den Merkmalen befinden, die das entsprechende erwachsene Pendant ausmachen. Genau das ist im Übrigen der Vorteil, wenn Codes und nicht Einzelfälle analysiert werden. Sind einmal die strukturellen Besonderheiten des Codes bekannt, kann er auf vielen Produktfeldern angewendet werden: Ernährung, Zahnpflege, Spielzeug, Kleider.

Nehmen wir das Beispiel Ernährung:

| **Nahrung für Erwachsene** | **Opposition zu Nahrung für Erwachsene** |
|---|---|
| gesund | nicht gesund |
| natürlich | künstlich, gefärbt |
| nahrhaft | nicht nahrhaft |

| | |
|---|---|
| diszipliniert zu essen (mit Kenntnis, mit Instrumenten) | ohne Disziplin zu essen, leicht anzueignen |
| beißen, »bewältigen« | saugen, schlingen, schlappern, ohne Zahneinsatz |
| ↓ | ↓ |
| So würden sich Erwachsene Kindernahrung wünschen:<br>• Einübung in ihre Werte,<br>• Integration in ihre Gruppe. | So ist Kindernahrung, die Kinder als eigene Nahrung, als Objekt der Kinderkultur, von Erwachsenennahrung abgrenzen. |
| | ↓ |
| | Unakzeptabel für Erwachsene – sie drückt aus:<br>• ich bin sicher kein braves Kind,<br>• das gehört mir allein. |

Die protestierende Reaktion von Erwachsenen gehört essentiell dazu. Dem dienen unter anderem auch die Farben und Formen, die Verwendung finden: Ein erfolgreiches Eis für Kinder von Eskimo hatte die Form eines grünen Fußes, an dem man lutschen konnte. Slime war ein Gel »mit Würmern«, das zu nichts anderem gut war, als dass es protestierende Reaktionen der Erwachsenen hervorrief.

Wenn es sich um Nahrungsmittel handelt, müssen die bevorzugten Techniken der Nahrungsaufnahme von Kindern beachtet werden. Kinder bestehen auf einer leichten Aneignung von Speisen/Nahrung. Sie wollen möglichst ohne Zahneinsatz und ohne die Verwendung von Instrumenten auskommen, das heißt also, sie wollen saugen, schlappern, sich etwas »einziehen«. Dies wird etwa durch den Erfolg von Nudelgerichten bei Kindern belegt sowie durch die Attraktivität von allem Weichen, Saftigen, Rutschigen.

Ein Aspekt, der zum Beispiel Milch-Schnitte, ein Riegelprodukt für Schulkinder, sehr attraktiv machte, war, dass es die weichere Variante gegenüber Obst oder mitgegebenen Schulbroten darstellte. Insgesamt gesehen, ist Milch-Schnitte eher ein durch die Strategie A vorgestelltes Produkt, das den Entschluss von Müttern legitimiert, ihrem Kind dieses Produkt mitzugeben und damit ein hohes Maß an Convenience gegenüber selber gestrichenen Broten zu erzielen. Dem entspricht auf Seiten des Kindes, dass der Konsum von Milch-Schnitte in der Pause einen höheren Prestigegewinn hat, eine bessere Stellung in der Gruppe verschafft, als der Konsum eines einfachen häuslichen Schulbrotes.

## Rites de Passages – Produkte, die Übergänge markieren

Archaische, traditionelle Kulturen, die primär auf Stabilität, Systemerhaltung bedacht sind, entwickeln bestimmte Rituale, die Übergänge begleiten, da diese potentiell immer gefährlich sind.[145] Charakteristisch für diese Übergangsrituale ist unter anderem: Sie stellen sicher, dass die Person Merkmale verliert, die ihren früheren Zustand kennzeichnen, und dass sie Merkmale erwirbt, die ihren jetzigen Zustand kennzeichnen. Diese neuen Merkmale sind innere Merkmale/Eigenschaften, die vorausgesetzt und erwartet werden, damit die neuen Aufgaben des neuen Standes erfüllt werden können, aber auch äußere Merkmale/Anzeichen, an denen man den neuen Zustand erkennen kann.

Die Merkmale, die verlangt werden, sind die, die die Gesellschaft für ihr Funktionieren als wichtig und von allen akzeptiert voraussetzen muss. Gleichzeitig dokumentiert die Gesellschaft ihre Macht: Sie schreibt sich in den Körper ein (Tätowierungen, Beschneidungen, Verstümmelungen), und sie entwickelt deutliche Rituale der Unterordnung, aber auch der Führung, der Einweihung in Wissen. Am bekanntesten sind derartige Rituale im Zusammenhang mit der Initiation, also mit dem Übergang vom Kind zum Erwachsenen, zum vollgültigen Mitglied der Gesellschaft.

Wie immer gibt es dafür in unserer Gesellschaft nur entfernte Parallelen, aber es gibt sie. So beginnt sich die Gesellschaft deutlich in die Körper einzuschreiben – es besteht ab jetzt bindend die Verpflichtung, schlank zu sein, schön, sozial gepflegt. Ebenso übernehmen verschiedene Instanzen die Funktion der Einweihung in das Wissen der Kultur.

Wir verfügen ansonsten über wenig rituelle Regelungen, die noch Teile dieser Übergangsrituale bewahrt haben, ansatzweise vielleicht im Hochzeitszeremoniell oder bei Geburtstagsfeiern, Silvesterfeiern etc. Das Phänomen als solches – nämlich das Bedürfnis, einen Übergang von einem Zustand in einen anderen zu markieren – besteht aber, und es wird auch genau über die beschriebene Strategie bearbeitet: deutliches Markieren der Grenze, der Merkmale, die den alten Zustand charakterisieren, Erwerb von Merkmalen, die den neuen Zustand charakterisieren.

Übergang vom Kind zum Erwachsenen/Jugendlichen, Auszug aus dem Elternhaus, erste Wohnung (Tilgen der Merkmale des elterlichen Wohnverhaltens, Erwerb besonderer Gegenstände), Übergang von einer Lebensphase zur anderen: berufstätige Frau zur Mutter, wenn ein Baby da ist, Aufstieg des Mannes in eine höhere Berufsstufe, Beginn des Alterns, Übergang vom Singledasein zum Paardasein – alles das verlangt Übergangsrituale. In allen diesen Fällen spielen Produkte/Marken eine Rolle. Sie sind es oft, deren Besitz, Erwerb, Konsum den neuen Zustand signalisieren: Möbel, Fahrzeuge, Geschirr, neue Essgewohnheiten, neue Kosmetikprodukte. Hier liegt auch für Banken eine wichtige Chance, da sie an vielen dieser Übergänge mit finanziellen Produkten beteiligt sind.

Am sensibelsten ist aber auch bei uns jene Phase, in der Kinder zu Erwachsenen werden, die eigentliche Initiationsphase. In dieser Phase erhalten Jugendliche Zugang zu Produkten/Verhalten, die ihnen als Kind verwehrt waren: legale Drogen (Zigaretten, Alkohol), Sexualpartner, schnelle Fortbewegungsmittel, Make-up/Kosmetik bei Mädchen. Anders als in einfachen Stammesgesellschaften ist damit jedoch oft noch kein Zugang zu sozialer Verantwortung verbunden. Das Bestreben dieser Gruppe geht dahin, deutlich zu signalisieren, kein Kind mehr zu sein, also alle Merkmale des Kindhaften zu tilgen und sie durch das jeweilige erwachsene Merkmal zu ersetzen. Produkte sind dabei oft höchst bedeutsam: das erste Auto, die erste Bankverbindung, die erste Einrichtung – alles das, was man zum ersten Mal tut, kauft, benützt.

Das erfolgreiche Coca-Cola-Lied, das in die Charts kam, formulierte genau diesen Gedanken: »First time, first love«.

Wir haben weiter vorne bereits das Beispiel einer Kosmetikserie für junge Mädchen, geschildert. Hier bot sich die Möglichkeit, die Marke als Produkt im Zusammenhang mit den Rites de Passage zu positionieren: Mit dieser Marke verlierst du deinen Status als Kind (Kinder verwenden keine Kosmetik) und wirst zur Frau. Ein weiteres Beispiel für dieses Benützen von Übergangsritualen stellte eine Kampagne für Persil Supra dar. Hier erklärte eine junge Frau, dass sie alles ganz anders als ihre Mutter machen wollte und auch machte, als sie von zu Hause wegzog. Das betraf auch die Wahl des Waschmittels (Tilgen von Merkmalen). Erst als sie selbst ein Baby hatte, habe sie sich wieder besonnen: Jetzt nähme sie wieder Persil wie ihre Mutter damals (Tilgen der Merkmale des ersten Zustandes, Aufnahme von Merkmalen, die eine Mutter kennzeichnen = Persil benützen).

Wichtig sind diese Rites de Passage auch für die Ausgestaltung der so genannten golden moments. Sie bezeichnen die Situation, in der ein wichtiges Objekt in den Besitz einer Person gelangt oder zum ersten Mal benützt wird. Im sozialen Raum sind das etwa Urkunden, Diplome, Hausübergaben, Schiffstaufen etc. Im Bereich des Marktes stellt der Erwerb eines Autos eine solche Situation dar. Kunden erleben diese Situation als etwas ganz Besonderes, und sie wünschen sich auch eine ganz besondere Zelebration. Geschickte Händler, vor allem im amerikanischen Raum, kommen oft spektakulär diesem Bedürfnis entgegen: Sie machen eine Flasche Sekt auf, übergeben feierlich den Schlüssel, wünschen Segen und alles Gute.

VW errichtete in der Autostadt Wolfsburg die zentrale Halle, um genau diesen Augenblick der Übergabe eines neuen Autos an den Besitzer zu zelebrieren. Der Käufer, der meist mit seiner ganzen Familie anreist, wird aufgerufen – und dann schwebt von oben, für alle sichtbar, sein neues Auto in einem gläsernen Lift nach unten, wo ihm feierlich der Autoschlüssel übergeben wird.

Es sagt natürlich wieder etwas über den Rang und die Stellung von Produkten aus, wenn man bei deren Aneignung überhaupt das Bedürfnis nach einer rituellen Übergabe hat.

### Selektions- und Kombinationsbeschränkungen

Wenn Produkte mit Merkmalen ausgestattet werden, die eine soziale oder kulturelle Klassifikation zum Ausdruck bringen, dann ist zu beachten, dass, wenn mehrere Merkmalsausstattungen zur Auswahl stehen, die jeweils höher bewertete Merkmalsausstattung gewählt werden muss, sofern mehr Gruppen erreicht werden sollen.

Zum Beispiel: Zigaretten sind Produkte, die von Männern und Frauen gleichermaßen benützt werden können, sie müssen also nicht mit geschlechtstypischen Merkmalen aufgeladen werden. Wenn dies aber doch geschieht, dann werden sofort alle semantischen Merkmale relevant, die für die Abhebung von männlich und weiblich charakteristisch sind:

- männliche Zigarette: stark, ernsthaft;
- weibliche Zigarette: leicht, schlanke Zigarette, fröhlich, farbig.

Ebenso ist klar, dass eine weiblich auftretende Zigarette nur von Frauen geraucht wird, eine männlich auftretende hingegen von Frauen und Männern. Marlboro etwa hat besonders viele weibliche Raucher. Der männliche Code ist also derjenige mit der höheren sozialintegrativen Kraft. Diese Gegebenheit lässt sich auf vielen Feldern beobachten: Frauen und Männer tragen Hosen, also ein ursprünglich männliches Kleidungsstück. Männer tragen aber keine Röcke, scheuen sich überhaupt, Produkte zu verwenden – jedenfalls in der Öffentlichkeit , die mit weiblichen Merkmalen verbunden sind.

So ist es zum Beispiel schwierig, den Bereich von Marken auszuweiten, die deutlich weiblich positioniert sind, etwa im Kosmetikbereich einer weiblichen Deomarke ein männliches Dusch-Gel an die Seite zu stellen: Männer scheuen die Reaktionen, die sie antizipieren, wenn sie sich vorstellen, in der Sauna mit einem solchen »weiblichen« Dusch-Gel in der Hand aufzutreten.

Dass sich der jeweils dominantere Code breiter durchsetzt, zeigt sich auch in der Platzierung von Produkten in Bezug auf ihre altersmäßige Festlegung: Jugendliche verwenden keine kindlichen Produkte, Kinder aber sehr wohl jugendliche Produkte. Dasselbe gilt für ältere Personen, die auch jugendliche Produkte wählen.

## 6.11 Der elitäre Code

Der Wert, der hier verkauft und vermittelt wird, ist der Wert der Elite, also die Abhebung einer Gruppe, die »oben« ist, von einer Gruppe, die »unten«, die nicht Elite ist. Diese Aufgliederung einer Gesellschaft in »die Oberen« und »die Unteren« ist zunächst wieder eine elementare kulturelle Klassifikation, die in fast allen Kulturen zu beobachten ist. Was jedoch die Merkmale von oberen und unteren Gruppen sind, wer zu ihnen gehören darf, wodurch diese Positionen verteidigt werden, wie stabil sie sind, wie viele Differenzierungsstufen es zwischen ihnen gibt, ist kulturell und historisch unterschiedlich.

Ebenso gibt es einen weit verbreiteten Mechanismus, der besagt, dass obere Gruppen dazu tendieren, ihre Positionen zu stabilisieren und nachdrängenden unteren Gruppen den Zutritt zu diesen Positionen zu verwehren, und dass untere Gruppen dazu tendieren, obere Gruppen zu imitieren und ihre Positionen zu erobern. Die Dynamik, mit der das geschieht, und das Ausmaß, in dem eine Gesellschaft Prozesse dieser Art zulässt, sind wiederum sehr unterschiedlich. Auch gibt es vielfältige Strategien, sich Ansehen, Bewunderung, Prestige in unserer Gesellschaft zu erhalten – wir haben sie in Teil D 4.2.3 beschrieben. Sie reichen von traditionellen Mechanismen, die sich sichtbarer und einfach dekodierbarer Statussignale bedienen, bis zu höchst diffizilen Methoden.

Trotz der Demokratisierungstendenzen und der prinzipiellen Zugänglichkeit aller Positionen gibt es auch in unserer Gesellschaft das Phänomen der Elite. Es existiert als Handlungsziel und Wert auf der Ebene der Einzelperson bzw. bestimmter sozialer Gruppen, aber auch als Wert, der in Produktfeldern durch und über Produkte gekauft werden kann. Der Konsum und Erwerb bestimmter Produkte und Marken, die Art zu konsumieren, sind unter anderem eine Möglichkeit, Eliten zu bilden bzw. Marktteilnehmern das Gefühl zu geben, zu einer Elite zu gehören. In vielen, ja in nahezu allen Produktfeldern gibt es diese Position des Eliteproduktes, der Elitemarke.

Analysiert man die Regeln und Prinzipien, die diese Eliteprodukte von den Nicht-Eliteprodukten trennen, dann zeigt sich, dass sie über mehrere Produktfelder hinweg Ähnlichkeiten aufweisen. Darüber hinaus wird deutlich, dass Prinzipien benützt werden, die auch auf der Ebene der Gesellschaft Eliten von Nicht-Eliten abheben. Es gibt also einen Code des Elitären, der sicherstellt, dass diese Positionen jeweils intersubjektiv erkannt werden. Dieser Code ist ein zeichenhafter Mechanismus: Er besteht nicht darin, dass einfach gewisse Inhalte übermittelt werden, sondern er besteht in einer bestimmten Art, wie die Bedeutungen übermittelt werden. Wie schon an mehreren Stellen ausgeführt: Beim Stand unserer heutigen Gesellschaft verlagern sich wesentliche soziale Prozesse auf die Ebene der zeichenhaften Vermittlung. So kann heute jede Automarke faktisch ein Premiummodell herausbringen, also ein Auto, das technisch hervorragend ist, das teuer ist und gut aussieht. Das allein garantiert aber noch keinen Eliteeindruck. Dieser hängt vielmehr davon ab, wie gut der elitäre Code beherrscht wird.

Der Konstruktion dieses elitären Codes, also der Prinzipien, die über mehrere Produktfelder hinweg Eliteprodukte konstituieren, wollen wir uns nun genauer zuwenden. Mit dieser Frage hat sich besonders ausführlich der französische Soziologe Pierre Bourdieu beschäftigt.[146] Er geht von einem soziologischen Mechanismus aus und führt an, dass die Inhaber oberer Positionen, die ihren Rang heute nicht mehr durch Geld, Herkunft, Besitz allein verteidigen können, eine andere Strategie wählen, die als einzige nicht käuflich und auch nicht ohne weiteres imitierbar ist – nämlich den Geschmack. Bourdieu nennt sein Buch daher auch »Die feinen Unterschiede«. Darin stellt er dar, wie die Kategorie des guten oder schlechten Geschmacks, die zunächst völlig in das subjektive Belieben des Einzelnen gestellt erscheint (»Über Geschmack lässt sich nicht streiten«), in Wirklichkeit eine soziale Kategorie ist, die dazu benützt wird, obere von unteren Gruppen abzuheben.

Dabei bleiben beide Gruppen freiwillig auf ihren Plätzen, da jede die Geschmacksvorlieben der anderen verabscheut: Wagner-Liebhaber lieben nicht das »Herbstfest der Volksmusik« oder den »Musikantenstadl«, Liebhaber des »Musikantenstadls« verabscheuen Wagner; Kleinbürger würden sich, auch wenn sie das Geld dazu hätten, kein Alessi-Silbergeschirr kaufen, dem man seinen Preis kaum ansieht; Eliten würden keine Schlumpf-Nachttischlampe in ihre Zimmer stellen, selbstgestickte Wandteppiche aufhängen oder das Tischtuch mit einem durchsichtigen Plastiktischtuch abdecken.

Wie weit dieses soziologisch orientierte Modell von Bourdieu heute noch Relevanz hat, wird in der Literatur kontrovers diskutiert.[147] Was für Marktkommunikation daran interessant ist, ist der Versuch, abstrakte Prinzipien zu formulieren, die einen elitären gegen einen nichtelitären Code absetzen. Bourdieu geht dabei von folgenden Kategorienpaaren aus:

| **Der elitäre Code** | **Der nichtelitäre Code** |
|---|---|
| »Stilisierung des Lebens« | »Der Geschmack der Notwendigkeit« |
| Form vor Inhalt | Inhalt vor Form |
| Qualität vor Quantität | Quantität vor Qualität |
| Bedeutung selbst herzustellen, durch Wissen erschließbar | Bedeutung sofort ablesbar, durch minimales Wissen erschließbar |

Ganz so einfach funktioniert das natürlich nicht mehr, weder in der sozialen Realität noch in Produktfeldern, ansatzweise ist dieser Zugang aber immer noch gültig. Nehmen wir als Beispiel das Essen:

| **Der elitäre Code** | **Der nichtelitäre Code** |
|---|---|
| Eine kleine Portion, die auf einem großen weißen Teller liegt; verziert, dekoriert, arrangiert; Regeln der ornamentalen Küche | Das Schnitzel, das über den Teller hängt |
| Beste Zutaten | Große Portion |
| Wissen, wie man es isst, was man dazu trinkt, was seinen Rang ausmacht; französische Bezeichnung | Keine Kenntnisse erforderlich |

Unsere Untersuchungen zum elitären Code in vielen Produktfeldern haben dieses Kategorienpaar um folgende Merkmale ergänzt:

*Der elitäre Code – Stilisierung des Lebens*

- Entfernung von den Trivialitäten der Gebrauchswerte, Verschleierung der Gebrauchswerte/Ästhetisierung, selbstverständliche Perfektion;
- Bevorzugung seltener Varianten (beschränkte Zugänglichkeit);
- Authentizität;
- Individualität;
- Bedeutung über Wissen erschließbar, Signale nur für die Gruppen der Eingeweihten erkennbar, reichhaltiges Zitieren anderer Codes;
- kein offensichtliches Zur-Schau-Stellen der Statussignale: »Haben, als hätten wir nicht«;
- Abwechslung, Experimentieren;
- das Neueste, Frischeste, der »letzte Wert« – das betrifft auch die mitsignalisierte Ideologie;
- Zulassen oder Bestehen von/auf unfunktionalen Elementen;

- diffizile Aufgliederung von Feldern, Vermehrung der Elemente, spezialisierter Einsatz; – oft die Verbindung mit einem spezifischen Zeitkonzept: Zeitlosigkeit oder Anknüpfen an eine glanzvolle Vergangenheit.

Diese Prinzipien lassen sich in vielen Produktfeldern anwenden. Nehmen wir zuerst zur Verdeutlichung wieder den Bereich des Essens:

| Der elitäre Code | Der nichtelitäre Code |
|---|---|
| keine Akzentuierung von Sättigung, keine großen Portionen | Sättigung, große Portionen, viel von demselben |
| schöne Präsentation | minimale Präsentation |
| original Wildlachs (ganze Bestandteile) | Lachsschnitzel (Herkunft der Bestandteile nicht mehr erkennbar) |
| für jede Person am Tisch eine individuelle Variante | für alle dasselbe |
| Connaisseurküche | Alltagsküche |
| jeden Tag etwas anderes | immer dasselbe |
| Exoküche – klassische Gerichte der internationalen Hochküche | Endoküche – traditionelle Gerichte der Volksküche |
| »gesund/verantwortbar« | »brutaler Genuss« |
| Dekoration, »Verschwendung« von Gläsern und Geschirr | praktisch |
| viele Gänge | wenige Gänge |
| für jeden Gang ein anderes Besteck, Glas, Wein | Beibehalten einer Ausstattung |
| Bei der Komposition: mehrere Schichten/ Lagen, Kompositionen nach den Prinzipien der ornamentalen Küche, ästhetisches Verfahren der Komposition: Farb-/Materialgegensätze | |
| gestaltet, geformt | auf den Teller geworfen, amorph |

Nach denselben Prinzipien ist das Produkt Sheba konstruiert, also das Premiumprodukt bei Katzennahrung. Durch das präzise Ausnützen des elitären Codes gelingt es, Sheba von normaler Dosennahrung im Sinne eines wertvollen Eliteproduktes abzuheben – ohne dass dies je verbal ausgesprochen werden muss. Der Film inszeniert das Produkt, seine Präsentation, seine Verzehrsituation dann ebenfalls ganz konsequent als elitäres Essen.

| Sheba | Normale Dosennahrung für Katzen |
|---|---|
| kleine, individuelle Portion | mehrere Portionen in einer Dose |
| besondere Verpackung, Schale | übliche Dose |
| erkennbare Bestandteile, mit Petersilie dekoriert | »Brei« |
| auf Teller serviert | im Napf serviert |
| Situation: Fest | Situation: Familienmahlzeit |
| ohne Sprache vorgestellt | mit ausführlicher Erklärung vorgestellt |
| »Ein Fest für Katzen« | |

Durch ähnliche Prinzipien sind voneinander abgehoben:

| Pralinen | Milchschokolade |
|---|---|
| mehrere Stücke, die in sich verschiedene Elemente/Schichten enthalten | viel von demselben |
| ornamentale Kompositionsprinzipien der Schichten/Lagen | |
| Aufbau von Oppositionen: hell – dunkel, weich – hart, feste Hülle – flüssiger Inhalt | |
| Trüffel, Likör, Nougat | Milch, Kakao |
| kunstvolle Verzierung | glatte Oberfläche |
| kunstvolle Verpackung, die jedes Stück als »Juwel« betrachtet | praktische Verpackung |

| Premium-Eissorten | Normale Eissorten |
|---|---|
| nach einem klassischen Originalrezept oder saisonale Spezialität, die jeweils neu geschaffen wird | ohne Angabe |
| Zutaten als ganze Stücke erkennbar | durchgehende Masse |
| besondere Sorten | Standardsorten |
| besondere, seltene Bestandteile (Bourbonvanille) | Vanille |
| besondere Verpackung | Vorratspackung |

Die Premiumposition kann noch weiter ausgeformt werden, indem der ornamentale Aufbau oder besondere Formen realisiert werden. Produkte wie die Eismarke Viennetta vollziehen diesen Schritt: Sie zeigen einen Schichtaufbau, bauen Gegensätze zwischen hell und dunkel, weich und hart, erlauben individuelles Portionieren, das die Struktur nicht zerstört und die Ästhetik daher auch auf dem Teller behält. Man schneidet von einer Rolle ein Stück ab und serviert es auf einem Teller (wobei man sich auch weiteres Dekorieren erspart). Bei Cremissimo entsteht auf dem Teller eine ungeordnete Menge, die erst durch eine Eigenleistung in ein Exemplar der ornamentalen Küche verändert werden muss.

Ähnlich voneinander abgehoben sind Elitepositionen und Nicht-Elitepositionen bei Geschäften, Autos, Kleidung etc. Die Kommunikation, die zu diesen Produkten gehört, benützt ebenfalls Prinzipien des elitären Codes, und zwar in der Art, wie *Sprache gehandhabt* wird.

Wie in Teil C beschrieben, hat Sprache mehr Funktionen als die reine Informationsvermittlung (die referentielle Funktion). Sprache kann auch eingesetzt werden, um Kontakt zu halten (phatische Funktion), um den Empfänger zu etwas zu veranlassen (appellative Funktion), um etwas über den Sender mitzuteilen (expressive Funktion), und schließlich, um etwas über den Code selbst mitzuteilen, also um Zeichen auf Zeichen zu beziehen (metasprachliche oder poetische Funktion: etwa Hund = *dog*, oder Bild eines Hundes als Zeichen für ein bewachtes Haus).

Ebenso wenig wie Gebrauchswerte direkt thematisiert werden, lassen sich bei elitären Produkten die referentiellen Funktionen von Sprache benützen. Auch hier muss sich der elitäre Code von den Trivialitäten des Sagens und Zeigens entfernen und höher liegende Sprachfunktionen einbeziehen. Das bedeutet, dass andere Namen, Packungen, Ästhetiken entwickelt und in der Kommunikation subtile Zeichenwelten aufgebaut werden müssen. Wie später näher auszuführen sein wird, ergibt sich bei Werbung damit allerdings gerade im Bereich von elitären Produkten ein Problem: Die Eliminierung von Gebrauchswerten, das Zurückdrängen referentieller Funktionen beeinträchtigt die Verständlichkeit – man erkennt dann wohl, dass das Produkt etwas Elitäres signalisiert, weiß aber sonst wenig über seine Merkmale.[148]

Von dieser Problematik sind im Prinzip alle Produkte betroffen, die im Bereich von Massenmärkten den elitären Code benützen. Da Elite prinzipiell das Seltene impliziert, muss daher nur ein gruppenspezifisch verständliches Signal gegeben werden. Je elitärer, desto seltener, und desto mehr Zugangsbarrieren werden daher eingebaut – nicht selten sind die Gruppen, die dieses Elitesignal dann verstehen, sehr klein. Dieses Problem findet sich auch in der sozialen Realität. Wirkliche Eliten müssen damit rechnen, dass ihre Signale nur von kleinen Gruppen verstanden werden, und das streben sie auch an. Ein Signal, dessen Bedeutung allen klar ist, ist im Prinzip in seinem Elitewert reduziert.

Auf der Seite unten sehen Sie ein Beispiel für die Inszenierung einer elitären Person. Es entstammt einem Bericht, den die »Bunte« über Prominente brachte. Das Beispiel stammt aus dem Jahr 1992. Man würde heute wohl andere inhaltliche Marken/Produkte wählen, die Inszenierung selbst aber stimmt immer noch und würde auch heute Elite signalisieren. Es wird auf verschiedene Sachverhalte hingewiesen:

**Wer er ist:** *Andreas Wrede, 34, Single. 1 m 92 groß.* **Was er ist:** *Chefredakteur des Fotozeitgeistblatts „Max". Früher: Streetworker, Hausbesetzer, „Bild"-Reporter. Symbolfigur der diskreten (heranwachsenden) Elite Deutschlands – warum?* **Sein persönlicher Lifestyle (= Philosophie):** *Meditationsübungen morgens in der Singleküche. Nahrung: Tee, frischer O-Saft. Tagsüber Obst, abends Fisch, Salat. Perrier-Fan. Jeden Donnerstag morgens auf dem Isemarkt (Hamburg). Chemiehasser. Beruhigt sich nach Streßtag mit Baldriantropfen oder Milch mit Honig. Schläft auf Futon-Bett. 2× die Woche Squash, laufen. Storys von Scott Fitzgerald.* **Wie er sich kleidet:** *Aden-Schuhe (600 Mark), Yamamoto-Sakkos (2000 Mark), kein Smoking*

Andreas Wrede am Isemarkt Hamburg. Frischer Kopf mit frischem Obst. Nie Fleisch

Alden-Schuhe (600 Mark), Pferdehufe

Portugal-Urlaub, einfachst

Badewanne (von A. W.)

Trinkt Perrier

- Die Prinzipien des elitären Codes finden sich nicht nur in der Inszenierung von Produkten und Marken, sondern es sind genau diese Prinzipien, die elitäre Gruppen auch in der sozialen Realität von nicht elitären abheben.
- Die Definition von Eliten ist wie jede Wertewelt ein dem historischen Wandel unterworfener Prozess. Eine Generation zuvor wären ganz andere Prinzipien zur Beschreibung einer Eliteperson verwendet worden.

- Die Beschreibung macht generell das Funktionieren von Codes klar sowie den Aufbau eines neuen Paradigmas, das kohärent eine Idee inszeniert, und zwar dadurch, dass aus den verschiedenen Codes (dem Bekleidungscode, dem kulinarischen Code etc.) eine jeweils entsprechende Position gewählt wird.

Die Bedeutung dieser Position ergibt sich daraus, dass klar ist, dass andere, ebenfalls mögliche Positionen, nicht gewählt worden sind. Das Prinzip, das dafür sorgt, dass sich eine neue Bedeutung ergibt, ist das der Redundanz – indem immer eine homologe Position selegiert wird, abstrahiert man die zugrunde liegenden Merkmale. Nehmen wir als Beispiel den Kleidercode:

- Yamamoto, nicht Boss,
- Alden-Schuhe.

Das signalisiert:

- technische Perfektion,
- selten,
- kein Klotzsignal, um sich von der Gruppe der Angeber abzuheben,
- Verlagerung auf eine kleine, schmale Gruppe, die diese Zeichen/Marken kennt,
- Betonung einer Quasi-Einfachheit.

Ähnlich ist der kulinarische Stil: einfach, natürlich, bewusst. Interessant ist auch die Selektion der Kriterien, die zur Beschreibung verwendet werden: Sie umfassen nicht nur Produkte, Marken, den Konsumstil, sondern auch die ideologische Position – und das ist die Position einer denkenden, sozial engagierten, aber dennoch leistungsorientierten, angepassten Person.

Die ganze Inszenierung dieser Person folgt einer Idee. Die Selektion der Objekte erfolgt so, dass als semantische Merkmale vermittelt werden:

- sehr selten,
- sehr individuell,
- vernünftig;

und so, dass übermittelt wird:

- ich bin sicher kein Angeber, kein Neureicher,
- ich bin sicher kein Gedankenloser.

## Der elitäre Code im Bereich des Pkw

Pkws gehören zu den Produkten, die als exemplarische heraldische Objekte fungieren, also wesentliche Nachrichten über ihren Besitzer vermitteln: über den finanziellen Aufwand, den er sich erlauben will und kann, über seine Ideologie, über die Art, wie er sich sieht und wie er gesehen werden möchte. Ganz gleich, ob diese Mitteilung beabsichtigt ist oder nicht, sie erfolgt und funktioniert intersubjektiv und unabhängig davon, ob dieser Mitteilung reale Merkmale entsprechen oder nicht.

In diesem Sinn stellen gerade Pkw-Marken perfekte Beispiele für das Phänomen der Simulation dar: Die meisten Leute, einschließlich der BMW-Fahrer, würden rational bestreiten, dass der Besitz eines BMW auf Virilität, Härte, Sportlichkeit, managerhafte Fähigkeiten schließen lässt. Dennoch hat BMW diese Bedeutung, und dadurch erhält diese auch soziale Realität. Egal, was ihr faktisch entspricht, es ist schwer, diese Bedeutung zu tilgen.[149]

Der Besitz einer bestimmten Automarke signalisiert solcherart etwas über den sozialen Rang seines Besitzers. Marken, die Premiumautos verkaufen wollen, haben sorgfältig alle Regeln des elitären Codes zu beobachten: Eine Person, die einen so hohen Betrag für ein Auto ausgibt, möchte sich als Eliteperson gegenüber anderen Personen fühlen und möchte signalisieren: Ich bin kein Kleinbürger. Dazu gehört, dass der Prestigewert des Autos intersubjektiv bekannt ist, und auch, dass in jedem Detail des Autos jeweils der elitäre Code angewendet wird. Das ist möglich, weil das Feld der Automarken systematisch geordnet ist: Die Bedeutung eines Elementes ergibt sich aus Kontrast- und Gleichheitsbeziehungen, aus den Relationen zu anderen Elementen.

*Die Eliten:*

- leistungsstark
- schnell
- groß
- teuer
- setzen sich in jedem Überholwettbewerb durch
- höchstmögliche Sicherheit
- höchstmögliche Convenience
- Styling
- dunkle Farben
- eher männliche Anmutung
- bringt männliche Ich-Ideale zum Ausdruck

| Mercedes | BMW | Audi |
|---|---|---|
| »väterliche Dominanz« | viril | Technik |
| Schutz | sportlich | |
| Sicherheit | hart | |
| Solidität | Würde | |

*Die Autos am unteren Ende:*

- klein
- lieb
- herzig
- wendig
- helle Farben
- für Frauen
- für junge Leute
- alt
- gebraucht
- hässlich
- unzuverlässig
- für Leute, die kein Geld haben

Dazwischen und parallel dazu gibt es eine Vielzahl von Positionen, die jeweils Gruppenmerkmale zum Ausdruck bringen.

*Das Auto der breiten älteren Mittelklasse:*

- komfortabel
- zuverlässig
- unauffällig

*Das Auto des modernen Mainstreams:*

- kompakt
- leistungsstark
- robust
- durch Details im Inneren auffällig

*Das Auto der abweichenden Gruppen:*

- besondere Form, »hässlich« nach normalen Standards
- spartanisch
- auffällig

Beispiele: Citroën Ente, Fiat Panda, die »tolle Kiste«.

Signalwert: »Ich bin sicher nicht angepasst!« Diese Position findet sich heutefast nicht mehr.

**Beispiel: Die Marke Maybach von DaimlerChrysler**

Im Folgenden soll ein Beispiel für die Konzeption und den Auftritt einer Marke im Pkw-Bereich geliefert werden, die in einem speziellen Segment positioniert wurde, nämlich im Feld der Luxuslimousinen. Diese Marke beachtete in allen Details die Prinzipien des elitären Stils.[150]

Das Segment der Luxuslimousinen ist derzeit im Bereich des Automobilmarktes ein sehr profitables Feld, das daher stark umkämpft ist. Jeder der großen Autohersteller versucht, Modelle in diesem Feld zu platzieren. Die Strategien, mit denen das geschieht, sind unterschiedlich, und sie sind semiotisch mehr oder weniger geschickt. Fest steht, dass bei allen Autos ein beträchtliches technisches Niveau erreicht werden muss und dass prohibitiv hohe Preise verlangt werden (müssen), um den Kreis der Besitzer einzugrenzen.

Der weitere Erfolg dieser Modelle hängt von vielerlei Gegebenheiten ab: Dem Image des produzierenden Unternehmens, das Ausmaß, in dem öffentliche Reputation über Berichterstattung in den Medien gewonnen wird – was seinerseits eine Konsequenz der Geschicklichkeit ist, mit der das Unternehmen die Präsentation der Modelle, die Geschichten, die über sie in Umlauf – gebracht werden, die gesamte PR-Maschinerie handhabt – sowie von der semiotischen Geschicklichkeit, mit der diese Modelle aufgeladen und präsentiert werden.

Als Beispiel soll der Maybach von DaimlerChrysler dienen, an dem sich eine Reihe von Strategien finden, die wir aus ethnologischen Kontexten kennen. DaimlerChrysler, das aus einer Fusion der Unternehmen Mercedes-Benz und Chrysler hervorgegangen ist, besitzt mit Mercedes-Benz eine Marke, die dem Bedürfnis nach Distinktion dient: Über Jahre wirkten Kommunikation und Produktpolitik zusammen, um einem Besitzer von Mercedes-Benz den Eindruck zu vermitteln, ein hochrangiges und prestigeträchtiges Objekt zu besitzen. Er konnte sich darauf verlassen, dass diese Botschaft von der sozialen Umgebung sicher verstanden und verstärkt wurde, was in der Integration der Marke in die Hierarchien von Firmenwägen und bei öffentlichen Auftritten von hochrangigen, auch politisch wichtigen Personen zum Ausdruck kam. So erschienen etwa die Manager von Fiat bei einer Besprechung über die Zukunft des maroden Unternehmens nicht in einem Fiat, sondern in einem Mercedes-Benz. Die Integration in politisch und sozial bedeutsame Kontexte, die immer die Kontexte für das Display dieser Zeichen sind, schien also bereits gelungen.

Mercedes-Benz weitete parallel dazu aus verschiedenen Überlegungen sein Produktangebot deutlich aus, so um die A-Klasse und den Smart, diesen in Form einer eigenen Marke.

Gerade der Erfolg der Marke führte dazu, dass sich das Unternehmen die Frage zu stellen begann, ob es Mercedes-Benz gelingen konnte, die höchsten Luxussegmente zu bedienen – etwa durch eine besonders luxuriöse Version der S-Klasse –, oder ob die Marke bereits zu breit geworden war, um das Bedürfnis nach maximaler Distinktion zu erfüllen. Ein Bedürfnis, das – wie man wusste – an den Faktor der Seltenheit und der Besonderheit gekoppelt ist. Das Unternehmen entschied sich, diesen Prozess mit einer neuen Marke anzugehen. Gewählt wurde eine historische Marke des Unternehmens, Maybach – ein in den 1920er und 1930er Jahren berühmtes Luxusauto, das seither nicht mehr auf dem Markt präsent war. Maybach hießen übrigens die Konstrukteure des Autos, zwei Ingenieure aus dem süddeutschen Raum.

Der neue Maybach folgt in seinem Design anmutungsmäßig den alten Formen, verfügt aber über alle erdenklichen technischen Systeme und eine gewaltige Motorleistung. Und der Maybach wird nicht »vom Fließband« massenhaft gefertigt, sondern in enger Zusammenarbeit mit dem zukünftigen Besitzer als ein Unikat. Jeder zukünftige Besitzer kann mit seinem persönlichen Betreuer seine Wünsche besprechen.

Das Auto wurde in einer spektakulären, von den Medien stark beachteten Aktion im Sommer 2002 erstmals vorgestellt: Ein Helikopter flog es in die New Yorker Wallstreet.

Welche Strategien verfolgt diese Marke, um einen maximalen Distinktionsgewinn sicherzustellen, und sich als ein wirkliches Eliteprodukt zu erweisen, das sich auch von der S-Klasse von Mercedes-Benz abhebt?

DaimlerChrysler war ja völlig frei in der Wahl der Zeichen, die das bewerkstelligen konnten. VW etwa gab seinem Eliteprodukt den Namen VW Phaeton. DaimlerChrysler hingegen lancierte eine historische Marke seiner eigenen Firmengeschichte, die weitgehend unbekannt war, und es führte eine spezifische Argumentation, die weiter unten wiedergegeben wird.

Zunächst war das Problem der Aufmerksamkeit zu lösen. Aufmerksamkeit ist heute die wichtigste Ressource auf allen Märkten. Ökonomischer Erfolg bedeutet auch Erfolg in der Ökonomie der Aufmerksamkeit.[151] Aufmerksamkeit kann einerseits durch den Einsatz von – massiver – Werbung erzielt werden, andererseits durch die Beachtung, die man von Medien selbst in ihren redaktionellen Teilen erfährt oder indem man in den umgebenden sozialen Gruppen zum Gesprächsthema wird. Werbung ist daher heute nicht mehr als ein System der Manipulation zu begreifen, sondern über die wichtige Aufgabe, Aufmerksamkeit zu erzielen und Unterschiede und Mehrwerte einzuführen. Andererseits ist das, was an Werbung in den Massenmedien erscheint, das »Normale«, und stark beworbene Güter, die sich etwa auf TV-Werbung stützen, implizieren, dass sie für ganz normale Kontexte angemessen sind.

Der Maybach konnte also das nahe liegendste Mittel, um Bekanntheit zu erreichen – nämlich den massiven Einsatz eines, wie immer hochrangig von der Ästhetik gestalteten TV-Filmes – nicht benützen. Es wurde beschlossen, Werbung nur ganz sparsam einzusetzen, nur Printwerbung und nur in bestimmten Medien, nämlich in solchen, die sich selbst als Qualitätsmedien, Elitemedien definierten und die auch tatsächlich von kleineren Gruppen mit besonderen Merkmalen gelesen wurden: Zeit, FAZ, Spiegel, Havanna Lounge, AE Centurion, Boote Exklusiv etc. Das Schwergewicht der Kommunikation lag auf anderen Maßnahmen: einerseits auf den individuellen Gesprächen, die die persönlichen Betreuer mit ihren Kunden führten, andererseits auf spezifischen Events, die so geplant wurden, dass sich hier nur der exklusive Kreis der potentiellen Benutzer traf, die aber auch so interessant waren, dass Medien in ihren redaktionellen Teilen darüber berichteten. Alle Kontakte, die in die inneren Zirkel von Eliten führten, wurden ganz besonders gesucht und verstärkt.

Wir treffen hier auf den oben erwähnten Aspekt: Eliten tendieren zur Abgrenzung, sie bewachen ihre Grenzen, und sie nehmen nicht mit jedermann und nicht über die üblichen Kommunikationskanäle Kontakt auf. Die Besitzer der Kula-Kostbarkeiten zeigten ihre Schätze eben nicht jedem, und in Gabengesellschaften kann man nur Gleichgestellten etwas schenken. Von wem und über welche Kanäle die Botschaft kommt, ist also ein sehr wichtiger Aspekt.

Wenn wir im Folgenden die Anzeigenserie analysieren, die Maybach schaltete, um zumindest ansatzweise in Printmedien präsent zu sein, so ist noch einmal daran zu erinnern, dass dies keineswegs die Hauptstrategie der Kommunikation war. Dennoch ist sie interessant, da sie zeigt, mit welchen Zeichenfeldern die Marke verbunden wurde, um Eingangssignale für ihre Position zu geben.

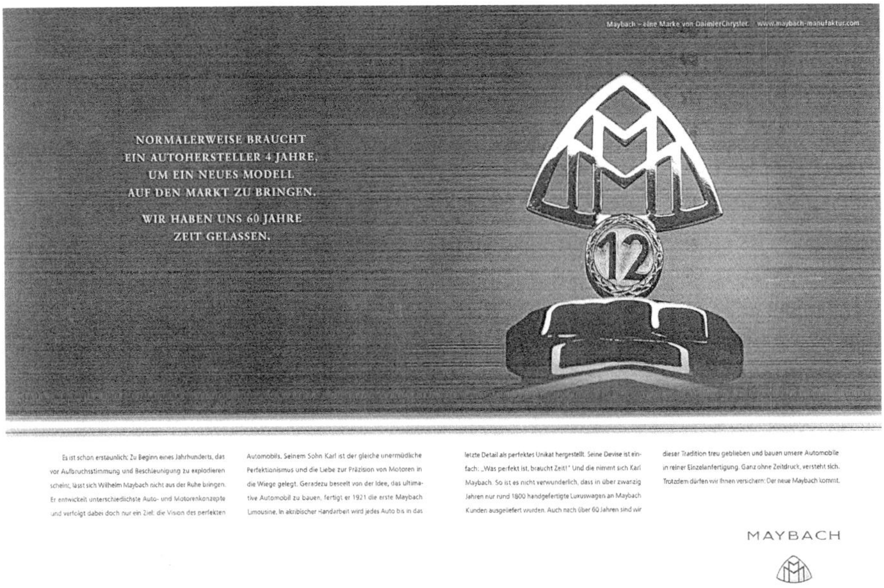
Maybach – eine Marke von DaimlerChrysler. www.maybach-manufaktur.com
NORMALERWEISE BRAUCHT EIN AUTOHERSTELLER 4 JAHRE, UM EIN NEUES MODELL AUF DEN MARKT ZU BRINGEN.
WIR HABEN UNS 60 JAHRE ZEIT GELASSEN.
Es ist schon erstaunlich: Zu Beginn eines Jahrhunderts, das vor Aufbruchsstimmung und Beschleunigung zu explodieren scheint, lässt sich Wilhelm Maybach nicht aus der Ruhe bringen. Er entwickelt unterschiedlichste Auto- und Motorenkonzepte und verfolgt dabei doch nur ein Ziel: die Vision des perfekten Automobils. Seinem Sohn Karl ist der gleiche unermüdliche Perfektionismus und die Liebe zur Präzision von Motoren in die Wiege gelegt. Geradezu beseelt von der Idee, das ultimative Automobil zu bauen, fertigt er 1921 die erste Maybach Limousine. In akribischer Handarbeit wird jedes Auto bis in das letzte Detail als perfektes Unikat hergestellt. Seine Devise ist einfach: „Was perfekt ist, braucht Zeit!" Und die nimmt sich Karl Maybach. So ist es nicht verwunderlich, dass in über zwanzig Jahren nur rund 1800 handgefertigte Luxuswagen an Maybach Kunden ausgeliefert wurden. Auch nach über 60 Jahren sind wir dieser Tradition treu geblieben und bauen unsere Automobile in reiner Einzelanfertigung. Ganz ohne Zeitdruck, versteht sich. Trotzdem dürfen wir Ihnen versichern: Der neue Maybach kommt.
MAYBACH

DIESE BEIDEN HERREN WAREN IHRER ZEIT SO WEIT VORAUS, DASS SIE AUCH HEUTE NOCH JEDEN UNSERER WAGEN MITBAUEN.
DER NEUE MAYBACH KOMMT.
Wilhelm Maybach (* 1846)
Karl Maybach (* 1879)
Ist es ihr besonderes Talent, das bestimmte Menschen unsterblich werden lässt? Oder ist es das besondere Maß an Herzblut, das sie in ihr Lebenswerk stecken? Auf die Maybachs traf beides zu. Mit Leib und Seele verfolgten sie ihre Vision: das beste Auto der Welt zu bauen. So schuf Wilhelm Maybach gemeinsam mit Gottlieb Daimler, der mit seiner „Motorenkutsche" das erste Vierradautomobil der Welt erbaute, eine Legende: den ersten Mercedes. Er ist noch heute das Vorbild aller modernen Personenwagen. Maybachs Sohn Karl verbrachte schon als Dreijähriger mehr Zeit im heimischen Konstruktionsbüro als im Sandkasten. Er hatte die Leidenschaft und das Können des Vaters geerbt. In seiner Schaffenszeit entwickelte er Meilensteine der Automobilgeschichte: das erste halbautomatische Getriebe, den ersten Maybach Zwölfzylinder-PKW-Motor und viele weitere Erfindungen, die ihrer Zeit um Jahrzehnte voraus waren und die zu den archetypischen Merkmalen jedes modernen Automobils gehören. Nach über 60 Jahren halten wir an der Vision fest, die einst Wilhelm und Karl Maybach zu Höchstleistungen antrieb: ein Auto zu bauen, das Maßstäbe setzt. Freuen Sie sich auf den neuen Maybach.
MAYBACH

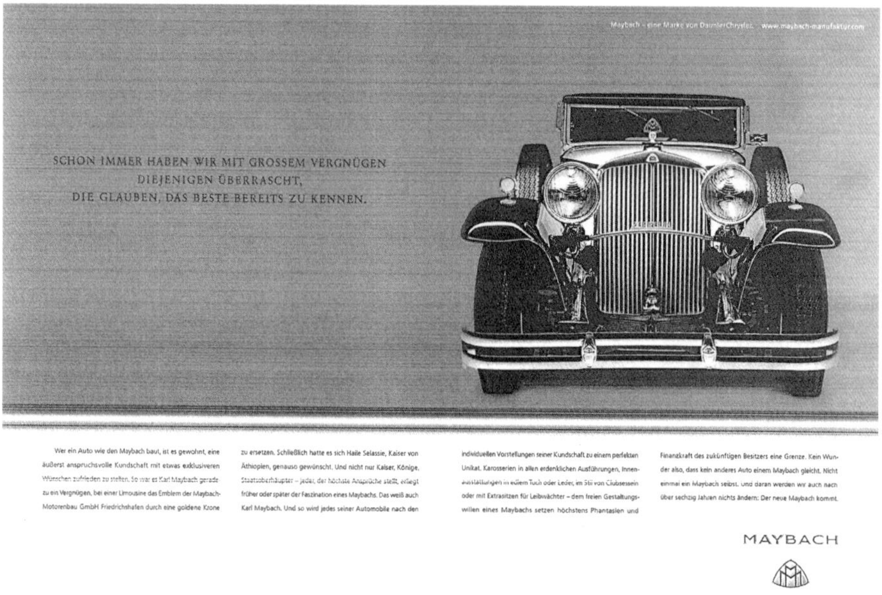


Betrachten wir nun den Inhalt der geschalteten Anzeigen, die die Merkmale transportierten, die man dem Maybach mitgeben wollte. Die Kommunikation erfolgte in zwei Wellen. Zunächst die erste Welle, die vom Unternehmen selbst heritage genannt wurde (siehe vorangehende Abbildungen).

Die Ästhetik, die Verwendung findet, ist die des elitären Stils: Viel freier Raum, sparsamer Einsatz von Bildzeichen, relativ umfangreicher Text. Dazu wird ein spezifischer Farbcode benützt: eher dunkle, gedeckte Farben – ein Code, der sehr oft gewählt wird, wenn es um das Erzeugen eines seriösen, wertvollen Eindrucks geht, ein Stil der Dignität, den wir in vielen hochrangigen Objekten finden.

Das Unternehmen selbst wird unter dem Namen Maybach Manufaktur vorgestellt, was sofort die Abhebung von massenhaft hergestellten Gütern klar macht: Genau so stellt sich zum Beispiel die Manufaktur Meißen vor, die handgefertigtes Porzellan anbietet. Das Firmenlogo zeigt zwei übereinander gestellte »M«, die sich auch als Krone interpretieren lassen, was der Anzeigentext nahe legt. Als Sprecher erscheint das Unternehmen DaimlerChrysler, das den Maybach heute anbietet und das seine Verbundenheit mit der Tradition und den Werten dieses Autos argumentiert. Zwei der drei Bildsujets zeigen historische Motive: die beiden Konstrukteure und das alte Auto sowie das Logo.

Die Zeichenwelt, die hier in Bild und Text aufgebaut wird, konzentriert sich auf drei Aspekte:

- *Eine spezifische Zeit-Raum-Konstruktion:* Sie fokussiert auf Vergangenheit, der Relevanz für die Gegenwart zugeschrieben wird, und auf einem langsamen Zeitverlauf. Die Headline von Sujet 1 sagt: »Normalerweise braucht ein Autohersteller 4 Jahre, um ein neues Modell auf den Markt zu bringen. Wir haben uns 60 Jahre Zeit gelassen.« Und der Copytext führt über den Erfinder des Autos aus, dass er von der Idee besessen war, das ultimative Auto zu bauen. »Seine Devise ist einfach: ‚Was perfekt ist, braucht Zeit! Und die nimmt sich Karl Maybach. So ist es nicht verwunderlich, dass in über zwanzig Jahren nur rund 1800 handgefertigte Luxuswagen an Maybach Kunden ausgeliefert wurden. Auch nach über 60 Jahren sind wir dieser Tradition treu geblieben und bauen unsere Automobile in reiner Einzelanfertigung. Ganz ohne Zeitdruck, versteht sich.«
- *Das Rückführen an einen personalen Ursprung,* nämlich die beiden Konstrukteure: Diese bilden ein Paar, Vater und Sohn, stehen also miteinander in einer genealogischen Reihenfolge, in der der Vater dem Sohn sein Können und seine Leidenschaft für Autos vererbt. Beide sind von der Idee Autos zu bauen, die Maßstäbe setzen, besessen, sie investieren »ihr Herzblut«, sie verfolgen ihre Vision mit Leib und Seele. Es gelingt ihnen dadurch, technische Lösungen zu ersinnen, die auch heute noch Gültigkeit haben (es ist ihr »Talent, das sie unsterblich werden lässt«, wie der Text ausführt).
- *Das dritte Argument besteht in der Tradition des Autos,* das schon immer als Wagen für hochgestellte Personen fungierte: Haile Selassie, Kaiser, Könige, Staatsoberhäupter, die jeweils ihre individuellen Wünsche in dieses Auto einbrachten und die wie alle, »die höchste Ansprüche stellen«, der Faszination dieses Autos erlagen. Der Maybach wird in dieser Anzeige als ein unikates Objekt beschrieben – eben dadurch, dass er den individuellen Wünschen des Besitzers folgt: »Kein Wunder also, dass kein anderes Auto einem Maybach gleicht. Nicht einmal ein Maybach selbst.«

Alle drei Merkmale bilden eine Opposition zu dem gängigen zeitgenössischen Wertsystem und unserer durch den Individualismus geprägten Produktkulturen, die Schnelligkeit propagieren und wenig von Traditionen halten. Diese Kulturen postulieren einen schnellen, linear nach vorn gerichteten Zeitverlauf, bei dem das Neue jeweils besser als das Alte ist, das man besser vergisst; sie fordern eine Demokratisierung von Objekten und geben oft die Idee des autonomen schöpferischen Ichs auf. Die Merkmale, die in den Maybach-Anzeigen vorgeführt werden, scheinen weit eher einem hierarchistischen System anzugehören: langsames Vorgehen, Wert der Vergangenheit, Treue zu Traditionen, Verehrung der Ahnen, strikt hierarchische Gliederung der Gesellschaft mit Oberhäuptern, Kaisern, Königen an der Spitze, perfekte Unikate, die wie Kunstobjekte erscheinen.

Es ist nicht zu unterstellen, wenn auch nicht von der Hand zu weisen, dass sich die Personen, die einen Maybach kaufen, dem hierarchistischen Wertsystem zugehörig fühlen. Die Inszenierung eines solchen Systems ist aber auch eine perfekte Strategie, um den Distinktionsgewinn und die Seltenheit, den Unikatcharakter des Objektes zu demonstrieren: Jeder kann ein technisch perfektes Auto bauen, aber nicht jeder verfügt über diese Geschichte, diese Schöpfer, diese Traditionen, diesen Luxus, die Zeit langsam verstreichen zu lassen. Die Verfügung über Zeit und Raum, die Verschwendung von Zeit und Raum haben wir in mehreren Kontexten als Merkmal von elitären Stilen festgestellt, sie geht oft Hand in Hand mit der Negierung von Gebrauchswerten, technischen Leistungen.

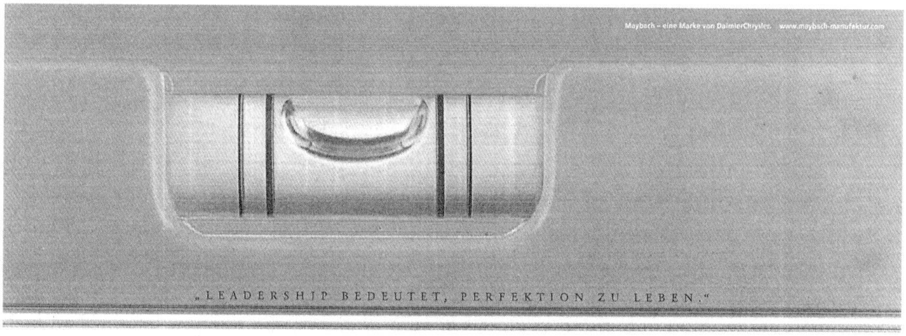

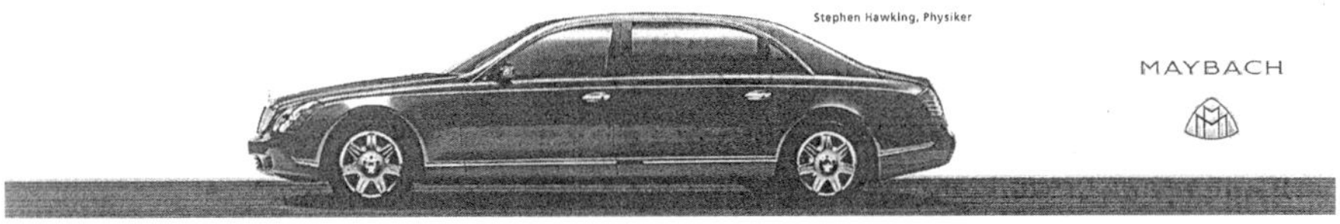

Die zweite Welle von Anzeigen, die in denselben Medien veröffentlicht wurde, konzentrierte sich auf das neue Auto. Sie hatte vom Unternehmen aus den Titel leadership (siehe vorangehende Abbildungen).

Der Stil der Anzeigen und ihr formales Layout folgt wie bei der ersten Serie den Prinzipien des elitären Stils: viel freier Raum, minimalistischer

Einsatz von Bild- und Textelementen. Auch der Farbcode ist ähnlich: seriöse, gedämpfte Farben, die dem Code der Dignität folgen, im Farbton etwas wärmer als die der ersten Serie. Auf einen erklärenden Subtext wird diesmal verzichtet.

Die Anzeigen benützen die Strategie der Testimonials. Dies ist eine in der Werbung oft verwendete Strategie, die einer bekannten psychologischen Lerntheorie folgt: dem Lernen am Modell.[152] Bekannte und berühmte Personen werden eingesetzt, um von einem Produkt Zeugnis abzulegen. Bemerkenswert ist nun die Auswahl der Personen: Es handelt sich um einen Künstler, einen Architekten, einen Physiker; Personen, die offensichtlich nicht der breiten Mainstream-Öffentlichkeit bekannt sind, sondern nur einem Kreis von Personen, die sich für Wissenschaft und Kunst interessieren. Sie sind nicht abgebildet, sondern durch ein Zitat, in dem sie ihre Vorstellung von leadership interpretieren, repräsentiert. Das nimmt den ganzen oberen Raum der Anzeige ein und enthält eine sehr sparsame Bebilderung des Zitates.

Das Zitat selbst stellt einmal einen Aspekt von leadership dar, so wie ihn die berühmte Person sieht. Dieser Aspekt ist aber auch auf den Maybach selbst zu übertragen und könnte als eine Headline für das Auto gelesen werden. Dem Auto wird so zugeschrieben, dass es ein bedeutendes Objekt ist, sonst – so nehmen wir aufgrund unseres kulturellen Wissens an – würden sich diese berühmten Personen nicht darüber äußern. Ebenso wird es mit den Merkmalen »sich ins Unbekannte wagen«, »Regeln brechen«, »Perfektion leben« verbunden, Merkmale, die adäquat den Bereich Kunst und Wissenschaft beschreiben. Angegeben werden nicht irgendwelche technische Details und Leistungen des Autos, sondern seine Einbindung in soziale Kontexte. Wer einen Maybach besitzt, stellt sich damit in eine Reihe mit Stephen Hawking, Helmut Jahn, Georg Baselitz – Personen, die primär über kulturelles Kapital verfügen, die Unikate sind und unnachahmliche schöpferische Leistungen vollbracht haben. Es sind dies Personen, denen wir nicht primär ökonomische Interessen unterstellen, die wir im Übrigen auch wenig mit dem verbal als leadership beschreibenden Aspekt zusammenbringen würden.

Es werden also Eliten angesprochen, aber nicht die Eliten des Power Blocks Wirtschaftskapitäne, Politiker, Personen mit viel finanziellem Kapital, sondern Eliten, die ihre Reputation durch künstlerische und wissenschaftliche Leistungen erworben haben, Leistungen, die auf Talent und Leidenschaft beruhen und die schwer imitierbar sind. Sie ähneln damit einmal den Eliten, die in der ersten Serie angesprochen worden sind, den beiden Konstrukteuren, und den adeligen Eliten. Aber sie versprechen auch einen spezifischen Distinktionsgewinn und eine Legitimation des Besitzes: Wer einen Maybach kauft, tut dies nicht, weil er sehr viel Geld hat (also nur über finanzielles Kapital verfügt) oder weil er sozial beeindrucken möchte (was man Neureichen unterstellen könnte), sondern weil er den Rang dieses Objektes zu würdigen weiß, das als äquivalent mit künstlerischen und wissenschaftlichen Leistungen erscheint.

Wenn wir von einer Homologie zwischen Objekten und Menschen ausgehen, so stellt der Maybach in der Ordnung der Autos das dar, was die drei Künstler/Wissenschaftler in der sozialen Ordnung der Menschen darstellen: selten, einzigartig, schwer imitierbar, außerordentlich wertvoll, weit entfernt von allen Überlegungen von Nützlichkeit und Preiswürdigkeit, in maximaler Distanz zur Masse, aber auch zu üblichen Eliten. Versprochen wird also ein ganz spezifischer Distinktionsgewinn – wobei man zum Erkennen dieses Distinktionsgewinnes bereits kulturelles Kapital braucht, indem man wissen muss, wer Hawking, Jahn und Baselitz sind.

Diese Wahl des Bereiches Kunst und Wissenschaft, die zur Demonstration von hohem Wert eingesetzt werden, ist ein Phänomen, das im Bereich der Elitendarstellung oft gewählt wird.[153]

Betrachten wir nun die beiden Anzeigenserien gemeinsam, so sehen wir, dass sie eine gute Lösung für die Probleme darstellen, denen Eliten zu antworten haben, und dass sie eine ganz bestimmte Form von Distinktion versprechen, nämlich eine, die in jedem Aspekt Abweichung dokumentiert: »Apart from the crowd«, aber auch von »normalen« Eliten. Die Anzeigen betonen Alleinstellung, Seltenheit, Unikatcharakter und eine Abweichung, die eine legitimierende Kraft entfaltet, indem sie mit den besonders hochrangigen Systemen Kunst und Wissenschaft verbunden wird. Ebenso wird das Problem der Zugangsbarrieren angesprochen, und zwar in doppelter Form: zum einen indem eine Marke dargestellt wird, die über eine nicht leicht imitierbare Geschichte verfügt, und zum anderen, indem der Kreis der dargestellten Zeugen zu seinem Verständnis kulturelles Wissen voraussetzt.

Bemerkenswert ist weiter, dass ein Modell dargestellt wird, das sich in Opposition zu zentralen Wertfeldern des individualistischen Gesellschaftsmodells befindet, nämlich das hierarchistische. Dieses Wertefeld könnte gewählt worden sein, weil es eben eine maximale Abweichung bietet. Es könnte aber auch sein, dass ein Eliteobjekt der ganz oberen Klasse – bzw. ein Objekt, dass das Gefühl verleihen soll, zu ganz oberen und besonderen Elitegruppen zu gehören – besonders gut mit diesem Gesellschaftsentwurf verbunden werden kann, sofern man zu den oberen und nicht zu den unteren Rängen gehört.[154]

## Der elitäre Code und die leere Fläche

Ein wesentliches Merkmal von Elitepersonen in unserer Gesellschaft ist es, dass sie einen größeren Raum beanspruchen können als andere Personen. Sie besitzen im Allgemeinen größere Wohnungen, größere Autos, größere Schreibtische, größere Zimmer am Arbeitsplatz, man hält zu ihnen bei Gesprächskontakten größere Distanz ein, man formuliert die Sprache in längeren Ketten (»Einen guten Morgen wünsche ich, Herr Direktor!« gegenüber »Hallo, Karl!«).

Der »leere Raum« ist damit ein Merkmal, das Eliten kennzeichnet. Bei der Gestaltung von Flächen, so bei Packungen oder Anzeigen, kann diese Bedeutung funktionalisiert werden: Eine Anzeige, die Raum zwischen ihren Bild- und Gestaltungselementen lässt, signalisiert, dass sie etwas Besonderes anbietet, auch deshalb, weil dadurch angedeutet wird, dass man es sich leisten kann, leeren Raum zu verschwenden. Das Gegenteil sind Anzeigen, bei denen jeder Millimeter voll geschrieben ist – die so genannten »Schweinebauch«-Anzeigen des Handels.

## Der elitäre Sprachcode

Merkmale des Elitären finden sich auch in den Sprachen, und zwar als Merkmale der Sprachverwendung. Das betrifft natürliche Sprachen wie auch alle Typen von bedeutungsübermittelnden Systemen.

Die Abhebungsstrategie bedient sich wieder der schon besprochenen Merkmale beschränkter Zugänglichkeit, also der Barrieren der Zugänglichkeit und der Differenziertheit. Die Soziolinguistik hat diesen Typ der Sprachverwendung unter den Bezeichnungen des elaborierten und des restringierten Codes – als charakteristisch für die schichtspezifische Verwendung von Sprache beschrieben. Der restringierte Code wurde als Merkmal der Unterschichten, der elaborierte Code als Merkmal der Oberschichten gesetzt. Gleichzeitig wurde damit postuliert, dass Unterschichten nicht nur einen begrenzten Zugang zu den Möglichkeiten von Sprache hätten, sondern einen ebenso reduzierten zu Denkund Gefühlsstrukturen.[155]

Diese These wird heute nicht mehr in dieser einfachen Form der schichtspezifischen Verteilung aufrechterhalten – auch wenn die Art, wie mit Sprache umgegangen wird, natürlich immer noch ein wichtiges Merkmal der sozialen Abhebung ist. Es zeigt sich jedoch, dass gerade unterschichtspezifische Sondersprachen zu einem hohen Differenzierungsgrad fähig sind und dass andererseits jeder Sprachteilnehmer parallel über mehrere Sprachstile verfügt.

Die Nachrichtenübermittlung, die im Bereich der Marktkommunikation nach den Prinzipien des elitären Stils erfolgt, bedeutet zweierlei: Sie verwendet Zeichen, bei denen sie sicher sein kann, dass sie nur in bestimmten Gruppen verständlich und attraktiv sind, eben in den Eliten, an die sie sich wenden möchte. Damit folgt sie der Strategie des Seltenen und des Differenzierten. Ein Beispiel dafür sind die in der Maybach-Kampagne angesprochenen Prominenten.

Sie entfernt sich von den Trivialitäten des genauen Sagens, Erklärens, Darstellens, der mimetischen Widerspiegelung – also von den Gebrauchswerten der Sprache. Damit ist der elitäre Stil notwendigerweise zu einer Abweichung von der üblichen Sprachverwendung gezwungen, zum Erfinden neuer Sprachelemente, also zu einem kreativeren Sprachgebrauch, der von den vielfältigen Möglichkeiten des Verweisens von Sprachzeichen auf Sprachzeichen Gebrauch macht.

Beide Strategien bedeuten daher auch das Schaffen von Inklusionscodes und Exklusionscodes. Sie sind gezwungen, Barrieren und Grenzen zu errichten.

## 6.12 Vom Sein zum Design

### Signalwerte von Stil/Packungen

Produkte transportieren nicht nur soziale und kulturelle Klassifizierungen, sondern sie stehen auch für Stile. Sie signalisieren bestimmte Stile, sie können in Stilensembles eingefügt werden, und sie ermöglichen es Konsumenten, sich einen bestimmten Stil zu kaufen. Damit ist auch das situative Benützen von verschiedenen Stilen gemeint, das Anzitieren von Stilen, keineswegs nur die aus einer Klassenzugehörigkeit resultierende Stilposition, obwohl es das auch gibt.

Stil ist natürlich ein schwieriges Phänomen, das einer ausführlicheren Klärung bedürfte, als sie hier erfolgen kann. Stil ist auf der einen Seite ein visuelles, ein Designphänomen, auf der anderen Seite etwas weit darüber Hinausgehendes:

> »By style I simply mean the ways we clothe ourselves in certain robes and emotional robes, the ways we respond to problems, relate to others, and recognize the realities within ourselves; the accommodations and promises we make.«[156]

Design hat mehrere wichtige Aufgaben. Es spielt zunächst eine große Rolle bei der Handhabbarkeit von Packungen und Geräten.[157] Design kann aber auch als Signalement einer bestimmten Ideologie verwendet werden, so besonders im Bereich von Packungen. Jede der in den vorigen Punkten angegebenen Positionen verlangt eine bestimmte Designposition, in der sich die jeweiligen semantischen Merkmale wieder finden:

- die elitäre Packung, die Standardpackung,
- die junge, weibliche, männliche, kindliche Packung,
- die Packung, die Nähe oder Ferne signalisiert.

Wir wollen nur einen Gegensatz betrachten (siehe nachfolgende Grafik). Bei beiden Positionen handelt es sich um verbreitete Gestaltungen im Bereich von Konsumgütern.[158] Es sind auch Positionen, die bekanntermaßen in der historischen Entwicklung eine Rolle gespielt haben.

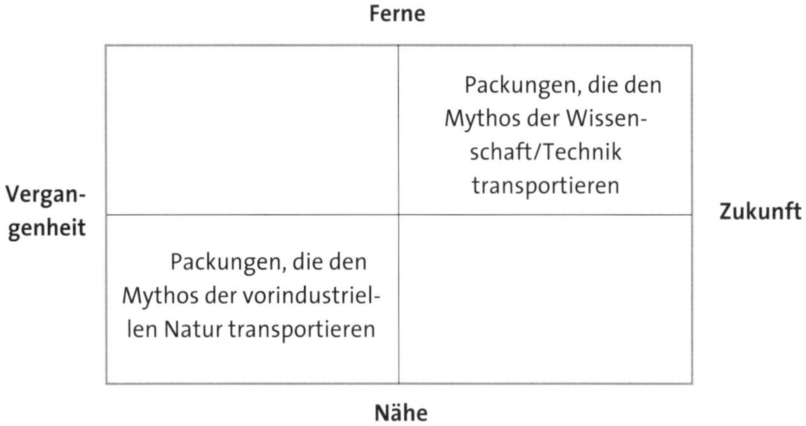


Das Design des Funktionalismus ist in etwa mit dem Bauhausstil und seiner Maxime *form follows function* gleichzusetzen. Es ist ein Stil, der rational ist, reduziert, der sich gegen Verzierungen richtet (»Ornament und Verbrechen«), der technische Elemente sichtbar macht, ein Stil, der einer durchrationalisierten Produktkultur entspricht, ein Stil auch, der ursprünglich vom Glauben an die Machbarkeit und Veränderbarkeit der Lebensumstände getragen war.[159] Dieser Stil basierte auf den Prinzipien, die auch heute noch für die Packungsgestaltung wichtig sind: Gutes Design

- ist innovativ,
- macht ein Produkt brauchbar,
- ist ästhetisch,
- macht ein Produkt verständlich,
- ist unaufdringlich,
- ist ehrlich,
- ist nicht langweilig,
- ist konsequent bis in die Details,
- ist umweltfreundlich,
- ist möglichst wenig Design.

Technische Geräte, Produkte, die technisch-wissenschaftliche Leistungen, Fortschritt verkaufen, so im Übrigen oft auch Kosmetik, folgen heute noch diesem Stil.

Der historische Stil des Durchrationalisierten, wie ihn das Bauhaus exemplarisch zeigte, wurde zu seiner Zeit von den verschiedensten Positionen heftig angefeindet: von Künstlern, die Kunstausübung als das Privileg einer Kaste betrachteten; vom traditionellen Handwerk, von traditionell eingestellten Teilen des Bürgertums, die Kunstausübung als Mysterium ansahen. Auch heute noch ist er nur in einigen Produktfeldern möglich und keineswegs bei allen Gruppen gleich beliebt. Der Stil, der den Mythos der vorindustriellen Natur transportiert, ist hingegen sehr beliebt – und er ist vor allem bei Nahrungsmitteln wesentlich. Hier gibt es in fast allen Produktfeldern diese Position des großmütterlich Produzierten, des Liebevollen, Persönlichen, des Nostalgischen, den Versuch, den Zauber der guten alten Zeit zu zitieren. Packungen, die hier industriell anmutende Merkmale besitzen, unterliegen starker Abwertung.

Daher sind heute auch Grundnahrungsmittel gezwungen, diese Positionen des Standards/des industriellen Genügens aufzugeben. Das zeigt etwa die Entwicklung der österreichischen Zuckerpackung, der es damit gleichzeitig gelang, Zucker als ein Nahrungsmittel zu positionieren, das die Werte der guten alten Zeit repräsentiert (vgl. Teil D 4.2.5).

*Darbo* gelang es, sich als eine ganz besondere Konfitüre zu profilieren. Unter anderem war dies auch eine Konsequenz des Packungsdesigns, das genau diese Aspekte des Persönlichen, Liebevollen, Natürlichen und damit des Wertvollen zur Geltung brachte (siehe Abbildungen).

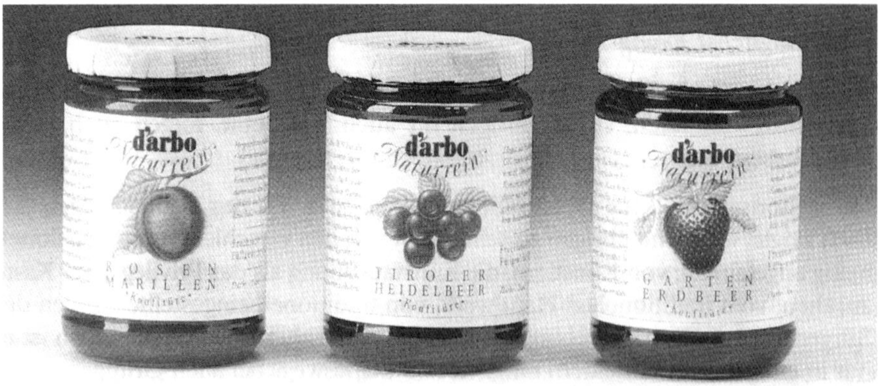

Die Marke Alnatura, die sich auf biologisch angebaute Produkte spezialisierte, positionierte ihre Produkte am Beginn ihres Markteintritts in einem Packungsdesign, das dem damaligen Designcode folgte: Ökologisch korrekte Produkte hatten die graue, anspruchslose, nüchterne Optik zu repräsentieren, die sie von den glamourösen, verführerischen Industrieprodukten abhob. Im Jahre 2002, als wir die Range untersuchten, zeigte sich jedoch, dass Konsumenten dieser Position nur noch wenig abgewinnen konnten. Die Range wurde konsequent auf mehr Lebendigkeit, Farbigkeit, auch appetitliche Verführung umgestellt. Bei gleich bleibender Produktqualität und gleich bleibendem Preis ergab sich ein Umsatzzuwachs von 40%.

Ein weiteres Beispiel, bei dem es einem Produkt gelang, Käufer spezifisch aufgrund seines Designs zu interessieren, ist der I Mac von Apple.

# 7 Produkte als Ideologieträger

## *Drei zentrale Wertsphären und ihre Vermittlung durch Produkte*

## 7.1 Einleitung

Wir haben Produkte in ihrer Funktion definiert, kulturelle und ideologische Ordnungsmuster zu benützen und zu transportieren. Aus der Gruppe dieser Ordnungsmuster haben wir bisher eine Reihe wichtiger kultureller Basiscodes besprochen. In diesem Kapitel soll es jetzt um komplexere und auch abstraktere Werte und Wertsphären gehen, die für unsere Gesellschaft und für Produkte gleichermaßen wichtig sind. Ich unterscheide im Wesentlichen zwischen drei Wertsphären:

- die Wertsphäre der Disziplinierung/Zweckrationalität,
- die Wertsphäre des Hedonismus,
- die Wertsphäre der Solidarität.

Ich will nicht behaupten, dass damit die Liste der Werte, die wir als sinnstiftend und legitimierend ansehen, erschöpfend wiedergegeben ist, aber diese drei repräsentieren drei wichtige Möglichkeiten, für die es auch relevante historische Ausgangspunkte gibt. Man kann sie als exemplarische Möglichkeiten auffassen. Sie sind in drei Aspekten relevant:

1. Produkte können im Hinblick auf diese Werte entwickelt werden, Produkte dienen zur Realisierung dieser Werte.
2. Man kann an diese Werte appellieren, sie zur Begründung und Abstützung einer Argumentation benützen.
3. Sie können als Wertewelt Produkten/Marken über zeichenhafte Vermittlung zugeordnet werden. Produkte/Marken können zeichenhaft für diese Werte stehen.

Bei der Entwicklung, Analyse und Prüfung von Produkt- und Werbekonzepten ist die Berücksichtigung der Geltung und Gültigkeit dieser oder ähnlicher Werte von großer Relevanz.

Wirtschaft ist ja jenes Subsystem in unserer Gesellschaft, das sich am spätesten als eigenes Subsystem mit eigenen Gesetzmäßigkeiten und Spielregeln ausdifferenziert hat. Es ist bekanntlich ein System, dessen Steuerungsmechanismus primär ein monetärer ist, das auf den Prinzipien der Freiwilligkeit und der Gleichheit der Teilnehmer beruht und das sich, natürlich im Rahmen institutionalisierter Rahmenbedingungen in Politik und Recht, über diese Mechanismen selbst reguliert. Die »Produkte« dieses Systems sind ohne Ansehen der Person allen zugänglich, die über das erforderliche Geld verfügen; andererseits kann niemand gezwungen werden, die Produkte zu erwerben.

Wirtschaft ist also ein System, das auf Einverständnis und freiwillige Kooperation angelegt ist. Das wird nur dann geleistet, wenn die Werte, die hier versprochen werden, von jedem einzelnen Individuum als sinnstiftend und attraktiv erlebt werden. Es gibt keine Instanz, die – wie im Bereich des Rechts oder bestimmter Wissenschaften – eine Durchsetzung von Werten erzwingen könnte. Charakteristisch für dieses System ist ferner, dass es Werte propagieren muss, die sowohl einen zuverlässig produzierenden als auch einen zuverlässig konsumierenden Menschen stützen.

Die drei Wertsphären, die im Folgenden besprochen werden, basieren auf dem Ansatz von Max Weber. Wir sind darauf in den einleitenden Abschnitten kurz zu sprechen gekommen. Unter Wertsphären sollen fundamentale kulturelle Wertmuster verstanden werden, die sich als Handlungsorientierungen auf allen Ebenen des Systems finden – des kulturellen, des sozialen, des individuellen. Max Weber beschreibt die Entwicklung unserer modernen Gesellschaft bekanntlich als einen Prozess der Ausdifferenzierung dieser Wertsphären, die früher ununterscheidbar zusammenfielen, nun aber jeweils eigene Systeme mit eigenen Werten und Gültigkeitsansprüchen darstellen. In der Folge können die drei Wertsphären in Konflikt miteinander treten, jede erscheint vom Standpunkt der anderen aus irrational, und sie können im öffentlichen Diskurs unter Appell auf verschiedene Geltungskriterien eingesetzt werden:

| Wertsphäre | Objektbereich | Handlungsorientierung | Begründungs-/ Geltungskriterium |
|---|---|---|---|
| Zweckorientierung | Objekte, reale Welt (nützliche Objekte) | instrumentell, zweckrational | nachprüfbare Wirkung |
| Wertorientierung | Gesellschaft (Objekte des Respekts) | normativ, evaluativ, wertrational | richtig für alle |
| affektuelle Orientierung | ICH (expressive Objekte) | expressiv | Wahrhaftigkeit/ Authentizität |

Als ein wesentliches Kriterium unserer westlichen Gesellschaften arbeitet Max Weber den Stellenwert heraus, den die Idee der Rationalität und der methodischen Lebensführung für den Beginn moderner und dann vor allem für den Beginn kapitalistischer und industrieller Gesellschaften einnahm. Hier wurde zum ersten Mal ein methodisches Zweck-Mittel-Kalkül eingeführt: kontrollierte Eingriffe in die Natur, die Technik und Wissenschaft ermöglichten, gleichzeitig aber auch an die Idee des prinzipiengeleiteten, selbstkontrollierten, methodisch vorgehenden Individuums anknüpften. Von dieser Wertsphäre grenzt sich die moralisch-praktische Wertsphäre ab, die sich mit den Prinzipien der normativen Gerechtigkeit für alle verknüpft, und schließlich die expressive, die sich mit der Innenwelt der Akteure beschäftigt, mit Funktionen der Selbstdarstellung.

Insgesamt lässt sich ein Einander-Gegenübertreten der Sphären der rationalen/methodischen und der expressiven/evaluativen Lebensführung beobachten. Letztere war bereits zu Beginn der Industrialisierung angelegt, als etwa Bohemiens/Künstler bewusst eine eigene Lebensform als Gegenpol zu den Prinzipien der rational-methodischen Lebensform entwickelten; aber in der Folge waren beide in einer einzelnen Person gleichzeitig wirksam. Für unsere Zeit sind genau dieses Nebeneinander der verschiedenen Wertsphären in einer Person und eine Verlagerung zu den expressiven Wertkomplexen charakteristisch, ohne dass die anderen dadurch jedoch verschwunden sind.

Auch Produkte basieren auf diesen Wertsphären und Ordnungsmustern – sowohl was ihre instrumentellen Funktionen betrifft, aber auch ganz allgemein hinsichtlich ihrer Signalwerte. Jedes Produktfeld hat eine spezifische Ideologie, die von den Marken dieses Feldes nicht negiert werden kann. Oft erlangen jene Marken Superiorität in einem Feld, die die zentrale Ideologie dieses Produktfeldes kommunizieren oder insgesamt eine dieser zentralen Wertewelten repräsentieren.

Die drei Wertsphären zunächst im Überblick, wobei ich das Webersche Schema etwas ändere:

| **Die »Kultur der Disziplinierung«** | **Die »Kultur des Hedonismus«** | **Die »Kultur der Solidarität«** |
|---|---|---|
| Zweckrationalität | affektuelles Handeln | Gesinnungsethik |
| methodisches, planvolles, kontrollierendes Vorgehen | Lustmaximierung | Verantwortung |
| Affektmodellierung | *paradise now*<br>jetzt – hier – sofort | |
| Disziplinierung | ICH | WIR |

| | | |
|---|---|---|
| Leistung | die Grenzen meines Ich sind die Grenzen meiner Welt | |
| gesellschaftliche Normen bestimmen das Handeln (Lohn und Strafe) | narzisstischer Wert-umkreis | individuelles Verhalten folgt Prinzipien, weil sie als moralisch richtig anerkannt werden |

Diese drei Wertsphären/Kulturen sollen unter folgenden Dimensionen dargestellt werden:

1. Um welche Werte handelt es sich?
2. Welche Produktfelder haben eine besondere Nähe zu diesen Werten?
3. Wie kann man für diese Werte argumentieren? Wie kann man Einverständnis mit diesen Werten erzielen?
4. Wie können diese Werte am besten inszeniert werden?

## 7.2 Die Kultur der Disziplinierung

Charakteristische Werte, die angesprochen werden, sind:

- Leistung, Durchsetzung in einem Wettbewerb,
- Disziplinierung, Affektmodellierung,
- rational methodische Lebensführung,
- Erfüllen gesellschaftlich strikt vorgegebener Normen, die durch Sanktionen eingefordert werden können.

Es handelt sich um eine Wertewelt, die unsere Kultur in hohem Ausmaß geprägt hat. Ihre Durchsetzung, durch die gesellschaftliche Arrangements und Lebenswelten gleichzeitig geformt wurden, markiert den Beginn und die Entwicklung der industriellen und der bürgerlichen Kultur.[160] Es sind alte Werte, und sie haben heute weder die Gültigkeit noch die Definition ihres historischen Ursprungs. Man ist daher geneigt, sie als verschwunden und irrelevant zu betrachten. Tatsächlich handelt es sich aber noch um eine äußerst relevante Gruppe von Werten, die eben nur einer besonderen Inszenierung bedürfen.

Diese Werte spielen auch eine besondere Rolle bei Norbert Elias. Im »Prozess der Zivilisation« beschreibt er die Rolle von Disziplinierungsprozessen als Voraussetzung für das Entstehen moderner Staaten.[161] Extrem verkürzt dargestellt: Die Bildung des Zentralstaates am Beginn der Neuzeit wird erst über das Herausbilden einer besonderen Persönlichkeitsstruktur möglich, nämlich die einer selbstkontrollierten Person, die ihre Affekte modelliert und diszipliniert. Durch dieses Ideal einer zivilisierten Person wird schrittweise Außenzwang durch Innenzwang ersetzt. Dadurch wird einmal eine Pazifizierung der Mitglieder erreicht: Aggression wird nicht mehr unmittelbar intersubjektiv ausgetragen, sondern als Sanktionspotential an die zentrale Staatsmacht übertragen; diese wird gleichzeitig von der Aufgabe einer unmittelbaren Kontrolle aller einzelnen Mitglieder entlastet, da diese sich zunehmend selbst kontrollieren und ihre Handlungen großräumiger koordinieren.

An diesem Prozess sind das Zusammenspiel von kulturellen, sozialen Normen und die Ausbildung von Persönlichkeits- und Motivstrukturen zu beobachten. Die Ebenen bedingen und beeinflussen einander: Eine Weiterentwicklung des sozialen Systems ist nicht anders möglich, als dass andere Kulturideale wirksam werden. Diese wieder setzen andere Persönlichkeitsstrukturen voraus und bedingen sie gleichzeitig. Indem die Vorstellung von einer zivilisierten Person als einer Person, die ihre Affekte modelliert und diszipliniert, relevant wird, rücken die Scham- und Peinlichkeitsschwellen des Einzelnen nach oben. Man verhält sich zivilisierter, weil einem das Gegenteil peinlich wäre – und nicht, weil es jemand so anordnet. Die Norm wird also in das Innere der Person verlagert. Dies weist Elias an einer Fülle von Beispielen aus dem Alltagsverhalten nach: Essvorschriften, hygienische Vorschriften, Höflichkeitsregeln. Diese Vorschriften zielen darauf ab, natürliche Vorgänge zu unterdrücken, Distanz zu halten, auf die Beurteilung durch den anderen Rücksicht zu nehmen, Normen zu internalisieren. Alles das verdichtet sich zu zentralen Werten der bürgerlichen Kultur: Pflichtethik, Affektmodellierung, Internalisierung von Normen, rational-methodische Lebensführung, Trennung der Bereiche privat – öffentlich, männlich – weiblich, Ordnung, Leistung, Pünktlichkeit, planmäßiger Umgang mit Zeit, »Zeit ist Geld«.

Philippe Sarasin beschreibt in seinem Buch über Hygiene den im 19. Jahrhundert einsetzenden Prozess, in dem Hygienevorstellungen nicht nur zu einem wichtigen Konzept für die Entwicklung von Wissenschaft und Technik wurden, sondern auch eine große Rolle für die Herausbildung der bürgerlichen Persönlichkeit spielten.[162]

Der in unserer Zeit einsetzende Wertewandel ergänzt und transformiert diese Werte durch die Idee des autonomen Individuums. Aber das heißt nicht, dass sie damit ihre Relevanz verloren hätten. Tatsächlich funktionieren noch weite Bereiche des Alltags, die Berufs- und Arbeitswelt und teilweise die Produktion nach diesen Prinzipien. Und daher spielen die Werte der Disziplinierung auch auf dem Markt eine große Rolle. Es gibt eine Reihe von Produktgattungen, die ihre Berechtigung verlieren würden, wenn es diesen Wertkomplex nicht mehr gäbe: Waschmittel etwa, Deos, Diätkuren, Kosmetik, Versicherungen und Sparformen. Im Wesentlichen sind dies Produkte,

- die etwas mit der Herausbildung einer zivilisierten Person zu tun haben: natürliche Vorgänge müssen unterdrückt werden, dürfen nicht im sozialen Raum existieren (Schwitzen, Schmutz, unmäßiger Appetit), werden durch Deos, Waschmittel, Diätkuren beseitigt, man muss im Augenblick auf etwas verzichten, um später eine Belohnung dafür zu erhalten (Sparen, Versicherungen);
- die es erlauben, in natürliche Vorgänge einzugreifen und deren negative Folgen zu eliminieren (Naturunterwerfung, Technik und Wissenschaft besiegen die Mängel der Natur, cheating the system);
- die etwas mit der technisch-wissenschaftlichen Sphäre zu tun haben.

Wenn die Analyse zeigt, dass Produkte dieser Wertsphäre der Disziplinierung, der Unterwerfung, der methodischen Eingriffe angehören, ist es wichtig, zu erkennen, dass genau dies ihre zentrale Ideologie ist, die vermittelt und deutlich gemacht werden muss.

Erstes und zentrales Prinzip muss in einem solchen Fall sein, eine Argumentation über ihre instrumentelle Leistung zu führen. Es ist die Funktion dieser Produktgattungen, in die Realität wirkungsvoll einzugreifen: Sie müssen ihren Job tun, eine Leistung erbringen, einen unerwünschten negativen Zustand in einen gesellschaftlich erwünschten positiven Zustand transformieren. Das heißt nicht, dass einfach instrumentelle Vorteile aufgezählt werden sollten, aber die Wirkung der Produkte muss überzeugend inszeniert und eindrucksvoll argumentiert werden. Wenn es sich nicht um technische Produkte handelt, ist immer zu überlegen, wie Einverständnis mit diesen normativen Ansprüchen erzielt werden kann.

Die Entwicklung unserer Wertsysteme – eigentlich schon die am Anfang stehende Maxime »nicht Außenzwang, sondern Innenzwang« – verhindert es, dass dieser Wert der Disziplinierung direkt verkauft werden kann. Es muss vielmehr der Eindruck erweckt werden, dass das Individuum selbst es so will und dass es unter dem Einfluss egozentrischer Motive so handelt.

Ein sehr gutes Beispiel dafür ist die Marke »Du darfst«. Sie agiert im Bereich von Diätprodukten, also von Produkten, die auf eine Disziplinierung des Essverhaltens abzielen. Die Disziplinierung des Essverhaltens ist heute in den westlichen Industrienationen eine wesentliche Forderung medizinischer und staatlicher Instanzen, die jedoch – sobald sie einfach und explizit als das ausgesprochen wird, was sie ist, nämlich Verzicht auf

Kalorien und auf als besonders gut schmeckend betrachtete Nahrungsmittel – nur mäßigen Erfolg hat.

»Du darfst« war die erste Marke, der es gelang, Anerkennung von öffentlichen Instanzen zu erhalten. Der Grund: »Du darfst« bot fettreduzierte Produkte an, die tatsächlich halfen, die Menge des verzehrten Fettes zu reduzieren, trug aber auch zur Bewusstseinsbildung in Richtung gesunde Ernährung bei. Gleichzeitig wurde sie von Konsumenten geschätzt. »Du darfst« verkaufte als Wert nun gerade nicht Disziplinierung, sondern den Erhalt von Jugend und Schönheit, den sie über einen Entschluss des autonomen Individuums darstellt: »Ich will so bleiben wie ich bin.« Eine übergeordnete normative Instanz ist allenfalls durch den Markennamen impliziert: »Du darfst«.

Kommunikationsstrategien, die Außenzwänge explizit darstellen, was etwa in den 1960er Jahren durchaus noch üblich war – schwitzende Personen, die naserümpfend von ihrer Umgebung kommentiert werden (Rexona); Personen, die sich mit schlecht gewaschenen Hemden in der Öffentlichkeit blamieren (Ariel); Mütter, denen die personalisierte Stimme ihres Gewissens ihr Handeln vorschreibt (Lenor) – sind heute kaum mehr möglich. Alles das wird durch die Darstellung des autonomen Individuums ersetzt, das über eigenen Entschluss, über Eigenverantwortung, Vorsorgedenken diese Normen erfüllen möchte.

Dies gilt auch für Versicherungen. So stellte eine erfolgreiche Kampagne der EA Generali nicht dar, was die Versicherung tut, um den Schaden wieder gut zu machen (die »Belohnung« für die Prämie), sondern das, was man selber tun kann, um den Schaden zu verhüten (siehe Abbildung).

### Beispiel: Waschmittel

Eine Produktgattung, deren Zentrum auch heute noch voll in diese Ideologie der Disziplinierung eingebettet ist, sind Waschmittel. Sie sollen etwas näher besprochen werden, da an ihnen ein Argumentationstyp klargemacht werden kann, der bei allen Produkten, die Leistung bieten müssen, relevant ist.

Waschmittel verkaufen den Wert der Sauberkeit. Das ist ein instrumenteller Wert, der darin besteht, dass der Schmutz, der sich durch das Tragen und Gebrauchen der Wäsche, über innere und äußere Bedingungen (Körperausscheidungen, Umwelt, Spuren des Gebrauchs etc.) einstellt, entfernt wird. Zunächst handelt es sich um eine elementare Kulturtechnik, die die meisten Kulturen kennen und die auch in allen uns bekannten historischen Phasen unserer Kultur geübt wurde. Eine gewisse anthropologische Konstante dieser Technik besteht darin, dass es sich

immer um Prozesse der Grenzziehung und der Ordnung handelt, die sich leicht mit dem Gegensatzpaar Reinheit und Gefährdung verbinden.[163] Schmutz ist gewissermaßen »Materie an der falschen Stelle«, er bedroht eine bestehende Ordnung, er ist daher gefährlich.

Außerordentliche Unterschiede gibt es jedoch in der Definition von Sauberkeitsstandards. Das ist zunächst historisch offensichtlich: Die Kleider der Adeligen des 18. Jahrhunderts galten als sauber, wenn sie nach einer langen Reise gebürstet wurden, sodass ihre der Gesellschaft zugekehrte Seite »in Ordnung« war.

In der Entwicklung der Sauberkeitsstandards spielen zwei Werte eine wichtige Rolle:

- Sauberkeit als Distinktion,
- Sauberkeit als moralische Dimension.

Dabei ergibt sich eine Korrelation und ideologische Verschränkung zwischen diesen beiden Dimensionen, die sich heute noch auf dem Markt findet. So setzten sich weiße Wäsche, weiße Kragen zuerst und ostentativ in den adeligen Gruppen des 17. Jahrhunderts durch. Sie indizierten, dass sich der Träger die kostbaren Leinenstoffe und die aufwendigen Reinigungsprozeduren leisten konnte. Sauberkeit/Hygiene wurde im 19. Jahrhundert zu einer kulturell und sozial wichtigen Vorstellung, die entscheidend zu Hygienefortschritten beitrug. In ihrem Gefolge wurden etwa die Großstädte kanalisiert, elementare Hygienevorstellungen in Armee und Schule durchgesetzt.[164]

Sauberkeit/Hygiene wurde auch zu einer zentralen Vorstellung der bürgerlichen Kultur. Dabei bestand folgendes ideologisches Konstrukt:

| **Schmutzige Menschen** | **Saubere Menschen** |
|---|---|
| faul | fleißig |
| undiszipliniert | diszipliniert |
| beachten keine Normen: | beachten Normen: |
| unmoralisch | moralisch |
| UNREIN | REIN |
| verbreitet in den unteren Schichten (manuell arbeitend, daher schwitzend, schmutzig) | verbreitet in den oberen Schichten (geistig arbeitend) |

↓

DAHER:
Schmutz = Indikator für
moralisch niedrig/sozial niedrig

↓

Wer Anspruch auf Reputation erhebt, muss SAUBER und REIN sein

Es ist diese ideologische Konstruktion, die auch heute noch als Wertsystem hinter dem Waschmittelfeld steht. Diese zentrale Idee muss daher von Waschmittelmarken berücksichtigt werden. In der Inszenierung dieser Idee lassen sich aber natürlich Unterschiede feststellen. So konnte sie in den 1970er Jahren noch relativ unverhüllt ausgesprochen werden. Sehr erfolgreich benützte das zum Beispiel Ariel, das die Figur der Clementine einführte, einer unermüdlichen Schnüfflerin und Wächterin der Sauberkeit, die einen jeweils höheren Sauberkeitsstandard gegen den normalen Sauberkeitsstandard der Hausfrau setzte.

Die Korrelation von »wirklich sauber« = »moralisch rein« + »sozial hoch« lag als Struktur allen Erzählungen zugrunde. In diesen Geschichten wurde jeweils argumentiert: Für »normale« Menschen mag »normale« Sauberkeit genügen. Wenn Ihr Mann aber in die Öffentlichkeit tritt, in einer »höheren« Funktion (als Bürgermeister, Notar, Arzt etc.), dann gebührt ihm ein höherer Typ von Sauberkeit, eine absolut makellose, fleckenlose Sauberkeit. Jeder Fleck muss beseitigt werden, jede Spur ist gnadenlos zu tilgen.

Die gnadenlose Vertilgung jeder Spur einer Befleckung ließ sich auch als Analogie zu einer religiösen Tilgung von Sünden verstehen, oder zumindest als Analogie zur Erfüllung moralischer Standards. Dies wurde auch in der Semantik des Slogans klar: »Ariel wäscht nicht nur sauber, sondern rein.«

Ebenso führte Ariel ein Bild ein, das es bis heute beibehalten hat und das exemplarisch für die Leistungs-/Fortschrittsideologie dieser Marke und des ganzen Feldes steht. Es zeigte im Bereich der Produktleistungsdemonstration zwei Felder nebeneinander: Im linken Feld sieht man ein Wäschestück, in dem sich der Schmutz langsam und unter Hinterlassen einer Spur löst, im rechten das mit Ariel behandelte Stück – der Fleck löst sich schnell und restlos. Der Text dazu sagt aus: »Ariel wäscht um die *eine Spur reiner.*«

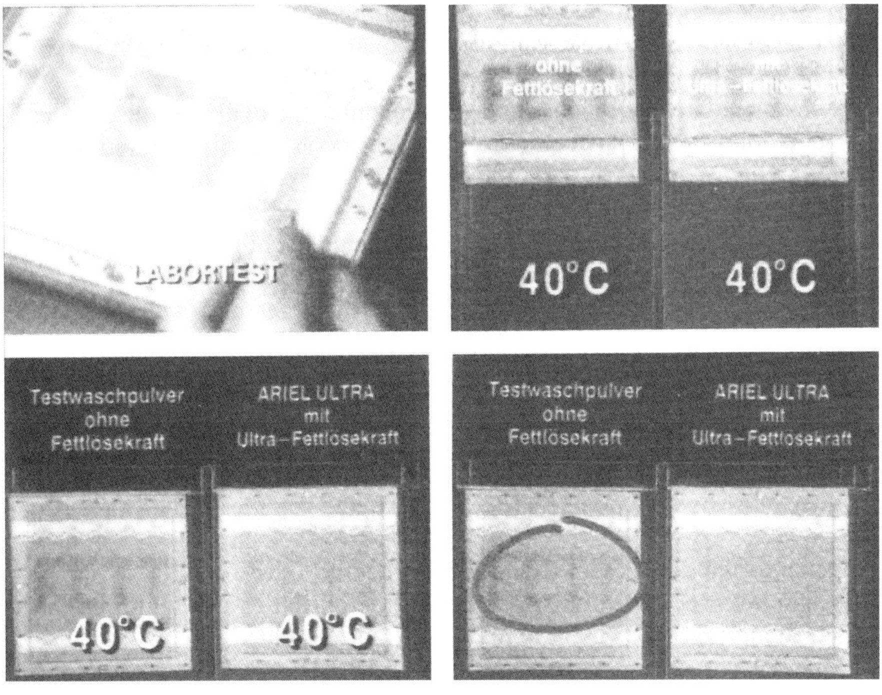

Das formuliert den Kern der Leistungsideologie: der entscheidende Sieg in einem Wettbewerb, und zwar hier als Absicherung in die Zukunft hinein – welches Mittel auch kommen mag, Ariel wäscht immer um die eine Spur reiner. Dieser *core value* der Leistung, der Überlegenheit liegt auch heute noch im Zentrum der Marke.

Derart unverhüllt, mit einer kontrollierenden Außeninstanz, die die Norm festsetzt und ihre Einhaltung erzwingt, führt Ariel seine Ideologie heute allerdings nicht mehr vor. Heute erzählen Frauen, wie sie selbst Ariel gewählt haben und *was* Ariel für sie getan hat. In den allerletzten Kampagnen wird überhaupt eine stark unterhaltende Komponente eingeführt, indem ungewöhnliche Geschichten erzählt oder originelle Personenensembles gewählt werden. Die Demonstration der instrumentellen Nutzen und deren Verknüpfung mit der Leistungs- und Fortschrittsideologie ist aber gleich geblieben.

Entsprechend der immer stärkeren Differenzierung von Feldern gab es beim ersten Erscheinen des vorliegenden Buches (1993) für Waschmittel eine Reihe von Positionen, das heißt eine Verbindung der zentralen Ideologien mit weiteren Werten:

- mit den Werten der Solidarität (Frosch – Umwelt, Umweltvarianten großer Marken),
- mit dem Wert des fühlenden Ich (Dash 3 Baby),
- mit dem Wert Natur, Frische, Pflege (Persil »Landregen«).

Dieser Befund muss heute revidiert werden. Waschmittel, die strikt auf die Position des Umweltschutzes setzen, wie das damals für das Grüne Persil oder für Marken wie Frosch oder Storch galt, sind heute nahezu vom Markt verschwunden. Das gilt auch für einfache Versprechen von Frische und Pflege, selbst der Wert des fühlenden Ich wird ansatzweise nur noch im nichtverbalen Bereich benützt – so wenn Persil in seinen Kampagnen als Schlüsselbild das Bild einer Frau bringt, die ihr Gesicht in das frisch gewaschene Wäschestück schmiegt.

Das ganze Feld orientiert sich derzeit an einer immer minutiöser durchgeführten Spezialisierung, also anhand der Leistungsdimension, die nun Lösungen für immer kleinräumigere Probleme anbietet. Es gibt Waschmittel, die beispielsweise nur für schwarze Wäsche gut sind (Fewa Black Magic) oder nur für bestimmte Textilien (Dixan Modern Textiles). Weiter gibt es Angebote unterschiedlicher Konsistenzen, die aber alle dieselbe Leistung erbringen und nur mit Zeichenfeldern verbunden sind, die ihre Position auf dem Spektrum »modern-konservativ« klar machen:

Gels, Tabs, Kompaktwaschmittel, Waschmittel in Flaschen, in Tablettenform, in Säckchen etc.

Der Erfolg von Marken des Feldes Waschmittel ist mehr denn je daran geknüpft, dass die zentrale Ideologie dieses Feldes nicht verlassen bzw. deutlich signalisiert wird. Etwas spekulativ ließe sich schließlich behaupten, dass dieses Muster »Sieg in einem Wettbewerb« noch heute am deutlichsten Marken vorführen, die aus dem amerikanischen Raum kommen.[165]

## Belehrung durch kompetente Personen

Eine weitere Überzeugungsstrategie, die in diesem Feld der Disziplinierung, der Durchsetzung gesellschaftlicher Normen eine wichtige Rolle spielt, ist die Belehrung durch kompetente Personen. Das ist ein kulturell und gesellschaftlich wichtiger und weit verbreiteter Mechanismus, der immer dann in Kraft tritt, wenn es eine Opposition zwischen wissenden und unwissenden Personen gibt und wenn davon ausgegangen wird, dass diese Opposition durch Belehrung und Wissenstransfer überbrückbar ist.

Um Einverständnis mit dem Belehrten, also dem Konsumenten, zu erzielen, muss die wissende Person mit einer Reihe von Merkmalen ausgestattet sein:

- Sachautorität auf diesem Gebiet (Wissen) und/oder
- Person mit Macht/Einfluss/Ansehen, auf deren Rat es sich zu hören lohnt;
- Betroffener, der vor einem ähnlichen Problem steht.

Hier kommen alle Regelungen und ideologischen Überzeugungen zum Tragen, die im Zusammenhang mit Leitbildstrategien wichtig sind. Wenn nicht die Position der Ähnlichkeit gewählt wird, muss die kompetente Person mit Merkmalen ausgestattet werden, die offensichtlich Einfluss/Ansehen (Macht) signalisieren und damit soziale Rangordnungen widerspiegeln. Dies geschieht über Geschlecht, Alter, Beruf, die Art zu sprechen, Kleidung, Ambiente etc. Die berüchtigte Kombination männlich – mittleres Alter – Akademiker – väterlich hat hier ihren Ursprung.

Diese Strategie der Belehrung stößt heute auf gewisse Schwierigkeiten. Sehr viele Leute wollen sich nicht belehren lassen, und ihre Definition von Autorität benützt andere, weniger einfach darzustellende Merkmale. Die in den 1970er Jahren entwickelte Kommunikationsstrategie von Persil, der Persil-Presenter, basierte bis in die späten 1980er Jahre erfolgreich auf diesem Mechanismus. Erst dann musste sie durch andere Strategien ersetzt werden. Die Presenter-Kampagne von Persil ist aber ein exzellentes Beispiel für diesen Typ der Belehrung durch kompetente Personen.

Der Persil-Presenter stellte die klassische Merkmalskombination einer Autorität der bürgerlichen Kultur dar: männlich, in mittlerem Alter, väterlich, gut gekleidet, statuarisch argumentierend. Er war völlig der Sphäre des Gebrauchs, der Funktionalität enthoben (er wusch nicht), was wir als Strategie der Wertbehauptung kennen gelernt haben. Er erklärte, argumentierte vernünftig, er drohte und schmeichelte nicht, er verkündete gewissermaßen überzeitliche Nachrichten – was auch durch die Analogie zu einem Fernsehsprecher und über den völlig neutralen Hintergrund, der gewissermaßen dem realen Leben enthoben war, signalisiert wurde.

### Die narrative Struktur

Für diese Wertsphäre der Disziplinierung und der instrumentell wirkungsvollen Eingriffe ist die narrative Struktur als ein spezieller Typ der Informationsvermittlung und Inszenierung dieser Botschaft besonders geeignet.

Wir haben diese Struktur im Kapitel über Semiotik (Teil C 2) besprochen. Noch einmal kurz rekapituliert: Eine narrative Struktur liegt vor, wenn ein Anfangszustand (= $t_1$) durch das Eintreten eines Ereignisses in einen Endzustand (= $t_2$) transformiert wird, und zwar so, dass

1. beide Zustände vergleichbar sind,
2. die Zustände temporal und kausal durch das Ereignis verknüpft sind,
3. ein wesentliches Merkmal des Zustandes $t_1$ in sein Gegenteil, in Zustand $t_2$, verändert wird.

Das Besondere an diesem narrativen Schema ist:

- Es postuliert einen negativen Ausgangszustand.
- Es geht davon aus, dass durch eine Einwirkung, durch eine instrumentelle Leistung irgendwelcher Art, durch Handeln dieser Zustand geändert werden kann – und zwar kausal und in einer temporalen Abfolge.

Genau diese Werte liegen dem bisher beschriebenen Paradigma der Leistung, des Handelns, der Ordnung, der Eingriffe in die Umwelt zugrunde, und genau deshalb eignet sich die narrative Struktur sehr gut, wenn Inhalte dieser Art vermittelt werden sollen.

Zu dieser Wertsphäre gehört auch eine spezifische Auffassung von Zeit. Zeit ist hier lineare Zeit, das Zeitbewusstsein ist auf die Zukunft gerichtet, negative Zustände können durch planvolle Eingriffe in positive verändert werden, durch Fortschritt sind immer positivere Zustände zu erzielen.

**Zusammenfassung**

Die Wertsphäre »Kultur der Disziplinierung« bildet ein Paradigma oder einen Code, in dem aus den prinzipiellen Möglichkeiten jeweils folgende selegiert werden:

*Werte:*

- Leistung
- Sieg in einem Wettbewerb
- Fortschritt
- instrumentell-technisch-wissenschaftliche Orientierung
- Disziplinierung
- Affektmodellierung
- rational-methodisches Vorgehen

*Zeitbezug:*

- lineare Zeit
- zukunftsorientiert

*Produktfelder:*

- Waschmittel, Diätkuren, Sparen, Kosmetik, Zahncreme
- alles Leistungsorientierte
- Beseitigung unangenehmer Zustände
- Eingriffe, Transformationen
- technische Produkte

*Strategie, um Einverständnis zu erzielen:*

- Appell an eine Norm
- Ordnung
- Lohn und Strafe
- Wirkung, instrumenteller Erfolg

*Zeichenhafte Vermittlung, Inszenierung:*

- narrative Struktur
- didaktische, argumentative Aufbereitung der Nachrichten
- Belehrung

## 7.3 Die Kultur des Hedonismus

Hier geht es um das genaue Gegenteil der im vorigen Abschnitt beschriebenen Werte: nicht um Leistung, Durchsetzung, nicht um Disziplinierung oder Affektmodellierung, sondern um Lust, um Genuss, um individuelles Glück; nicht um Bedürfnisaufschub, um Vorsorge, um einen längeren Zeithorizont, um Selbstverantwortung, sondern um Werte nach der Maxime: Jetzt – hier sofort, *Paradise now!*

Es geht auch nicht um Gebote oder Verbote, um das Verhältnis des Einzelnen zur Gesellschaft, um den Einfluss und die Zwänge der Gesellschaft, sondern um den einzelnen, individuellen Akteur, der narzisstisch, fast solipsistisch nach der Maxime »Die Grenzen meines Ich sind die Grenzen meiner Welt« handelt. Die Gesellschaft mit ihren Normen, Forderungen, Geboten, Verboten bleibt ausgeblendet. Was hier verkauft wird, ist nicht Funktionales, sondern Unfunktionales: *La logique du plaisir* – sich gut fühlen, sich eine Freude machen, glücklich sein.

Dieses Wertefeld erscheint relativ spät in unserer Kultur, nicht als Maxime, nach der in Lebenswelten gehandelt wurde – das war vermutlich schon lange der Fall , aber als Wertefeld, dem eine explizit legitimierende und sinnstiftende Gültigkeit zugeordnet werden kann. Die klassische bürgerliche Kultur lehnte es ab, diese Wertsphäre offen als akzeptabel anzusehen. Andererseits stellt die Anerkennung dieser hedonistischen Werte, die wohl schon immer in der privaten Lebenswelt der Gesellschaftsteilnehmer eine Rolle gespielt haben, als legitimierende und sinnstiftende Werte eine für die Entwicklung der Märkte wichtige Gegebenheit dar, ja sie bilden geradezu die zentrale Ideologie des Marktes – was ihre Kritiker ihnen auch zum Vorwurf machen.

Anders als die Werte der Disziplinierung, die in verschlüsselter und transformierter Form dargestellt werden müssen, lassen sich die Werte des Hedonismus direkt verkaufen und ganz explizit darstellen. Es ist die Tendenz zu beobachten, Produkte mit dieser Ideologie so weit und so oft wie möglich zu verbinden, auch wenn die Produkte ihrer Funktion nach damit wenig zu tun haben.

Bis auf einige Selektionsbeschränkungen, die im vorigen Punkt erwähnt worden sind, ist das auch mit einer breiten Palette von Produkten möglich:

So versprechen etwa Deos heute keine deodorierenden Wirkungen mehr, sondern hedonistisches Wohlgefühl; Haushaltsreiniger haben den Geruch der Arbeit (nach Salmiak) aufgegeben, sie duften und haben opalisierende Konsistenzen; Zahncremes für Kinder schmecken nach Kaugummi; und auch Alltagswäsche wirbt mit Materialreizen. Produktfelder, deren Funktionen eine Nähe zu dieser Wertsphäre haben, sind Süßigkeiten, Parfüm, Eis, Schokoladeriegel, schöne Wäsche, Luxusgüter etc.

Die Strategie, Einverständnis mit diesen Botschaften zu erzielen, ist der Appell an Lust, an Vergnügen, an Genuss, an Glück, an Wahrnehmungsreize, an polysensualistische Erlebnisse, auch an Witz, Kreativität, Unterhaltung. Dies ist also nicht genuin das Feld der narrativen Strukturen. Wenn solche verwendet werden, dann im Sinn einer besonders spannenden, unterhaltenden, pointierten Geschichte. Im Prinzip geht es bei diesen Produkten aber nicht darum, dass notwendigerweise in eine Umwelt eingegriffen wird, dass etwas geleistet werden, etwas Unangenehmes vermieden oder beseitigt werden muss. Sondern es geht darum, dass es reizvoll ist, etwas zu besitzen oder zu konsumieren, dass dadurch ein außerordentlich positiver Zustand erzeugt wird.

Die Codes, die verwendet werden, sind daher nicht primär verbal-argumentativ, sondern in größerem Umfang nichtverbal, oft Musik- und Bildcodes. Die Ausstattung der Produkte – Verpackung, Konstruktion, physische Merkmale – folgt diesem Code des Dekorativen, des Polysensualistischen, der gesteigerten Wahrnehmungserlebnisse: Duft, Farbe, Dekor, Glanz, Materialreize. Die bevorzugte Strategie der semiotischen Vermittlung ist ein so genanntes klassifikatorisches System: Dargestellt wird eine besonders wünschenswerte Konzeption der Welt, wobei es darauf ankommt, durch welche semantischen Merkmale dieser Bereich gekennzeichnet ist; diese Merkmale charakterisieren dann auch das Produkt und statten es mit Werten aus.[166]

Bounty, ein Kokosriegel von Master Foods, wird beispielsweise mit der Aussage beworben: »Genieß ein Stück vom Paradies!« Der Film inszeniert diese Paradiesvorstellung: Eine Südseeinsel, voll mit üppiger tropischer Vegetation, bewohnt von einem schönen jungen Mann und einem schönen jungen Mädchen, beide schauen leicht exotisch aus und sind auch so gekleidet. Zwischen dem Mädchen und dem Mann existiert offenbar eine erotische Relation. Der Riegel entsteht aus einer Kokosnuss und befindet sich in der Hand des Mädchens. In dieser Welt ereignet sich keine Aktion, nichts ändert sich von Anfang bis Ende. Außer dem Slogan, der am Schluss des Spots aus dem Off gesprochen wird, gibt es keinen Text. Dem gesamten Film ist eine sinnlich-emotionale Musik unterlegt.

Die laufende Kampagne stellt das Produkt in der Form eines Transformators dar, er verwandelt den Alltagsraum, in dem es ein junges Mädchen genießt, in den Raum der Südsee, sobald der Verzehr beginnt.[167] Es ist dies eine Welt, die sich in maximaler Opposition zum Alltag befindet, zur Arbeits- und Zivilisationswelt, zur Familie, zu möglichen Gebrauchssituationen des Riegels, und sie ist korreliert mit Exotik, Wärme, Sonne, Erotik, Sinnlichkeit, mit paradiesischem Genuss eben.

Man vergleiche dazu eine ältere Strategie von Bahlsen. Im Film »Naschen erlaubt« wurde ein Produkt der hedonistischen Welt, Kekse, mit einer Zeichenwelt gekoppelt, die der Welt der Disziplinierung entstammt: Man sah ein büroähnliches Gebäude, Angestellte, die eifrig die Kekse verzehrten, da eben durch obige Anordnung Naschen erlaubt war. Genuss war hier durch ein System von Geboten und Verboten ersetzt worden.

Das Umgekehrte ist eher möglich, da die Wertewelt des Hedonismus inzwischen eine gesteigerte sinnstiftende Kraft hat. Diese Wertewelt dringt daher auch langsam in das Feld der instrumentell orientierten Produkte ein – Wasch-und Reinigungsmittel versuchen es mit Konzeptionen dieser Art, allerdings mit wechselndem Erfolg.

Die Werte des Hedonismus sind oft an Freizeiträume gebunden, da Freizeit ja prinzipiell als der Raum gilt, der dem Raum der Arbeit oppositionell zugeordnet und daher mit folgenden semantischen Merkmalen korreliert ist:

| **Freizeit** | **Arbeit** |
|---|---|
| autonom | fremdbestimmt |
| besondere Zeit | Alltag |
| besonderer Raum | gewohnter Raum |
| Einzelperson | Gruppe |
| unfunktionale Aktivitäten | funktionale Aktivitäten |
| Konsumtion | Produktion |
| ↓ | ↓ |
| Hedonismus | Disziplinierung |

Eine besondere Nähe zu diesem hedonistischen Wertefeld haben schließlich Produkte für Jugendliche und Kinder, denn es gilt auch:

| Hedonismus | Disziplinierung |
|---|---|
| »Freizeit« | Arbeit |
| Unfunktionales | Funktionales |
| Irrationales | Rationales |
| Vergnügen | Erfolg |
| | Werte der sozialen, technisch-wissenschaftlichen Welt |
| ↓ | ↓ |
| | Kontrolle |
| | ↓ |
| Jugendliche, Kinder<br>(Kontrollierte) | Erwachsene<br>(Kontrollierende/Wissende) |

Zusammenfassend:

| | Code des Hedonismus | Code der Disziplinierung Werte |
|---|---|---|
| | Vergnügen/Lust<br>Genuss<br>individuelles Glück<br>Convenience<br>Paradise now<br>ICH<br>narzisstischer Wertumkreis | Leistung<br>Sieg in einem Wettbewerb<br>Fortschritt<br>instrumentell-technisch-wissenschaftliche Orientierung<br>Disziplinierung<br>Affektmodellierung<br>rational-methodisches Vorgehen |
| **Zeitbezug** | jetzt – hier – sofort<br>besondere Zeit<br>Stillstand der Zeit | lineare Zeit<br>zukunftsorientiert |
| **Produktfelder** | Genussmittel<br>Unfunktionales<br>Steigerung eines Zustandes | alles Leistungsorientierte, Technische<br>Beseitigung unangenehmer Zustände<br>Eingriffe/Transformationen |
| **Strategie, um Einverständnis zu erzielen** | Appell an Lust<br>Appell an Ich-Bezüge | Appell an eine gesellschaftliche Norm<br>Ordnung, Lohn und Strafe |
| **Zeichenhafte Vermittlung, Inszenierung** | Oberflächenreize<br>klassifikatorisches System<br>nichtverbale Codes | narrative Struktur<br>didaktisch-argumentative Aufbereitung von Geschichten Belehrung |

## 7.4 Die Kultur der Solidarität

Das ist die Wertsphäre, die unsere moderne Gesellschaft zuletzt entwickelt hat. Selbstverständlich haben die Werte dieser Gruppe schon vorher in den Lebenswelten der Gesellschaftsteilnehmer eine Rolle gespielt, aber erst jetzt erscheinen sie im öffentlichen Diskurs in breiterem Umfang als sinnstiftend und legitimierend, als Werte, an die man appellieren kann, um Einverständnis zu erzielen.

Ein Appell an das Umweltbewusstsein etwa wäre 1950 völlig unverständlich gewesen. In den 1990er Jahren besaß gerade diese Wertgruppe eine dominante Stellung; über diese Werte konnte vieles legitimiert werden, und sie wurde daher auch vom Markt aufgegriffen. Die nachfolgenden Ausführungen und Beispiele zeigen das Bild der Produktwelten in den 1990er Jahren. So einfach würde heute nicht mehr argumentiert werden. Zwar ist es auch heute nicht möglich, öffentlich gegen Umweltschutz zu sein, aber die Attraktivität dieses Wertfeldes, wenn es in naiver Form dargestellt wird, hat deutlich nachgelassen. Zu den Gründen und Änderungen siehe weiter unten, hier sollen die Überlegungen und Verhältnisse der 1990er Jahre dargestellt werden, die inhaltlich überholt sind, die aber zeigen, wie Produkte, die abweichendes Verhalten, neue Werte, die gegen die Werte des Zentrums gesetzt werden, agieren können. Diese Strategien sind auch heute noch gültig.

Die Werte dieser Gruppe umfassen mehrere Untergruppen, zumindest die beiden folgenden:

- Solidarität mit Umwelt, Natur, Leben im weitesten Sinn: Biophilie,
- Solidarität mit Menschen – Menschen des nahen Bereiches, aber auch unterprivilegierten Menschen, soziale Verantwortung.

Auf abstrakterer Ebene definiert, handelt es sich um Werte und Normen, die nicht das individuelle Ich und nicht die Person in ihrem Verhältnis zur Gesellschaft in den Mittelpunkt stellen, wie die beiden ersten Wertegruppen, sondern die Erfordernisse des gesamten Systems. Ebenso wird die Einhaltung dieser Normen und Werte nicht über unmittelbaren Lohn und Strafe und nicht über eine Lustmaximierung erzielt, sondern über die Anerkennung abstrakter Prinzipien, unabhängig davon, ob man selbst positive oder negative Folgen zu erwarten hat.

Für das moralische Bewusstsein werden bekanntlich mehrere Ebenen und Abfolgen postuliert:[168]

- *präkonventionell:* nur die Folgen einer Handlung, nicht die Gesinnung wird bewertet; Moral = Recht;
- *konventionell:* Befolgung festgesetzter Normen: Lohn und Strafe; interne und äußere Verhaltenskontrolle;
- *postkonventionell:* Gesinnungs- und Verantwortungsethik; Selbstverantwortung; individuelles Verhalten folgt Prinzipien, weil sie als richtig, moralisch gerechtfertigt anerkannt werden.

Diese dritte Stufe, die moralisch richtiges Handeln in die Selbstverantwortung des Einzelnen stellt, also nicht äußerlich durch Lohn und Strafe erzwingt, wird in unserer Gesellschaft als Postulat, aber auch als Lebenspraxis immer relevanter.[169] Hier setzen etwa Umweltschutz, aber auch Selbstverantwortung im Gesundheitsbereich etc. an. Im gesamten Bereich der Solidarität ist diese Stufe des postkonventionellen moralischen Bewusstseins gefordert, die auch dem Stand unseres soziokulturellen Systems entsprechen würde – eines Systems, das darauf angewiesen ist, dass immer abstraktere Werte von immer mehr Gesellschaftsteilnehmern internalisiert werden.[170]

Ebenso erweitern sich laufend die Gruppen der Menschen, denen man sich zugehörig fühlt. Über Familie, Stand, Klasse hinausgehend, wird über abstrakte Merkmale Gruppenzugehörigkeiten entwickelt, die letztlich in einer kosmopolitischen Verantwortung mündet,[171] schließlich umfassen diese Solidaritätsgruppen Lebewesen und das Insgesamt der Natur.

Der andere Ansatz ist der der Verantwortung, die in einen erweiterten Zeit- und Raumhorizont gestellt wird: Verantwortung gegenüber künftigen Generationen. Für diese Wertegruppe gibt es eine Vorprägung, nämlich die Solidarität, die den Angehörigen der Primärgruppe, der Familie, entgegengebracht wird. Familien lassen sich als Solidaritätsgemeinschaften auffassen, das heißt als Gemeinschaften, in denen Güter, Leistungen und Gegenleistungen nicht nach monetären, ökonomischen Prinzipien zirkulieren, sondern nach den Prinzipien der Fürsorge, der wechselseitigen Verpflichtung und Hilfe. Eine Mutter kann von ihrer Familie zum Beispiel nicht einen extra Geldbetrag kassieren, wenn sie am Sonntag selbst Orangensaft auspresst oder den Kindern bei den Schulaufgaben länger hilft.

Es wird immer wieder behauptet, dass die gesamte industrielle (kapitalistische) Kultur nur funktionieren kann, weil bestimmte Bereiche, so vor allem die Familie, nicht nach ökonomischem, methodisch-rationalistischem Kalkül arbeiten, sondern nach den alten Prinzipien von Solidaritätsgemeinschaften. Personen, die in speziellem Ausmaß solche Solidaritätsleistungen zu erbringen haben, sind die Frauen. Sie stellen die eigentlichen Träger dieser Solidaritätskulturen dar, die in der institutionellen Einheit der Familie verankert sind.

Hier findet sich auch die spezifische Koppelung: Die Familie als der Raum des Privaten, der dem Raum des Öffentlichen entgegengesetzt ist, beide daher mit genau oppositionellen Merkmalen:

| **Privatsphäre** | **Öffentliche Sphäre** |
|---|---|
| Familie | Wirtschaft, Politik |
| Sozialisation | Produktion |
| Gefühl | Rationalität |
| Liebe, Fürsorge, Hilfe | Leistung |
| keine Prinzipien der Arbeitswelt: | Prinzipien der Arbeitswelt: |
| Liebe = Mühe | Arbeitsteilung, Zweck-Mittel-Kalkül |
| Solidarität | Kampf |
| ↓ | ↓ |
| Frau | Mann |

Für diesen Bereich der Solidaritätswerte gibt es auf dem Markt viele Beispiele – sie stellen ganz deutlich Frauen/Mütter in diesen Rollen in den Vordergrund: Frauen, die für ihre Familien liebevoll das Essen zubereiten, sich für ihre Gesundheit verantwortlich fühlen, den Kindern Hilfe leisten etc. sehr selten werden Männer in diesen Rollen dargestellt.

Eine Marke, die ihre Wertewelt über Jahre erfolgreich aus dem Gegensatz zwischen den Werten der Privatsphäre, des Hauses, der Familie und der öffentlichen Sphäre der Berufswelt bezogen hat, ist Teekanne. In der Kampagne »Komm nach Haus« wurde Tee mit der Innenwelt des Hauses – die mit den Merkmalen Friede, Ruhe, Entspannung, Fürsorge etc. korreliert war – verbunden. Dass das als Opposition zur Sphäre der Außenwelt, der Berufswelt gemeint war, stellten die Filme dar: Eine Person – im erfolgreichsten Film ein Mann in deutlicher Berufsadjustierung (Aktentasche, Anzug) – kam jeweils nach Hause und tauchte mit dem Überschreiten der Schwelle des Hauses in diese Solidaritätsgemeinschaft der Familie ein. Der Text des Filmes, der über ein Lied vermittelt wurde, stellte diese Bedeutung noch einmal sicher: »Komm nach Haus / ruh dich aus / sieh doch alles mal ganz anders / Du kommst heim / kannst dich freun / bist zufrieden«.

Den entgegengesetzten Vorgang, das Heraustreten aus der Solidaritätswelt und das Eintreten in die Außenwelt, stellen Kampagnen dar, die

Frühstückswelten schildern: Sie sind von der Stimmung des Aktivismus, der Dynamik getragen.

Beide Strategien machen die dahinter stehende ideologische Opposition klar:

- Familie = Solidarität, Nicht-Leistung;
- Berufswelt = Kampf, Leistung.

Neben diese klassische Ausformung der Solidaritätswelt tritt heute auf dem Markt ein weiter Bereich umweltbezogener Argumentation, der sich in einigen Beispielen mit dieser alten Solidaritätskultur verbindet, die primär von Frauen getragen war – was im Übrigen für die Durchsetzung von umweltbezogenem Verhalten in Familien meist heute noch gilt.

Diese umweltbezogenen Argumentationen sind unter mehreren Aspekten interessant: Zum einen zeigen sie, dass der Markt und die Werbung keineswegs, wie oft von Kritikern behauptet wird, prinzipiell bestehende Werte und Verhältnisse stabilisieren und zementieren, sondern dass sie sehr schnell neue Wertewelten übernehmen und darstellen und damit einen wichtigen Beitrag zur Bewusstseinsbildung leisten. Der Werbung und den Vermarktungsstrategien kommen damit wichtige Funktionen zu, wenn es darum geht, abstrakte Werte und Normen in lebensweltliche Praxis zu übersetzen. So leisten Marken, die Umweltbezogenheit propagieren, ähnliches wie »Du darfst« für die Umsetzung medizinischer Erkenntnisse. Zum anderen wird an diesem Feld deutlich, in welch hohem Ausmaß die Lösung gesellschaftspolitischer Probleme heute vom Einverständnis aller Beteiligten abhängig ist – einem Einverständnis, das nur über sprachlich-zeichenhafte Vermittlung erzielt werden kann.

Umweltschutz kann und muss ordnungspolitisch geregelt werden, aber umweltbezogenes und ebenso auch soziales, solidarisches Verhalten des Einzelnen kann nicht verordnet, sondern es muss als freiwillige Leistung erbracht werden. Dabei ist klar, dass das faktisch ein relativ schwierig zu erbringendes Verhalten ist: Es fordert nicht selten Verzicht auf die Werte des Hedonismus und der Convenience, es erfordert, den hohen Verwöhnungsgrad aufzugeben, den der Einzelne gewohnt ist.

Auch in der Debatte über die Zivilgesellschaft, die kosmopolitische Gesellschaft, wie sie speziell von Beck geführt wird, könnte man die Frage stellen, ob nicht Marken/Produkte, die genau diese Ideologie transportieren, einen erheblichen Beitrag zu ihrer Durchsetzung leisten.[172] Es ist im Augenblick allerdings schwer abzuschätzen, mit welchen Zeichenfeldern und Botschaften diese Marken verbunden werden müssten, um ein Äquivalent zu den Marken des hedonistischen Bereiches zu

bilden. Die Abbildung der Packung eines Fair-Trade-Kaffees (vorhergehende Seite) zeigt, dass Marken dieser Art weit entfernt von praktikablen Lösungsvorschlägen sind.

Bei der Argumentation für diese Wertewelt im Bereich des Marktes sind zwei Anforderungen wichtig:

1. Es ist für den Einzelnen auf der Ebene der instrumentellen, sachlichen Produktmerkmale und Argumente meist völlig uneinsehbar und unkontrollierbar, ob ein Produkt im Bereich des Umweltschutzes gut, ob es sozial verantwortbar und wirklich nach biologischen Prinzipien angebaut ist oder nicht. Alle Mechanismen und Verdeutlichungsstrategien, die auf der Ebene von instrumentellen Leistungen und Leistungsvergleichen entwickelt worden sind, fallen weg: Man kann überzeugend demonstrieren, wie ein Waschmittel besser den Fleck löst als ein anderes, aber nicht, wie eines verantwortungsbewusster oder umweltbewusster ist als das andere.
2. Die Folgen von moralisch richtigen bzw. schädlichen Produktwirkungen sind für den Einzelnen meist nicht direkt zu beobachten – sie liegen weit in der Zukunft oder in anderen Räumen.

Der Einzelne muss also darauf vertrauen, dass das in der Kommunikation über das Produkt Behauptete stimmt, und zwar in noch höherem Ausmaß als bei anderen Produkten. Überspitzt ausgedrückt, geht es bei Produkten, die dieses Wertefeld des Umweltschutzes verkaufen, in ganz erheblichem Maße um die Produktion von Vertrauen. Der Code dieser Produkte ist im Wesentlichen auf die Lösung dieses Problems angelegt – sie müssen als Produkte dargestellt werden, die Vertrauen verdienen und sich mit spezifisch moralischen Qualitäten verbinden.

Die Inszenierung dieser Produkte basiert im Wesentlichen auf einer Strategie, die, wie bereits festgestellt, konstitutiv für Bedeutungsübermittlung ist: Sie erhalten ihre Bedeutung dadurch, dass sie darstellen, was sie nicht sind bzw. vorgeben, nicht zu sein (Simulation) – nämlich industrielle Produkte. Durch eine besondere Selektion und Kombination von Zeichen muss es gelingen, auf jeder Ebene eines solchen Produktes einen Gegensatz zu einem industriellen Produkt zu signalisieren.

Zunächst im Überblick:

| **Ethisch richtiges Produkt (z. B. umweltbewusstes Produkt)** | **»Industrieprodukt«** |
|---|---|
| Naturraum | Kulturraum |
| vorindustrielle Zeichenwelten: klein, einfach, »Hausmittel« | technisch-wissenschaftlich-instrumentell |
| Entdifferenzierung | Differenzierung |
| Verschmelzen | Spezialisierung |
| Bewahrung | Eingriff |
| kein Eingriff | Leistung |
| (Negieren der Gebrauchswerte) | Gebrauchswert |
| keine Leistungsinszenierung | |
| ↓ | ↓ |
| **Marke der Peripherie** | **Marke des Zentrums** |
| einfache Ästhetik | glitzernde Ästhetik |
| »hässlich« | unfunktional |
| grau | Luxus |
| moralisch ernsthaft | verführerisch |
| ↓ | ↓ |
| **Moral** | **Verführung** |
| authentische Gesinnung | Fremdbestimmung |

Beim Aufbau von Zeichenwelten sind damit zwei zentrale Probleme zu lösen:

1. Die moralischen Qualitäten dieser Produkte und Marken müssen inszeniert und beobachtbar gemacht werden.
2. Die Marke muss mit speziellen Merkmalen ausgestattet werden. Mehr noch als bei anderen Kommunikationsstrategien kommt es hier darauf an, von wem eine solche Nachricht kommt, welche Merkmale also der Sender der Nachricht hat. Überspitzt ausgedrückt: Es geht nicht um die Glaubwürdigkeit der Einzelnachricht, sondern um die Glaubwürdigkeit des Senders.

**Die Inszenierung von moralischen Qualitäten**

Die Produkte und Marken müssen so mit moralischen Qualitäten ausgestattet werden, dass Konsumenten, die diese Merkmalsausstattung schätzen, erkennen, dass ein Produkt diese Qualitäten glaubwürdig besitzt. Im Augenblick gibt es dafür zwei wichtige Strategien:

1. die Verbindung über spezielle Naturkonzeptionen,
2. die Verbindung mit den alten Solidaritätskulturen.

*ad 1. Die Inszenierung von Naturwelten mit moralischen Qualitäten*

Die Darstellung von Naturräumen, die im Gegensatz zu Zivilisationsräumen privilegierte Räume sind, ist eine häufig benützte Strategie, die auf dem Gegensatz Natur – Kultur aufbaut und für die wir schon Beispiele kennen gelernt haben. Es ist nun relativ einfach, Naturwelten mit instrumentellen oder idyllisch-hedonistischen Qualitäten darzustellen: So ist etwa die Natur bei Krombacher eine Natur, die idyllisch-hedonistische Qualitäten hat, aber auch instrumentelle Qualitäten: Sie liefert die Naturbestandteile für das Bier, nämlich das reine Wasser, aus dem dieses Bier gebraut wird. Moralische Qualitäten hingegen sind wesentlich schwieriger zu vermitteln.

Wie bereits beschrieben, besteht eine Strategie, moralische Qualitäten zu vermitteln, darin, dass das Produkt in einen erkennbaren Gegensatz zu einem industriellen Produkt gebracht wird. Für die Naturdarstellung heißt das, dass sie nicht als ausgebeutete Natur zu erscheinen hat, als Natur, die etwas Nützliches liefert, sondern als schützenswerte Natur, als Natur, der gegenüber man sich solidarisch fühlt. Was hier inszeniert werden muss, ist also Biophilie, Liebe zum Leben. Im weitesten Sinn wäre das: belebte Materie im Gegensatz zur unbelebten Materie.

Innerhalb der belebten Materie wird jedoch eine bestimmte Selektion getroffen: Gefühle der Solidarität können sich offenbar nur gegenüber Lebewesen entwickeln. Der Kreis dieser Lebewesen wird nun etwas erweitert: Er umfasst nicht bloß den Menschen, sondern die dem Menschen am nächsten stehende Gruppe von Lebewesen, nämlich die Tiere. Ein Gegensatz zwischen den idyllisch-instrumentellen und den moralischen Naturwelten ist der, dass man die ersteren primär mit Pflanzen, die letzteren dagegen mit Tieren in Verbindung bringt. Vornehmlich werden dabei nicht domestizierte Tiere gewählt. Einerseits haben Tiere ja »Menschenstatus« – so in den Darstellungen der Tiernahrung , andererseits muss ausgeblendet werden, wenn Tieren Materialstatus, etwa als Fleischlieferanten, zukommt. In diesen Naturwelten treten daher oft Tiere auf, die genuine Teile der Naturräume sind. Primär sind dies im Wasser und in Uferlandschaften lebende Tiere, und da vorzugsweise Frosch, Storch, Ente.[173]

Darstellungen dieser Art sind charakteristisch für Wasch-/Reinigungsmittel, die eine ganz neue Leistung behaupten können, nämlich dass sie genau dieses Leben bewahren.

Damit ist klar, dass kaum Gebrauchswerte dargestellt werden können. Man muss sich darauf verlassen, dass die Rezipienten diese aus ihrer Kenntnis der entwickelten Produktmärkte annehmen oder als gering erachten. Aus der Bildwelt etwa, die der Film für Frosch zeigt, kann, ohne Verankerung durch den Text, über weite Strecken nicht erschlossen werden, dass es sich um ein Geschirrspülmittel handelt. Es könnten dies ebenso gut Bilder sein, die aus Fernsehsendungen wie »Universum« stammen – was im Übrigen eine zentrale Assoziation zu diesem Spot war.

Im Folgenden die Analyse von drei Marken aus dem Bereich der Geschirrspülmittel, die zeigt, auf welche Weise in diesem Feld die drei Wertewelten inszeniert wurden und wie Marken, die ursprünglich mit den beiden älteren Wertewelten verbunden worden waren, mit der Herausforderung durch Solidaritätswerte umgingen.

Geschirrspülmittel sind insofern ein interessantes Feld, als es sich um Produkte handelt, die keine heraldischen Funktionen haben, da sie in keinem öffentlichen Kontext verwendet werden, von denen man sich keinen Prestigegewinn erhoffen kann und die sich jeder leisten kann. Für Felder dieser Art sind zwei Aspekte charakteristisch:

- Sie benützen oft elementare Klassifikationsmuster/Modelle, durch die sich eine Kultur strukturiert, so zum Beispiel »endogam – exogam« oder »Zentrum – Peripherie«.
- Die einzelnen Elemente, Marken dieser Felder bieten hochrangige kulturelle Werte an. Dafür ist allerdings ein beträchtlicher semiotischer Aufwand nötig.

Für unser Feld: Die grundlegenden Funktionen, die Handgeschirrspülmittel haben, sind hygienische Funktionen. Es sind Produkte, die an einer Grenze operieren, der Grenze, die Nahrung von Nicht-Nahrung scheidet, wo Genießbares zu Ungenießbarem wird. Diese Grenze wird durch das Spülbecken markiert: Derselbe Essensrest, der auf dem Tisch noch genießbar gewesen wäre, wird Abfall, ungenießbar, sobald der Teller in das Spülbecken gestellt wird. Dort beginnt der »Verwesungsprozess«. Der Kontakt mit Spülwasser, speziell mit fettigem Spülwasser (Fett ist in diesem Zusammenhang eine besonders unappetitliche Kategorie), ist daher ein eigentlich befleckender Kontakt, der der jeweils subdominanten Person im Haushalt vorbehalten ist. Abwaschen wird daher auch als Frauensache betrachtet, fast alle Männer scheuen den körperlichen Kontakt mit Spülwasser.

Geschirrspülmittel agieren nun in diesem Bereich, und ihre Basisfunktion ist es, dieses Fett gründlich zu lösen, aggressiv gegen die unappetitlichen Reste vorzugehen, die Objekte (das Geschirr) wieder frisch, hygienisch, appetitlich zu machen.

Die Marke, um deren Neupositionierung es in diesem konkreten Fall ging (Pril), war genau mit diesem Wertefeld korreliert: hoher Gebrauchswert, fettlösend, stark, ausgiebig. Pril war viele Jahre die führende Marke dieses Feldes. Die Werbung hatte sich auf die Darstellung von Bergen von Geschirr, Abwasch, tüchtigen Hausfrauen konzentriert. Allmählich aber wurden im sozialen Umfeld andere Werte wichtig. Zunächst war es »die Sorge um sich«, die Höherstellung der Rechte des Individuums gegenüber Sachzwängen. Für Geschirrspülmittel bedeutete das eine höhere Relevanz des Wertes der Handschonung. Das wurde konsequent von Palmolive ausgenützt. Diese Marke verzichtete in der Werbung auf die Darstellung des eigentlichen Geschirrspülvorganges und setzte das Geschirrspülmittel mit einem Handpflegemittel gleich, das in einem Kosmetiksalon zur Maniküre verwendet wurde.

Beide Marken, Pril und Palmolive, waren alte, sehr bekannte Marken. In einer letzten Phase schließlich wurden im sozialen Umfeld Umweltwerte wichtig. Die Marke, die diese Werte erfolgreich besetzte, war Frosch. In ihrer Werbung kam weder Geschirr vor, noch wurde vom Vorgang des

Geschirrwaschens gesprochen, man sah vielmehr einen klaren Bach und einen Frosch. Die Marke Frosch wurde mit einem Objekt gleichgesetzt, das dem Raum der Natur entstammte (»Wir haben uns die Natur zum Vorbild genommen«) und das aufgrund seiner vom Film behaupteten ökologischen Qualitäten einen ungestörten Lebensraum für Tiere garantierte. Das alles zwang die Marke Pril zum Reagieren. Welches Feld oder welche Wertewelt war hier noch frei?

Rekonstruieren wir den Prozess zunächst anhand der Wertedynamik in unserer Gesellschaft und der Funktionen, die die Marken dadurch jeweils für ihre Benutzer hatten.

| | | |
|---|---|---|
| *Phase 1* | | |
| | **Geschirrspülmittel = Kraft** | |
| | aggressiv gegen Fett | aggressiv gegen den Benutzer |
| Norm 1 | Sachzwänge müssen erfüllt werden | Die Rechte der Person (Person = Frau, Frau = Hausfrau) müssen zurückstehen |
| | *Pril* | Dass Hände durch das Spülen indizieren, dass die Person subdominant ist, muss hingenommen werden |
| *Phase 2* | | |
| | | Die Person steht im Vordergrund |
| Norm 2 | | |
| | | Was immer die Sachzwänge fordern |
| | | ↓ |
| | | Handschonung *Palmolive* |
| *Phase 3* | | |
| | Geschirrspülmittel | |
| sind aggressiv gegen Fett | sind aggressiv gegen den Benutzer | sind aggressiv gegen die Umwelt |
| | | ↓ |

| | |
|---|---|
| Norm 3 | Die Umwelt und alles Leben müssen geschützt werden<br>↓<br>Frosch |

Damit ergab sich gleichzeitig eine Abfolge:

| | **Fettlösung** ➤ | **Handschonung** ➤ | **Umweltschonung** |
|---|---|---|---|
| | instrumentelle Funktion | soziale Funktion<br>gepflegte Person<br>hedonistische Werte | normative Funktion<br>gutes Gewissen |
| Damit gewählter Inklusionscode (Gruppe, Wertewelt, zu der sich der Benutzer zugehörig fühlen kann): | gute Hausfrau | gepflegte Frau<br>Ansehen in der Gesellschaft | moralische, gute Person<br>alles, was zu der schützenswerten Natur gehört (Tiere und Menschen) |

Dem entspricht eine Abfolge in der zeichenhaften Vermittlung, die sich von der Darstellung der Gebrauchssituation, der Gebrauchswerte, also einer referentiell mimetischen Strategie stufenweise zu einer Darstellung steigerte, in der diese Gebrauchssituation getilgt war, also eine Bewegung von einem realistischen Kontext zu einer Dekontextualisierung, ein für viele zeichenhafte Vermittlungssysteme üblicher Weg:

| **Fettlösung** ➤ | **Handschonung** ➤ | **Umweltschonung** |
|---|---|---|
| Geschirrwaschen wird dargestellt. | Vom Geschirrwaschen wird gesprochen, dargestellt wird Handpflege | Geschirrwaschen wird weder dargestellt, noch wird davon gesprochen. Gezeigt wird eine reine, unberührte, »sakrale« Natur, die man durch diese Marke erhält. |

Die Abfolge, in der die Nachrichten vermittelt werden, enthält gleichzeitig die Abfolge von einem einfachen zu einem elitären Stil (siehe D 6.11). Pril musste also reagieren.

Die nahe liegendste Möglichkeit wäre gewesen, die Marke mit Umweltschonung zu verbinden. Das stellte sich jedoch als nicht ganz einfach heraus, denn es zeigte sich, dass das ganze Feld auch durch die Opposition Zentrum – Peripherie strukturiert war: Die Marken Pril und Palmolive repräsentierten Marken des Zentrums, die zentrale Werte unserer Industriekultur verkörperten: Leistung/Sachzwänge einerseits, Ego-Konzentration andererseits – Werte, die die Peripherie, die »Natur« bedrohten. Konsequenterweise war eine Marke, die neu war und die signalisierte, dass sie aus diesem Raum der Peripherie kam, glaubhafter. Es ergab sich daher folgende Konstellation:

| **Peripherie** | **gegen** | **Zentrum** |
|---|---|---|
| Natur | | bedroht die Natur |
| nicht Leistung | | Leistung |
| nicht Ego | | Ego |
| jung | | alt |
| alternativ | | mächtig |
| neu | | konservativ |
| ↓ | | |
| Distinktion durch Moral, normativ Richtiges | | |

Ähnliches findet sich in vielen Produktfeldern, wir haben bereits ein Beispiel aus dem Bereich der Ernährung besprochen.

Die Lösung für Pril war ein Mediator, also ein Agent, dem es gelingt, bisher unversöhnliche Felder zu verbinden, der eine Grenze überschreitet und zwischen zwei Bereichen vermittelt. Pril mild wurde mit pflanzlichen Wirkstoffen ausgestattet und mit einer Kommunikation verbunden, die die Marke jeweils an der Grenze zwischen Kultur und Natur zeigte (siehe Tabelle auf der folgenden Seite).

Es sei jedoch noch einmal auf eine prinzipielle Schwierigkeit der Produkte dieser Wertewelt der Solidarität hingewiesen, die ihre Akzeptanz einschränkt: Sie werden oft mit einem Leistungsdefizit verbunden. Das mag faktische Ursachen haben – Umweltschutz kann teilweise nur mit einer Reduktion der instrumentell-technischen Ebene erkauft werden ,ist aber auch in der prinzipiellen Kommunikationsstrategie begründet. Der Code der Solidarität lebt von dieser Opposition zum Code der Leistung, da er eben Peripherie gegen Zentrum setzt, und er kann von diesem Ansatz aus auch nicht Leistungsüberlegenheit inszenieren.

| | | |
|---|---|---|
| Peripherie | | Zentrum |
| Natur | Pril | Leistung |

erzielt seine Leistung durch

**≺≺ pflanzliche Wirkstoffe ≻≺**

Darstellung in der Werbung:

| | | |
|---|---|---|
| in der Natur offen zur Natur | Haus | geöffnet zu Gesellschaft/ Gäste |

bewohnt von
Mutter
Kind
Tier

Ähnliches, wenn auch nicht so krass, gilt für bestimmte Einschränkungen auf der Ebene der Ästhetik, des Designs. Auch hier impliziert der Code der Solidarität eine Opposition zu der glitzernden Oberflächenästhetik der Industriekultur, was sich auf eine noch ältere ideologische Konstruktion stützt: dass »bürgerliche Moral« ernsthaft, »grau«, nüchtern erscheint gegenüber der »adeligen Unmoral«, die glänzend und prunkvoll ist. Zentrale Produkte dieser Solidaritätskultur müssen also eigentlich »hässlich«, einfach, »grau«, asketisch sein. Genau das macht sie über den Kohärenzgedanken zu vollgültigen und glaubwürdigen Mitgliedern dieser Produktklassen. So trat etwa Frosch bewusst einfach, »hässlich« im Packungsdesign auf. Ähnliches gilt für das oben gebrachte Beispiel des Fair-Trade-Kaffees.

Besonders wichtig ist dieser Gesichtspunkt bei Produkten, die in sozialen Kontexten eingesetzt werden. Ein interessantes Beispiel sind WC-Papiere. Bei dieser Produktgattung wurden schon relativ früh umweltfreundliche Varianten angeboten, die man nur schwach durch mediale Werbung unterstützte. Ihr Erfolg hing daher, abgesehen von anderen Marketinginstrumenten, stark von der zeichenhaften Ausstattung von Produkt und Packung ab.[174]

Im Prinzip war es möglich, durchaus umweltfreundliche Produkte als weißes WC-Papier anzubieten und nur im Packungstext auf die Umweltfreundlichkeit hinzuweisen. Vor allem große, bekannte Marken wählten am Beginn diese Strategie. Als sehr viel erfolgreicher erwies es sich jedoch, das Produkt unter einem neuen Markennamen einzuführen und genau diese Strategie der Ästhetik, der Hässlichkeit für das Papier zu wählen.

Eine solche Strategie verfolgte die Marke Danke. Das Papier war erkennbar grau (was eigentlich dem zentralen Gedanken der Produktgattung, der Hygiene, zuwiderläuft), und wurde in einer ganz einfachen, anspruchslosen Packung angeboten. Das Entscheidende aber war, dass jedes Blatt einen Stempel mit dem Text »Aus 100% Altpapier« trug (wozu natürlich wieder Farbe, also etwas Chemisches, verwendet werden musste). Es war aber genau dieser Stempel, der wichtig war für die Akzeptanz – vor allem dann, wenn das Papier in öffentlich zugänglichen Räumen eingesetzt wurde, so in Büros, Hotels etc., was zunehmend üblich wurde, denn das Papier ließ auf die moralisch gute Gesinnung der Ausstatter schließen. Ohne den Stempel wäre es einfach ein unhygienisch anmutendes Stück Papier gewesen, ohne die graue Farbe völlig ohne Signalwert für die Gesinnung.

Sehr viel schwerer hatten es dagegen die grauen Taschentücher, die man viel widerwilliger benützte, da sie eben näher an sensible Teile des Körpers kamen und noch viel stärker mit der Idee der Hygiene verknüpft waren.

Überhaupt zeigt sich, dass diese Designposition des Hässlichen und bewusst Abweichenden an Grenzen stößt – sowohl bei Produktgattungen als auch bei Konsumentengruppen. So existiert sie fast nicht bei Kleidung und nur unter bestimmten Einschränkungen bei Kosmetik – offenbar also dort nicht, wo die Ansprüche des Ich sehr hoch sind.

Beispielsweise stellt das Body-Shop-Konzept eine geglückte Verbindung zwischen dem Solidaritätscode und einer farbigen, polysensualistischen, von Materialreizen lebenden Ästhetik dar. Body Shop verkauft Kosmetikprodukte, die in das Zentrum ihrer Kommunikation die Aussage stellen, dass sie ohne Tierversuche gewonnen worden seien. Die Produkte werden in eigenen Geschäften verkauft, die den Eindruck des Informellen, Jungen, bewusst nicht Industriellen machen, die informelle, nicht disziplinierte Einkaufsakte vorsehen und einer Ästhetik des Farbigen, Polysensualistischen folgen.

### *ad 2. Moralische Qualitäten durch die Verbindung mit dem alten Solidaritätscode*

Wie schon ausgeführt, sind die alten Solidaritätskulturen an die Welt der Familie und hier wiederum an die Frau, speziell in ihrer Rolle als Mutter und Sozialisationsagentin, gebunden. Diese Wertewelt verbindet sich daher gut mit der neuen Wertewelt der Solidarität – sie ruft die spezifisch moralischen Qualitäten dieser Welt, der Familie, der mütterlichen Fürsorge, auf und kann sie gleichzeitig mit der Gefühlskultur dieses Bereiches verknüpfen.

Eine solche Strategie wählte zum Beispiel der Weichspüler Lenor. Weichspüler stellten hinsichtlich des Umweltschutzgedankens eine als problematisch erlebte Produktgattung dar, deren ursprünglich instrumentelle Werte, die etwas hedonistisch Unfunktionales versprachen (Weichheit und Duft), an Attraktivität verloren hatten. Weichspüler mussten also dem Rezipienten ihre umweltbezogene Unbedenklichkeit versichern, was primär über den Hinweis auf die biologische Abbaubarkeit ihrer Bestandteile erfolgte.

Lenor wählte als Zeichenwelt, die mit dieser Behauptung verbunden wurde, das Bild einer Mutter mit ihrem Baby, die – gleichsam isoliert von der Welt, ganz aufeinander bezogen – in einer idyllisch-stimmungsvollen Situation gezeigt wurden: umhüllt von weißen Schleiern, in einer Welt, die weich, weiß, friedlich war und erfüllt von Gefühl, Fürsorge, Zuwendung. Die Mutter argumentierte aus der Position des fühlenden Ich, des autonomen Individuums, sinngemäß: »Ich hätte nie gedacht, dass ich wieder Weichspüler nehmen würde. Aber seit es Lenor mit den abbaubaren Bestandteilen gibt …«

### Zur semiotisch-zeichenhaften Vermittlung der Wertewelt der Solidarität

Anders als bei den beiden anderen Wertewelten lassen sich keine Vermittlungsstrategien angeben, zu denen besondere Nähe besteht, etwa wie bei der Nähe der narrativen Struktur zur Wertewelt der Disziplinierung/Leistung. Das Spezifische besteht darin, dass signalisiert werden muss, dass dieses Produkt etwas nicht ist: nicht ein Angehöriger der Wertewelt der Disziplinierung, nicht ein Angehöriger der Wertewelt des Hedonismus, nicht leistungs/gebrauchswertorientiert.

Das bedeutet in vielen Fällen ein Verlassen der trivialen Ebene des Sagens, Zeigens, Gebrauchens – und damit das Benützen elitärer Codes (siehe D 6.11).

Charakteristisch für den Umgang mit Zeit ist hier, dass auf zyklisches Zeitbewusstsein angespielt wird, dass naturhaft organisierte Zeitabläufe dargestellt werden. Als Zeitorientierung erscheint die Erhaltung eines gegenwärtigen Zustandes oder die Orientierung an einem langfristig vorgegebenen Zukunftshorizont.

## Zusammenfassung aller drei Wertsphären/Codes

| | **Solidarität** | **Hedonismus** | **Disziplinierung** |
|---|---|---|---|
| **Werte** | Moralität<br>Erhaltung<br>Schutz | Vergnügen<br>Genuss<br>individuelles Glück | Leistung<br>Sieg in einem Wettbewerb |
| | Fürsorge<br>Ausblenden der instrumentellen Werte | Paradise now | instrumentell-tech nisch-wissenschaftliche Orientierung<br>Affektmodellierung rational-methodisches Vorgehen |
| **Zeitbezug** | weitere Zukunft<br>zyklische Zeit | jetzt – hier – sofort | lineare Zeit<br>Zukunftsorientierung Fortschritt |
| **Produktfelder** | alle, außer hedonistisch Orientierte | Genussmittel<br>Unfunktionales<br>Steigerung eines Zustandes | alles Leistungsorientierte<br>Beseitigung unangenehmer Zustände Eingriffe/ Transformation |
| **Strategie, Einverständnis zu erzielen** | Appell an einen moralischen Wert | Appell an Lust | Appell an eine gesellschaftliche Norm |
| | Darstellung moralischer Qualitäten (postkonventionelles moralisches Bewusstsein) | | Ordnung<br>Lohn und Strafe (konventionelles moralisches Bewusstsein) |
| **Zeichenhafte Vermittlung, Ästhetik** | Zeichen, die auf Zeichen verweisen | Oberflächenreize | Narrative Struktur |
| | Tilgen der Gebrauchswerte = Tilgen der Darstellungsfunktion | klassifikatorisches System | Belehrung |
| | Ästhetik des »Grauen« | | Didaktik |

## 7.5 Das ideale Produkt

Wir haben eine Reihe von Werten kennen gelernt, die sich mit Produkten verbinden können. Und wir haben auch gesehen, dass nicht alle Werte mit allen Produktgattungen verbunden werden können und dass bestimmte Wertfelder bestimmte Inszenierungen verlangen. Diese Gegebenheiten können noch näher ausgewertet werden.

Zunächst einmal lässt sich als Prämisse voraussetzen, dass es bestimmte Werte gibt, die geglaubt werden müssen, damit sich überhaupt eine Marktdynamik entwickeln kann. Daraus lässt sich folgern, dass erfolgreiche Produkte gut daran tun, diese Merkmale und Werte zu betonen und zu propagieren. Es gilt wie immer: Wer die zentrale Ideologie eines Feldes transportiert, wird zum Prototyp und beansprucht Superiorität.

Diese für alle Produkte wichtigen Werte entstammen zunächst einer Gruppe von Werten, die insgesamt für das Subsystem Wirtschaft zentral sind – werden sie nicht mehr als sinnvoll, handlungsleitend, legitimierend betrachtet, ist diesem System die Basis entzogen. Diese Werte sind:

- exzellente Leistung: Überlegenheit in einem Wettbewerb;
- spezialisierte Leistung, differenzierte Leistung;
- Besondere Behandlung der Zeit: Zeit als Wert,
  - Wandel als Wert: Innovation,
  - Wandel als Wert: Tempo,
  - Wandel als Wert: Mode;
- Convenience: Einsparung von Zeit, Arbeit, Kraft, Denken;
- Demokratisierung des Konsums, Demokratisierung durch Konsum;
- Distinktionsgewinn durch die Art und den Umfang des Konsums;
- Individualisierung durch die Art und den Umfang des Konsums;
- Partizipation an einem »guten Leben« durch Art und Umfang des Konsums;
- Lebensgefühle, Erlebnisse durch Konsum.

Es handelt sich dabei, wie in den vorhergehenden Kapiteln ausgeführt, um Wertorientierungen, die nicht nur für den Konsumbereich, sondern für weite Bereiche unserer Gesellschaft relevant sind und die zentral unser ökonomisches System tragen.

Viele Märkte hätten sich gar nicht entwickelt, wenn nicht der Glaube herrschte, dass das Neue prinzipiell besser ist als das Alte; dass es eine Entwicklung hin zu immer positiveren Systemzuständen, dass es Fortschritt geben kann, sobald autonome und planende Individuen sich darum bemühen; dass Mängel durch Wissenschaft und Technik behoben werden können; dass spezialisierte Arbeitsteilung Erfolg bringt; dass der Markt egalisierende Tendenzen verfolgt, sodass jeder, der Geld hat, an ihm partizipieren kann und damit die Güter erhält, die früher nur Eliten zugänglich waren; dass Zeit ein wichtiger Wert ist und genau verplant werden muss; dass Bequemlichkeit und Bedient-Werden wichtige Werte sind.

Auf vielen Märkten (wenn auch nicht auf allen) entsteht die Marktdynamik immer noch aus genau diesen Werten:

- überlegene Produktleistung,
- spezialisierte Produktleistung,
- Innovation,
- Tempo,
- Mode,
- Convenience,
- Demokratisierung des Konsums (»Luxus im Alltag«),
- Distinktionsgewinn,
- Lebensgefühl, subjektives Wohlgefühl.

Dazu kommen all die Entwicklungen, die sich aus der Durchsetzung der Werte Ästhetik und Ethik in Alltagskulturen ergeben.

Analysiert man nun die Zeichenwelten, die benützt werden, um diese Werte zu vermitteln, dann wird deutlich, dass es spezifische Zeichenwelten sind, die Kulturideale inszenieren: die sakrale Natur, die Jugend, die Verschmelzung mit einem Lebewesen, die Frische, die narzisstische Selbstbespiegelung, das männlich-einfache Leben, die Fürsorge des Hauses, die paradiesische Entgrenzung der Freizeit. Bemerkenswert ist, dass viele dieser Zeichenwelten überhaupt keine realen Entsprechungen haben – und dass wir das sehr gut wissen. Wir sehen es aber gern, wir hätten gern, dass es so ist, es markiert unsere Konzeptionen des Wünschenswerten.

Werbung übernimmt solcherart eine ganz spezifische Funktion, die sich mit der Funktion der Mythenbildung vergleichen lässt. Sie hebt Produkte aus der Sphäre der Gebrauchswerte heraus und stattet sie so aus, dass sie signalisieren: Jede Spur eines Massenproduktes ist getilgt – das hier ist ein ganz individuelles Produkt. In diesem Prozess der Individualisierung werden, je nach Produktgattung, weitere Mythen benützt und verstärkt:

| Jede Spur eines industriellen Eingriffs ist getilgt – es ist Natur | | | Technik und Wissen schaft haben einen Fortschritt erzielt/ unangenehme Konsequenzen eliminiert | |
|---|---|---|---|---|
| ewige Natur der Ursprungsmythos | Frische Jugend paradiesisch-hedonistische Natur | wirksame Natur Wirkstoffe der Natur | *cheating the system* | die mangelhafte Natur wird durch eine bessere ersetzt |

Produkte ermöglichen das Teilhaben am geglückten Leben

| | | | |
|---|---|---|---|
| Glück<br>Liebe<br>Gesundheit<br>Genuss<br>Erfolg | Gemeinschaft | Identität | Distinktion |

Offensichtlich sind das Werte, die einander teilweise ausschließen, die aber dennoch nebeneinander existieren und gewählt werden können – freedom of choice gilt für uns eben auch auf der Ebene der Werte. Überspitzt formuliert, lässt sich behaupten, dass Produkte damit die Ideologien dokumentieren, die unsere Konsumkultur tragen (Leistung, Innovation, Demokratisierung) und gleichzeitig ihre negativen Aspekte negieren, indem sie alles tilgen, was auf industrielle Produktionsmechanismen, Masse, Disziplinierungszwang hindeutet: die veritable Leistung eines Mythos also.

Gerhard Schulze hat in seinem Buch »Die beste aller Welten« die These vertreten, dass unsere gegenwärtige Konzeption von Produkten an ihre Grenze stößt und eine Änderung in den Konsummotivationen stattfinden könnte. Er setzt dabei das Steigerungsspiel dem Spiel der Ankunft und der Begegnung gegenüber, dem Mehr-Können das Mehr-Sein. Unsere bisherige Konzeption – wir müssen mehr können, alles muss schneller, schöner, wirksamer, perfekter werden, wir können an keinem Punkt anhalten, sondern müssen jeden erreichten Zustand sofort durch einen neueren und besseren ersetzen , meint Schulze, komme dadurch an ihre Grenzen, als manche Produkte einfach nicht mehr zu verbessern oder mit Innovationen zu versehen sind und auch, dass die Freude, solche Produkte zu besitzen, immer mehr abnimmt. Die Frage »Wozu ist das alles gut?« wird am Markt tatsächlich derzeit immer häufiger gestellt.

Schulze geht nicht davon aus, dass das Steigerungsspiel an sich zu einem Ende kommen wird, letztlich trägt es unsere Gesellschaft. Es könnte aber sein, dass sich daneben andere Bedürfnisse entwickeln, andere Konzeptionen des Wünschenswerten, die weit mehr darauf beruhen, sich in dem einmal Erreichten einzurichten, etwas zu genießen, von etwas erfüllt zu sein, innezuhalten etc.

Damit würden ganz andere Funktionen und Nutzen von Produkten in den Vordergrund rücken, und es könnte sein, dass diese neue Ebene von Wünschen nicht mehr von Objekten und Sachen erfüllt werden könnte. Es scheint tatsächlich so zu sein, dass viele Menschen heute das Gefühl haben, von allzu vielen Sachen umstellt zu sein – Sachen, die laufend ihre Aufmerksamkeit beanspruchen, sei es, dass man sich zwischen ihnen entscheiden oder dass man sie bedienen soll (was den eminenten Wunsch nach Benutzerfreundlichkeit erklärt). Sachen auch, die sich auf andere Sachen beziehen, sodass am Ende das Auto herauskommt, das sich selber steuert, während der Fahrer die Zeitung liest. Es ist noch nicht abzusehen, wie die Produktkultur damit umgehen wird. Sicher ist, dass diese Entwicklung bereits im Bereich der touristischen und gesundheitsbezogenen Angebote eine große Rolle spielt, ebenso in den Angeboten der Medien und in den Distinktionsbestrebungen elitärer Gruppen.

Was aber würde geschehen, wenn sich Menschen nicht mehr einen neuen Geländewagen kaufen, weil er ihnen das Gefühl vermittelt, damit an einem naturhaften, zwangfreien, ursprünglichen Leben teilzuhaben, sondern statt dessen wirklich in den Wald gehen und die Natur beobachten?

Dann müssten wir uns dazu eine andere Kultur denken, denn »cultures come in packages«, wie es Mary Douglas ausdrückt.

# 8 Analysebeispiele

## *Du darfst, Dany + Sahne, Obstgarten, Schlankerl*

Die folgenden Beispiele sollen darauf aufmerksam machen, in welch komplexe Zusammenhänge Produkte in der Realität verflochten sind, und gleichzeitig zeigen, dass mit dem gewählten Analyserahmen Bedeutungen sichtbar gemacht werden, die in der Folge zu einer präziseren Steuerung des Vorgehens benützt werden können.

»Du darfst« ist ein kalorienreduziertes Streichfett von Unilever, Dany + Sahne und Obstgarten sind Fertigdesserts/Quarkcremes von Gervais/Danone, Schlankerl, das Beispiel des Jahres 2003, ist eine fettreduzierte Linie von Wurstprodukten, später auch von Milchprodukten, die Stoffe enthalten, die Fett im Körper abbauen. Diese Auswahl der Produkte mag zunächst ungewöhnlich erscheinen. Der Zusammenhang ergibt sich daraus, dass bei ihnen die Anwesenheit und die Abwesenheit von Fett eine Rolle spielen und dass sie Bedeutungen zum Ausdruck bringen, die mit der Stellung und Bedeutung von Fett in unserer Kultur korreliert sind, zunächst mit Fett im Bereich des kulinarischen Codes, aber auch mit darüber hinausgehenden Zeichenwerten von Fett.

An einem bestimmten historischen Punkt, in den 1970er Jahren, setzen in unserer Gesellschaft zwei Entwicklungen parallel ein:

- Diätbestrebungen: Das Bedürfnis nach Kalorienreduktion bedeutet im Wesentlichen eine Eliminierung von Fett und Zucker.
- Andere Körperideale, vor allem für Frauen: Frauen, die nun in Medien als besonders reizvoll herausgestellt werden, sind deutlich weniger fett/mollig.

Die Entwicklung lässt sich im Bereich aller westlichen Industrieländer beobachten, und mehrere internationale Nahrungsmittelkonzerne reagieren darauf. Unilever entwickelte bereits Ende der 1970er Jahre ein kalorienreduziertes Streichfett und führte es mit Erfolg in mehreren europäischen Ländern unter verschiedenen Namen und Konzepten ein. Wir begannen Anfang der 1980er Jahre mit Tests auf dem österreichischen Markt und begleiteten die Entwicklung dieses Produktes über Grundlagenuntersuchungen hinsichtlich der generellen Probleme der Ernährung, der Namens-, Packungs-, Range- und Konzeptentwicklung bis hin zu seiner endgültigen und sehr erfolgreichen Durchsetzung 1989.

Auffällig an dieser Entwicklung war, dass sich die positive Einstellung zu gesunder und vor allem zu fettreduzierter Ernährung in Österreich wesentlich später durchsetzte als in anderen Ländern, etwa auch in Deutschland. Unsere Daten zeigten, dass dies auf eine Besonderheit des österreichischen kulinarischen Codes zurückzuführen war, dass aber schließlich doch auch soziokulturelle Gemeinsamkeiten mit anderen westlichen Ländern ausgenützt werden konnten.

Zunächst zum *kulinarischen Code*. Wir haben bereits ausgeführt, dass eine Vielzahl von materiellen Objekten in einer Kultur als Zeichenträger fungieren kann, so auch Nahrungsmittel. Auch diese sind im Sinn einer Sprache geordnet und daher in der Lage, Bedeutungen zu übermitteln, die den sozialen und subjektiven Gebrauch von Nahrungsmitteln, deren Wertschätzung, die Formen ihrer Präsentation etc. regeln.[175]

In diesen Klassifikationen kommen eine Reihe alter ideologischer Ordnungsmuster zum Tragen. Eine wichtige Opposition dieses Feldes ist die zwischen fleischlicher und pflanzlicher Nahrung: Es macht einen eminenten Unterschied, ob eine Speise Fleisch enthält oder nicht. (Beispiel: Man ist eingeladen, und als Hauptgericht gibt es Kartoffeln und Gemüse.) Dieser objektive Unterschied ist aber mit Bedeutungen korreliert, die deutlich einen Gegensatz zwischen verschiedenen Klassifikationen und Werten zum Ausdruck bringen: männlich – weiblich, Zentrum – Peripherie, oben – unten.

| **Fleisch** | **Nicht-Fleisch, Pflanzen** |
|---|---|
| Stärke | Sättigung |
| Aggression | Friede |
| Zentralität | Peripherie |
| Zentrum des Tellers | Beilage |
| Zentrum des Menüs | Vor-, Nachspeise |
| mit dem Messer zu zerschneiden | ohne Messer zu essen |
| mit den Zähnen beißen | leicht aneigenbar |
| Zentrum | Peripherie |
| offizielle Essen sind mit Fleisch | Abweichende Gruppen sind Vegetarier: |
| Sonntagsessen sind mit Fleisch | »Wandervögel«, Künstler, »die Müsliszene«, Alternative |
| Gast-/Eliteessen | Wochentagsessen |
| Männer essen mehr Fleisch, bekommen mehr Fleisch, behandeln Fleisch (grillen, tranchieren) | Mutter-und-Kind-Essen, wenn der Vater nicht da ist |

| | |
|---|---|
| Mann | Frau |
| oben | unten |
| Zentrum | Peripherie |

Dass diese Bedeutung durchaus bewusst gemacht werden kann, zeigte sich in einer repräsentativ-quantitativen Untersuchung, in der wir Nahrungsmittel mit Begriffen verbinden ließen.

| | Fleisch | Gemüse |
|---|---|---|
| Das gibt Kraft | 544 | 311 |
| Das verbinde ich mit Genuss | 406 | 98 |
| Das ist etwas, dem ich schwer widerstehen kann, das muss ich von Zeit zu Zeit haben | 275 | 112 |
| Das ist gesund | 124 | 747 |
| Das verbinde ich mit »männlich« | 464 | 58 |
| Das verbinde ich mit »weiblich« | 31 | 134 |

Quelle: Österreichisches Gallup-Institut, Institut für Motivforschung, Basis: Repräsentativuntersuchung, n = 2000

In jüngster Zeit, übrigens parallel zur Entwicklung der Geschlechterrollen, der Zunahme des Wunsches, nicht aggressiv gegen seinen eigenen Körper zu sein, wächst die Wertschätzung pflanzlicher Nahrung.

Zwischen diesen beiden oppositionell angeordneten Nahrungsmitteln steht als Kategorie das Fett. Fett besitzt eine Reihe von Bedeutungen:

- Es ist ein Mediator, ein Vermittler – es verbindet die Ess-Bestandteile auf dem Teller.
- Fett ist objektiv ein exzellenter Geschmacks- und Aromaträger, und es ist auch subjektiv mit der Bedeutung Genuss/Geschmack verbunden.
- Die österreichische Küche ist immer noch zu großen Teilen den süddeutschen Mehl-/Schmalzküchen zuzurechnen. Das heißt, viele traditionelle Gerichte der Volksküche basieren auf Mehl-Fett-Kombinationen. Fett hat daher auch etwas von einer Überlebensküche an sich – man »braucht es« (im Gegensatz zu den norddeutschen Gemüse-/Fleisch-/Suppen-/Eintopfküchen).

- Fett verbindet sich seinerseits mit einer Reihe weiterer Nahrungsmittel, die ebenfalls diese Zwischenstellung einnehmen:

Fleisch ≺≺ Fett ≻≻ Gemüse (Pflanzen)

↓

Eier

↓

Zucker

↓

Süßigkeiten
Mehlspeisen

↓ ≺≺ + Mehl

unfunktionaler Genuss

Lust

weiblich

kindlich

Dieser Bereich des Süßen ist mit der Funktion korreliert: Trost spenden, kompensieren, genießen. In diesen Bereich fallen auch jene Speisen, die cremig, saftig, weich sind, Speisen, die ohne Gebrauch der Zähne zu verzehren sind, die »eingeschlabbert« werden – also die kindliche Form der Nahrungsaufnahme: Milchschokolade, Cremes, Eis, Pudding etc. In der Menüfolge stehen diese Speisen am Schluss: wenn man schon satt ist, wenn die eigentliche Funktion erfüllt ist, wenn es also nur noch um unfunktionalen Genuss geht. Zu dieser Gruppe der »regredierenden Speisen« tritt in Österreich noch eine ganze Gruppe warmer Mehlspeisen, die aus den traditionellen Mehl-/Fettküchen kommen.

Insgesamt lässt sich so für die österreichische Küche aussagen, dass Fett für sie eine hohe Bedeutung hat – es handelt sich um eine »verwöhnende« Küche. Mit Fett verbinden sich sowohl identitätsgebende, stabilisierende Speisen der Endoküche (»Schnitzel«) wie auch vieles, das Genuss/Lust signalisiert (Süßspeisen, Mehlspeisen, »Schlagsahne« auf vielen Speisen). Der österreichische Fettkonsum liegt weit über dem empfohlenen und damit auch der Cholesteringehalt der Nahrung.

| | **empfohlen** | **tatsächlich** |
|---|---|---|
| Anteil des Fetts an den aufgenommenen Kalorien | 30% | 45% |
| Fettverzehr pro Person im Jahr | 33 kg | 55,5 kg |

Die Forderung, Fett zu reduzieren, die von Ernährungswissenschaftlern und Ärzten über Jahre erhoben wurde, traf daher auf große Widerstände. Unter anderem auch deshalb, weil die Idee des sich selber methodisch Kontrollierens, die in anglikanisch sozialisierten Ländern schnell Anhänger fand, in Österreich zögernd aufgenommen wurde. Hier wurde im Bereich des Ernährungsverhaltens immer noch weitgehend nach dem Modell »Sünde und Buße« vorgegangen: Sündigen durch zu viel Fleisch/Fett, danach Buße durch »Fasten«/Crashdiät, dann wieder sündigen etc.

Gegen diesen Einstellungshintergrund hatte nun das kalorienreduzierte Streichfett anzukämpfen. Offensichtlich sind Kalorien und oftmals auch Fett (und Zucker) mit Genuss und Lust korreliert. Das Gebot, Kalorien zu reduzieren, ist daher eindeutig ein Disziplinierungsgebot, ein Gebot, auf Lust zu verzichten. Es macht den Erfolg von »Du darfst« aus, dass genau dieses Gebot nirgendwo explizit ausgesprochen wird (was der medizinische Diskurs tun müsste), sondern dass dieses Produkt so mit Zeichen ausgestattet worden ist, dass es ganz andere Werte vermittelt und so zu etwas sehr Wünschenswertem wird.

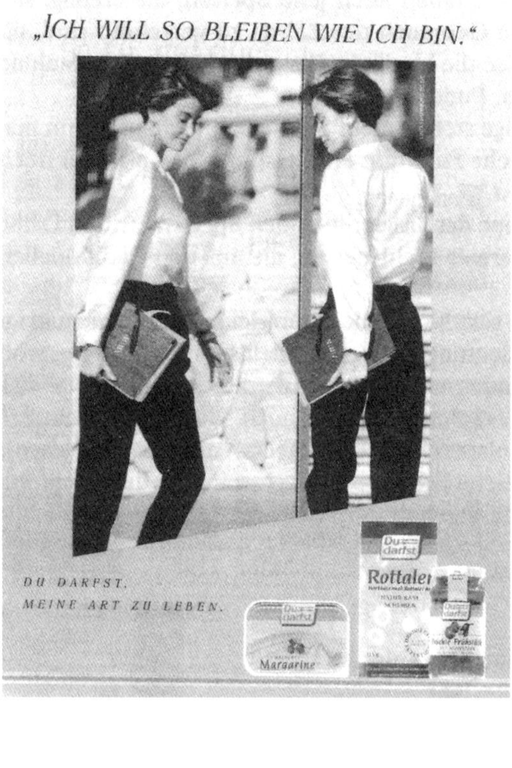

»Du darfst« nützte vor allem drei Entwicklungen:

- *Vom Außenzwang zum Innenzwang:*
  - Ich will so bleiben, wie ich bin
  - Du darfst (nicht »Du musst«)
- *Cheating the System:*
  - Halbe Kalorien, voller Genuss
  - Genuss ohne schädliche Konsequenzen (Das ist offenbar ein wichtiger Wunsch unserer Gesellschaft, dem viele Entwicklungen von Wissenschaft und Technik dienen und der im Bereich der Diätprodukte die zentrale Ideologie darstellt.)[176]
- *Die Entwicklung des narzisstischen Wertumfeldes:*
  - Das Bild der Frau, die sich im Spiegel betrachtet
  - Das Versprechen des Anhaltens der Zeit (»Ich will so bleiben, wie ich bin«)
  - Die gezeigte Frau ist zusätzlich immer sehr modisch gekleidet, benützt also ein Elitesignal

»Du darfst« bot damit folgende ideologische Konstruktion an:

Fett = Lust/Genuss (kulinarisch/erotisch)

↓

ABER: Fett macht fett

fett sind:

undisziplinierte Personen

untere Personen

Personen, die keinen erotischen Partner finden

DAHER: Verzicht auf Fett = Verzicht auf Genuss

ABER: nicht fetter Körper

↓

diszipliniert

elitär

erotischer Genuss

narzisstischer Selbstgenuss

Erwartungsgemäß waren es auch in Österreich zuerst weibliche Personen der Oberschicht, die sich diesen Angeboten näherten, und alle Marketingmaßnahmen wurden am Anfang auf diese Gruppe abgestimmt. Keine andere Marke schaffte es, das Wertsystem, das sich mit dieser ganzen Ideologie der Kalorienreduktion verknüpfte, so klar in Zeichen zu übersetzen wie »Du darfst«.[177]

In der Folge entwickelte Unilever eine Reihe von Streichfetten, die jeweils gängige Konzeptionen des Wünschenswerten aufnehmen, so das hedonistische Wertfeld mit Lätta, das man als eine Marke mit starkem Lifestyle-Charakter positionierte, oder Becel, das mit einem eminenten Aufwand an medizinisch orientierter Forschung entwickelt wurde und das nachweisbar den Cholesterinspiegel senkt.

Gegenwärtig lässt sich auch auf diesem Feld das bereits mehrfach Konstatierte beobachten: Es findet eine immer größere Spezialisierung statt und ebenso eine immer stärkere funktionale argumentative Absicherung: Neben Produkten/Marken, die Ernährung als ein Lifestyle-Attribut darstellen, finden sich Produkte/Marken, die eine medizinische Basis haben und die medizinische Forschungsergebnisse ausnützen.

Im Bereich der fettbezogenen Argumentation ist eine in Österreich entwickelte Produktrange zu nennen. Die Produkte dieser Range – Wurstwaren, Gebäck, Getränke – wurden in Kooperation zwischen einer österreichischen Ärztin, die sich auf die Analyse und Beeinflussung von Ernährungsverhalten spezialisiert hatte, und renommierten Nahrungsmittelherstellern entwickelt.[178] Zugrunde lag der Einbau einer Kombination von Stoffen, die nachweislich die Fettverbrennung im Körper stimulieren und einen niedrigen glykämischen Index besitzen.

Für die Marke wurde nach einer Reihe von Analysen bewusst der Name »Schlankerl« geplant, um klar zu machen, dass es sich um »ganz normale Nahrungsmittel« handelte, die in den Volkskontext von alltäglicher Nahrung eingefügt werden konnten. Zwar wurde Schlankheit verspr0chen, aber in einer spielerischen, nicht asketisch anmutenden Form, die keine Verbindung zu der medizinisch orientierten Basis enthielt. Diese medizinischen Informationen wurde der begleitenden PR überlassen.

Das Beispiel Dany + Sahne und Obstgarten verwendet eine andere Strategie. Dany + Sahne ist ein creme-/puddingartiges Dessert mit einem Topping, das verbal als Sahne bezeichnet und auch als Sahne/Schlagobers erlebt wird. Obstgarten ist eine aufgeschlagene Quarkcreme mit Früchten. Beide Produkte stammen von Gervais/Danone.

Die Untersuchungsfrage lautete konkret, ob es für Obstgarten günstig war, dieses Produkt mit einem Film zu verbinden, der eine adelige Szenerie zeigte und Obstgarten mit einem Genussfeld verband. Den

Rezipienten gefiel dieser Film sehr gut, besser als der Film, der bis dahin für Obstgarten gelaufen war – es hätte also nichts dagegen gesprochen, den neuen Film einzusetzen. Wir führten jedoch auch eine semiotische und empirische Analyse der beiden Markenbilder durch, die zu anderen Resultaten führte.

Analysierte man die semantischen Dimensionen, die sich in den Beschreibungen der Befragten zeigten, dann ergab sich, dass sie ganz deutlich das Ordnungsmuster zum Ausdruck brachten, das wir eben kennen gelernt haben:

- Fett = Genuss, Fett = Sünde;
- nicht Fett (d. h. Quark + Obst) = nicht Sünde/nicht Genuss, sondern rein, diszipliniert, vernünftig.

**Obstgarten Assoziationsumfeld**

sättigt
kleine Mahlzeit
»Durchbrechen«
nicht schwer
schmeckt gut
für Zwischendurch
zart
leicht
Quarkcreme
Quark
praktisch
kleines Dessert
Natur
nicht so schlimm
Obstgarten
Sommer
süß, aber noch zu verantworten
Frische
Bäume
Früchte
Vitamine
gesund Quark Milch
gesund
modern
jung
natürlich
frisch
fröhlich
Frischdessert

**Dany + Sahne Assoziationsumfeld**

Dany + Sahne von Danone

Samt und Seide

Trost nach einem schrecklichen Tag

ein Genuss

eine Sünde

schmeckt wahnsinnig gut

ich muss mich zurückhalten

wenn es die Kinder essen, esse ich es auch

Creme

Schlagsahne

Schokolade

Pudding

viele Kalorien

eigentlich für Kinder

erinnert mich an meine Kinderzeit/Kindheit

Charakterisierung Dany + Sahne:

- es ist eigentlich ein Pudding, aber es ist doch mehr
- etwas Besonderes: eben Dany + Sahne
- Schokolade (Vanille), Schlagsahne
- sehr süß, sehr weich
- Schokocreme, Sahnehäubchen

Motive für Dany + Sahne:

- ich brauche etwas Süßes: Gier danach, Trösten, selbst verwöhnen, Naschanfall
- praktisch für Kinder
- preiswert

- ab und zu gönnen wir uns das anstelle von Schokolade
- wenn es die Kinder essen, esse ich es auch
- »Bestechen«, Belohnen, Trösten der Kinder

Charakterisierung Obstgarten:
- Obstgarten ist eine Quarkcreme
- leichter, lockerer, cremiger Quark
- unten eine Lage Früchte/Marmelade, oben Quark
- es schaut schön, appetitlich, natürlich, frisch aus
- es schmeckt fruchtig, frisch, natürlich, gut
- es ist genussreicher, wertvoller als Fruchtjoghurt
- es ist viel leichter, weniger Kalorien als anderes
- praktisch, vielseitig zu verwenden: zwischendurch, Büro, Kinder, Abend, für den kleinen Hunger
- sättigend, aber »locker, lecker, leicht«

Es ergab sich also:

| **Fett** | **Mager** |
|---|---|
| Lust | Vernunft |
| nicht Kontrolle | Kontrolle |
| nicht Schönheit | Schönheit |
| nicht Gesundheit | Gesundheit |
| nicht Anerkennung | Anerkennung |
| SÜNDE | REINHEIT |
| das »Gekochte« | das »Rohe« |
| (»schlabbern«) | Natur, Frische, Vitamine (»beißen«) |
| »Schokolade«, Praline, Torte | Milch, Joghurt, Fruchtjoghurt |
| unfunktionaler Genuss | Müsli, Gemüse, Obst, Salat |
| regredierender Brei/Pudding, Eis | |
| ↓ | ↓ |
| **Kind:** **Dany + Sahne** | **Erwachsener:** **Obstgarten** |

Obstgarten stellte in der Kampagne, die man eigentlich ersetzen wollte, diesen Tatbestand drastisch dar, nämlich über eine Art Höllenfahrt. Der Film zeigte einen hässlichen, dicklichen Mann mit Unterschichts-Merkmalen, der sich offenbar in einer Kantine voll stopfte. Der Text sagte dazu: »Vieles, was wir essen, ist ein bisschen schwer.« Dazu zeigte das Bild, wie sich der Boden öffnete und der Mann rasselnd in den Keller durchbrach. An seiner Stelle füllte das leichte, gesunde, farbige Obstgarten das Bild.

# 9 Sensitive Codes

## *Die Mikrostruktur von Produkten*

Wir haben bisher Produkte als Repräsentanten von Werten betrachtet. Diese Bedeutung ergab sich einmal aus der Funktion der Produkte, dann wiederum aus den Zeichenfeldern, mit denen sie über Werbung und Packung in Verbindung gebracht wurden. In diesem Abschnitt soll es um physisch beobachtbare Merkmale von Produkten gehen: Duft, Konsistenz, Farbe, Komposition/Aufbau, Größe etc. Wir sind bei einzelnen Beispielen des vorigen Kapitels bereits auf dieses Thema gestoßen, so, wenn die Konstruktion eines elitären Produktes neben die eines nicht elitären gesetzt wurde.

## 9.1 Sensorische Inventars

Erinnern wir uns an den Aufbau von Sprachen aus Abschnitt C 2. Die Effizienz einer Sprache als eines besonders ökonomischen Systems der Bedeutungsübermittlung resultiert daraus, dass sie eine zweistufige Gliederung zeigt: Wörter werden in weitere Elemente zerlegt, in Morpheme (ich hab-e, ihr hab-t) und diese weiter in noch kleinere Einheiten. Auf diese Weise – indem die Elemente des Systems über Relationen der Gleichheit und des Kontrastes geordnet sind – wird aus Elementen, die für sich allein keine Bedeutung haben (e und t), Bedeutung hergestellt.

Ähnlich lassen sich die wahrnehmbaren Produktvariablen auffassen. Aus der Wahl und Kombination von Positionen einer Produktdimension – Geruch, Konsistenz, Farbe – ergibt sich Bedeutung. Jede dieser Dimensionen zeigt daher systematische Aufgliederungen. Ich bin zunächst frei, welche Position ich wähle; habe ich aber einmal gewählt, dann erhalte ich damit bestimmte positive oder negative Merkmale und bin daher auch eingeschränkt in meinen weiteren Wahlmöglichkeiten.

So gibt es bei Waschmitteln das »solide Feste« und das »schlüpfrige Flüssige«, also eine unterschiedliche semantische Besetzung von Konsistenzen; bei Zigarettenpackungen einen Unterschied zwischen Hart- und Weichpackungen, wobei Weichpackungen männlich starke, raue, einfache Zigaretten signalisieren etc. Produktvariablen dieser Art spielen für die Akzeptanz von Produkten eine große Rolle. Sie haben vor allem zwei Funktionen:

- Sie indizieren Produktleistungen.
- Sie tragen dazu bei, die Gesamtbedeutung des Produktes zu übermitteln (siehe D 4.1, Geburtstagskuchen).

### 9.1.1 Produktvariablen als Indikatoren von Produktleistungen

Dass Farben, Gerüche, Größen die Erwartungen lenken, die in Produktleistungen gesetzt werden, ist seit langem bekannt: rosa gefärbte Flüssigkeiten duften süßlich; dieselbe Flüssigkeit, grün gefärbt, duftet frisch; blau gefärbte Kühlschranktüren lassen einen Kühlschrank mit größerer Kühlleistung erwarten; große Gebinde gelten als preiswerter.

In Sinne der Wahrnehmungstheorie sind dies Schlüsselreize, die ein rasches Urteil über einen Gegenstand erlauben. Manchmal werden sie auch search qualities genannt, also Eigenschaften von Produkten, die die Suche nach einem bestimmten Produkt erleichtern und lenken und die Beurteilung des Produktes während des Konsums steuern.

Selbstverständlich ist es nicht so, dass Mankos in einer Produktleistung durch eine richtige Ausgestaltung dieser Produktvariablen kompensiert werden können, aber die Wirkung objektiv gegebener Produktleistungen kann beträchtlich erhöht werden. So ist die Waschleistung die zentrale Produktkategorie von Waschmitteln. Keine Zusatzausstattung könnte Mängel in dieser Kategorie kompensieren, ein Waschmittel mit einer schlechten Waschleistung würde einfach nicht akzeptiert werden.

Die Wahrnehmung kann aber gelenkt und im Hinblick auf die Leistungsbeurteilung gesteigert werden. Dafür gibt es bei Waschmitteln im Wesentlichen zwei Strategien:

- *Färbung:* Bei pulverförmigen Waschmitteln werden einzelne Körnchen blau oder grün eingefärbt, die damit als besondere Kraftträger interpretiert werden.
- *Geruch:* Der Geruch eines Waschmittels wird als wesentlicher Indikator für Waschleistung interpretiert. Stark duftenden Waschmitteln wird von vornherein eine höhere Waschleistung zugetraut als weniger stark duftenden. Die Investition eines Produzenten in Tenside (waschaktive Substanzen) ist also ebenso wesentlich wie die in Parfüm.

Farbe ist in vielen Fällen lenkend für die in die Produktleistung gesetzte Erwartung. Bei den neu auf den Markt kommenden medizinischen Mundwässern stellte sich zum Beispiel die Frage, ob sie rot oder grün gefärbt sein sollten. Rot signalisierte hohe aggressive Wirksamkeit, medizinische Wirksamkeit wie von Halsspülungen, es erweckte jedoch auch den Gedanken an Blut. Grün signalisierte Frische, was völlig akzeptabel, aber in dieser Produktgattung nichts Neues war – auch alle nichtmedizinischen Mundwässer hatten das bisher versprochen.

### 9.1.2 Verstärkung der Gesamtbedeutung des Produktes

Wir haben diesen Punkt in Abschnitt D 4.1 am Beispiel des Geburtstagkuchens geschildert: Die Botschaft dieses Produktes bestand genau darin, dass seine Produktvariablen anders als bei einem normalen Kuchen ausgeprägt waren. Ähnlich war die Problematik bei der Konstruktion der Katzennahrung Sheba.

Dass sich Bedeutungen dieser Art ergeben, dass sie intersubjektiv verstanden werden, wird auch auf dieser Ebene der Produktvariablen dadurch ermöglicht, dass die einzelnen Positionen eines Feldes systematisch geordnet sind, sich zueinander in Relationen der Gleichheit und des Kontrastes befinden. Ebenso zeigt sich, dass die Änderung einer Variablen in einer Produktkomposition die Gesamtbedeutung des Produktes stören kann.

Nehmen wir als Beispiel Mineralwasser. Die meisten Leute sagen, dass sie Mineralwasser trinken, weil es gesund und natürlich sei, sie beklagen es aber, dass Mineralwasser fad schmecke. Eine nahe liegende Folgerung wäre, Mineralwasser einen ganz zarten, natürlichen Geschmack, etwa nach Zitrone, hinzuzufügen.

Dabei muss man sich jedoch im Klaren sein, dass das ein gefährlicher Prozess ist, der zentrale Werte der Produktgattung bedroht. Eine Chance ergibt sich nur dann, wenn signalisiert werden kann, dass der Geschmack natürlich ist, einen natürlichen Ursprung hat, und dass das tatsächliche Geschmackserlebnis in Richtung »natürlich« geht. Wie die Entwicklung der Mineralwassermarken, die diese Varianten einführten zeigte, war es nur wenigen Marken möglich, diesen Eindruck wirklich zu erzielen.

Der günstigste Fall ist dann gegeben, wenn die Ausstattung die Gesamtbedeutung des Produktes unterstützt und verstärkt. Ganz besonders wichtig ist das bei Produkten, die sich an spezifische Zielgruppen richten, etwa an Kinder. Sie müssen die Merkmale der Kinderkultur wiedergeben – wir haben dafür schon Beispiele besprochen.

Manchmal zeigt sich, dass die Konstruktion eines Produktes die Chancen in bestimmten Zielgruppen deutlich limitiert. Bei einem unserer Untersuchungsprojekte ging es um ein Riegelprodukt für Kinder, das der Produzent zunächst breit anlegen wollte, vom Kindergartenkind bis zum Kind in der Vorpubertät. Tatsächlich zeigte sich, dass die Komposition des Produktes bereits die Akzeptanz in den Zielgruppen lenkte: Je kleiner die Kinder waren, desto mehr bevorzugten sie Produkte, die sie nicht beißen mussten. Ein prototypisches Produkt dieser Art ist zum Beispiel Milch-Schnitte – es ist weich, fast ohne Zahneinsatz zu essen, es bietet keine Widerstände, es erlaubt, noch ein bisschen Baby zu sein. In seiner Komposition wiederholt es im Übrigen die Komposition eines Schulbrotes und folgt gleichzeitig den Regeln der ornamentalen Küche, indem es von der Farbe her maximale Gegensätze baut: dunkel – hell – dunkel.

Produkte für die Altersstufe der Teenies müssen dagegen ausdrücken, dass man die Stufe Kind hinter sich gelassen hat, dass man sich »durchbeißen« kann. Schokoriegel – wie Mars mit seiner harten, fast zähen Konsistenz – erfüllen exemplarisch diesen Anspruch. Die dazwischen liegende Kategorie sind übrigens Waffelprodukte: Man muss sie nicht fest beißen, aber sie sind auch nicht so weich wie der Typ Milch-Schnitte, man knuspert sie. Genau das bot hier einen Lösungsansatz.

### Ein sensitiver Code: Nahrungsaufnahme Schlabbern – knuspern – beißen

Eine Reihe von industriell hergestellten Nahrungsmitteln folgt den Gliederungen dieses Codes und nützt seine Bedeutungen geschickt aus. Oder Nahrungsmittel verstoßen gegen die Regeln dieses Codes, was ihre Gesamtbotschaft stört.

Der Code, der dem zugrunde liegt, betrifft Typen und Arten der Nahrungsaufnahme und -aneignung. Bei der Nahrungsaufnahme sind, vereinfacht dargestellt, mindestens zwei Zonen des Mundes beteiligt:

- die vordere Zone: sehr, wenig oder gar nicht abbeißen;
- die hintere Zone: Bearbeiten der Nahrung mit Zahneinsatz, kauen oder nicht kauen, bewältigen der Nahrung mit wenig oder ohne Zahneinsatz.

Eine zentrale Opposition dieses Codes ist also die zwischen Nahrungsaufnahme mit Zahneinsatz und ohne Zahneinsatz (beißen/kauen oder nicht beißen/ kauen). Diese beiden Positionen sind korreliert mit:

| Nicht beißen/kauen | Beißen/kauen |
|---|---|
| Der Essende ist passiv. Die Nahrung gelangt in ihn hinein, er wird versorgt Nahrung ist weich/flüssig/cremig | Der Essende ist aktiv. Er eignet sich die Nahrung an, er versorgt sich. Nahrung ist hart/fest/widerstandsfähig (trocken) |
| »einsaugen«/einschlabbern | »mit dem Messer schneiden« |

| **Position Baby** | **Position Erwachsener** |
|---|---|
| (Nahrung = Liebe/Trost/»Welt«) kindlich-weibliche Nahrung | (Nahrung = Kraft/Funktionieren) erwachsen-männliche Nahrung |
| ↓ | ↓ |
| passiv-rezeptives Aufnehmen der Umwelt | aktives Erobern der Umwelt |

Diese Korrelation hat eine biologische, eine entwicklungsgeschichtliche und eine ideologische Komponente. Eine biologische insofern, als Kinder erst mit der Entwicklung der Zähne feste Nahrung aktiv bewältigen können und sie parallel dazu über das Gehenlernen und die Sprechentwicklung eine Erkundung ihrer Umwelt vornehmen. Eine ideologische, weil dieser Gegensatz auf vielen Feldern zur Strukturierung und Bedeutungszuweisung benützt wird.

Nahezu alle Nahrungsmittel, die in der Funktion »Kompensieren, Liebe geben, Selbstverwöhnen, unfunktionaler Genuss« eingesetzt werden, folgen der Konstruktion »Nahrung ohne Zahneinsatz aneignen« – Cremes, Eis, Pudding, Milchschokolade, weiche, saftige, feuchte Konsistenzen.

Ebenso lassen sich in vielen Produktfeldern zwei Typen von Menschen feststellen: Personen, denen es prinzipiell Vergnügen macht, zu beißen, zu »knacken« – sie bevorzugen dann zum Beispiel bei Süßigkeiten Varianten mit Nüssen; oder Personen, die das Weiche bevorzugen, alles das, was sich widerstandslos aneignen lässt. Die zweite Gruppe ist zahlenmäßig im Zunehmen: Es gibt immer mehr Leute, die sich nicht »durchbeißen« wollen, weder durch lange Texte, schwierige Probleme noch durch »feste« Nahrung. Sie wollen Nahrung (Texte, Probleme), die sie sich leicht »reinziehen« können. Der weltweite Siegeszug der Nudelküche, der Hamburger, der Frischdesserts, alles Geschnetzelten, Ragoutähnlichen belegt das eindrucksvoll. Es ist dies ein Typ von Nahrung, der weniger aggressive Formen der Aneignung, weniger Zerschneiden (großer Fleischstücke) impliziert. Auch diese Entwicklung zur äußeren und inneren Pazifizierung ist ein wichtiger Trend.

Es gibt eine Reihe von Produktfeldern, auf denen dieser Code wirksam wird. Ich bringe zwei Beispiele.

### Beispiel: Der Gegensatz Rindfleisch – Schweinefleisch

In Österreich zeigte der Konsum von Schweinefleisch eine deutliche Steigerung, während der Konsum von Rindfleisch zurückging. Im Auftrag des Landwirtschaftsministeriums führten wir eine psychologische und dann eine quantitative Untersuchung durch, um herauszufinden, welche

Faktoren diese Entwicklung bedingten und wo man zu einer besseren Vermarktung von Rindfleisch ansetzen konnte.

Wie immer ergab sich ein komplexes Netz von Einflussgrößen: der Preis (Schweinefleisch ist billiger); die Qualität (es ist schwerer, bei Rindfleisch gute Qualität zu liefern – das hängt auch mit bestimmten Zerschneidetechniken zusammen); die Logistik des Handels, der den für Rindfleisch geforderten Lagerungsprozess nicht sonderlich schätzt etc.

Die Wertschätzung von Rindfleisch und Schweinefleisch bei den Konsumenten war jedoch deutlich auch durch diesen Gegensatz von »schwer anzueignen« versus »leicht anzueignen« gekennzeichnet, und zwar auf verschiedenen Ebenen der Aneignung: des Zubereitens und des Essens. Dazu kam noch der Gegensatz von dunkel und hell, der sich auch bei anderen Fleischsorten fortsetzte und den in verschiedenen Produktfeldern beobachtbaren Trend zu helleren Nahrungsmitteln dokumentierte (vgl. Getränke).

Es ergab sich so folgender Gegensatz:

| **Rindfleisch** | **Schweinefleisch** |
|---|---|
| GROSS | KLEIN |
| großes Tier | kleineres Tier |
| große Stücke in der Küchenpraxis (kleine Stücke sehr teuer) | große Stücke und preiswerte kleine Stücke |
| Braten/Tafelspitz | Braten |
| Steak | Kotelett |
| lange zu kochen/braten | kurz zu braten |
| mit Kunstfertigkeit | einfach |
| »Steak« | »Kotelett« |
| Rinderbraten | Geschnetzeltes, Ragout |
| lange zu kauen | kürzer zu kauen |
| hart | weich |
| dunkler | heller |
| ↓ | ↓ |
| groß | klein |
| *viel eigene Aktivität:* | *wenig eigene Aktivität:* |
| • im Planen | • im Planen |
| • im Kauaufwand | • im Kauaufwand |
| • viel Zeitaufwand | • wenig Zeitaufwand |

Schweinefleisch mit seiner Betonung der Merkmale der leichten Aneignung stellte so einen moderneren Typ von Nahrungsmittel dar als Rindfleisch. Dieses Paradigma ließ sich übrigens noch um Geflügelfleisch erweitern, das die jeweiligen Merkmale noch um eine Stufe ausgeprägter zeigt. Auch beim Konsum von Geflügelfleisch gibt es deutliche Zuwachsraten.

| **Rindfleisch** | **Schweinefleisch** | **Geflügelfleisch** |
|---|---|---|
| groß | kleiner | ganz klein |
| lange Garzeit | mittlere Garzeit | kurze Garzeit |
| mit Kunstfertigkeit | mittlere Kunstfertigkeit | ganz einfach |
| lange zu kauen | mittel | wenig zu kauen |
| dunkler | heller | weiß |

Die Lösung für Rindfleisch war also eindeutig die, es leichter aneigenbar zu machen, das heißt kleinere Stücke anzubieten, Vorgeschnittenes, Angebote für die schnelle und einfache Küche etc.

**Beispiel: Naschprodukte**

Das Feld der Snack- und Naschprodukte ist ebenfalls durch diesen Code der Nahrungsaufnahme gegliedert und nützt seine Bedeutungen sehr differenziert aus. Benützt wird hier nicht nur der einfache Gegensatz »ohne Zahneinsatz, nicht beißen, nicht kauen« versus »mit Zahneinsatz, beißen, kauen«, sondern man nützt auch graduelle Abstufungen dieser Dimension (siehe nachfolgende Abbildung). Ein anderes Feld, Konfekt, ist ebenfalls durch diese Dimension gegliedert, allerdings steht es in Korrelation mit weiteren Dimensionen (»schwer – leicht«, »dunkel – hell«) und grenzt dadurch »altes« Konfekt von »modernem« Konfekt ab. Marken, die diese modernen Merkmalskombinationen nicht in ihrem Sortiment haben, sind daher in Gefahr, als alt/konservativ zu gelten (siehe nachfolgende Abbildung »Das Feld der Pralinen«).

| | | | | | | | |
|---|---|---|---|---|---|---|---|
| **trinken** ≺≺ | ohne Zahneinsatz | Widerstand, der sich leicht brechen lässt | | | | beißen ≻≻ | **schneiden** |
| | nicht beißen | | | | | kauen | |
| | nicht kauen | | | | | | |
| | »schmelzen« | »knuspern« | knabbern | »einwerfen« | abbeißen | | |
| | »saugen« | | | und | und | | |
| | | | | zerkauen | leicht kauen | | |
| | Schokolade | Cornflakes | Waffeln | Nüsse | Kekse | Schokoladeriegel | |
| | | | | kleine Snackprodukte | | | |
| **Aneignung** | passiv saugen | »einwerfen« oder zierlich abbeißen | | | | schwer kauen | |
| **korreliert** | passiv | automatische Selbstfütterung | | | | bewusste Bewältigung | |
| **mit** | tröstend | halb bewusst | | | | aktiv | |
| | Genuss | | | | | kauen | |
| | (kindlich) | | | | | (erwachsen) | |
| | Suchard Finessa | Dragee Keksi | | | | *Mars* | |
| **prototypische Übersetzung** | »Mund auf, Augen zu« | »Wenn ich nur aufhören könnte« | | | | »Mars macht mobil bei Arbeit, Sport und Spiel« | |

**Das Feld der Pralinen**

| | | | |
|---|---|---|---|
| dunkel<br>schwer<br>kompakt<br>intensiv | schmelzend fein<br>Schokolade und<br>zarte Creme | hell<br>leicht<br>zart<br>unaufdringlich<br>nicht fett | |
| »alte Küche« Fett | | »neue Küche« Früchte | |
| traditionelles »Bonbon-<br>nierenkonfekt« | *Lindt* | *Mon Chéri*<br>Kirsche rot | *Raffaelo*<br>weiß Waf-<br>fel zum<br>Knuspern<br>Kokos |
| Nougat/viel Schokola-<br>de | | | |
| Bonbonniere: vorgege-<br>bene Auswahl | | Monopralinen: »Jedes eine Persönlichkeit«<br>Auswahl und Anzahl selbst bestimmbar | |
| ALT | | MODERN | |

## 9.2 Polysensualistische Produkte

Im Bereich der Produktausstattungen gibt es deutliche Entwicklungstrends. Zum einen besteht eine allgemeine Präferenz für Produkte, die einen kompakten Wahrnehmungseindruck setzen, möglichst jeden Sinn gleichzeitig ansprechen. Produkte sollen gut riechen, farbig sein, schöne Konsistenzen haben, sich gut anfühlen. Der zweite Trend geht in Richtung leicht, hell, frisch – das ist etwa der bei Getränken vorherrschende Trend. Eine wichtige Variable ist Duft, der wir im Folgenden etwas näher nachgehen wollen.

### Duft: no smell – no sell

Gegenwärtig kann man geradezu von einer Parfümkultur sprechen. Die Aufmerksamkeit für das Phänomen des Duftes durchzieht viele Produktfelder, und ganz allgemein lässt sich im sozialen Raum ein Bedürfnis nach Duft feststellen. Das betrifft nicht nur den Duft von Personen, also Parfümierung im eigentlichen Sinn, sondern auch Raumaromen und den Duft von Produkten generell.[179]

Grundsätzlich kann man von einer zunehmenden Empfindlichkeit gegenüber schlechten Gerüchen, also von einem Trend zur Desodorierung, sprechen, ebenso aber auch von einer zunehmenden Sensibilität gegenüber guten Gerüchen: Was immer duften kann, wünscht man sich duftend. Auch darin spiegelt sich unsere soziokulturelle Entwicklung:[180] Düfte/Gerüche, ob gut oder schlecht, haben schon immer als Indikatoren für soziale Tatbestände gegolten.

So korrelierte das 19. Jahrhundert: schlechter Geruch, Körperausdünstung, Schmutz = Zeichen für soziales Tiefstehen = Zeichen für Faulheit, Nicht-Disziplin, Unmoral. Ebenso war schlechter Geruch das Zeichen für Gefahr, Krankheit, Bedrohung – daher die im 19. Jahrhundert einsetzende Kanalisierung der Großstädte, die zunehmenden Hygieneanforderungen, das Bestreben, menschliche Körper voneinander zu separieren.

Andererseits war Parfüm mit dem Bereich des Luxus, des Frivolen, des sexuell Anlockenden korreliert – was seinen Einsatz für Männer verbot und für Frauen nur dann erlaubte, wenn legitimierende Gelegenheiten vorlagen (Feste, großer Ausgang). Der Riechsinn wurde zudem als ein »niedriger Sinn« erlebt, der, ähnlich wie der Geschmack und ganz anders als etwa das Sehen, aus dem wissenschaftlichen Diskurs ausgeklammert wurde.

Genau daran lässt sich die Änderung in den ideologischen Prämissen und der Systementwicklung gut beobachten: Desodorierung des öffentlichen Raumes ist kein Problem mehr – dadurch werden öffentliche Räume aber auch sehr steril. Sie ist ebenso im Bereich der persönlichen Hygiene weitgehend durchgesetzt (vgl. die Entwicklung von Deos) und gilt jetzt ebenso für Männer (zumindest für Männer mittlerer und höherer Schichten) als verbindlich wie für Frauen, für die schon früher und allgemeiner diese normative Verpflichtung bestand (»saubere Frau« = reine Frau). Gleichzeitig partizipieren parfümistische Düfte an der allgemeinen Demokratisierung des Konsums – sie verlieren ihren Luxuscharakter – und an der Entwicklung der Frauenrolle – aktive Anlockung ist heute Frauen durchaus erlaubt –, ebenso an der generellen Entwicklung der Geschlechterrollen im Sinne eher einer Annäherung als einer strikten Trennung von weiblicher und männlicher Rolle. Das alles führt zu einer Zunahme der Parfümierung generell und zur Entwicklung neuer Produktgattungen.

Die Parfümierungen im Bereich der Wasch-/Reinigungs- und der Kosmetikprodukte (also der beiden Produktgattungen, die historisch mit dem Indikator Geruch korreliert waren) sind inzwischen marktentscheidend geworden. Hier setzen neue Produktideen an: Parfümdeos, die Verbindung Shampoo plus Parfüm, die Entwicklung von Rasierwasser/Eau de Toilette für Männer.

Ebenso wendet man sich im Bereich der Einkaufsstätten dem Phänomen des Duftes zu: Durch Raumaroma kann die Attraktivität wesentlich gesteigert werden, einmal im Sinne einer allgemeinen Sympathiesteigerung, des Auslösens von appetitanregenden Wirkungen, dann wiederum als Indikator für Frische bzw. frisch ablaufende Prozesse. So werden etwa Backgerüche von Schaubäckereien im Geschäft in dieser Funktion eingesetzt, und die hohe Bindung, die Kunden oft an die Eduscho-Geschäfte entwickeln, resultiert unter anderem daraus, dass es in diesen Geschäften intensiv nach Kaffee riecht, was gleichzeitig die Idee der Frische kommuniziert.

Die Positionierung bestimmter Abteilungen nahe beim Ladeneingang – dort, wo der Kunde das Geschäft betritt, versetzt Kunden in eine spezielle Stimmung und vermittelt ganz bestimmte Eindrücke von der Position des Geschäftes. So macht es einen ziemlichen Unterschied, ob hier die Gerüche der Waschmittel-/Reinigungsmittelabteilung dominieren oder lebensmittelbezogene oder parfümistische Gerüche.

Die Vermehrung von Gerüchen im sozialen Umfeld etabliert also ein fein gegliedertes Paradigma und erweitert die Möglichkeiten von Düften zur Bedeutungsübermittlung. Deren Wirkung ist natürlich in jedem einzelnen Fall empirisch zu prüfen. Ebenso ist aber auch zu entscheiden, ob die Bedeutungsübermittlung, die durch den Duft geleistet wird, das semantische Feld der Marke unterstützt, ob sie im Sinne einer Kohärenzbildung eingesetzt wird oder ob sie es abschwächt bzw. der Gesamtbedeutung der Marke widerspricht.

Die semiotische Vermittlung von Duft stellt im Übrigen ein schwieriges Problem dar – dass etwas gut riecht, kann ja nie direkt dargestellt werden, sondern entweder in Form der Reaktion einer Person auf den Duft oder als Metapher, als Vergleich.

Düfte im Bereich der Premiumprodukte, also eigentliche Parfüms, zeichnen sich im Allgemeinen durch hohe Grade der semiotischen Virtuosität aus. Sie haben erkennbar keinen funktionalen Wert, sie sind also Luxus, und sie müssen daher durch die Art ihrer zeichenhaften Inszenierung klar machen, dass sie ein luxuriöses, elitäres Produkt sind, und dass sie durch ihren spezifischen Duft hohe Grade an subjektiv erlebbaren Nutzen bieten: ein bestimmtes Lebensgefühl, erotische Ausstrahlung, ein Beitrag zu Identitätsetablierung, eine Bestätigung einer spezifischen Geschlechtsrolle. An diesem Punkt kommen wiederum viele kulturelle Wertvorstellungen ins Spiel. In seiner Arbeit »Männlichkeit und Werbung« untersucht Nils Borstnar die Männerbilder, die sich aus der Analyse von Männerdüften ableiten lassen und rekonstruiert auf diese Weise den Kanon gängiger Vorstellungen von echter Männlichkeit.

### Beispiel: Pitralon

Getestet werden sollte eine neue Duftvariante für Pitralon, einem Rasierwasser, das jahrelang eine äußerst erfolgreiche Stellung über folgende Positionierung einnahm: »Pitralon ist kein Duftwasser, aber es wirkt.« Es verfügte über sehr engagierte Anhänger, die seine gute Wirkung auf die Haut schätzten, ebenso die Positionierung als Marke für »richtige« Männer, also für Männer, die keinen Wert auf die Parfümkultur innerhalb der Herrenkosmetik legten, die sich ringsum an neue Marken band. Sie folgten einem älteren, traditionellen Männerleitbild, das den Mann weitab von jedem weiblichen Wert positionierte, ausgehend von der Korrelation: Frau = Duft = anlockend.

Pitralon hatte also einen Duft, den fast jeder, der nicht zur Pitralon-Fangruppe gehörte, affektiv ablehnte, während er für die Verwender das ganze Leistungsspektrum repräsentierte.

Das Problem war nun, dass die Gruppe der Fans immer älter wurde und dass die Jüngeren Probleme mit ihren Frauen bekamen – diese fanden, dass man so nicht riechen könne. Ein neuer Duft, der an ein zweites Pitralon gebunden werden würde, war also notwendig. Getestet wurden drei Düfte im Blindtest, von denen einer deutlich besser abschnitt als die beiden übrigen – jedenfalls dann, wenn man die Frage »Welcher Duft spricht Sie am meisten an?« auswertete. Diesen Testsieger würde man normalerweise als Duft für die neue Variante wählen.

Betrachtete man jedoch die Bedeutungen, die durch diesen Duft übermittelt wurden, und die Bedeutungen, für die die Marke Pitralon stand, dann wäre dies die falsche Entscheidung gewesen. Der Testsieger war ein deutlich parfümisti-scher, starker Duft mit weiblicher Anmutung – genau das, was moderne Düfte ausmachte. Alle Rasierwasser, die sich erfolgreich im Segment der parfümistischen Rasierwasser behaupteten, hatten solche Düfte. Das, was Pitralon als Marke repräsentierte, war jedoch ein Protest gegen die moderne Vermischung von Weiblichem und Männlichem. Die Verwender von Pitralon wollten vor allem Abgrenzung signalisieren: »Nur nicht weiblich!«. Die zweite Variante durfte also zumindest nicht direkt im Widerspruch zu der zentralen Ideologie der Marke stehen.

Der Duft, der daher für Pitralon als geeignet erschien, war Nummer 2 – ein Duft, der die Merkmale »sauber«, »frisch« übermittelte. Frische ist ja allgemein ein Wert, der geschlechtsunspezifisch ist und der deutlich nicht in Verbindung mit Erotik und sexueller Attraktivität steht. Der Wert der frischen, sauberen, anständigen Person passt gut zu einer Marke, die im Bereich der traditionellen Wertvorstellungen agiert.

# 10 Verfahren der Bedeutungszuordnung in der Werbung

## 10.1 Werbung als Überzeugungsstrategie

### *Rhetorische und argumentative Verfahren*

In der Einleitung wurde dargelegt, dass Werbung vielfältige Funktionen zu erfüllen hat:

- Sie muss bestimmte Informationen übermitteln.
- Sie muss für Aufmerksamkeit sorgen.
- Sie muss einem Produkt/einer Marke Eigenständigkeit verleihen, sie von anderen differenzieren, sie profilieren.
- Sie muss einem Produkt/einer Marke semantischen Mehrwert zuschreiben, sie mit positiven Merkmalen und Werten verbinden. Diesen Punkten haben wir uns in den vorangegangenen Kapiteln zugewendet und die dafür möglichen Strategien diskutiert.

Die in diesem Abschnitt behandelte Funktion würde eine wesentlich umfangreichere Klärung verlangen, die aber hier nur in verkürzter Form erfolgen kann.

Werbung muss den Rezipienten überzeugen, überreden, letztlich bei ihm eine Konsequenz auf der Verhaltensebene bewirken. Sicher hängt ein Kaufentscheid auch von anderen Gegebenheiten des Marketingmix ab, aber Werbung muss zumindest einen Beitrag dazu liefern. Genau das ist ja das Motiv der Anbieter, wenn sie ihr Geld in Werbung investieren: Sie investieren es nicht, um ein hervorragendes ästhetisches Gebilde zu schaffen, ihre Rezipienten zu unterhalten, sondern sie investieren es, um eine gute Marktstellung zu erreichen.

Im Verlauf dieses Prozesses werden ästhetische und unterhaltende Verfahren benützt, und es können dabei ganz beträchtliche Niveaus erreicht werden – dies ist aber nicht das eigentliche Ziel oder die Funktion von Werbung. Während Kunstwerke interesseloses Wohlgefallen erzeugen können und sollen, ist dies gerade bei Werbung nicht gefordert. Werbung ist ein Zeichensystem oder eine Textsorte, die im Prinzip auf Handlungsauslösung zielt – also eine so genannte appellative Textsorte. Wenn wir uns an die Funktionen von Sprache erinnern (siehe Teil C 2), dann benützt Werbung also primär die appellativen Funktionen von Sprachen und

Zeichensystemen. Sie trifft dabei auf extrem ungünstige Rezeptionsbedingungen:

- Wenige wollen Werbung bewusst wahrnehmen.
- Wenige wollen aus Werbung bewusst etwas lernen.
- Wenige wollen sich von Werbung wirklich überzeugen lassen: Werbung gilt als oberflächlich und nicht voll glaubwürdig.
- Werbung hat nur eine ganz kurze Zeit zur Verfügung, in der sie ihre Botschaften vermitteln kann.

Dass hier überhaupt eine Beeinflussung und Lenkung des Rezipienten erfolgen kann, liegt daran, dass Werbung in dieser kurzen Zeit alle rhetorischen und semiotischen Möglichkeiten von Sprache – sei es Text- oder Bildsprache – benützen kann, dass sie das gesamte kulturelle Wissen der Rezipienten anspricht, dass sie an die vielfältigen semantischen Netze im Kopf der Zuschauer ankoppeln kann.

Werbung reicht also als Textsorte von der bloßen Information (»Dieses Shampoo kostet € 2,50 und wäscht die Haare«) bis hin zur künstlerischen Strategie, die man zum Beispiel oft bei preisgekrönten Werbefilmen feststellen kann – Filmen, die sehr ästhetisch sind, sehr unterhaltend, die aber ohne das beworbene Produkt fast genau so gut funktionieren würden. Ganz spezifisch für Werbung sind appellative Verfahren: Verfahren, die darauf abzielen, den Rezipienten zur Zustimmung zu veranlassen und letztlich zu einem Verhalten zu bewegen.

Das genau ist es, was Rhetorik und Werbung gemeinsam ist, und das verstehe ich auch unter Argumentationsverfahren.

Argumentation, so wie ich den Begriff hier verwenden möchte, bedeutet nicht eine streng logische Beweisführung oder eine Aufzählung aller Produktnutzen, sondern bedeutet, dass der Argumentierende sich die Frage stellen muss, wie der Rezipient von seiner Botschaft eigentlich überzeugt werden soll: Warum soll er mir glauben? Warum soll er mir zustimmen?

Letztlich geht es natürlich um die Frage der Werbewirkung, über die ich hier in ihren vielfältigen theoretischen und praktischen Resultaten nicht referieren will.[181] Ich möchte nur auf einen schmalen Bereich eingehen, nämlich auf den des Baus der Argumente. Der Analyserahmen, den ich benützen will, ist einerseits der der Rhetorik, andererseits der der modernen Diskurs- und Argumentationstheorien.

### 10.1.1 Der Beitrag der Rhetorik/rhetorische Sprachverwendung

Der Begriff Rhetorik erweckt heute zunächst Konnotationen, die an etwas Gestelztes, Bombastisches, Steifes, auf jeden Fall sehr Altes denken lassen. Tatsächlich gehen Ausführungen über die Rhetorik auf das Altertum zurück, auf Aristoteles (384 v. Chr. bis 322 v. Chr.) und Quintilian (um 30 bis um 96). Das Anliegen der Rhetorik ist aber höchst aktuell: Rhetorik ist die Lehre von der guten und überzeugenden Rede. Sie beschäftigt sich mit Strategien, die dazu dienen können, Hörer zu überzeugen, zu überreden, zum Einverständnis mit dem Redner zu bringen.

Der Rhetorik geht es primär nicht um Wahrheit, sondern um Wirkung, um Wahrscheinlichkeit, Plausibilität, um Überzeugungskraft durch Rühren, Drohen, Beispielgeben, Berufung auf Autoritäten, auf Tradition, durch Argumentationsverfahren, logische und quasi logische Schlussfolgerungen, durch besondere Typen der Sprachverwendung.

Die Rhetorik entwickelte sich primär als Verfahren, um vor Gericht oder im öffentlichen Raum zu argumentieren und zu überzeugen. Die Antike legte umfangreiche und lehrbare Systematisierungen rhetorischer Verfahren an: die Sammlung von Argumenten (die inventio), die Gliederung des Materials (dispositio), die sprachliche Gestaltung (elocutio). Sie stellte also ein Regelwerk zusammen, nach dem ein Redner vorgehen konnte, wenn er Argumente suchte, seine Rede gliederte, überzeugen wollte. So zum Beispiel wurden Argumente durch die folgenden Fragen gefunden: quis? quid? ubi? quibus auxiliis? cur? quomodo? quando?[182]

Als Gliederungsprinzip ist das auch heute für das Erstellen von Werbekonzepten sehr brauchbar (siehe Überblick auf der folgenden Seite). Auch die Suchliste zur Argumentfindung (die so genannten loci) eignet sich für Planungsstufen von Werbekonzepten nicht schlecht: Es handelt sich um die Fragen

- nach der Definition einer Sache,
- nach ihren Bestandteilen,
- nach der sprachlichen Verwandtschaft von Begriffen,
- nach Typen von Ähnlichkeit,
- nach Typen von Ursachen und Wirkungen,
- nach Typen von Umständen des Geschehens.

| | |
|---|---|
| **Die Sammlung von Argumenten** *inventio* | Was soll überhaupt versprochen werden?<br>Das Produktkonzept<br>Die Positionierung |
| **Die Gliederung** *dispositio* | Der Bau eines argumentativen Spots – zum Beispiel: |
| • Einleitung *exordium* | Sind alle Windeln gleich? |
| • Behauptung *propositio* | Pampers sind besser! |
| • Darstellung des Sachverhaltsnar-*ratio* | Schauen Sie: zwei Windeln im Test. |
| • Argumentation | |
| a) Beweis der eigenen Behauptung | Pampers bleiben an der Oberfläche trocken. |
| b) Widerlegung des Gegners | Die andere Windel ist feucht. |
| • Folgerung *conclusio* | Es sind nicht alle Windeln gleich.<br>Pampers sind besser.<br>»Auch wenn sie nass sind, sind sie schön trocken.« |
| **Die Gestaltung** *elocutio* | Die kreative Umsetzung:<br>Bilder<br>Personen<br>Geschichte<br>Location |

Die Rhetorik ist natürlich ein historisches Phänomen. Wichtig und heute noch brauchbar sind jedoch zwei Aspekte:

1. die Konstruktion von Überzeugungsstrategien und Argumentationsverfahren ganz allgemein;
2. die Tatsache, dass die Rhetorik den Blick auf bestimmte Typen der Sprachverwendung lenkte.

Speziell dieser Teil der Rhetorik erfuhr in der Gegenwart eine genauere Analyse und eine erneute Beachtung, da man erkannte, welche spezifische Rolle dieser Typ der Sprachverwendung in öffentlicher, auf Beeinflussung zielender Kommunikation spielte, so in der Politik und eben auch in der Werbung.[183]

Dieser Typ der Sprachverwendung besteht darin, das Eigentliche durch das Uneigentliche zu sagen, Sprache nicht gemäß den Regeln der Normalsprache, der Standardsprache zu verwenden, sondern gezielt davon abzuweichen, einen »Fehler« zu begehen und genau dadurch eine Bedeutung mitzuteilen, ohne sie auszusprechen. Dass so etwas überhaupt möglich ist, hängt mit dem systematischen und logischen Aufbau von Sprach- und Zeichensystemen zusammen.

Ein Beispiel: Anstelle von »Die Polizisten näherten sich den Demonstranten« wird gesagt: »Die Bullen näherten sich den Demonstranten.« Anstelle des eigentlichen Ausdrucks »Polizisten« wird der Ausdruck »Bullen« gewählt. Der Hörer versteht den Satz, indem er eine Ähnlichkeitsbeziehung zwischen diesen beiden Begriffen herstellt, er überträgt einen Teil der semantischen Merkmale von dem einen Begriff auf den anderen. Damit werden Polizisten Merkmale zugeordnet, ohne dass diese explizit ausgesprochen werden.

| Bulle | | Polizist |
|---|---|---|
| gewaltsam | ➢➢ | |
| bedrohlich | ➢➢ | |
| ohne rationale Überlegung | ➢➢ | |
| blindwütig | ➢➢ | |
| Tier | ➢➢ | |
| sexuelle Energie | ➢➢ | |

Ähnlich funktioniert: »Tu den Tiger in den Tank.« Dieser Satz wurde sofort verstanden. Niemand nahm an, dass ein Tierquäler einen Tiger in den Tank sperren wollte, sondern man verstand, dass »Tiger« hier uneigentlich gemeint war – eigentlich sollte es Benzin heißen; Tiger ersetzte Benzin.

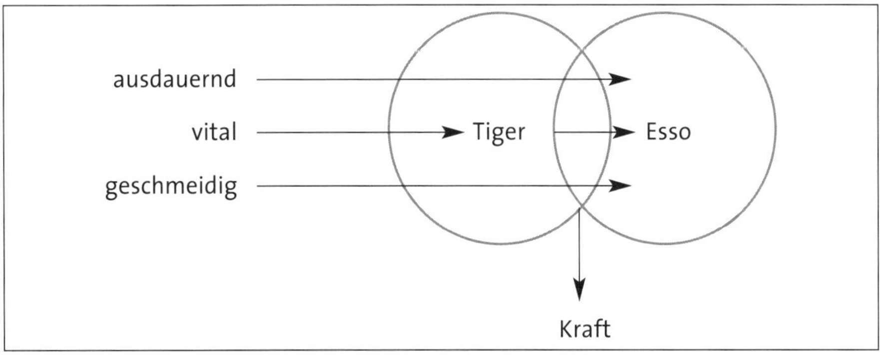

Es geschieht zweierlei:

1. Die Aufmerksamkeit wird zentral auf das Merkmal gelenkt, das die Ähnlichkeit zwischen diesen Begriffen bewirkt; in unserem Fall ist es die Kraft.
2. Merkmale des uneigentlich gesetzten Zeichens werden auf das eigentliche Zeichen übertragen – und zwar ohne dass dies explizit ausgesprochen werden muss.

Hier liegt das Prinzip der Metapher vor, die zu einer übergeordneten Klasse von rhetorischen Strategien gehört: den Tropen. Diese Typen der Sprach- und Zeichenverwendung hat die Rhetorik systematisiert. Sie stellen eine wichtige Strategie der Bedeutungsübermittlung und gleichzeitig der Überzeugung, der Persuasion, dar – sowohl im öffentlich-politischen Diskurs als auch im Bereich der Werbekonzepte. Wenn eine Partei zum Beispiel in einem Slogan behauptet: »Freiheit statt Sozialismus«, dann bringt sie damit zwei Begriffe in Opposition, die in der Normalsprache gar nicht in Opposition stehen – und diffamiert genau damit den Begriff Sozialismus.

In einem Film über eine Brillenmarke Pearl lautet der Slogan: »Brillen tragen viele, manche tragen Pearl.« Pearl wird damit bewusst aus dem Feld der Brillen genommen, damit wird signalisiert, dass Pearl etwas ganz besonderes ist.

**Typen der Sprach- und Zeichenverwendung**

Im Folgenden eine kurze Übersicht über wichtige Typen, die alle auf dem Prinzip Standard und Abweichung beruhen. Die Abweichung muss dabei immer so gewählt sein, dass aus ihr der Standard rekonstruiert werden kann:

*Tropen*

Sie basieren auf einer semantischen Abweichung. Ein eigentlicher Ausdruck wird durch einen uneigentlichen ersetzt.

*Metapher*

Sie ist ein abgekürzter Vergleich. Der eigentliche Ausdruck und der uneigentliche Ausdruck besitzen einen gemeinsamen Merkmalsdurchschnitt, der aber nicht erwähnt wird. Eine solche Verwendung zwingt dazu, aktiv zu rekonstruieren, was das Gemeinsame der beiden Ausdrücke ist. Beispiel »Das Gold ihrer Haare«:

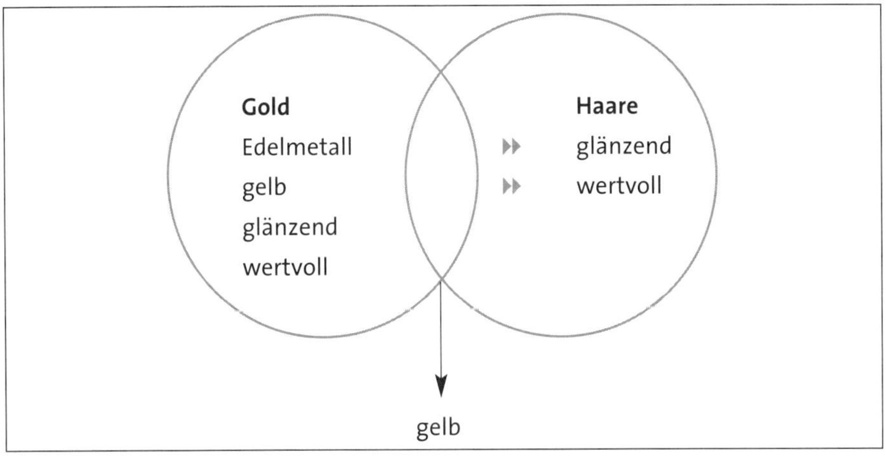


Ähnlich funktionieren Bounty (»Genieß ein Stück vom Paradies«) oder Sheba (»Ein Fest für Katzen«).

*Metonymie*

Der eigentliche und der uneigentliche Ausdruck haben keinen gemeinsamen Merkmalsdurchschnitt, sondern berühren sich innerhalb eines gemeinsamen Bezugsrahmens: »Trink das Glas« (nicht das Glas, sondern den Inhalt). Oder Kausalbeziehung: Ursache für Wirkung, Wirkung für Ursache. Zum Beispiel Glem Vital Shampoo mit Weizenkeimen: Der Film führt ein Weizenfeld vor und eine Frau, deren Haare ähnliche Qualitäten haben: gelb, kräftig, gesund, wehend wie die Halme im Feld.

Packungen stehen zu ihrem Inhalt in einer Beziehung der Metonymie.

*Synekdoche*

Teil – Ganzes: »Ein getreues Herze …« (Herz für Mensch). Der uneigentliche Term steht als Teil für das Ganze, das der eigentlich gemeinte Begriff ist:

- Kika zeigt ein rotes Sofa, das für das gesamte dort erhältliche Möbelsortiment steht.
- Schwäbisch Hall wirbt für Bausparen mit dem Slogan: »Auf diese Steine können Sie bauen« (Steine für Haus).

Produkte werden in so genannten Lifestyle-Kampagnen so in ein soziales Setting eingebunden, dass sie als Zeichen für die Zugehörigkeit zu einem bestimmten Lebensstil gelten.

*Hyperbel*

Dies ist eine Figur der Übertreibung. Der uneigentliche Term ersetzt hier den eigentlichen Term über eine besondere Steigerung der Intensität in einer bestimmten Dimension, zum Beispiel einer Vergrößerung:

- Eine Frau in dem Film über das Deo Rexona Crystal hat so Angst, dass ihr Deo weiße Flecken auf ihrem schwarzen Kleid hinterlassen könnte, dass sie sich aus dem ersten Stock kopfüber in ihr Kleid fallen lässt, das zwei Helferinnen dort für sie bereit halten.
- Der Mann, der in dem Obstgarten-Film etwas Schweres isst, isst so schwer, dass er durch den Boden bricht.
- Eine Familie hat so Angst, dass Licht die Vitamine in der Milch zerstören könnte, dass sie immer im Dunklen frühstücken, bis sie die Vorteile von Tetrapak entdecken, das automatisch die Vitamine in der Milch schützt.

Diese Möglichkeiten stellen nur eine kleine Auswahl dar – andere rhetorische Möglichkeiten sind Ironie, Allegorie, Personifikation etc. Es geht bei der Analyse nicht darum, zu bestimmen, ob in einem bestimmten Fall eine Synekdoche oder Metapher vorliegt, sondern darum, Aufmerksamkeit für diesen Typ der Sprachverwendung zu entwickeln, also zu analysieren:

1. Ersetzt ein uneigentlicher Term einen eigentlichen Term? Wird also überhaupt von dieser wichtigen Möglichkeit der Sprachverwendung Gebrauch gemacht, die es gestattet, »unter der Hand« Bedeutungen mitzuteilen und damit zu beeinflussen?
2. Was wird damit bewirkt? Welche semantischen Merkmale muss der Hörer notwendigerweise rekonstruieren, um die Bedeutung zu verstehen, und welche werden zugleich damit automatisch übermittelt?

Hier beginnt die eigentliche Kunst des rhetorischen Gebrauchs. Es ist raffiniert, das Tier Tiger als Verdeutlichung von Kraft zu wählen – ein anderes Tier wie Büffel würde auch Kraft übermitteln, aber zugleich auch die Merkmale stur, dumm.

Die zweite Gruppe von rhetorischen Kategorien, die nicht näher besprochen werden soll, besteht aus syntaktisch abweichenden Sprachverwendungen. Dabei wird ein Mehr oder Weniger an syntaktischer Ordnung benützt, als die Normalsprache es vorschreibt. Zum Beispiel: »Läuft und läuft und läuft.«

Die klassische Rhetorik ist ausschließlich auf die Verwendung von Sprache bezogen; erst neue Rhetorikstrategien beziehen in ihre Möglichkeiten Bildsysteme mit ein.[184]

### 10.1.2 Argumentationsverfahren und Diskurstheorien

Der Frage, wie in öffentlichen und privaten Diskursen argumentiert wird und argumentiert werden muss, um Verständigung zwischen den Partnern zu erzielen und Einverständnis zu erlangen, wenden sich eine Reihe von Theorien zu: Sprechakttheorien, sprachphilosophische Ansätze, Diskurstheorien. Jedes Subsystem besitzt ganz bestimmte Regeln und Voraussetzungen, die eingehalten werden müssen – so etwa der juristische Diskurs, der wissenschaftliche Diskurs etc.[185]

Wenn wir Werbung unter diesem Gesichtspunkt betrachten, dann lässt sie sich als ein Diskurs beschreiben, der nicht dem Typ eines rationalen Diskurses folgt, wie das wissenschaftliche Diskurse tun, aber auch nicht dem Typ von unmittelbar verhaltenswirksamen Diskursen, wie etwa der juristische Diskurs (»Ich verurteile Sie zu zehn Jahren«). Werbung macht im Allgemeinen keine Aussagen, die wissenschaftlich nachprüfbar sind (»Mehr können Sie für Ihre Wäsche nicht tun«), noch kann sie sagen: »Ich befehle Ihnen, nicht mehr X zu kaufen«. Sie benützt Persuasionstechniken – ihr muss es um das Einverständnis des Hörers gehen, mit welchen Mitteln auch immer das zu erreichen ist. Und das ist, wie bereits beschrieben, auch das Ziel der Rhetorik, bei der sich daher auch Anleihen machen lassen.

Die Rhetorik zählt eine ganze Reihe von Strategien auf, die sie für besonders wirkungsvoll als Argumentations- und Überzeugungsstrategien hält. Ich erwähne im Folgenden einige dieser Verfahren.[186] Ich möchte jedoch anmerken, dass die rein mechanische Anwendung dieser Verfahren nicht unbedingt sinnvoll ist. Es handelt sich um historische Verfahren, und daher ist für heutige Begriffe immer zu klären, was ein Satz eigentlich bedeutet. Zum Beispiel: »Wenn die Feinde etwas loben, ist es gut.« Was bedeutet heute Feinde?

Wir wollen anschließend daher einige abstraktere Regeln und Argumentationsformen besprechen. Zunächst zur Auswahl:

- *Wenn zwei sich um etwas streiten, muss es gut sein.* (Siegesspot Cannes 1991: Eine Frau und ein Löwe streiten sich um eine Flasche Perrier.)
- *Etwas ist gut, wenn einer es um keinen Preis wieder hergeben möchte.* (Die Hausfrau tauscht Dash nicht gegen zwei Packungen eines Konkurrenzproduktes ein.)
- *Gut ist, was keinen Vergleich scheut.* (Siemens: Der Vergleich macht Sie sicher.)
- *Gut ist, was die Menschen tun, wenn sie für sich allein sind, nicht, was sie draußen sagen.* (Die Zahnarztfrau verwendet Perlweiss.)
- *Gut ist, was die Dinge wählen würden, wenn sie Vernunft hätten.* (Katzen würden Whiskas kaufen.)
- *Was gute, kluge Menschen bevorzugen, muss gut sein.* (Choosy mothers choose Jiff.)
- *Gut ist, was sogar der Feind rühmt.* (Punks essen Pralinen – Papillon von Suchard.)

**Allgemeine Argumentations- und Überzeugungsstrategien**

Ich gehe im Folgenden von Autoren aus, die sich der Analyse rationaler und praktischer Diskursformen zugewendet haben.[187] Alle ihre Ansätze stimmen darin überein, dass menschliche Kommunikation nur dann gelingt, wenn bestimmte Regeln eingehalten werden. Die Sprechakttheorie nennt sie Konversationsmaximen. Wir wiederum halten diese Regeln automatisch, nicht bewusst, ein. Die Regeln fallen erst auf, wenn jemand dagegen verstößt – die Äußerung wirkt dann sinnlos. Solche Regeln sind zum Beispiel:

1. Der Sprecher muss die Behauptung, die er aufstellt, selbst glauben. Die Aussage »Die Katze liegt auf dem Teppich, aber ich glaube es nicht« ist sinnlos.
2. Der Hörer ist in seiner Antwort verpflichtet, auf den Bezugsrahmen des Sprechers einzugehen. – Frage Person A: »Kannst du mir sagen, wie spät es ist?« Antwort Person B: »Schau, da kommen drei Eichhörnchen.«
3. Kein Sprecher darf sich widersprechen. – »Ich behaupte, dass dieser Orangensaft gesund ist und Ausschläge hervorruft.«

4. Jeder Sprecher muss das, was er behauptet, auf Verlangen begründen. – »Ich verurteile Herrn N. zu zehn Jahren Gefängnis, obwohl hierfür keine guten Gründe vorliegen.«

Auch dies stellt wieder nur eine kleine Auswahl dar.[188] Werden Regeln dieser Art in der Kommunikation nicht eingehalten, ist die Überzeugungskraft einer Argumentation von vornherein gestört. Werbekonzepte, zum Beispiel Storyboards, die den Gang der Argumentation zeigen, sind zunächst einmal genau auf das Einhalten dieser Regeln zu prüfen – hier zeigen sich bereits erstaunlich oft Verstöße gegen diese Minimalbedingungen.

Über diesen Bestand an Grundregeln hinaus entwickeln die einzelnen Diskursformen – der wissenschaftliche, der juristische und eben auch der rhetorische – nun spezifische, für ihren Objektbereich gültige Regeln, die eine Aussage innerhalb dieses Diskurses sinnvoll erscheinen lassen. Diesen wollen wir uns jetzt zuwenden.

Argumentationsverfahren setzen den Begriff des Argumentes voraus. Ein Argument lässt sich als eine Behauptung definieren, für die ein Geltungsanspruch erhoben wird. Dieser Geltungsanspruch kann sich auf Evidenzen verschiedener Art stützen, er kann explizit begründet oder nur indirekt erschlossen werden, er kann über verschiedene Techniken als glaubwürdig dargestellt werden.[189] Bei einer Argumentationsform ist zu unterscheiden zwischen den:

- Prämissen der Argumentation (das Backing): Was wird als wahr/gültig vorausgesetzt?
- Techniken der Argumentation: Wie wird die Argumentation geführt?

Ein Film über Honig führt ein Honigglas vor, das sich wie von selbst füllt. Dazu hört man das Summen von Bienen. Text: »Sie sehen eine original Bienenabfüllung. In Darbo naturrein kommt nur Natur rein.«

| **Prämisse 1** | **Prämisse 2** | |
|---|---|---|
| Natur ist wertvoll. Was aus der Natur kommt, ohne dass kulturelle Eingriffe vorliegen, ist gut. | Honig kann aus der Natur stammen, ohne kulturelle Eingriffe. | Honig kann aus der Nicht-Natur stammen, industrielle Eingriffe aufweisen. |

↓

Darbo-Honig wird von Bienen abgefüllt.

Bienen sind die natürlichen Produzenten von Honig.

Darbo-Honig ist wertvoll.

Wenn Cif sagt: »Pulver kratzen, und dann passiert das: ... [man sieht eine zerkratzte Oberfläche] Cif kann nicht kratzen!«, dann setzt das die Prämisse voraus: Gegenstände im Haushalt müssen sauber, aber unversehrt und glänzend gehalten werden. Personen, denen es völlig gleich ist, wie ihre Herde oder ihre Spülbecken aussehen, wären durch diese Argumentation nicht zu überzeugen.

Wichtig für Rhetorik und Persuasionsstrategien ist nun, dass sie am Stand der Überzeugungen und der Werthaltungen des Publikums, an das sie sich wenden, ansetzen. Rhetorik und Werbung wenden sich an das, was sie als allgemeine Werthaltungen, als Wissen ihres Publikums voraussetzen können, an das, was nach dem Alltagsverständnis oder nach dem Bewusstsein einer Zielgruppe richtig, wahrscheinlich oder plausibel ist. Hier geht es also um das Wahrscheinliche und Plausible, nicht um universell gültige Prämissen.

Die Evidenzen, die Beweise und Argumente, die angeführt werden, sind inhaltlich sehr vielfältig. Sie richten sich natürlich nach dem, was im Bereich des Argumentes versprochen werden soll, und dies ist wiederum stark abhängig von den Gegebenheiten einer Produktgattung.

Im Folgenden ein Analyserahmen, der einige grundsätzliche Appellmöglichkeiten angibt.

### 1. Handlungstheoretischer Ansatz

Eine Handlung kann zweckrational/instrumentell, wertrational, expressiv oder affektuell begründet werden (siehe Teil D 2.3). Noch weiter zurückgehend, lässt sich das auch durch die bereits von Aristoteles entwickelten Appellmöglichkeiten beschreiben. Aristoteles geht davon aus, dass man prinzipiell an drei Dinge appellieren kann:

- Logos (Zweckmäßigkeit),
- Ethos (Richtigkeit),
- Pathos (Gefühl).

Dabei wird jedes Mal ein anderes Kriterium der Gültigkeit und Wahrheit benützt, und je nach Kriterium stützt sich ein Appell auch auf eine andere Evidenz.

| | Typ der Aussage | Kriterium der Wahrheit |
|---|---|---|
| **instrumentell** | Kognitionen (Wissen/Kenntnis) | Wirkung<br>Eingriff in die Umwelt<br>beobachtbarer Beweis |
| **normativ** | Obligationen (Norm, Verpflichtung) | Wirken einer Norm |
| **expressiv** | Expressionen | Authentizität<br>Wahrhaftigkeit<br>Autorität |

Nehmen wir zum Beispiel Argumentationen über Umweltschutz.

- Instrumentell wäre: »Autoabgase schädigen die Wälder.« Dies kann überprüft, dargelegt, durch Experiment entschieden werden.
- Normativ wäre: »Die Industrie braucht billige Energie.« Dies ist nur durch Appell an eine übergeordnete Norm zu begründen, an das in dieser Kultur Erlaubte oder Verbotene.
- Expressiv wäre: »Ich bin gegen Atomkraftwerke.« Die Überzeugungskraft hängt hier von der Autorität der argumentierenden Person ab.

*Zweckrationaler Appell/instrumentelle Argumentation*

Hier geht es um die möglichst überzeugende Darlegung einer Wirkungsbehauptung.

*Typ 1: Instrumentelle Wirkung*

Sie erfolgt vornehmlich bei Produkten, die Probleme lösen, unangenehme Zustände beseitigen, beobachtbare Folgen haben, wirkungsvoll in Objekte/in die Umwelt eingreifen. Die meisten Produktdemonstrationen folgen diesem Typ.

*Side-by-side-Vergleich:*

Darstellung der Wirkung auf einer mikroskopischen Ebene, erläutert von einem wissenschaftlich anmutenden Sprecher. Benützt wird meist das Repertoire wissenschaftlich anmutender Text- und Bildcodes: Tabellen,

Kurven, Bildschirme, Apparaturen etc. Der Typ der Argumentation ist hier das didaktische Lehrbeispiel. Der Zuschauer wohnt einem Experiment bei er sieht mit eigenen Augen, wie etwas wirkt.

*Typ 2: Magische Wirkung*

Das ist ein ganz anderer Typ der Wirkung: Der Besitz oder die Verwendung eines Produktes führt dazu, dass sich andere Lebewesen/Menschen zwangsläufig dem Verwender zuwenden. Exemplarisch dafür ist etwa Miracoli (das das Wunder ja schon im Namen führt) oder Sheba. Miracoli bewirkt, dass die Kinder gern zu der Mutter kommen, die Miracoli hat, und dass sie dort fröhlich sind, während es in einem Nicht-Miracoli-Haushalt lustlos zugeht. Sheba bringt die Katze dazu, sich ihrer Besitzerin zu nähern und sie zu küssen. Wenn Mutter unten in der Küche bestimmte Frühstücksflocken zubereitet, kommen die Kinder freiwillig und gut gelaunt zum Frühstück etc.

Dieser Typ führt nicht direkt eine instrumentelle Wirkung vor, sondern geht nach den Prinzipien magischer und ritueller Praktiken davon aus, dass kein Unterschied zwischen instrumentellen und anderen Einwirkungen besteht.

*Normativer Appell*

Die Norm, an die appelliert wird, kann als gültig vorausgesetzt, ihr Bruch oder ihre Bestätigung können vorgeführt werden. Beispielsweise argumentieren umweltbezogene Produkte: »Wir haben uns die Natur zum Vorbild genommen.« (Die Natur wird als der primär gültige Wert gesetzt, der nicht weiter begründet werden muss.) Oder: Der Bruch einer gültigen Norm wird vorgeführt: »Mit diesen Flecken können Sie nicht in die Öffentlichkeit gehen.« Diese Art des normativen Appells kann sich auf zwei Mechanismen stützen:

- Demonstration von Lohn und Strafe,
- Appell an eine Norm, die als sittliche Überzeugung im Inneren der Person besteht.

*Expressiver Appell*

Die Wahrheit des Argumentes wird durch die Authentizität und Autorität einer Person bestätigt. Hier hängt die gesamte Argumentation an der Ausgestaltung der personalen Merkmale der Person, an ihrem Ausdruck, ihrer Fähigkeit, den Hörer emotional zu erreichen, ihrer personalen Autorität, den Merkmalen, die wir als konstitutiv für Ansehen und Einfluss kennen gelernt haben. Charakteristisch sind Testimonial- oder Presenter-Kampagnen. Sie folgen den Darstellungstechniken:

- Zeugnis geben,
- Erweckungs-/Bekehrungserlebnis,
- Belehrung durch einen Weisen.

Im Film übernimmt diese Funktion der Off-Sprecher. Er ist jeweils die Instanz, die die objektive Wahrheit verkündet bzw. das, was der Film als objektive Aussage setzt.

*Affektueller Appell – Geltungsanspruch über Genuss, Lust, gesteigerte Erlebnisse*

Das betrifft alle Argumentationen, die weder etwas beweisbar Nützliches noch normativ Richtiges verkaufen, sondern die etwas besonders Genussreiches, Erlebnisreiches, Lustvolles – im Wesentlichen also einen besonders intensiven Zustand – versprechen.

Solches kann im Grunde weder experimentell bewiesen noch unter Appell auf Autoritäten oder Normen argumentiert, sondern nur besonders eindrucksvoll dargestellt werden – die Sinnlichkeit und Opulenz der Darstellung signalisiert hier die Intensität des Erlebnisses.

**2. Canones – juristische Argumentationsformen**

Canones sind Argumentationsformen, die die Vernünftigkeit einer Entscheidung im Bereich des juristischen Diskurses begründen. Sie umfassen die Begründungen, die ergänzend und erläuternd zur Anwendung der positiven Rechtsnormen hinzutreten. Sie enthalten die nicht dem Gesetz zu entnehmenden normativen Prämissen. So kann die bestimmte Auslegung einer Rechtsnorm damit begründet werden, dass dies genau dem eigentlichen Willen des Gesetzgebers entspreche oder dass sich historisch dafür Parallelen finden ließen oder ein in ihr verwendeter Begriff heute so ausgelegt werden müsse etc.

Solche Argumentationsformen liegen systematisch geordnet vor, und Analogien finden sich in vielen Appellen im Bereich der Werbung.[190]

*Das semantische Argument*

Gerechtfertigt, kritisiert oder behauptet wird hier über einen bestimmten Sprachgebrauch:

- »Gibt es Autos, die lächeln können?«
- »Sind alle Waschmittel gleich?«
- »Nur wo Nutella draufsteht, ist Nutella drin!«
- »Das verstehe ich unter einem echten Bier!«

*Das genetische Argument*

Hinweis auf den Willen des Gesetzgebers. Gerechtfertigt wird über den Hinweis, dass der Erfinder/Produzent damit eine bestimmte Norm erfüllt. Es werden viele Zeugnisse angeführt, die bestätigen, dass die Norm erfüllt wurde:

- Die Struktur der alten Omo-Kampagne: Wissenschaftler bestätigen, dass Omo folgende Leistungen erbringt ... Hausfrauen bestätigen, dass Omo folgende Leistungen erbringt ...
- Oder die ähnlich gelagerte Argumentation einer Reihe von Zahncremen.

*Das historische Argument*

Frühere Fälle haben gezeigt, dass die Anwendung einer Rechtsnorm zu erwünschten oder unerwünschten Folgen führt – Lernen aus der Geschichte:

- »Wir machen es so wie früher« (Lange-Uhren, Dallmayr-Kaffee).

*Das komparative Argument*

Verglichen mit A ist B vorzuziehen.

*Das teleologische Argument*

Um ein bestimmtes Ziel zu erreichen, sind vernünftigerweise folgende Mittel einzusetzen ...

### 3. Argumentationstechniken

Sie sind teilweise schon in den vorangehenden Punkten erwähnt worden und sollen hier noch einmal aufgelistet werden:

- das didaktische Lehrbeispiel,
- der experimentelle Beweis,
- die magische Wirkung,
- das persönliche Zeugnis,
- der Rat einer Autorität,
- das Bekehrungserlebnis,
- das Drama, das Lohn und Strafe vorführt,
- das Wirken einer Norm,
- der intensiv gesteigerte Zustand, Entgrenzung, Intensivierung, Ekstase.

# 11 Beispiele semiotischer Analysen

Es folgen zwei Beispiele, die zumindest andeutungsweise die Leistungen semiotischer Analysen vorführen. Im Einzelnen würde dies allerdings mehr Raum beanspruchen, als hier eingeräumt werden kann.

Das erste Beispiel stammt aus der Phase der Konzeptentwicklung. Hier war aus Konzeptalternativen diejenige zu selegieren, die dann als Film gedreht und weiter getestet werden sollte. Speziell in dieser Phase sind semiotische Analysen sehr effizient. Empirische Untersuchungen führen oft zu nicht ganz klaren Ergebnissen, da Befragte in ihrem Vorstellungsvermögen eingeschränkt sind. Sie können sich oft nicht vorstellen, wie ein konkreter Film aussehen würde, und sie können auch nicht angeben, was an einem Konzept verändert werden müsste oder welches besser einer strategisch richtigen Positionierung entsprechen würde. Die Entscheidungen werden daher oft vom Management getroffen und basieren damit auf impliziten Werbewirkungstheorien.

Semiotische Analysen in diesem Stadium geben an:

1. Welches Konzept baut die besten Bedeutungen auf:
   - verknüpft also Marke und Produkt mit semantischem Mehrwert;
   - profiliert sie als Marke und Produkt;
   - inszeniert eine attraktive Produktleistung;
   - entspricht den im Werbebriefing erhobenen Anforderungen in Bezug auf Produkt und Marke.
2. Welches Konzept bietet die Nachrichten verständlich und argumentativ überzeugend an?

Semiotische Analysen geben nicht an, wie Rezipienten diese Bedeutungen verarbeiten, sondern welche Bedeutungen ihnen überhaupt angeboten werden. Die genauen Analyseschritte im Detail müssen wir an dieser Stelle natürlich übergehen; es werden nur die Ergebnisse und Schlüsse wiedergegeben.

Das zweite Beispiel, Persil »Landregen«, führt eine etwas genauere Filmanalyse vor – diese zeigt, wie die Prozesse der Zeichenkoppelung im Film ablaufen. Hier wird auch ein Filmprotokoll mit angeführt, das die Basis jeder semiotischen Filmanalyse darstellt. Dieser Film ist besonders interessant, da er zeigt, welche heterogenen Felder in Filmen verknüpft werden können und welche interessante Zusatzbedeutung durch diese besondere Art des Zeichenaufbaus geliefert wird.

## 11.1 Entscheidung zwischen zwei Filmkonzepten: Aquarel von Nestlé

Aquarel von Nestlé war das erste Mineralwasser, genauer Tafelwasser, das in PET-Flaschen angeboten wurde. Der Claim der Marke sowie die Flaschengestaltung stand bereits fest: Es handelte sich um eine handliche PET-Flasche, deren Etikett einen Baum zeigte und die auch ein Baummuster im Material der Flasche aufwies.

Für die Kampagne der Einführung, die mit demselben Konzept in ganz Europa erfolgen sollte, lagen zwei Vorschläge vor.

*Film »Das kleine Mädchen«*

Es ist ein heißer Sommernachmittag, und wir überfliegen eine große Stadt. Plötzlich schwenkt die Kamera auf ein kleines Haus und macht vor einem großen Fenster halt. Man sieht dort eine Mutter, die ihrer kleinen Tochter, einem Mädchen von etwa acht Jahren, ein Glas Wasser reicht. Das Mädchen ist sehr lebendig und lächelt schelmisch. Im Hintergrund sieht man den Vater des kleinen Mädchens durch das Zimmer laufen. Das kleine Mädchen stützt sich auf die Fensterbank und trinkt ein Glas Wasser. Plötzlich ändert sich sein Gesichtsausdruck. Der Blick des Mädchens wird von etwas im Park, der dem kleinen Haus gegenüberliegt, angezogen.

Die Kamera schwenkt jetzt auf das Trottoir gegenüber dem Haus. Wir sehen, wie das kleine Mädchen aus dem Haus läuft, und man bemerkt, dass es etwas unter seiner Jacke versteckt.

Es überquert die Straße zum Park, und wir sehen dabei einen Verkehrspolizisten, der auf die Fußgänger aufpasst.

Das Mädchen ist nun im Park. Vogelgezwitscher hat jetzt nahezu die Autogeräusche abgelöst, die nur noch schwach im Hintergrund wahrzunehmen sind.

Auf der Hauptallee des Parks wirkt das Mädchen winzig neben den großen Platanen. Einige Spaziergänger ruhen sich auf Bänken aus. Sie sehen das kleine Mädchen vorbeigehen und schauen es an, als ob sie wüssten, was es nun tun wird.

Das kleine Mädchen geht jetzt auf einen großen Baum zu, der sich in der Mitte des Parks befindet. Es nähert sich ihm. Am Fuß des Baums angekommen, holt es etwas hervor, was es unter seiner Jacke versteckt hielt. Es ist eine Flasche Aquarel. Als würde sie ihm diese anbieten, zeigt das Mädchen dem Baum die Flasche und öffnet sie vorsichtig. Ganz konzentriert gießt es dann etwas Wasser an den Fuß des Baums. Es hebt den Blick zur Krone, zufrieden mit dem Dienst, den es seinem großen Freund erwiesen hat.

Hüpfend entfernt es sich, begleitet von den wohlwollenden Blicken der wenigen Zuschauer.

Wie um ihm zu danken, gibt der Baum dann einen großen Schwarm Vögel frei. Plötzlich, wie in einer Verwandlung, verändert der Baum seine Gestalt und nimmt die Form des Baumes auf dem Flaschenetikett von Aquarel an.

Wir befinden uns jetzt wieder in der Wohnung. Die Mutter nimmt die Flasche Aquarel und gießt sich ein Glas ein. Ihr Mann tritt zu ihr. Aus dem Fenster schauend, sehen sie, wie ihre kleine Tochter zurückkommt. Sie sind gerührt und stolz über das, was ihre Kleine gerade vollbracht hat.

AQUAREL
AQUAREL

Für unser Wohlbefinden schenkt uns die Natur die Reinheit des Quellwassers von Aquarel.

Es ist so natürlich, dass wir der Natur etwas von ihrem Schatz zurückgeben wollen.

Aquarel von Nestlé. Die Quelle des Lebens.

## *Film »Wasser«*

| *Was man sieht* | | *Was man hört* |
| --- | --- | --- |
| Eine wunderschöne, unberührte Landschaft. ein schöner, klarer Fluss schlängelt sich hier sanft durch ein Tal. |  | |
| Die Kamera nähert sich dem Wasser. Während wir eine Stimme hören, erscheinen die gesprochenen Worte gleichzeitig über dem Bild. |  | Sprecher: »Wo ist der Ursprung des Wassers?« |
| Jetzt passiert etwas Wunderbares: Das Wasser beginnt rückwärts zu fließen. |  | |
| Die Kamera folgt dem Wasser, während es aufwärts fließt und nur noch feuchte, moosbewachsene Steine im Flussbett hinter sich lässt. |  | Sprecher: »Wo ist es immer noch kraftvoll?« |

*Was man sieht*
Das Wasser strömt durch eine Schlucht voller satter Farne und Bäume.

*Was man hört*

Bis es einen Wasserfall erreicht, ...

Sprecher:
»Wo ist es ganz besonders rein?«

... der nun auch nach oben fließt, wie ein Vorhang, der hochgezogen wird. Nur feuchtes Gestein bleibt übrig.

Mittlerweile ist der Wasserstrom viel schmaler geworden, und nur ein klares Rinnsal fließt einen steinigen Hang hinauf bis über eine felsige Kante.

*Was man sieht*
Wir sehen nun in Nahaufnahme die letzten Tropfen, die sich jetzt vom Boden lösen und rückwärts ganz besonders langsam vor dem blauen Himmel nach oben »fliegen«.

*Was man hört*

Sprecher:
»Wo ist es am frischesten?«

Der Blickpunkt unserer Kamera ändert sich nun. Die Wassertropfen fallen jetzt wieder langsam nach unten, in ihrer tatsächlichen Fließrichtung.

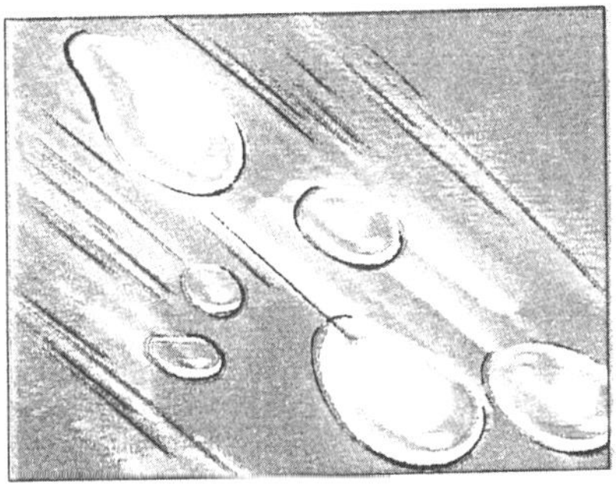

Das Bild wird größer, und jetzt erkennen wir, dass das Wasser aus einer Aquarel-Flasche kommt.

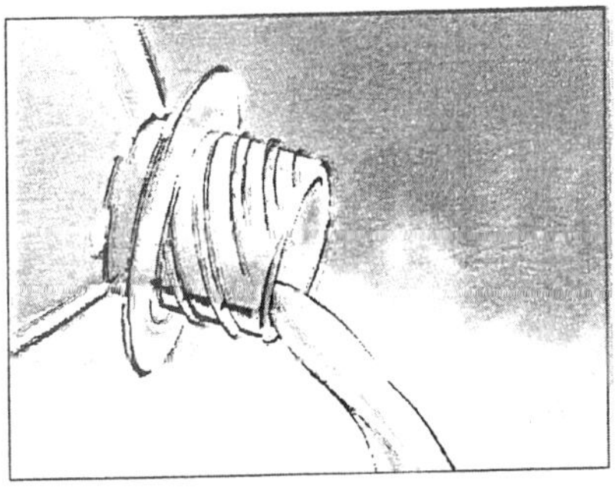

Sprecher:
»An der Quelle«

*Was man sieht*
Jetzt erkennen wir, dass oben auf dem Berg, wo das Wasser angekommen ist, ein Vater die Gläser seiner Frau und seiner beiden Kinder füllt. Mit Wasser aus der Aquarel-Flasche.

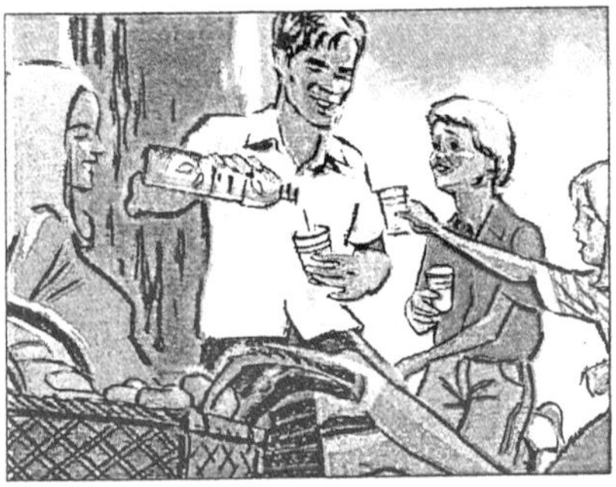

*Was man hört*

Die Familie sitzt dabei gemütlich unter einem einsamen Baum auf der grünen Wiese.

Sprecher: »Kristallklares Quellwasser aus dem Herzen unserer Natur – für das Wohlbefinden Ihrer Familie.«

Der Baum verwandelt sich in den Baum auf dem Etikett der Aquarel-Flasche.

Und die ganze Flasche erscheint nun vor der Quelle.

Sprecher: »Aquarel. Von Nestlé«

Wie im vorderen Teil des Buches ausgeführt, ist Mineralwasser eine Produktgattung, bei der die Zuschreibung von semantischem Mehrwert von hoher Relevanz ist. Auch wenn es in letzter Zeit Versuche gibt, Mineralwasser durch Geschmacksvarianten auch auf der Ebene der Produkte zu unterscheiden, ist die Produktgattung als solche so beschaffen, dass sie fast den Prototyp einer neutralen Ausprägung auf mehreren Produktebenen darstellt: ohne Farbe, ohne Duft, ohne Geschmack, im Prinzip nur zum Durstlöschen bestimmt, an keinen erkennbaren Anlass gebunden. Vom Produkt her sind also fast keine semantischen Zusatzleistungen geboten.

Alle semantischen Mehrwerte müssen also in spezifischer Weise inszeniert werden. Eine Reihe dieser Strategien wurde bereits geschildert:

- Herkunft: regionale Herkunft oder Herkunft aus dem unberührten Naturraum (Tiefe der Berge, Reinheit von Quellen etc.);
- Nobilisierung: z. B. Appolinaris: »Queen of table waters«;
- optimale Funktionsleistung: gesundheitlich wichtige Bestandteile, zum Beispiel Contrex, oder besondere Erfrischungsqualität wie bei Gerolsteiner (»Dein Durst kann was erleben«).

Aquarel hatte seine Positionierung im Kern schon bestimmt: Es sollte nicht dem Feld der regional verankerten Mineralwasser angehören, es sollte eine breite, moderne Marke zum »Vieltrinken« sein. Dennoch gab es über die Kampagne mehrere Wege, die Marke mit semantischem Mehrwert anzureichern.

Zunächst die Geschichte des ersten Films, wie sie sich aus semiotischer Perspektive darstellt: Gezeigt wird eine normale Familie in einem unspektakulären Setting: Vater, Mutter, ein ca. achtjähriges Mädchen. Das Mädchen erhält ein Glas Wasser. Intuitiv von etwas angezogen, verlässt sie das Haus und führt versteckt etwas mit sich. Sie begibt sich in den Bereich Natur, den Park. Sie geht an den Menschen vorbei bis zur Mitte des Parks zu dem großen Baum. Sie holt die Flasche hervor, gießt den Baum, kehrt um und geht zurück. Wohlwollende Blicke der Zuschauer begleiten sie: Der Baum entlässt einen Schwarm Vögel und verwandelt sich in den Baum des Etiketts der Aquarel-Flasche. Die Eltern zeigen sich stolz über das, was das Mädchen getan hat.

Wir finden hier eine klassische narrative Struktur und eine Ausprägung eines Extremraumes, so wie wir sie in dem Kapitel über Semiotik beschrieben haben:

- einen Ausgangszustand: ein normales Mädchen in einer normalen Familie;
- einen Endzustand: aus dem normalen Mädchen ist eine »Heldin« geworden, sie hat etwas Außergewöhnliches getan, etwas, auf das man stolz sein kann.

Der Mittelteil zeigt die Ereignisse, durch die diese Transformation zuwege gebracht wird: Das Mädchen begibt sich freiwillig in einen »Extremraum«, also zu einem extremen Punkt des Raumes – nämlich dem Baum , der sonst von niemand betreten wird, und es vollbringt dort mit Hilfe des Wassers, das sie mit sich führt, eine Art magische Leistung. Es begießt den Baum, der Baum lässt die Vögel frei und verwandelt sich in den Baum des Etiketts. Es kehrt als veränderte und von allen bewunderte Person aus diesem Extremraum zurück.

Die semantische Operation, die hier vorgeführt wird, ist eine nicht unproblematische Behauptung: Aquarel ist so natürlich, dass es schon immer in der Natur war, dass es der Natur zurückgegeben werden kann. Der natürliche Baum verwandelt sich durch Aquarel zum Aquarel-Baum, der Aquarel-Baum ist also identisch mit dem Naturbaum – alles natürliche Wasser ist quasi äquivalent mit Aquarel. Explizit ausgesprochen würde dies Widerstand erregen, in dieser Zeichenkonstruktion aber wird eine große Überzeugungskraft entfaltet, die durch unmittelbare Evidenz überzeugt: Indem diese Geschichte erzählt wird, wird man Zeuge des besonderen Naturaspektes von Aquarel. Aquarel erscheint wie ein magisches Produkt, ein Zaubermittel.

Dies ist immer der Vorteil von narrativen Strukturen: Sie müssen ihre Folgerung nicht dozierend aussprechen, sie erzählen eine Geschichte, die – wenn sie gut erzählt ist – eine unmittelbar überzeugende Evidenz hat. Man wird Zeuge, dass sich dies so abgespielt hat.

Interessant bei diesem Spot ist auch, dass er wie viele narrative Spots der Werbung der Struktur von Märchen folgt. Viele Märchen kennen dieses Verlassen des heimischen Raumes, (der Familie, der Heimat), die Reise in einen Extremraum (Wald/Höhle), wo mit Hilfe von magischen Gegenständen Wunder vollbracht werden (Hexen/Drachen werden mit magischen Schwertern erschlagen), sodass die ursprünglich unterprivilegierte Person (der benachteiligte Bruder) als Held gefeiert wird (heiratet eine Prinzessin). Bei dieser Geschichte ließe sich an eine Vorprägung durch Hänsel und Gretel denken: Sie verlassen ihren Heimatraum, töten im Extremraum die Hexe und kehren reich in ihren Heimatraum zurück.

Auch das Konzept des zweiten vorgeschlagenen Films basiert auf der Behauptung, dass Aquarel ein vollkommen natürliches Wasser ist, verbindet dies aber mit einer ganz anderen Zeichenkombination.

Die erste Aufnahme zeigt ein realistisches Bild: Ein Fluss schlängelt sich durch ein Tal. Dies wird mit der Frage des Off-Sprechers verbunden: »Wo ist der Ursprung des Wassers?« Dies wird durch eine phantastische, nicht-realistische Bildfolge beantwortet: Das Wasser des Flusses läuft rückwärts bis zum Wasserfall, um von dort als Tropfen in den Himmel zu fliegen und als Tropfen nach unten in die Aquarel-Flasche zu gelangen. Diese Aquarel-Flasche wird aber gleichzeitig als Quelle bezeichnet: das Wasser der Natur, des Flusses bzw. »alles Wasser« kommt also aus der Aquarel-Flasche, die die Quelle des Wassers ist.

Im Kern ist dies auch die Behauptung von Konzept 1. Dort jedoch wird diese Behauptung durch eine Geschichte belegt, in Konzept 2 wird sie als ein gleichnishafter, abstrakter Vorgang dargeboten, der die Problematik dieser Behauptung sehr viel deutlicher erkennbar macht. Das zweite Konzept ist daher weitaus weniger geeignet. Zusätzlich erscheint es schwieriger für die Rezeption, da der Rezipient hier erstens logischen Operationen folgen muss, und zweitens, weil der Baum des Etikettes in diesem Konzept keine Rolle spielt und daher keinen Beitrag für die Wiedererkennbarkeit der Marke am Regal leistet.

Gewählt wurde also das Konzept »Das kleine Mädchen«, das Aquarel erfolgreich am deutschen Markt positionierte.

## 11.2 Persil »Landregen«

Hier handelte es sich um einen fertig gedrehten Film, der deshalb einer semiotischen Analyse unterzogen werden sollte, weil man entscheiden wollte, ob die Marke weiter diese Wertewelt besetzen sollte oder nicht.

Bei semiotischen Analysen wird zunächst ein Filmprotokoll angefertigt, das den Regeln des Protokollierens folgt, wie sie für Spielfilme auf dem Boden von Filmtheorien entwickelt worden sind.[191] Das ist deshalb notwendig, weil die genaue Nachrichtenvergabe des Filmes verfolgt werden muss, die aus einer diffizilen Koordinierung der Text-Bild-Codes, der akustischen Codes, der Perspektiven etc. entsteht. Zunächst auf den folgenden Seiten das Filmprotokoll[192] zum Werbespot Persil »Landregen« (Gesamtlänge: 44,76 sec – 1119 Einzelbilder).

| Einstell. Nr. | Dauer in sec. (Einzelbild) | Ein-stell-verbin-dung | kameratechnische Bildgestalltung | | | Bildinhalt: Dargestellte Orte, Personen, Dinge; Aktionen | Soundtrack | |
|---|---|---|---|---|---|---|---|---|
| | | | Einstell.-größe | Kamera-bewegung | Pespektive | | Sprecher (off) | Musik |
| 1 | 1, 24<br>(31) | Schnitt | total | | Normalsicht<br>Kniehöhe | Ein Teich in hellem Sonnenlicht. Die ersten Tropfen eines beginnenden Regens fallen auf die Wasseroberfläche. Im Vordergrund eine Gruppe großer Seerosenblätter, in deren Mitte zwei rote Blüten. Links davon sitzt ein Frosch. Knapp am linken Bildrand staffeln sich verschiedene grüne Pflanzen mit teilweise sehr großen Blättern, die von hinten vom Sonnenlicht durchleuchtet werden. Dicht am gegenüberliegenden Teichufer liegt ein gepflegtes, weißes, strohgedecktes Haus mit einer geschwungenen Gartenfläche und großen Bäumen. | | Schnelle, hohe Tonfolge; Klavier (stakkato |
| 2 | 1,08<br>(27) | Schnitt | halbnah | | Obersicht | Der Frosch im Gegenlicht auf dem Seerosenblatt. Rechts angeschnitten im Vordergrund die roten Blüten. Große schwere Tropfen fallen zunehmend dichter auf das Blatt, dessen Oberfläche schon zu großen Teilen mit Wasser bedeckt ist. Die Wasserspritzer glitzern im Gegenlicht. Der Frosch bewegt sich und nimmt eine andere Position ein. | | |
| 3 | 0,64<br>(16) | Schnitt | nah | | Obersicht | Der Frosch von hinten, um ihn herum fallen Regentropfen auf das Blatt. Plötzlich springt er nach links aus dem Bild. | | |

| Einstell. Nr. | Dauer in sec. (Einzelbild) | Ein-stell-verbin-dung | kameratechnische Bildgestalltung | | | Bildinhalt: Dargestellte Orte, Personen, Dinge; Aktionen | Soundtrack | |
|---|---|---|---|---|---|---|---|---|
| | | | Einstell.-größe | Kamera-bewegung | Pespektive | | Sprecher (off) | Musik |
| 4 | 1,16 (29) | Schnitt | halbnah | | Obersicht | In der Wölbung eines großen, grünen Blattes sitzt ein kleiner Käfer. Im Vordergrund unscharf ein anderes Blatt, auf die überwiegend trockene Oberfläche sind erst wenige Tropfen gefallen, einige kommen hinzu, wobei sie das Blatt kurz in Schwingungen versetzen. | | Musik weiter wie oben ↓ |
| 5 | 1,32 (33( | Schnitt | nah | | Obersicht | Ein anderes großes Blatt mit starken Wölbungen. Rechts hinten ist ein nassglänzender Buckel ausgebildet, links hebt sich die Form aus dem Bild. Vorne links unscharf ein anderes Blatt. Einige Partien sind von hinten durchleuchtet. Viele Tropfen fallen auf das Blatt und befeuchten es zunehmend. | »Regenwasser ...« | Melodie wie oben; hinzu mischt sich eine stehende synthetische Harmonie |
| 6 | 1,80 (47) | Schnitt | halbnah | | leichte Obersicht | Ein anderes Blatt, nahezu vollständig im Bild. Die reich modellierte Formung ist in ihrer Gesamtheit gut zu erkennen. Davor und dahinter weitere, kleinere Blätter einer anderen Art. Die Regentropfen fallen deutlich sichtbar durchs Gegenlicht, jeder hinterlässt einen klar erkennbaren Nässefleck auf dem überwiegend trockenen Blatt. In einem Lichtwechsel wird das Blatt von hinten her zunehmend heller durchleuchtet. | ... ist so weich, ... ist so weich wie kaum ein anderes ... | Glockenspiel unisono mit Klaviermelodie, Harmonie weiter wie oben |

| Einstell. Nr. | Dauer in sec. (Einzelbild) | Einstell-verbindung | kameratechnische Bildgestalltung | | | Bildinhalt: Dargestellte Orte, Personen, Dinge; Aktionen | Soundtrack | |
|---|---|---|---|---|---|---|---|---|
| | | | Einstell.-größe | Kamera-bewegung | Pespektive | | Sprecher (off) | Musik |
| 7 | 1,36<br>(34) | Schnitt | nah | Schwenk rechts | leichte Obers. stark verkürzt | Eine Ente mit ihren Jungen auf der Teichoberfläche. In die Bildtiefe staffeln sich abwechselnd Schatten- und Lichtzonen. Viele einschlagende Tropfen zerkräuseln die Wasseroberfläche. | ... Wasser: es ist ... | Musik weiter |
| 8 | 1,48<br>(37) | Schnitt | halbtotal | Zoom vor | leichte Untersicht | Das Haus am gegenüberliegenden Teichufer. Vom linken Bildrand hängen langgebogene, dünne Blätter ins Bild, vorne rechts niedrige Uferpflanzen. Der dichter gewordene Regen überzieht das Bild wie ein Schleier. | das beste Wasser, um Wäsche | ↓ |
| 9 | 1,23<br>(32) | Überblendung<br>0,24<br>(6) | nah | | Norms. | Blick entlang der Traufe des Reetdaches, in der Mitte hinten eine Dachgaube, links hinten eine aufsteigende Mauerpartie. Das Licht fällt von links hinten ein. Rechts im Vordergrund sind deutlich die einzelnen Reethalme zu erkennen, in der Tiefe des Bildes verschwimmen die Konturen zu einer glitzernden Oberfläche. Der Regen fällt auf das Dach, von der Traufe läuft das Wasser in Fäden herunter. | ... rein und gepflegt ... | ↓ |

| Einstell. Nr. | Dauer in sec. (Einzelbild) | Ein-stell-verbin-dung | kameratechnische Bildgestaltung | | | Bildinhalt: Dargestellte Orte, Personen, Dinge; Aktionen | Soundtrack | |
|---|---|---|---|---|---|---|---|---|
| | | | Einstell.-größe | Kamera-bewegung | Pespektive | | Sprecher (off) | Musik |
| 10 | 1,76<br>(44) | Schnitt | nah | Vert.-Schenk ab/li. | | Die stark profilierte Oberfläche eines Blattes fängt das Regenwasser wie ein Trichter. Es läuft in reichem Strom zum Ansatz des Stängels und durch dessen hohles Profil weiter nach unten. | ... zu waschen | Die Klavier-Glockenmelodie wird mit einer synthetischen Streich-Harmonie-Folge unterlegt. Dazu kommt eine tiefere synth. Melodie |
| 11 | 1,12<br>(28) | Schnitt | nah | | leichte Obers. | Eine mit klarem Wasser randvoll gefüllte Regentonne, darüber das Abflussrohr der Regenrinne, aus dem Wasser in die Tonne strömt. Schwere Regentropfen treffen auf die Wasseroberfläche. | Hier ist ... | Musik weiter wie oben |
| 12 | 2,32<br>(58) | Schnitt | nah | | Norms. | Durch ein Sprossenfenster öffnet sich vom Innenraum aus der Blick auf eine Wiesenlandschaft. Es regnet draußen, trotzdem scheint die Sonne ins Fenster. Vor der Fensterbank steht links eine Waschmaschine, von der nur die Oberseite und ein Teil des Bedienfeldes im Bild sichtbar sind. Auf der Waschmaschine groß die Persil-Supra-Packung. Das Fensterkreuz und ein wehender Ast draußen werfen Schatten auf das Rauminnere. | ... *Persil Supra:* Das neue Kom- (...) | ↓<br>↓ |

| Einstell. Nr. | Dauer in sec. (Einzelbild) | Ein-stell-verbin-dung | kameratechnische Bildgestalltung | | | Bildinhalt: Dargestellte Orte, Personen, Dinge; Aktionen | Soundtrack | |
|---|---|---|---|---|---|---|---|---|
| | | | Einstell.-größe | Kamera-bewegung | Pespektive | | Sprecher (off) | Musik |
| 13 | 0,8 (26) | Schnitt | groß | | Obers. | Die Persil-Packung. Sie ist geöffnet und beinahe randvoll gefüllt mit einem weißen, groben Pulver, in dem einige dunkle Körner zu erkennen sind. Von rechts kommt eine Frauenhand und entnimmt mit einem durchsichtigen Becher Pulver. | ... paktwaschmittel, ... | → |
| 14 | 0,76 (19) | Schnitt | nah | | Norms. | Grauer Hintergrund, der in einer Diagonalen von links unten nach rechts oben in zwei unterschiedlich helle, ineinander übergehende Zonen geteilt ist. Links dunkel, rechts hell. Davor fällt das Pulver locker gestreut durchs Bild. | ... das eine Weich- (...) | → |
| 15 | 3,26 (79) | Schnitt | nah | | Obers. | Das Innere einer Waschtrommel. Darin liegen ein rotes, ein blaues, ein weißes und ein eng gestreiftes Kleidungsstück. Von oben fallen Wassertropfen auf die Wäsche herab. | ... wasserformel hat. Damit wird Wasser so weich ... | Ein neuer Melodieteil beginnt. Die Klavier-Glocken-Melodie ist nun ansteigend, von Streicherakkorden begleitet. |
| 16 | 1,16 (29) | Schnitt | nah | | leichte Obers. Kniehöhe | Eine helle Rasenfläche, nicht weit im Hintergrund dunkleres Gebüsch. Von links oben hängt ein leicht bewegter Ast ins Bild. Die fallenden Regentropfen und das nasse Gras glitzern im Gegenlicht. | ... wie Regen. | |

| Einstell. Nr. | Dauer in sec. (Einzelbild) | Ein-stell-verbin-dung | kameratechnische Bildgestalltung | | | Bildinhalt: Dargestellte Orte, Personen, Dinge; Aktionen | Soundtrack | |
|---|---|---|---|---|---|---|---|---|
| | | | Einstell.-größe | Kamera-bewegung | Pespektive | | Sprecher (off) | Musik |
| 17 | 1,2<br>(30) | Schnitt | nah | | leichte Obers. | Im Inneren der Waschtrommel. Ein blaues Kleidungsstück mit einer Knopfleiste, darauf links ein heller Knopf. Das Licht fällt flach von rechts ein. Wie Regen fallen einige Tropfen auf das Kleidungsstück und hinterlassen dunkle Flecken. | | ↓ |
| 18 | 0,88<br>(22) | Schnitt | groß | | Norms. | Zwei große, weiße Blüten in der rechten Bildhälfte, rechts und links unten große grüne Blätter. Im Hintergrund unscharf weitere Blätter. Regentropfen fallen herab. | Anders ... | ↓ |
| 19 | 1,52<br>(38) | Schnitt | Detail | | Norms. | Der vordere Rand des weißen Blütenblattes mit einem stängelhaften Fortsatz. Das von der Blüte aufgefangene Wasser läuft über diesen Fortsatz tropfenbildend ab. Einige Tropfen treffen zusätzlich auf den Blütenrand und zerstäuben. | ... als in hartem Wasser können ... | |
| 20 | 1<br>(25) | Schnitt | groß | | Obers. | Knopfleiste eines weißen Kleidungsstücks mit einem hellen Knopf. Viele Tropfen treffen auf den nassglänzenden Stoff und zerstäuben. Rechts hat sich eine kleine Pfütze gebildet. | ... sich die Wirkstoffe ... | Musik weiter wie oben |

| Einstell. Nr. | Dauer in sec. (Einzelbild) | Ein-stell-verbin-dung | kameratechnische Bildgestalltung | | | Bildinhalt: Dargestellte Orte, Personen, Dinge; Aktionen | Soundtrack | |
|---|---|---|---|---|---|---|---|---|
| | | | Einstell.-größe | Kamera-bewegung | Pespektive | | Sprecher (off) | Musik |
| 21 | 0,56 (14) | Schnitt | Detail | | leichte Obers. | Weißer Stoff, trocken. In der Bildmitte eine sanfte Mulde, hinten hebt sich das Gewebe schattenwerfend an. In der Mulde und links liegen einige kleine und ein sehr großer Tropfen klaren Wassers, ohne in den Stoff einzuziehen. Die Gewebestruktur unter dem großen Tropfen erscheint wie durch ein Vergrößerungsglas. Drei Tropfen fallen nacheinander dazu und vereinen sich mit dem großen. | ... in *Persil* ... | ↓ |
| 22 | 1,14 (35) | Schnitt | Detail | | leichte Obers. | Weißer Stoff. Vorne in der Mitte eine glänzende Mulde, hinter einer sanfter Aufwölbung unscharfes Grau. Zwei Tropfen fallen herab und ziehen schnell in da; Gewebe ein. Ganz links ein dritter. | ... weichem Wasser besser ... | ↓ |
| 23 | 0,68 (17) | Schnitt | Detail | | leichte Obers. | Weißer Stoff mit einer geschwungener Mulde, im Hintergrund eine helle Zone und ein unscharfer Schatten. Ein Tropfen fällt in die Mulde und zieht sofort in das Gewebe ein. | ... entfalten. | ↓ |
| 24 | 0,88 (22) | Schnitt | nah | | Obers. | Im Vordergrund ein weißes, dahinter ein hellblaues Kleidungsstück. Durch eine in der Stofffaltung ausgebildete Rinne läuft sprudelnd klares Wasser nach vorne links aus dem Bild. | | Musik weiter wie oben |

| Einstell. Nr. | Dauer in sec. (Einzelbild) | Ein-stell-verbin-dung | kameratechnische Bildgestalltung | | | Bildinhalt: Dargestellte Orte, Personen, Dinge; Aktionen | Soundtrack | |
|---|---|---|---|---|---|---|---|---|
| | | | Einstell.-größe | Kamera-bewegung | Pespektive | | Sprecher (off) | Musik |
| 25 | 0,76<br>(18) | Schnitt | groß | | Obers. | Tiefe Falte in weißem Stoff, durch die klares Wasser nach vorne fließt. Das Bild wird immer heller, schließlich fast weiß. | | Die Musik schwillt in schnellem Crescendo an, für einen kurzen Augenblick mischen sich Plätschergeräusche hinzu |
| 26 | 068<br>(17) | Schnitt | nah | Vertikal schwenk auf | Norms. | Das Bild ist sehr hell, es wird schnell auf normale Helligkeit abgeblendet. Ein weißes Hemd, das aufwärts über einen Frauenrücken gleitet. | Das … | Akkordfolge wie 10 bis 14, doch jetzt in synthetisch-orchestraler Instrumentierung. Getragner, fast pathetischer Vortrag |
| 27 | 4,76<br>(119) | Schnitt | nah | Schwenk rechts | Norms. | Die Frau steht mit dem Rücken zur Kamera. Sie zieht sich das Hemd über den Rücken nach oben. Dabei wendet sie sich nach rechts, befreit ihre Haare aus dem Kragen und geht nach rechts. Sie zieht an den Knopfleisten das Hemd vor sich zusammen. Hinter ihr eine weiß gemauerte Wand. In einer großen Nische sind Holzregale angebracht, darauf mehrere ordentliche Stapel Handtücher. | … neue Persil Supra bringt deshalb mehr: mehr Reinheit, mehr … | ↓ |

| Einstell. Nr. | Dauer in sec. (Einzelbild) | Ein-stell-verbin-dung | kameratechnische Bildgestalltung | | | Bildinhalt: Dargestellte Orte, Personen, Dinge; Aktionen | Soundtrack | |
|---|---|---|---|---|---|---|---|---|
| | | | Einstell.-größe | Kamera-bewegung | Pespektive | | Sprecher (off) | Musik |
| 28 | 1,88<br>(47) | Schnitt | groß | Schwenk rechts | Obers. | Frau tritt nach rechts, blickt aus dem nicht im Bild sichtbaren Fenster. An der Wand hinter ihr zeichnen sich die Schatten des Fensterkreuzes und des an der Scheibe herablaufenden Wassers ab. Ebensolche Schatten fallen jetzt auf ihr Gesicht. | ... Pflege – suprareine ... | Musik weiter wie oben |
| 29 | 1,88<br>(47) | Schnitt | nah | | Norms. | Frau von außen durch das Fenster. Die Schatten der von der Fensterscheibe abperlenden Regentropfen zeichnen ein Muster auf ihr Gesicht. Sie knöpft die oberen Knöpfe des Hemdes zu. | ... Pflege. *Persil Supra* ... | → |
| 30 | 4,4<br>(110) | | groß | Fahrt zurück | Norms. | *Persil-Supra*-Packung. Direkt dahinter nach links versetzt die Persil-phosphatfrei-Packung. Das Bildfeld erweitert sich: beide Packungen stehen im Sonnenlicht auf der Fensterbank. Durch das Sprossenfenster öffnet sich der Blick in die Natur. Der Himmel ist nahezu vollständig blau. Es hat aufgehört zu regnen. An der Scheibe haften noch einige Wassertropfen. | ... und *Persil*: suprareine Wäschepflege mit der Weichwasserformel.« | → |

## Einstellungsübersicht »Landregen«

| Nummer | Bezeichnung |
|---|---|
| 1 | Landhaus 1; Teich, Seerose, Frosch |
| 2 | Frosch verändert seine Sitzposition |
| 3a + 3b | Frosch hüpft fort |
| 4 | Käfer |
| 5 | Blatt, Detail |
| 6 | Blatt, vollständig |
| 7 | Ente mit ihren Jungen |
| 8 | Landhaus 2; Teich, Schilf |
| 9 | Reetdach |
| 10 | Blatt |
| 11 | trichterförmiges Blatt |
| 12 | Regentonne |
| 13 | Pack-Shot 1; Persil-Supra auf Waschmaschine |
| 14 | Hand mit Becher entnimmt Pulver |
| 15 | Pulverregen |
| 16 | Waschtrommel innen |
| 17 | Rasenfläche |
| 18 | Wäsche blau |
| 19 | weiße Blüten, vollständig |
| 20 | weiße Blüte, Detail |
| 21 | Wäsche weiß, Knopf |
| 22 | Wäsche weiß, aufliegender Tropfen |
| 23 | Wäsche weiß, eingezogener Tropfen |
| 24 | Wäsche blau-weiß, fließendes Wasser |
| 25 | Wäsche weiß, fließendes Wasser |
| 26 | Frau mit Hemd 1 |
| 27 | Frau mit Hemd 2 |
| 28 | Frau mit Hemd 3 |
| 29 | Frau am Fenster, von innen |
| 30 | Frau am Fenster, außen |
| 31 | Pack-Shot 2; Persil-Supra und Persil phosphatfrei |

1

2

3a

3b

4

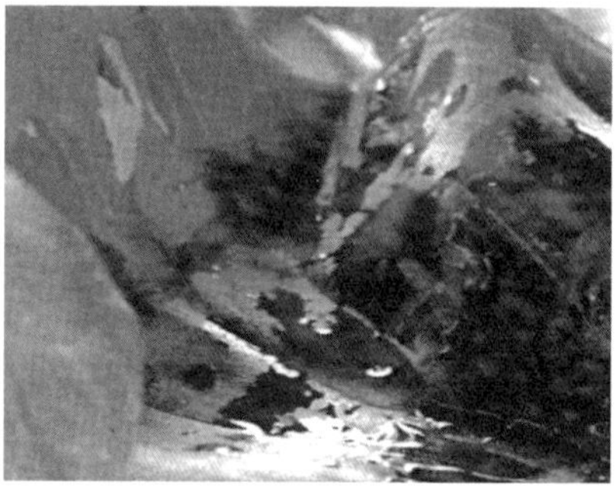
5

6

7

8

9

10

11

12

13

14

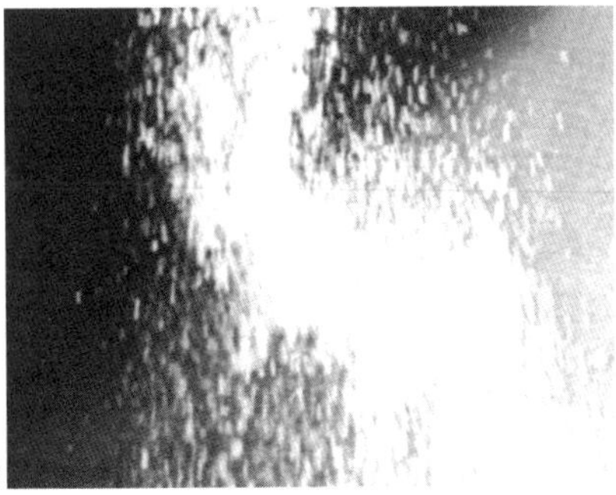
15

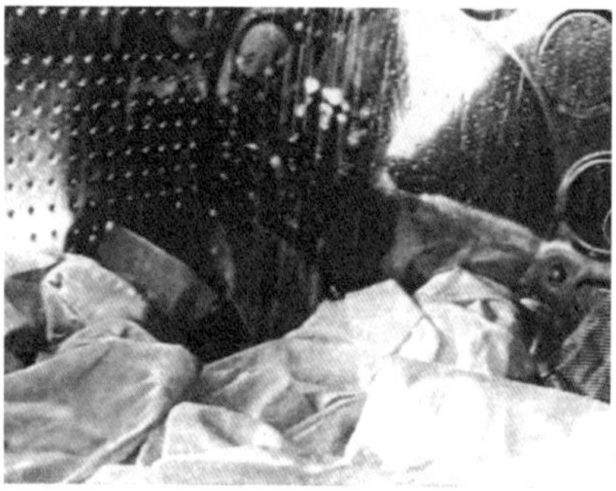
16

17

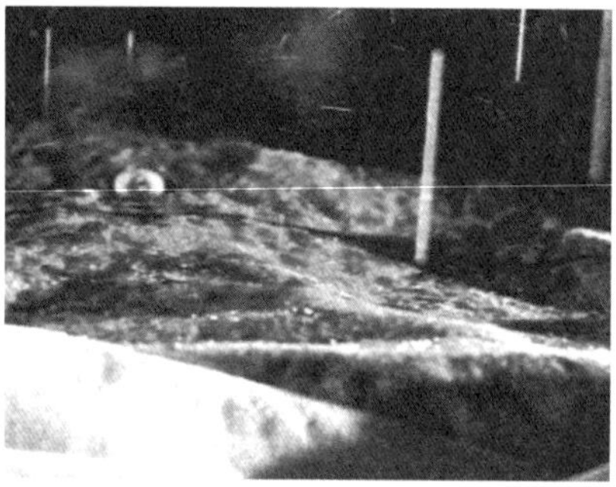
18

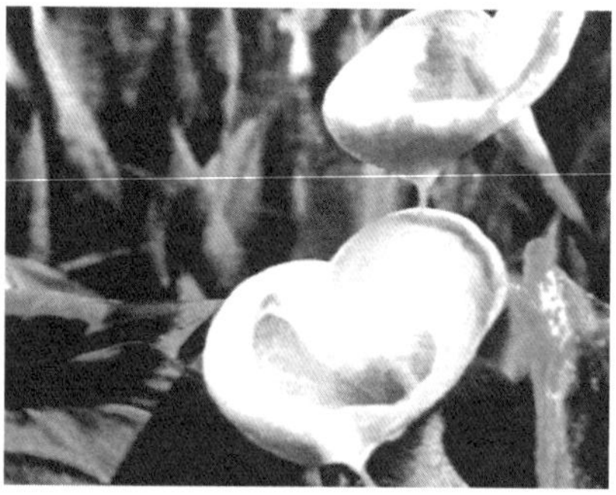
19

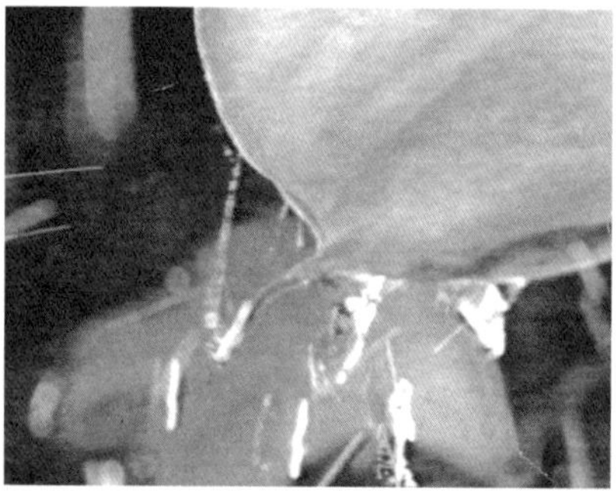
20

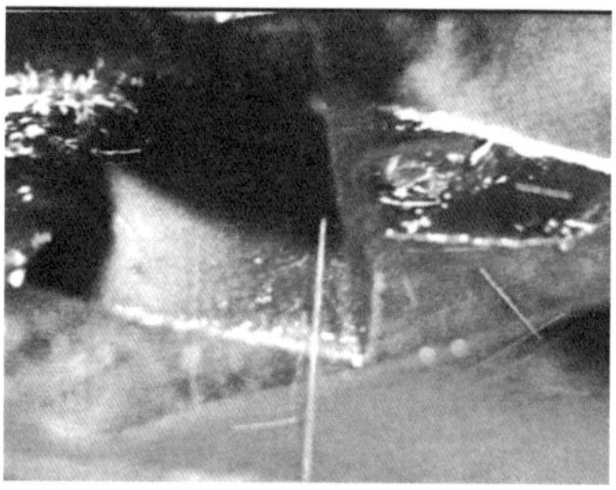
21

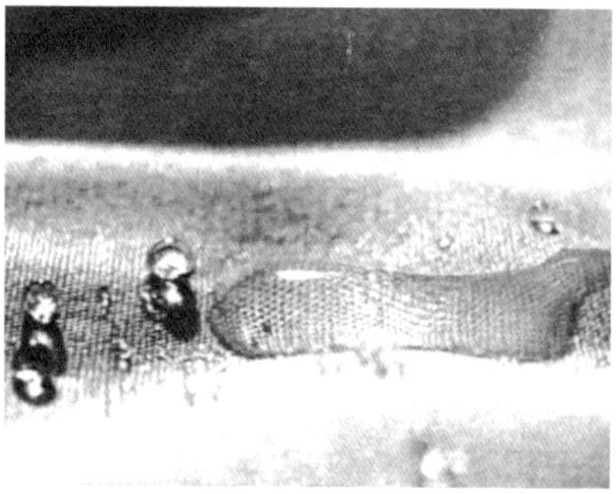
22

23

24

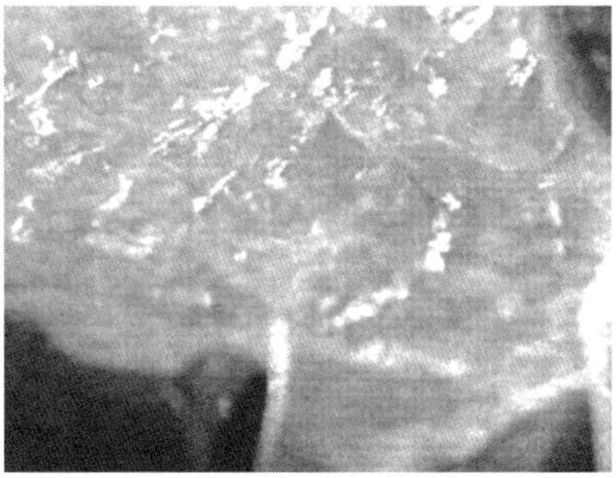
25

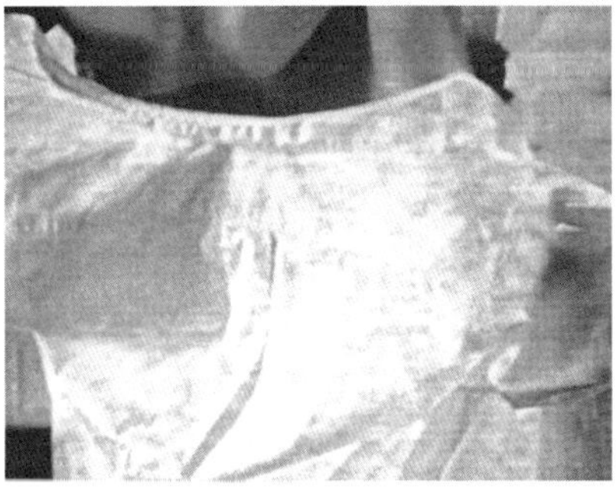
26

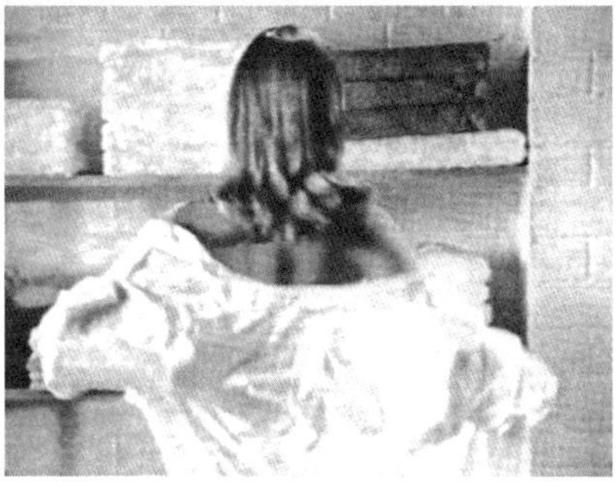
27

28

29

30

31

Eine erste Interpretation des Films zeigt folgende Gliederung:

| | | |
|---|---|---|
| Einst. 1 | Einführung des Lebensraumes Mensch und Natur | **Teil I Generalaspekt »weiches Wasser«** |
| Einst. 2–7 | Lebensraum Natur<br>Beobachtungen: Wie verhält sich die Natur zum Naturereignis Regen? | Bis hierher ist der Film ein »Naturfilm« |
| Einst. 8–11 | Beobachtung Kultur und Natur<br>Beide Räume haben ein harmonisches Verhältnis zum Ereignis Regen | |
| Einst. 12 | Packshot 1 | **Teil II Aufbau der Produktargumentation** |
| Einst. 13 | Beginn der kulturellen Aktion Waschen | |
| Einst. 14–20<br>Einst. 21–25 | Beobachtung im Bereich Natur und Waschvorgang<br>Parallelisierung Waschvorgang/Naturereignis Regen<br>Stilisierter Waschvorgang<br>Jetzt keine Parallelisierung mehr mit dem Naturvorgang | Waschvorgang im Kontrast zwischen Natur und Kultur |
| Einst. 26–29 | Resultat des Waschens<br>Sinn des Waschens im Kulturraum<br>Verträglichkeit mit dem System Natur | |
| Einst. 30 | Packshot 2, Slogan, Zusammenfassung | |

Daraus ergibt sich als Konsequenz der syntaktischen Abfolge: Die zum Packshot 1 hinführende Argumentation wäre in sprachlicher Form: »So wie es in der Natur ist, so ist es auch im Kulturbereich.« Der Waschvorgang argumentiert dann umgekehrt: Zuerst die Bilder des Pulvers, der Wäsche, dann die Bilder der Natur. Als sprachliche Form: »So wie wir waschen, so macht es auch die Natur.« Der Waschvorgang ist hier kaum als technischer Vorgang und kaum als von Menschen eingeleitete Aktion inszeniert.

Gehen wir jetzt der zentralen semantischen Zeichenkoppelung des Filmes nach: Der Film vergleicht auf der visuellen Ebene den Waschvorgang mit dem Naturereignis Regen. Regen in der Natur hat nun nicht die Aufgabe, Frösche und Enten zu säubern, sondern er bildet die Lebensgrundlage für diese Tiere. Der Film verwendet auch den Aspekt der Zeit in einer sehr spezifischen Form – nicht als linear gerichtete Zeit, wie dies sonst in der Produktgattung mit ihrer Bevorzugung von narrativen Strukturen üblich ist, sondern als zyklische Zeit: Im Raum der Kultur wiederholt sich die zyklische Zeit der Natur, wofür Regen ein exzellentes Beispiel ist. Ebenso benützt der Film keine der sonst üblichen Argumentationsformen: technisch-wissenschaftlicher Beweis, Appell an eine Norm, Autorität etc. – er führt nur etwas sehr Ästhetisches vor. Seine Botschaft liegt darin, dass er das Produkt an eine ganz andere Wertewelt ankoppelt.

Der Film repräsentiert einen völlig unüblichen Typ von Waschmittelwerbung. Er zeigt nicht die Wirkung des Waschmittels auf die Wäsche in punkto Sauberkeit, sondern die Wirkung des Persil-Wassers auf die Wäsche. Dieses Persil-Wasser wird vom Film mit weichem Wasser und visuell mit Regenwasser gleichgesetzt. Dieses wiederum wird vom Film mit einer Reihe höchst positiver Merkmale aufgeladen:

- gänzlich ohne Chemie,
- natürlichste Art von Wasser,
- kommt direkt aus der Natur,
- tut allen Gegenständen gut, mit denen es in Berührung kommt,
- ist etwas Willkommenes, Segenbringendes, Geliebtes,
- es ist ein weiches und besonderes Wasser.

Entfaltet wird solcherart eine differenzierte Semantik von Benetzen/Leben spenden. Die Parallelisierung geht so weit, dass auch die Sequenz, in der Persil in die Maschine geschüttet wird, die Form von fallendem Regen annimmt. Dieselbe Bedeutung findet sich auch in der Musik, die in diesem Film geschickt eingesetzt ist – sie stiftet Kohärenz und übersetzt wiederum durch ihre Stakkatotechnik die Semantik »Regentropfen« mit einer deutlich optimistischen Steigerung am Schluss.

Der Film konzentriert sich in hohem Maß auf die Vermittlung von Gefühlswerten und ästhetischen Werten – sowohl auf der Basis der gewählten Objekte, die alle schön, edel, besonders sind (vgl. die weiße Blume), als auch auf der Basis der Technik – der Film ist eindrucksvoll schön fotografiert. Unterdrückt sind alle Gebrauchswerte und alle trivialen Darstellungen der Waschmittelwelt.

Persil erscheint als ein Labsal, als etwas, das Genuss verschafft, Schönheit bringt. Waschen wird nicht als ein technischer Vorgang gezeigt, auch nicht im Demo-Teil. Dargestellt wird, wie die Wäsche das Persil-Wasser »trinkt« – ähnlich wie die Naturelemente den Regen.

Die Waschsequenz ist völlig von einem menschlichen Agenten abgekoppelt sie ereignet sich. Die Ergebnissequenz macht das Ergebnis sichtbar und fühlbar, sinnlich erlebbar. Reinheit wird hier als eine besondere Qualität dargestellt, die in der Welt der Natur und dank Persil auch in der Welt der Menschen vorkommt (Festlegung nur auf weiße und grüne Gegenstände). Die Natur, die hier gezeigt wird, ist auch nicht die Natur der Ökotrips, wie sie etwa Frosch darstellt, sondern eine potentiell realistische.

Der Film muss sich darauf verlassen, dass der Rezipient gelernt hat: Alle Waschmittel waschen gut, Persil ist außerordentlich zuverlässig in der Waschkraft. Auf dieser gelernten Wissensbasis werden dann die neuen Informationen gesetzt. Persil wird in diesem Film nicht als ein »Gebrauchsmittel« dargestellt, sondern als etwas Besonderes, Elitäres, Ästhetisches, das die Wertewelt »schön, natürlich, sanft« transportiert.

Das ist natürlich eine kühne Verbindung für ein Waschmittel. Nur eine empirische Analyse kann jetzt zeigen, wie groß erstens die Gruppen sind, die eine solche ideologische Konstruktion akzeptieren, und zweitens, ob Rezipienten überhaupt bereit sind, diese Bedeutungskoppelung vorzunehmen, also die Merkmale der Regen-/Naturwelt auf Persil zu übertragen. Sind sie es nicht, dann wird der Film unverständlich. Er würde dann in zwei Teile zerfallen: »Draußen regnet es« und »Die Wäsche wird mit Persil gewaschen«.

Ich habe dieses Filmbeispiel deshalb gewählt, weil es noch einmal exemplarisch meine Thesen illustriert:

1. Semantische Mehrwerte entstehen durch Kombination und Selektion von Zeichen.
2. Produkte transportieren Wertewelten, die eine ideologische Basis haben. Sie stehen für Konzeptionen des Wünschenswerten.
3. Diese Konzeptionen des Wünschenswerten ändern sich laufend und damit auch die Botschaften, die Produkte übermitteln können: 20 Jahre zuvor wäre ein solcher Film undenkbar gewesen.
4. Der Film zeigt, welche heterogenen Zeichenfelder heute bereits gekoppelt werden können: *anything goes.*

Teil E

# Das Konzept der Marke

# 1 Die grundsätzlichen Fragen

## *Was sind Marken? Wozu brauchen wir Marken? Was macht Markenstärke aus?*

Durch die Öffnung unserer Märkte und die weiter voranschreitende Expansion europäischer Unternehmen hat sich die Anzahl der Produkte und Marken, zwischen denen wir wählen können, nochmals erhöht, ohne dass in vielen Feldern die zugrunde liegenden Märkte weiter wachsen. Das Bestehen oder Wachsen von Marken und Produkten erfolgt in vielen Fällen im Sinne eines Verdrängungswettbewerbes. In diesem Wettbewerb spielen viele Faktoren eine Rolle: Preis, Distribution, Kommunikation, Service, Produkt, Qualität, Beziehungsmanagement zu Kunden und Lieferanten etc.

Das vorliegende Buch greift einen zentralen Aspekt heraus: den Aspekt des Produktes und in diesem Teil eine besondere Art der Vermarktung von Produkten – ihre Ausgestaltung als Marke. Auch dieses Thema lässt sich unter einer Vielzahl von Gesichtspunkten behandeln. Wir konzentrieren uns wiederum auf zwei: die Bedürfnisse und Wünsche von Konsumenten und Marken als Kommunikationsphänomene.

Das Verständnis des Konsumenten ist in allen beschriebenen Punkten ein entscheidender Gesichtspunkt. Produkte werden für Menschen gemacht, sie spielen in ihren Lebenswelten eine Rolle, sie haben immer etwas damit zu tun, was sich Menschen wünschen, was sie hoffen oder fürchten, was sie als den angemessenen Gang der Dinge betrachten. Dies bedeutet nicht, dass Produkte und Marken nur das bieten, was sich Konsumenten bereits explizit wünschen. Sie können und sie müssen in vielen Fällen diese Wünsche und Bedürfnisse miterfinden oder zumindest latente oder mögliche Wünsche und Bedürfnisse in Produkte, Marken und Dienstleistungen übersetzen. Diese Dimension der Entsprechung zu den Wünschen und Bedürfnissen von Konsumenten ist eine klassische und immer wieder diskutierte Funktion von Produkten und Marken.

Was dieses Buch jedoch darüber hinaus versucht, ist die Beschreibung einer ebenso wichtigen Funktion von Produkten – nämlich ihrer kommunikativen Funktion, die, wenn sie überhaupt Beachtung findet, üblicherweise im Sinne von Prestigegewinn und Statusdemonstration extrem verkürzt dargestellt wird. Tatsächlich haben Produkte in dieser Hinsicht aber komplexe Funktionen. Man braucht sie auch,

- um die umgebende Welt als verstehbar, sinnvoll und geordnet zu erleben,
- um die Gliederungen, die diese Gesellschaft vorsieht, aufrechtzuerhalten oder anzugreifen,
- um kulturelle Ideale darzustellen,
- um Botschaften an sich selbst und andere zu senden, um etwas also spezifisch sichtbar zu machen,
- um sich die Wünsche und Bedürfnisse zu erfüllen, die derzeit Gültigkeit haben: Gesundheit, Schönheit, Bequemlichkeit, Modernität,
- um Identität zu bilden,
- um sich innere Erlebnisse, Lebensgefühle zu verschaffen,
- um soziale Beziehungen zu etablieren und zu beeinflussen,
- um sich in Bezug auf soziale oder mentale Gruppen einzugrenzen und andere Gruppen auszugrenzen.

Es ist offensichtlich, dass Menschen Produkte nicht nur unter dem Aspekt wählen, »was die Dinge für mich tun können«, sondern auch unter dem Aspekt, »was die Dinge für mich bedeuten«. Diese Aspekte wurden in den vorangegangenen Teilen des Buches genau dargelegt.

Sobald man sich dem Aspekt der Bedeutung und der Kommunikation zuwendet, ist zu fragen, welche Bedeutungen vermittelt werden können und sollen und wie es Produkten gelingt, diese Bedeutungen für eine große Anzahl von Menschen gleichermaßen zu kommunizieren. Die adäquaten Disziplinen, um die erste Frage zu behandeln, sind die Psychologie und – da es sich in vielen Fällen um Phänomene kultureller Regelungen handelt – die Kulturanthropologie/Kulturwissenschaften; für die zweite Frage ist es die kognitive Psychologie, also Informationsverarbeitung und Semiotik, die Lehre von den Zeichensystemen.

Kommunikation zwischen Menschen kann nur anhand von Zeichen erfolgen. Ein Zeichen besteht aus einer materiell beobachtbaren Basis – also etwas, das man sehen, hören, fühlen etc. kann – und einer per Konvention zugeordneten Bedeutung. Man muss wissen, was dieses Zeichen bedeutet. Nur Sprachteilnehmer, die einen Code kennen und beherrschen, können sich untereinander verständigen (siehe dazu Teil C).

Daher sind Marken auch im Sinne von Zeichen geformte Objekte: Sie besitzen eine materielle Basis – die Produktrealität, die Packung, den Namen, den Preis, den Platz in einem bestimmten Regal, ihre Werbung, alle Elemente ihrer Zeichenausstattung etc. Alle diese Zeichen vermitteln für sich Bedeutungen, und alle zusammen tragen dazu bei, dass die Marke eine gesamthafte Bedeutung kommuniziert, die im optimalen Fall alle Marktteilnehmer kennen und verstehen – und die sie aktivieren, wenn sie diese Marke in bestimmter Form verwenden oder für bestimmte Situationen einsetzen. Genau dies ist die Botschaft von Produkten und Marken.

Eine besondere Rolle spielt dabei die Werbung. Sie ist in vielen Fällen für die Gesamtbotschaft des Produktes verantwortlich, sie etabliert seinen Code, sie veröffentlicht die Bedeutung für alle Marktteilnehmer.

Wir gehen dabei ganz offensichtlich nicht von der Idee aus, dass sich ein Produkt über seine Funktion, seinen Gebrauchswert allein definiert. Produkte in unserer Definition sind immer mehr. Es sind bereits markierte Produkte, die über bestimmte Zeichenprozesse versuchen, Unterschiede und Mehrwerte einzuführen. Somit liegt diese Definition bereits nahe an dem Konzept der Marke.

Dennoch sind Marken gesondert zu betrachten – sie versuchen, diese Bedeutungen auf Dauer zu stellen, sie versuchen, kontinuierlich und wieder erkennbar für eine bestimmte Bedeutung zu stehen. Eine Marke ohne jedes kommunikative Zeichenfeld und ohne Kontinuität ist undenkbar. Damit stellen Marken gewissermaßen »Superzeichen« dar. Sie erfordern diffizile Überlegungen bei ihrer Konstruktion und Führung und sind ein besonders interessanter Typ von Vermarktungsstrategie im Bereich unserer Produktkulturen. Marken sind für westliche Industriegesellschaften etwas besonders Charakteristisches.

Alle Kulturen, auch einfache Stammeskulturen, stellen Artefakte her, Töpfe, Schmuck, Waffen, Kleider. Und alle diese Artefakte haben nicht nur instrumentelle Funktionen, sondern sie dienen – wie unsere Objekte – dazu, die Gliederungen dieser Kultur sichtbar zu machen. Keine Kultur hat aber je so viele dieser Artefakte hervorgebracht wie unsere gegenwärtige Industriekultur. Keine hat sich auch je so konsequent des Prinzips bedient, Objekte mit bestimmten Bedeutungen auszustatten, um sie in ihrem Wert zu erhöhen. Das hängt naturgemäß damit zusammen, dass wir als soziokulturelles Steuerungsprinzip unserer Gesellschaft dem Prinzip des Marktes folgen.

Wir verteilen oder verschenken unsere Güter und Dienstleistungen nicht, wie dies andere Gesellschaften tun, sondern wir stellen sie auf Märkten bereit, und zwar auf monetären Tauschmärkten. Dies bedeutet, dass wir sie nicht nur im Hinblick auf ihre Gebrauchswerte produzieren, sondern im Hinblick auf ihre Tauschwerte. Menschen sind dann der Überzeugung, einen befriedigenden Tausch getätigt zu haben, wenn sie etwas Wertvolles für ihr Geld erhalten. Was aber als Wert betrachtet wird, darüber bestimmt die Gesellschaft bzw. die Kultur – und diese ändert ihre Konzepte häufig. Produkte/Marken haben also immer das zu propagieren, was zu einem jeweiligen Zeitpunkt als die derzeit gültige Konzeption des Wünschenswerten betrachtet wird.

Der zweite wichtige Gesichtspunkt ist der, dass wir alle diese Güter nicht im Zuge von persönlichen Einzeltransaktionen zirkulieren lassen, sondern im Zuge von Massenkommunikation. Diese Güter werden auf anonymen Märkten zur Verfügung gestellt, und ihre Bedeutung muss so sicher an sie gebunden sein, dass es keiner weiteren Erläuterung bedarf. Jedes Produkt, auch ein völlig anonymes, vermittelt eine bestimmte Bedeutung: durch seine Produktrealität, seinen Preis, seine Distribution etc. Ich kann diese Bedeutung aber auch sehr gezielt und sehr differenziert zuordnen, indem ich wohlüberlegt immer wieder und auf allen Ebenen des Produktes dieselbe Botschaft über einen längeren Zeitraum sende – genau dies ist das Konzept des Markenartikels/der Marke. Marken geben Produkten eine feststehende Bedeutung, und sie ändern diese Bedeutung über einen längeren Zeitraum nicht.

Um dieses Konzept, das sich als wirksames Vermarktungsprinzip erwiesen hat, soll es im Folgenden gehen.

Marken haben zwei Probleme zu lösen:

1. Für welche Bedeutung will ich stehen?
2. Wie kann ich diese Bedeutung optimal transportieren?

Die umfangreiche Literatur über Marken wendet sich dabei fast ausschließlich dem ersten Problem zu, wenn auch unter einer anderen Etikettierung. Sie fragt danach, welche Funktionen und Nutzen Marken für Konsumenten haben. Dies ist natürlich eine wichtige Frage, und wir werden im Folgenden ebenfalls darauf zurückkommen.

Die Antworten, die üblicherweise gegeben werden, entstammen jedoch in vielen Fällen einem alten Theoriestand. – Um die Hauptmeinungen zu rekonstruieren:

- Marken bilden unmittelbar soziale Realität ab, sie stellen so etwas wie ein konstantes trendgetriebenes Monitoring dar – so die Meinung der modischen Trendforschung.
- Marken stehen kompensatorisch für verschwiegene oder frustrierte individuelle Wünsche (»Wenn ich keine soziale Anerkennung bekomme, kaufe ich mir eine Marke mit Prestige«).
- Marken sind »lebendige« Wesen, sie sind nicht nur mit einer Persönlichkeit vergleichbar, sondern sie sind unmittelbar eine »Markenpersönlichkeit«. Man identifiziert sich mit ihnen so, wie man sich mit realen Personen identifizieren würde. Marken als Markenpersönlichkeiten werden demnach auch oft mit biologischen Lebensabläufen in Verbindung gebracht: Sie haben eine Jugend, eine Reifephase, und sie

altern und sterben. Das Beschreibungsrepertoire, das bei diesem Ansatz verwendet wird, ist notwendigerweise verkürzt. Es stützt sich auf Persönlichkeitstheorien, die dem Alltagsverständnis oder psychologischen Persönlichkeitstheorien angehören. Ähnliches impliziert die Behauptung, Marken hätten einen genetischen Code. Auch dies ist natürlich nicht mehr als eine Metapher, ein Vergleich: Marken sind keineswegs Lebewesen, bei denen es sinnvoll ist, von einem genetischen Code zu sprechen – Marken sind vielmehr bestimmte Zeichensysteme, im Bewusstsein verankerte Themen und Inhalte (MOPs und TOPs). Die Gesetzmäßigkeiten, die einen genetischen Code ausmachen, können nicht unmittelbar auf Marken übertragen werden.

- Marken haben eine geradezu religiöse sinnstiftende Kraft.

Ein Teil dieser Ansätze dürfte simple Marktphänomene, die einen für niemanden mehr erstaunlichen Bestandteil von Alltagskulturen bilden, deutlich überfordern, ein Teil bleibt auf dem Boden eines alten psychologischen Konzeptes, das das Einzelindividuum in seiner individuellen Besonderheit in den Mittelpunkt der Betrachtung stellt.

Allen Ansätzen ist jedoch gemeinsam, dass sie kaum einen verbindlichen Analyserahmen zur Verfügung stellen. Alle blenden auch die Tatsache aus, dass Marken primär Bestandteile von Massenkommunikation oder jedenfalls medial vermittelter Kommunikation sind und dass sie von den vielfältigen Bedeutungen und Regelungen leben, die die gesamte Kultur, in der sie sich befinden, um sie aufgebaut hat. Ebenso erstaunlich ist die Tatsache, dass sich nahezu alle Überlegungen darauf beziehen, wie Menschen Marken erleben, kaum jedoch auf die Prozesse, die beschreiben, wie Strategien ausgeformt sein müssen oder können, damit sich bestimmte Wirkungen ergeben.

Viele Bereiche der zeitgemäßen Sozial- und Kulturwissenschaften wenden sich aber genau diesem interessanten Punkt zu. Sie prüfen nicht immer wieder: Welche Wirkung hinterlässt Reiz 1 (eine Marke, ein Film, eine Packung)? Sondern sie fragen: Welche unterschiedlichen Strategien gibt es, um unterschiedliche Wirkungen zu erzielen, welche Vor- und Nachteile haben sie und was kann ich davon brauchen, um bestimmte Prozesse optimal zu steuern?

Strategien und Überlegungen dieser Art sollen im Folgenden beschrieben werden.

## 2 Merkmale von Marken

Im ersten Punkt bin ich von Marken im Sinne von Konsumgütern ausgegangen. Heute werden Marken aber in zahlreichen Feldern etabliert, auch in Feldern, die man nicht primär mit Marken in Verbindung bringt: Non-Profit-Organisationen, Dienstleistungsangebote, Einzelgeschäfte, touristische Angebote, Länder und Regionen, Anbieter von Investitionsgütern – jedes Gut, das auf einem Markt gehandelt wird, kann als Marke konzipiert werden. Auch TV-Sendungen, um ein weiteres Beispiel zu nennen, müssen zu Marken ausgebildet werden. Ich bin überzeugt, dass Markenbildung in vielen Fällen die Strategie ist, die in Zukunft zu einem entscheidenden Wettbewerbsvorteil führen wird.

Wenn ich im Folgenden von Produkten und Gütern spreche, so verstehe ich dies in einer umfassenden Bedeutung: alles, was sich auf einem Markt handeln lässt. Daher ist es notwendig, einige übergreifende Kriterien anzugeben, die für Marken generell wichtig sind – egal, was sie verkaufen. Es sind dies

- Differenzierung,
- Homogenisierung,
- Individualisierung und Eigenständigkeit,
- Wiedererkennbarkeit,
- Wertsteigerung.

**Differenzierung**

Marken akzentuieren einen Unterschied, auch dann – und vornehmlich dann –, wenn der Sache nach kein Unterschied vorliegt. Die Suche nach dem Unterschied, der sowohl deutlich wahrnehmbar wie auch relevant ist, ist inzwischen zu einem wichtigen Problem der Markenführung geworden.

Wünschenswert ist natürlich, dass der Unterschied an irgendeinem Aspekt der Produktrealität oder der Leistung ansetzt und dass er faktisch beobachtbar ist. Eine Marmelade, die etwa in Produkttests durch einen natürlich frischen Geschmack auffällt, kann sich gut auf den Aspekt der besonders inszenierten Natur stützen. In manchen Fällen ist diese Übereinstimmung von Produktrealität und dargestelltem Unterschied sogar in hohem Maß erforderlich. So kann etwa eine Bank nicht behaupten, ihr Unterschied liege generell in der Freundlichkeit, wenn der Kunde im Verhalten der Mitarbeiter diesen Unterschied nicht wenigstens ansatzweise feststellt.

In vielen Produktfeldern ist Differenzierung auf der Produktebene aber schwer möglich, oder ein solcher Vorteil wird sehr leicht imitiert, oder er ist einfach nicht relevant. In diesem Fall muss er also auf der Ebene der Zeichenausstattung und der Bedeutung gesucht werden. Eine unterlegene Produktleistung lässt sich allerdings durch keine noch so gut gestaltete Zeichenausstattung kompensieren.

Auch das gestaltet sich in vollbesetzten Feldern schwierig. Wie im nächsten Punkt gezeigt wird, sind die relevanten Unterschiede durch die grundsätzlichen Werte des Produktfeldes eingeschränkt – so können Waschmittel zum Beispiel nicht versprechen, einen Beitrag zu einem besonderen Lebensgefühl zu leisten.

Viele Marken inszenieren daher immer wieder die hauptsächlichen Werte des Produktfeldes, sie nehmen dafür in Kauf, die Differenzierung völlig zu verfehlen. So positionieren sich Handelsunternehmen im Bereich der Lebensmittel sehr oft und völlig gleich über zentrale Werte des Einkaufens: Preisgünstigkeit und Frische, die in ganz ähnlichen verbalen und visuellen Inszenierungen dargeboten werden. In Ernährungsfeldern ist dies der Aspekt der Natur, die als Bauernwelt, als unberührte oder als vorindustrielle Natur gezeigt wird, aber die eben immer wieder denselben Bereich aktiviert.

**Homogenisierung**

Ein Problem für die Differenzierungsleistung liegt darin, dass Marken auch eine Homogenisierungsleistung zu erbringen haben. Sie müssen deutlich ausdrücken: »Ich bin ein richtiges X, ein prototypischer Angehöriger der Produktgattung Y.«

Jede Produktgattung besitzt bestimmte zentrale Werte und eine Bedeutung, die sie als Produktgattung auszeichnet. Auch dieses Wertfeld muss berücksichtigt werden. So geht es bei dekorativer Kosmetik immer um den Aspekt der Schönheit; bei Parfüms um die Darstellung von etwas Besonderem, nicht Alltäglichem; bei Tiernahrung um Liebe; bei Waschmitteln um Leistung; bei technischen Geräten um Innovationen.

Eine Marke im Bereich von Parfüms hat also eine akzentuierte, eine besondere Ästhetik zu beachten; eine Marke im Bereich von technischen Geräten kann kein nostalgisches Umfeld wählen. Erst auf dem Boden dieser grundsätzlichen Wertfelder ist eine Differenzierung möglich.

### Individualisierung und Eigenständigkeit

Marken heben sich aus dem Strom der Güter als ein eigenständiges und unverwechselbares Element heraus, das ein bestimmtes Profil ausbildet. Dies ist mehr als die Akzentuierung einer bloßen Differenz. Es bedeutet einerseits Relevanz, also Verbindung mit etwas wirklich Wünschenswertem, und andererseits, dass Zeichensysteme so umfangreich eingesetzt werden, dass ein Profil entsteht, das dieser und nur dieser Marke eigentümlich ist.

### Wiedererkennbarkeit

Marken müssen schnell, sicher, prägnant erkannt und wieder erkannt werden. Man darf sich nicht täuschen. Wenn man einen Film sieht, eine Packung, auch nur einen kleinen Teil der Markenwelt, muss man sofort wissen: »Das ist X, ich erkenne X.«

Dies ist im Grunde die Leistung des gesamten Zeichensystems der Marke. Die Wiedererkennbarkeit kann aber durch die spezifische Entwicklung von gezielt eingesetzten Elementen, so genannten memory devices, verstärkt werden. Einem solchen Zweck dient etwa eine Farbe, eine Figur oder eine Markenmelodie.

### Wertsteigerung

Marken verbinden ein Produkt so mit einer Konzeption des Wünschenswerten, dass aus einem simplen Gebrauchsprodukt etwas Wertvolles und Einzigartiges wird. (Die Strategien, die zu diesem Ergebnis führen, wurden weiter vorne bereits beschrieben.)

## 3 Der Markencode

Es handelt sich bei den oben besprochenen Dimensionen natürlich nicht um strikt getrennte Dimensionen, wiewohl es günstig ist, sie zum Zweck der Analyse getrennt zu halten. Die effiziente Ausgestaltung dieser Dimensionen ist einerseits eine konzeptuelle Leistung – also eine intelligente Beantwortung der Frage: »Wofür will ich stehen« , auf der anderen Seite ist sie aber ein Ergebnis differenziert und konsequent eingesetzter semiotischer Strategien. Sowohl Differenzierung wie Individualisierung wie Wiedererkennbarkeit beruhen auf der Ausnützung von Zeichenrepertoires.

Marken müssen eine eigene Sprache ausbilden, einen Code, den nur sie sprechen, der sie einzigartig macht und an dem sie wieder erkannt werden. Mercedes bildet einen anderen Markencode aus als BMW, und jede Äußerung von Mercedes oder BMW muss in diesem Markencode erfolgen, das heißt, jedes Zeichenrepertoire, das benützt wird, muss die jeweilige Position wiedergeben. So fällt die Tür eines großen Mercedes mit einem satten, reichen »Plopp« zu, die Tür eines großen BMW mit einem harten, dynamischen Geräusch – zwei akustische Zeichen also, die genau die Gesamtbedeutung der Marke wiedergeben, die genau die Sprache der Marke sprechen, ihrem Markencode folgen. Dieser Markencode setzt sich aus verschiedenen Zeichenrepertoires zusammen:

- visuelle Codes,
- verbale Codes,
- akustische Codes,
- Sprachcodes,
- Schriftcodes,
- musikalische Codes,
- Farbcodes,
- ästhetische Codes,
- bei Filmen auch filmische Codes – POV (*Point of view*): Aus wessen Sicht wird das Geschehen geschildert? Zum Beispiel: Off-Sprecher oder Codes szenischer Repräsentation,
- Montagetechniken,
- Wahl einer spezifischen Ästhetik.

Dazu kommen alle bedeutungstragenden Felder und Sondersprachen, die unsere Kultur vorsieht: Personentypen, Ambiente, Locations, Accessoires etc. Ebenso müssen spezifische Produktcodes berücksichtigt werden, also zeichenhaft zu interpretierende Merkmale konkreter Produkte (siehe dazu D 9).

# 4 Strategien, die Markenstärke fördern

Markenstärke ist die Konsequenz vieler Gegebenheiten: Mitteleinsatz, Zeitdauer, intelligente Positionierung, Produktrealität etc. Hier soll es nur um die Strategien gehen, die im Bereich der Zeichenverwendung und der semiotischen Konstitution von Marken Anwendung finden müssen. Ich gehe nicht auf einen Gegenstand ein, der für die Markenkonstruktion ein erhebliches Problem darstellt, der aber in den vorangegangenen Teilen ausführlich erörtert wurde – nämlich die Frage, in welchem Verhältnis Produkte und Marken stehen sollen und müssen.

Es gelten zunächst zeichentheoretische Überlegungen: Produkte oder Leistungen – also das, was Konsumenten wahrnehmen – bilden gleichsam die materielle Basis des Superzeichens Marke, sie tragen und unterstützen die Bedeutung. Marken können ihre Bedeutung ja nicht im luftleeren Raum etablieren, sie müssen sie vielmehr an Produkte binden und durch sie vermitteln. Eine Marke, die von sich behauptet, für das Innovativste und Neueste zu stehen, muss auch Produkte vorweisen können, die diese Eigenschaften besitzen: Produkte tragen Marken. Aber ebenso gilt: Marken geben Produkten ihren Wert.

Die Barbie-Puppe erhält ihren Wert nicht dadurch, dass sie eine besondere Qualität als Puppe hat (dies wäre leicht imitierbar), sondern dass sie die original Barbie-Puppe ist. Ebenso haben Goldbären von Haribo durchaus eine sehr gute Qualität, aber ihr eigentlicher Wert, der sie für Fans zu dem einzig wählbaren Produkt macht, liegt in der Tatsache, dass sie die original Haribo-Goldbären sind.

Im Folgenden sollen die Strategien geschildert werden, die Marken auf der Ebene ihrer semiotischen Konstruktion beachten müssen. Das sind in erster Linie

- Kohärenz,
- Rekurrenz,
- Kontinuität und Variation,
- MOPs und TOPs.

**Kohärenz**

Marken bilden einen eigenen Code aus, eine eigene Sprache, die ihre Zeichen aus verschiedenen Repertoires wählt: Bild, Text, Musik, Farben, Materialien, Personentypen, Räumen etc. Kohärenz bedeutet nun, dass jedes verwendete Zeichen, aus welchem Zeichenrepertoire es auch stammt, dieselbe Bedeutung kommunizieren, dieselbe Botschaft transportieren muss. Es muss sich ein roter Faden finden, der durch die Marke leitet.

### Rekurrenz

Rekurrenz bedeutet Wiederholung. Es gibt, wie vorne ausgeführt, kein Lernen ohne Wiederholung. Marken müssen also ihre Botschaft wiederholen. Einmal in einem quantitativen Sinn: Eine Marke, die sich nur einmal bemerkbar macht, ist keine Marke. Eine Marke muss über ein gewisses Zeit- und Raumkontinuum erkennbar sein, sie erfordert daher auch einen Mitteleinsatz – ohne eine gewisse finanzielle Investition kann man keine Marke verankern.

Rekurrenz muss jedoch noch in einem anderen Sinn vorhanden sein, nämlich in dem oben dargelegten der Kohärenz: Eine Marke muss ihre Botschaft auf jeder Ebene der Marke, in jedem Zeichenrepertoire wiederholen.

### Die Balance Kontinuität und Variation

Schlagwortartig ausgedrückt, gilt für Marken die Maxime:

- Tue es als Erster.
- Tue es möglichst gut.
- Tue es möglichst lange.

Wenn eine Marke also für sich eine Botschaft, eine Bedeutung definiert und in ein Zeichensystem übersetzt hat, so muss diese Bedeutung und dieses Zeichensystem über einen möglichst langen Zeitraum beibehalten werden. Nur so ist Lernen möglich, und nur so können Marken den weiter unten besprochenen zentralen Wert, den sie für Konsumenten besitzen, garantieren: Sicherheit der Orientierung.

Andererseits bedeutet das nicht, dass alles und jedes unverändert und starr beibehalten werden muss. Marken müssen sich vielmehr ihren jeweiligen Umwelten anpassen und sich mit ihnen entwickeln, und sie müssen auch dem Bedürfnis Rechnung tragen, dass Menschen eine wohl ausgewogene Mischung aus Sicherheit und Stimulation wollen. Marken benützen so Prinzipien von lebenden Systemen, die ihre Gestalt und Struktur beibehalten, obwohl sie ihre einzelnen Teile laufend erneuern.

Marken wären unter diesem Gesichtspunkt auch ein besonders schönes Beispiel für Nachhaltigkeit: ein System, das sich durch Autopoiese seiner Struktur erhält, wiewohl es seine Teile laufend erneuert.[193]

## Marken als »Organisationspakete« des Bewusstseins: MOPs und TOPs

Der Ausdruck stammt von dem amerikanischen Computerwissenschaftler und Kognitionspsychologen Roger Schank, der sich mit Kreativität, Lernen und künstlicher Intelligenz beschäftigt.[194] Er entwickelte diese Begriffe in Zusammenhang mit seinem Aufbau von Computermodellen mentaler Strukturen, vor allem zu menschlicher Sprachverarbeitung, zu Lernen und Gedächtnis.

Die Theorie der MOPs (Memory Organization Packets) und TOPs (Theme Organization Packets) entstammt Modellen der Organisation des menschlichen Gedächtnisses. Schank geht davon aus, dass jede Erfahrung im Leben von einem begrifflichen Verzeichnis organisiert wird, das die wichtigsten Punkte der Erfahrung kennzeichnet. An dieses »Thema« werden dann neue Erfahrungen angeknüpft, und auf diese Weise gelingt es dem Gedächtnis, sich ständig neu zu organisieren. Er spricht daher auch von einem dynamischen Gedächtnis.

> »Als Beispiel führe ich in meinem Buch ‚Dynamic memory die Geschichte vom Steak und dem Haarschnitt an. Dies ist sie: ‚Ich beklagte mich bei einem Freund, dass meine Frau das Steak nicht so brät, wie ich es gern mag – sie gart es immer zu lange. Mein Freund sagte: ‚Nun ja, das erinnert mich an die Zeit vor dreißig Jahren in England, als ich die Haare nicht so kurz geschnitten bekam, wie ich es gern gehabt hätte. Für mich stellt sich die Frage: Wie kommt es zu einer solchen Erinnerung und warum? Das Wie ist offenkundig. Wo liegt die Verbindung zwischen Steak und Haarschnitt? Betrachtet man es auf der begrifflichen Ebene, findet man eine Übereinstimmungen in den geistigen Verzeichnissen: Wir beide baten jemanden, der uns einen Dienst anbot, um diese Dienstleistung, und in beiden Fällen tat er es nicht so wie wir wollten. Nun kann man mehrere Fragen stellen. Erstens: Wie konstruieren wir solche Verzeichnisse? Mein Freund hatte ganz offensichtlich solch ein Verzeichnis konstruiert, um in seinem eigenen Gedächtnis eine Geschichte mit demselben Etikett zu finden. Zweitens: Warum konstruieren wir sie? Die Antwort: Man versucht, das Universum zu verstehen, und dazu muss man neue Ergebnisse mit früheren in Einklang bringen. Das nenne ich ‚fallbegründetes Denken. Die Vorstellung, dass man dann die Übereinstimmung herstellen kann, hat offensichtlich einen Zweck. Worin dieser Zweck besteht, ist leicht zu begreifen: Es ist das Lernen. Wie sollte man sonst aus neuen Erfahrungen eine Lehre

> ziehen? Nach dem Modell des fallbegründeten Denkens verarbeitet man eine neue Erfahrung, indem man ein abstraktes Etikett dafür konstruiert, das zum Eintrag ins Gedächtnis wird.«[195]

Dies kann als ein gutes Denkmodell für die Konstruktion, die Führung und die Analyse von Marken gelten. Marken sind solche MOPs, und sie sind das, indem sie sich um bestimmte Themen organisieren und indem sie über Zeichenprozesse Etikettierungen schaffen, unter denen die Marken im Bewusstsein abgelegt sind. Die neuen Inhalte, die im Sinne einer dynamischen Markenführung notwendigerweise immer wieder hinzuzufügen sind, müssen mit dieser Etikettierung verknüpfbar sein. (Siehe dazu weiter unten die Beispiele zum Problem der Marken bei TV-Sendungen und bei Dachmarken und Submarken.)

## 5 Funktionen von Marken für Konsumenten

Marken könnten auf Märkten nicht durchgesetzt werden, wenn sie nicht für Konsumenten und – allgemein gesprochen – Gesellschaftsteilnehmer von Bedeutung wären. Tatsächlich erfüllt das Konzept der Marke für Konsumenten eine Reihe von wichtigen Funktionen. Funktionen, die umso wichtiger werden, je mehr sich Konsumenten veränderten Umfeldern gegenübersehen. Dies sind

- Sicherheit der Orientierung,
- Affinität,
- Intersubjektivität,
- kommunikative Funktionen.

**Sicherheit der Orientierung**

Menschen haben das Bedürfnis, sich in ihrer Welt zu orientieren, sich auszukennen, zu wissen, wie sie Dinge und Menschen einschätzen sollen. Dem dienen »Vor-Urteile«, dem dient das Einschätzen von Menschen anhand ihrer zeichenhaften Ausstattung, dem dienen aber auch alle Superzeichen, die prägnant eine Bedeutung vermitteln. Diese reduzieren damit Komplexität, sie schaffen stabile Erwartungen, und sie bieten einen festen Interpretationsrahmen, durch den Realität beobachtet und beurteilt wird.

In diese Gruppe sind auch Marken einzureihen: Sie kommen dem Bedürfnis nach einer sicheren und verlässlichen Orientierung entgegen. Das wird in einer Zeit, in der sich alles immer schneller ändert, zu einem starken Bedürfnis. Marken bieten oft die Stabilität, die die soziale Realität zunehmend vermissen lässt. Das ist vor allem auch die Leistung von alten Marken. Viele erfolgreiche Marken bestehen ja länger als die Generationen von Menschen, die sie benützt haben. Sie bilden gleichsam die Gewähr dafür, dass es einiges gibt, das stabil bleibt. Dabei ist vielen Konsumenten klar, dass sie sich einem Simulationsphänomen gegenübersehen. Marken wahren Stabilität und Kontinuität auf einer Zeichenebene, während sich die realen Besitzverhältnisse laufend ändern.

**Affinität**

Marken machen »aus dem Ding an sich das Ding für mich« (Marx). Sie antworten dem Bedürfnis nach einem individuellen Gut, das den Eindruck vermittelt: »Wie für mich gemacht«. Das ist ein wesentliches Bedürfnis heutiger Menschen und eine starke Antriebskraft auf allen Märkten. In unserer Gesellschaft besitzt die Idee des starken Individuums, dessen Bedürfnisse und Wünsche Vorrang vor allen anderen Überlegungen haben, eine hohe Relevanz, auf jeden Fall im Bereich von Marktprozessen.

Diese Individualität ist jedoch jeweils selbst herzustellen. Der Einzelne muss sich in Handlungen und äußerer Darstellung als Mitglied »von etwas« und als zugehörig »zu etwas« erkennbar machen, sodass ihn tendenziell jedermann, ohne ihn persönlich zu kennen und ohne ihn je gesehen zu haben, »einzuordnen« vermag. Wir nähern uns so »Beobachtungs- und Inszenierungsgesellschaften«.[196]

Märkte stützen sich nicht nur auf diesen Wunsch, sondern sie stellen auch umfangreiche Möglichkeiten bereit, sich als individuelle Person auszuformen und eine individuelle Wahl zu treffen. Eine solche Wahl kann aber nur erfolgen, wenn eine Vielzahl von Alternativen vorliegt und wenn diese Alternativen Optionen beinhalten, die das darstellen, was unsere Kultur als ganze oder eine Person oder soziale Gruppe für sich als Konzeption des Wünschenswerten definiert. Daher schwellen unsere Märkte durch immer neue Sorten und Marken an, und die Suche nach Optionen, die einer Person noch sagen, dass hier die Alternative vorliegt, die wie für sie gemacht erscheint, ist ein schwieriger Prozess, der immer wieder aufs Neue geleistet werden muss. An dieser Stelle setzt im Übrigen das Problem der Marken und Submarken an, das weiter unten behandelt wird.

Dieses Konzept des ganz individuellen Produktes macht es schwer, in klassischen Zielgruppen zu denken. Im Grunde wäre jede Person eine Zielgruppe für sich – und selbst dann ist dieser Prozess noch nicht abgeschlossen: In jeder Person befinden sich nach der Definition der Postmoderne mehrere Ich-Bestandteile, das »Komitee der Selbste«, die nach individuellen Darstellungsmöglichkeiten verlangen. Dies entspricht dem postmodernen Begriff der Dekonstruktion des Subjektes.[197]

### Marken sind Medien der Intersubjektivität

Unsere Gesellschaft misst, wie schon ausgeführt, dem Individuum einen sehr hohen Wert bei, einen höheren, als dies andere Gesellschaften tun und als das in der unmittelbaren Vergangenheit üblich war. Das bedeutet aber auch, dass Strukturen, die intersubjektive Verbindlichkeiten schufen – Herkunft, Geschlechterrollen, Familie, nationalstaatliche Angehörigkeit etc. –, zunehmend an Bedeutung verlieren. Überspitzt ausgedrückt, wird dadurch eine große Anzahl von isolierten Monaden geschaffen, Einzelindividuen, von denen jedes in einer eigenen Welt lebt und die untereinander nur schwer Beziehungen aufbauen können, da ihnen der gemeinsame Rahmen fehlt, auf den sie sich als verpflichtend und verbindlich beziehen können.[198] Dies zeigt sich etwa an der Nutzung von Medien oder an der Entwicklung der Arbeitswelten.

Ging es also früher darum, die Strukturen zu zerstören, die die freie Entfaltung des Individuums bedrohten, die aber gleichzeitig allgemeine Verbindlichkeiten schufen, so geht es heute darum, Strukturen zu entwickeln, die diese intersubjektiven Verbindlichkeiten, die uns zunehmend verloren gehen, wieder herstellen. Die Konsumkultur liefert dazu einen wichtigen Beitrag, wenn auch nur auf der Ebene der zeichenhaften Vermittlung. Sie erzeugt Produkte und Kommunikationen, die Gemeinsamkeiten zwischen Gruppen etablieren, gemeinsam geteilte Gefühle, Werthaltungen, Lebensstile. Sie leistet damit einen Beitrag zu gesellschaftlicher Ordnung als einer ständig zu erbringenden Leistung.

Auf diesem Markt setzt sich letztlich nur durch, wem es gelingt, durch seine Darstellung zu einem Element kollektiv anerkannter und übergreifender Ordnung zu werden.[199] Dies wird zum einen durch Werbung geleistet, die beim heutigen Stand der Dinge nicht mehr als ein Medium betrachtet werden kann, das primär zur Manipulation von Verhalten dient, sondern als eines, das Unterschiede und Gemeinsamkeiten gleichzeitig generiert. In die gleiche Richtung wirken Marken. Sie etablieren Unterschiede, sie dienen aber auch dazu, Gruppen zu integrieren und voneinander abzuheben und jene *clouds of community* zu schaffen, um die es in der heutigen Zeit geht.[200]

### Die kommunikativen Funktionen von Marken

Marken, die eine bestimmte Bedeutung veröffentlichen und über einen längeren Zeitraum stabil halten, sind ganz besonders gut geeignet, die wichtigen kommunikativen Funktionen der Produktkultur zu übernehmen.

Menschen brauchen Objekte, mit deren Hilfe sie ihre Identität sicherstellen, die ihnen versichern, dass die Kategorien ihrer Kultur stabil gehalten werden, die ihnen Ausdrucksmöglichkeiten verschaffen – die es ihnen also erlauben mitzuteilen, wer sie sind und wer sie nicht sind, als was sie gesehen werden möchten und als was nicht, letztlich was sie für den angemessenen Gang der Dinge und die richtige Art zu leben halten.

> »Consumer goods lead a double life: as both agents of social control and as the objects used by ordinary people in constructing their own

culture. Ideologically and aesthetically contextualised by advertising, design, marketing and other promotional forms, commodities are to be considered as texts inviting certain preferred forms of reading and decoding which aim to reproduce dominant social relations. But in their role as cultural artefacts, consumer goods become important material and symbolic resources with which ordinary people reproduce their life and their pattern of life.«[201]

## Marken folgen einem konfliktreichen Anspruchssystem

Genauer betrachtet haben Marken für Konsumenten also Funktionen, die sich nicht einfach in Übereinstimmung bringen lassen. Auf der einen Seite kommen sie dem Bedürfnis nach Sicherheit der Orientierung entgegen: Marken bieten Konstanz in einer komplexen Welt von Objekten und Angeboten. Sie bieten diese Konstanz, indem sie ihre Botschaft über eine lange Zeit beibehalten, indem sie ein festes Zeichenrepertoire zur Wiedererkennbarkeit benützen. Anders ist es kaum möglich, für Konstanz und Stabilität zu stehen. Auf der anderen Seite müssen sie Wertewelten transportieren, die individuelle und gesellschaftliche Relevanz haben – und diese Wertewelten sind nicht nur in immer kleineren Gruppen relevant, sondern sie sind auch einem Wandel unterworfen.

Wir sind eine Gesellschaft, die Wandel und Mobilität schätzt und damit alle Instanzen, die »auf der Höhe der Zeit« sind. Marken müssen sich also auch weiterentwickeln, sie müssen auf ein jeweils gegebenes soziokulturelles Klima antworten, sie müssen neue Wertewelten integrieren und erfinden.

Die Kunst besteht genau im Halten dieser Balance: Wie schaffe ich es, Konstanz zu wahren, Sicherheit zu bieten und gleichzeitig das Maß an Neuheit und Wandel einzuführen, das notwendig ist? Und wie schaffe ich es, eine allgemein verbindliche Bedeutung zu etablieren und gleichzeitig auf die immer differenzierteren individuellen Ansprüche einzugehen, die sich heute zwischen Personen, aber auch innerhalb einer Person antreffen lassen?

Diese Fragen sollen nachfolgend zum einem anhand der Probleme von Dachmarke/Submarke besprochen werden und zum anderen anhand der Entwicklung von Marken, die durch eine bestimmte Produktkonstruktion einen innovativen Code in die Marke einführen, ohne ihre dominanten Codes zu verletzen (die A-Klasse von Mercedes). Zuvor aber noch zwei weitere Punkte: die Verdeutlichung der Markenprinzipien am Beispiel von TV-Sendungen und Sendern und ein kurzer Überblick über einige Entwicklungen zeitgenössischer Umfelder, die Marken in ihrer Steuerung und Entwicklung zu beachten haben.

# 6 Die Verdeutlichung der Markenprinzipien *am Beispiel von TV-Sendern und Sendungen*

Ich bin, wie oben ausgeführt, der Meinung, dass es in Zukunft in vielen Produktfeldern um das Ausbilden von Marken gehen und eine effiziente Strategie dieser Art einen wesentlichen Wettbewerbsvorteil darstellen wird – auch in Feldern, an die man in dieser Form zunächst nicht denkt. Dies lässt sich sehr gut am Beispiel von TV-Sendern und Sendungen zeigen.

## 6.1 TV-Sender als Marken: das Beispiel RTL und die RTL-Group

RTL zählt heute zu den erfolgreichsten TV-Sendern, und die RTL-Group, zu der die Sender RTL, RTL 2, Vox, Super RTL und NTV gehören, behauptet sich sehr gut am Markt. Wir führten für diese Senderfamilie eine Reihe von Untersuchungen durch, die sich mit der Positionierung der einzelnen Sender beschäftigten aber auch mit ihrer Ausprägung als Marken.

Das Konzept der Marke scheint bei Medien/Fernsehsendern zunächst nicht sehr zielführend. Zuschauer entscheiden sich in dem, was sie konkret anschauen und schätzen, zunächst für eine bestimmte Sendung, die sie unterhalten und fesseln muss – sie entscheiden also auf der Ebene des Produktes. Dennoch spielt der Sender in seiner Funktion als Marke eine wichtige Rolle: Es gibt sehr wohl Fans von bestimmten Sendern, die immer zuerst einmal schauen, was ihr Lieblingssender bringt und die bestimmte Sender gar nicht einschalten, weil sie überzeugt sind, dass diese sicher nicht ihre Welt präsentieren.

Sender schaffen also wie alle Marken eine bestimmte Erwartungshaltung, und sie bieten die Leistung, die alle Marken bringen: Sicherheit der Orientierung. Sie reduzieren damit auch Informationssuche und Risiko. Man kann nicht von vornherein wissen, wie spannend oder unterhaltend eine Sendung sein wird, man kann das aber entscheiden, wenn man mit einem Sender gute Erfahrungen gemacht hat. Selbstverständlich müssen die Produkte, die Sendungen eines Senders gut sein – aber dennoch gilt: Produkte tragen Marken, Marken geben Produkten ihren Wert. Es gibt Menschen, die unbedingt Nachrichten so sehen wollen, wie sie ZDF und ARD und ORF bringen, es gibt aber auch solche, die sie so sehen wollen, wie sie RTL ausformt.

Im Kampf um Zeit, Geld und Aufmerksamkeit, den Medien auf vielen Ebenen führen, setzen sie deutlich ihren Markencharakter ein. Dies gilt noch stärker in ihrem Verhältnis zu ihren Kunden, also der werbetreibenden Wirtschaft, sowie zur Öffentlichkeit, zur Politik, zu anderen Medien. Es ist nicht zu vergessen, dass Medien duale Güter anbieten: einerseits ein privates Gut, ein wirtschaftliches Gut, für das Menschen Zeit, Geld, Aufmerksamkeit einsetzen, das in Reichweiten gemessen werden kann, andererseits aber auch ein öffentliches Gut, bei dem es um Verfahren geht, wie Öffentlichkeit hergestellt wird, wie Aufmerksamkeit gewonnen wird, welche Weltsicht vermittelt wird, welche kollektive Projektionsfläche für welche Gruppe geboten wird.[202] Wie bei allen Marken ist es auch für Medien wichtig, für welche Bedeutung sie stehen.

Medien sind also Instanzen, die in dem Kampf um Zeit, Aufmerksamkeit und Geld sehr stark ihren Markencharakter einsetzen. Sie sind Vertrauensgüter, die Erwartungshaltungen aufbauen, die spezifische Selektionsleistungen erbringen, die eine bestimmte Position in einem kulturellen Feld behaupten. Sie müssen bieten, was alle Marken bieten: Sicherheit der Orientierung, Affinität, Individualisierung, Wiedererkennbarkeit, ein spezifisches Verhältnis von Sicherheit, Kontinuität, Stimulation und Innovation.

Wir analysierten den Markencharakter von RTL durch semiotische Analysen und empirische Befragungen, primär durch psychologische Verfahren, und konnten so nicht nur die Bedeutung der Marke beschreiben, sondern auch ihren Markencode (also ihre Art sich visuell, verbal, allgemein zeichenhaft zu inszenieren, zu »sprechen«) und die Erlebnisweise der Rezipienten. Wir bestimmten die Dimensionen der Individualisierung, Differenzierung und Wiedererkennbarkeit durch folgende semiotische und empirische Analysen:

- Welche spezifischen Produkte/Sendungen tragen die Marke? Welche Handschrift haben diese?
- Mit welchen Strategien werden bestimmte Bereiche inszeniert? Wodurch wird zum Beispiel sichtbar: Das sind die Nachrichten bei RTL (Selektion, Aufbereitung, bevorzugte Lesarten; Bild des Rezipienten).
- Selbstreflexion, Selbstreferentialität: Wie kommuniziert RTL über sich selbst?
- Wie wird über RTL in der Öffentlichkeit und in anderen Medien berichtet?
- Welche Weltsicht lässt sich ablesen?

Als zusammenfassendes Ergebnis dieses Prozesses ließ sich als Wertfeld hinter RTL erschließen:

- Größe,
- Macht/Definitionsmacht,
- Definition von Normalität, nicht Normativität,
- die Weltsicht unserer individualistischen Marktkultur,
- die Position der Mitte, wie sie viele erfolgreiche Konsumgüter einnehmen,
- Erfolg.

Vor allem aber: Mit RTL, wie mit vielen starken Marken, verbindet sich ein Mythos. RTL steht für eine unserer zentralen mythischen Geschichten: ein Individuum, das sich beflügelt von einer Idee gegen alle Widerstände durchkämpft und aus eigener Kraft an die Spitze gelangt (»Nothing succeeds like success«).

*RTL-Wertzuordnung*

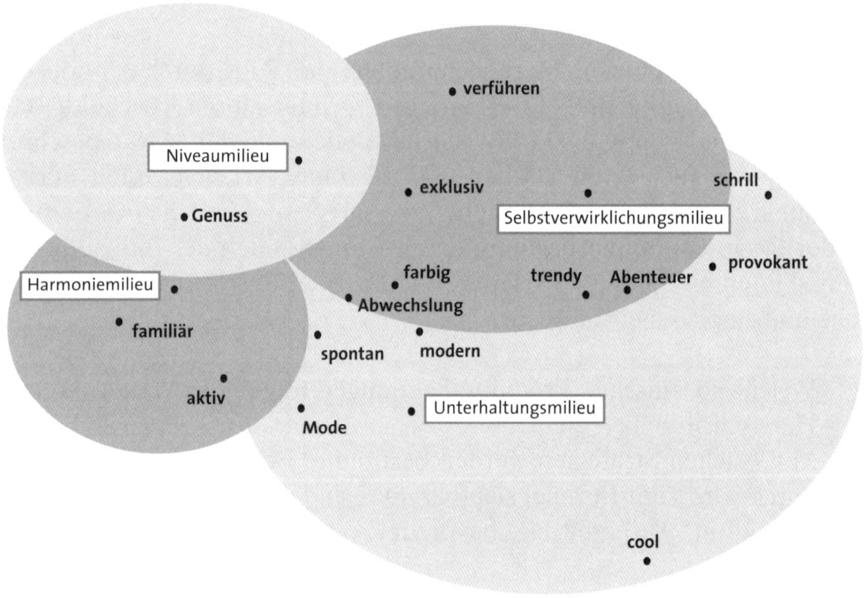


Mit RTL verknüpfte man die Erinnerung an einen Sender, der das Privatfernsehen erfunden hatte, der zum ersten Mal gegen die paternalistisch behütenden öffentlich-rechtlichen Sender den Geschmack der Mitte legitimiert und bedient hatte, der eine Provokation, aber auch eine Freude gewesen war, indem er das damals Unerhörte gezeigt hatte, der aber – und genau das machte ihn zu einer interessanten Instanz – sich von dieser Position des »Schmuddelkindes« gelöst und sich weiterentwickelt hatte, der nun breit und akzeptabel auftrat, der keine sexuellen Tabus mehr brach, der Nachrichtenkomeptenz besaß, der ein breiter Sender war, fast ein Familiensender, und von dem man immer wieder las, dass er sehr erfolgreich war.

Die Verortung von RTL im Wertraum unserer Erlebnismilieus zeigte, dass sich der Sender bis auf das Niveaumilieu in allen Milieus etablieren konnte (siehe Abbildung). Das erforderte nun die Erarbeitung eines bestimmten visuellen Designs, einer bestimmten Sprache, bestimmter Events und Promotions, also der kohärenten Entwicklung des Markencodes auf allen Ebenen der Äußerungen.

Die anderen Sender der Familie konnten entsprechend prägnant für die anderen Milieus entwickelt werden, so Vox für das Selbstverwirklichungsmilieu als ein feiner, kultivierter Sender und RTL 2 als der schrill abweichende, provokante Sender des Unterhaltungsmilieus.

## 6.2 Sendungen als Marken: das Beispiel ORF

Für den Österreichischen Rundfunk (ORF) erstellten wir eine Analyse seiner wichtigsten Informations- und Unterhaltungssendungen, wobei wir empirische und semiotische Analyseverfahren anwendeten. Die Fragestellungen lauteten:

- Inwiefern lässt sich das Konzept der Marke auf TV-Sendungen anwenden?
- Welche Faktoren führen bei TV-Sendungen dazu, dass sie als starke Marken betrachtet werden?
- Welche Rangreihe nach Markenstärke lässt sich erstellen?

Aus dieser umfangreichen Untersuchung sollen einige Ergebnisse vorgestellt werden.

Zum ersten: TV-Sendungen können sehr gut unter dem oben wiedergegebenen Markenkonzept beschrieben werden. Das »Produkt«, das sie anbieten, ist in der klassischen Definition Unterhaltung und Information. Aber sie appellie ren – wie immer – auch an viel umfassendere Motive: Teilhabe an der Welt, Schaffen einer eigenen Welt; Entlastung, Wiederherstellung; affektiver Appell, Spannung, Rührung; Bestätigung von Weltsichten, Geschmacksstandpunkten, normativen Regelungen; Zeitvertreib; kommunikative Ressource; Schaffen von intersubjektiven Gemeinsamkeiten; Identitätsbildung; Eingrenzen/Ausgren zen, Appell an die einzelnen Ich-Bestandteile. Eine Sendung besitzt einen umso stärkeren Markencharakter,

- je deutlicher sie an ein solches zugrunde liegendes Motiv appelliert;
- je mehr und je prägnanter sie sich um ein Thema organisieren lässt (TOPs);
- je mehr sie eine feste Erwartungshaltung aufbaut und diese immer wieder einlöst;
- je mehr es ihr gelingt, eine spezifische Gestalt, die nur ihr allein zukommt, auszubilden.

Man möchte dann eben nicht irgendeine Talk-Show sehen, sondern »Vera«, nicht irgendeine Kindersendung, sondern »Confetti TiVi«, nicht irgendeine Natursendung, sondern »Universum«, nicht irgendeine Vorabendsendung, sondern »Willkommen Österreich«. Man wartet auf diese Sendungen, man erklärt sich zum Fan dieser Sendungen und man würde, wie bei Marken üblich, das semantische Umfeld der Marke auch auf andere Produkte übertragen, was einen interessanten Ansatz für das Merchandising darstellt.

Für TV-Sendungen gelten alle oben beschriebenen Prinzipien:

*Differenzierung*

Eine starke Marke in diesem Bereich unterscheidet sich deutlich von vergleichbaren Sendungen, sowohl in der Aufbereitung ihrer Nachrichten wie in ihrem Stil wie dem eingesetzten Zeichenrepertoire.

*Homogenisierung*

Sie folgt den Spielregeln ihres Genres – eine Marke im Bereich von Unterhaltung oder Information hat ganz bestimmte Prinzipien zu beachten. Ausgezeichnet sind dabei die Sendungen, denen es gelingt, ein ganz neues Genre zu eröffnen und somit prägende Spielregeln zu schaffen – wie zum Beispiel »Seitenblicke« oder »Willkommen Österreich« (»Tue es als Erster, tue es möglichst gut, tue es möglichst lange«).

*Individualisierung*

Sie entwirft einen zeichenhaften Kosmos, der für bestimmte Rezipientengruppen den Eindruck erzeugt: »Das ist meine Welt, das ist meine Sprache.«

*Wertsteigerung*

Sie verbindet sich mit einer Konzeption des Wünschenswerten. Dies gelingt TV-Sendungen einerseits durch ihre redaktionellen Inhalte, also durch das »Was«, es gelingt ihnen aber auch durch das »Wie«, durch eine spezifische Art der zeichenhaften Vermittlung, durch die Anwendung von semiotischen Strategien. Hier werden die besten Erfolge erzielt, wenn die oben angegebenen Prinzipien beachtet werden. Diese erwiesen sich als zentral für die Markenbildung in diesem Bereich.

Es zeigte sich, dass Markenstärke umso deutlicher gegeben war, je mehr semiotische Markierungen vorlagen und je mehr diese Zeichen kohärent dieselbe Botschaft wiederholten. Beachtung finden mussten also:

*Kohärenz*

Eine starke Marke muss ihre Botschaft, ihre inhaltliche Position auf jeder Ebene der Sendung vermitteln:

- Name,
- Logo,
- Vorspann,
- Kennmelodie,
- Farbcode,
- Bau des Raumes, der Location, des Ambiente,
- musikalische, akustische, verbale Markierungen,
- Ästhetik, Schnitttechnik, Verwendung spezifischer filmischer Codes,
- Moderator – als Persönlichkeit, in seiner aufgebauten Rolle,
- Kleidercode etc.

*Wiedererkennbarkeit*

Eine erfolgreiche TV-Sendung muss so viele Elemente/Zeichen als möglich einführen, an denen sie schnell und sicher wieder erkannt werden kann. Im optimalen Fall muss ein Kenner der Sendung schon nach wenigen Bildern, und ohne dass das Logo eingeblendet wird, erkennen, dass er die Sendung X sieht.

*Sicherheit und Stimulation – Kontinuität und Variation*

Die Sendung hält eine bestimmte Zeichenkonstruktion und ein bestimmtes Zeichenrepertoire so lange als möglich bei; gleichzeitig kommt es aber immer wieder zu leichten Adaptierungen. Ebenso besitzt sie eine feste und sichere Struktur, also immer wiederkehrende Strukturelemente, sie muss aber auch einzelne Elemente variieren und stimulierend ausgestalten. Eine solche prägnante, individualisierte und sicher wieder erkennbare Marke besitzt auch in diesem Bereich für Rezipienten die Funktionen, die Marken allgemein wichtig machen: Sicherheit der Orientierung, Affinität und Wertsteigerung.

Als Beispiel soll eine starke Marke in ihrer semiotischen Konstruktion beschrieben werden: die österreichische Vorabend-Sendung »Willkommen Österreich«, die zwei Stunden dauert. Die semiotischen Strategien, die sie verwendet, sind auffällig gut in ihrer Kohärenz und in der Art wie aus einem Paradigma möglicher Zeichen die jeweils gemäße Position gewählt wird. (Zum Begriff des Paradigmas siehe Teil C 5.3)

**Willkommen Österreich**

Diese Sendung hat ein schwieriges Problem zu bewältigen – sie ist sehr lang, zwei Stunden, eine lange Zeit, um immer wieder den spezifischen Charakter der Sendung zu dokumentieren. Dies ist aber in hohem Umfang gewährleistet, und zwar dadurch, dass »Willkommen Österreich« umfangreich und in einem ganz kohärenten Sinn die Zeichenrepertoires auswählt, die seine spezifische Position belegen. »Willkommen Österreich« gelingt es, Differenzierung, Individualisierung und Wiedererkennbarkeit durch eine Reihe von immer wieder eingesetzten Strategien und auch durch eine feste Struktur zu erzielen.

Bemerkenswert ist ein kohärenzbildendes Element, die Konstruktion eines besonderen Raumes, eines spezifischen Ambiente, das dem Typ (bürgerlich/ großbürgerliche) Wohnung folgt: Salon, Sofaecke, Wintergarten, Küche, mit einem erkennbaren Farbcode, der auf der Dimension gelb basiert, und ausgeprägten Stilelementen der Einrichtung.

Diese dargestellte Welt leistet einen starken Beitrag zu einem Motiv, das der Rezeption von »Willkommen Österreich« zugrunde liegt. Die Sendung, die am Vorabend gesendet wird, appelliert an das Bedürfnis nach Entspannung, Friedlichkeit, Harmonie. Nach der Hektik des Tages und bevor der eigentliche Hauptabend beginnt, ist dies die Zone, wo man nichts Schlimmes ertragen kann, wo man einfach »zu Hause« sein möchte. Genau dieses Gefühl des »Stübchens, in dem ich geborgen bin« vermittelt das Ambiente und der Farbcode – und das ist natürlich auch das Thema, um das »Willkommen Österreich« organisiert ist: Nahwelt, Geborgenheit in einem überschaubaren Raum – eine sehr gute Ausformung als TOP.

Ein weiteres Thema ist das des Verständnisses, der Hilfe, des Optimismus. »Willkommen Österreich« behandelt Themen, die Menschen Sorgen bereiten, und es behandelt sie immer so, dass mit Hilfe von Experten und Betroffenen Coping-Strategien angeboten werden: Wie schlimm auch immer eine Sache sein mag – man erkennt, dass andere Menschen auch davon betroffen sind und dass in irgendeiner Form Hilfe möglich ist.

Diese Rolle der mitfühlenden, freundlichen, verständnisvollen Person übernehmen die Moderatorenpaare, die vor allem dem Prinzip der Harmonie folgen. Es sind mehrere Paare und sie besetzen innerhalb des generellen Paradigmas unterschiedliche Positionen: eine leichte Abstufung nach dem Alter, nach der Aktualität ihres Outfits, bei den weiblichen Moderatoren auch eine Abstufung zwischen »Dame« und »Mädchen von nebenan«. Sie nehmen also nicht nur die generellen semantischen Merkmale der Marke »Willkommen Österreich« auf: Wärme, Friedlichkeit, Nähe, Freundlichkeit, Seriosität, sondern sie folgen auch dem Prinzip Konstanz und Variation.

Die ganze Sendung führt auf jeder Ebene ausgezeichnet dieses wichtige Prinzip einer festen Struktur, die inhaltlich jeweils leicht variiert wird, vor: Sie verlässt nie das Thema, um das sie organisiert ist, und sie wählt immer die Zeichen aus möglichen Zeichenrepertoires, die ihren spezifischen Standort signalisieren. Das führt unter anderem dazu, dass diese Sendung eine eminente Glaubwürdigkeit besitzt – man vertraut ihr. Alles, was von »Willkommen Österreich« kommt, wird von seinen Fans als äußerst vertrauenswürdig gesehen.

# 7 Die Entwicklung zeitgenössischer Wertfelder

Im Folgenden sollen zwei Wertfelder beschrieben werden, die in unseren Untersuchungen und Analysen derzeit als die Wertfelder erscheinen, die eine besondere Relevanz für Konsumenten, vermutlich aber für Gesellschaftsteilnehmer generell, haben.

## Das Konzept Vertrauen

Vertrauen ist von Anfang an ein Wert, der eng mit der Entwicklung von Marken verknüpft war. So nannte Domizlaff seinen Klassiker: »Die Gewinnung des öffentlichen Vertrauens. Ein Lehrbuch der Markentechnik«.[203]

»Vertrauen« bezog sich lange Zeit meist auf den gleich bleibenden Qualitätsaspekt von Marken, auf ihre Glaubwürdigkeit und Seriosität als Anbieter bestimmter Leistungen und bestimmter Preise. Das ist natürlich auch heute noch wichtig, Vertrauen umfasst heute aber noch wesentlich komplexere Sachverhalte. Das Vertrauen, das man Marken und den dahinter stehenden Unternehmen entgegenbringen möchte, ist auch eine Lösung für die Probleme, die Individualisierung und Autonomiebedürfnisse nach sich ziehen. Am besten wird dies wohl unter dem Begriff der Risikogesellschaft beschrieben, den der deutsche Soziologe Ulrich Beck prägte.[204]

Unser Bestreben, alles auf die Entscheidungen des Individuums zu gründen, unsere Abkehr von Autoritäten und normativen Forderungen, die festsetzen, was wir tun und wählen können, hat dazu geführt, dass wir alles wählen wollen, aber auch, dass wir alles wählen müssen. Dies impliziert auch Fehlentscheidungen. Viele Entscheidungen sind heute Entscheidungen unter Risiko, und jede Fehlentscheidung hat man im Grunde auf sich selbst zurückzuführen. Die Forderung nach Wahlmöglichkeiten führt zu einer großen Komplexität in vielen Feldern, sodass man nach einer intelligenten Reduktion der Komplexität verlangt. Durch das Bestehen auf absolut autonomen Entscheidungen ergibt sich der Wunsch nach zumindest punktueller Entlastung. Wir stellen zunehmend eine Sehnsucht nach Instanzen fest, denen man vertrauen kann. Diese Instanzen können Marken sein, Unternehmen, Instanzen der Nahwelt.

Vertrauen wird aber noch in einem anderen Zusammenhang eine wichtige Rolle spielen. Der Politikwissenschaftler Fukuyama nennt sein 1995 erschienenes Buch: »Trust a Social Virtue«.[205] Er geht davon aus, dass sich in Zukunft jene Volkswirtschaften am besten entwickeln werden, denen es gelingt, Organisationen aufzubauen, die vertrauensvoll und kooperativ miteinander umgehen, Organisationen, die zwischen den Wertsystemen von Familien einerseits und Großorganisationen/staatlichen Organisationen andererseits liegen. Dies könnten Unternehmen sein und Marken, die als Zeichen dieser Unternehmen agieren.

Vertrauen ist nun etwas, das schwer aufgebaut und leicht verspielt wird. Existiert es aber einmal, so stellt es ein hohes soziales Kapital dar, das auch in unseren künftigen globalisierten Kontexten eine wichtige Rolle spielen wird. Psychologie und Kulturwissenschaften haben sich eingehend mit der Frage beschäftigt, unter welchen Umständen Menschen bereit sind, Vertrauen zu bilden.[206]

Hier nur einige zentrale Prinzipien, die für das Thema Markenführung wichtig sind, ohne dass das komplexe Gebiet im Einzelnen behandelt werden kann:

*Länger dauernde Interaktion*

In einer nur einmal stattfindenden Interaktion müssen die Teilnehmer kein Vertrauen bilden, und sie tun es auch oft nicht. Erst wenn ich jemand auf Dauer gewinnen möchte, wenn er wiederholt mit mir Kontakt hat, wird die Frage des Vertrauens relevant.

*Persönliche Bekanntheit*

Je anonymer zwei Interaktionspartner sind, desto weniger ist es notwendig oder möglich, dass sie zueinander Vertrauen ausbilden. – Vertrauen kann durch tatsächliche persönliche Bekanntschaft von Angesicht zu Angesicht entstehen, es kann aber auch auf der Nähe basieren, die sich durch eine gemeinsam geteilte Kultur/Sprache ergibt.

*Feste und erkennbare Haltung – Kompetenz*

Man vertraut eher jemandem, der klar und invariant erkennen lässt, wofür und wogegen er ist, wofür er steht – erst dies macht ihn berechenbar. Auch das ist eine Frage der Sprache und der signalisierten Kultur: Angehörige einer gemeinsamen Kultur, die die gleiche Sprache sprechen, sind weit eher geneigt, gegenseitiges Vertrauen auszubilden.

*Kooperationsbereitschaft/Beweise des Vertrauens*

Vertrauen wird meistens nicht blind gebildet, es bedarf für die meisten Menschen eines Beweises, dass sie einem anderem vertrauen können. Der deutlichste Beweis in dieser Hinsicht ist dabei, wenn einer auf einen offensichtlichen Vorteil zu seinen Gunsten verzichtet, im Interesse des Ganzen oder im Interesse des anderen. Er folgt dem Prinzip der Kooperation – im Gegensatz zum Prinzip der bedingungslosen Konkurrenz, die ja auf absolutem Maximieren des persönlichen Vorteils besteht.

Kooperation wird in den schwierigen und komplexen zukünftigen Umfeldern ein wichtiges Prinzip sein. Dies scheint zunächst paradox. Was wir täglich beobachten, ist der Zusammenschluss immer größerer Machtblöcke, ohne dass auf kooperative Prinzipien wirklich Wert gelegt wird. Kleinere Anbieter oder neue und junge Unternehmen können jedoch fast nicht ohne die Strategie von Kooperation auskommen. Hier ist der Gedanke an Kooperation zwischen ähnlichen Anbietern oder zwischen Unternehmen, die nicht mehr von festgezogenen Grenzen zwischen ihnen ausgehen, eine sehr wichtige und auch schon vielfach praktizierte Strategie. So schließen sich kleinere Unternehmen zu Verbänden zusammen; Handel und Industrie versuchen zu kooperieren; Unternehmen, die sich früher als strikte Konkurrenten betrachteten, legen die Entwicklung einzelner Abteilungen zusammen.

Wir erkennen allmählich das, was die Evolutionsbiologie schon länger beschrieben hat. Auch in der Natur ist Konkurrenz/Sieg in einem Wettbewerb nicht das alleinige Prinzip, wie man seit Darwin glauben könnte. Es ist ein wichtiges Prinzip, aber in schwierigen Umwelten erweist sich auch im Bereich biologischer Systeme Kooperation als ein ebenso wichtiges Verfahren.[207] Marktteilnehmer sind allerdings wenig geübt in dieser Strategie, die verlangt, dass kurzfristig auf einen unmittelbaren eigenen Vorteil zugunsten eines längerfristigen Vorteils für beide verzichtet werden muss.[208] Die Kundenbindungsprogramme – das Beziehungsmanagement, das Marken in Zukunft mit ihren Klienten realisieren müssen – haben aber sicher diese Überlegungen mit einzubeziehen.

### Änderung in den Raum-Zeit-Konzepten

Eine Reihe von soziokulturellen Entwicklungen wird uns zwingen, einige fest etablierte Konzepte aufzugeben oder umzudefinieren:

- die Idee des Nationalstaates im klassischen Sinn,
- die Idee des Wohlfahrtsstaates, so wie wir ihn bisher gekannt haben,
- die bisherige Definition von Arbeit.

Letztlich bedeutet dies aber auch eine andere Art des Denkens, und ebenso, dass wir zwei unserer grundlegenden Kategorien anders sehen müssen: Raum und Zeit.

Im Bereich der Raumvorstellungen wird es vor allem darum gehen, Grenzen, die wir als gegeben angesehen haben, zu eliminieren, und die Räume, in denen wir denken und planen, beträchtlich zu erweitern. Im Bereich der Zeitvorstellung werden wir lernen müssen, dass sich uns Zeit in immer kleineren Abschnitten, in immer verdichteteren Augenblicken präsentiert, dass lange berechenbare Zeiträume immer seltener werden: stretched space und densed time – also die Zeit- und Raumbegriffe der individualistischen Kultur.

Das erzeugt bei vielen Menschen heute Angst; sie haben das Gefühl: »All thats solid melts into air«, wie Marx es am Beginn der Industrialisierung beschrieben hat, und sie haben auch Angst, dass sie nicht über die Eigenschaften verfügen, die es ihnen gestatten, in dieser neuen Zeit Gewinner zu sein. Es ist eben nicht jeder gleich flexibel, mobil, selbstbestimmt, sondern viele Menschen in dieser Gesellschaft wünschen sich weiter lange Berechenbarkeit, Stabilität, Verlass auf Kollektive, auch wenn sie wissen, dass sie das letztlich zu Verlierern macht.

Ebenso lässt sich auf dieser Ebene beobachten, dass es keine Entwicklung ohne die zu ihr gehörige Gegenentwicklung gibt: So existiert auch ein starkes Bedürfnis nach Eigenraum, nach Nahräumen, das heißt nach einem Raum, der fest umgrenzt ist, den ich kenne und in dem man mich kennt, der ein raumbezogenes Gemeinschaftserlebnis ermöglicht und ein Bedürfnis nach einer Zeit, die mir gehört, nach Eigenzeit, nach Zeitsouveränität.

An diesem Punkt setzen eine Reihe von neuen Entwicklungen an: im Bereich des Tourismus, der Positionierung regionaler Unternehmen, auch des Handels. Dort wird klar, dass Konsumenten für einen Kaufakt nicht nur Geld einsetzen, sondern auch Zeit und Aufmerksamkeit. Die Gewohnheit des Handels, Preise permanent zu ändern, zwingt Konsumenten so, im normalen Supermarkt immer wieder darauf zu achten, den wirklich letzten billigsten Preis zu bezahlen. Nicht so bei dem sehr erfolgreichen Discounter Aldi/Hofer: Hier trete ich gleichsam in einen geschützten Raum ein, in dem ich sicher sein kann, dass alles billig und gut ist, ich kann also mein vergleichendes und kalkulierendes Bewusstsein ausschalten.

Für Marken bedeutet dies zweierlei:

- Eine Marke, die zu den Gewinnerkulturen gehören will, muss dieses Niederreißen von Grenzen, diese weit gestreckten Räume, diese verdichtete Zeit, die Mobilität und Flexibilität berücksichtigen, sofern es um das Unternehmen geht, das eine Marke produziert.

- Die Sprache, die eine Marke spricht, kann aber sowohl die Sprache der neuen Wertfelder sein – also permanente Änderung, Schnelligkeit, Neuorientierung, maximale Individualität , wie sie auch die Werte spiegeln kann, die uns die Realität zunehmend verwehrt: Stabilität, lange Zeiträume, eng gezogene Grenzen, Nahräume, Eigenzeiten.

Wir werden im Folgenden Beispiele für beide Strategien kennen lernen.

# 8 Markenkontinuität und Produktdifferenzierung

## *Marken und Submarken*

Größere Unternehmen haben mehrere Möglichkeiten, wie sie neue Produkte einführen und/oder am Markt präsent sind:

- Das Unternehmen kann nicht oder so gut wie nicht am Markt in Erscheinung treten,
- oder es kann im Sinne einer Unternehmensmarke ausgestaltet sein, die bei den einzelnen Marken oder Angeboten des Unternehmens jeweils kommuniziert wird. Auch dies kann in mehr oder weniger expliziter Form erfolgen.

So ist Procter & Gamble Konsumenten meist nicht präsent, sie wissen oft nicht, dass Ariel und Pringles von Procter & Gamble stammen, Beiersdorf macht kaum seinen Zusammenhang mit Nivea deutlich, DaimlerChrysler dagegen entwickelt weltweite Kampagnen für den Konzern und kommuniziert bei allen Marken des Konzerns, so Mercedes-Benz und Chrysler die Zugehörigkeit zu DaimlerChrysler. Ebenso stützt sich der Touristikkonzern TUI auf die Präsenz der Marke TUI in allen seinen Angeboten; der tatsächliche Inhaber der Marke, das Unternehmen Preussag, wird dagegen nicht kommuniziert. Henkel tritt zurückhaltend in Erscheinung, verschweigt aber den Zusammenhang der einzelnen Marken mit Henkel nicht und stattet das Unternehmen mit einem Slogan aus, der ansatzweise auch mit Kommunikation begleitet wird: »A brand like a friend«.

Auch Mischformen sind möglich: So tritt Ferrero als Unternehmensmarke im Allgemeinen zurück und agiert nur als Absender (im Sinne von »Ferrero proudly presents …«), es gestaltet meist starke Einzelmarken, so Giotto, Rocher, Mon Chéri, oder Submarken wie die Range Kinder, in einzelnen Produkten erscheint es dann gewichtiger, so bei Ferrero Küsschen.

Dasselbe Problem tritt dann auch bei Produkteinführungen auf bzw. als Problem der Markenführung generell: Soll man eher Einzelmarken gestalten, also zum Beispiel ein neues Produkt als neue Marke einführen, oder soll man es an eine Dachmarke anschließen? Und wenn man eine Dachmarke besitzt: Soll man die einzelnen Produkte oder Submarken dann in mehr oder weniger großer Eigenständigkeit führen oder die Dachmarke dominieren lassen? Am Markt finden sich erfolgreiche Beispiele für alle diese Varianten. Es lässt sich kaum eine Regel angeben, die

die eine Strategie als überlegen begründet. Erfolg ist von einer Vielzahl individueller Verhältnisse in Märkten und Unternehmen abhängig.

Im Folgenden einige Überlegungen, die bei der Entscheidung für die eine oder andere Strategie anzustellen sind.

Aus kognitionspsychologischer Sicht ist bei allen diesen Fragen ein Befund zu berücksichtigen, den ich weiter oben im Kapitel über Informationsverarbeitung (Teil C 5) beschrieben habe: Wissen ist hierarchisch repräsentiert. Ein Einzelelement einer Sprache erhält seine Bedeutung nicht nur dadurch, dass es in Relationen zu anderen Zeichen steht, sondern auch dadurch, dass es mit einer oder mehreren darüber liegenden Ebenen verbunden ist, an deren semantischen Merkmalen es partizipiert, ohne dass sie explizit erwähnt werden müssen. Also: Eine Forelle ist ein Fisch und damit ein Lebewesen. Die Eigenschaften, die wir mit einem Lebewesen verbinden (also zum Beispiel: »mobil«, »kann sich bewegen«) und die Eigenschaften, die wir mit einem Fisch verbinden (zum Beispiel: »kann schwimmen«), werden automatisch mit dem Konzept Forelle verbunden und erlauben es, uns auf die Merkmale zu konzentrieren, die die Forelle zu einem spezifischen Fisch machen.

Submarken oder die Produkte unter einer Dachmarke partizipieren genau an diesem Prozess: Sie nützen ökonomisch die Möglichkeit aus, dass wir die semantischen Merkmale der Dachmarke übertragen: also »vertrauenswürdig«, »aus qualitativen hochwertigen Bestandteilen« – so wie alles von Milka, oder »zart pflegend« – so wie alles von Nivea. Gleichzeitig aber stellen sie das Problem, dass wir sie auch als spezifische, individuelle Elemente wahrnehmen müssen, also spezifisch als Tender oder Yes oder Körperlotion.

Semiotisch bedeutet dies, dass ein solches Produkt oder eine Submarke unter einer Dachmarke klarmachen muss: Ich bin ein Angehöriger der Marke X und gleichzeitig ein höchst interessantes Einzelobjekt. Genau das ist die Schwierigkeit. Es ist nicht einfach, einen Code zu finden, der diesen beiden Gegebenheiten gerecht wird. Daher tendieren die einen dazu, den Code der Dachmarke umfangreich auf alle Submarken zu übertragen, was die Eigenständigkeit der Submarken bedroht. Und die anderen entziehen sich der Schwierigkeit, in dem sie von vornherein starke individuelle Einzelmarken führen.

Davon zu unterscheiden ist die Marketingfrage, ob es in einem einzelnen Fall sinnvoll ist, an eine bestehende Marke anzuschließen oder eine neue Marke einzuführen bzw. in eine einzelne Marke zu investieren. Auch hier gibt es erfolgreiche Beispiele für die eine oder die andere Strategie: Das einzig erfolgreiche alkoholfreie Bier war Clausthaler, also eine neu eingeführte Einzelmarke gegenüber den alkoholfreien Varianten der großen Biere. Mon Chéri konnte nie von einer line extension einer anderen großen Marke erreicht werden, andererseits ist die M-Klasse um diesen Preis nur unter Mercedes-Benz zu verkaufen.

Im Bereich von Konsumgütern finden sich derzeit zwei Tendenzen: Einerseits werden große Marken in dramatischer Form ausgedehnt. Untersuchungen ergeben, dass der Konsument am Lebensmittelregal in einem großen Supermarkt bei 50 Metern nur auf vier Farbkombinationen großer Marken trifft. Die Präsenz von Rot/Gelb (Maggi) und von Lila (Milka) ist überwältigend. Andererseits findet die Fusion von Unternehmen auch auf der Markenebene eine Spiegelung. Große Marken finden sich gemeinsam in einem Produkt zusammen, so Langnese und Milka in einem Eis oder Nestlé und Haribo in der etwas verwirrenden Kombination eines Nestlé Fruity Smarties Haribo.

**Verhältnis Dachmarke zu Submarke**

Wir wollen uns im Folgenden nur auf das Problem Marken – Submarken konzentrieren, und zwar unter dem Gesichtspunkt, wie das Verhältnis Dachmarke zu Submarke gestaltet sein sollte, wenn man sich für diese Strategie entschließt, nicht immer wieder neue Marken zu etablieren, sondern unter einem Markendach verschiedene Submarken oder Produktlinien anzubieten. Die Tendenz ist wie ausgeführt steigend: Produkte aus gleichen oder ähnlichen Produktkategorien, so als Beispiel Milka oder Nivea, manchmal aber auch Produkte aus ganz anderen Produktkategorien, so ein Aftershave von Harley Davidson.

Für diese Entwicklung gibt es zwei Gründe.

Starke Marken repräsentieren naturgemäß eine Marktmacht. Sie sind meist mit einem beträchtlichen finanziellen Kapital geschaffen worden und man kann sie um einen beachtlichen Preis verkaufen. Sie befinden sich in einer mächtigen Rolle gegenüber Handelspartnern und Lieferanten. Es bietet sich für Markeninhaber also an, dieses Kapital von Marken bestmöglich auszuschöpfen, und das heißt in vielen Fällen: so viele Produkte als irgend möglich unter dieser Marke zu verkaufen. Ebenso gibt es das Bedürfnis von Konsumenten nach Sicherheit der Orientierung, das eine gut gelernte Marke erfüllt. Wichtig sind auch die Lernvorteile, wenn neue Produkte unter einer bekannten Marke angeboten werden – es ist bekanntlich leichter dazuzulernen, als neu zu lernen. All dies spricht für eine Ausweitung von Marken und für eine hohe Präsenz der Dachmarke in den einzelnen Submarken.

Marken, die nicht aus irgendeinem Grund als Monomarken geführt werden, müssen ihre Angebote jedoch noch aus einem anderen Grund erweitern. Marken stellen auch ein symbolisches/kulturelles Kapital dar. Ihr Wert ergibt sich, wie ausgeführt, daraus, dass sie wichtige kulturelle Bedeutungen in Zeichen übersetzen und dass sie die jeweils innovativen und relevanten Werte ihres soziokulturellen Umfeldes aufnehmen und beachten. Einer dieser Werte ist Individualität – und diesem Wert kann eine Marke auch durch die Entwicklung von Submarken entsprechen.

In diesem Fall muss der Auftritt von Submarken allerdings sehr genau überlegt werden. Unser kultureller Tiefenstrom gibt dem Individuum mit seinen Bedürfnissen und Wünschen einen immer größer werdenden Raum, und entsprechend wächst auch die Nachfrage nach stark individualisierten Produkten. Diese Individualisierung setzt an mehreren Punkten an. Sie erfolgt primär aufgrund des Bedürfnisses, sich als das einzigartige Individuum zu inszenieren, als das man sich erlebt. Daneben aber wird die postmoderne Sicht des Individuums wirksam, die bekanntlich davon ausgeht, dass das Individuum, das sich selbst über einen langen Zeitraum treu bleibt und das einen – und nur einen – festen personalen Kern besitzt, obsolet ist: Ein Individuum setzt sich aus mehreren Personen zusammen, aus mehreren Ich-Bestandteilen, aus einem »Komitee der Selbste« (übrigens eine in der Ethnologie oft beschriebene Vorstellung in Stammesgesellschaften), die nach jeweils anderen Möglichkeiten verlangen, sich zu inszenieren und auszudrücken.

Entsprechend kann es individualisierte Produkte für jeden Ich-Bestandteil geben, aber auch individualisierte Produkte:

- für jede Gelegenheit,
- für jede Stimmung,
- gegen die Langeweile,
- um das Schnelle, Innovative, Expressive der Konsumwelt zu erleben.

Diese Entwicklung trifft sich mit der anderen Gegebenheit, dass Produkte immer stärker über ihre Bedeutungen geschätzt werden. Das stellt eine wesentliche Quelle von Marktdynamik dar. Eine starke Marke hat also die Bedeutung zu vermitteln: Diese Marke kennt dich, sie kennt ganz genau deine individuellen Bedürfnisse, sie bietet dir ein Produkt an, das ein Unikat ist, das wie für dich gemacht erscheint, das dir aber auch die ganze Sicherheit einer großen Marke bietet. Marken können es sich selten leisten, diese Entwicklung zu negieren: Wo es früher ein Pril gab, gibt es heute vier; wo es früher Uncle Bens (»der Reis, der niemals klebt«) gab, gibt es heute sechs unterschiedliche Reissorten, Reisplätzchen, Saucen, die man zum Reis essen kann, schnelle Reisgerichte wie Risotteria.

Dabei ist noch ein Weiteres zu bedenken: Diese Produkte, die hier – wie am Beispiel von Uncle Bens gezeigt – neu eingeführt werden, sind nicht beliebige Produkte, die man eben rein additiv der Marke hinzufügt, sie sind vielmehr Zeichen für eine neue Art des Kochens, für eine neue Welt im Bereich der Ernährung, für eine grundsätzlich andere Möglichkeit der Haushaltsführung, für andere Ausprägungen von Geschlechterrollen, letztlich überhaupt eine andere Art, unsere Alltagswelt zu sehen. Sie bedürfen daher auch einer anderen Art der zeichenhaften Vermittlung, einer, die im Gegensatz zu der »alten Welt des Kochens« steht.

Hier genau setzt das Problem an, dem sich vor allem große etablierte Marken gegenübersehen:

- Die Anzahl der Produkte einer Marke wird laufend vermehrt.
- Welches Gewicht soll die Marke innerhalb der Kommunikation haben?
- Welches Gewicht soll die Individualität der Produkte oder der differenzierten Submarken innerhalb der Marke haben?
- Gibt es Grenzen einer Marke, gibt es also Produkte, die sich nicht unter einem Markendach vermarkten lassen?

Es lassen sich dabei zwei Lösungen unterscheiden, die jeweils Extrempunkte auf einer Skala markieren:

1. großes Gewicht und Dominanz der Marke innerhalb der Kommunikation,
2. Zurückdrängung der Metaebene Marke, nahezu Auflösung der Dachmarke, Dominanz der Submarken.

*Dominanz der Marke*

Die Marke hat ein großes Gewicht innerhalb der Kommunikation, gewählt wird eine immer wiederkehrende Struktur, ein relativ gleich bleibendes Zeichenrepertoire. Die Botschaft, die damit vermittelt wird, ist: »Du kennst Marke X, probiere jetzt auch Produkt P von ihr!«

Die Vorteile dieser Strategie sind:

- Die Marke wahrt Kontinuität, sie ist immer erkennbar und präsent.
- Sie bietet eine hohe Sicherheit der Orientierung.
- Es werden starke Synergieeffekte geschaffen: Jedes Produkt zahlt auf das Konto der Marke ein.
- Die Marke baut ein starkes Markenkapital auf, Autorität, Kompetenz.

Die Nachteile sind:

- Innovationen können schwer kommuniziert werden.
- Die Individualisierung von Produkten ist beschränkt.
- Es entsteht der Eindruck: Alles ist gleich.
- Beispiele für diese Strategie sind Nivea, Milka, Melitta, Maggi.

*Dominanz der Submarken*

Die Metaebene Marke wird zurückgedrängt, die Dachmarke wird nahezu aufgelöst, jedes Produkt bildet eine eigene Submarke. Es entsteht eine Marke, bei der unter einem Markendach heterogene, paradox unterschiedliche Kommunikationen geliefert werden.

Die Vorteile sind:

- Produkte können stark individualisiert werden.
- Es erfolgt eine hohe Stimulation.
- Es wird der Eindruck erzeugt, man könne unter vielen (auch Pseudo-) Alternativen wählen.
- Es ergibt sich eine Nähe zu postmodernen Ästhetiken und Lebensgefühlen.

Die Nachteile:

- Das Markenkapital wird aufgezehrt.
- Hohe Investitionen in Kommunikation sind notwendig.
- Ein Verlust der Orientierungssicherheit ist möglich.
- Betrachtet man Perrier Fluo, eine Submarke von Perrier, so fragt man sich, inwieweit hier die Dachmarke noch eine Sicherheit der Orientierung bietet (siehe nachfolgende Abbildung).

Auf einer anderen Ebene stellt sich nicht nur die Frage nach dem zeichenhaft gleichen oder andersgearteten Auftritt, sondern auch die nach den Produkten, die unter einem Markendach subsumiert werden können, auch dann wenn sie sehr individuell auftreten. Japaner sind in diesem Gebiet unbedenklicher als wir, dort kann man sogar Mitsubishi-Fischkonserven kaufen. Bei uns fragt sich aber, ob Meister Propper, der als Haushaltsreiniger bekannt ist, ein Waschmittel unter diesem Namen lancieren kann.

Die Frage, welche Strategie verfolgt werden soll, ist zum einen eine Frage der Produktgattung, zum anderen eine des theoretischen Standpunktes und weiters eine des zur Verfügung stehenden Kapitals.

Bei den Produktgattungen ist jeweils zu entscheiden, ob es sich um eine Produktgattung handelt, innerhalb derer sich mehrere klar getrennte Wertfelder finden, so im Bereich der Ernährung bei Marken, die Produkte für den alten und den neuen Typ des Essens anbieten. Ebenso müssen Marken, die mehrere unterscheidbare Zielgruppen ansprechen, die etwa auch eine starke Konzentration auf Jugendsegmente im Bereich einer eigentlich alten Marke vornehmen wollen, vorsichtiger an das Thema der übergeordneten Dachmarke herangehen als Marken, die einfach mehrere Alternativen im selben Segment zur Verfügung stellen. Im ersten Fall steht oft die Glaubwürdigkeit auf dem Spiel.

Kleinere Budgets legen naturgemäß eher die Konzentration auf eine Dachmarken-Kampagne nahe. In vielen Entscheidungsvorgängen, die wir beobachten konnten, spielten aber auch prinzipielle Überlegungen eine Rolle. Es gibt Unternehmen, die die Ausformung einer invariant agierenden Marke für vorrangig betrachten, und es gibt solche, die den Gedanken eher negativ finden und die prinzipiell zur Ausformung einer möglichst unterschiedlich auftretenden Marke tendieren, da ihnen dies als die modernere Möglichkeit erscheint.

Wie ich im Folgenden darlegen werde, spiegeln diese Entscheidungen auch eine kulturelle Grundorientierung wider, die Vorstellung davon, »wie es zugehen sollte auf der Welt«. Sie stellen damit einen blinden Fleck dar, den es aufzuhellen gilt, um zu einer rational begründeten Entscheidung zu kommen.

Die Analyse von vielen Marken auf unterschiedlichen Märkten ergibt für mich den Schluss: *so viel Dachmarke wie möglich und so viel Produktindividualität wie nötig.*

Von diesem Grundsatz sollte nur dann abgegangen werden, wenn Produkte unter das Markendach einbezogen werden, die klar die symbolische Funktion der Abgrenzung gegen eine starke große alte Marke haben oder die von ihren Leistungen her der Kernkompetenz der Marke widersprechen.

Dieser Schluss der Ausgestaltung von Dachmarken leitet sich aus den generellen Funktionen von Marken ab, die eine spezifische Balance von Sicherheit und Stimulation bieten müssen; ebenso aber folge ich damit auch der Sicht des Konsumenten. Heutige Menschen bestehen auf individuellen Wahlmöglichkeiten; sie wollen alles wählen – aber das bedeutet auch, dass sie alles wählen müssen. Wie schon oben ausgeführt, tritt damit ein Problem auf, das sich als das Phänomen der Risikogesellschaft beschreiben lässt. Wenn es keine Autoritäten mehr gibt und keine intersubjektiven Verbindlichkeiten, die mir sagen, wie ich mich zu entscheiden habe (was in letzter Konsequenz ja mein eigener Wille war), dann muss ich alles selbst entscheiden. Ich trage daher auch die Verantwortung für jede Entscheidung, und ich gehe permanent das Risiko ein, mich falsch zu entscheiden.

Menschen müssen heute laufend derartige Entscheidungen treffen – aber wollen sie das wirklich auch auf den immer komplexer werdenden Märkten? Wir stellen fest, dass es im Bereich von Konsumentenbedürfnissen zwei divergierende Wünsche gibt: den Wunsch nach Wahlmöglichkeiten zwischen immer individualisierteren Produkten und den Wunsch nach Reduktion von Komplexität und nach einer Instanz, die eine feste Haltung hat und der man vertrauen kann. Auf beide Bedürfnisse haben Marken heute eine Antwort zu geben.

Es ist nach wie vor ein zentraler Wert von Marken, Sicherheit und Kontinuität in einer immer schneller werdenden Welt, die immer mehr Entscheidungsrisiken enthält, zu bieten. Dieser Wert ist es, der nie aus den Augen verloren werden darf. Speziell große Marken, die eine Vielzahl von Produkten anbieten, müssen daher beide Bedürfnisse erfüllen: vorrangig das Bedürfnis nach Sicherheit und dann das Bedürfnis nach Stimulation und individueller Affinität. Sie können dies meiner Meinung nach durch bestimmte Techniken der Markenführung und durch die spezifische Führung einzelner Produktkategorien unterhalb des Daches der Marke. Eine starke Marke stellt immer eine Allianz zwischen einem hierarchistischen und einem individualistischen Wertfeld dar (siehe dazu den nächsten Punkt E 9.1).

### Strategien zur Schaffung von Markenkontinuität

Im Folgenden eine Analyse der Strategien, die Markenkontinuität und Markengewicht stiften, die also das Verbindende der einzelnen Submarken schaffen. Auch sie sind auf einem Kontinuum anzusiedeln: Auf der einen Seite steht ein visueller Code (das Logo, die Markenfarben, manchmal eine Markenmelodie), während alles andere sehr heterogen ist, auf der anderen Seite steht eine völlige Gleichheit des Settings, der Argumentation, der Personen-Ensembles, der Ästhetik. Wie immer gilt es für eine Marke, eine kluge Mischung dieser Möglichkeiten herzustellen.

- *Farbcodes:*
  das Lila von Milka, das Blau-Weiß von Nivea, das Rot-Gelb von Maggi etc.
- *Eine feste Struktur von Abläufen und Argumentationsfiguren:*
  So wählt die Marke Felix für die Vorstellung aller ihrer Produkte die Aussage: »Sie müssen nicht Felix heißen, um Felix zu lieben.« Procter stellt viele seiner Marken mit einer Struktur vor, die sich immer auf eine Wettbewerbssituation konzentriert – Pampers, Fairy, Ariel –, allerdings ohne als Dachmarke in Erscheinung zu treten.
- *Eine bestimmte Ästhetik:*
  Diese kann eine elitäre Ästhetik sein, wie in allen Mercedes-Benz-Kommunikationen, oder eine, die Komponenten volkstümlicher Ästhetiken benützt. Ähnlich wirkt auch das Aktivieren eines bekannten Medienformates, so zum Beispiel das Nachrichtenstudio.
- *Der Slogan:*
  Ein Slogan, der in dieser Funktion eingesetzt wird, muss Werte auf der Markenebene, nicht auf der Produktebene formulieren: »Qualität ist das beste Rezept« (Oetker); »Melitta macht Kaffee zum Genuss«; »Wenns weißt, wohers kommt, weißt, wies schmeckt« (Schärdinger); »Die Bank zum Erfolg« (ursprünglicher Slogan der CA, der dann als Slogan des Gesamtkonzerns Bank Austria Creditanstalt verwendet wurde); »Mercedes-Benz – die Zukunft des Automobils«.
- *Einbindung in spezifische menschliche Relationen:*
  beispielsweise immer Paare oder Familien.
- *Die Wahl bestimmter Milieus oder Locations:*
  beispielsweise Kochstudio, Natursetting etc.
- *Präsenter.*

Generell gilt: Je mehr diese Strategien in der Kommunikation eingesetzt werden, je mehr die einzelnen Strategien in eine Richtung kommunizieren, desto stärker wird die Präsenz der Dachmarke sein.

Konkrete Marken siedeln sich nun auf unterschiedlichen Positionen innerhalb dieses Spektrums an. Dazu nachfolgend einige exemplarische Beispiele.

**Beispiel Dachmarken-Kampagne: Nivea**

Nivea berücksichtigt exzellent eine Vielzahl von Forderungen, die oben beschrieben wurden. Es stützt sich auf Basiswerte der Produktgattung Körperpflege und stellt sich so als ein Prototyp dieser Produktgattung dar: Milde, Sanftheit, Pflege, Natürlichkeit, Schönheit, die es als die core values der Marke ausformt und die das Thema darstellen, um das diese Marke organisiert ist.

Nivea bildet einen ganz eigenen Markencode aus, eine Sprache, die prägnant klarmacht: »Das ist Nivea« und die dazu verwendet wird, um alle Nachrichten über Nivea in diesem Code mitzuteilen. Dieser Code benützt eine Vielzahl von Zeichenrepertoires und Techniken der Markenkontinuität, und er wählt sie so, dass die core values der Marke Nivea im Sinne abstrakter und übergreifender Merkmale kommuniziert werden. Sie finden sich in allen Äußerungen der Marke, und sie finden sich in den vielen Produktgattungen, die Nivea bietet.

Gleichzeitig ist die Ästhetik dieses Codes so ausgeformt, dass sie exakt die Position wiedergibt, die Nivea im Bereich eines sozialen Kontinuums einnimmt: Sie ist nicht elitär, auf das Elitebewusstsein von hochpreisigen Depotmarken zielend, aber sie ist auch nicht einfach, volkstümlich, sie hält vielmehr die Mitte zwischen diesen beiden und signalisiert eine Art von sanfter Modernität, von gutem Mainstream-Bewusstsein. Genau das ist eine wesentliche Quelle der Markenbindung und der Attraktivität, die Nivea für Konsumentinnen besitzt: harmonisch in der Mitte, nicht billig und einfach in der Qualität, aber auch nicht verschwenderisch luxuriös, sondern eben die beste Qualität zu einem vernünftigen Preis bietend.

Nivea repräsentiert so »Normalität«, »Mitte«. In seinem Buch »Produkte als Medien« stellt der Historiker Rainer Gries mehrere Marken aus Ost- und Westdeutschland vor, die jeweils äquivalent sind, so Nivea und die ostdeutsche Creme Florena oder Deinhard und Rotkäppchen-Sekt. Er beschreibt die Geschichte von Nivea über einen langen Zeitraum und zeigt auf, dass es immer diese Idee der Normalität, der guten Mitte war, die die Marke durch die Jahrzehnte trug.[209]

Wenn wir als Basis der Analyse die TV-Kampagne nehmen, die Nivea Anfang 1997 verwendete, so sehen wir, dass vor allem zwei Produktgattungen beworben wurden: Shampoo und Hautcreme. Die Gemeinsamkeit, die diese Filme auf der Zeichenebene verbindet, besteht im Aufbau und in der spezifischen Ausformung folgender Codes:

- Die Konzentration auf die Ebene der Haut, die mit dem Wohlgefühl verbunden wurde, das Nivea der Haut spendete: »So fühle ich mich wohl in meiner Haut«, was optisch und verbal vermittelt wurde.

- Eine verbale Semantik, die immer wieder um folgende Begriffe kreist: rein, pur, zart, beste Pflege, natürlich schön bleiben, sensitiv, gesund, zart, Gefühl auf der Haut, Schutz.
- Ein optischer Code, der in jedem Film vorkommt. Es werden weiße, leichte, schwebende Objekte gezeigt: Federn, Tropfen, Blumen.
- Ein Farbcode: weiß, blau, hell, sanft leuchtend, strahlend.
- Die Wahl eines Ambiente, das immer die Merkmale hat: weit, offen, lichtdurchflutet, leicht, natürlich.
- Eine bestimmte Position auf der Ebene der Frauendarstellungen: die junge, natürliche, reine, gefühlvolle Frau.
- Dazu kommt ein Musikcode, der eine Grundmelodie – wieder mit dem Merkmal des Leichten und Sanften – erkennen lässt, der aber auch zur Variation benützt wird: Er wird bei den einzelnen Produkten jeweils dem Charakter der Produkte entsprechend anders intoniert. (Eine ähnliche Strategie der Variation einer Grundmelodie über andersartige Intonationen wählt Oetker.)

Nivea führt so exemplarisch eine für Marken wichtige Strategie vor, die weiter oben beschrieben wurde, nämlich Kohärenz und Rekurrenz. Alle diese Zeichenebenen und Codes kommunizieren die Basiswerte von Nivea: leicht, natürlich, sanft, pflegend, hell, harmonisch.

Nivea wählt deutlich die Botschaft: Du kennst Nivea. Nivea hat optimale Merkmale, es ist eine Marke, die prototypisch für Basiswerte der Produktgattung steht und die insgesamt eine wichtige Konzeption des Wünschenswerten, ein kulturelles Ideal, ein wichtiges Thema verkörpert – nicht Glamour, nicht unvernünftigen Luxus, nicht erotische Verlockung, nicht offenkundiges Prestige, sondern Sanftheit, Vernunft – probiere nun auch Produkt X.

Die Raffinesse dieser Kommunikation liegt dabei in der Tatsache, dass diese Merkmale in abstrakter Form vermittelt werden, sodass man eine Vielzahl von Personenkonstellationen oder Räumen wählen kann, solange sie nur die Nivea-Basismerkmale besitzen. Marken, die sich auf weniger abstrakte Merkmale stützen – so, wenn eine immer wiederkehrende Personenkonstellation dargestellt wird, wie zum Beispiel das Bild der bürgerlichen Kleinfamilie oder ein Präsenter, der einen bestimmten Typ von sozialem Milieu verkörpert , sind hier weit eingeschränkter in ihren Ausdrucksmöglichkeiten. An diese Elemente binden sich notwendigerweise bestimmte Merkmale und Bedeutungen (Denotationen).

Wenn man sich für die Strategie der Dachmarken-Kampagne entscheidet, die mehrere Untergruppen von auch heterogenen Produkten unter sich vereint, so ist es günstig, die Merkmale, die die Bedeutung der Marke, ihren semantischen Raum sicherstellen, so zu wählen, dass sie als semantische Merkmale aus den einzelnen eingesetzten Zeichenelementen erschließbar sind.

### Beispiel Dachmarken-Kampagne: Oetker

Eine ähnliche Strategie wie Nivea wählt auch Oetker in seiner Kampagne. Oetker besitzt inzwischen ebenfalls das Problem, extrem vielfältige Produkte unter einem Markendach anzubieten, und zwar sind dies Produkte, die für sehr unterschiedliche Wertewelten stehen. Oetker schafft es dennoch, diese Produkte nicht als beliebig aneinandergereiht erscheinen zu lassen, sondern Klammern zwischen ihnen zu bilden.

Das erfolgt einmal über die Vertrautheit und Bekanntheit des Namens Oetker, der in hohem Ausmaß wie ein MOP erscheint, wie ein Memory Organization Packet, das gleichzeitig ein TOP ist, ein Theme Organization Packet: Oetker steht für Qualität, Vertrautheit, lange Tradition, Kompetenz im hausfraulichen Bereich. Die zweite Klammer ist der Slogan, der einen dieser Werte explizit formuliert: »Qualität ist das beste Rezept.« Die dritte Klammer ist ein musikalischer Code – eine Melodie, die je nach Produktgattung anders intoniert wird , der in sich Kontinuität und Variation vereint.

Oetker gelingt es auch, individualisierte Produktwelten zu schaffen und innerhalb der Marke zu variieren und zu strukturieren, und zwar, indem wesentliche Situationen und Wertfelder beim Essen vorgeführt werden:

- das Liebesmahl (Pizza),
- Nostalgie (die Teige),
- Italien/fremde Welt (die modernen Convenience-Produkte),
- Frische und Natürlichkeit (Vitalis-Müsli).

Auch das ist eine wichtige Strategie: nicht Variation, weil irgendeine Variation eingeführt werden muss, sondern Konzentration auf die einzelnen Wertfelder, die es in einem bestimmten Objektbereich gibt, und Inszenierung dieser Wertfelder. Das kommuniziert natürlich auch die Kompetenz einer Marke.

Einem bestimmten Problem sehen sich heute vor allem Marken gegenüber, die im Produktfeld der Ernährung angesiedelt sind. Ernährung spiegelt bekanntlich in hohem Ausmaß soziale Änderungen, Änderungen in den Lebenswelten und Lebensstilen von Menschen wider. Wir finden heute mindestens zwei Felder:

- die Welt des »alten« bürgerlichen Kochens, die für die Frau die Rolle der Ernährerin der Familie vorsieht, die die Gleichung Liebe = Mühe kennt, die die weibliche Zeit nicht bewertet, die von einer fest gefügten Essensgemeinschaft mit festen Raum-Zeit-Bezügen und ritualisierten Relationen und Abfolgen ausgeht;
- und eine neue Welt des Kochens, in der die Frau als Managerin des Haushalts agiert, die mit ihrer Zeit im Sinne eines knappen Gutes kalkuliert, das sie ähnlich einschätzt wie die männliche Zeit der Produktions- und Arbeitswelten, die die Auflösung der Essensgemeinschaften mit ihren Regeln und Zwängen kennt.

In jüngster Zeit kommt dazu der Ersatz der Hausfrau durch andere Kochinstanzen, so Männer, auch in gleichgeschlechtlichen Beziehungen, oder ältere Personen (Iglo: »So isst man heute«).

Eine kompetente Marke im Bereich der Ernährung muss im Grunde beide Welten signalisieren, und das stellt eminente Anforderungen an die Führung einer Marke dar.

### Submarken, die einzelne Facetten der Dachmarke inszenieren

Dieser Fall tritt zum Beispiel bei Marken im Bereich des Tourismus auf, wo einzelne regionale Marken unter dem Dach einer Ländermarke vorgestellt werden müssen, da sie über ein zu kleines Budget verfügen, um selbständig agieren zu können. Sie haben aber dann den Vorteil, dass sie bestimmte abstrakte Behauptungen der Ländermarke belegen und darstellen können.

So definierte zum Beispiel das Land Kärnten als Bedeutung der Dachmarke Kärnten: südliche Lebensfreude, Urlaub bei Freunden, Vielfalt der Landschaften, Wasserpräsenz. Die einzelnen Regionen Kärntens inszenierten sich unter Beibehaltung des Kärnten-Logos und der Ästhetik des Auftritts einmal als Region, die Lebensfreude repräsentiert – so der Wörther See, (»das reine Vergnügen«) –, einmal als Region, die ein spezifisch südliches Flair hat, so der Millstätter See, oder als eine Region mit einem besonderen Wasser, so Villach mit seinem Warmbad.

Im Grunde weist das Problem der Marken und Submarken auf ein noch viel weiter reichendes Phänomen hin, das im nächsten Punkt behandelt werden soll: Marken stehen auch für unterschiedliche Weltsichten, sie binden in charakteristischer Weise Wertsysteme an sich. Und starken Marken gelingt es, eine Allianz zumindest zwischen zwei Weltsichten zu schließen: der hierarchistischen und der individualistischen.

# 9 Marken als Ausdruck kultureller Orientierungen

## 9.1 Vier Grundorientierungen

Unter diesem Punkt soll ein Phänomen beschrieben werden, das Marken zu ganz besonderen kulturellen Objekten macht und das zeigt, wie eng sie mit dem verknüpft sind, was es an generellen Wertorientierungen in einer Gesellschaft gibt. Gleichzeitig wird damit auch eine ihrer Funktionen in einem sehr weitreichenden Sinn illustriert, nämlich ihre Effizienz, Sinn zu bieten, intersubjektiv verbindliche Wertangebote zu machen.

Marken können nicht nur für bestimmte, isoliert gesehene Konzeptionen des Wünschenswerten stehen oder an bestimmte Motive appellieren, sie können vielmehr für eine Weltsicht stehen, für einen Typ von sozialem Leben, für eine Antwort auf die Frage: Wie wollen wir leben? Wie soll es zugehen in einer Gesellschaft? Sie stellen damit einen ganz besonderen Typ von Orientierung dar, und starke Marken beziehen ihre Kraft auch daraus, dass sie deutlich einem dieser Typen zuzurechnen sind. Der Gedanke wurde bereits in Teil A 6.2.3 angedeutet, wir haben ihn seit der Erstauflage des vorliegenden Buches näher verfolgt und in einer gesonderten Publikation ausführlich abgehandelt.[210]

Das Modell geht auf die englische Anthropologin Mary Douglas zurück und ist im englischsprachigen Raum weit verbreitet. Es etabliert zwei fundamentale soziale Dimensionen:

- *Group* betrifft das Ausmaß, in dem in einer Gesellschaft die Wünsche des Individuums oder die Wünsche der Gemeinschaft Berücksichtigung finden sollen;
- *Grid* betrifft das Ausmaß, in dem Gesellschaftsteilnehmer frei sind, die Regeln, nach denen sie leben wollen, jeweils und immer wieder neu auszuhandeln oder nicht.

Sobald Menschen in Gemeinschaften/Gesellschaften leben, müssen sie diese zwei Fragen beantworten: Wie viel Gewicht soll das Individuum haben; wie viel Gewicht die Gesellschaft, Gemeinschaft, Gruppe, in der es lebt? Sollen Individuen frei sein, die Regeln, nach denen sie leben wollen, selbst und immer wieder neu auszuhandeln? Oder soll es fein abgestimmte Regelungen geben, die dem Einzelnen von außen auferlegt werden? Es gibt Gesellschaften, die absoluten Vorrang des Individuums und andere, die den absoluten Vorrang der Gemeinschaft postulieren. Kombiniert man diese Fragestellungen, so gibt es vier charakteristische Antworten darauf, die vier verschiedene Modelle der Gemeinschaftsorganisation etablieren:

- Hierarchismus: Die Gemeinschaft hat Vorrang, es muss Regeln geben.

- Individualismus: Das Individuum hat Vorrang, Regeln sind frei auszuhandeln.
- Egalitarismus: Die Gruppe hat Vorrang, aber alle in der Gruppe sind gleich und handeln sich die Regeln aus.
- Fatalismus: Die Gruppe ist wichtig, aber sie verschafft keine Vorteile, man kann sich die Regeln nicht selbst aushandeln.

Jede dieser vier Kulturen geht davon aus, dass ihre Lösung die ist, die zu einer idealen und richtigen Gesellschaft führt, und im Allgemeinen auch, dass alle anderen Kulturen fundamentale Irrtümer begehen.

Es lässt sich nun zeigen, dass – wenn einmal Grundsätze dieser Art etabliert sind – eine ganze Reihe anderer Annahmen daraus folgen: Annahmen über die menschliche Natur, über Umwelt, über Erziehung, über Risiko und Sicherheit, über die Aufgaben von Institutionen etc. – und natürlich auch über den Stellenwert, den Konsum in einer Gesellschaft haben soll sowie über das, was ein gutes Produkt ausmacht. Gerade bezüglich der letztgenannten Frage finden sich große Divergenzen zwischen den Kulturen. Für das Problem der Markenführung ist dies deshalb von Relevanz, als es besonders zwei Pole sind, die unterschiedliche Optionen bieten:

- Der hierarchistische Pol verbindet sich mit Werten wie feste Ordnung, Grenzziehungen, Tradition, Beständigkeit, Autorität. Viele attraktive Marken verkörpern diese Wertsysteme, und die Weltsicht des Hierarchismus präferiert Marken, die eine höchstmögliche Sicherheit der Orientierung bieten.
- Der Pol des Individualismus besteht dagegen auf Innovation, Tempo, Abwechslung, individueller Orientierung.

Anders als übliche Typologien ist das Grid/Group-Modell theoretisch wohl begründet. Es soll im Folgenden kurz beschrieben werden, bevor wir uns Markenbeispielen zuwenden.

**Die hierarchische Kultur: Group hoch – Grid hoch**

Diese Kultur geht davon aus, dass die Werte der Gemeinschaft, der Gruppe, der das Individuum angehört, Vorrang vor den individuellen Wünschen des Individuums haben. Sie geht ferner davon aus, dass zwischen ihren Mitgliedern prinzipielle Ungleichheit besteht, dass diese

Unterschiede gegeben und relativ unveränderbar sind, dass Beziehungen zwischen den einzelnen Mitgliedern nicht frei ausgehandelt werden können, sondern dass sie durch die Position der Person und durch feststehende Regeln bestimmt sind. Dies betrifft Obere und Untere in dieser Gesellschaft – beide sind durch Regeln eines adäquaten Benehmens gebunden.Systeme dieser Art tendieren daher zu Bewahrung, zu festen Grenzziehungen, zu Beachtung der Vergangenheit. Sie stellen das Kollektiv, die Gruppe vor die Wünsche und das Wohl des Einzelnen (»Die Partei ist alles«). Das ist charakteristisch für Gesellschaften, die den Einzelnen nicht als Individuum wahrnehmen, sondern immer nur in seiner Stellung im Verband einer Familie.

Hierarchische Kulturen argumentieren und legitimieren im Namen des Gemeinwohles: Nur wenn jeder auf seinem Platz das Beste leistet, kann das System bewahrt und ein positiver Zustand für alle geschaffen werden. Jeder bekommt das, was ihm zusteht, er ist dafür aber auch zu Gegenleistungen verpflichtet. Der Verlust an persönlicher Autonomie wird durch soziale Sicherheitsnetze kompensiert.

Die Strategien, um Mitglieder in diesem System zu halten, sind das Bewusstsein, dass man innerhalb dieses Systems in jedem Fall besser dran ist als außerhalb. Dies ist offensichtlich für die oberen Ränge, aber es gilt auch für die unteren – dieses System garantiert ihnen zumindest ein Minimum an Schutz und Ressourcen.

#### Die individualistische Kultur: Group niedrig – Grid niedrig

Diese Kultur geht von einer absoluten Priorität des Individuums aus. Jeder muss die Chance haben, jede Position einzunehmen, sofern er durch eine beobachtbare Leistung dazu in der Lage ist. Positionen werden also in einem Wettbewerb gewonnen, den der Tüchtigste für sich entscheidet. Positionen stehen nicht auf Dauer fest, sie können angegriffen und übertroffen werden, Wechsel und Mobilität sind daher essentieller Teil dieser Kultur. Der Verweis auf traditionelle Regelungen und auf traditionelle Autoritäten gilt nichts.

Diese Kultur strebt nicht prinzipielle hierarchische Unterschiede ihrer Mitglieder an, aber auch nicht die Gleichheit aller Mitglieder. Sie akzeptiert vielmehr hohe soziale Unterschiede: Die Tüchtigen kommen nach oben, die Schwachen fallen aus dem System heraus. In dieser Kultur ist niemand dem anderen zu etwas verpflichtet, jeder kann mit jedem Allianzen eingehen, alles kann ausgehandelt werden, alles wird nach Angebot und Nachfrage geregelt, Eigennutz und Gewinnstreben sind legitime Motive. – Diese Kultur funktioniert offensichtlich nach dem Modell des Marktes.

Die Anreize, die diese Kultur ihren Mitgliedern bietet, sind die Aussicht, durch individuelle Leistung nach oben zu kommen, individuellen Nutzen zu maximieren und dadurch das größte Glück für die größte Zahl herzustellen.

### Die egalitäre Kultur: Group hoch – Grid niedrig

Hier existiert ein lebhaftes Bewusstsein für Gruppenzugehörigkeit, für die Zugehörigkeit zu einem Kollektiv. Für die Mitglieder dieser Gruppe wird aber völlige Gleichheit postuliert: Jeder kann jede Rolle übernehmen, Positionen sind weder ererbt noch durch Wettbewerb erworben noch dauerhaft besetzbar, alle Beziehungen sind von jedermann frei zu gestalten, sofern es sich um Beziehungen zu Mitgliedern der Binnengruppe handelt. Alle Bestrebungen, Ungleichheit herzustellen werden unterbunden; Ziel ist das Einebnen aller Unterschiede. Autoritäten werden nicht anerkannt, Macht und Autorität gilt als prinzipiell verdächtig.

Diese Kultur lebt vom Gegensatz zu einer Außengruppe, von der sie sich per Kontrast und maximalem Unterschied abhebt und über die sie nicht selten ihre Legitimation bezieht. Sie warnt vor den Gefahren, die bestehen, wenn die Ideologie dieser Außengruppe (hierarchische Strukturen oder egoistische Märkte) ungehindert weitergeführt wird – dies würde in eine Katastrophe führen. Nur das Wertsystem der eigenen Gruppe garantiert das wahre Leben und verhindert die Katastrophe.

Die Anreize, die diese Kultur bietet, um an ihr zu partizipieren, bestehen genau in dieser Tatsache, da sie ja weder mit sozialem Aufstieg noch dauerhaft eingenommenen Positionen belohnen kann. Im Gegenteil – sie hat auf die permanente Gleichheit aller Mitglieder zu achten.

### Die fatalistische Kultur: Group niedrig – Grid hoch

Diese Kultur ist dadurch bestimmt, dass sie ihre Mitglieder nicht in feste Gruppenzusammenhänge einbindet, sondern dass sie sie isoliert, dass sie sie aber gleichzeitig rigorosen Regelungen unterwirft, was ihre Verhaltensmöglichkeiten betrifft.

Es handelt sich entweder um Personen, die sich am unteren Ende der sozialen Skala befinden (Rentner, Bettler, Almosenempfänger, Isolierte und Ausgestoßene), oder es sind Personen, die sich ganz elitär am oberen Ende der sozialen Skala befinden und die bewusst das Recht in Anspruch nehmen, sich von der Gesellschaft zurückzuziehen, allein zu bleiben, sich nicht an ihre Regelungen zu halten – was sie aber natürlich von vielen Möglichkeiten ausschließt (exzentrische Künstler beispielsweise).

Mehrheitlich handelt es sich um die Personengruppen, die in einer Gesellschaft zu kurz gekommen sind, zumindest ist das in unseren westlichen Industriegesellschaften der Fall. In diesem Typ von Gesellschaft wählt man die fatalistische Kultur – bis auf den Fall der exzentrischen Eremiten – nicht freiwillig, sondern man wird als Opfer des Systems ihr Angehöriger. Die Kultur stellt dann die Mechanismen bereit, die einem ein soziales und mentales Überleben gestatten.

Dies besteht vor allem in dem Glauben, dass das eigene Schicksal unverschuldet und unabänderlich ist. Es ist von einer übergeordneten Instanz abhängig und verordnet (Gott, Schicksal, Sterne, allmächtige Obrigkeiten); in jedem Fall eine Instanz, die durch individuelles Verhalten nicht zu beeinflussen ist. Glück und Unglück sind daher fatalistisch zu ertragen, man hat keine Chance, die eigene Lage zu verbessern, man kann sich nur so gut es geht in ihr einrichten (»erlernte Hilflosigkeit«[211]).

Diese Arten von Kulturen, die soziale Grundorientierungen sind, finden sich nun in Organisationen und Gesellschaften jedes Typs und jeder Größe: Firmenkulturen, Haushaltsorganisationen, Institutionen, Nationalstaaten, großräumigen kulturellen Orientierungen etc. Jede Gesellschaft ist dabei im Kern auf einen Typ von Kultur festgelegt – sie kennt aber auch alle anderen Typen. Es gibt keine Gesellschaft, die allein nach einem kulturellen Modell funktionieren könnte, sie braucht immer auch die anderen Kulturen dazu. Bestimmte Aufgaben können nur von bestimmten Kulturen übernommen werden.

Unsere westliche Industriegesellschaft folgt im Kern dem Typ der individualistischen Kultur, und zwar umso deutlicher, je weiter die Globalisierung fortschreitet. Ebenso aber kennt sie alle anderen kulturellen Systeme.

## 9.2 Markenwelten als kulturelle Orientierungen

Marken können sich nun als Prototypen der einen oder der anderen Kultur ausgestalten. Sie übernehmen dabei eine deutliche Orientierungsfunktion, da sie eben ein ganzes Wertbündel auf einmal verkörpern und von den vielfältigen und unterschiedlichen Annahmen einer jeweiligen Kultur profitieren, die sie mitliefern, sobald sie die Zeichen setzen, die sie als Angehörige einer bestimmten Kultur ausweisen. Dabei erweisen sich vor allem zwei Dimensionen als sehr sensibel, und zwar die grundlegenden Dimensionen der Zeit und des Raumes.

## Marken und ihre Konzepte von Zeit und Raum

Im Folgenden sollen Markenwelten über die Konzeptionen von Zeit und Raum differenziert werden, die in ihnen zum Ausdruck kommen. Besonders sensibel erweisen sich dabei Zeitkonzepte. Dem naiven Alltagsverständnis nach scheint Zeit zunächst keineswegs als etwas kulturell Bestimmtes, sondern als etwas objektiv Gegebenes, etwas, das – wie Kant darlegt – eine angeborene Kategorie ist, die gleichermaßen für alle Menschen und für alle Kulturen gilt. Genauer betrachtet zeigt sich jedoch, dass eine Konzeption von Zeit immer auch eine kulturelle Konzeption ist.

Dieser Gedanke wurde besonders von Norbert Elias entwickelt.[212] Er gebraucht den Ausdruck des »Zeitens«, und er führt aus, dass die Art, wie wir »Zeiten« – das heißt, wie wir Zeit strukturieren, erleben und in den Subjekten erlebbar machen – in unterschiedlichen Kulturen und zu unterschiedlichen Zeitpunkten völlig unterschiedlich verläuft. Welche Konzeption von Zeit ausgebildet wird, hängt nun unter anderem davon ab, welche Art von Zeit in einem System »gebraucht« wird.

Dies wiederum steht in Zusammenhang mit Werten, die für das Funktionieren dieses Systems wichtig sind – Werte verstanden als Zielvorstellungen, als Konzeptionen des Wünschenswerten, die eine Gesellschaft ausbildet, um die Stabilität, Effizienz, und die Koordination ihrer Mitglieder zu erreichen und die Ausformung ihrer Institutionen zu regeln. Die unterschiedlichen Kulturen, die wir im Bereich der Cultural Theory betrachten, formen daher auch unterschiedliche Zeitkonzeptionen und zeichnen bestimmte Räume als privilegiert aus.

Prinzipiell entwickelt dabei die individualistische Kultur die Zeitvorstellungen, die wir in unserer gegenwärtigen Industriekultur als zentrale Vorstellungen besitzen. Primär ist dies die standardisierte und synchronisierte Zeit, die das Funktionieren dieser großräumigen und differenzierten Systeme erst ermöglicht; es ist ferner die Anschauung »Zeit ist Geld« (während Thomas von Aquin sagte: »Die Zeit gehört Gott«). Eine äußerste Ökonomie im Umgang mit Zeit ist geboten. Diese Vorstellung ist bestimmend für unsere Produktionsprozesse; es ist die Vorstellung einer linear sich entwickelnden Zeit, die zu immer positiveren Zuständen voranschreitet.

Das ist eine für unsere Produktionskulturen sehr wichtige Zeitvorstellung. Sie begünstigt den Gedanken: radikale Ablöse des Alten, »das Neue ist besser als das Alte« – eine Maxime, die es uns erlaubt, unter dem Gesichtspunkt der Innovation immer neue Produkte zu produzieren und zu verkaufen und die alten zu eliminieren. Diese Zeitkonzeption des Schnellen, Ökonomischen, der Innovation, der Beschleunigung und maximalen Ausnützung von Zeit ist für die individualistische Kultur charakteristisch, und sie bestimmt prototypische Markenwelten.

Genau entgegengesetzt ist die Zeitvorstellung der Hierarchisten: Die idealen Zustände werden hier in der Vergangenheit gesucht, Wandel erscheint als kein Wert an sich, es geht um Bewahrung, um längere Zeitbindungen und um längere Planungen in die Zukunft hinein. Zeit bindet und verpflichtet. Bindungen in der Zeit, gemeinsam verbrachte Zeitläufe ermöglichen Sicherheit und Stabilität von Beziehungen, um die es dieser Kultur vorrangig geht.

Die egalitäre Kultur geht von der Eigengesetzlichkeit von Systemen aus: Jedes Ding hat seine Zeit und braucht seine Zeit. Sie wendet sich sowohl gegen die Zeitkonzeption der Individualisten als auch gegen die gleichförmige und stabilisierende Zeitvorstellung der Hierarchisten – beide betrachten Zeit als etwas im Rahmen der Lebenswelt und der Geschichte von Menschen Kalkulierbares. Zeit hat für die egalitäre Kultur auch eine kosmische Dimension, die sich auf Zeitpunkte bezieht, die in mythischer Vergangenheit liegen (die ewige Zeit der Natur, die Mythen, die sich in modernen Ereignissen wiederholen) oder die Zeit als unberechenbar erscheinen lässt: Die Katastrophe kann jederzeit hereinbrechen. Zeit ist also etwas Fragiles, prinzipiell Unkalkulierbares, sie gehorcht eigenen Gesetzmäßigkeiten.

Für den Fatalisten reduziert sich Zeit auf den Augenblick, losgelöst von Vergangenheit, nicht extrapolierbar in die Zukunft. Zeit erscheint vom Handeln der Menschen abgekoppelt, nicht einbeziehbar, nicht kalkulierbar. Fatalisten neigen oft auch zu idiosynkratischen Zeitvorstellungen, sie sind schwer imstande, ihre Zeitplanungen mit anderen zu synchronisieren.

Diese Zeitkonzeptionen finden sich exemplarisch auch in Markenwelten übersetzt, und sie verbinden sich mit bestimmten privilegierten Raumvorstellungen.[213] Das folgende Schaubild gibt einen Überblick.
Hierarchistische Markenwelten konzentrieren sich auf die Positionen Nähe und Vergangenheit, individualistische auf Zukunft und Ferne, egalitäre auf das Konzept mythische Vergangenheit/Eigengesetzlichkeit, fatalistische auf den isolierten Augenblick. Die individualistische und die hierarchistische Kultur definieren Zeit als etwas, das planbar und in das Leben und Handeln einbeziehbar ist; die egalitäre und die fatalistische Kultur beziehen Zeit nicht in diesen Rahmen ein.

Die privilegierten Räume sind für die hierarchistische Kultur der nahe Raum, das Nahe, Überschaubare – »Small Scale«; für die individualistische ist es der ferne Raum, die Ferne, »die Welt«, das Internationale – »Large Scale«.

Im Folgenden eine genauere und erweiterte Beschreibung von Markenwelten auch in ihrer Ästhetik.

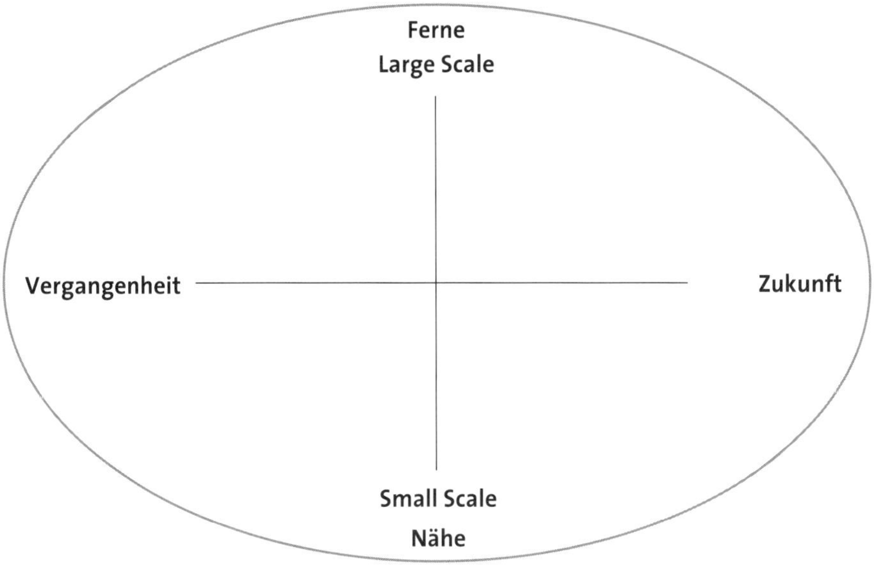


## 9.2.1 Hierarchistische Markenwelten

Marken und Produktargumentationen, die hierarchistische Werte verkaufen, kommen weit häufiger vor, als man das nach der offiziellen Minderbewertung dieser Kultur erwarten würde. Sie konzentrieren sich auf die Vermittlung eines ganz bestimmten Wertspektrums und blenden also – jedenfalls auf der Ebene der expliziten Darstellung – alles aus, was diese Kultur negativ erscheinen lässt, so etwa Kontrolle und das offene Zulassen hierarchischer Unterschiede.

Im Zeit-Raum-Modell bevorzugen hierarchistische Markenwelten die Positionen Nähe und Vergangenheit. Sie erscheinen immer als einer faktischen oder emotionalen Nahwelt entstammend; und sie stellen meist Zustände dar, die in der Vergangenheit liegen oder die eine ungebrochene Kontinuität mit der Vergangenheit behaupten. Sie argumentieren Qualität durch Erfahrung, Stabilität, Bewahrung alten Wissens, Befolgen eines alten und durch lange Zeit geübten Produktionszusammenhanges, und sie versprechen die Stabilität und das Gleichbleiben menschlicher Beziehungen, den sicheren Pol im Leben, das Gleichbleibende: »Best things in life never change«, wie es die Marke Heinz einmal ausdrückte. Sie inszenieren den Wert der Tradition, die Kontinuität in der Geschlechterfolge, die Attraktivität von Nahwelten und die nahen menschlichen Beziehungen und Verpflichtungen, denen sie eine Abwehr des Fremden gegenüberstellen.

Das zweite große Thema hierarchistischer Markenwelten ist der Code des Angemessenen und des zwingend Vorgeschriebenen, das Einhalten von Grenzen, sofern soziale Beziehungen glücken sollen. Die Geschlechterrollen, die in diesen Welten dargestellt sind, folgen meist einem traditionellen Muster. Ihr drittes großes Thema ist die Welt der Autoritäten und Experten.

Hierarchistische Marken verwirklichen eine bestimmte Ästhetik: das Vertraute, das Biedere, die Alltagsästhetik, das Heimatliche, das harmonisch Gefühlvolle, das Langsame, das Traditionelle.

Es gibt bestimmte Produktgattungen, die eine natürliche Nähe zu diesen Welten haben: primär ist das der Bereich des Essens und der Ernährung. Das ist eine Produktgattung, die zwar mehrere unterschiedliche Positionen kennt, die aber eine privilegierte Vorstellung entwickelt: Ein optimales Nahrungsmittel erscheint als eines, das diesem Raum der Nähe und Vergangenheit entstammt – unkontaminiert durch die Industrie und die industrielle Welt; liebevoll und langsam gewonnen und bearbeitet; Kontinuität in der Geschlechterfolge bewahrend und stiftend; Garant einer heilen, nahen, überschaubaren Welt. Solche Wertewelten sind etwa für technische Geräte schwer denkbar.

Weitere Produktgattungen, die eine Nähe zu diesen Wertewelten haben – da sie im Kern derartige Werte verkaufen –, sind:

- Sparen: Einteilen der Ressourcen, Planen in langen Zeiträumen, aufgeschobene Belohnungen;
- Vorsorgeleistungen (Lebensversicherungen, Gesundheitsvorsorge): Verpflichtung gegenüber nahe stehenden Personen, lange Bindungen;
- Hygiene: Grenzziehungen zwischen dem Reinen und dem gefährlich Unreinen, aggressives Vorgehen gegen »Feinde«, als die Keime und Bakterien gedacht werden, die das System bedrohen.

**Beispiel: Nivea**

Nivea ist eine exemplarische Marke, die sehr erfolgreich die Wertewelten dieser Kultur an sich bindet. Nivea wird von vielen Konsumenten als eine Marke erlebt, die lange in ihre persönliche Biographie verflochten ist; sie sehen Nivea als ein Produkt, eine Marke, die sie durch ihr ganzes Leben begleitet hat, die wie ein Bestandteil ihrer Familie ist. Nivea steht so für den Schutz des Hauses, für Bewahrung, Kontinuität, für Sicherheit, Tradition, Schutz, es steht auch für Mütterlichkeit, Sanftheit, Pflege, völlige Absenz von Aggressivität.

Nivea hat nichts von dem Glamour individualistischer Marken an sich, es ist eine zutiefst solide, beständige und vertrauenswürdige Marke, die ein vernünftiges Preisniveau hat. Sie gibt ihren Benützern niemals das Gefühl, etwas verschwenderisch Teures zu verwenden, Nivea bietet hohe Qualität zu einem anständigen Preis.

Der Gefahr, die hierarchistische Markenwelten begleitet – nämlich die des Abgleitens ins Biedere, in Small Scale, ins leicht Rückständige , begegnet Nivea mit dem Besetzen der positiven Diagonale, und zwar durch eine Allianz mit einem Prinzip individualistischer Marken: der Innovation, die Nivea durch seine Produktkonstruktionen besetzt. Nivea gelingt es auf der Ebene der einzelnen Produkte, die die verschiedenen Sublinien konstituieren, jeweils die letzten Neuerungen herauszubringen.

Deutlich wird dies etwa bei der Gesichtspflegelinie Nivea Visage, die beim Lancieren von neuen Produkten dem Prinzip folgt, technische Neuerungen, die zum jeweiligen Zeitpunkt nur in der Hochkosmetik erhältlich sind, zu einem vernünftigen Preis im Bereich der Massenkosmetik zu etablieren oder überhaupt selbst Neuerungen zu lancieren. So brachte Nivea als erste Marke eine Kosmetiklinie speziell für ältere Frauen heraus, Nivea Vital, die ein großer Markterfolg wurde – nicht zuletzt deshalb, weil bei dieser Marke diejenigen Werte vorlagen, denen ältere Frauen vertrauten.

Nivea führt hier bereits eine Strategie vor, die wir später als eine besonders glückliche Lösung des Problems Dachmarke/Submarke sehen werden: Es ist die Allianz einer hierarchistischen mit einer individualistischen Markenwelt.

## Wertfelder

### *Qualität und Verweis auf Tradition*

In den Bereich der hierarchistischen Markenwelten gehört die Argumentation von Qualität über den Verweis auf Tradition. So argumentiert etwa die Uhrenmarke Vacheron: »Uhrmacher seit 1850«. Dallmayr-Kaffee zeigt das Münchner Stammhaus, in dem gleichsam die Zeit stehen geblieben zu sein scheint. Kaffee wird in schönen alten Kupferbehältern aufbewahrt, die liebevoll von den Angestellten abgestaubt werden, die Bohnen werden mit der Hand abgewogen, abgefüllt; alle Personen und alle Gegenstände dieses Raumes besitzen die Merkmale: sorgfältig, vorindustriell, alte handwerkliche Tradition, beständig, nicht auf äußeren Schein aus, bürgerlich solid. Ähnlich argumentiert Meßner-Tee: »Tee ist unsere Leidenschaft seit 1850«.

*Kontinuität*

Eine weitere wichtige Strategie ist die Argumentation mit der Kontinuität bzw. der Kontinuität in der Abfolge der Geschlechter. Produkte agieren als die verbindenden Elemente, die eine Generation an die andere bindet. Werthers Echte etwa zeigten lange Zeit in seiner Kampagne einen Großvater, der seinem kleinen Enkel Werthers-Echte-Bonbons gibt und sich dabei an seine eigene Kinderzeit erinnert, in der ihm dasselbe Produkt von seinem Großvater gegeben wurde – jeweils übrigens mit dem Hinweis: Es ist ein ganz besonderes Kind und so gebührt ihm ein ganz besonderes Bonbon. Oder ein Film über ein anderes Bonbon, Storck Riesen. Hier wird ein kleiner Kaufmannsladen gezeigt (ein Typ von Geschäft, den es in der Realität kaum mehr gibt, der aber zu den großen Einkaufsträumen gehört), in dem die Kaufmannsfrau ihre Verbindung zu einer jetzt erwachsenen, männlichen Person erzählt: Schon lange, schon seit der Zeit als er ein kleiner Bub war, kommt er in ihr Geschäft und sagt: »Drei Storck Riesen, Frau Huber, zwei in die Tüte und einen in den Mund«. Während sie erzählt, kommt der Bub, der jetzt ein junger Mann ist, in den Laden und verlangt genau dies. Das Produkt stiftet und begleitet so eine lange, kontinuierliche, beständige Relation zwischen Menschen. Das Prinzip, dem alle diese Argumentationen folgen, ist immer: »Best things in life never change.«

*Vorindustrielle Bearbeitungsverfahren*

Eine weitere Strategie dieses Wertfeldes ist die Argumentation, dass Produkte einer vorindustriellen Welt entstammen bzw. durch derartige Bearbeitungsverfahren gewonnen wurden. Auch hier finden sich besonders viele Beispiele aus dem Bereich der Lebensmittel. Das Fruchtjoghurt Landliebe schilderte in seinem Einführungsfilm die Entstehung dieses Joghurts, das von liebevoll und individuell behandelten Kühen stammt, das von einer bäuerlichen Frau in einem kleinen Stübchen gerührt und mit Erdbeeren, die mit der Hand auf kleinen Holzbrettchen geschnitten werden, verrührt wird.

Die Marke Gösser zeigt über Jahre die Einbindung dieses Bieres in eine Welt der Hirten und Bauern. Mäher mähen das Getreide für das Bier mit der Sense, Brauer rösten es in Kupferkannen. Dargestellt wird wieder ein Raum, in dem die Zeit stehen geblieben zu sein scheint, ursprünglich, unkontaminiert, überschaubar, nah, vorindustriell. Einen ähnlichen Raum stellt Kerry Gold dar, eine irische Buttermarke, die den Herkunftsraum, Irland, in dieser Form inszeniert und einen Gleichklang zwischen Merkmalen der Landschaft, der dort lebenden Personen und des Produktes etabliert.

*Nahwelt*

In vielen Produktfeldern lässt sich feststellen, dass die einzelnen Marken dieses Feldes jeweils einen Quadranten der beiden Raum- und Zeitachsen besetzen. Bei österreichischen Banken etwa nimmt die Bank Austria Creditanstalt die Position Large Scale – modern – zukunftsorientiert ein: Sie gilt als eine Bank, an der man die internationalen Verbindungen schätzt, ihre Nähe zu großen Geschäften und urbanen, modernen Gruppen. Demgegenüber steht Raiffeisen, das man mit den Merkmalen nah, kleinräumig orientiert, persönlich, überschaubar, auch an kleinen Personen interessiert, nicht urban verbindet und das konsequent in seinen Filmen und Anzeigen diese emotionale nahe Welt inszeniert.

*Code des Angemessenen*

Deutlich inszeniert den Codes des Angemessenen eine alte Kampagnen für Jacobs Krönung. Der Kern seiner Filme wurde jeweils dadurch gebildet, dass die Hausfrau den Code des Angemessenen dadurch verletzt, dass sie eine hochrangige Gelegenheit – ein wichtiges Familienfest, die Taufe eines Kindes beispielsweise – mit einem weniger hochrangigen Produkt, nämlich einer falschen Kaffeemarke, kombiniert. Dies manifestiert sich in einer Störung der sozialen Harmonie. Die Atmosphäre des Festes ist erheblich verletzt, der Hausherr tadelt – meist wortlos, aber über einen überzeugenden mimisch-gestischen Code – seine Frau, er verweigert es als Erster, den nicht angemessenen Kaffee zu trinken. Die Harmonie ist erst dann wieder hergestellt, wenn das richtige Produkt, in dem Fall eben Jacobs Krönung, mit der richtigen Gelegenheit gekoppelt wird. Diese Kampagne stützt sich nicht nur auf klassische Geschlechterrollen, sondern eben auch auf die hierarchistische Auffassung, dass jede Gelegenheit ein darauf wohl abgestimmtes Produkt verlangt.

*Abwehr des Fremden*

Schließlich gehört in das hierarchistische Wertfeld eine beliebte Denkfigur dieser Kultur, die Abwehr des Fremden bzw. die Grenzziehung. Viele Bierwerbungen, die mit der Reinheit des Bieres argumentieren, folgen diesem Schema. »Unser Bier«, das rein ist, wird dem »Bier der Fremden«, das damit »unrein« ist, entgegengesetzt. Ähnlich argumentierte die Kampagne der österreichischen Agrarindustrie, die kurz vor der österreichischen Integration in die EU einen Film zeigte, in dem österreichische Bauern auf einem Berggipfel schworen (»Bei meiner Ehr«), dass in ihren Produkten nichts Fremdes sei, sondern nur reine, natürliche Bestandteile – Kernbegriffe hierarchistischer Wertewelten also.

*Autoritäten und Experten*

Hierher gehören auch die Autoritäten und Experten, die sich in vielen Produktfeldern finden – Personen, die kraft ihrer Erfahrung, ihres Ansehens, ihres Expertenwissens bestimmen, was richtig und falsch ist, wem man vertrauen kann und wem nicht. So argumentiert die Marke Hipp seit Jahren, dass in ihrer Babynahrung nur ausgesuchte und völlig rückstandsfreie Grundstoffe enthalten sind. Dafür bürgt der persönliche Inhaber des Unternehmens, der in jedem Film auftritt und den Film mit dem Satz beschließt: »Dafür bürge ich mit meinem Namen!«

Die Ästhetik dieser Marken kann einerseits das Traditionelle, Handwerkliche, Vorindustrielle betonen; hier ist aber auch das Feld der kleinbürgerlichen Ästhetik angesiedelt, das Feld der lieben, quasi hausgemacht anmutenden Dinge, wie man sie bei Marmelade oder Säften findet. Weiters fallen die traditionellen, alten Packungen in diese Kategorie – Manner-Schnitten, Hesperiden-Essig, Charly-Likör-Flaschen –, die nach der Meinung ihrer Anhänger so bleiben müssen, wie sie sind. Jede Änderung zieht Marktanteilsverluste nach sind, auch wenn sie einen beträchtlichen ästhetischen Fortschritt darstellen würde. Manche Dinge dürfen sich eben nicht verändern.

Hierarchistische Markenwelten erlauben es, Werte zu inszenieren und mit Produkten zu verbinden, die in bestimmten Produktfeldern und Zielgruppen eine hohe Relevanz haben. Dies alles bedeutet nicht, dass hierarchistische Markenwelten nur für Hierarchisten relevant sind; sie stellen vielmehr ein Muster dar, in dem bestimmte Werte besonders gut zu inszenieren sind, da sie einen kohärenten semantischen Raum bieten, der soziokulturell vorgeprägt ist. Allerdings gibt es in diesen Markenwelten auch Problemzonen. Ihre Konzentration auf den Small-Scale-Bereich birgt die Gefahr einer gewissen Provinzialität, des Biederen und Hausbackenen, des Alltäglichen und Normalen.

### 9.2.2 Individualistische Markenwelten

Die Werte, die diese Marken bevorzugt darstellen, sind die Werte, die individualistische Kulturen prägen: Leistung, Sieg in einem Wettbewerb,

Erfolg; Innovation; Steigerung der persönlichen Leistungsfähigkeit; Entnahme von Ressourcen, um sie in gesellschaftlich erwünschte Funktionen zu überführen; Sieg über die Natur, Korrektur der Natur durch den Einsatz von Wissenschaft und Technik.

Ihre Position im Raum-Zeit-Schema ist die Position Zukunft und Ferne. Sie stellen Zeit immer als ein positiv fortschreitendes, sich linear nach vorn bewegendes Kontinuum dar; und sie inszenieren Ferne, Internationalität, Large Scale – jedenfalls nicht den Raum des Nahen, der Verwurzelung, der Heimat, der Beständigkeit und Kontinuität. Hierher gehören die culture free products (Produkte, die auf der ganzen Welt gleichermaßen einsetzbar sind) – meist sind dies die Marken der Jugend sowie Sportprodukte.

Die Ästhetik, die sie verwenden, bevorzugt das Schnelle, Abwechslungsreiche, die wechselnden Reize, das Aufregende, Glamouröse. Deutlich zeigt sich das in den Designpositionen, die sie vertreten. Hier ist das Gebiet des von den Japanern so genannten »Tokimechi Designs«, des Herzklopfen-Designs, das die Oberfläche des Produktes als etwas spektakulär Aufregendes ausgestaltet und den Charakter des Produktes als Fetisch betont.

### Wertfelder

#### *Kompetitivität und Innovation*

Ein wichtiges Wertfeld dieser Kultur ist die Verbindung von Kompetitivität und Innovation. Charakteristisch dafür sind eine Reihe von Marken des amerikanischen Konzerns Procter & Gamble: Ariel, Pampers, Fairy Ultra. Diese Marken inszenieren sich kontinuierlich über die beiden genannten Kernelemente. Das Zentrum ihrer Filme bildet jeweils einen Side-by-side-Vergleich, in dem das eigene Produkt einem anderen Produkt in einem Leistungswettbewerb gegenübergestellt wird.

So zeigt etwa Ariel seit Jahren eine Produktdemonstration, die in vielfältige Geschichten eingebaut wird und die immer exemplifiziert: »Wenn es nicht darauf ankommt, kann man jedes Waschmittel nehmen. Links im Bild sieht man, was dann geschieht – das Wäschestück ist gewaschen, aber es ist nicht wirklich sauber, es zeigt sich noch ein Fleckenrand; rechts aber hat Ariel gewirkt – alles ist restlos entfernt. Ariel wäscht um die eine Spur reiner.« Genau dies ist die ikonische Übersetzung des Leistungsprinzips: Vergleich mit einem Gütemaßstab und Übertreffen dieses Gütemaßstabs »um die eine Spur«. Pampers zeigt dies am Beispiel von Babys, Fairy Ultra anhand von Geschirr – in allen Fällen wird das

Produkt als Sieger in einem fairen Wettkampf gezeigt. Und das – nämlich kompetitive Leistung – ist auch der Kern aller Procter-&-Gamble-Marken.

Ähnliches, nämlich Steigerung der persönlichen Leistungsfähigkeit, verspricht der alte Apple-Slogan: »The power to be your best«; ebenso stützen sich Energy Drinks auf diesen Aspekt (zum Beispiel Isostar: »Wenn du abbaust, baut Isostar dich wieder auf«). Die Bank Austria Creditanstalt konzentriert sich auf den Begriff des Erfolges: »BA, die Bank zum Erfolg«. Diese Ideologie ist auch oft mit der Maxime des schnellen und entschlossenen Handelns verbunden: »Just do it«, sagt Nike.

Einen anderen, in diesen Markenwelten vielfach benützten Aspekt stellt die Dimension der Innovation dar. »Jetzt kommt das neue X« – dieses Versprechen impliziert, dass das Neue prinzipiell besser ist als das Alte, dass also auf einer linearen Zeitachse immer positivere Zustände folgen. Dies ist eine wichtige Quelle von Marktdynamik in allen Bereichen, die etwas mit Technik und wissenschaftlichem Fortschritt zu tun haben (Autos, elektronische Geräte, Geräte und Maschinen überhaupt) oder die prinzipiell von der Beachtung von Moden leben, so die Marken der Bekleidungsindustrie.

Sehr erfolgreich setzt zum Beispiel Hennes & Mauritz diesen Aspekt in seiner Markenphilosophie um. H&M bringt nicht nur saisonale Kollektionen, sondern alle zwei Wochen Neuigkeiten; hier findet man laufend, wann immer man hinkommt, etwas Neues – ein wichtiges Attraktivitätsmoment für seine Fans.

Die Verbindung von Beschleunigung des persönlichen Lebens und Geräten, die dies ermöglichen und unterstützen, wird zum Beispiel in einer Headline für ein neues Telefon ausgedrückt: »Haben Sie ein Telefon, das Ihr Tempo aushält?«

*Hedonismus*

Das zweite Feld, das diese Marken besetzen, ist das Wertumfeld des Hedonismus, das bereits in Teil D 7.3 näher beschrieben wurde. Hier geht es um Genuss, um Erleben, um narzisstische Selbstverwöhnung. »Paradise now!« ist die Maxime dieser prinzipiell auf den Genuss des egoistischen Einzelnen abgestellten Welten. »Teilen? Nie!« drückt das etwa die erfolgreiche Eismarke Magnum aus, die das Produkt als Möglichkeit inszeniert, sich jederzeit einen narzisstischen Genuss zu verschaffen. Viele Marken des Genussfeldes Süßigkeiten basieren auf diesem Wertfeld.

Eine exemplarische Welt dieser Art stellt Bacardi seit Jahren mit großem Erfolg dar. Es ist die Welt der Freizeit, die sehr oft an paradiesische Räume der Südsee gekoppelt wird. Diese Räume sind als Gegenwelten zu den Zwängen der Normalwelt ausgeformt. Hier wird nur dem eigenen Genuss gelebt, ohne Verpflichtung, ohne Zwang, zeitlos, alterslos, entgrenzt.

*Natur als unerschöpfliche Ressource und als Mangel*

Die spezifische Sicht, die diese Kultur gegenüber der Natur einnimmt, bildet ein weiteres Wertfeld von Marken. Natur gilt dieser Kultur als unerschöpflich in ihren Ressourcen, und diese Ressourcen können von Menschen unbegrenzt zu ihren Zwecken genützt werden. Hier finden sich daher die vielen Argumentationen, in denen Wirkstoffe aus der Natur in gesellschaftlich erwünschte Funktionen überführt werden.

Sehr oft wird dies im Bereich der Kosmetik genützt. Auf diese Weise argumentieren nicht nur Marken des Mainstream-Marktes mit ihren natürlichen Bestandteilen in Form von Kräutern und Pflanzen, sondern auch elaborierte Marken des hochpreisigen Segmentes. Estée Lauder argumentiert, dass die Linie La Mer aus Wirkstoffen des Meeres, aus Algen, gewonnen wird, die allerdings in einem technisch höchst aufwendigen Prozess in die Wirkungen der Creme überführt werden. Etwas Ähnliches führt Juvena in seiner Linie Juvelia aus, die auf den Wirkstoffen von Perlen beruht.

Natur gilt ferner nicht als der Standard, der unveränderbar hingenommen werden muss. Es gilt vielmehr, dass Mängel der Natur durch den Einsatz von Wissenschaft und Technik korrigiert werden können. Man findet sich also nicht mit seiner natürlichen Haarfarbe ab, mit den Spuren des Alters auf der Haut, mit dem Zustand der Zähne, mit hässlich aussehenden Gemüse- und Obstsorten. Produkte und Marken versprechen, dass sie diese Mängel beheben, eine schöne und bessere zweite Natur schaffen.

Schließlich sei auf den in dieser Kultur wichtigen Distinktionsgewinn hingewiesen, den die Marken dieses Feldes verschaffen müssen. Die individualistische Kultur produziert ebenso viele Produkte wie Markenwelten, da sich in dieser stark auf Individualität ausgerichteten Kultur Eliten auch über ihren Umgang mit Zeichenwelten und semiotischen Unterschieden definieren. Elite sein, heißt hier auch, über semiotische Virtuosität zu verfügen – und das wiederum bedeutet, dass man nicht wie in der hierarchistischen Kultur das Angemessene zu tun hat, sondern das, das den meisten Distinktionsgewinn verspricht.

Das heißt, dass die (postmoderne) Pluralität der Identitäten hier die größten Erfolgschancen hat. Beliebigkeit und Distinktion zeichnen diesen

Lebensstil aus. In Anlehnung an Nietzsche ist in dieser Markenwelt alles wahr und erlaubt, solange es einen Unterschied macht. Viele etablierte Welten sind daher Simulationswelten – sie etablieren Unterschiede, die der Sache nach nicht bestehen.

### 9.2.3 Egalitäre Markenwelten

Die Werte dieser Kultur befinden sich in Opposition zu der auf dem Boden individualistischer Kulturen entwickelten Auffassung von Produkten, Konsum und Produktfunktionen. Jedes individualistische Produkt ist für diese Kultur potentieller Müll – Produkte dürften nicht zur Distinktion von Personen dienen, sie dürften keinen Moden unterworfen werden.

Der Stil, den die egalitäre Kultur ausbildet, ist eigenständig, er hebt sich deutlich von dem der anderen Kulturen ab, besonders stark eben von dem der individualistischen. Es ist allerdings ein Stil, der selten gut im Design ist; und die wirklich von dieser Kultur Überzeugten sind relativ schwach im Erfinden eindrucksvoller Zeichenwelten. Dies deshalb, weil hier alle Inszenierungen sagen müssen: »Ich bin nicht schön/angenehm/geformt.« Sie tendieren daher zum Einfachen, Kindlichen, Biederen, naiv Hausgemachten, zu einer gewissen Reformhaus-Ästhetik, die alles vermeidet, was an den Glamour und das ästhetische Niveau der gängigen Konsumkulturen erinnert. Die auf Seite 364 abgebildete Packung für Trans-Fair-Kaffee macht diese Position deutlich.

Auch die Range der Wasch- und Reinigungsmittel Frosch benützt einen Stil, der sich als hässlich, einfach und naiv bewusst von den Konzepten der großen Marken abhebt, die Kraft oder Glanz »nach allen Regeln der Kunst« inszenieren. Genau dadurch gelingt es Frosch, sie als »industrielle Marken« einem anderen Feld zuzuweisen.

Die großen Erfolge egalitärer Markenwelten liegen in gesamthaft inszenierten Konzepten, die sich bemühen, Zeichen für Realitäten stehen zu lassen – was die individualistische Kultur aufgegeben hat, die ja Simulation und Autopoiese bevorzugt. Hier jedoch geht es um das Echte und Authentische, um das Fühlen, um die Solidarität, um die Dokumentation einer echten Gesinnung nach außen.

Beispiele für diese Kultur sind das Body-Shop-Konzept oder Trans-Fair-Produkte, die deshalb einen höheren Preis verlangen, weil sie in Zusammenarbeit mit gemeinnützigen Organisationen nachweisen, dass sie den Mehrbetrag an die Produzenten in der Dritten Welt überweisen. Ein weiteres Beispiel ist die amerikanische Eismarke Ben & Jerrys, die kleine lokale Produzenten unterstützte und einen Teil ihrer Gewinne zur Rettung des Regenwaldes bzw. für monatlich wechselnde soziale Aktivitäten investierte. Der Erfolg von Ben & Jerrys lag aber auch daran, dass diese Marke als eine der ersten die Verbindung zu dem Feld des Hedonismus schaffte: Ihr Eis war aus exzellenten Bestandteilen hergestellt und schmeckte außergewöhnlich gut.

Alle diese Marken produzieren die *wall of virtue*, gegen die sie sich von den Marken des Zentrums abheben.

Interessant ist, dass die Großen und Mächtigen, nämlich die Angehörigen des Zentrums, versuchen, diese Sprache der Peripherie zu vereinnahmen. Die Legitimationsdefizite der individualistischen Kultur werden von einigen (ethisch sensiblen) Unternehmen wahrgenommen und in Richtung egalitärer Konzepte zu beheben versucht. Diese Unternehmen bzw. ihre Marken bemühen sich zu kommunizieren, sie seien ein bisschen gerechter, grüner, ehrlicher als ihre Mitbewerber.

Deutlich wird dies bei Marken, die nicht ahistorisch sind – wie das in vielen Bereichen der Konsumgüterindustrie der Fall ist , sondern die den Namen eines Unternehmens repräsentieren, das im Zentrum der öffentlichen Aufmerksamkeit steht. Sämtliche Publikationen von Unternehmen zur eigenen Firmenkultur enthalten heute Passagen, die die soziale und ökologische Verantwortung des jeweiligen Unternehmens und seine Bereitschaft, an das Wohl des Ganzen zu denken, darstellen. Dieser Diskurs ist deshalb so bemerkenswert, weil es für heutige Eliten offensichtlich wichtig ist, öffentlich eine verantwortungsvolle Gesinnung zu dokumentieren.

Egalitäre Markenwelten können noch anhand einer etwas differenzierten Dimension gebaut werden – nicht anhand der Achse »moralisch richtig oder nicht«, sondern im Sinne einer Protesthaltung gegen die offensichtlich kommerzielle Haltung anderer Marken. So etablierte sich eine englische Marke im Bereich des Buchhandels als eine Instanz, der es nicht primär um das Verkaufen von Büchern geht, sondern um die Feier der Literatur. Die Buchhandelskette organisiert laufend kulturelle Veranstaltungen und verwirklichte eine bestimmte Art, die Läden anzulegen und Kunden miteinander ins Gespräch zu bringen – eine sehr erfolgreiche Positionierung gegen die meistens eher kommerziell auftretenden Buchläden und auch Internetangebote.

Im Prinzip positioniert sich auch Migros in der Schweiz immer noch als ein Unternehmen, dem primär das Gemeinwohl und die egalitären Ansprüche von Bürgern am Herzen liegen, nicht das möglichst gewinnbringende Verkaufen von Lebensmitteln.

### 9.2.4 Fatalistische Markenwelten

Unter dieser Kultur wird keine eigenständige Sprache entwickelt – oder nur dann, wenn der Aspekt der Isolation ernst genommen wird. Dieser dient als Code zur Dokumentation eines Elite-Bewusstseins. Charakteristisch dafür sind die Auftritte von elitären Marken, besonders dann, wenn sie weitgehend unfunktionale Produkte verkaufen.

Die besten Beispiele finden sich daher im Bereich der Parfümwerbung. Parfüms, wenn sie nicht dem Massenmarkt angehören, zeichnen sich dadurch aus, dass sie in ihrer Werbung Kontexte darstellen, die weit von jedem sozial verbindlichen Zusammenhang entfernt sind; es werden keine Gebrauchssituationen gezeigt – Produkt und Benützer sind von der Masse isoliert. Ähnlich ist die Kommunikation nicht auf Verständigung angelegt: Der Rezipient hat den Sinn selbst zu erschließen, was ihm angeboten wird, ist ein selbstreferentielles Zeichensystem. Auch die Ästhetik, die diese Markenkonzepte verwenden, zeichnet sich durch diesen Code der Isolation aus: Packungen oder Anzeigen benützen weitgehend *ein* Stilelement – nämlich den freien Raum (siehe auch im Teil D 6.11).

# 10 Rezessive, dominante und innovative Codes

## *Die Angleichung von Marken an ihre Umfelder*

## 10.1 Die A-Klasse von Mercedes-Benz

Mercedes-Benz, wie bereits mehrfach beschrieben, ist eine Marke, die einen höchst prägnanten Markencode ausgebildet hat. Die Marke steht für die Bedeutung Perfektion, für den Mythos des perfekten Objektes, für höchste Qualität, Sicherheit, für die Semantik des Oberen und Beherrschenden, für Souveränität, Ruhe und Würde. Als exemplarische Produkte, die diese Bedeutung transportierten und die im öffentlichen Raum geradezu zeichenhaft für diesen Code standen, waren lange Zeit die Wagen der S-Klasse anzusehen – die heute noch das innere Bild dieser Marke prägten. Ab einem bestimmten Zeitpunkt entschloss sich Mercedes-Benz jedoch, andere Produktentwicklungen voranzutreiben. Dafür gab es eine ganze Reihe von Gründen.

Zunächst einmal waren das wirtschaftliche Gründe. Mercedes-Benz ist ein international tätiger Automobilhersteller, der darüber nachdenken muss, wo weltweit seine Entwicklungsmöglichkeiten liegen, das heißt, wo er mit welchen Fabriken preisgünstig und in guter Qualität welche Autos produzieren und in welchen Märkten er sie gewinnbringend und unter welcher Marke verkaufen kann. Mercedes-Benz kommt vom Hochpreissegment und ist daher ein international gesehen kleiner Hersteller, der mit relativ hohen Kosten produziert. In diesen Premiumbereich drängen verstärkt Hersteller: BMW, Audi, Japaner – und dieser Bereich ist auch nicht sehr entwicklungsfähig. Selbst ein sehr hoher Premiumanteil von 20% würde nur einem Weltmarktanteil von 2% entsprechen. Das ist auf Dauer für eine international tätige Marke zu wenig.

Das Chart auf Seite 515 zeigt, dass international gesehen Mercedes-Benz einerseits mit verschiedenen Modellen den Weg einer Kooperation beschreitet, so vor allem bei Geländewagen. Entscheidend ist aber die Frage, wieweit eine Ausdehnung der jetzigen Position der Marke möglich, sinnvoll, vielleicht sogar notwendig ist.

Ausdehnung kann auf unterschiedliche Art erfolgen. Das Chart auf Seite 516 gibt einen Überblick über die seit 1994 geplanten Produktentwicklungen, die zeigen, dass in mehrere Felder erweitert werden sollte: in den Bereich der Roadster, Sportcoupés, Vans (Viano), Geländewagen (AAV). Diese Autos wurden inzwischen eingeführt, und auch diese

Entwicklung folgt dem weiter unten beschriebenen Prinzip, einen Beitrag zu der Anreicherung des Mercedes-Benz-Markencodes zu leisten.

Später erfolgte die Verbindung mit Chrysler, sodass global nun alle Segmente bearbeitet werden konnten. Die Vision dieses Unternehmens gibt eine Anzeige aus der Unternehmenskommunikation von Daimler Chrysler wieder: DaimlerChrysler als Anbieter aller denkbaren Möglichkeiten und Positionen im Bereich des Automobils (siehe Abbildung).

Für eine der wertvollsten Marken dieses Konzerns, Mercedes-Benz, stellte sich die Frage aber schon viel früher. Im Kern ist dies eine Frage nach der Ausgestaltung vom Mercedes-Benz als Dachmarke: Wie weit konnte dieses Markendach tragen, wie weit konnte oder musste es durch neue Produkte ergänzt werden?

*Markenverbreitung Mercedes-Benz*

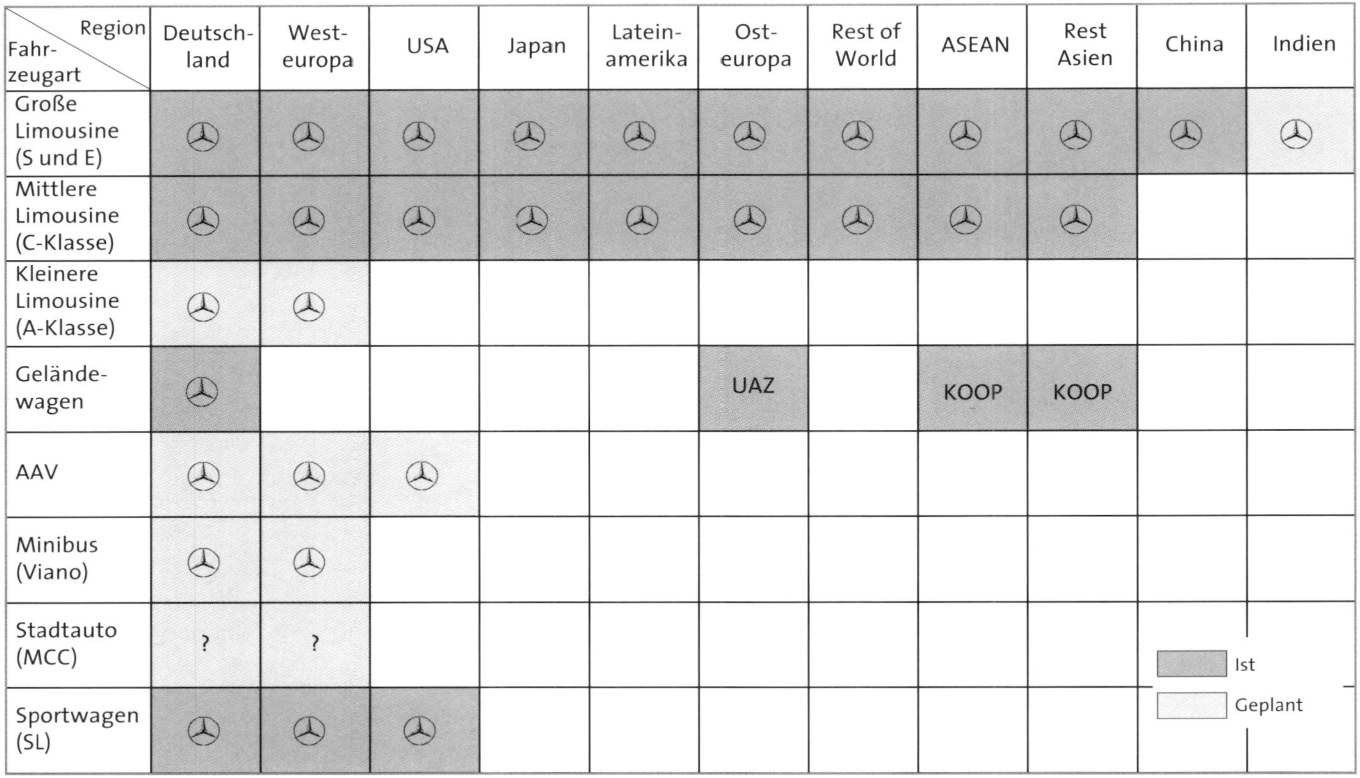


Quelle: Mercedes/Kommunikation

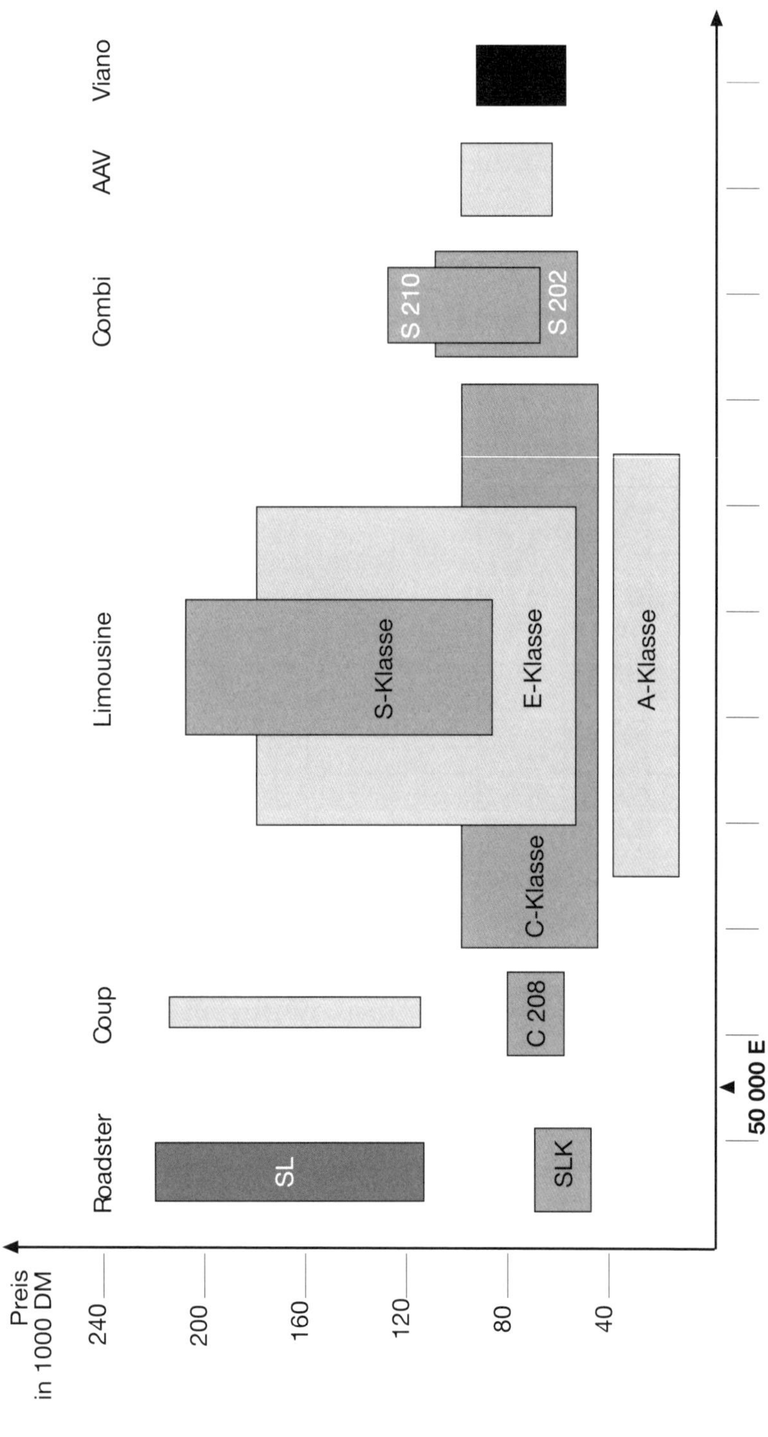


*Die horizontale Programmstruktur der neuen Individualität*

Die entscheidende Herausforderung stellte die A-Klasse dar, also die Produktion eines Autos, das in den Bereich der Mittelklassewagen eindrang. Ökonomisch war dies ein Produkt, das für Mercedes-Benz wichtige und als notwendig erachtete Entwicklungschancen bot. Die Frage war aber natürlich, was diese Entwicklung für die Marke bedeutete: War sie auch hier notwendig, möglich, sinnvoll – oder würde sie dazu führen, das Markenkapital von Mercedes-Benz zu schwächen?

Diese Frage wurde von Mercedes-Benz intensiv diskutiert und mit Untersuchungen begleitet. Wir waren daran in mehrfacher Hinsicht beteiligt: zum einen im Bereich von qualitativen Untersuchungen, zum anderen aufgrund des Markenmodells, das wir entwickelt hatten und das Mercedes-Benz zur Planung des Prozesses diente. Im Kern lautete die Frage: War die Wertewelt, für die Mercedes-Benz stand, und der Code, in den die Wertewelt über Produkte und Zeichen übersetzt war, noch ein wirklich dominanter und innovativer Code, oder lief er nicht Gefahr, in den veränderten Umwelten von heute zu einem rezessiven Code zu werden, der vor allem junge Konsumentengruppen nicht mehr interessierte? Dies nicht nur in dem Sinn, dass ihnen ein Mercedes zu teuer war, sondern auch in dem Sinn, dass er für sie nicht mehr eine Konzeption des Wünschenswerten verkörperte, nicht mehr dem für sie gültigen und innovativen Code entsprach.

Mehrere Untersuchungen und auch unsere qualitativen Forschungen zu diesem Problem führten tatsächlich zu dem folgenden Ergebnis: Mercedes-Benz besetzte hochrangige Wertfelder, aber es sprach die, die in einer veränderten Umwelt wichtig wurden, nicht genügend an. (Siehe dazu die Abbildungen auf den nachfolgenden Seiten)

*Die Position*

**Aufbau der Markencodes**

Für Mercedes-Benz relevante Codes aus den Bereichen Soziologie und Psychologie, von denen die Markenwerte abzuleiten sind:

**1. »Kultur der Disziplin«**

Merkmale:
- Zweckrationalität
- Leistung
- Durchsetzung
- Disziplinierung

Das Handeln wird durch auferlegte Normen bestimmt.

Bewertung:
Älteste der drei Wertsphären oder Kulturen.
Nicht mehr »modern«,
aber immer noch weitgehend gültig.

**2. »Kultur des Hedonismus«**

Merkmale:
- Affektives Handeln
- Lustmaximierung
- Genuss jetzt und hier
- Narzissmus

Die Grenzen meines Ichs sind die Grenzen meiner Welt.

Bewertung:
Jüngere Wertsphäre, aktuell, hat ihre Grenzen in sich selbst.

**3. »Kultur der Solidarität«**

Merkmale:
- Gesinnungsethik
- Verantwortung
- Selbstbestimmung
- Wir-statt-Ich-Prinzip

Individuelles Verhalten folgt Prinzipien, weil sie als moralisch richtig anerkannt werden.

Bewertung:
Jüngste der drei Wertsphären.
Gewinnt schnell an handlungsbestimmender Bedeutung.

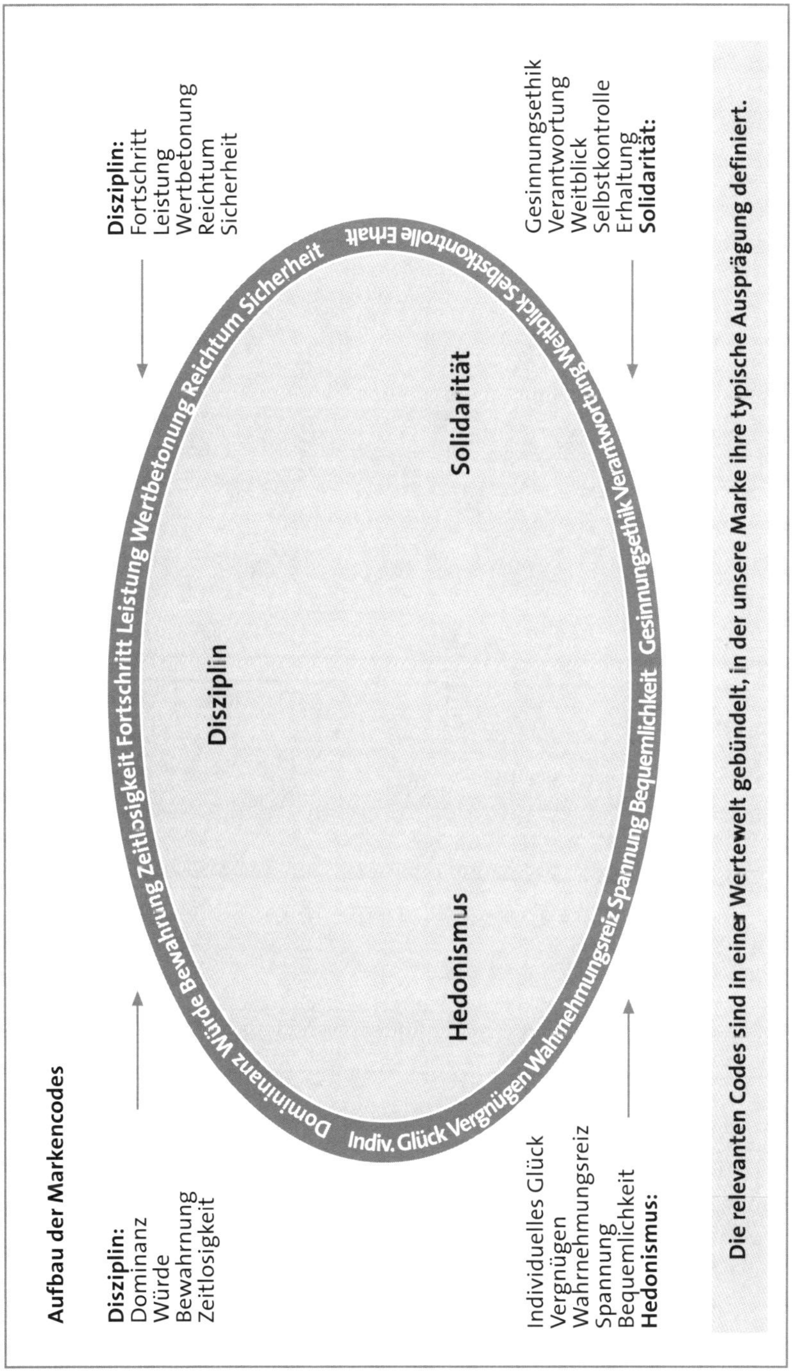


Quelle: Mercedes/Kommunikation

*Die Position*

**Die Markenposition heute (1980–1995)**

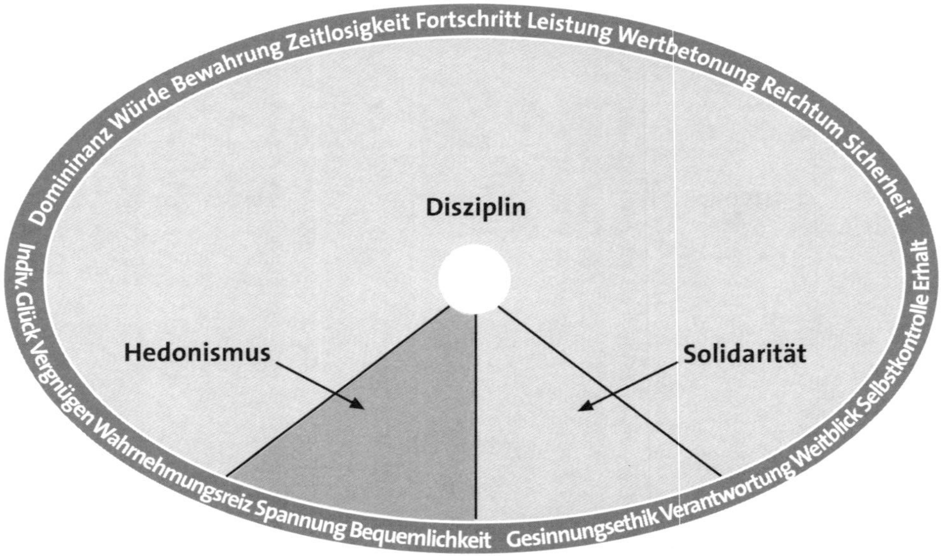


**Mit der »Kultur der Disziplin« ist Mercedes-Benz groß geworden. Sie beherrscht noch heute Charakter und Image der Marke. Auch die Wertsphären »Hedonismus« und »Solidarität« haben in der Marke ihren Platz, spielen aber bis in die Gegenwart hinein untergeordnete Rollen.**

Quelle: Mercedes/Kommunikation

*Die Position*

**Zielposition für die Marke**
Die heutige Position und die Zielposition der Marke Mercedes-Benz

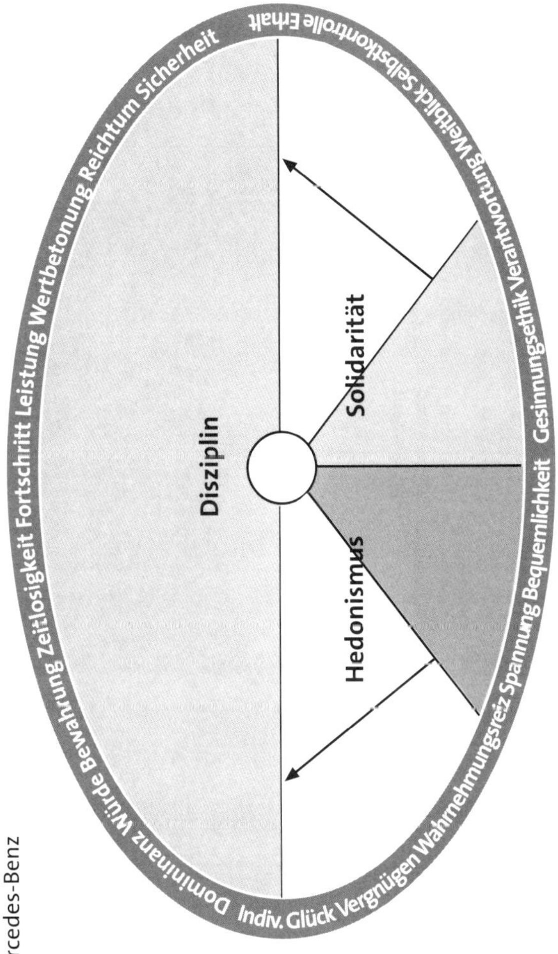


**Größere Anteile für »Hedonismus« und »Solidarität«.**
**Aber weiterhin Dominanz für das klassische Markenerbe »Disziplin«.**

Quelle: Mercedes/Kommunikation

*Die Position*

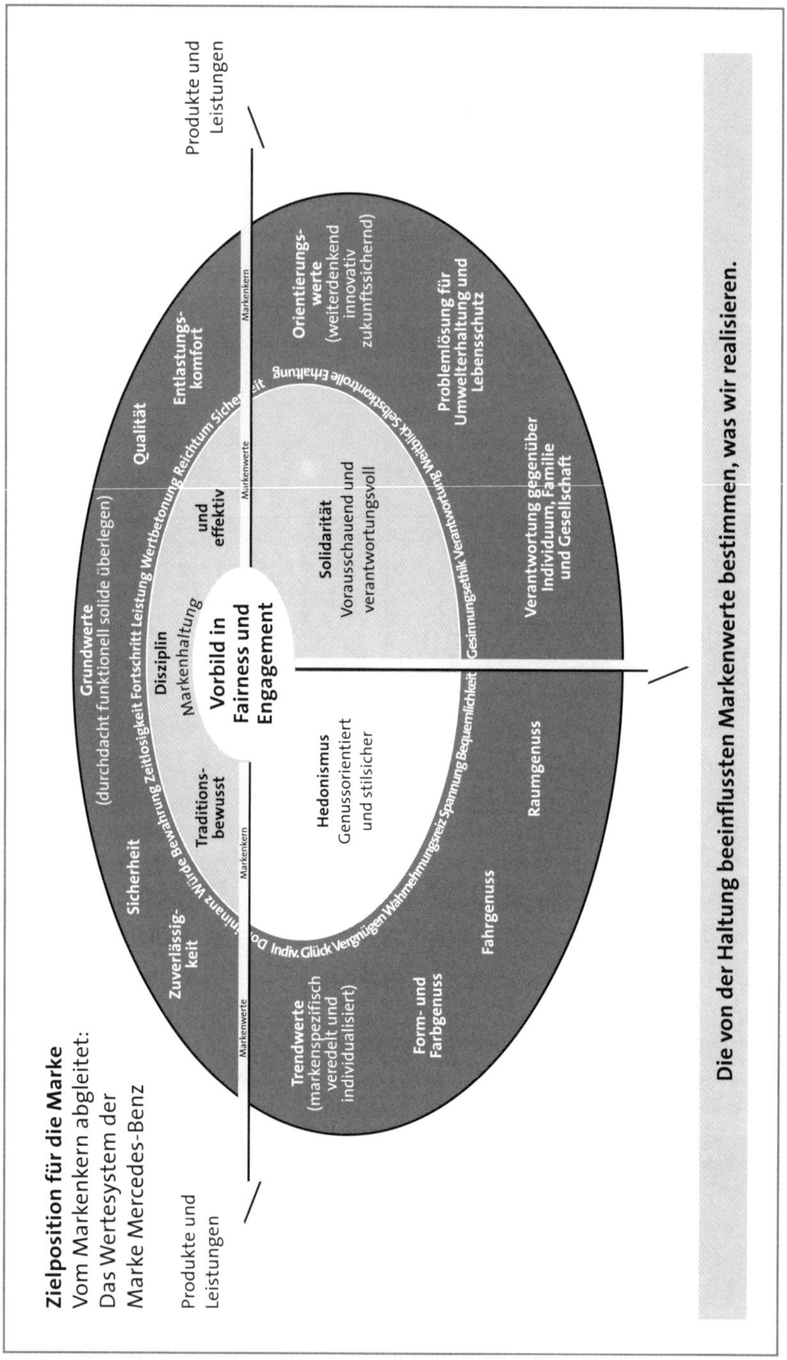


Quelle: Mercedes/Kommunikation

**Die vier Maßstäbe der Marke Mercedes-Benz**

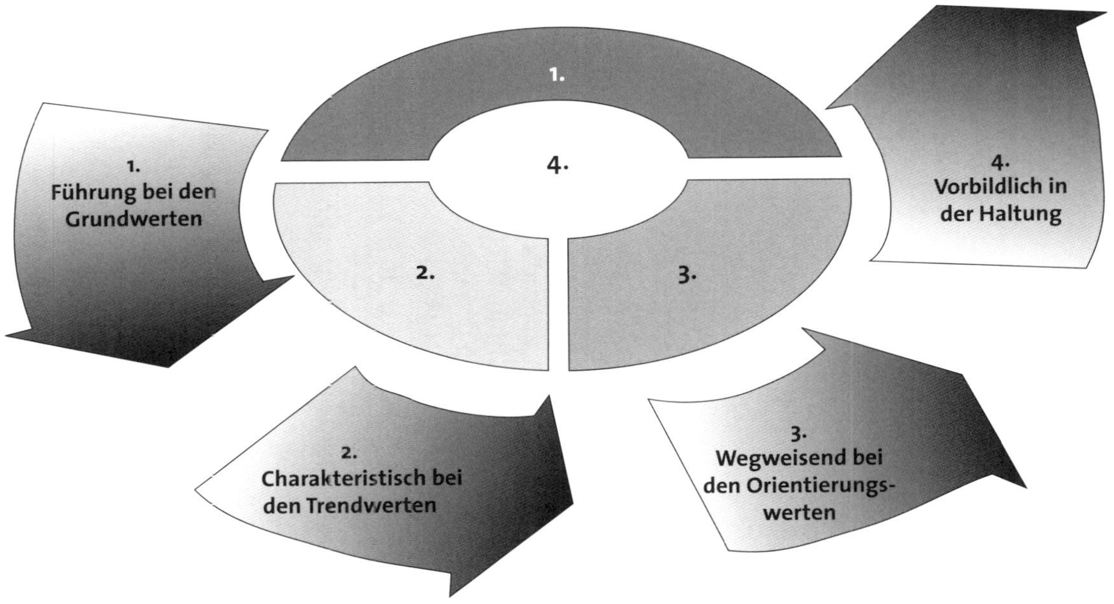


**Unser Gesamtanspruch der optimalen Verbindung dieser Werte setzt uns in die Position der Führungsmarke.**

Quelle: Mercedes/Kommunikation

Mercedes-Benz brauchte also eine neue Sprache, eine, die den Mythos Mercedes-Benz bewahrte, die aber gleichzeitig an jüngere und zeitgeistigere Gruppen das Signal gab, dass Mercedes-Benz nun auch für sie ein affines und individuelles Produkt besaß. Der Code sollte in Richtung

- jünger,
- weiblicher,
- mainstream-affiner,
- verantwortungsbewusster

konstruiert sein. Mercedes-Benz sollte wesentlich deutlicher in den Feldern des Hedonismus und auch der Solidarität verstärkt werden. Dabei sind alle Überlegungen zu der richtigen Konstruktion eines solchen Codes relevant. Er braucht sowohl physisch beobachtbare Zeichen, das heißt Produkte, als auch eine Bedeutung, die mit diesen Zeichen verknüpft wird.

Gerade bei einem Unternehmen der Autobranche ist die exakte Konstruktion eines Produktes, das als Basis eines solchen Codes dient, unerlässlich. Es lässt sich eben nicht einfach nur behaupten, dass Mercedes-Benz nun weiblicher, jünger, hedonistischer, mainstream-artiger, verantwortungsbewusster geworden ist – dies muss an Produkten, also konkreten Modellen und Wagen, auch abzulesen sein.

Produktentwicklungen in Richtung Hedonismus waren etwa der SLK, ein Roadster, der den Mythos des Mercedes Silberpfeil neu inszenierte; dann auch sehr schöne Sportcoupés. Es war im Übrigen nie daran gedacht, ein reines Umweltauto zu konstruieren. Man wollte vielmehr immer ein als Auto faszinierendes Auto produzieren, und man wollte Umweltüberlegungen nicht an ein konkretes Produkt knüpfen, sondern sie sollten in alle neuen Modelle einfließen.

Die wichtigste Entwicklung stellte zunächst die A-Klasse dar, sie war das für Mercedes-Benz wichtigste Projekt; und mit ihr wurde ein ganz neuer Planungsund Vermarktungsprozess verwirklicht. Die A-Klasse ist ein Modell, das sich im Segment der Mittelklasse-/Kompaktwagen befindet, ein Segment, in dem der VW Golf führend ist. Und der Golf ist es auch, der in dieser Klasse den dominanten Code ausgebildet hat: sehr gut in der Produktqualität, relativ vernünftig im Preis, in allen Dimensionen die gute vernünftige Mitte darstellend, nicht ganz billig, nicht verschwenderisch teuer, nicht reduziert in der Qualität, aber auch nicht überdimensioniert, zuverlässig, brauchbar, im Grunde über längere Zeit im Design gleich bleibend, wenn auch immer wieder neu adaptiert, variabel in seiner motorischen Ausstattung, sodass er auch die Möglichkeit bot, »sportlich-schnell« zu signalisieren.

Diese Vernunft, diese mittlere Lage, diese Stabilität, Solidität im Inneren haben wir schon einmal bei einer Marke aus einem ganz anderen Feld kennen gelernt, nämlich bei Nivea – tatsächlich verkörpern beide Marken ein Wertfeld, das exzellent das Wertfeld des Mainstreams verkörpert. Beim Golf tritt noch eine weitere Komponente hinzu: Gerade seine Nichtbindung an irgendeine markierte Gruppe versetzt ihn in die Lage, als das adäquate Zeichen für Gruppen zu gelten, die nichts in Bezug auf ihre soziale Verankerung signalisieren wollen – er ist demokratisch, klassenlos, zeitlos. Er kann von seinem Benützer aber in Richtung auf zwei unserer wichtigen Wertfelder variiert werden: Jugend und Sportlichkeit, und zwar über die Wahl der GTI-Modelle.

Der Golf war also keineswegs ein einfacher Mitbewerber im Bereich der Wertewelten. Mercedes-Benz hatte das Problem der Differenzierung (die A-Klasse musste erkennbar anders als der Golf sein), der Homogenisierung (die A-Klasse muss erkennbar im Bereich der Mittelklassewagen agieren) und auch der Wertsteigerung (die A-Klasse musste für ein sehr attraktives Wertfeld stehen). Ebenso war die A-Klasse eine Submarke von Mercedes-Benz: Sie musste sowohl signalisieren, dass sie Mercedes-Benz war und Kontinuität mit den core values von Mercedes-Benz wahrte, wie auch etwas völlig Neues und damit Stimulierendes.

Unseren qualitativen Untersuchungen lag die Überzeugung zugrunde, dass Menschen Produkte nicht nur nach funktionalen Aspekten wählen, sondern ebenso stark nach dem Aspekt, was die Dinge für sie bedeuten. Schon lange bevor technische Einzelheiten und Leistungen dieses neuen Autos bekannt waren, zeigte sich in den Untersuchungen, dass das wesentliche Attraktivitätsmoment für dieses Auto die Marke Mercedes-Benz selbst war – nicht für alle Menschen natürlich, aber doch für eine beträchtliche Anzahl, und zwar für eine Anzahl, die über den Kreis der gegenwärtigen Mercedes-Benz-Fahrer hinausging. Was hier ausgeschöpft werden konnte, war tatsächlich der »Mythos Mercedes-Benz«, also der semantische Umkreis der Marke Mercedes-Benz, der nun durch andere Zeichen/Produkte übersetzt werden konnte. Wir nannten dieses Motiv: »Ein Mercedes rückt in meine Nähe.«

Welchen Code sollte Mercedes-Benz nun wählen, um klarzumachen, dass es sich hier um einen echten Mercedes handelte – mit allen Werten, die man mit Mercedes-Benz verbindet, ein Mercedes der Kompaktklasse, aber doch auch etwas anderes, ein ganz neues Auto, mit einem neuen und individuellen Profil?

Gewählt wurde ein Code, der sich in der Tiefenstruktur auf einen Raum- und Zeitcode stützte und der das mythische Thema der Versöhnung der Gegensätze aufnahm, das nur sakralen und ausgezeichneten

Objekten vorbehalten ist: coincidentia oppositorum. Das Auto wurde so positioniert, dass es zwei Qualitäten im Sinne eines Optimums miteinander verband:

- Es war klein und doch groß,
- und es extrapolierte eine aus der Vergangenheit kommende lineare Entwicklung in die Zukunft hinein.

Dem entsprach die Konstruktion des Autos. Es wurde so konstruiert, dass es die Ausmaße eines Polos besaß, aber die Innenabmessung der C-Klasse. Es bot die von Mercedes-Benz gewohnte Sicherheit – aber so, dass dies nicht durch die üblichen Zeichen vermittelt wurde, die immer besagen, dass Sicherheit etwas mit dem Ausmaß des Raumes zu tun hat, der sich um den Fahrer befindet und der vom Fahrer aus sichtbar ist. Die A-Klasse jedoch verzichtete auf diesen dargestellten Raum vor dem Inneren und konstruierte den Motor so, dass er vor dem Fahrer liegt, aber bei einem Zusammenstoß nach unten wegrutscht.

Auch in anderen Einzelheiten der Konstruktion wurden jeweils die Werte in Produktmerkmale übersetzt, die für heutige Konsumenten wichtig sind. Im Wesentlichen waren dies Autonomie, Individualität, Convenience und das Beachten neuer Lebensformen. Der Fahrer kann entscheiden, wie er das Innere gestalten will, und er kann dies jeweils variierend nach seinen individuellen Bedürfnissen und situativen Anlässen tun. Alle Sitze sind mit einem Handgriff zu entfernen, und das Auto kann wechselweise als Van, in dem man Fahrräder oder Kinderwägen oder Sportgeräte transportiert, oder als Limousine für vier oder fünf Personen genützt werden. Das Auto bietet maximalen Komfort beim Ein- und Aussteigen, da es etwas höher ist, und es erlaubt eine sehr gute Rundsicht.

Das wichtigste war jedoch die Wertewelt, die man mit diesem Auto verband. Sie wurde am deutlichsten in dem Film vermittelt, mit dem dieses Auto zum ersten Mal, noch ohne es genauer zu zeigen, vorgestellt wurde (siehe Seite 528 bis 530). Der Film hatte darüber hinaus die Aufgabe, Adressen für das A-Klasse-Forum zu generieren – dieses Auto war nicht nur neuartig in der Autotechnik, sondern auch in der Kommunikationstechnik. (Die Kommunikation und die Aktivitäten des Handelsmarketing wurden von Springer & Jacoby in Zusammenarbeit mit Mercedes-Benz entwickelt. Wir begleiteten mit semiotischen und empirischen Untersuchungen.)

*Ein neues Produktsegment*

Abmessung eines
Subkompaktwagens (3,60 m)

Komfort
einer Limosine

Variabilität
eines Vans

Platz und Funktionalität
eines Kombis

*Mercedes-Benz. Storyboard TV-Spot »1886«*

**Video**

**Audio**

Wir sehen im Filmstil von 1886 einen Motorwagen-vorbeifahren

(Sfx: Soundcollage)

(Off:) »1886 kommt Carl-Benz mit einer kleinen Erfindung.«

Ein alter Mann schaut dem Auto erstaunt hinterher.

(Off:) »Eine Idee, die einiges bewegt hat.«

Danach sehen wir in raschen Bildern, was aus dieser Erfindung wurde.

Wir sehen historische Aufnahmen ...

... aus den 60er und 70er Jahren ...

... auf einer Autokino-Leinwand.

*Mercedes-Benz. Storyboard TV-Spot »1886« (Fortsetzung)*

| Video | | Audio |
|---|---|---|
| Wir sehen weitere Sequenzen aus den 60ern ... |  | |
| ... auf einem Fernseher, der auf der Straße steht. |  | |
| Auf dem Bildschirm geht die Reise durch die 70er und 80er weiter. |  | |
| Schnitt auf das Mondauto. |  | |
| Die automobile Vielfalt der letzten zehn Jahre wird simultan auf mehreren Monitoren gezeigt. |  | |
| Davor stehen zwei Jungen und sehen interessiert zu. |  | |

*Mercedes-Benz. Storyboard TV-Spot »1886« (Fortsetzung)*

**Video** | **Audio**

Alle Monitore blenden sich aus: Die Geschichte des Automobils ist abgeschlossen.

Multipicture mit A-Klassen.

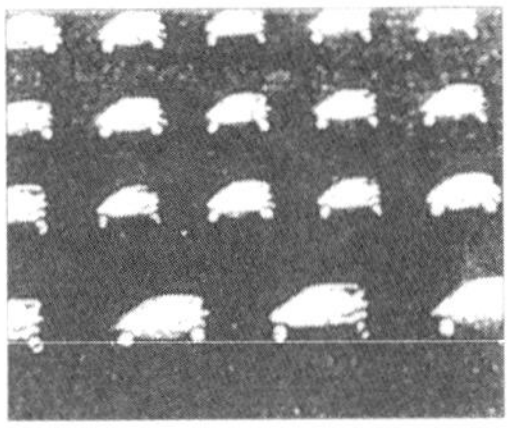

(Off:) »1997 kommt Mercedes-Benz wieder mit einer kleinen Erfindung.«

Close-up einer A-Klasse.

Textchart: Ab Herbst 1997. Die A-Klasse. Ein starkes Stück Zukunft.

(Off:) »Die A-Klasse.«

Textchart mit der Telefonnummer

Logo Mercedes-Benz

Der zukünftige Präsident der Vereinigten Staaten?
Wir glauben an die nächste Generation. Die A-Klasse.

Wir glauben an die nächste Generation. Die A-Klasse.

Die erste UN-Generalsekretärin?
Wir glauben an die nächste Generation. Die A-Klasse.

Dieser Film benützte die Strategie, das Auto als das Innovativste darzustellen, das zur Zeit geboten werden konnte, und zwar unter Verweis auf die Leistungen seines Herstellers in der Vergangenheit; er inszenierte also Zukunft als einen zyklisch sich wiederholenden Prozess, in dem Mercedes-Benz jeweils die Führerschaft innehatte – Mercedes entwarf und machte Zukunft.

In den Inseraten, die parallel zur Produkteinführung von Springer & Jacoby geschaltet wurden, fokussierte man unmittelbar auf eine extreme Position im Feld Large Scale/Zukunft. Es wurden Kinder gezeigt und deren mögliche zukünftige Berufe per Schriftchart eingeblendet. Im Bildcode waren dies ganz normale Kinder, ihre zukünftigen Berufe waren aber hochrangig und international: Generalsekretärin der Vereinigten Nationen bei einem kleinen Mädchen oder zukünftiger Präsident der Vereinigten Staaten bei einem schwarzen Jungen (siehe linke Seite).

Damit wurde eine weitere Botschaft vermittelt: Die A-Klasse ist ein internationales Auto, und sie ist ein Auto, das in ganz hochrangige Kontexte integrierbar ist.

Die Zukunft, die hier sichtbar gemacht wird, ist denkbar weit von einem hierarchischen Gesellschaftsentwurf entfernt, den Mercedes-Benz bisher sehr deutlich favorisiert hat. Frauen können Generalsekretärin der Vereinigten Nationen werden und Afroamerikaner Präsident der USA – und unterschwellig natürlich auch: Ein Mittelklassewagen ist in diesen Kontexten möglich. Der Slogan lautete: »Wir glauben an die nächste Generation«, was soviel heißt wie: Wir bauen ein Produkt, das für diese schöne Zukunft das richtige Zeichen darstellt.

Dieser Film basiert ferner weitgehend auf den Regeln der elitären Ästhetik: Er spricht keine Verkaufssprache, er deutet Gebrauchswerte nicht einmal an, er benützt zur Bedeutungsvermittlung weitgehend einen visuellen und musikalischen Code, der seinerseits gehoben, klassisch und modern zugleich ist. Allein durch diese Ästhetik wird eine Marke von Rang angedeutet.

Die Einführung führte zu einem bedeutsamen und weitgehend positiven Medienecho. Selbst die Wochenzeitung »Die Zeit«, die sich im Allgemeinen nicht um die Einführung von Autos kümmert, widmete ihr einen Artikel. »Die Zeit« ist sicher ein Medium, das eine hohe Sensibilität für Zeitströmungen und interessante kulturelle Phänomene besitzt – und genau als ein solches versteht sie die A-Klasse: als ein Produkt, das neue soziale Markierungen anspricht:

> »Ein Gefährt, das die Klassenschranken kühn durchstößt, zu einem Zeitpunkt just, da die sozialdemokratische Wehklage über das Auseinanderfallen der Gesellschaft schrille Höhen erklimmt. ... Die A-Klasse: eine soziale Plastik. Wenn Joseph Beuys das noch erleben könnte.«[214]

**Wie ging es mit der A-Klasse weiter?**

Bekanntlich erfolgte knapp nach der Einführung der A-Klasse der so genannte Elchtest, ein Ereignis, das ein gewaltiges Medienecho zur Folge hatte und das zu unfangreichen Diskussionen von Verbrauchern führte, die sich fragten, ob man das Vertrauen zu Mercedes-Benz nun entscheidend abschwächen sollte – immerhin war ein Zentralwert von Mercedes-Benz, die Sicherheit, bedroht.

Die Reaktionen von Mercedes-Benz ebenso wie das aufgebaute Markenkapital führten jedoch nicht zu einem wirklichen Vertrauensschwund. Mercedes-Benz stattete das Auto in der Folge mit dem höchsten Stand der Sicherheitsfeatures aus und reagierte auch kommunikativ exzellent. Zynisch läst sich behaupten, dass dieser Elchtest die Bekanntheit und Präsenz der Marke A-Klasse in einem Ausmaß steigerte, das durch bloße Werbung nicht zu erreichen gewesen wäre.

In der Folge wurde der Auftritt der A-Klasse wesentlich enger an die Dachmarke Mercedes-Benz gebunden, sodass der Slogan nun lautet: »Kennen Sie ein innovativeres Auto?«. Die A-Klasse stellt derzeit einen Beleg für die generelle Behauptung der Dachmarke (»Mercedes-Benz, die Zukunft des Automobils«) dar.

## 10.2 Smart

Smart stellt eine noch weitere Ausweitung des semantischen Raumes der Marke Mercedes-Benz dar. Smart ist zwar nicht mit dem Stern, also dem zentralen Zeichen der Marke Mercedes-Benz ausgestattet, aber die Marke Smart gehört zur »Mercedes-Benz Car Group«, und vielen Konsumenten ist bewusst, dass Smart mit Mercedes-Benz zusammenhängt, auch wenn Smart eine eigenständige automobile Entwicklung darstellt.

Smart stellt eine Reihe interessanter Fragen im Sinne einer Markenführung. Zum einen steht Smart in Zusammenhang mit dem angedachten Raum der Marke Mercedes-Benz, zum anderen wurde Smart selbst als Dachmarke etabliert, so dass unter dieses Konzept auch andere Produktmodelle gestellt werden konnten. 2003 wurde der Smart Roadster und das Smart Roadster-Coupé eingeführt, 2004 folgte der Smart Forfour. All dies führt zu dem Problem, wie der Markenkern der Marke Smart zu definieren ist.

Dabei müssen zunächst alle Fragen beantwortet werden, die wir im Kapitel über Marken und Submarken vorgestellt haben: Das Produkt von Smart, das den ersten Eindruck der Marke prägte, war ein Micro Compact Car, der Smart Fortwo. Als solches muss er den Code aller Micro Cars sprechen, also klar machen, dass er ein veritables Micro Car ist. Dies bedeutet, dass Aspekte wie Vernunft, Praktikabilität, Wendigkeit, Stadttauglichkeit, Parkmöglichkeiten eine Rolle spielen müssen. Weiter ist automatisch eine Nähe zu jungen und auch weiblichen Gruppen gegeben, nicht jedoch zu Familien. Dies muss nicht explizit konstatiert werden, es wird im Sinne einer hierarchischen Wissensrepräsentation automatisch abgerufen. Man muss sich jedoch im Klaren sein, dass diese Dimensionen automatisch präsent sein werden.

Innerhalb des Segments der Micro Cars musste ein klares, eigenständiges, hoch attraktives Markenbild geschaffen werden. Einfach als ein guter Vertreter des Segmentes Micro Cars, für den man sich entscheidet, weil er praktisch und klein ist, wäre ein Micro Car von Smart entschieden zu teuer. Ebenso war zu bedenken, dass sich genau in diesem Segment eine starke Marke befindet, nämlich der Mini, der zwar zu BMW gehört, aber als Einzelmarke geradezu Kultstatus genießt und sich auch so positioniert. So stellte die letzte Kampagne den Mini als das Objekt vor, dem man verfällt, das man mit Liebe und Leidenschaft besetzt: »Is it love?« fragen die Anzeigen. Auch Smart musste also Kultstatus anstreben.

In diesem Wettkampf der Zeichen muss Smart natürlich eigenständig sein, aber die Marke kann auch ihre Zugehörigkeit zu Mercedes-Benz ausnützen, einmal im Bereich des technischen Produktkonzeptes, das von allen technischen Entwicklungen des Konzerns profitiert, einmal von den Erfahrungen im Bereich der Markenführung. Dies ist zwar zunächst noch eine produzentenbezogene Strategie, die jedoch unerlässlich zur Führung einer Marke ist. Parallel dazu muss natürlich die Frage gestellt werden, was Konsumenten an Smart begeistern könnte.

Zunächst die Überlegungen der Markeninhaber. Benützt wurde wieder das weiter vorn geschilderte Modell, das wir für Mercedes-Benz entwickelt haben. Das Positionierungsmodell stützt sich auf den Grundsatz, dass alle Werte in modernen Gesellschaften in drei Gruppen (Wertsphären) eingeteilt werden können:

- Wertsphäre der Disziplin/Leistung (Qualität, Erfolg, Leistung, technische Kompetenz etc.) = Grundwerte;

- Wertsphäre des Hedonismus (Sympathie, Genuss, Vergnügen, sich etwas gönnen, Erlebnis etc.) = Trendwerte;
- Wertsphäre der Solidarität (Kundenorientierung, Verantwortung, Fairness, Nachhaltigkeit etc.) = Orientierungswerte.

Über die Größe der Anteile der einzelnen Wertsphären wird die Persönlichkeit der Marke geprägt. So kann die Marke bei Dominanz einer Wertsphäre einen eher von Grundwerten, eher von Trendwerten oder eher von Orientierungswerten geprägten Charakter annehmen.

Ausgewählte Werte sind:

- Sphäre der Grundwerte: Qualität, Erfolg, Kompetenz, Technik, Professionalität, Innovation/Fortschritt, Zweckrationalität, Leistung;
- Sphäre der Trendwerte: Lustmaximierung, Modernität, Sympathie, »sich etwas gönnen«, affektives Handeln, »in sein«, Genussorientierung (jetzt und hier), Narzissmus, Sexappeal, individuelles Glück, Spannung, Vergnügen;
- Sphäre der Orientierungswerte: Gesinnungsethik, Zuverlässigkeit, Seriosität, Rücksicht, Political Correctness, Verantwortung, Nachhaltigkeit, Selbstbestimmung, Prinzip »wir statt ich«, Fairness, Selbstkontrolle.

Smart konnte klar die Position der Marke einnehmen, die sich im Bereich der Trendwerte positionierte, die in diesem Fall als der Appell an Gruppen definiert wurde, die spezifisch zeitgenössische Definitionen von Prestige und Status entwickelten.

Status bedeutet in diesen Gruppen – wie weiter vorn beschrieben – nicht Status im Sinne einfach abzulesender Zeichen, die durch Größe und Preis beeindrucken und die die Position auf einer vertikal gegliederten Skala angeben, sondern Zeichen, die einen spezifischen Geschmack signalisieren und die in Verbindung mit wichtigen Konzeptionen des Wünschenswerten stehen: Jugendlichkeit, Ungebundenheit, Freizeit, Urbanität, Wendigkeit, Cleverness, Spaß, Lebensfreude.

Gleichzeitig musste die Marke Smart so aufgeladen werden, dass sie einem wichtigen Motiv antworten konnte, nämlich dem Bedürfnis, durch das Benützen eines Produktes ein inneres Erlebnis zu schaffen, sich gut zu fühlen, ein bestimmtes Lebensgefühl zu erfahren. In diesem Lebensgefühl spielt der Preis und das latente Wissen um Mercedes-Benz eine Rolle. Konsumenten ist bewusst, dass Smart teurer ist als andere Autos des Segmentes, aber genau dies trägt zu einem spezifischen Gefühl bei: Man fährt nicht ein kleines Auto, sondern das perfekteste, das es auf diesem

Gebiet gibt, das Premiumfahrzeug eben, den »Mercedes unter den kleinen Autos«. Genau deshalb müssen die Grundwerte von Mercedes-Benz immer wieder in diesem Produkt und Markenkonzept auftauchen: Diese Dimension arbeitet gegen die Überzeugung, die bei kleinen Fahrzeugen immer noch anzutreffen ist: »A small car means a small life.«

Noch ein anders Gefühl wird durch die Marke Smart erzeugt, nämlich das Gefühl von hoher Individualität und Abweichung gegenüber dem Massengeschmack. Smart, vor allem der Smart Fortwo, hat ein erkennbar eigenständiges Design, das stark polarisiert; die einen finden es hoch originell, die anderen unakzeptabel. In jedem Fall kann man sicher sein, mit einem Smart Aufmerksamkeit zu erregen und eigenständigen Geschmack zu demonstrieren – ein wichtiger Aspekt in der Ökonomie der Aufmerksamkeit. Smart fungierte so als Objekt, das seinem Besitzer ein spezifisches Lebensgefühl verschafft, das eine Geschmacks- und auch eine Statusposition nach außen signalisiert. Mit Smart kann man sich das Gefühl kaufen, zu diesen Lebenswelten zu gehören. Individualität bedeutet im Übrigen auch, dass Smart in sechs Modellen und fast unzählbaren Ausstattungsvarianten angeboten wird.

Smart gelingt es, auch jene Männer anzuziehen, die im Prinzip von kleinen Autos wenig halten, da sie diese mit »weiblich« assoziieren. In jedem zweiten Smart sitzt heute jedoch ein Mann. Ebenso wurde Smart als Zweitwagen für Familien sowie als wendiges Auto in Firmenflotten platziert.

Die Position von Smart wird in allen Kommunikationsstrategien unterstrichen, primär naturgemäß in den klassischen Medien, aber mit großer Kohärenz auch in allen anderen Kommunikationsaktivitäten der Marke – so in der Gestaltung der spezifischen Häuser, in denen Smart erhältlich ist (dem Smart Center), in den Events, auch im Produktplacement in Medien. So sponserte Smart eine Sendung von Verona Feldbusch in SAT 1 (»Einfach Verona«), in der sie über interessante Events berichtete und in dem sie immer mit einem Smart zu sehen war, den man auch in einer Reihe von Spielen gewinnen konnte. Im Styling von Verona Feldbusch wurde darauf geachtet, dass sie genau dieselbe Designposition demonstrierte, die man für Smart beanspruchte: sehr modern, sehr chic, sehr jugendlich, sehr sexy, sehr originell, sportlich und einfallsreich.

Diese Dimension des Anlockenden wurde dann auch mit dem Smart Roadster verbunden. Entsprechend stellte »Die Zeit« in ihrer Besprechung das Auto unter der Headline vor: »Eine rollende Kontaktanzeige«.

Die Entwicklung einer eigenständigen Marke erfolgte im Übrigen auch in der entgegengesetzten Richtung, nämlich in das Segment »Ultraluxus«. Diese Erweiterung wurde mit dem Maybach vorgenommen (siehe Teil D 6.11).

# 11 Der Markenraum erweitert sich

## *Die Marke im Bereich der Investitionsgüter*

»*Produkte als Botschaften*« geht bekanntlich von der These aus, dass Produkte in engem Zusammenhang mit den Wünschen und Bedürfnissen von Menschen einer bestimmten Gesellschaft stehen, mit ihren Lebenswelten, aber auch mit den grundsätzlichen Denkkategorien einer Kultur, mit dem, was sie als Konzeptionen des Wünschenswerten setzt. All dies besitzt invariante Aspekte, aber auch Aspekte, die sich ändern. Produkte müssen diesen Wandel berücksichtigen und jeweils das Vehikel darstellen, das ein bestimmtes Zeit- und Wertgefühl perfekt übersetzt. Noch mehr gilt dies für Marken, die, wie im Buch ausgeführt, diese Bedeutung von Produkten durch ihren Zeichenapparat und Markencode veröffentlichen, die Produkte voneinander differenzieren und für ihren Mehrwert sorgen.

Wenn wir die heutige Situation betrachten, so lässt sich feststellen, dass Marken inzwischen in einen Hyperwettbewerb eingetreten sind. Die Zahl der Marken wächst ständig, aber es gibt nur wenige Marken, denen es gelingt, ihren Wert wirklich zu steigern. In dieser Situation muss das Konzept der Marke reflektiert und geschärft werden.

Alles, was im Lauf des Buches beschrieben wurde, behält seine Richtigkeit: Markenverantwortliche müssen sich weiter überlegen, wofür ihre Marken stehen sollen. Sie müssen die Denkkategorien und die kulturellen Codes unserer Gesellschaft berücksichtigen und das implizite Wissen der Gesellschaftsteilnehmer subtil ausnützen. Weiter müssen sie für einen Markencode sorgen, der Marken differenziert und mit Mehrwert anreichert, sie müssen diesen Markencode kohärent in allen Äußerungen einsetzen: Produkt, Name, Verpackung, Raum, Mitarbeiter, Prospekt, Werbung, Messestand und so weiter, in jedem Repertoire, verbal, visuell, haptisch, olfaktorisch, und auch über Farben, Geräusche, Stil, Ästhetik, Wahl ihrer Trägermedien und vieles mehr. Es zeigt sich aber inzwischen, dass Marken ihre Stellung deutlich stärken, wenn sie ihren Markenraum erweitern, oder anders gesagt, wenn man die Sicht auf die Marke durch weitere Aspekte anreichert. Im Folgenden sollen zwei Aspekte geschildert werden, die wir derzeit in unserer Markenbegleitung und -entwicklung verfolgen und die wir auch in entsprechende Forschungs- und Analyseprodukte übersetzt haben. Dieses Produkt trägt den Namen ARETE und es wendet sich zwei Fragestellungen zu:

1. Welche Bedingungen sind für Marken spezifischer Markenfelder zu beachten?
2. Wie gelangt man zu der Definition eines Markenkerns oder eines Kernversprechens, das maximal attraktiv und maximal glaubwürdig ist?

*Zu 1.: Bedingungen verschiedener Markenfelder*

In allen Produktfeldern findet derzeit eine immer weiter fortschreitende Differenzierung statt: Gab es früher in der Waschmittelrange einer Marke vier Produkte, so existieren heute mehr als sechzig Produkte pro Marke. Es gibt flüssige und kompakte Waschmittel, konzentrierte und normale, ohne und mit Duftzusätzen, für Weißes und Farben, und da wieder spezielle Mittel, so zum Beispiel für schwarze Kleidungsstücke. Ähnlich differenziert sind die Märkte für Mineralwasser oder Joghurt: Es gibt Produkte für immer speziellere Wünsche und Ansprüche, und damit existieren je nach Subrange unterschiedliche Anforderungen an Attraktivität.

Nicht anders ist es auf dem Gebiet der Marken. Das Konzept der Marke, das früher weitgehend für den Konsumgüterbereich benützt und aus ihm auch entwickelt wurde, wird nun in allen möglichen Kontexten angewendet: Man bemüht sich, Marken für touristische Destinationen zu entwickeln, für Medien, für Investitionsgüter, für politische Parteien, für den Handel, für Dienstleistungsprogramme bis hin zu den Vorschlägen, sich selbst als Marke zu vermarkten. Es gibt ferner Handelsmarken, Unternehmensmarken, Dachmarken und Submarken, Produktmarken und viele mehr. Einige Bedingungen für Markenstärke bleiben dabei naturgemäß gleich, andere variieren jedoch je nach dem Bereich, in dem sich eine Marke befindet. Für eine Marke im Tourismus gelten andere Regeln als für eine Marke im Bereich von Snackprodukten, für Unternehmensmarken andere als für Dienstleistungs- oder Medienmarken.

Auch das Konzept der Marke muss also maßgeschneidert werden. Es gibt kein One-Size-fits-all-Modell, wie eine Reihe von Markentheorien vermuten lassen. Jeder Typ von Marke besitzt andere Ziele und damit andere Strategien, durch die er seine Wirkung erzielen kann. In einem ersten Schritt analysieren beziehungsweise beschreiben wir also auf Grund der Erfahrungen, die wir in den einzelnen Produktfeldern gemacht haben, welche Bedingungen für die Marke eines spezifischen Bereiches zu beachten sind. Im Folgenden wird ein Beispiel vorgestellt, das aus dem Bereich der Investitionsgüter stammt.

*Zu 2.: Die Erarbeitung des Kernversprechens*

Marken leben von ihrer Attraktivität für Kunden, sie leben aber auch von ihrer Glaubwürdigkeit. Sie wecken eine Erwartungshaltung, müssen ihre Versprechen aber auch wieder und wieder einlösen. Diese Erwartungshaltung ist an ein Kernversprechen der Marke gebunden: an das, was sie als einzigartige Leistung verspricht. Dies meint im Kern die Differenz, die sie zu anderen Marken aufweist.

Diese Differenz kann auf mehreren Ebenen liegen. Prinzipiell gibt es zwei Möglichkeiten: Sie kann auf der Ebene der konkret beobachtbaren Produktleistungen liegen oder auf der Ebene der nicht direkt beobachtbaren, aber dennoch relevanten. Unter Produkt soll im Folgenden wieder alles verstanden werden, was sich auf einem Markt handeln lässt, also nicht nur Produkte im Sinn von Konsumgütern, sondern auch Dienstleistungen, Destinationen, Medienprogramme und so weiter. Lange Zeit war man der Meinung, dass die Ebene der funktionalen Leistungen im Prinzip vernachlässigt werden könne: Auf dieser Ebene seien Produkte letztlich austauschbar, man habe sich vielmehr auf die Ebene der symbolischen und ästhetischen Differenzen zu konzentrieren. Dies ist heute in dieser Form nicht mehr aufrechtzuerhalten.

Für manche Markentypen ist dieser Zugang gänzlich unmöglich, so etwa in der Tourismusbranche, wenn es um die Vermarktung von Destinationen geht. Eine touristische Destination hat einen entscheidenden Wettbewerbsvorteil, wenn es ihr gelingt, sich als Marke auszugestalten. Die Toskana ist eine solche Marke, an die sich Sehnsüchte und Wünsche anschließen und die für eine ganz bestimmte Bedeutung steht. In diesem Fall ist die Bedeutung jedoch nicht konstruiert, sondern historisch bedingt und sie ist durch Beobachtung immer wieder einlösbar. Dies können nicht viele Destinationen von sich behaupten. Um sich im Wettbewerb durchzusetzen, ist es jedoch unerlässlich, sich von anderen zu unterscheiden, etwas Spezifisches zu bieten, sich einzigartig zu inszenieren, für eine Bedeutung zu stehen. Diese Bedeutung muss im realen touristischen Angebot wiederfindbar sein. Jeder in der Destination hat diese Bedeutung umzusetzen: die Hotellerie, die Infrastruktur, die Restaurants, die Inszenierung, die den landschaftlichen Besonderheiten der Region gegeben wird, das Unterhaltungsprogramm und vieles mehr. Dies ist bei touristischen Destinationen ein Prozess, der, da er nicht wie in einem Unternehmen zentral gesteuert wird, auf große Schwierigkeiten stößt. Sollen überhaupt Chancen auf Gelingen bestehen, so muss die Markenbedeutung, ihr Kernversprechen in einem gemeinsamen Prozess erarbeitet und durch anschließende Maßnahmen verbindlich gemacht werden.

Auch bei Konsumgütern und Dienstleistungen zeigt sich immer stärker, dass Marken sehr wohl Energien investieren müssen, um auch auf der Ebene der Produktleistungen einen beobachtbaren Unterschied aufzuweisen. Das heißt, wenn möglich, Zuwachs an Qualität oder den Eigenschaften, die in diesem Produktfeld wichtig sind. Es heißt aber in jedem Fall beobachtbare positive Differenz. Es ist schwierig, durch ästhetisch semiotische Strategie einen Mangel auf dieser Ebene wettzumachen. Andererseits genügt es nicht, auf dieser Ebene allein einen Unterschied zu produzieren. Dieser muss vielmehr etikettiert werden, sprachlich oder in Beobachtungskategorien benannt werden, und er muss als Indikator für ein dahinterliegendes Wertefeld, eine Haltung, ein Motiv, allgemein für eine Konzeption des Wünschenswerten fungieren. Selbstverständlich ist nicht zu vergessen, dass Marken immer auch Bedeutungsträger sind, »vessels of meaning and sentiment that are valued in society«, wie es der englische Soziologe Douglas B. Holt ausdrückt, und dass sie immer auch dazu dienen, die Denkkategorien einer Kultur sichtbar zu machen und Menschen als Verstärker von Identität und Status zu dienen (Holt 2004).

Es gibt also das Beobachtbare und die Bedeutung, es gibt die Marke und das Produkt in einer engen Verknüpfung: Produkte tragen Marken, aber Marken geben Produkten ihren Wert. Genau diese Konzentration auf das Kernversprechen macht es nun notwendig, dass die Positionierung in anderer Form erarbeitetet werden muss als bisher. Sie muss letztlich durch alle Mitarbeiter im Unternehmen getragen werden, jeder Mitarbeiter im Unternehmen ist in irgendeiner Form an der Etablierung und glaubwürdigen Umsetzung von Marken beteiligt und die Geschäftsführung hat diesen Prozess so wie alle Prozesse im Unternehmen zu managen und durch Ressourcen und Strukturen zu unterstützen.

Um ein einfaches Beispiel zu nennen: Als Markeninhaber bin ich zunächst frei in der Wahl der Bedeutung, für die ich stehen will. Habe ich mich aber einmal entschieden, so muss ich Kunden immer wieder nachprüfbare Beobachtungen liefern, an denen sie meine Bedeutung erfahren und bestätigen können. Ich kann mich eben nicht für die Bedeutung »besonders innovativ« oder »besonders fürsorglich für Kunden« oder »clever« oder »außergewöhnlich im Geschmack« oder »aufregend als Urlaubsdestination« entscheiden, ohne dies Kunden bei der Benützung meiner Produkte oder Dienstleistungen erlebbar zu machen.

Je weiter der Hyperwettbewerb der Marken voranschreitet, desto stärker ist zu beachten, dass Marken mehr sind als ästhetische Phänomene oder bloße Marketingstrategien. Wenn man den Aspekt der Glaubwürdigkeit und damit zusammenhängend den Aspekt der Vertrauenswürdigkeit ernst nimmt, so müssen die Kernwerte von Marken jedem im Unternehmen bewusst sein, der mit einer Marke, ihren Produkten und Dienstleistungen zu tun hat. Dies betrifft tatsächlich jede Division eines Unternehmens. Die Geschäftsleitung muss bestimmte Ressourcen zur Verfügung stellen, Forschung und Entwicklung muss sich auf bestimmte Gebiete spezialisieren, jede Schnittstelle zum Kunden müssen die Kernwerte leben, im Prinzip muss jeder Mitarbeiter wissen, zu welchem Wertefeld er seinen Beitrag zu leisten hat. Im Kern gilt dies für alle Typen von Unternehmen, Marken, Produkten und Dienstleistungen, wenn auch in unterschiedlicher Gewichtung.

Es ist offensichtlich, wenn eine touristische Destination daran geht, sich als Marke auszugestalten oder eine neue Zeitung in den Markt eintritt, wenn eine Versicherung oder eine Bank ihre Markenposition sucht oder schärft, bei Konsumgütern und, wie nachfolgend noch aufzuzeigen sein wird, auch bei Investitionsgütern. Damit ist die Suche nach einer Positionierung und im Folgenden die Frage der Markenführung neu zu gestalten.

Wenn jeder Mitarbeiter im Unternehmen für die Übersetzung der Wertefelder einer Marke sorgt, so muss er auch an der Suche nach dem Kernversprechen und den Markenwerten beteiligt sein. Ein Kernversprechen wird dann gut sein, wenn jeder im Unternehmen zustimmt, noch besser, wenn er davon begeistert ist, wenn er es freiwillig übersetzt und lebt. Andererseits muss es natürlich im Unternehmen Strukturen und Ressourcen geben, die diese Kernversprechen auch umsetzen.

In jedem Fall ist es von großer Bedeutung, dass Markenwerte, Kernversprechen nicht von Agenturen oder Marketingverantwortlichen allein entwickelt werden, sondern dass sie eine gemeinsame Entwicklung aller Mitarbeiter sind oder, dass sie jedenfalls immer im Hinblick auf die innere Befindlichkeit des Unternehmens gesteuert werden. Dabei ergeben sich nicht selten Markenpotenziale, die man vorher nicht gesehen hat.

Eine Marke hat damit ein Gesicht nach außen zum Kunden und zu der Öffentlichkeit, aber auch ein Gesicht nach innen zum Mitarbeiter. Glaubwürdigkeit, Vertrauenswürdigkeit entsteht durch die Übereinstimmung beider Bilder und Glaubwürdigkeit entsteht auch dadurch, dass die Produkte des Unternehmens das Kernversprechen sinnlich beobachtbar übersetzen, und dass jede Art der Kommunikation nach außen und innen die Kernwerte signalisiert. Marken, die lange bestehen, haben diese Anforderungen oft schon weitgehend gelöst, wobei es auch hier nicht schlecht ist, von Zeit zu Zeit eine Markenprüfung durchzuführen. Unerlässlich ist aber der Prozess, wenn eine Änderung in der Entwicklung des Unternehmens erfolgt, sei es durch Ausweitung oder Fusion und naturgemäß bei allen neu entstehenden Unternehmen.

Grundsätzlich würde dem jeder zustimmen. Betrachtet man die Entwicklungen allerdings im Einzelnen, so wird deutlich, dass ein solcher Prozess in der Realität von den Unternehmen oft in sehr verkürzter Form durchgeführt wird. Es ist ein teurer und aufwändiger Prozess und er kann in der Folge auch oft eine Änderung in den Strukturen und Ressourcen nach sich ziehen. Dies beruht im Wesentlichen darauf, dass in einem Unternehmen bei den Beteiligten ihre eigenen Marken und die Wertefelder des Unternehmens sehr unterschiedlich gesehen werden können. Verschiedene Wertefelder werden akzentuiert, geschätzt oder verworfen. Es entstehen komplizierte Prozesse der Abstimmung und des Aushandelns, und die Inszenierung und Übersetzung von Kernwerten überfordert sehr oft die Beteiligten. Ein solcher Prozess ist ferner abhängig von einer Moderation, die mehr oder weniger professionell sein kann und die sich naturgemäß auch auf ganz unterschiedliche Markenmodelle stützen kann.

Wir haben zu diesen Aspekten ein Produkt beziehungsweise Programm entwickelt, das wir ARETE[215] genannt haben. Dieses Programm bietet eine Reihe von Tools an, durch die im Gespräch und in der Interaktion mit allen Mitarbeitern und mit der Geschäftsführung das Kernversprechen erarbeitet werden kann. Damit ist der Prozess der Positionierung jedoch noch nicht zu Ende. Es geht jetzt darum, ein solches Kernversprechen mit einer Konzeption des Wünschenswerten zu verbinden, es zeichenhaft aufzuladen und in der Folge, es über geeignete Zeichenfelder nach außen zu kommunizieren. Dies kann nicht durch empirische Untersuchungen geleistet werden, es muss vielmehr durch eine rezipientenunabhängige Analyse erstellt werden, die auf Ansätzen der Kulturwissenschaften und der Semiotik basiert. Diese betrachten eine Marke nach ihrer kulturellen, sozialen und psychologischen Bedeutung. Das Grundlegende dazu wurde bereits im Hauptteil des Buches beschrieben. Analysen werden nach diesen Prinzipien erstellt. ARETE liefert also Ergebnisse auf vier Ebenen:

1. Welche Bedingungen gelten für einen spezifischen Typ von Marke? Marken im Konsumgüterbereich, im Dienstleistungsbereich, im Bereich des Tourismus, der Medien, der Politik, der Investitionsgüter, Unternehmensmarke, Handelsmarke, Produktmarke und so weiter. *Methode:* Vergleich mit einem Raster von Kriterien, die wir aufgrund unserer Erfahrungen für die einzelnen Markentypen erarbeitet haben.
2. Wie konsensfähig ist ein Versprechen nach innen? Was sehen Mitarbeiter als das Spezifische der Marken, für die sie arbeiten? Wie wird das Spezifische einer Marke von der Geschäftsführung gemanagt, welche Strukturen und Ressourcen werden bereitgestellt?

*Methode:* empirische Untersuchung im Unternehmen durch Workshops, qualitative und quantitative Interviews.

3. Der Stakeholderansatz: Wie werden die Marken von Kunden gesehen? Von Lieferanten? Von Investoren? Medien? Von der relevanten Öffentlichkeit?
   *Methode:* empirische qualitative und quantitative Untersuchungen.
4. Welche kulturelle und semiotische Bedeutung hat ein Versprechen oder ein Markenauftritt? Mit welchen Konzeptionen des Wünschenswerten, mit welchen Mythen und großen Erzählungen unserer Kultur kann es verknüpft werden? Welche Strategien können angewendet werden, um Brand-Reputation, Brand-Recognition, Brand-Visibility zu erzielen?
   *Methode:* Cultural Analysis, semiotische Analysen.

**Das Beispiel Fronius: die Idee des perfekten Objektes**

Das folgende Bespiel erläutert diese abstrakten Kategorien an einem praktischen Fall anhand eines Unternehmens der Investitionsgüterbranche. Es handelt sich um die Erarbeitung einer Positionierung und eines Markenbildes für das Unternehmen Fronius, die nicht in allen Ergebnissen, aber in wesentlichen Ausschnitten wiedergegeben werden.

Die Maschinen und Geräte, die dieses Unternehmen produziert, sind in mehreren Bereichen Marktführer, sie sind bekannt für ihre technischen Innovationen, und sie agieren im Premiumsegment, das heißt sie kosten im Allgemeinen deutlich mehr als die der Mitbewerber. Das Unternehmen hat 1.700 Mitarbeiter, es ist in 12 Ländern vertreten und produziert fast ausschließlich in Österreich. Das Familienunternehmen wird bereits in der dritten Generation von Familienmitgliedern geführt. Fronius hat sich entschlossen, nicht an die Börse zu gehen. Es tätigt alle Investitionen aus eigener Kraft, es ist also nicht abhängig von Investoren.

Die Frage nach der Marke trat auf, weil das Unternehmen aus drei Sparten bestand: einer Kernsparte, der Schweißtechnik, die seit langem bestand und die am umsatzstärksten war, der Solarelektronik, die in ihrem Umsatz der Schweißtechnik näher rückte, und den Batterieladesystemen, der kleinsten Sparte. Bisher hatten diese drei Sparten zwar unter dem Namen Fronius agiert, waren jedoch eigenständig am Markt aufgetreten, mit eigenen visuellen Umsetzungen und Slogans.

Im Unternehmen und in der Geschäftsleitung bestanden zwei Meinungen. Die einen plädierten für eine Fortsetzung dieses Zustands. Jede Sparte hatte andere Kunden und Produkte, sie sollten ihre Eigenart deutlich zum Ausdruck bringen können. Die anderen plädierten dafür, eine Dachmarke oder eine Marke Fronius zu schaffen, unter der die drei Sparten als nur wenig differenzierte Submarken agieren sollten. In diesem Fall stellte sich die Frage, welche Markenwerte diese Dachmarke haben sollte, welches ihr Kernversprechen sein sollte. Wir wurden an diesem Punkt hinzugezogen, um das Unternehmen bei dieser Entscheidung theoretisch und empirisch zu begleiten und wendeten dabei das Programm ARETE an.

*Schritt 1: Der Markentyp: Marke im Bereich der Investitionsgüter, Unternehmensmarke vs. Dachmarke/Submarke*

Bei einem Unternehmen, das Investitionsgüter produziert, scheint ein Prozess der Markenfindung und Umsetzung im Unternehmen zunächst nicht sonderlich wichtig. Man meint, dass es in einem solchen Fall ausschließlich um technische Qualität, Service und Preise geht, dass das Konzept der Marke hier eine geringere Rolle spielt. Man geht auch sehr stark von dem Konzept der rationalen Entscheider aus, die in einem solchen Fall ihre Entscheidung ausschließlich nach den Kriterien Qualität und Preis fällen und die nicht anfällig für die Attraktivität von Marken sind. Dies stimmt aber nur, wenn man das alte, sehr verkürzte Konzept von Marke zugrunde legt, in dem Marken als schöne Oberflächenphänomene gesehen werden. In zeitgemäßer Sicht stehen Marken dagegen für Haltungen, für Wertfelder, aus denen heraus produziert wird. Sie erwecken Erwartungshaltungen und lösen sie ein, sie minimieren damit auch ein Entscheidungsrisiko. Jeder Entscheider hat seine Wahl für ein Investitionsgut meist einem größeren Kollektiv gegenüber zu rechtfertigen und wird für positive und negative Konsequenzen verantwortlich gemacht. Entscheidet er sich für eine bekannte und geschätzte Marke, so kann er davon ausgehen, dass diese Marke ihren guten Namen verteidigen wird, dass sie auf das Einhalten des Versprochenen achten wird und kulant und hilfreich sein wird.

Auch rationale Einkäufer und Entscheider, ebenso wie die Mitarbeiter, die dann mit den Maschinen und technischen Geräten umgehen, sind nicht unanfällig für Motive wie Stolz oder Vergnügen im Umgang mit guten Objekten. Es macht einfach Freude, ein bestimmtes Markengerät zu besitzen, am Fortschritt der Technik teilzuhaben, gutes technisches Design und damit auch eine bestimmte Ästhetik zu erleben. Was immer die Motive im Einzelnen sein mögen, es geht in jedem Fall darum, die Werthaltung, die Mentalität, die Besonderheit, das, wofür die Marke steht, zeichenhaft umzusetzen.

Definiert sich eine Marke als »überlegene Qualität« oder »letzter technologischer Fortschritt«, so hat sie dies auch nichtverbal zu kommunizieren, so dass man beim ersten Kontakt mit der Marke diesen Eindruck gewinnt. Ebenso muss der Markenauftritt so inszeniert werden, dass dem Legitimations- und Rationalisierungsbedürfnis optimal Rechnung getragen wird. Marken im Bereich von Investitionsgütern produzieren physisch präsente Objekte, an deren Entwicklung, Herstellung und Vertrieb die Mitarbeiter eines ganzen Unternehmens verantwortlich sind. In diesem Fall ist es noch wichtiger als bei Marken in anderen Bereichen, dass jeder Mitarbeiter im Unternehmen weiß, welchen spezifischen Beitrag er zu einem bestimmten Markenbild zu leisten hat. In unserem Fall handelt es sich schließlich um eine Unternehmensmarke. Für Unternehmensmarken sind drei Aspekte besonders wichtig:

- Brand-Reputation,
- Brand-Recognition,
- Brand-Visibility.

Im Kern geht es also darum, zu definieren, wofür ein Unternehmen steht und wie diese Bedeutung zeichenhaft übersetzt werden soll, um sie sichtbar und wiedererkennbar zu machen. Unternehmensmarken haben ferner zwei Aspekte besonders zu berücksichtigen: den Stakeholderansatz und die Definition des Unternehmens als *good citizen*[216].

Stakeholder sind bekanntlich Anspruchsgruppen, das heißt soziale Gruppen oder Konfigurationen, die an ein Unternehmen unterschiedliche Anforderungen richten. So haben Mitarbeiter andere Ansprüche, ebenso Lieferanten oder Kunden, aber auch die Gemeinde, in der es sich befindet, Medien, politische Akteure, die Öffentlichkeit im Allgemeinen, bei börsennotierten Unternehmen Investoren und hier wieder große im Unterschied zu kleinen Investoren. Zunehmend tritt ferner für Unternehmensmarken (aber auch für Marken des Konsumgüterbereichs, hinter denen ja immer ein konkretes Unternehmen steht) der Anspruch auf, ein Unternehmen möge nicht nur den Gesetzen des Marktes verpflichtet sein, sondern es möge sich auch als gutes Mitglied der Gesellschaft erweisen, in der es agiert. Dies bedeutet, dass es neben seinen ökonomischen Erfolgen, die es braucht, um als Unternehmen weiter zu bestehen, auch ethischen Grundsätzen folgen muss, in deren Rahmen es seine ökonomischen Erfolge erzielt. Bekanntlich entsteht hier eine Reihe von Konflikten im Unternehmen, da es im Einzelfall nicht einfach ist, beiden Forderungen gleichermaßen zu entsprechen.

So engagiert sich zum Beispiel Nestlé in seiner öffentlichen Kommunikation teilweise deutlich für gesunde Ernährung (siehe das Ernährungsstudio von Nestlé im Internet, in dem man seinen Body Mass Index und seinen Energiebedarf ausrechnen lassen kann), während es seinen Hauptumsatz mit sehr fett- und zuckerhaltigen Produkten erzielt. Die Forderung selbst muss aber in der Bildung einer Unternehmensmarke berücksichtigt werden. Werden moralische Entscheidungskriterien nicht miteinbezogen und beobachtbar vermittelt, so können gravierende Nachteile in der Bewertung durch Öffentlichkeit und Konsumenten sowie in der Rekrutierung von guten Mitarbeitern entstehen. Auch hier stellt sich naturgemäß die Frage, inwiefern diese moralische Ebene im Bereich der Ästhetik und des Zeichenmanagements vorhanden sein soll und auf welche Weise sie in den realen Handlungen des Unternehmens wiedererkennbar ist, wie lebendig sie tatsächlich im Bewusstsein der Mitarbeiter ist und ob ein Unternehmen Ressourcen zu ihrer Durchsetzung zur Verfügung stellt. Hier lassen sich in der Realität deutliche Diskrepanzen nachweisen.

So stellen Robert Goldman und Stephen Papson (2006)[217] in einer Analyse der Kommunikation von Unternehmensmarken aus den neunziger Jahren fest, dass viele der neu gegründeten und an der Börse notierten Dot-Com-Unternehmen, aber auch etablierte Marken wie Microsoft oder Nasdaq, in ihrer Unternehmenskommunikation diesen Aspekt des *good citizen* inszenierten oder sich als die Vertreter und Vorkämpfer für hochrangige kulturelle Ideale darstellten: pausenlose Innovation, Imagination, Freiheit, Grenzüberschreitung, Naturäquivalenz, demokratische Verbundenheit mit der ganzen Welt, oder als fürsorgliche Marke, die den Nahraum, Gemeinden, Kinder und Schwache schützt und die für Kontinuität in einer Welt des Wandels steht.

Die Autoren begründen dies damit, dass diese Marken an einem bestimmten Punkt der ökonomischen Entwicklung kommunizierten, nämlich dann, als Kapital maximal flüssig, global und flexibel wurde, also gewissermaßen als eine äußerste Entwicklung des Kapitalismus erreicht wurde. Was diese Unternehmen verkauften, waren zwar bestimmte Leistungen, aber ihre Markenkommunikation hatte primär das Ziel, für große oder kleine Investoren attraktiv zu sein (speziell die fürsorgliche Semantik richtete sich dabei an kleine Investoren) und eine hohe Legitimation für ihr Handeln zu etablieren. Goldman weist überzeugend nach, dass dies in einer Inflation von immer gleichen Bildern, Slogans, Logos resultierte, in denen die immer gleichen Konzeptionen des Wünschenswerten angesprochen wurden.

Das, worum es im Kern geht, nämlich die Zirkulation und Profitmaximierung von Kapital, wird so als die Verfolgung hochrangiger kultureller

Ziele dargestellt. Die Diskrepanz zwischen diesen Behauptungen und der Realität des Unternehmens wird dabei in vielen Fällen deutlich, so etwa in der Kommunikation des Unternehmens ENRON. Ein unmoralisches Verhalten des Unternehmens war von einer Flut von hochrangigen Bildern begleitet, in denen das Unternehmen in eine Reihe mit kulturellen Pionieren gestellt wurde: Gandhi, Abraham Lincoln, Jesse Owens und andere mehr, die für radikale Innovationen standen und die den Anspruch von ENRON als »most innovative company in America« belegen sollten. Goldman nennt dies *Eye-Candy*.

In unserem Fall, dem Unternehmen Fronius, ist immer zu bedenken, dass dieses Unternehmen nicht börsennotiert war, dass es also nicht potenzielle Investoren anziehen musste, dass es aber sehr wohl für Kunden, Mitarbeiter und die weitere Öffentlichkeit glaubwürdig und vertrauenswürdig sein musste. Es existierte ein internes Unternehmensleitbild, das diesen Gedanken der umweltbezogenen und sozialen Verantwortlichkeit sehr stark in den Vordergrund stellte, und zwar nicht nur als verbale Übung, was ja bei vielen Unternehmen der Fall ist, sondern auch in der gelebten Wirklichkeit des Unternehmens. Speziell die Mitglieder der Familie Fronius förderten alle Aktionen, um diesem Aspekt zur Geltung zu verhelfen. So war ein Großteil der Forschung und Entwicklung darauf gerichtet, energiesparende Maßnahmen und Verfahren zu finden. Ebenso war die soziale Verantwortlichkeit des Unternehmens beachtenswert hoch, ein Aspekt, den auch alle Mitarbeiter als besonders spürbar im Unternehmen nannten. Dies wurde dann in der Mitarbeiterbefragung deutlich – aber dazu später. In diesem Fall hielten die Mitarbeiter für besonders charakteristisch, dass bei Fronius tatsächlich alles stimme, was bei anderen Unternehmen nur behauptet werde. Wie also sollte ein solcher Aspekt bei dem gegenwärtigen Stand der Dinge kommunikativ übersetzt werden? Selbst die Frage, ob und in welcher Deutlichkeit der tatsächlich vorhandene Aspekt der ökologischen und sozialen Verantwortlichkeit im Markenbild verankert und damit nach außen getragen werden sollte, war nicht einfach zu beantworten. Schließlich war die Frage »Dachmarke oder drei eigenständige Marken?« zu entscheiden. Dies erfolgte durch zwei Kriteriensätze.

1. Zum einen musste festgestellt werden, wie die Haltung der Mitarbeiter zu diesem Punkt war.
2. Zum anderen war sie nach unserem Modell durch davor liegende Überlegungen zu bewerten.

Wie im Kapitel E8 und C5 ausgeführt, ist die Frage »Dachmarke vs. Submarken« nicht prinzipiell im Sinne von immer richtig oder falsch zu entscheiden. Es gibt Argumente für jede dieser Optionen. Eine Dachmarke hat in jedem Fall den Vorteil, dass das Unternehmen nach außen und innen an Größe und Bedeutung gewinnt. Es hat ein größeres Gewicht, wenn mit Stakeholdern, mit der Öffentlichkeit agiert wird. Es ist leichter merkbar und hat Vorteile in der Ökonomie der Aufmerksamkeit. Man kann mehr Geld in kommunikative Strategien investieren.

Eine Dachmarke ist also zunächst eine favorisierte Strategie, für die man sich nur dann nicht entscheiden würde, wenn die Übertragung der semantischen Merkmale aus der Dachmarke die Bedeutung der Submarken stört oder negativ beeinflusst. Erinnern wir uns: Dies hängt mit der hierarchischen Organisation des Wissens zusammen. Die Dachmarke Lebewesen überträgt ihre semantischen Merkmale beweglich, verletzbar, reproduktionsfähig und so weiter auf alle Untermarken. Das sind zum Beispiel Fische, Vögel, Säugetiere, die alle durch die Merkmale beweglich, verletzlich, reproduktionsfähig gekennzeichnet sind, sich aber untereinander durch weitere semantische Merkmale differenzieren. So atmen Fische durch Kiemen und sind nicht warmblütig. In einer weiteren Submarke Forelle bündeln sich dann die Merkmale beweglich, verletzlich, atmet durch Kiemen, ohne dass ich dies zu erwähnen brauche. Es geschieht automatisch. Ich kann mich ganz auf die differenzierenden semantischen Merkmale einer Forelle im Gegensatz zum Karpfen konzentrieren.

Man kann in der Markenarchitektur von dieser Struktur profitieren. Dies tut etwa Nivea, das bis in die kleinste Subrange die Markenmerkmale von Nivea überträgt oder Dr. Oetker, ebenso Mercedes. Die Vorteile eines solchen Vorgehens sind naturgemäß der Gewinn, den jedes einzelne Produkt von der Stärke der Dachmarke hat. Unter folgenden Bedingungen entscheidet man sich jedoch besser gegen eine solche Strategie:

- Wenn ein Merkmal der Dachmarke empfindlich die Bedeutung einer Submarke stört: Wenn ein Radiosender des »ORF«, »FM4«, der sich als Rebell gegen alles Etablierte positioniert, als Angehöriger des öffentlich-rechtlichen Rundfunks deutlich herausgestellt wird, oder wenn »BP« Pralinen anbietet, die dann immer ein bisschen nach Benzin schmecken.
- Wenn in einem Feld ein sehr starker und spezialisierter Anbieter besteht: So kann ein Porsche schwer durch eine Automobildachmarke angegriffen werden, die auch Sportwagen produziert.
- Wenn zwischen den Submarken keinerlei gemeinsame Bedeutung auffindbar ist, die ihre Zugehörigkeit zu einem Markendach rechtfer-

tigt: So etwa bei Henkel, das Waschmittel, Klebstoffe und Haarpflege anbietet, was jeweils über Einzelmarken gelöst wird (Persil, Pattex, Schwarzkopf). Henkel fungiert nur als Endorser.
- Wenn das Markendach überdehnt würde: So sind bei Mercedes der Smart und der Maybach nicht in die Markenfamilie einbezogen.

Die theoretische Analyse zeigte zunächst, dass eine Dachmarke Fronius nicht zwingend Merkmale enthalten müsse, die diametral der Bedeutung Schweißtechnik, Solarelektronik und Batterieladesysteme zuwiderlaufen würden. Ein Markendach würde schwerlich überdehnt werden. Problematisch war die Frage, welche Gemeinsamkeiten es zwischen den drei Sparten gebe, was der rote Faden sein solle, der sie legitimerweise als Angehörige der Marke Fronius ausweisen würde. Dieser Frage gingen wir semiotisch und empirisch nach.

In der semiotischen Analyse wurden alle zeichenhaften Äußerungen der drei Sparten einschließlich ihrer Mitbewerber untersucht. In der Summe zeigt sich, dass der verbindende Aspekt aller drei Felder darin liegt, dass sie alle mit Energie umgehen: Die Schweißtechnik vereint mit Hilfe von Energie unterschiedliche Objekte und Materialien, die Solarelektronik verwandelt Sonnenergie in Strom, die Batterieladesysteme laden mit Energie auf, konservieren und speichern Energie. Energie spielt im gesamten Unternehmen eine Rolle. Im Firmenleitbild ist festgeschrieben, dass auf einen besonders sparsamen Umgang mit Energie geachtet wird, und alle Geräte so entwickelt werden, dass sie besonders energiesparend betrieben werden.

Von der semiotischen Analyse her sprach wenig gegen die Etablierung einer Dachmarke, die sehr gut auf das Wertefeld der Energie gesetzt werden konnte. Energie stellt dabei sicher auch eine Konzeption des Wünschenswerten dar. Sie ist ein Aspekt, der in unserer Kultur eine relevante Rolle spielt. Herr über Energie zu sein, bedeutet auch ein hohes Maß an Dominanz und Autonomie. Dieser Aspekt wird dann weiter bei der Konstruktion des Markenkerns behandelt – siehe weiter unten.

Dieser erste Analyseschritt legte die Konstruktion einer Dachmarke nahe. Damit ergab sich die Frage nach den Merkmalen und Wertefeldern dieser Dachmarke, die im zweiten Schritt, in der empirischen Untersuchung, behandelt wurde. Um zu einer Entscheidung in der Fülle der möglichen Ansätze zu kommen, hier zunächst der Kriteriensatz, der zur Bewertung des Kernversprechens beziehungsweise des Markenkerns herangezogen werden sollte.

- Konnte ein spezifisches Wertefeld oder Kernversprechen dem Rationalisierungs- und Legitimationsbedürfnis der Entscheider dienen?
- War es mit einem Bedürfnis, einem Wunsch, einer Konzeption des Wünschenswerten zu verbinden, die in den Sparten eine Rolle spielten, die also den Geräten einen Mehrwert geben würden? Welche konnten hier angedacht werden?
- Wie war ein Versprechen mit den Haltungen der verschiedenen Stakeholder verträglich?
- Konnten die semantischen Merkmale einer vorgestellten Dachmarke auf die Submarken übertragen werden oder waren Störungen zu erwarten? Welche Synergien zwischen den Submarken wären möglich?
- Welche Haltung des Unternehmens sollte im Sinne eines *good citizen* nach außen getragen werden?

*Schritt 2: Die Haltung der Mitarbeiter*

Der Aspekt der Energie hätte im Prinzip bereits werblich in einer Marke umgesetzt werden können. Wir verfolgten jedoch strikt den Gedanken, dass eine Marke ebenso attraktiv nach außen wie konsensfähig nach innen sein sollte und starteten einen umfangreichen Befragungsprozess im Unternehmen. Dieser wurde schwerpunktmäßig als eine qualitative Untersuchung konzipiert. Es wurden mit allen Abteilungen im Unternehmen und mit Mitarbeitern in Führungs- und Nicht-Führungspositionen in allen Niederlassungen Tiefeninterviews und Kreativworkshops durchgeführt. Diese wurden durch semiotische Textanalysen ausgewertet und auf zugrunde liegende Bedeutungen geprüft. Im Anschluss wurde eine quantitative Untersuchung im ganzen Unternehmen durchgeführt. Der Prozess dauerte drei Monate. Dann wurde in weiteren Workshops die Bedeutung der Marke weiter präzisiert und erst dann wurde die Marke zeichenhaft inszeniert und mit einem Auftritt und einer Werbung versehen.

In der qualitativen Untersuchung wurde nicht explizit nach den Markenwerten oder Kernversprechen gefragt. Es wurde vielmehr eine Reihe von Techniken eingesetzt, die darauf abzielten, die Mitarbeiter zum freien Erzählen zu veranlassen und die ihre Fantasie stimulierten.

Angewandt wurde die Methode des narrativen Interviews[217]. Die Mitarbeiter erzählten über ihre Geschichte und ihre Erfahrungen im Unternehmen:

- Wie verlief ihre persönliche Karriere im Unternehmen?
- Was waren für sie die Marksteine ihrer Entwicklung?

- Wie sahen sie von ihrem Standpunkt aus die Geschichte und Entwicklung des Unternehmens?
- Welche Zukunft nahmen sie an?
- Welche Geschichten waren für sie besonders charakteristisch für Fronius?

Ebenso kam eine Reihe von projektiven Techniken zum Einsatz:

- die drei Sparten des Unternehmens als Kinder der Marke Fronius,
- die drei Sparten als Planeten,
- eine visuelle Darstellung: das Herz von Fronius.

Erst dann wurde das ganze Gebiet über Argumentation erfasst, um auch die Argumente kennen zu lernen, die man in einem rationalen Diskurs einsetzen würde und konnte. Die wesentlichen Aspekte wurden dann in der schriftlichen Mitarbeiterbefragung an alle Mitarbeiter im Unternehmen als Fragen gestellt. Auch Kunden und Lieferanten wurden nach dieser Methode befragt. Als wesentliche Ergebnisse zeigten sich:

Fronius wurde von allen Beteiligten als ein Unternehmen wahrgenommen, das durch eine hohe soziale und ökologische Verantwortlichkeit gekennzeichnet war und in dem eine besondere Unternehmenskultur herrschte. Diese war durch Respekt vor jedem Mitarbeiter, durch Freundlichkeit und Ehrlichkeit, aber auch durch hohe Leistungsanforderungen gekennzeichnet. Alle Mitarbeiter im Unternehmen waren stolz auf die Erfolge des Unternehmens, vor allem auf seine Rolle als technologischer Vorreiter und Innovationstreiber. Sie liebten geradezu die Maschinen und Geräte, die das Unternehmen herstellte, sie schätzten es, sie herzuzeigen, sie vorzuführen, Kunden darüber zu beraten und ihnen Service und Rat anzubieten. Eine der Geschichten im Unternehmen besagte, dass sich ein Lehrling ein Schweißgerät von Fronius als Tätowierung auf seinem Arm stechen ließ, weil er es außerordentlich liebte, mit diesem Gerät zu schweißen. Es gab legendäre Geräte im Unternehmen, die TransArc, ein Schweißgerät, das Fronius im Jahr 1981 in den Markt eingeführt hatte und mit dem der Aufstieg des Unternehmens begonnen hatte – jeder kannte dieses Gerät und jeder erzählte davon. Ebenso gab es einen mythischen Firmengründer, der das Unternehmen aus ganz kleinen Anfängen durch seinen Unternehmergeist und seine technologische Begabung, aber auch durch seine Teamorientierung an die Spitze seiner Branche geführt hatte und dessen Geist gewissermaßen im Unternehmen und in seinen Nachfolgern fortlebte.

Fronius war von daher ein Unternehmen, das durch eine Geschichte, durch Wurzeln, durch Objekte gekennzeichnet war, aber auch durch eine besondere Mentalität: leistungsorientiert, innovationsfreudig, technologisch involviert, wagemutig, autonom, selbstständig sowie fürsorglich, respektvoll, verantwortungsvoll gegenüber allen Beteiligten, sozial und ökologisch engagiert. Wenn wir uns an unser Kulturmodell aus Kapitel E9 erinnern, so zeigte sich, dass in diesem Unternehmen eine selten anzutreffende Allianz der Kultur des Hierarchismus und des Individualismus vorlag. Das Unternehmen ließ diese beiden Kulturen auch nebeneinander bestehen.

Tatsächlich war auch eine dritte Kultur noch einbezogen, nämlich die der Egalitären. Diese war besonders in der Solarelektronik vertreten, die dazu neigte, eine *Wall of Virtue* um sich zu bauen, die aber durchaus bereit war, mit den anderen Sparten zu kooperieren, auch wenn dies auf etwas größere kommunikative Schwierigkeiten stieß. Dass das Unternehmen dieses Nebeneinander von Überzeugungen und Subkulturen zuließ, belegt zum einen eindrucksvoll die These: »united we fall, divided we stand«, also die Tatsache, dass eine lebendige Organisation nicht effizient ist, wenn sie sich auf eine Monokultur festlegt, sondern nur, wenn sie mehrere Kulturen nebeneinander bestehen lässt, die jeweils spezifische Aufgaben besonders gut lösen. Sie belegt aber auch die Mentalität der Achtung und des Respekts, die im Unternehmen herrschte und die eine seiner charakteristischen Merkmale war.

Analysierte man alle Äußerungen der Mitarbeiter genau, so zeigte sich, dass es sehr gut möglich war, eine gemeinsame Marke Fronius zu etablieren. Diese Marke sollte die Merkmale haben, die für alle im Unternehmen Gültigkeit haben, die gewissermaßen die Mentalität zum Ausdruck bringt, über die das Unternehmen produziert und seinen Kunden begegnet. Die drei Sparten sollten sich dann durch spezifische Farb- und Bildwelten differenzieren. Als Ergebnis aller empirischen und semiotischen Analysen zeigten sich folgende Optionen für die Marke Fronius:

## Die Optionen der Dachmarke Fronius (1)

- **Qualität**
  - Qualität, die neueste Technologien besitzt, die aber auch sicher ist, erprobt ist, die sich mit Erfahrung und Seriosität verbindet
  - die von Menschen kommt, die Qualität in jeder Beziehung schätzen

  entspricht der Konzeption
  - nur ein Mercedes ist ein Mercedes
  - nur wo Nutella draufsteht ist Nutella drin
  - das beste Persil, das es je gab
  - wir machen 100 Jahre dasselbe: Innovationen (Siemens)

  Code der Darstellung
  - Code der Dignität

- **Innovationen**
  - wir stehen für Innovationen, wir ruhen uns nie aus, wir erweitern laufend alle Möglichkeiten, wir zerstören laufend alles Bestehende und ersetzen es durch das noch Bessere

  entspricht der Konzeption
  - schöpferische Zerstörung
  - Mythos der Technologie

  Code der Darstellung
  - Code der technologischen Moderne
    - kühl, schön, effizient
    - international, global
    - avantgardistisch

## Die Optionen der Dachmarke Fronius (2)

- **Kundenorientierung**
  - wenn ein Kunde etwas will, so wird das individuell für ihn erledigt, sofort, mit aller Kraft, mit aller Intelligenz, ohne zu zögern
  - wir verkaufen nicht nur Güter sondern Prozesse

  entspricht der Konzeption
  - we care for you
  - we try harder

  - Code der Darstellung
  - Code der Fürsorge, der Zuwendung

- **Aspekte der Energie**
  - Fronius geht mit Energie um: Fronius transformiert, kanalisiert, stabilisiert Energie, gewinnt Energie, wandelt sie um, bewahrt sie, lädt sie wieder auf, erneuert sie, verbindet getrennte Objekte [illegible] Einsatz von Energie, geht sparsam und effizient mit Energie um

  entspricht der Konzeption
  - Fronius ist ein Mediator, ein Vermittler, etwas Dynamisches, das die Dinge in Fluss hält
  - und
  - Energie ist etwas Mystisches, Geheimnisvolles, das den ganzen Kosmos durchzieht, Fronius hütet etwas Geheimnisvolles

Die hier gezeigte Formulierung der Optionen, die aus der Schlusspräsentation stammt, weist sofort auf eine immer präsente Gefahr dieses Vorgehens hin. Würde man diese Positionen schon für das Ergebnis halten, so wäre dezidierte Mittelmäßigkeit die Folge: Qualität, Innovation, Kundenorientierung hat man hundertmal gehört, keine ästhetische Umsetzung könnte hier eine Differenzierung herstellen.

Die Erarbeitung der Positionen war wichtig, da sie tatsächlich die Werte darstellten, die das Unternehmen begeisterten und die tatsächlich im Unternehmen gelebt wurden, sie konnten aber in dieser Form nicht nach außen getragen werden. Sie konnten wohl als Basis für Brand-Reputation dienen, aber nicht als Basis für Brand-Recognition und Brand-Visibility.

In der nächsten Stufe von ARETE geht es darum, herauszufinden, welche Möglichkeiten Positionen haben, die Marke als symbolischen Agenten erscheinen zu lassen, als »vessel for meaning and feeling« – wie wir das oben definiert haben, als Träger kultureller Mythen und kollektiver Wünsche. Dies ist auch bei einer Marke des Investitionsgüterbereichs von hoher Relevanz. Zu diesem Zweck wurden zwei Schritte unternommen. Zum einen wurden die Positionen in mehreren Workshops mit der Geschäftsleitung und der Agentur weiter präzisiert und definiert und auf implizite Bedeutungen untersucht: Was könnte Innovation für Fronius bedeuten? Was Qualität? Was könnten die Indikatoren sein? Zum anderen erfolgte eine begleitende kulturelle und semiotische Analyse. Auch in diesen Workshops wurden projektive Techniken eingesetzt. Es wurde immer wieder hinterfragt, ob man einen Wert als konsensfähig nach innen und außen betrachtete sowie als wünschenswert für die Entwicklung des Unternehmens.

Die folgenden drei Bilder stellen Collagen dar, die in den Workshops zu dem Thema »Die Welt von Fronius« angefertigt wurden. Sie sind nicht zu verwechseln mit der Meinung, wie die Werbung von Fronius aussehen soll, sondern sie stellen eine Übersetzung der atmosphärischen Werte dar, die für das Unternehmen wichtig sind.

Die Bilder zeigen sehr deutlich, dass im Unternehmen zwei Stränge von Werten nebeneinander laufen:

1. Das Warme, Emotionale, Fürsorgliche, Menschliche, das miteinander Arbeiten und Erleben (dies wird dann in den Positionen »Fronius Energie«, »Aufladen«, »Begeisterung, Leidenschaft, Freude am Gestalten« formuliert).
2. der technologische Code der technischen Objekte (dies resultiert dann in den Positionen »Idee des perfekten Objekts« und »Wir überschreiten Grenzen«).

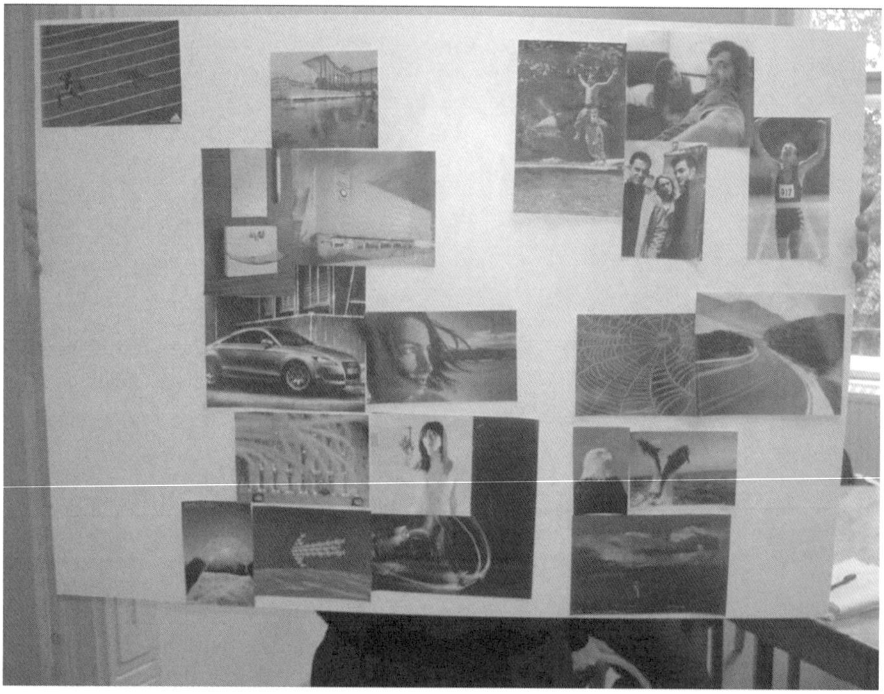

Nach intensiven Diskussionen entstand folgende Liste für die Wertefelder, die Fronius als Kernversprechen und Leitwerte für die Markenentwicklung benutzen konnte.

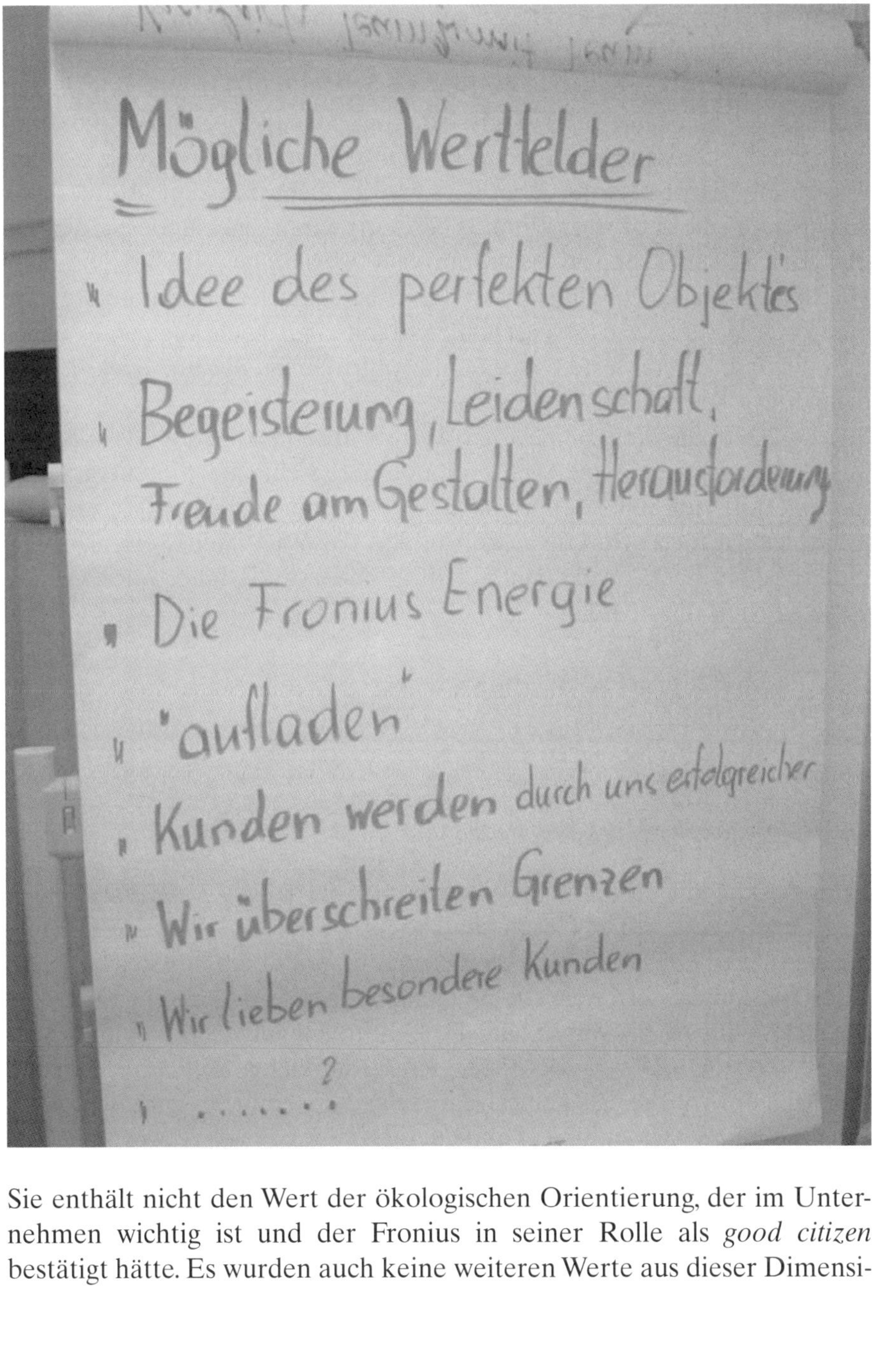


Sie enthält nicht den Wert der ökologischen Orientierung, der im Unternehmen wichtig ist und der Fronius in seiner Rolle als *good citizen* bestätigt hätte. Es wurden auch keine weiteren Werte aus dieser Dimension aufgenommen. Dies geschah mit voller Absicht. Fronius war der Auffassung, dass genau dieser Aspekt nicht in das Kernversprechen aufgenommen werden sollte: Es ist letztlich ein Unternehmen, das seinen Kunden perfekte technische Lösungen liefert sowie den Service und die Beratung, die zu diesen Lösungen gehören. Kunden kauften dies und nicht die ökologische oder soziale Orientierung. Das zeigten auch Kundenbefragungen recht deutlich. Selbst im Bereich der Solarelektronik ging es den Kunden weniger um den ökologischen Gesichtspunkt als um eine ökonomisch und technisch gute Lösung. Die Dimension spielte also nach innen weiter eine große Rolle, aber sie wurde nicht für den Aufbau des Kernversprechens benützt. Fronius beschritt damit einen anderen Weg als die oben geschilderten börsennotierten Unternehmen, die ihr gesamtes Handeln als die Verfolgung kultureller Ziele deklarierten. Das heißt nicht, dass Fronius sein Kernversprechen nicht mit einer hochrangigen Konzeption des Wünschenswerten verbinden wollte. Genau dieser Aspekt leitete die weitere Auswahl der Versprechen.

Aus der oben wiedergegebenen Liste wurde in folgenden Workshops und Analysen eine Reihe von Optionen ausgeschieden. Sie entsprachen nicht perfekt der Selbstdefinition des Unternehmens und sie waren nicht mit einer wirklich attraktiven Konzeption des Wünschenswerten in Verbindung zu bringen. Es blieben drei übrig, und zwar deshalb, weil sie genau diese Effizienz besaßen:

1. Die Idee des perfekten Objekts
2. Die Fronius Energie
3. Wir überschreiten Grenzen

*Die Formation der Marke als Bedeutungsträger*

Erinnern wir uns noch einmal: Marken sind die Träger von Bedeutungen und Gefühlen, die einer Gesellschaft wichtig sind, die kollektive Geltung beanspruchen können. Durch ihre Produkte und durch ihre zeichenhafte Konstruktion verweisen sie auf die Denkkategorien und auf die Konzeptionen des Wünschenswerten, auf die kulturellen Ideale, die eine Gesellschaft verteidigt. Dieser Mechanismus, der an vielen Stellen des Buches beschrieben wurde, ist keineswegs selbstverständlich. Warum sollten Fruchtjoghurts, Maschinen, Fahrzeuge, Wellnesshotels etwas mit den Wertefeldern einer Gesellschaft zu tun haben? Wie im Eingangskapitel dargelegt, stellt dies einerseits eine Besonderheit unserer industriellen Gesellschaften dar, ist aber andererseits ein Mechanismus, der in vielen Gesellschaften anzutreffen ist. Auch Stammesgesellschaften, in denen

Güter gar nicht verkauft werden, lassen ihre Waffen, ihre Krüge, ihre Kleider für mehr stehen als für ihre Gebrauchswerte. Sie benützen sie für symbolische und kommunikative Funktionen, um die Denkkategorien ihrer Gesellschaft zum Ausdruck zu bringen. Sie machen dadurch sichtbar, wie sie über Geschlecht, Alter, Natur und Kultur, soziale und sakrale Ordnungen denken. Nicht selten werden dabei Mythen aktiviert, Mythen, die die gesellschaftliche Ordnung als die natur- und gottgewollte erscheinen lassen und die in Form »großer Erzählungen« immer wieder beschworen und in beobachtbare Zeichen übersetzt werden.

Wenn wir also davon ausgehen – was die zentrale These des Buches ist –, dass Marken wie andere kulturelle expressive Produkte agieren, dass sie kulturelle Bedeutungen ausnützen oder in Einzelfällen auch schaffen, dass sie also an dem wichtigen Prozess »culture is licked into shape«, wie es Mary Douglas ausdrückt, beteiligt sind, so muss eine starke Marke an eine dieser großen Erzählungen, an eines dieser mythisch aufgeladenen Wertefelder anschließbar sein. Die Analysen zeigten, dass dies für alle drei Positionen gilt.

## 1. Die Idee des perfekten Objekts

In den Workshops wurde dieses Konzept wie folgt definiert: Man ging von der Beobachtung aus, dass die Artefakte, also die Maschinen und Geräte, die das Unternehmen herstellte, im Unternehmen eine besondere Bedeutung hatten. Verkürzt ausgedrückt: Man liebte sie. Entwickler schilderten immer wieder den berührenden Augenblick, wenn die Idee, die sie einmal gehabt hatten, am Ende in einem physischen Objekt vor ihnen stand. Verkäufer liebten es, die Geräte den Kunden vorzuführen, sie versuchten, wenn irgendwie möglich, die Geräte physisch präsent zu haben. Sie erfuhren im Bereich des Unternehmens eine besondere visuelle Präsentation: Man stellte sie aus, strahlte sie an. Die Geschichte des Unternehmens war eng an die legendäre TransArc, das Gerät, mit dem Fronius den Weg zum Erfolg beschritten hatte, gebunden. Das Gerät spiegelte in besonderer Weise die Mentalität des Unternehmens wider, den technologischen Erfindergeist, der eine bis dahin für unmöglich gehaltene Lösung gefunden hatte, den Wagemut, die Innovations- und Durchsetzungskraft. Und wie gesagt: Schweißmaschinen werden als Tätowierungen am Arm getragen. Das ganze Unternehmen arbeitet daran, die Objekte immer weiter zu perfektionieren und das Beste zu liefern, was in einem Produktfeld möglich ist.

In dem Zugang des Unternehmens zu seinen Produkten lässt sich ein wichtiges kulturelles Konzept erkennen – ein Konzept, das für den Bereich der Technik relevant ist, das in unserer Zeit eine besondere Bedeutung hat, das aber darüber hinaus in vielen Kulturen eine Gültigkeit hat. Dieses übergreifende Konzept ist die Idee des sakralen Objekts oder des Fetisch, des Objekts, dem eine besondere eigenmächtige Wirkkraft zukommt. Der Kulturwissenschaftler Hartmut Böhme schildert die Geschichte dieses Begriffs (Böhme 2006). Er wird im Zuge der Kolonialisierung zur Beschreibung von heiligen Gegenständen speziell der afrikanischen Kultur verwendet, in der der für die damaligen Beobachter als barbarisch und primitiv klassifizierte Glaube angeprangert wurde, dass leblosen Gegenständen eine eigenmächtige Wirksamkeit zukam. Böhme beschreibt, wie diese Idee, die wir seit der Aufklärung als falsch bewerten, dennoch auch in unserer Kultur eine ungebrochene Wirksamkeit entfaltet: Von den Beobachtungen der Psychoanalyse bis eben zu den Entwicklungen unserer Warenkultur, die immer wieder signalisieren, dass Objekten Persönlichkeit und Wirkungsmacht zukommt. Speziell ist dies im Bereich der Technik der Fall. Auch im Fall Fronius waren diese Geräte mehr als Produkte, in ihnen verkörpert sich gleichsam die Kultur und die Mentalität des Unternehmens, sie tragen dies als wirkende Kraft nach außen zum Kunden und Benützer.

Diesen Gedanken greift auch Bruno Latour in seiner »Actor Network Theorie« auf (Latour 2005). Die »Actor Network Theorie« geht davon aus, dass Subjekt und Objekt nicht als gesonderte Einheiten zu denken sind, sondern dass beide an bestimmten Punkten ineinander verfließen und gemeinsam Ausdruck eines übergeordneten Konzepts sind, so dass nicht mehr klar ist, wer handelt. Latour fasst das im Konzept der hybriden Maschinen zusammen. Wenn zum Beispiel in einer Zone, die verkehrsberuhigt sein soll, Stolperschwellen eingebaut werden und ein Autofahrer daraufhin bremst, so kann man genau besehen nicht sagen, dass der Grund des Bremsens eine alleinige Aktion des Autofahrers ist. Er befindet sich vielmehr in einem Netzwerk, das durch das Konzept Verkehrsberuhigung gebildet wird. Dies entspringt bestimmten politischen Erwägungen sowie Strategien zu seiner Durchsetzung, in denen das Verhalten erzwungen und nicht nur durch Kommunikation nahegelegt wird. Es braucht dazu bestimmte Bremsvorrichtungen und Konstruktionen des Autos, die es Autofahrern geraten scheinen lassen, lieber zu bremsen als den Bruch ihrer Stoßdämpfer zu riskieren. All dies wirkt zusammen, um die Handlung Bremsen bei Stolperschwellen zu realisieren, die damit zwar ein konkretes Objekt, das Bremssystem des Autos, und ein konkretes Subjekt, den Autofahrer, besitzt, die aber dennoch das Ganze als ein Netzwerk von ineinander verwobenen Akteuren und Hybriden erscheinen lässt.

Auch diese Idee der Verflechtung verschiedener Akteure und Absichten lässt sich für die Objekte des Unternehmens auffinden. Schließlich ist überhaupt das Konzept eines physisch präsenten Objekts, das an einen bestimmten Raum-/Zeitpunkt gebunden ist, das Kontinuität beansprucht, das physisch etwas bewirkt, in unserer Zeit ein kostbares Konzept. Nicht umsonst bezeichnet Zygmunt Baumann unsere Zeit als *liquid modernity*, als Flüchtige Moderne (Baumann 1999). Tatsächlich gehört das Fließende, die Entdinglichung des Sozialen, das Leichte, Schnelle, Flüchtige, Globale, an keinem Platz Verharrende zu unseren Leitideen, die für Kommunikation, für den Fluss des Kapitals und der Menschen Gültigkeit beanspruchen. Diese Leitideen machen jedoch, wie jedes kulturelle Konzept, für das Hegemonie beansprucht wird, auch Angst und fordern zur Kritik heraus, so dass Gegenkonzepte entwickelt werden.

Genau deshalb könnte Fronius mit dem Mythos der sakralen Objekte, der Objekte, die Dinge mit Wirkungskraft repräsentieren, die sich in einer Evolution zum idealen und perfekten Objekt befinden, in Verbindung gebracht werden. Zeichenfelder würden sich dann der Inszenierung der Aura dieser Objekte zuwenden, wobei im Übrigen der Inszenierung auf Messeständen eine besondere Bedeutung zukommen würde[220]. Eine solche mythische Erzählung lässt sich auch für die zweite Position, die Fronius Energie, erschließen.

## 2. Die Fronius Energie

Einmal geht Fronius tatsächlich mit Energie um, es setzt Energie ein, um verschiedene Materialien und Teile durch die Schweißtechnik zu verbinden. Es transformiert Sonnenenergie in Strom bei der Solarelektronik, es speichert Energie bei Batterieladesystemen. Fronius achtet Energie und bemüht sich, sie sparsam und verantwortungsvoll einzusetzen. Energie ist für unsere Zeit etwas ganz Wichtiges. Wer über Energie verfügt, ist autonom. Unsere Idee des schönen Lebens ist eng an den Verbrauch von Energie gebunden. Energie ist auch etwas Kosmisches, Geheimnisvolles, etwas, das eng an das Konzept des Lebens überhaupt gekoppelt ist. Zu Beginn des 20. Jahrhunderts beschrieb die Physik Objekte erstmals nicht nur unter dem Konzept der Materie, sondern auch der Energie. Energie ist aber auch im metaphorischen Sinn etwas höchst Positives: Wir schätzen Menschen, die etwas mit Energie tun, und wir verstehen darunter Menschen, die dynamisch, zielorientiert, kraftvoll und begeistert agieren.

Genau dies postulierten die Mitarbeiter von Fronius für sich. Es wurde immer wieder betont, dass alle von sich aus zielorientiert handelten. Man stellte sich das ganze Unternehmen als von Energie durchpulst vor und die

Mitarbeiter, die aus dem Ausland nach Wels kamen, beschrieben, dass sie von Wels gleichsam aufgeladen mit Energie wieder wegfuhren, dass sie eine »Infusion« erhielten, wie es eine französische Mitarbeiterin ausdrückte. Schon hier finden wir also eine kulturell hochrangige Idee. Energie ist auch ein Konzept, um Objekte mit Wirkungsmacht zu beschreiben. Dieses Konzept besitzen auch Stammesvölker. Das, was in dem Ding wirkt, ist das »Hau« der Malaysier oder das »Arenda« der nordamerikanischen Indianer, es ist das Stürmische im Sturm oder der Geist des Gebers, der durch die Gabe wieder zurück will. Auch die Griechen kannten das Konzept der Arete: Das, was ein Pferd zu einem idealen Pferd macht, die Tugend des Pferdes gewissermaßen, das Schnelle, Kraftvolle oder das, was einen Krieger zum Krieger macht.

Wie wir gesehen haben, erlebte man im Unternehmen die Produkte und die begleitenden Serviceleistungen in genau diesem Sinn auch als Ausdruck der Mentalität des Unternehmens. Ein Mitarbeiter drückte das so aus: Die Kunden spüren, dass wir unsere Produkte mit Leidenschaft herstellen und verkaufen. Auch dieses Konzept würde also ein sehr gutes Kernversprechen darstellen. Seine Schwierigkeit bestand darin, dass genau dieses Konzept nicht einfach in ein prägnantes und verständliches Zeichenfeld zu übersetzen war.

### 3. Wir überschreiten Grenzen

Auch die letzte Position »wir überschreiten Grenzen« basiert auf einem bekannten Mythos, diesmal auf einer unserer großen Erzählungen der Frühen Neuzeit. Karl V. fasst das hier Gemeinte zum ersten Mal in einem prägnanten Slogan. Er bezog sich auf die Etikettierung, die den Säulen des Herkules traditionellerweise gegeben wurde: »Nec plus ultra«, also »nicht weiter als bis hier«. Er änderte diese Aussage zu »plus ultra«, also zu »darüber hinaus«, was bekanntlich in seinem Reich, in dem die Sonne nicht unterging, zu welthistorischer Bedeutung kam.

Genau dies war eines der Leitmotive der frühen Neuzeit, die Neugier, der Wagemut, mit dem man sich zum ersten Mal bewusst in unbekannte Räume wagte und so Grenzen im räumlichen und diskursmäßigen Sinn überschritt. Dieser Leitwert begleitet die Moderne, er treibt die Industrialisierung und Technisierung voran, und er ist ein wichtiger Bestandteil der Handlungs- und Denkmaximen von Unternehmen. In der Gegenwart besitzt er eine hohe Relevanz. Wir bemühen uns derzeit, alle Grenzen aufzulösen, zwischen Nationen, Kontinenten, Produkten und Unternehmen. Wir treiben Deregulierung voran und akzeptieren keine räumlich umgrenzten Einheiten. In gewisser Weise berührt sich dies auch mit der

»Schumpeterschen Maxime« der »schöpferischen Zerstörung«, die er als handlungsleitend für erfolgreiche Unternehmer postulierte. Beides weckt in unserer Gesellschaft derzeit jedoch nicht nur positive Emotionen, im Gegenteil: Genau vor dieser Entwicklung besteht auch Angst und man sieht auch den Preis, den man für diese Entwicklung zahlt. Dies beschreibt etwa der amerikanische Soziologe Richard Sennett in dem Buch »The Corosion of Character«, in dem er die Konsequenzen dieser Haltung, wenn sie als lebensleitende Maxime fungiert, in einer Auflösung von Verpflichtungen und Solidarität sieht (Sennett 1998).

Fronius hatte die Aussage zuerst als Motto bei einer Messe eingesetzt, auf der es seine Geräte unter der Aussage »shift the limits« vorstellte. Gemeint war dabei das Wertefeld von Fronius, technische Beschränkungen nicht einfach hinzunehmen, sondern zu hinterfragen, so zu überdenken, dass eben ihre Beschränkungen aufgehoben würden. Fronius interpretierte die Aussage, die im Übrigen wesentlich weniger stark war als die deutsche Übersetzung in einem rein technischen Sinn. Wählt man sie jedoch als Kernversprechen des Unternehmens, so ist zu bedenken, dass die andere Bedeutung, das Überschreiten von Grenzen in jedem Sinn, auch aktiviert wird.

Tatsächlich kam diese Interpretationsmöglichkeit schon bei den Gesprächen im Unternehmen auf. Ein Teil der Mitarbeiter äußerte der Aussage gegenüber Unbehagen, ohne dass sie das wirklich begründen konnten. Auch in den Workshops, die zu der endgültigen Festlegung des Kernversprechens abgehalten wurden, war man ambivalent. Die Aussage klang vielversprechend und hoch motivierend, sofern man in der Lage war, sie auf rein technische Prozesse zu beziehen, aber sie entsprach nicht der Grundhaltung des Unternehmens, wenn man sie auf soziale und kulturelle Prozesse bezog. Hier war Fronius klar bemüht, Grenzen zu respektieren, Ordnungen zu wahren, seine räumlichen Wurzeln, seine Herkunft und Geschichte zu verteidigen. Die Aussage wurde intern also durch weitere Diskussionen verfolgt.

Erst dann begann die Arbeit der Werbeagentur, die die Kernversprechen in Zeichenfelder umsetzte, die wiederum auf ihre semiotische Singularität, Prägnanz, Virtuosität und auf ihren Beitrag zu Brand-Reputation, Brand-Recognition und Brand-Visibility sowie auf allgemeine Kriterien der Markenstärke geprüft wurden.

Teil F

# Der soziokulturelle Tiefenstrom

## Wo stehen wir in der heutigen Zeit?

In diesem Teil sollen einige Entwicklungen geschildert werden, die das veränderte Wertebewusstsein unserer Gesellschaft betreffen. Gesellschaften wandeln sich selten rapid und im Sinne einer Revolution. Dennoch gibt es einen manchmal langsam, dann wieder schneller fließenden Strom an Wertehaltungen, speziell in den Bereichen, die durch Produkte angesprochen werden. Entwicklungen dieser Art sollen im Folgenden dargestellt werden. Die Beispiele stammen aus dem Jahr 2003, sie gelten mit kleinen Einschränkungen aber genauso für heute.

Ich wähle zur Verdeutlichung eine Ausgabe der Wochenzeitung »Die Zeit«, und zwar zwei Seiten des Wirtschaftsteils der Ausgabe vom 30. April 2003. Auf diesen zwei Seiten werden einige Themen behandelt, die für unsere Märkte und unsere Produktkultur im Jahre 2003 relevant sind – sie lassen sich ebenso in anderen Produktfeldern finden.

Die erste Seite wird von einem Beitrag eröffnet, der den Titel trägt: »Wie eine Tasche leer? Die Konsumenten kaufen nicht, Staat und Wirtschaft knausern«. Der Artikel führt aus, dass ein echter Aufschwung erst dann erfolgen wird, wenn die Binnennachfrage steigt. Diese sei jedoch nicht in Sicht: Konsumenten würden sich in Konsumzurückhaltung üben und Unternehmen nicht investieren. Das ist eine Sachlage, die zehn Jahre zuvor undenkbar gewesen wäre. Jeder hatte damals das Bedürfnis, möglichst umfassend zu konsumieren. Diese Änderung hat naturgemäß eine Reihe von Gründen, die hier nicht diskutiert werden können. Wichtig für alle Unternehmen bleibt aber die Frage, wie Konsumenten dennoch zu motivieren wären.

Auf der nächsten Seite der »Zeit« erfolgt eine kleine Antwort. Hier findet sich ein Artikel, der einen Hersteller von Schokolade beschreibt: »Die seltsamen Tafeln des Axel L. Axel Leysieffer mischt seine Schokolade mit Salz und Chili. Dafür zahlen die Kunden horrende Preise«, nämlich 5,55 Euro für 100 Gramm. Beschrieben wird das Konzept eines Nischenherstellers, das als solches noch nicht bemerkenswert wäre, wenn es nicht einige Tendenzen zeigen würde, die sich so auch auf anderen Märkten finden.

# Die seltsamen Tafeln des Axel L.

Axel Leysieffer mischt seine Schokolade mit Salz und Chili. Dafür zahlen die Kunden horrende Preise / VON STEFANIE SCHARBAU

VOLLMILCH-NUSS HAT AUSGEDIENT: Exotische Schokoladensorten

Fotos: DIE ZEIT; Maximilian Stock LTD

Eine seiner Tafeln Schokolade kostet 5,55 Euro. Keine Riesentafel, sondern eine ganz normale 100-Gramm-Packung. Sie heißt weder „Vollmilch-Mandel" noch „Ganze Nuss", sondern „Kuba" – und besteht zu drei Vierteln aus reinem Kakao. Axel Leysieffer hat noch mehr im Programm: Schokolade mit Chili zum Beispiel. Oder mit Salz. Und demnächst auch mit Rosenöl.

Das Geschäftsmodell des Pralinenmachers aus Osnabrück unterscheidet sich in vielem von dem, was auf dem deutschen Süßwarenmarkt gängige Praxis ist. Künstliche Aromastoffe hat Konditormeister Leysieffer aus seiner Backstube verbannt, statt Margarine kommt Butter in den Topf. Weil gute Zutaten nicht billig zu beschaffen sind, macht Leysieffer beim Preiswettbewerb, der den Einzelhandel seit vielen Jahren beherrscht, erst gar nicht mit. Erfolg.

Der Schokoladenmarkt bewegt sich zurzeit in zwei Richtungen: Hohe Qualität zu hohen Preisen verkauft sich gut, ebenso die Massenware der Lebensmittel-Discounter. Die Umsätze der Supermärkte mit ihren eigenen Handelsmarken ist von Januar bis November 2002 gegenüber dem Vorjahreszeitraum um zehn Prozent gestiegen.

Das Geschäft der Schokobranche insgesamt ist dagegen um 1,5 Prozent zurückgegangen, berichtet das Marktforschungsinstitut AC Nielsen. Verlierer ist vor allem das Naschwerk in der mittleren Preisklasse. Zu leiden habe beispielsweise die bekannte Sorte Milka des Herstellers Kraft Foods, berichtet Franz-Josef Lange von der Nürnberger Gesellschaft für Konsumforschung. „Viele Markenartikler, die nicht beim Discounter vertreten sind, haben vergangenes Jahr kräftig Marktanteile verloren", sagt er.

Pralinenmacher Leysieffer dagegen steigert seinen Umsatz kontinuierlich. Im vergangenen Jahr hat er mit 21,5 Millionen Euro etwa fünf Prozent mehr umgesetzt als im Jahr davor. „Unsere neuen Schokoladen sind dermaßen eingeschlagen, dass wir von Januar bis März samstags arbeiten mussten", sagt der Firmenchef. „Das hat es seit dem Krieg nicht mehr gegeben."

Seine interne Hitliste hat die starke Nachfrage nach teuren und exotischen Schokoladen komplett durcheinander gebracht. „Vollmilch-Haselnuss war Jahre lang unser Verkaufsschlager", sagt Leysieffer. Jetzt ist die Sorte auf Platz vier abgesackt. Die meistverkaufte Schokolade des Hauses ist nun orangefarben, scharf und erst auf den zweiten Blick als Schokolade zu identifizieren: die Chili-Tafel. Leysieffer hatte sogar einmal vorgehabt, Süßwaren mit Hanf herzustellen, aber daraus wurde nichts. Manche aus dem Schoko-Business nennen ihn wegen seiner abseitigen Ideen einen „Spinner".

Rund 3000 verschiedene Pralinen und Schokoladen werden im Osnabrücker Werk in Handarbeit gefertigt, verkauft werden sie in mehr als 700 Geschäften in ganz Europa. Neben den 30 eigenen Läden und Bistros zwischen Westerland auf Sylt und Kitzbühel in Tirol gehören Fachgeschäfte und Warenhäuser zum Vertriebsnetz.

Besonders stolz ist Leysieffer auf seine dunkle, bittere „Jahrgangsschokolade" von 1998 – mit 99 Prozent Kakaoanteil. „Durch Zufall habe ich entdeckt, dass hochprozentige Schokolade ihren Geschmack durch Lagerung verfeinert. Bei entsprechender Aufbewahrung hält sie mindestens zehn Jahre", sagt Leysieffer.

Das sehen seine Konkurrenten ganz anders. „Totaler Quatsch. Wenn man Schokolade zu lange aufbewahrt, wird sie schlecht. Deshalb hat sie ja ein Haltbarkeitsdatum", sagt Hasso Nauck, Geschäftsführer der Hanseatischen Chocolade GmbH und Produzent der Marken Hachez und Feodora. Etwas vornehmer fällt die Kritik bei Niederegger aus. „So eine Effekthascherei wäre nichts für unser Unternehmen", sagt Holger Strait, der Geschäftsführer des Marzipanherstellers aus Lübeck.

Trotzdem gucken sich viele Wettbewerber ein bisschen was von Axel Leysieffers Ideen ab. Seit dieser seine Pralinen unter anderem in Blechdosen verkauft, sieht man diese Art der Verpackung häufiger im Süßigkeitenregal – auch bei Süßem von Hachez und Niederegger. Selbst auf exotische Geschmacksrichtungen hat Leysieffer kein Monopol mehr: Gubor bietet beispielsweise „Banana Split" und „Orangen Flip" an. Hachez versucht es mit Pfefferkörnern in der Erdbeer-Schokolade sowie dunklen Tafeln mit Rotwein.

Der Erfolg solcher exotischen Schokoladensorten belegt, dass Verbraucher sich auch in wirtschaftlich schlechten Zeiten ab und zu etwas Besonderes gönnen. Dafür sind sie dann bereit, 5,55 Euro für eine Tafel auszugeben. Obwohl sie zum selben Preis auch neun Tafeln Milka Alpenmilch bekommen könnten.

Der Einfall dieses Herstellers beruht darauf, Grenzen zu überschreiten, die bisher nicht überschritten wurden – nämlich die zwischen dem Bereich des verwöhnenden Süßen und des prickelnd Scharfen , und gleichzeitig in einer eminenten Qualitätssteigerung. Er verwendet keinerlei künstliche Aromen, ausschließlich Butter und Schokolade mit einem Kakaoanteil von 99%. Damit verzeichnet er Zuwachsraten von 5%, während der Schokolademarkt um 1,5% zurückgegangen ist. Der Schokolademarkt bewegt sich wie andere Märkte in zwei Richtungen: Es boomen das Hochpreissegment und die Discounter, die teilweise um 10% zulegen. Der Verfasser schließt den Artikel mit der Bemerkung:

> »Der Erfolg solcher exotischen Schokoladensorten belegt, dass Verbraucher sich auch in wirtschaftlich schlechten Zeiten ab und zu etwas Besonderes gönnen. Dafür sind sie dann bereit, 5,55 Euro für eine Tafel auszugeben. Obwohl sie zum selben Preis auch neun Tafeln Milka Alpenmilch bekommen könnten.«

Ein Befund, der sich in mehreren Märkten belegen lässt.

Auf der nächsten Seite wird die turbulente Geschichte des Konzerns ABB und seines ehemaligen Chefs Percy Barnevik beschrieben, der viermal als der Chef der meistrespektiertesten Firma Europas gefeiert wurde und der als Unternehmensführer den Konzern nach visionären Konzepten umorganisiert hatte. Barnevik hatte das Unternehmen in eine Reihe kleiner, rivalisierender Einheiten zerlegt und damit die individualistische Kultur im Inneren des Konzerns zur allein dominanten erklärt. Dieser Weg führte zusammen mit anderen Faktoren in ein Desaster und bescherte ABB acht Milliarden Dollar Schulden. Dies alles lässt sich als Reflektion auf die Fragen auffassen, die uns in Zukunft beschäftigen werden: Nach welchen Prinzipien sollen wir zusammenleben? Ist die Kultur des Marktes die einzig gültige? Kommen alte Tugenden wieder? Beständigkeit? Verpflichtungen? Zurückhaltung?

Ein weiterer Artikel scheint darauf hinzudeuten: »Sie nennen ihn Mr. Verbund. Sparen, sparen, sparen – so trotzte die BASF bisher der Krise. Jetzt macht das Chemieunternehmen auch noch einen Schwaben zum Chef.« Und schließlich ein weiterer Artikel: »Und das Risiko wird weggezaubert. Die staatliche Kreditanstalt hilft den Privatbanken aus der Klemme«. Darin findet sich eine Grafik: »Auf der Bremse«. Das Gesamtvolumen der Bankkredite an Unternehmen und selbständige Private in Deutschland schrumpft erstmals.

Eine mehr oder weniger zufällige Auswahl aus einer Wochenzeitung stellt naturgemäß nicht eine umfassende Analyse unseres Zeitgefühls und unseres kulturellen Tiefenstromes dar, er wirft aber ein bezeichnendes Licht darauf. Diese kleinen Beispiele machen klar, dass wir an einer Bruchlinie unserer Gesellschaft stehen könnten. In jedem Falle ist ein verschärftes Nachdenken über die Rolle, die Produkte für uns spielen, und über die Werte, die sie uns anbieten, geboten.

Betrachtet man die Produktlandschaft und die Argumentationen im Jahre 1992 (als die erste Auflage dieses Buches entstand) und im Jahr 2003, so sind einige Unterschiede auffällig.

Verschwunden ist ein Typus, der in den 1990er Jahren große Aufmerksamkeit auf sich zog: Produkte, die sich in naiver Form – so scheint es uns heute – dem Umweltschutz verschrieben hatten, die argumentierten, dass sie die verantwortungsbewusste Alternative zu den »industriellen« Produkten darstellen würden (obwohl sie teilweise von denselben Produzenten hergestellt worden waren). Dies waren die Marken, die die Kultur der Solidarität zelebrierten. Frosch etwa, das seine Glaubwürdigkeit über einen sehr spezifischen Auftritt gewann: nicht glamourös, sondern handgestrickt, einfach. Ähnliche Beispiele gab es damals in einer Reihe von

Produktfeldern – heute sind sie nur mit Mühe auffindbar. Was ist da geschehen?

Heißt das, dass alles, was die Kultur der Solidarität tangiert, verschwunden ist? Oder heißt es, dass sich heute andere zeichenhafte oder auch produktspezifische Übersetzungen finden? Ich glaube, dass beides in gewissem Umfang zutrifft.

Alle quantitativen Umfragen belegen, dass Sorge um die Umwelt heute nicht mehr an den vorderen Plätzen steht, wenn es um das geht, was Menschen Sorgen macht. Vielmehr sind das heute Sorgen um den Arbeitsplatz oder die Gesundheit. Ähnliches zeigt sich, wenn man die Programme der Grünen betrachtet oder die Behandlung des Themas im öffentlichen Raum. Nur wenige würden heute für den Erhalt von Flusslandschaften oder Auen demonstrieren, wenige tragen Milchflaschen zurück, verzichten auf Plastiksäcke beim Einkaufen oder nehmen Pumpspray, weil sie Treibgas vermeiden wollen. Produkte, die in dieser Form ein gutes Gewissen geben wollen, sind heute noch weniger erfolgreich als sie es damals waren.

Hat es sich also um sunshine values gehandelt, die heute, da das Leben ökonomisch härter geworden ist, vergessen sind? Zum Teil trifft dies zu, zum Teil nicht.

Es ist nicht zu übersehen, dass der Mainstream der Konsumenten seine Produktentscheidungen keineswegs nach moralischen und solidaritätsbezogenen Kriterien trifft, sondern – summarisch gesagt – nach Preis-, nach Lust- und Convenience-Maximierung. Wenige Konsumenten reflektieren im Supermarkt nach der moralischen Bedenklichkeit oder Unbedenklichkeit ihrer Entscheidung. Sie geben dies zum Teil ganz offen zu: Wenn sie einkaufen, wollen sie schnell entscheiden und sich verwöhnen oder sparen oder das Beste für sich herausholen, sie wollen nicht zum moralisch Denken angeregt werden. Der dominante Code unserer Gesellschaft ist also nach wie vor als der Code des egoistischen Nutzenmaximierens zu beschreiben.

Dennoch existiert die betreffende Wertsphäre, und zwar in zweifacher Ausformung.

Werte diese Feldes treten erstens in Zusammenhang mit Werten auf, die deutlich der individualistischen Wertsphäre entstammen: Gesundheit, Wohlbefinden, Geschmack. Betont wird also, dass ein Produkt, weil es unter bestimmten verantwortbaren Bedingungen erzeugt wurde, eine positive Auswirkung auf die Gesundheit und das Wohlbefinden hat und dass man keinesfalls auf Lust, auf Geschmack und oft auch auf Convenience verzichten muss. So gibt es inzwischen zum Beispiel Biotrüffel.

Diese Argumentation führen inzwischen viele Bioprodukte. Das Unternehmen Alnatura setzte diese Idee konsequent in ein Geschäftskonzept um. Alnatura etablierte als Erster die Idee eines Natur-Supermarktes – ein Geschäft, in dem alle gängigen Lebensmittel zu haben sind, aber immer in Form von Biolebensmitteln, dazu umweltfreundliche Kleidungsprodukte und ein kleines Restaurant, in dem es leckere, biologische und umweltfreundliche Gerichte gibt.

In Design und Ausstattung der Geschäfte, ebenso wie der Packungen, bemühte sich das Unternehmen, alle Aspekte des Einfachen, Anspruchslosen, Asketischen, die den Auftritt am Anfang geprägt hatten, zu tilgen und nun eine freundliche, reizvolle, appetitliche Ästhetik zu verwenden – Prozesse, die wir durch empirische und semiotische Forschungen begleiteten. In allen Kommunikationen wurde auf den gesundheitlichen Wert und den Wohlgeschmack der Produkte hingewiesen. Das Konzept setzte sich erfolgreich am Markt durch. (Im Teil D 6.12 wurde ein Beispiel für die Umsatzsteigerung gebracht, die dieses Unternehmen durch die Umstellung seines Designs erzielte.)

Zweitens wird die Frage, die sich am Anfang durch naive Produktkonzepte lösen ließ, nun in einer viel weiter reichenden Form gestellt, nämlich als Frage nach dem moralisch verantwortbaren Zustand unserer Gesellschaft. Je weiter die Globalisierung voranschreitet, je absoluter die Maxime gesetzt wird, dass der Markt die beste aller Lösungen ist, je mehr also die individualistische Kultur dominiert, desto mehr erstarken Gegenkräfte gegen sie. Diese Kräfte finden sich im subpolitischen Raum, im Bereich der wissenschaftlichen Entwicklungen, im Bereich der NGO, die sich über die Staatsgrenzen hinweg zusammenschließen – und eben auch im Bereich des Konsumentenverhaltens: Es bildet sich der Typ des politischen Konsumenten heraus, also des Konsumenten, der seine Konsumentscheidung dazu benützt, um Unternehmen zu bestrafen, die seine ethischen Standards verletzen, und Unternehmen zu belohnen, die sich moralisch einwandfrei verhalten.

Ein Beitrag in der »Zeit« vom Juli 2003 zeigt einen solchen Konsumenten (siehe Abbildung folgende Seite). Zwar sind das Minderheiten, aber in allen Märkten sind die Gruppen, die diese Haltung zeigen, im Wachsen. Wir wollen hier nicht die Frage behandeln, nach welchen Kriterien Konsumenten entscheiden und nachprüfen, wieweit das Verhalten eines Unternehmens wirklich moralisch gerechtfertigt ist oder nicht – sicherlich spielt hier das Zeichenmanagement von Unternehmen und ihrer Gegner eine ebenso große Rolle wie die faktischen Gegebenheiten. Dennoch finden sich Konzepte dieser Art, die in ihrem Rahmen erfolgreich sind und die auch mehr Realitätsgehalt haben als die alten naiven Umweltprodukte.

**Der Ethiker**

Anthony Schmude stellt hohe Ansprüche. „Wer Markenprodukte herstellt, von dem erwarte ich, dass er sich ethisch korrekt verhält", sagt der 33-jährige Hamburger. Schließlich könne, was billig verkauft wird, auch nur billig produziert worden sein – etwa zu Dumpinglöhnen in der Dritten Welt. Deswegen trinkt Schmude aber nicht den Krönungskaffee von Jacobs. Die Marke seines Vertrauens ist das „Transfair"-Zeichen. „Das garantiert den Bauern in Guatemala immerhin, angemessen zu leben", sagt er. Und wenn es nicht um Kaffee geht, muss vor allem die Ökobilanz stimmen. Schmude kauft also keine Billigäpfel und keine aus Übersee, sondern die Marke Altes Land aus Niedersachsen. Astra-Bier kommt ihm ins Haus, weil es nebenan in St. Pauli gebraut wird. Und Brot holt er bei Effenberger, dem örtlichen Vollkornbäcker mit „gläserner Backstube". Der moralisch einwandfreie Einkaufskorb kostet Geld: Jeden Monat gibt der Software-Entwickler rund 600 Euro für Essen, Freizeit und Kleidung aus. Klar könne man auch deutlich billiger einkaufen. „Aber wer in einem der reichsten Länder lebt", sagt er, „hat eben auch eine gewisse Verantwortung."

Meist verwenden Konsumenten ihre Macht, um Produkte und Marken zu vermeiden, sie ziehen also wie Investoren ihr Kapital aus Märkten zurück, die ihren Anforderungen nicht entgegenkommen. Dies zeigt nicht nur das bekannte Brent-Spar-Beispiel, sondern auch die Vorbehalte, denen sich SUV-Fahrzeuge/Geländefahrzeuge derzeit in den USA gegenübersehen – man betrachtet sie als Ressourcenvergeudung.

Es gibt inzwischen erfolgreiche Angebote am Markt, die sich an Konsumenten mit einer ethischen Haltung wenden. So stiegen etwa Fonds, die in ihre Anlagekriterien soziale Verantwortung mit aufnehmen, deutlich. Unternehmen wie Fair Trade oder Max Havelaar in der Schweiz, die Bauern in der Dritten Welt faire Preise garantieren, sprechen Gruppen zwischen 4 und 7% an, bei Bananen sind es 20%. Die Marke »Ja! Natürlich« in Österreich, eine Eigenmarke von Rewe, die ihre Produkte von kleinen bäuerlichen Bioproduzenten herstellen lässt, genießt hohe Wertschätzung, Migros in der Schweiz ist ein Unternehmen, das hohe moralische Glaubwürdigkeit hat und sich tatsächlich im Sinne eines good citizen verhält. Alle diese Konzepte machen klar, dass die Wertsphäre der Solidarität, wenn sie heute in Produkte und Angebote übersetzt wird, wesentlich umfassender gedacht wird als nur im Sinn von Umweltschutz.

Der andere Strang von Entwicklungen, der sich heute beobachten lässt, setzt noch wesentlich tiefer an, nämlich an der Frage der Konsummotivationen überhaupt und an der Definition dessen, was ein gutes Produkt ist. Auch hier folgt der dominante Code fast aller Produktfelder den Annahmen, die die Produkte der Moderne ins Leben gerufen haben: immer weitere Spezialisierung, immer weitere Perfektionierung, Kontrolle über die Natur, mit allen dazugehörigen Raum- und Zeitkonzepten – der Code der Leistung und Disziplinierung also.

Fast alle Produktfelder weisen eine immer weitergehende Spezialisierung auf: Waschmittel für Schwarzes (Fewa Black Magic), für Weißes, für bestimmte Textilien (Dixan Modern Textiles, Ariel Style). Ähnliches findet sich bei Pkws, bei Nahrungsmitteln, bei Getränken, bei Medienangeboten: Weite Bereiche aller Märkte leben von Spezialisierung und Perfektionierung.

Diese Entwicklung hat jedoch eine Reihe von eingebauten Problemen, und es fragt sich, wieweit sie weiter zu einem Wachstum von Märkten beitragen kann.

*1. Die herkömmliche Form der Produktweiterentwicklung scheint an einen Stillstand zu kommen.*

Wie viele Phänomene der zweiten Moderne (Beck) basieren sie auf einem Prinzip, das so weit vorangetrieben wurde, dass es nicht mehr steigerbar ist, seine Nebenfolgen unerträglich werden und Kontrollverlust nach sich ziehen.

Dies betrifft – um einige Beispiele zu nennen – etwa die Entwicklung der individuellen Mobilität, die in Immobilität aller Teilnehmer zu ersticken droht, die Entwicklung der Biotechnologie, die die Grenze zwischen Natur und Kultur aufhebt – und eben auch Phänomene des Marktes: Konsumenten sind inzwischen durch die Lawine an Produkten und Informationen überfordert, sie vermögen in vielen Fällen weder eine weitere Perfektionierung noch eine relevante Innovation zu erkennen. Sie haben den Eindruck, dass das Ausmaß an Zeit und Aufmerksamkeit, das sie für ihre Produktentscheidungen aufwenden müssen, enorm ist, und sie verlieren in vielen Fällen, die Lust am Konsum. Es entsteht daher ein Bedürfnis nach Vereinfachung (»Simplify your Life« nennt das ein derzeit sehr erfolgreicher populärer Ratgeber), nach Reduktion der Komplexität, dem Unternehmen inzwischen auch dadurch antworten, dass sie die Gruppe ihrer getrennt geführten und beworbenen Marken verringern, so zum Beispiel Unilever und Procter & Gamble. Ende der 1990er Jahre bewarb Unilever weltweit rund 1600 Marken, heute sind es 745.

Zu diesem grundsätzlichen Phänomen existiert eine ausgedehnte soziologische Literatur. Ulrich Beck beschreibt diesen Prozess unter dem Phänomen der reflexiven Moderne. Er meint damit einen Zustand unserer Gesellschaft, in dem alles, was die erste Moderne – die das Zeitalter der Industrialisierung einleitete als gegeben und erstrebenswert annahm, hinterfragt wird und neu ausgehandelt werden muss. Das erfordert grundlegend neue Konzepte von Zeit und Raum und des politischen Handelns in der neuen Welt des Kosmopolitismus.[215] Ebenso wäre hier Bruno Latour zu nennen, der die ANT-Theorie (Actor Network Theory) begründete, die beschreibt, in welchen komplizierten und sich immer mehr erweiternden Netzen von sozialen und materiellen Beziehungen Objekte und damit auch Produkte eingebettet sind.[216]

Näher an der Welt der Produkte und des Marktes liegt Gerhard Schulze, der von der These ausgeht, dass das Steigerungsspiel der Moderne – in der alles von der Idee lebt, schneller, besser zu sein, glücklicher zu machen, jeden Mangel abzuschaffen, noch mehr Optionen zu bieten, einen einmal erreichten Zustand sofort durch einen noch besseren zu ersetzen – an ein Ende kommt. Man kann vieles nicht mehr besser machen, man kann und will nicht noch mehr Optionen haben. Seiner Auffassung nach deutet sich als zukünftige Entwicklung die Idee der Ankunft an, das Sich-Einrichten im Möglichkeitsraum.[217]

Dies würde in der Tat ganz andere Produkte und Angebote bedingen: solche, die von der Idee der Langsamkeit und Stille leben, von Einfachheit, Beständigkeit, Dauerhaftigkeit, Qualitätsoptimierung. Vielleicht auch solche, die nicht mehr Mangel bearbeiten, sondern die den Defiziten antworten, die unsere Gesellschaft ihren Mitgliedern antut: Gemeinschaft, Verlässlichkeit, Einfachheit, Kontinuität, Souveränität, raumbezogene Gemeinschaftsgefühle.

Es gibt derzeit wenige Produkte dieser Art, am ehesten noch im Bereich der elitären Angebote. Aber diese Haltung findet sich in der Position mancher Marken – und wird hier von Konsumenten außerordentlich geschätzt. Es handelt sich also um einen innovativen Code. Die Zukunft wird zeigen, ob dieses Wertfeld vom Markt aufgegriffen werden kann, oder ob es dazu führt, dass Konsum generell in Frage gestellt wird – dies allerdings würde zu einer anderen Gesellschaft führen.

2. *Die zunehmende Spezialisierung bringt es mit sich, dass immer weniger intersubjektiv verbindliche Strukturen existieren, immer weniger Themen, die alle interessieren, und immer weniger »Sprachen«, die alle sprechen.*

Das ist ein deutliches Problem von Medien, die immer schwerer die Position des Massenmediums aufrechterhalten und ihrer Aufgabe gerecht werden können, den Diskurs der Demokratie in Gang zu halten, in dem alle Bürger an den Angelegenheiten Anteil nehmen, die »alle« betreffen. Auch große Marken, »Massenmarken«, sehen sich diesem Problem gegenüber, einen verbindlichen Code für alle zu entwickeln.

Die Sehnsucht, einer wie auch immer gearteten Gemeinschaft anzugehören, bleibt jedoch bestehen.

3. *Produkte können sich nicht mehr darauf beschränken, ihre symbolischen Funktionen zu inszenieren, für Wünsche und Träume zu stehen.*

Das müssen sie weiterhin tun, aber sie können ihre faktische Qualität nicht mehr außer Acht lassen – sie müssen auch auf der Ebene der beobachtbaren Produktleistungen Exzellentes leisten. Die Entwicklung von Handelsmarken sowie von Anbietern wie Aldi/Hofer, von denen viele Konsumenten inzwischen wissen, dass ihre Produkte von der Industrie hergestellt werden, hat es mit sich gebracht, dass man die höheren Preise für Markenartikel nur dann bezahlen möchte, wenn sie auch etwas Beobachtbares auf der Ebene der Produktleistung bieten. Die altmodische Produktqualität rückt so in das Zentrum des Interesses. Dies bedeutet naturgemäß nicht, dass man allein mit dieser Entwicklung Erfolg haben kann. Der zeichenhafte Überbau gehört weiterhin dazu.

Ebenso ist klar, dass man sehr wohl noch an Motive appellieren kann, die sich weit von Nützlichkeit und Rationalitätsüberlegungen entfernen. (In diesem Buch wurden zahlreiche Beispiele dafür gebracht.) Produkte/Marken, die einen Beitrag zu Bequemlichkeit, Einzigartigkeit, Gesundheit, Erfolg, Distinktion etc. leisten, haben weiterhin Erfolg.

Das führt zu der beschriebenen Polarisierung der Märkte. Es boomt das Segment der Angebote, die eine ausgezeichnete Basisleistung zu einem hervorragenden Preis bringen, und das Feld der Premiumangebote, die weiterhin Konzeptionen des Wünschenswerten exzellent in Szene setzen. Das sieht man bei Reisen, aber vor allem bei Autos: Das Segment der Luxusautos boomt, ebenso Sportwagen, Geländewagen, die in den ersten Monaten des Jahres 2003 eine 28-prozentige Steigerung verzeichneten. Mittellagen verschwinden also, Wachstum gibt es praktisch nur am unteren und am oberen Ende der Skala.

So sehr die neue Mitte in politischen Appellen beschworen wird, so sehr geht sie als relevantes Marktsegment verloren und wird einerseits durch den elitären Stil, den Versuch größtmögliche Distinktion zu erreichen, und andererseits durch den Stil der Notwendigkeit ersetzt.

4. *Die Aufmerksamkeit für den eigenen Körper ist ein Bereich, dessen Wichtigkeit laufend zunimmt.*

Diese Aufmerksamkeit resultiert aus mehreren Gegebenheiten, die im Kern etwas mit dem Zustand unserer Gesellschaft zu tun haben. Auch der

Körper, der gleichsam naturgegeben ist, wird genau in dieser Hinsicht hinterfragt. Man hat selbst zu entscheiden, welche Grenzen des Körpers man verteidigt, was man mit seinem Körper geschehen lassen soll, wieweit er verändert werden soll und kann, wie man die Grenzen von Leben und Tod setzen will, was man bewahren und ausschließen will.

Der Körper ist das Objekt, über das man unbegrenzt Autonomie zu haben scheint. Für viele ist er das einzige Objekt, das ihnen autonomes Handeln erlaubt. Der Körper ist etwas Reales und Fühlendes – und das stellt in einer Welt, in der es eine immer weiter greifende Entdinglichung des Sozialen gibt, einen hohen Wert dar. Der Körper ist aber auch das Objekt, das im Kampf um Anerkennung, Durchsetzung im sozialen und persönlichen Feld immer stärker eingesetzt wird: Wer schön, gesund, jung, vital, leistungsfähig erscheint, hat höhere Chancen sich durchzusetzen. Die neuen Eliten legen auf den Zustand ihres Körpers einen sehr hohen Wert, und die Strategien, wie man seinen Körper gesund, schön, jung erhält, erfordern finanzielles, soziales und kulturelles Kapital. Man muss wissen, welche Experten man befragt, und man muss das Geld haben, sie zu bezahlen. Man muss jedoch auch die Disziplin haben, ihren Ernährungs- und Bewegungsvorschlägen zu folgen. Statusobjekte kann man kaufen; für das Statusobjekt Körper muss man jedoch sehr viel mehr einsetzen, und es ist daher auch von höchster Signalkraft.

Alle Angebote, die dazu beitragen, dass der Körper gesund erhalten wird, schön, schlank, fit, leistungsfähig ist und bleibt; alles was dafür sorgt, dass die Mängel der Natur getilgt werden (Anti-Aging, Schönheitschirurgie, Kosmetik); alles, was dazu führt, dass der Körper in seinen fühlenden und genussfähigen Komponenten gestärkt wird – sich verwöhnen und zärtlich verwöhnt werden (Massagen, Aromatherapie, Bäder), etwas fühlen, sehen, riechen, mit der Haut aufnehmen , ist heute sehr attraktiv. Teilweise verbindet sich diese Entwicklung mit der Wertschätzung von Praktiken (zum Beispiel Ayurveda, Yoga), die aus dem asiatischen Raum kommen, der ja traditionell dem Körper eine größere Aufmerksamkeit zuwandte.

In diesen Angeboten wird auch eine Verbindung zwischen Seele und Körper postuliert. Das heißt, körperliches Wohlbefinden wird von einer Harmonie zwischen Körper und Geist abhängig gemacht. Von hier aus führt eine Verbindung zu einem gesteigerten Stellenwert des Wertes der Gesundheit. Jeder ist heute aufgerufen, selbstverantwortlich für seine Gesundheit zu sorgen. Zahlreiche Angebote des Marktes – von der »ernsthaften« Medizin bis zur Volksheilkunde und traditionellem Wissen aus dem europäischen und asiatischen Raum – wenden sich diesem Bedürfnis zu.

# Dank

Ich bin vielen Personen für das Zustandekommen dieses Buches zu Dank verpflichtet: Personen, die mir unmittelbar kognitive und emotionale Hilfe gegeben haben. Personen, die mein wissenschaftliches Denken geprägt haben, und Personen, die mir die Möglichkeit geboten haben, an ihren marktwirtschaftlichen Projekten mitzuarbeiten und neue Erfahrungen zu sammeln.

Ich danke daher allen meinen Kunden – allen voran der Firma Henkel, die mein erster Kunde war und die meine gesamte berufliche Laufbahn beeinflusste: durch ihren hohen Qualitätsanspruch, aber auch durch ihr immer gegebenes Interesse an neuen Methoden und Entwicklungen.

Ich danke meiner Schwester, Prof. Dr. Marianne Wünsch, die mir die wesentlichen Impulse für meine Art zu denken gegeben hat und die auch für dieses Buch eine wichtige Beurteilungsinstanz darstellte.

Ich danke aber vor allem meiner Familie, meinem Mann Fritz, meinem großzügigsten Freund und Förderer, und meinen Kindern Matthias und Sophie – ohne ihre liebevolle und kompetente Unterstützung und Ermutigung wäre dieses Buch sicher nicht geschrieben worden. Die vielen Vorfassungen, die einem Buch vorausgehen, die verworfen und neu konzipiert werden, basieren auf ihrer intelligenten Diskussionsbereitschaft.

Schließlich geht mein Dank auch an die Mitarbeiter meines Institutes und an Dr. Oskar Mennel, der mich zu diesem Buch anregte und mich immer verständnisvoll unterstützte.

Helene Karmasin

# Anmerkungen

1 Kotler 1988.
2 Burke 1997.
3 Latour 1993.
4 Claude Lévi-Strauss, Mythos und Bedeutung, S. 92.
5 Siehe dazu als Basislektüre die Bücher von: Kroeber-Riel 1999; Loudon/Della Bitta 1988; Wilkie 1990; Windieck/Bungard/Lück; Howard 1977.
6 Siehe dazu Schluchter 1980; Stegmüller 1969.
7 Über diese und weitere Modellannahmen siehe Wiswede 1983 in: „Enzyklopädie der Psychologie", Bd. 4: Wirtschafts-, Organisations- und Arbeitspsychologie, Bereich C.
8 Als Übersicht dazu Thomae 1983 in: Enzyklopädie der Psychologie", Bereich C, Bd. 1. Darin zahlreiche Experimente, die etwa selbst das Erleben von Schmerzempfinden als abhängig von kognitiven Vorstellungen nachweisen.
9 Jungermann/Pfister/Fischer 1998.
10 Siehe dazu näher Weiner 1988.
11 Weiterführende Literatur zum Bereich der Motivationspsychologie und der Verhaltenstheorien, der in den folgenden Punkten in geraffter Form vorgestellt wird: Enzyklopädie der Psychologie, Bereich C, Serie IV; Weiner 1988; Herkner 2001; Schönpflug/Schönpflug 1995; Thomae in: Graumann (Hg.): Handbuch der Psychologie, 1972; Zimbardo/Gerrig 2003; Krech/Crutchfield 1973; Heckhausen 1980; Atkinson 1975; Thomae 1976.
12 Ähnliche Verhaltensmodelle sind auch aus dem Bereich von Tierversuchen bekannt, sie werden dort unter dem Begriff des Crespi-Effektes behandelt (Zimbardo/Gerrig 2003).
13 Vgl. dazu Mennell 1988.
14 Ausführlich zu diesen und weiteren in den Bereich der Verhaltenswissenschaften führenden Theorien: McFarland 1999; Eibl-Eibelsfeldt 1967; Lorenz/Leyhausen 1968 sowie von einem noch umfassenderen Standpunkt: Riedl 1981.
15 So wählt ein Buch, das die berühmtesten Experimente der Psychologie schildert, den Titel „Wie Pawlow auf den Hund kam" (Schwartz 1988).

16 Noch heute folgen viele aus den USA kommende Konzepte diesem Verhaltensmodell. Sie basieren oft auf dem Glauben, dass menschliches Verhalten weitgehend über ein System von Lohn-Straf-Reizen formbar sei.

17 Siehe dazu Atkinson/Feather 1974; McClelland 1953; Kuhl 1983.

18 Die Theorie des Lernens am Modell wurde über eine Reihe von Experimenten von Bandura entwickelt, der untersuchte, wie vor allem Kinder ihr Verhalten modifizierten, je nach der Belohnung und Bestrafung, die dieses Verhalten bei Modellpersonen erfuhr (Bandura/Walters 1963, Bandura 1971, Bandura 1976). Weiter dazu Irle 1975.

19 Wiswede 1972, 1973; Hollander 1967; Festinger 1954.

20 Als Einführung: Herkner 2001; Meinefeld 1977; Mazanec 1978; Irle 1975.

21 Siehe dazu Jungfermann/Pfister/Fischer 1998 sowie Kirchler 1999.

22 Ich folge der Darstellung Weiner 1988.

23 Dichter 1964, 1964a.

24 Csikszentmihalyi 1992.

25 Dubiel 1990.

26 Harris 2001.

27 Maslow 1954.

28 Siehe dazu die unterschiedlichen Zugänge der unter 11 angegebenen Literatur. Dazu auch: Bolles 1975; Jung 1978; Enzyklopädie der Psychologie, Serie IV, Bd. 1: Theorien und Formen der Motivation.

29 Graf Hoyos/Kroeber-Riel/von Rosenstiel/Strümpel 1987, S. 420.

30 Burke 1996, S. 19.

31 Borstnar 2002, S. 366.

32 Als Übersicht: Schürmann 1988; Kmieciak 1976; Rokeach 1973; Klages/Kmieciak 1984.

33 Als Übersicht Felser 2001.

34 O'Shaugnessy 1987.

35 Siehe dazu Schmidt 1983.

36 Borstnar 2002.

37 Elitäre Personen und Künstler können und müssen sich ja in unserer Gesellschaft auch sonst über übliche Verhaltensnormen hinwegsetzen (Brock 1977).

38 Karmasin 1986.

39 Siehe dazu die unter 17 angegebene Literatur.

40 McClelland 1953.

41 Viele „Morgenprodukte", also Produkte, die in dem Kontext „Aufbruch in den Tag" eingebunden sind, versprechen etwas Derartiges: Deos, Kaffee, Flakes.

42 Näheres zu dieser Theorie: Herkner 2001; Festinger 1957.
43 Brehm 1966.
44 Herkner 1980; Kelley 1972; Seligman 1975.
45 Siehe dazu Maffesoli 1996; Karmasin 2001.
46 Dazu Schweiger/Schrattenecker 2001; Koppelmann 2001; Freter 1983.
47 Vgl. Goblot 1994.
48 Der VALS-Ansatz (Values and Life Style) in: Mitchell 1978.
49 Lien 2000.
50 Nowak/Becker 1985.
51 „Die feinen Unterschiede", Bourdieu 2000.
52 Für einen Überblick über die Ansätze der Persönlichkeitsforschung: Amelang/Bartussek 2001.
53 Kassarjian zufolge können bei derartigen Untersuchungen lediglich 10% der Verhaltensvarianz durch Variablen dieser Art erklärt werden (Kassarjian 1973).
54 Wiswede 1972/1973.
55 Mary Douglas: Vorstellung des Modells bei dem Symposium „Produkt – Konsum – Kultur", Wien 1991; Eisendle/Miklautz 1992. Wir adaptierten dieses Modell für österreichische Gegebenheiten.
56 Thompson/Ellis/Wildavsky 1990.
57 Siehe dazu S. Karmasin 2003.
58 Siehe dazu Karmasin 2004.
59 Siehe dazu genauer: Karmasin/Karmasin 1977.
60 Einführung in diesen Fragenumkreis: Friedrichs 2002; Karmasin/Karmasin 1977; König 1974; Topitsch 1993; Stegmüller 1969/1973; Holm 1991.
61 Zur qualitativen Forschung: Rosenstiel/Ewald 1979/1983; Salcher 1995; Lamnek 1995; Bungard 1980; Mohler 1981.
62 Arbeitsgruppe Bielefelder Soziologen 1973/1976; Blumer 1986; Garfinkel 1994; Schütz 1993; Küchler 1981; Mead 1967; Goffmann 1990; Thomas 1965; Cicourel 1970, Geertz 1973.
63 Dazu speziell: Hoffmann-Riem in: Kölner Zeitschrift für Soziologie und Sozialpsychologie, 32, 339372.
64 Vgl. dazu Grunert 1990.
65 Siehe dazu Kirchler/De Rosa 1996.
66 Zum methodischen Vorgehen und als einführende Literatur: Sixtl 1982; Lienert 1998; Kemper 1984; Backhaus/Erichson/Plinke/Weiber 1990; Hütter 1979; Greenberg/Green 1974.
67 Vgl. dazu Schweiger/Schrattenecker 2001; Rosenstiel 1996; Prochatzka 1982; Kroeber-Riel/Meyer-Hentschel 1982.

68 Einführung und Übersicht: Neisser 1974; Baddeley 1979; Bartlett 1972; Mandler 1979.

69 Vgl. dazu Grunert 1990.

70 Vgl. dazu Haugeland 1987.

71 Habermas 1988.

72 Zur Einführung in das Gebiet: Eco 1991/1994; Morris 1988; Peirce 1967/70; Jakobson/Halle 1956.

73 Lotman 1993; Holenstein 1975; ein Anwendungsbeispiel bei Kristensen 1984.

74 Diesem Punkt wendet sich besonders die Sprechakttheorie zu (Searle 1990).

75 Jakobson 1972.

76 Vgl. dazu Kloepfer/Landbeck 1991.

77 Vgl. dazu Titzmann 1993.

78 Lotman 1993.

79 Vgl. dazu Renner 1987.

80 Näheres dazu bei Pöppel 2000.

81 Dazu Hörmann 1977.

82 Das deshalb, weil wir ca. 1/18 Sekunde brauchen, um einzelne Reize voneinander zu unterscheiden. (Csikszentmihalyi 1992.)

83 Ein ähnliches Merkmal ist es, dass Menschen dreidimensionale Wesen sind – man kann jemand nicht trainieren, vierdimensional zu sehen oder das dreidimensionale Sehen aufzugeben. Dies entspricht z. B. nicht der objektiven Struktur des Raumes, wenn sie durch mathematisch-physikalische Modelle errechnet wird.

84 Pöppel 2000.

85 Siehe dazu im Einzelnen: Hörmann 1977; Herkner 1992. Letzterem entstammt das Tierbeispiel.

86 Siehe dazu Titzmann 1993.

87 Näheres hierzu bei Lyons 1968.

88 Chomsky 1969.

89 Paivio 1971.

90 Die nonverbale Imagemessung von Schweiger basiert auf diesen Annahmen und misst daher Images über Bildvorlagen (Schweiger/Schrattenecker 2001).

91 Siehe dazu Renner 2001.

92 Siehe dazu Muckenhaupt 1986, Karmasin 1986, Wünsch 1990. Zur Bildanalyse genauer: Arnheim 1997, Panofsky 1978.

93 Barthes 1996.

94 Durkheim 1993, 1999; Weber 1988; Lévi-Strauss 1992.

95 Müller 1987; Harris 1989.

96 In diesen Prozessen der Abgrenzung und Abhebung spielen in allen Kulturen die Objekte die ser Kultur – das, was sie für den täglichen Gebrauch herstellt, das, was sie handelt oder als nicht handelbar betrachtet – eine große Rolle. So gibt es etwa Stammesgesellschaften, in denen Güter dadurch zirkulieren, dass sie geschenkt und nicht bezahlt werden. In dieser Gabe ist für den Beschenkten aber die Obligation enthalten, die Gabe zu erwidern – genau auf dieser Basis des freiwilligen Austausches zirkulieren die Güter dieser Gesellschaft (Mauss 1968).

97 Lévi-Strauss 1971/72/73.

98 Piaget 1980a; Oppitz 1993.

99 Mary Douglas geht Beispielen dieser Art in ihrem Buch „Wie Institutionen denken“ nach. (Douglas 1991.)

100 Siehe dazu als nähere Beschreibung: Habermas 1988; Six/Höcke-Pörzgen 1983; Weber 1922; Weber 1921.

101 Dazu und zum Folgenden Näheres: Habermas 1988, I, S. 384 ff.

102 Habermas 1988, II, S. 322.

103 „Das Konsumgütermarketing will den Menschen, der konsumiert, da nur er die Realisation der Unternehmensziele Absatz, Gewinn und Wachstum sichert“ (Raffee 1979, S. 10).

104 Siehe dazu Bauer/Matis 1989.

105 Erikson 1967; siehe dazu auch Frey/Hausser 1987.

106 Heubach 1996.

107 Veblen 2001.

108 Scitovsky 1989.

109 Schulze 2003.

110 Vgl. dazu und zum Folgenden Wiswede 1983.

111 Märkte gibt es im Prinzip in jeder Gesellschaft, auch in einfachen geld- und schriftlosen Gesellschaften und in historischen Stadien unserer Gesellschaft. Das Phänomen des Marktes erhält aber dann seine kulturell wirksame und sozial steuernde Kraft, wenn sich das Subsystem Ökonomie ausdifferenziert. Dies ist im späten 18. Jahrhundert der Fall, und es ist verbunden mit der Entwicklung bestimmter psychologischer Annahmen über den Menschen. Das wird am klarsten von Adam Smith beschrieben. Dieser geht davon aus, dass Märkte dann am besten funktionieren, wenn jeder gemäß seinen hedonistisch-egoistischen Zielen handelt – wobei sich eine allgemeine Koordinierung der Interessen über die steuernde Funktion der invisible hand ergibt. Dieses Denkmodell hat, natürlich modifiziert, auch heute noch Relevanz: Es zeichnet gerade wirtschaftliches, z. B. unternehmerisches Handeln aus, dass der Einzelne, reguliert durch einen ordnungs-

politischen Rahmen, also im Rahmen der Legalität, eigennützige Ziele verfolgen darf und muss.

112 Wiswede 1983.

113 Die Klassifikation von Tauschwerten und Gebrauchswerten geht auf Karl Marx zurück (Marx 1960).

114 Schweiger/Schrattenecker 2001.

115 Ich folge einem Ansatz von Ushikubo 1986.

116 Kotler/Armstrong 1988, S. 336.

117 Ich bin zu diesem Beispiel durch Herrn Schmitt vom Marktforschungsinstitut Sinus angeregt worden.

118 Näheres dazu Rosenstiel/Ewald 1979.

119 Simmel 1900/1905.

120 Vgl. dazu Brooks 2001.

121 Vgl. dazu Adlwarth 1983.

122 Näheres zu diesem Phänomen: Lüdtke 1989.

123 Erikson 1967.

124 Siehe dazu auch Berlyne 1974.

125 Appadurai 2001.

126 Ähnlich stellen sich etwa afrikanische Arbeiter Fernsehantennen auf ihre Dächer, obwohl sie über keinen Strom verfügen – diese Objekte dienen als Zeichen für den Anschluss an die westliche Wertewelt.

127 So basierte die Werbung auf dem Slogan „Frischegarantie".

128 Zu diesen und den folgenden Ausführungen: McCracken 1988; Miller 1994.

129 Douglas 1991.

130 Müller 1987.

131 So integrieren große politische Parteien heute Grün-Bewegungen; die herrschende Mode nimmt Stile der Peripherie auf, so die Nieten der Punker, den Fetzenlook; große Marken setzen grüne Submarken etc. Vgl. dazu auch: Elias/Scotson 1999.

132 Heubach 1996.

133 Dieser Funktion dient sehr oft das Ritual, das darauf angelegt ist, Solidaritätsgefühle in der Binnengruppe zu erzeugen.

134 Mennell 1988.

135 Zoll 1988; Wendorff 1985.

136 Schmahl in: Zoll 1988.

137 Gries 2003.

138 Wünsch 1990.

139 Askegaard 1991.

140 Douglas 1988; Hirschman 1991.

141 Selbst die Empörung, die das so genannte Haas-Haus in Wien hervorrief, ist durch die Thematik des Sakralen teilweise erklärbar. Das Haas-Haus wurde als ein Stück moderner Architektur und von der Funktion her als „Konsumtempel" am Stephansplatz, gegenüber dem Stephansdom, erbaut, und es wurde außerordentlich affektiv angefeindet, da man es als Eindringling in einen sakralen Raum erlebte. Im Übrigen hatte man verabsäumt, es durch Aneignungsrituale den Wienern zu übergeben.

142 Vgl. dazu die Schilderung detaillierter Strategien bei Pabst 1997.

143 Benjamin 1975.

144 Douglas 1991.

145 Gennep 1999.

146 Bourdieu 2000.

147 Siehe dazu Lüdtke 1989.

148 Das macht etwa ein Vergleich der beiden Kaffeemarken Eduscho bzw. Carte noir von Jacobs klar: Eduscho übermittelt seine Nachrichten über den Kaffee explizit, stellt ihn immer in seiner Gebrauchssituation dar – Rezipienten haben niemals Schwierigkeiten, diese Filme zu verstehen, erleben sie aber als relativ einfach/trivial. Carte noir sagt so gut wie nichts über den Kaffee und verknüpft ihn mit einer völlig anderen Welt als jeder denkbaren Gebrauchswelt – ein außerordentlich ästhetischer Film, der deutlich „elitär" signalisiert, aber für die meisten Rezipienten offen lässt, was genau sie zu erwarten haben.

149 Zum Begriff der Simulation: Titzmann 1991; Müller/Sottong 1991.

150 Diese Prinzipien, die in gewisser Weise weit über industrielle Gesellschaften hinausreichende Gültigkeit haben, sind in dem Artikel „The Bovine Ferrari" beschrieben (Karmasin 2004).

151 Franck 1998.

152 Bandura 1976.

153 Siehe dazu Karmasin 2002.

154 Die Strategien, die hier für ein Objekt unserer Industriekultur beschrieben werden, lassen sich auch in der Gestaltung hochrangiger Objekte einer Reihe von Stammeskulturen nachweisen, so in der Gestaltung der Kula-Boote Melanesiens (Karmasin 2004).

155 Bernstein 1972.

156 Kammen 1972, S. 4 f.

157 Norman 1989.

158 Siehe näher dazu Koppelmann 2001.

159 Trommler 1990.

160 Weber 1972: „Die protestantische Ethik".

161 Elias 1976.

162 Sarasin 2001.
163 Douglas 1988; Douglas 1998.
164 Sarasin 2001.
165 So führt etwa Lenor die Überlegenheit seiner Leistung über einen Wettstreit von zwei kleinen Mädchen vor, die weichgespülte Wäschestapel miteinander vergleichen – das Madchen mit dem Lenor-Stapel gewinnt. Österreichische Rezipientinnen entwickelten starke Widerstände gegen diese Darstellung des Leistungsprinzips bereits auf der Ebene von Kindern.
166 Borstnar/Pabst/Wulff 2002.
167 Pabst 1999.
168 Piaget 1974, 1980b; Kohlberg 1963.
169 Näheres zu diesem Problem der ethischen Verankerung: M. Karmasin 1992.
170 Giesen 1991.
171 Beck 2002.
172 Beck 2002.
173 Als Musik wird in mehreren Konzepten „Die Moldau" von Smetana gewählt.
174 So testeten wir in diesem Feld eine Marke, die wenig erfolgreich war, obwohl Rezipienten den Spot der sie vorstellte, sehr günstig beurteilten – sie fanden ihn sehr sympathisch. Er zeigte eine Frau in einem langen, rosafarbenen Kleid, die sich entrückt, geradezu selig auf einer Schaukel hin und her schwang. Ein sehr schönes Bild, aber offensichtlich eines aus dem Bereich des Hedonismus, das nichts mit dieser Produktgattung und nichts mit dieser Wertewelt zu tun hatte.
175 Karmasin 2001.
176 Eine zentrale Entwicklung stellt hier die Pille dar, die zum ersten Mal Sexualität von Fruchtbarkeit entkoppelte. Siehe dazu auch: Verba/Camden 1987.
177 Näheres zur Produkteinführung Du darfst: Karmasin/Schröder 1990.
178 Es handelt sich um das von Dr. Mikinovic erstellte Life-Konzept.
179 Ein gutes Beispiel dafür bringt Schroiff 1991.
180 Corbin 1984.
181 Eine gute Übersicht bieten: Mühlbacher 1982; Schweiger/Schrattenecker 2001.
182 Lausberg 1990.
183 Dubois 1970.
184 Wünsch 1986.
185 Alexy 1996; Habermas 1988.
186 Ich folge einer Auswahl von Brandmeyer 1991.

187 Perelman 1970; Austin 1972; Searle 1990; Alexy 1996; Habermas 1988; Wunderlich 1983.
188 Siehe dazu näher: Alexy 1996.
189 „Ein Argument setzt sich zusammen aus der problematischen Äußerung, für die ein bestimmter Geltungsanspruch erhoben wird (conclusion) und aus dem Grund (ground), mit dem dieser Anspruch etabliert werden soll. Der Grund wird mit Hilfe einer Regel (einer Schlussregel, eines Prinzips, eines Gesetzes etc.) gewonnen (warrant). Diese stützen sich auf Evidenzen verschiedener Art (backing)." (Habermas 1988, I, S. 48.)
190 Alexy 1996, S. 289 ff.
191 Dazu Bauer/Ledig/Schaudig 1987; Faulstich 1994; Springer 1987; Kanzog 1981.
192 Ich danke Herrn Pabst, Kiel, für die Mithilfe bei der Erstellung.
193 Varela 1979.
194 Schank 1991.
195 Deutsche Übersetzung in Brockmann 1996, S. 232.
196 Soeffner 1995, S. 9.
197 Siehe dazu auch Lash 1990.
198 Siehe dazu Habermas 1985.
199 Soeffner 1995.
200 Lyotard 1988.
201 Lee 1993, S. 49.
202 Karmasin 2002.
203 Domizlaff 1992.
204 Beck 2001.
205 Fukuyama 1995.
206 Douglas 1991; Giddens 1999; Luhmann 2000; Petermann 1996.
207 Gould 1994.
208 Siehe dazu Spieltheorien – Rapaport/Chammah 1965.
209 Gries 2003.
210 Karmasin/Karmasin 1997.
211 Seligman 1975.
212 Elias 2000.
213 H. Karmasin 1996.
214 Die Zeit, 24. Oktober 1997.
215 ARETE bezeichnet im Griechischen die den Dingen innewohnende Kraft, die sie zu besonders ausgezeichneten Personen, Lebewesen oder Dingen macht: das Schnelle eines Rennpferdes, der Mut eines Kriegers, das Stürmische im Wind usw.

[216] Vgl. dazu Karmasin, M.: Paradoxien der Medien, S. 77: »Die Organisation ist in der Medienkultur eine Sinn- und Wertstiftungsgemeinschaft, deren Grenzen insbesondere kommunikativ zu verhandeln sind. Normatives Ziel ist die Integration der Organisation in die Gesellschaft (und nicht nur der Märkte in die Organisation). Die Organisation wird zum offenen und öffentlichen, zumindest jedoch öffentlich exponierten sozialen System«.

[217] Robert Goldman und Stephen Papson: Capital's Brandscapes, in Journal of Consumer Culture, Vol. 6, Number 3, November 2006

[218] Zu dieser Methode vgl. Müller, M. und Sottong, H.: Das Unternehmen im Kopf, München 2000.

[219] Inszenierungen dieser Art finden sich besonders oft auf Automessen. So setzte Daimler Chrysler z.B. den Maybach, die Limousine des Luxus Premiumsegments einige Male mit deutlichen Merkmalen eines sakralen Objekts in Szene. Vgl. zu diesem Gesichtspunkt Karmasin, H.: The Bovine Ferrari, in Frank, G. und Lukas, W. 2004.

[220] Beck 2002.

[221] Latour 1993.

[222] Schulze 2003.

# Literaturverzeichnis


**Adlwarth,** W.: Formen und Bestimmgründe prestigegeleiteten Konsumverhaltens, Florenz-München 1983

**Alexy,** R.: Theorie der juristischen Argumentation, Frankfurt a. M. 1996

**Amelang,** M./**Bartussek,** D.: Differentielle Psychologie und Persönlichkeitsforschung, StuttgartBerlinKölnMainz 2001

**Anderson,** J. R.: Kognitive Psychologie, Heidelberg 2001

**Appadurai,** A.: The social life of things, Cambridge 2001

**Arbeitsgruppe Bielefelder Soziologen (Hg.):** Alltagswissen, Interaktion und gesellschaftliche Wirklichkeit, Reinbek 1973; Kommunikative Sozialforschung, München 1976

**Argyle,** M.: Körpersprache und Kommunikation, London 1987

**Arnheim,** R.: Anschauliches Denken, Köln 1997

**Askegaard,** S.: Toward a Semiotic Structure of Cultural Identity in Marketing and Semiotics. Selected papers from the Kopenhagen Symposium, Kopenhagen 1991

**Atkinson,** J. W./**Feather,** N. T. (Hg.): A theory of achievement motivation, New York 1974

**Atkinson,** J. W.: Einführung in die Motivationsforschung, Stuttgart 1975

**Austin,** J. L.: Zur Theorie der Sprechakte, Stuttgart 1972

**Backhaus,** K./**Erichson,** B./**Plinke,** W./**Weiber,** R.: Multivariante Analysenmethoden, Berlin u. a. 1990 (6. überarb. Aufl.), 317344

**Baddeley,** A. D.: Die Psychologie des Gedächtnisses, Stuttgart 1979

**Baddeley,** A. D.: Human Memory, Psychology Press 1997

**Bandura,** A./**Walters,** R. H.: Social Learning and Personality Development, New York 1963

**Bandura,** A.: Lernen am Modell, Stuttgart 1976

**Bandura,** A.: Social Learning Theory, Morristown 1971

**Barthes,** R.: Mythen des Alltags, Frankfurt a. M. 1996

**Bartlett,** F. C.: Remembering, Cambridge 1972 (Reprint der Erstausgabe von 1932)

**Bauer,** L./**Ledig,** E./**Schaudig,** M. (Hg.): Strategien der Filmanalyse, Diskurs Film, Bd. 1, München 1987

**Bauer,** L./**Matis,** H.: Geburt der Neuzeit, München 1989

**Baumann, Z.:** Flüchtige Moderne, Frankfurt am Main 2003.

**Beck,** U.: Macht und Gegenmacht im globalen Zeitalter, Frankfurt a. M. 2002

**Beck,** U.: Risikogesellschaft, Frankfurt a. M. 2001

**Benjamin,** W.: Die Kunst im Zeitalter ihrer technischen Reproduzierbarkeit, Frankfurt a. M. 1975

**Berlyne,** D. E.: Konflikt, Erregung und Neugier, Stuttgart 1974

**Bernstein,** B.: Studien zur sprachlichen Sozialisation, Düsseldorf 1980

**Blumer,** H.: Symbolic Interactionism: Perspective and Method, Berkley Cliffs 1986

**Böhme, H.:** Fetischismus und Kultur, Reinbek bei Hamburg 2006.

**Bolles,** R. C.: Theory of Motivation, New York 1975

**Borstnar,** N./**Pabst,** E./**Wulff,** J.: Einführung in die Film- und Fernsehwissenschaft, Konstanz 2002

**Borstnar,** N.: Männlichkeit und Werbung, Kiel 2002

**Bortz,** J./**Döring,** N.: Forschungsmethoden und Evaluation für Human- und Sozialwissenschafter, Berlin 2002

**Bortz,** J.: Statistik, Berlin 1999

**Bourdieu,** P.: Die feinen Unterschiede, Frankfurt a. M. 2000

**Brackert,** H./**Wefelmeyer,** F. (Hg.): Kultur. Bestimmungen im 20. Jahrhundert, Frankfurt a. M. 1990

**Brandmeyer,** K.: Prinzipien der rhetorischen Argumentation. Henkel Workshop: Werbung und Rhetorik, Wien 1991

**Brehm,** J. W.: A Theory of Psychological Reactance, New York-London 1966

**Brock,** B.: Ästhetik als Vermittlung, Köln 1977

**Brockmann,** J.: Die dritte Kultur, München 1996

**Brooks,** D.: Die Bobos. Der Lebensstil der neuen Elite, München 2001

**Bungard,** W. (Hg.): Die „gute" Versuchsperson denkt nicht, München-Wien-Baltimore 1980

**Burke,** P.: Die Geschichte des „Hofmann". Zur Wirkung eines Renaissance-Breviers über angemessenes Verhalten, Berlin 1996

**Burke,** P.: Varieties of Cultural History, Cambridge 1997

**Chomsky,** N.: Aspekte der Syntaxtheorie, Frankfurt a. M. 1969

**Cicourel,** A.: Methode und Messung in der Soziologie, Frankfurt a. M. 1970

**Corbin,** A.: Pesthauch und Blütenduft, Berlin 1984

**Csikszentmihalyi,** M.: Flow: Das Geheimnis des Glücks, Stuttgart 1992

**DiCaprio:** Personality Theories. Philadelphia 1974

**Dichter,** E.: Handbuch der Kaufmotive, Wien-Düsseldorf 1964

**Dichter,** E.: Strategie im Reich der Wünsche, München 1964

**Domizlaff,** H.: Die Gewinnung des öffentlichen Vertrauens. Ein Lehrbuch der Markentechnik, Hamburg 1992
**Douglas,** M.: Reinheit und Gefährdung, Frankfurt a. M. 1988
**Douglas,** M.: Ritual, Tabu und Körpersymbolik, Frankfurt a. M. 1998
**Douglas,** M.: Wie Institutionen denken, Frankfurt a. M. 1991
**Dubiel,** H.: Kulturtheorie der Frankfurter Schule, in: Brackert/Wefelmeyer 1990
**Dubois,** J./**Edeline,** F./**Klinckenberg,** J. M./**Minguet,** P./**Pire,** F./**Trinon,** H.: Rhetorique Generale, Paris 1970
**Duby,** G.: Die drei Ordnungen. Das Weltbild des Feudalismus; Frankfurt a. M. 1978
**Durkheim,** E.: Die Regeln der soziologischen Methode, Frankfurt a. M. 1999
**Durkheim,** E.: Schriften zur Soziologie der Erkenntnis, Frankfurt a. M. 1993
**Eco,** U.: Einführung in die Semiotik, München 1994
**Eco,** U.: Semiotik. Entwurf einer Theorie der Zeichen, München 1991
**Eibl-Eibelsfeldt,** J.: Grundriß der vergleichenden Verhaltensforschung, München 1967
**Eisendle,** R./**Miklautz,** E. (Hg.): Produktkulturen, Frankfurt a. M.-New York 1992
**Elias,** N./**Scotson,** J. L.: Etablierte und Außenseiter, Frankfurt a. M. 1999
**Elias,** N.: Über den Prozeß der Zivilisation, Frankfurt a. M. 1976
**Elias,** N.: Über die Zeit, Frankfurt a. M. 2000
Enzyklopädie der Psychologie, Themenbereiche C (Herausgeber: Graumann, C. F.) und D (Herausgeber: Irle, M.), Göttingen 1983
**Erikson,** E. H.: Childhood and Society, Harmondsworth 1967
**Faulstich,** W.: Einführung in die Filmanalyse, Tübingen 1994
**Felser,** G.: Werbe- und Konsumentenpsychologie, Berlin 2001
**Festinger,** L.: A Theory of Cognitive Dissonance, Evanston 1957
**Festinger,** L.: A Theory of Social Comparison Processes, Human Relations 1954
**Franck,** G.: Ökonomie der Aufmerksamkeit, München-Wien 1988
**Frank,** G. /**Lukas,** W. (Hg.): Norm – Grenze – Abweichung, Passau 2004
**Freter,** H.: Marktsegmentierung, Stuttgart-Berlin-Köln-Mainz 1983
**Frey,** H.-P./**Hausser,** K.: Identität, Stuttgart 1987
**Friedrichs,** J.: Methoden empirischer Sozialforschung, Opladen 2002
**Fukuyama,** F.: Konfuzius und die Marktwirtschaft, München 1995
**Garfinkel,** H.: Studies in Ethnomethodology, Cambridge Cliffs 1994
**Geertz,** C.: The Interpretation of Cultures, New York 1973
**Gennep,** A. v.: Übergangsriten, Frankfurt a. M. 1999

**Giddens,** A.: Konsequenzen der Moderne, Frankfurt a. M. 1999
**Giesen,** B.: Die Entdinglichung des Sozialen, Frankfurt a. M. 1991
**Goblot,** E.: Klasse und Differenz, Konstanz 1994
**Goffman,** E.: The Presentation of Self in Every Day Life, London 1990
**Gould,** S. J.: Bravo, Brontosaurus, Hamburg 1994
**Graf Hoyos/Kroeber-Riel,** W./**von Rosenstiel/Strümpel** (Hg.): Wirtschaftspsychologie in Grundbegriffen, München-Weinheim 1987
**Graumann,** C. F. (Hg.): Handbuch der Psychologie, Göttingen 1972
**Greenberg,** M. G./**Green,** P. E.: Multidimensional Scaling. In: Ferber, R. (Hg.): Handbook of Marketing Research, New York u. a. 1974
**Gries,** R.: Produkte als Medien. Kulturgeschichte der Produktkommunikation in der Bundesrepublik und der DDR, Leipzig 2003
**Grunert,** K.: Kognitive Strukturen in der Konsumforschung, Heidelberg 1990
**Habermas,** J.: Die neue Unübersichtlichkeit, Frankfurt a. M. 1985
**Habermas,** J.: Theorie des kommunikativen Handelns, Frankfurt a. M. 1988
**Harris,** M.: Kulturanthropologie, Frankfurt a. M. 1989
**Harris,** T. A.: Ich bin o. k. Du bist o. k., Reinbek 2001
**Haugeland,** J. (Hg.): Mind Design, MIT Press 1987
**Heckhausen,** H.: Motivation und Handeln, Berlin 1986
**Herkner,** W.: Attribution. Psychologie der Kausalität, Bern-Stuttgart-Wien 1980
**Herkner,** W.: Lehrbuch Sozialpsychologie, Bern-Stuttgart-Toronto 2001
**Herkner,** W.: Psychologie, Wien-New York 1992
**Heubach,** F. W.: Das bedingte Leben, München 1996
**Hirschman,** E.: Point of view: Sacred, Secular, and Mediating Consumption Imagery in Television Commercials, Journal of Advertising Research, January 1991
**Hoffmann-Riem,** C.: Die Sozialforschung einer interpretativen Soziologie – Der Datengewinn, in: Kölner Zeitschrift für Soziologie und Sozialpsychologie, 32, 339372
**Holenstein,** E.: Roman Jakobsons phänomenologischer Strukturalismus, Frankfurt a. M. 1975
**Hollander,** E. P.: Conformity, Status, and Idiosyncrasy Credit, New York 1967
**Holm,** K.: Die Befragung, München 1991
**Holt,** D.: How Brands Become Icons: The Principles of Cultural Branding, Cambridge 2004
**Hörmann,** H.: Psychologie der Sprache, Berlin-Heidelberg-New York 1977

**Howard,** J. A.: Consumer Behavior: Application of Theory, McGraw-Hill, Inc. 1977
**Hütter,** M.: Information für Marketing-Entscheidungen, München 1979
**Ihwe,** J.: Literaturwissenschaft und Linguistik, Frankfurt a. M. 1972
**Inglehart,** R.: Wertwandel in den westlichen Gesellschaften. Politische Konsequenzen von materialistischen und postmaterialistischen Prioritäten, in: Klages, H./Kmieciak, P. (Hg.) 1984
**Irle,** M.: Lehrbuch der Sozialpsychologie, Göttingen 1975
**Jakobson,** R./**Halle,** M.: Fundamentals of Language, Den Haag 1956
**Jakobson,** R.: Linguistik und Poetik, in: Ihwe, J. (Hg.) 1972
**Jung,** J.: Understanding Human Motivation. A Cognitive Approach, New York-London 1978
**Jungermann,** H./**Pfister,** H.-R./**Fischer,** K.: Die Psychologie der Entscheidung, Heidelberg-Berlin 1998
**Kammen,** M.: People of Paradox, New York 1972
**Kanzog,** K.: Erzählstrukturen – Filmstrukturen, Berlin 1981
**Karmasin,** F./**Karmasin,** H.: Einführung in Methoden und Probleme der Umfrageforschung, Wien-Köln-Graz 1977
**Karmasin,** H./**Karmasin,** M.: Cultural theory. Ein neuer Ansatz für Kommunikation, Marketing und Management, Wien 1997
**Karmasin,** H.: Die geheime Botschaft unserer Speisen. Was Essen über uns aussagt, Bergisch Gladbach 2001
**Karmasin,** H.: Funktion von Bild und Text in der Werbung. Referat beim 5. internationalen Kongress der Deutschen Gesellschaft für Semiotik, Essen 1986
**Karmasin,** H.: Kunst und Werbung, in: Zdenek, F./Hentschel, B./Luckow, D. (Hg): Art und Economy, Hamburg 2002
**Karmasin,** H.: Sex in der Werbung. Veröffentlichungen des ORF Werbefunks, Wien 1986
**Karmasin,** H./**Schröder,** K.: What are the national particularities that must be taken in consideration when developing new European products for the food sector? Referat beim ESOMAR-Seminar: New Product Development, Barcelona 1990
**Karmasin,** H.: Zeitkonzeptionen und Wertsysteme in der Werbung, in: Kodikas, Band 19, Heft 34, Tübingen, 1996
**Karmasin,** H.: The Bovine Ferrari in Frank, G. Lukas, W.: Norm, Grenze, Abweichung, Passau 2004.
**Karmasin,** M.: Das Oligopol der Wahrheit, Wien 1992
**Karmasin,** M.: Medienökonomie als Theorie (massen-)medialer Kommunikation, Graz 1998
**Karmasin,** M. (Hg.): Medien und Ethik, Leipzig 2002

**Karmasin,** M.: Paradoxien der Medien. Über die Widersprüche technisch erzeugter Wirklichkeiten, Wien 2005.

**Karmasin,** S.: Zielgruppe Frauen. Eigenforschung der Karmasin-Motivforschung, Wien 2003

**Kassarjian,** H. H. in Robertson, T. S. (ed.): Consumer Behavior, Englewood Cliffs, 1973

**Kelley,** H. H.: Causal Schemata and the Attribution Process, in: Jones, E. E. (Hg.), Attribution: Perceiving the Causes of Behavior, Morristown 1972

**Kemper,** F. J.: Multidimensionale Skalierung, Bremen 1984

**Kepper,** G.: Qualitative Marktforschung. Methoden, Einsatzmöglichkeiten und Beurteilungskriterien, DUV 1996

**Kirchler,** E./**De Rosa**: Wirkungsanalyse von Werbebotschaften mittels Assoziationsgeflecht. Spontane Reaktionen und überlegte Beschreibungen von Benetton-Werbebildern. In: Jahrbuch der Absatz- und Verbraucherforschung 42, 6789

**Kirchler,** E./**Rodler,** C.: Motivation in Organisationen, Wien 2002

**Kirchler,** E.: Wirtschaftspsychologie. Grundlagen und Anwendungsfelder der Ökonomischen Psychologie, Göttingen 1999

**Klages,** H./**Kmieciak,** P. (Hg.): Wertwandel und gesellschaftlicher Wandel, Frankfurt a. M.-New York 1984

**Kloepfer,** R./**Landbeck,** H.: Ästhetik in der Werbung. Der Fernsehspot in Europa als Symptom neuer Macht, Frankfurt a. M. 1991

**Kmieciak,** P.: Wertstrukturen und Wertwandel, Göttingen 1976

**Kohlberg,** L.: The Development of Childrens Orientation Towards a Moral Order, in: Vita Humana 6, 1963

**König,** R. (Hg.): Handbuch der empirischen Sozialforschung, 1974

**Koppelmann,** U.: Produktmarketing, Stuttgart-Berlin-Köln 2001

**Kotler,** P./**Armstrong,** G.: Marketing, Wien 1988

**Krech,** D./**Crutchfield:** Grundlagen der Psychologie, I und II, Weinheim 1973

**Kristensen,** L.: To Understand Habits of Living and Habits of Consumption. Paper presented at the EMAC Conference, Nijenrode, Netherlands, April 1984

**Kroeber-Riel,** W./**Meyer-Hentschel,** G.: Werbung – Steuerung des Konsumentenverhaltens, Wien 1982

**Kroeber-Riel,** W.: Konsumentenverhalten, München 1999

**Küchler,** M.: Kontext – eine vernachlässigte Dimension empirischer Sozialforschung, in: Matthes 1981

**Kuhl,** J.: Leistungsmotivation. Neue Entwicklungen in modelltheoretischer Sicht, in: Enzyklopädie der Psychologie/Motivation und Emotion, Bd. 2

**Lamnek,** S.: Qualitative Sozialforschung, München-Weinheim 1995
**Lasch,** C.: Das Zeitalter des Narzißmus, München 1980
**Lash,** S.: The Sociology of Postmodernism, London 1990
**Latour,** B.: We Have Never Been Modern, London 1993
**Latour,** B.: Reassembling the Social. An Introduction to Actor-Network-Theory, Oxford 2005.
**Lausberg,** H.: Elemente der literarischen Rhetorik, München 1990
**Lee,** M. J.: Consumer Culture Reborn, London 1993
**Lévi-Strauss,** C.: Mythologica IIV, Frankfurt a. M. 1971/72/73
**Lévi-Strauss,** C.: Mythos und Bedeutung, Frankfurt a. M. 1992
**Lévi-Strauss,** C.: Strukturale Anthropologie, Frankfurt a. M. 1999
**Lien,** M.: Imagined Cuisines, in: Jackson et al: Commercial Cultures, Oxford New York 2000
**Lienert,** G. A.: Testaufbau und Testanalyse, Weinheim 1998
**Lorenz,** K./**Leyhausen,** P.: Antriebe tierischen und menschlichen Verhaltens, München 1968
**Lotman,** J. M.: Die Struktur literarischer Texte, München 1993
**Loudon,** D./**Della Bitta,** A.: Consumer Behavior, McGraw-Hill Inc., 1988
**Lüdtke,** H.: Expressive Ungleichheit, Opladen 1989
**Luhmann,** N.: Vertrauen. Ein Mechanismus der Reduktion sozialer Komplexität, Stuttgart 2000
**Lyons,** J.: Introduction to Theoretical Linguistics, London 1968
**Lyotard,** J. F.: Peregrinations. Law, Form, Event, New York 1988
**Maffesoli,** M.: The Time of the Tribes, London 1996
**Mandler,** G.: Denken und Fühlen: Zur Psychologie emotionaler und kognitiver Prozesse, Paderborn 1979
**Marx,** K.: Das Kapital, Berlin 1960
**Maslow,** A.: Motivation and Personality, New York 1954
**Matthes,** J. (Hg.): Lebenswelt und soziale Probleme, Frankfurt a. M. 1981
**Mauss,** M.: Die Gabe. Form und Funktion des Austauschs in archaischen Gesellschaften, Frankfurt a. M. 1968
**Mazanec,** J.: Strukturmodelle des Konsumverhaltens, Wien 1978
**McClelland,** D. C./**Atkinson,** J. W./**Clark,** R. A./**Lowell,** E. L.: The Achievement Motive, New York 1953
**McCracken,** G.: Culture and Consumption, Bloomington 1988
**McFarland,** D.: Biologie des Verhaltens. Evolution, Physiologie, Psychologie, Weinheim 1999
**Mead,** G. H.: Mind, Self, and Society, Chicago 1967
**Meinefeld,** W.: Einstellung und soziales Handeln, Reinbek 1977
**Mennell,** S.: Die Kultivierung des Appetits, Frankfurt a. M. 1988
**Mikonovic,** C.: Das Life Konzept, Wien 2004

**Miller,** D: Material Culture and Mass Consumption, Oxford 1994
**Mitchell,** A.: Consumer Values: A typology, Menlo Park 1978
**Mohler,** P. P.: Zur Pragmatik qualitativer und quantitativer Sozialforschung, in: Kölner Zeitschrift für Soziologie und Sozialpsychologie, 33, 716734
**Morris,** C. W.: Grundlagen der Zeichentheorie, Ästhetik und Zeichentheorie, München 1988
**Muckenhaupt,** M.: Text und Bild, Tübingen 1986
**Mühlbacher,** H.: Selektive Werbung, Linz 1982
**Müller,** K. E.: Das magische Universum der Identität. Elementarformen sozialen Verhaltens. Ein ethnologischer Grundriß, Frankfurt a. M. 1987
**Müller,** K./**Sottong,** M.: Simulation, in: Zeitschrift für Semiotik, 1991, Heft 3
**Müller,** M. und **Sottong,** H.: Das Unternehmen im Kopf, München 2000
**Neisser,** U.: Kognitive Psychologie, Stuttgart 1974
**Norman,** D. A.: Dinge des Alltags, Frankfurt a. M. 1989
**Nowak,** H./**Becker,** U.: Die sozialen Milieus in der Bundesrepublik Deutschland, Gütersloh 1985
**O'Shaugnessy,** J.: Why People Buy, New York-Oxford 1987
**Oppitz,** M.: Notwendige Beziehungen, Frankfurt a. M. 1993
**Pabst,** E.: Produktabhängige Raumwechsel im Werbespot, Kodikas/Code, Vol 22 (1999), Nr. 12
**Pabst,** E.: Strategien der elitären Inszenierung in der TV-Werbung, Alfeld 1997
**Paivio,** A.: Imagery and Verbal Processes, Hillsdale 1971
**Panofsky,** E.: Sinn und Deutung in der bildenden Kunst, Köln 1978
**Parsons,** T./**Shils,** E. A.: Toward a General Theory of Action, New York 1962
**Peirce,** C. S.: Schriften, 2 Bde., Frankfurt a. M. 1967/70
**Perelman,** Ch.: La nouvelle rhetorique, Brüssel 1970
**Petermann,** F.: Psychologie des Vertrauens, Göttingen-Bern-Toronto-Seattle 1996
**Piaget,** J.: Der Aufbau der Wirklichkeit beim Kind, Stuttgart 1974
**Piaget,** J.: Der Strukturalismus, Stuttgart 1980a
**Piaget,** J.: Von der Logik des Kindes zur Logik des Heranwachsenden, Stuttgart 1980b
**Pöppel,** E.: Grenzen des Bewusstseins: Wie kommen wir zur Zeit und wie entsteht Wirklichkeit, Frankfurt a. M. 2000
**Prochatzka,** W.: Methoden der Aktivierungsforschung, WWG Information Nr. 90, 1982
**Raffee,** H.: Marketing und Umwelt, Stuttgart 1979

**Rapaport,** A./**Chammah,** A. M.: Prisoners Dilemma. A Study in Conflict and Cooperation, Ann Harbor 1965
**Renner,** K. N.: Die Text-Bild-Schere. In: Studies in Communication Sciences, Vol 1, Number 2, July 2001, 2344
**Renner,** K. N.: Zu den Brennpunkten des Geschehens. Erweiterung der Grenzüberschreitungstheorie: Die Extrempunktregel, in: Bauer, L./ Ledig, E./ Schaudig, M. (Hg.), München 1987
**Riedl,** R.: Biologie der Erkenntnis, Berlin-Hamburg 1981
**Rokeach,** M.: The Nature of human values, New York 1973
**Rosenstiel,** L./**Ewald,** G.: Marktpsychologie, Stuttgart-Berlin-Köln-Mainz 1979
**Rosenstiel,** L./**Ewald,** G.: Methoden und Ergebnisse marktpsychologischer Forschung, in: Enzyklopädie der Psychologie, Teil D, Bd. 5
**Rosenstiel,** L.: Psychologie der Werbung, Rosenheim 1996
**Rotter,** J. B.: Social Learning and Clinical Psychology, Englewood Cliffs 1954
**Salcher,** F.: Psychologische Marktforschung, Berlin 1995
**Sarasin,** P.: Reizbare Maschinen, Frankfurt a. M. 2001
**Sarbin,** T. R./**Hardyck,** C. D.: Contributions to Roletaking Theory: Role Perceptions on the Basis of Postural Cues, in: Argyle 1987
**Schank,** R.: The Connoisseurs Guide to the Mind, New York 1991
**Schluchter,** W. (Hg.): Verhalten, Handeln und System, Frankfurt a. M. 1980
**Schmahl,** K.: Industrielle Zeitstruktur und technisierte Lebensweise, in: Zoll 1988
**Schmidt,** G.: Motivationale Grundlagen sexuellen Verhaltens, in: Enzyklopädie der Psychologie, Psychologie der Motive, 1983
**Schönpflug,** W./**Schönpflug,** U.: Psychologie, München 1995
**Schroiff,** H.-W.: Alls well that smells well? ESOMAR-Seminar, London, November 1991
**Schulze,** G.: Die beste aller Welten, MünchenWien 2003
**Schulze,** G.: Die Erlebnisgesellschaft, Frankfurt a. M. 1992
**Schürmann,** P.: Werte und Konsumverhalten, München 1988
**Schütz,** A.: Der sinnhafte Aufbau der sozialen Welt, Frankfurt a. M. 1993
**Schwartz,** S.: Wie Pawlow auf den Hund kam, Weinheim 1988
**Schweiger,** G./**Schrattenecker,** G.: Werbung, Stuttgart-New York 2001
**Scitovsky,** T.: Psychologie des Wohlstands, Frankfurt a. M.-New York 1989
**Searle,** J. R.: Sprechakte, Frankfurt a. M. 1990
**Seligman,** M. E. P.: Helplessness: On Depression, Development, and Death, San Francisco 1975
**Sennett,** R.: Verfall und Ende des öffentlichen Lebens. Die Tyrannei der Intimität, Frankfurt a. M. 1983

**Sennett,** R.: The Corrosion of Character: The Personal Consequences of Work in the New Capitalism, New York 1998
**Simmel,** G.: Philosophie der Mode, Berlin 1905
**Simmel,** G.: Philosophie des Geldes, Leipzig 1900
**Six,** B./**Höcke-Pörzgen**: Motivationstheorie und Handlungstheorie, in: Enzyklopädie der Psychologie, Bereich C, IV, Bd. 1
**Sixtl,** F.: Meßmethoden der Psychologie, Weinheim 1982
**Soeffner,** H. G.: Die Ordnung der Rituale, Frankfurt a. M. 1995
**Springer,** B.: Narrative und optische Strukturen im Bedeutungsaufbau des Spielfilms, Tübingen 1987
**Stegmüller,** W.: Probleme und Resultate der Wissenschaftstheorie und Analytischen Philosophie, Berlin-Heidelberg-New York 1969 ff.
**Thomae,** H.: Die Motivation menschlichen Handelns, Köln-Berlin 1976
**Thomae,** H.: Motivationsbegriffe und Motivationstheorien, in: Enzyklopädie der Psychologie", C, Bd. 1, 1983
**Thomas,** W. J.: Person und Sozialverhalten, Neuwied 1965
**Thompson,** M./**Ellis,** R./**Wildavsky,** A.: Cultural Theory, Oxford 1990
**Titzmann,** M.: Simulation, in: Zeitschrift für Semiotik, 1991, Bd. 3
**Titzmann,** M.: Strukturale Textanalyse, München 1993
**Topitsch,** E. (Hg.): Logik der Sozialwissenschaften, Königstein/Ts. 1993
**Trommler,** F.: Vom Bauhausstuhl zur Kulturpolitik. Die Auseinandersetzung um die moderne Produktkultur, in: Brackert 1990
**Umiker-Sebeok,** J.: Marketing and Semiotics, New York 1987
**Ushikubo,** K: A Method for Developing Product Concepts, and its Applications, in: European Research, Vol 14/4
**Varela,** F. J.: Principles of Biological Autonomy, New York 1979
**Veblen,** T: Theory of the Leisure Class, Düsseldorf 2001
**Verba,** S./**Camden,** C.: Writing with Flesh, in: Umiker-Sebeok, J. (Hg.) 1987
**Weber,** M.: Die protestantische Ethik, Hamburg 1972
**Weber,** M.: Gesammelte Aufsätze zur Religionssoziologie, Tübingen 1988
**Weber,** M.: Gesammelte Aufsätze zur Wissenschaftslehre, Tübingen 1922
**Weber,** M.: Wirtschaft und Gesellschaft, Tübingen 1921
**Weiner,** B.: Motivationspsychologie, München-Weinheim 1988
**Wendorff,** R.: Zeit und Kultur – Geschichte des Zeitbewusstseins in Europa, Opladen 1985
**Wilkie,** W. L.: Consumer Behavior, John Wiley & Sons, Inc., 1990
**Windieck,** G./**Bungard,** W./**Lück,** E.: Konsumentenentscheidungen – Darstellung und Diskussion konkurrierender Forschungsansätze, in: Enzyklopädie der Psychologie/Wirtschafts-, Organisations-, Arbeitspsychologie, Bd. 5

**Wiswede,** G.: Marktsoziologie, in: Enzyklopädie der Psychologie, D, III, 4, 1983

**Wiswede,** G.: Motivation und Verbraucherverhalten, München-Basel 1973

**Wiswede,** G.: Soziologie des Verbraucherverhaltens, Stuttgart 1972

**Wunderlich,** D.: Studien zur Sprechakttheorie, Frankfurt a. M. 1983

**Wünsch,** M.: Narrative Strukturen in Bildern – am Beispiel der Werbung in den Printmedien. Referat beim 6. Internationalen Kongress der Deutschen Gesellschaft für Semiotik, Passau 1990

**Wünsch,** M.: Rhetorische und semiotische Strategien in Sprach- und Bildsystemen am Beispiel der Werbung. Referat beim 5. Internationalen Kongress der Deutschen Gesellschaft für Semiotik, Essen 1986

**Zimbardo,** P. G./**Gerrig,** R. J. u. a.: Psychologie, 7. Aufl., Berlin-Heidelberg 2003

**Zoll,** R. (Hg.): Zerstörung und Wiederaneignung von Zeit, Frankfurt a. M. 1988

# Register Fachbegriffe

# Register Unternehmen und Marken

# Autoreninformation

Dr. Helene Karmasin ist Leiterin der Karmasin Motivforschung und Mitglied der Geschäftsführung des österreichischen Gallup Institutes. Sie unterrichtet an der Wirtschaftsuniversität in Wien, und ist Referentin auf nationalen und internationalen Tagungen, sowie häufiger Gast in den Medien.

Karmasin Motivforschung ist ein Institut, das auf qualitativ/psychologische Marktforschung und Kommunikationsberatung konzentriert ist. Es stützt sich auf die Methoden qualitativer empirischer Forschung, sowie auf semiotische und kulturwissenschaftliche Analysen.

Kunden sind Markenartikelunternehmen, Dienstleister, Medien, Tourismusanbieter, politische Parteien, auch Unternehmen in Fragen der Unternehmenskultur und Unternehmenskommunikation.

Die Antriebskraft für ihre praktische und wissenschaftliche Arbeit ist ihr Interesse für kulturelle Phänomene. Kultur, nicht verstanden als die Lehre von dem Schönen und Erhabenen, sondern Kultur als das, was Alltagshandeln steuert, was festsetzt, was wir uns überhaupt wünschen können, in welcher Gesellschaft wir leben wollen, was Menschen zu Gemeinschaften formt, was wir als das gute Leben definieren. Dies ist keineswegs nur eine Frage der philosophischen Reflektion, sondern es wird in vielfältiger Form in unseren Lebenswelten und speziell in unserer Produktkultur deutlich. Diese kommunikativen und symbolischen Bedeutungen von Alltagsgegenständen und Produkten stellt für sie eine nie erlahmende Faszination dar und bildet das Material, das sie in ihren Büchern beschreibt, und das auf einem großen Korpus konkret durchgeführter Analysen und realen Praxisbeispielen beruht. Sie hat sich ferner die Aufgabe gestellt, komplizierte wissenschaftliche Sachverhalte so zu schildern, dass sie auch dem allgemein gebildeten Laien verständlich werden.